专利申请文件撰写与审查指导丛书

半导体热点领域发明专利申请撰写及检索

主　编◎王兴妍
副主编◎王　丹　杨子芳　车晓璐
　　　　杨丽丽　李晓明　柴春英
　　　　章　放　甄丽娟

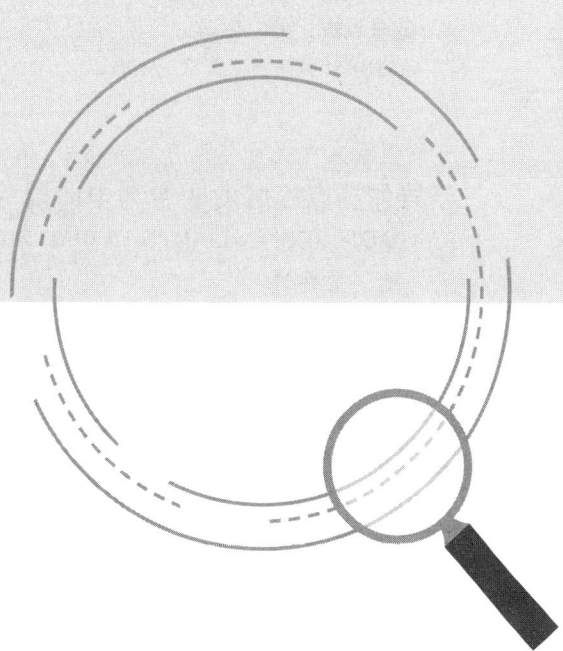

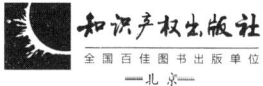

图书在版编目（CIP）数据

半导体热点领域发明专利申请撰写及检索/王兴妍主编；王丹等副主编. —北京：知识产权出版社，2024.1

ISBN 978-7-5130-8948-7

Ⅰ.①半… Ⅱ.①王…②王… Ⅲ.①半导体技术—专利申请—写作②半导体技术—专利—信息检索 Ⅳ.①G306.3②G254.97

中国国家版本馆 CIP 数据核字（2023）第 198956 号

内容提要

本书以半导体热点领域的存储器件、功率器件、新型封装、新型显示、高效率太阳能电池作为研究对象，介绍各领域的专利技术发展状况、专利申请现状、检索策略和申请文件撰写特点，以期为该领域研发人员及专利工作者做好专利挖掘和布局，提升专利申请撰写质量提供借鉴。

责任编辑：龚　卫　　　　　　　　责任印制：刘译文
封面设计：杨杨工作室·张冀

专利申请文件撰写与审查指导丛书

半导体热点领域发明专利申请撰写及检索
BANDAOTI REDIAN LINGYU FAMING ZHUANLI SHENQING ZHUANXIE JI JIANSUO

主　编　王兴妍
副主编　王　丹　杨子芳　车晓璐　杨丽丽
　　　　李晓明　柴春英　章　放　甄丽娟

出版发行：知识产权出版社有限责任公司		网　址：http://www.ipph.cn
电　话：010-82004826		http://www.laichushu.com
社　址：北京市海淀区气象路50号院		邮　编：100081
责编电话：010-82000860 转 8120		责编邮箱：laichushu@cnipr.com
发行电话：010-82000860 转 8101		发行传真：010-82000893
印　刷：天津嘉恒印务有限公司		经　销：新华书店、各大网上书店及相关专业书店
开　本：720mm×1000mm 1/16		印　张：35.25
版　次：2024年1月第1版		印　次：2024年1月第1次印刷
字　数：652千字		定　价：198.00 元
ISBN 978-7-5130-8948-7		

出版权专有　侵权必究
如有印装质量问题，本社负责调换。

编 委 会

主　编　王兴妍
副主编　王　丹　杨子芳　车晓璐　杨丽丽
　　　　　李晓明　柴春英　章　放　甄丽娟
编　委　齐　哲　陈　泽　纪　骋　丁　宁

前　言

在"十四五"背景下，随着知识产权强国战略地位的不断提升，半导体产业步入加速发展阶段，同时新兴产业的崛起，推动半导体产业技术不断更新换代，其专利作为重要的技术创新成果，具有很高的产业价值，因此半导体领域的专利申请备受创新主体和社会大众的关注。

本书围绕半导体领域技术发展迅速、备受市场关注的五个技术领域，即存储器件、功率器件、新型封装、新型显示和高效率太阳能电池，并选取每个技术领域的重点子领域作为研究对象，以国内外发明专利申请为切入点，介绍各领域的专利技术发展状况和专利申请保护现状，并针对重点申请人和重点技术进行详细阐述。在此基础上，介绍各领域专利文献检索的特点、检索策略和主要检索要素，并通过实际案例进行解析。最后，介绍各领域专利申请文件撰写的特点，分析申请文件撰写中的常见问题，并结合典型案例给出撰写建议。

本书内容全面，受众广泛，既包括对专利技术现状的分析，又包括对专利检索和专利申请文件撰写的介绍，对该领域创新主体、相关研发人员以及专利工作人员具有一定的借鉴意义。

本书使用说明：

1. 专利技术综述部分的分析，主要以全球专利文献数据库（德温特世界专利索引数据库，DWPI）作为专利数据采集的数据库，检索范围包括2022年2月28日以前公开的专利申请数据；由于专利申请从提出申请到公开有一定时间间隔，专利申请从公开到被收录至专利文献数据库也存在时间滞后性，因此2020—2021年的数据均与实际量存在偏差，少于实际的申请量；同一项发明可能在多个国家或地区提出专利申请，DWPI数据库将这些相关申请作为一条记录收录，在进行专利申请数量统计时，计算为"1项"，在统计不同国家、地区所提出的专利申请的分布时，已将不同国家同族分开进行统计，因此在此情况下对专利申请数量用"件"进行计数。

2. 在专利技术综述部分的专利申请来源和目标国家/地区分析中，所提及的在"欧洲"的专利申请，是指向欧洲专利局（EPO）提出的申请专利。由于专利保护具有地域性特点，中国台湾地区有独立的专利申请体系，故本书将中国台湾地区的数据单列阐释。

3. 检索策略和案例分析部分，其中使用的 IPC 分类号版本为 2022.01 版，CPC 分类号版本为 2022.05 版。

4. 本书中的《专利法》是指《中华人民共和国专利法》（2020 修正），《专利法实施细则》是指《中华人民共和国专利法实施细则（2010）》，《专利审查指南》是指《专利审查指南 2010（2019 年修订）》。

本书撰写分工如下：第一章撰写人为王兴妍、车晓璐、甄丽娟；第二章撰写人为王丹、章放、丁宁；第三章撰写人为杨子芳、李晓明、纪骋；第四章撰写人为杨子芳、杨丽丽、齐哲；第五章撰写人为王丹、柴春英、陈泽。全书统稿人为王兴妍、王丹、杨子芳。此外，杨贺参与第二章部分检索工作，在此一并表示感谢。

目　录

第一章　存储器件 ·· 1
  第一节　动态随机存取存储器（DRAM） ·· 3
    一、专利技术综述 ··· 3
    二、检索策略及案例解析 ·· 22
  第二节　三维 NAND 闪存 ·· 32
    一、专利技术综述 ··· 32
    二、检索策略及案例解析 ·· 55
  第三节　新型随机存储器 ·· 68
    一、RRAM 专利技术综述 ··· 68
    二、MRAM 专利技术综述 ·· 87
    三、检索策略及案例解析 ··· 103
  第四节　专利申请文件撰写 ·· 116
    一、撰写特点 ·· 116
    二、常见问题分析 ·· 116
    三、典型案例 ·· 125

第二章　功率器件 ·· 133
  第一节　绝缘栅双极型场效应晶体管（IGBT） ····································· 135
    一、专利技术综述 ··· 135
    二、检索策略及案例解析 ··· 150
  第二节　双扩散金属氧化物半导体晶体管（DMOS） ···························· 160
    一、专利技术综述 ··· 160
    二、检索策略及案例解析 ··· 176
  第三节　高电子迁移率晶体管（HEMT） ·· 186

- 一、专利技术综述 ··· 186
- 二、检索策略及案例解析 ··· 210
- 第四节 专利申请文件撰写 ··· 217
  - 一、撰写特点 ·· 217
  - 二、常见问题分析 ··· 218
  - 三、典型案例 ·· 226

第三章 新型封装 ··· 233

- 第一节 系统级封装（SiP）·· 234
  - 一、专利技术综述 ··· 234
  - 二、检索策略及案例解析 ··· 250
- 第二节 晶圆级封装（WLP）··· 265
  - 一、专利技术综述 ··· 265
  - 二、检索策略及案例解析 ··· 291
- 第三节 三维（3D）封装 ··· 302
  - 一、专利技术综述 ··· 302
  - 二、检索策略及案例解析 ··· 324
- 第四节 专利申请文件撰写 ··· 333
  - 一、撰写特点 ·· 333
  - 二、常见问题分析 ··· 334
  - 三、典型案例 ·· 339

第四章 新型显示 ··· 348

- 第一节 有机发光二极管（OLED）显示 ······················· 349
  - 一、专利技术综述 ··· 349
  - 二、检索策略及案例解析 ··· 368
- 第二节 微型发光二极管（Micro LED）显示 ··············· 381
  - 一、专利技术综述 ··· 381
  - 二、检索策略及案例解析 ··· 397
- 第三节 量子点显示 ·· 409
  - 一、专利技术综述 ··· 409
  - 二、检索策略及案例解析 ··· 427
- 第四节 专利申请文件撰写 ··· 440
  - 一、撰写特点 ·· 440
  - 二、常见问题分析 ··· 440

三、典型案例 ··· 449

第五章　高效率太阳能电池 ··· 462
第一节　钙钛矿（PSC）太阳能电池 ··· 464
　　一、专利技术综述 ··· 464
　　二、检索策略及案例解析 ·· 475
第二节　本征薄膜异质结（HIT）太阳能电池 ·································· 488
　　一、专利技术综述 ··· 488
　　二、检索策略及案例解析 ·· 501
第三节　隧穿氧化层钝化接触（TOPCon）太阳能电池 ······················· 512
　　一、专利技术综述 ··· 512
　　二、检索策略及案例解析 ·· 524
第四节　专利申请文件撰写 ·· 538
　　一、撰写特点 ··· 538
　　二、常见问题分析 ··· 538
　　三、典型案例 ··· 546

第一章　存储器件

存储器作为计算机系统必不可少的组成部分，记录着计算机系统运行所需的所有数据，数据的存储方式从最早的打孔纸带等机械化信息存储逐渐转变为以半导体存储器作为主要的信息存储方式。随着大数据、云计算、物联网的发展，需要存储的数据呈现爆炸式增长，使得数据的存储和快速访问面临新的挑战。根据世界半导体存储贸易统计（WSTS）数据显示，2019年全球半导体存储市场规模为4123.07亿美元，其中存储芯片市场规模为1064亿美元，占半导体行业销售额的25.8%。2020年全球存储芯片市场规模为1194亿美元，2021年全球存储芯片市场规模约为1353亿美元。❶

1966年动态随机存储器（Dynamic Random Access Memory，DRAM）问世至今，半导体存储技术发展已有半个世纪。主流的半导体存储器的分类如图1-0-1所示。静态随机存储器（SRAM）和动态随机存储器（DRAM）属于易失性存储器，掉电后存储的数据将丢失，其中SRAM基本是速度最快的存储器，但其成本高，通常用于CPU高速缓存，DRAM虽然速度不如SRAM，但其结构简单，密度高，功耗低，广泛用于计算机和手机的内存。Flash存储器（闪存）是目前主流的非易失型存储器，其可在字节水平上进行擦除和写入操作，往往与DRAM搭配使用。闪存包括NOR（Not Or，或非）型和NAND（Not

---

❶ 千际投行. 2022年存储器行业研究报告［R/OL］. （2022 – 03 – 11）. http：//www. 21jingji. com/article/20220311/herald/26a705f1efad48894da3569569c0e684. html.

And,与非)型,其中 NOR 型闪存于 1988 年问世,主要用于存储代码及少量数据,受市场萎缩的影响,其制造进程的发展曾较长时间处于停滞状态,近几年由于其具有"芯片内执行"的特点,市场规模才得到恢复,开始在 5G、物联网等领域有较多应用。NAND 型闪存出现于 20 世纪 80 年代,其存储单元小,写入和擦除速度快,非常适于大规模存储数据,因此广泛用于外部存储设备,如手机、SSD、服务器、存储卡等。伴随着市场的发展,NAND 的技术更新也较快,2014 年开始商业化量产的 3D NAND 闪存,大规模提升了容量,降低了成本,稳定性也有所增强,因此逐渐成为应用最广泛的闪存芯片。DRAM 和 NAND 闪存为存储芯片的核心品类,根据国际数据中心 IDC 的数据,DRAM 和 NAND 闪存自 2005 年以来一直占据存储芯片市场的大部分份额。2021 年,DRAM 和 NAND 闪存占据了全球存储芯片 97% 的份额。❶

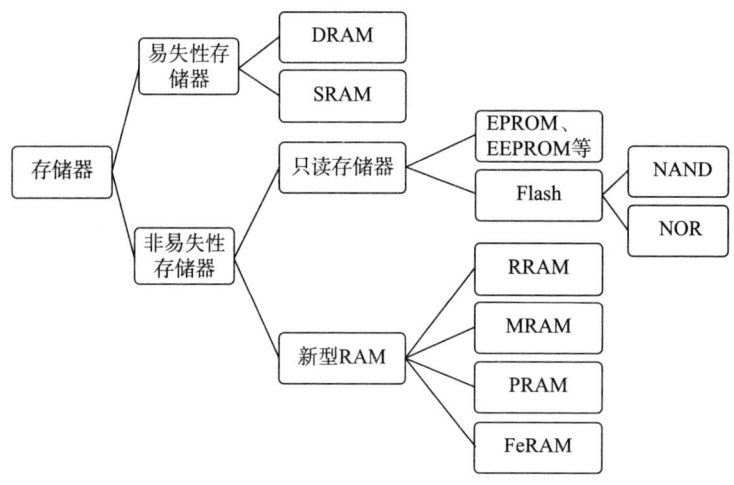

图 1-0-1 存储器分类

大数据时代,需要存储的数据呈现爆炸式增长,对数据的存储性能提出了更高的要求。新型随机存储器(新型 RAM)具有可比拟 DRAM 的速度,同时具有非易失性,近十几年来受到广泛的关注。最引人注目的新型 RAM 包括铁电随机存储器(FRAM)、相变存储器(PCRAM)、磁性随机存储器(MRAM)和阻变随机存储器(RRAM)4 种。随着 5G、AI 等技术的发展,为了克服存储墙、功耗墙等问题,对存内计算的需求不断增加。新型 RAM 由于其原位计算的

---

❶ 彭志伟. 2022 年 DRAM 市场规模、产能及市场结构占比情况. [EB/OL]. (2022-07-19). https://www.huaon.com/channel/trend/820180.html.

能力，使其具有独特优势和发展潜力，美国、欧洲、日本和韩国等国家和地区都投入了大量资金和精力进行相应技术的开发。

存储器技术的研究包括多个方面，如存储单元和阵列的研究、可靠性的研究、内存计算架构的研究等。本章主要聚焦存储单元、阵列的相关专利技术，对DRAM、NAND闪存和新型RAM的专利申请进行分析。

第一节　动态随机存取存储器（DRAM）

一、专利技术综述

（一）概况

手机、计算机等电子设备与我们的生活密不可分，它们的使用频率高，更换周期快。消费者在购买产品时，除了考虑基本的品牌、型号和价格之外，还会评估到包括性能在内的因素，其中消费者最重视的性能之一就是"速度"。

在影响电子设备速度的因素中，RAM的性能至关重要。RAM可以随机读取信息，是一种读写速度较快的存储器。在各类RAM中，目前使用最多的是DRAM，它结构简单、容量大、速度快，因此在计算机或移动设备中，可作为帮助中央处理器运算的高速存储器使用。

除传统手机、计算机之外，随着移动互联网和物联网的高速发展，智能手机、可穿戴设备、物联网设备（摄像头等）迅速崛起，极大地带动了对DRAM的需求。云计算、大数据和AI人工智能的发展，又推动了数据中心的数量增加，从而带来了服务器和网络设备的急剧增加，也刺激了DRAM的销量增长。

一个基本的DRAM存储单元包括一个用于控制电路通断的MOS晶体管、一个用于存储数据的电容、一个与MOS晶体管的栅极相连的字线（WL）和一个与MOS晶体管的漏极相连的位线（BL）。DRAM使用电容的方式，将计算机当中的数据进行短时间的保存，同时在一段时间间隔之后需要刷新一次，如果在指定时间内没有进行刷新，存储的信息就会丢失。多个DRAM存储单元可以整合成如矩阵般的大型架构，使用字线、位线及相应的控制电路共同控制数据的读取及写入。

对于这样的器件，如何缩小其工艺尺寸，就成为降低DRAM成本和尺寸的关键。目前，DRAM芯片最先进的工艺是10nm。三星采用EUV光刻技术在2020年完成了10nm制程DRAM的出货；美光和海力士采用ArF-i双图案技术也在 2021 年完成了 10nm DRAM 产品的量产。预计到 2030 年，这些厂家将推出 1δ、0α 和 0β 等制程更小的 DRAM 产品。中国也是全球最大的 DRAM 需求市场，但国内自主生产能力仍不足，迫切需要提高。长鑫存储基于德国 DRAM 制造商奇梦达（Qimonda）的技术和专利，在合肥建成一座 12 英寸晶圆厂，开启了 DRAM 芯片的研发之路。2019 年 9 月，长鑫正式投产 8GB DDR4 DRAM 模块，成为中国第一个自主研发 DRAM 芯片的厂家。❶

（二）专利申请状况

本书对 DRAM 存储单元领域（不包括电路设计和封装）的全球专利申请进行了检索，在德温特世界专利索引数据库 DWPI 中检索到涉及 DRAM 存储单元领域的全球专利申请共计 52640 项（公开日截至 2022 年 2 月 28 日），其中 2010 年以后的全球专利申请共计 10920 项（公开日自 2010 年 1 月 1 日至 2022 年 2 月 28 日），本节主要以上述数据作为研究对象进行分析。

1. 全球专利申请趋势

图 1-1-1（a）为 DRAM 存储单元领域全球专利申请趋势。可以看出，自 DRAM 器件出现开始，大致经历了以下几个阶段：1970—1979 年的技术萌芽期，年申请量均在 100 项以下；1980—1998 年的快速发展期，从 157 项增长到 2722 项，申请量的增长超过了 16 倍；2000 年前后的短暂波动期，但年申请量均维持在 2400 项以上，并在 2001 年达到峰值 2824 项；2003 年以后为逐步下降期，在此期间虽然总趋势是下降的，但也有波动，尤其是 2010 年之后。本节后续将以 2010 年后的专利申请数据为依据进行具体的分析研究。

图 1-1-1（b）示出 2010—2020 年 DRAM 存储单元领域全球专利申请趋势。2010 年以后总体仍处于下降期，但也有相对上升期。大致以 2016 年作为分界线，分为前期的持续下降期和后期的相对上升期。在下降期，专利年申请量持续减少，从 2010 年的 1422 项减少到 2016 年的 692 项，下降幅度高达 51.3%，说明在此期间 DRAM 技术的研发热潮仍在持续退去，新技术的突破越来越难。在相对上升期，专利年申请量从 2016 年的 692 项快速增长到 2017 年的 940 项，之后 2018 年的 928 项、2019 年的 952 项与 2017 年基本持平，根据 2020 年的不完全统计数据，申请量已达到 730 项，说明 2016 年后 DRAM 又有了新的发展。其原因在于，虽然 DRAM 器件在结构上的技术已经非常成熟，但是为改进器件性能而采用的工艺水平在持续进步，工艺制程每缩小 1~2nm 都

---

❶ 任智源，杨伦，柴凯中. DRAM 的现状及发展方向［J］. 电子元器件与信息技术，2022，6（4）：1-4.

是一个巨大的进步，在该领域还有很多有待研发的技术。

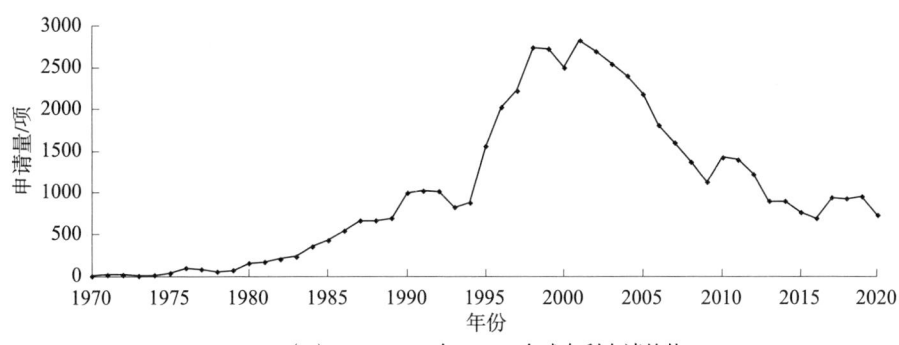

（a）1970—2020年DRAM全球专利申请趋势

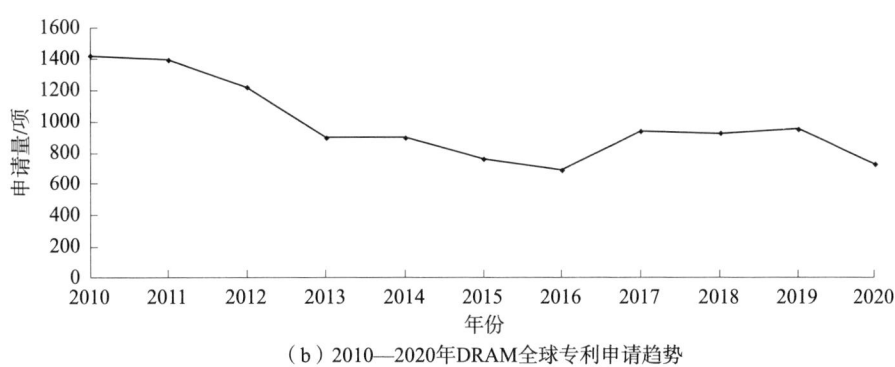

（b）2010—2020年DRAM全球专利申请趋势

图1-1-1　DRAM全球专利申请趋势

2. 专利申请目标和来源国家/地区分析

图1-1-2示出DRAM专利申请来源和目标国家/地区的分布情况。从该图的分布情况来看，主要的申请来源国家/地区是美国、日本、韩国，中国处于第4位，之后是中国台湾。来源国为美国的专利申请共计3364项，其主要布局在美国（3332件）和中国（1075件）；来源国为日本的专利申请共计3120项，其主要布局在日本（2425件）和美国（2326件）；来源国为韩国的专利申请共计2437项，其主要布局在韩国（1943件）和美国（1933件）。这三个主要申请国的专利申请占DRAM存储单元领域申请总量的80%以上，是DRAM存储器的主要技术来源国。这一分布也显示了美国、日本、韩国在DRAM存储单元领域三足鼎立的局面。美国作为DRAM技术的起源国，其技术起源主要来自美国的企业美光。美国在该领域起步较早并且研发处于领先地位，其申请量较高也是可以预见的。日本、韩国这些传统的半导体研究大国，其科技力量雄厚，在

与美国竞争主导地位的成长和发展过程中,也储备了大量的专利,尤其是涉及关键核心技术的专利储备。其中韩国的代表申请人为三星和海力士,日本的代表申请人为半导体能源研究所。中国以申请量1366项位居第4位,其主要布局在中国(1331件)和美国(477件),体现了中国对DRAM的广泛关注,仅就发明专利申请数量上来说,在该领域也已具备一定的竞争实力。但中国在该领域的研究起步较晚,核心专利的储备尚不足,需要继续投入更多的研发力量。

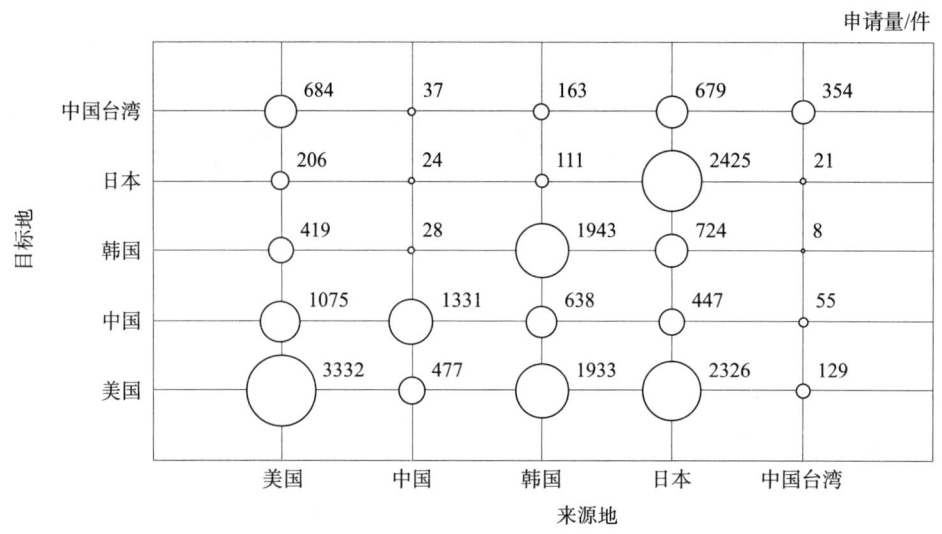

图1-1-2　DRAM专利申请来源和目标国家/地区分布

此外,来源于美国的专利申请除在美国本土提交申请外,在其他各个主要国家/地区都有布局,其中在中国、中国台湾和韩国布局较多,在日本提交的也不少,表明除了本地市场外,美国的申请人的专利申请几乎遍布了各个主要国家/地区,其中尤其以中国、韩国市场为主。来源于中国的专利申请大部分是在中国大陆提交,有一部分在美国提交,在韩国、日本、中国台湾提交的专利申请相对较少,表明除了本土市场外,中国的专利申请人主要以占据美国市场为主。来源于日本和韩国的专利申请,在其本国提交的与在美国提交的申请量几乎相当,表明日本、韩国都相当重视美国市场。来源于中国台湾的专利申请也较关注在美国的布局。从以上分析可以看出,中国的专利申请人已开始关注海外市场,但是关注的市场仍然比较集中。相比而言,一些发达国家的专利申请人,基本上在全球热门国家/地区均进行重点专利布局。

从图1-1-2中可以看出,DRAM器件领域的全球专利申请目标区域主要在美国,其次是中国和韩国,之后是日本和中国台湾。可见,美国不仅是

DRAM专利技术的重要来源国,也是世界上最大的DRAM专利技术市场。除了美国本土的大量申请外,来自各国和各地区的大多数申请人都会在美国申请专利,以使其将来产品的生产和销售在美国市场得到保护。中国已经成长为世界上最大的消费市场之一,其在全球的地位也是不可小觑的,各国企业较为重视中国市场,更多地会考虑在中国申请专利。从图1-1-2中可以看出,以中国作为目标国的专利申请数量远大于中国作为来源国的专利申请数量。可见,在DRAM领域中,中国作为来源国的专利布局能力还远不能与其巨大的市场消费能力相匹配。

3. 主要目标国家/地区的专利申请趋势

图1-1-3显示了主要目标国家/地区DRAM存储单元领域的专利申请趋势。

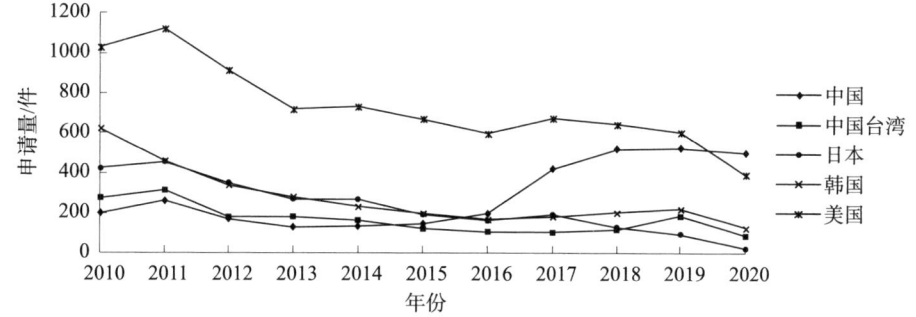

图1-1-3　2010—2020年主要目标国家/地区的专利申请趋势

作为几乎所有申请人都非常重视的市场区域,美国的专利申请总量和年申请量都是最多的。年申请量趋势如下:在2010—2020年总体呈下降趋势,在2010—2011年从1028件上升至1120件;之后在2011—2013年呈急剧下降,到2013年申请量下降至719件;在2013—2016年呈缓慢下降趋势,到2016年申请量下降至598件;在2017—2019年,尽管申请量有所下降,但相对稳定,维持在605~675件。

虽然来源于中国的专利申请量相对较少,但是作为该领域的申请人最为关注的市场之一,各申请人在中国的专利申请总量位居第二,申请趋势大致分为2010—2016年的萌芽期和2016年之后的快速上升期。可以看出,中国在该领域的研发起步较晚,但在2016年后申请量快速增长,在2016—2020年的年申请量遥遥领先于除美国以外的其他国家/地区。可以看出,近年来在中国的市场需求量巨大,各个国家/地区纷纷进行布局。

韩国的专利申请,在2010—2016年逐年下降,而在2016年之后则开始缓慢上升，且自2016年开始在年申请量上小于在中国的年申请量。日本的专利申请，整体呈下降趋势，且自2016年开始在年申请量上小于在中国和在韩国的年申请量。在中国台湾地区的专利申请总量较小且年申请趋势整体波动不大，在2019年有小幅增长且开始超过在日本的申请量。

总体来看，在美国、韩国和日本三国的年申请量态势基本是在2016年前持续下降、2016年之后维持稳定或缓慢上升；而在中国的年申请量态势却逆势而为，2016年之前申请量不高，而2016年之后迅速上升。可见，在美国、韩国、日本三国争霸的大形势下，其技术积累都比较雄厚，但也依然不断有新的技术产生；而中国对DRAM技术研究较晚，与国际巨头企业在技术上相差悬殊，中国异军突起，想要真正打破美国、韩国、日本在存储器行业的垄断局面，就势必要投入大量的研发力量，尽量做到先赶上，才有可能去超越。

（三）申请人分析

1. 全球专利申请的申请人排名

图1-1-4示出了2010—2022年DRAM存储单元领域全球专利申请排名前十位的主要申请人：2位日本申请人，半导体能源研究所、尔必达；3位美国申请人，美光、IBM、英特尔；2位韩国申请人，三星、海力士；2位中国申请人，长鑫存储、晋华；1位中国台湾申请人，台积电。其中，专利申请量最多的申请人是半导体能源研究所，专利申请量超过1800项，远超过其他申请人；其次是三星、美光、海力士，专利申请量都在1000～1300项；再次是长鑫存储，专利申请量有500多项；之后是IBM、台积电、尔必达、晋华，其专利申请量比较接近，都在300～400项，英特尔的专利申请量相对较少，仅为177项。

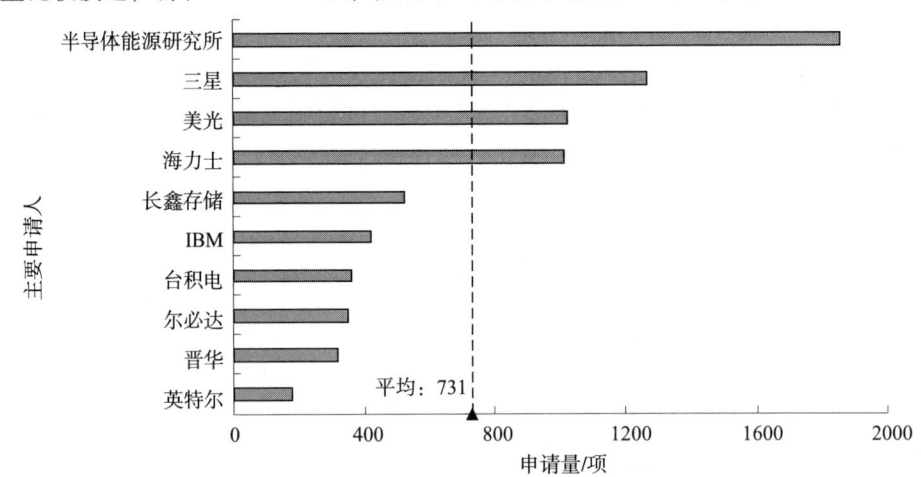

图1-1-4　DRAM存储单元领域全球专利申请主要申请人排名

2. 主要申请人技术分支分布

DRAM 存储单元领域主要包括四个方面的技术分支,分别是有源区技术、电容技术、字线位线技术、外围器件技术,其中有源区技术和电容技术是目前最受业界关注的。图 1-1-5 示出了上述 10 位申请人分别在这四个技术分支方面的专利申请情况。

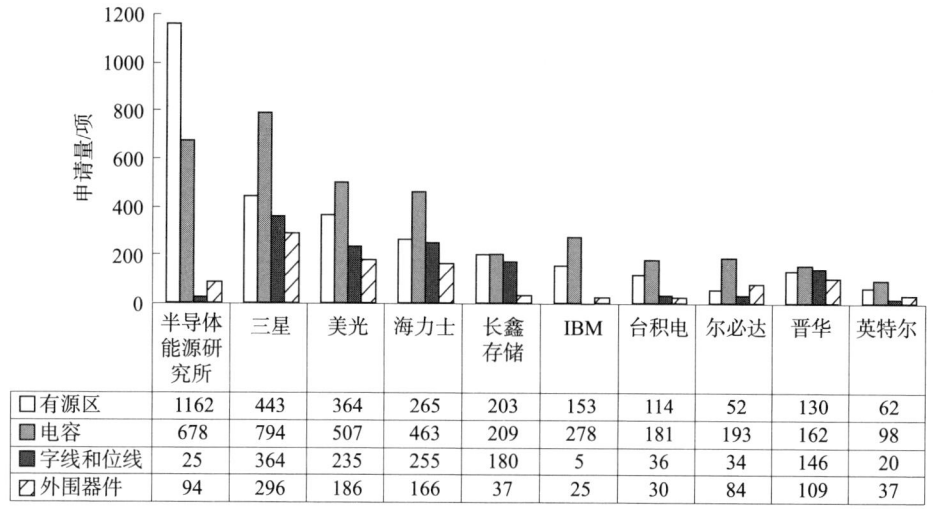

图 1-1-5 主要申请人技术分支分布

半导体能源研究所的专利申请量最多,但 60% 以上都涉及有源区技术,30% 以上涉及电容技术,而在字线位线和外围器件方面的申请寥寥无几。半导体能源研究所主要以科研为主,其有源区技术主要对应用于 DRAM 单元结构的各种晶体管的研究和改进,电容技术主要对应用于 DRAM 单元结构的各种电容的研究和改进,而对于单元结构整体的关注度则相对较少。此外,半导体能源研究所不是 DRAM 产品的生产者,没有自己的产业,其专利申请的产业转化主要是将其技术通过合作、转让等方式提供给其他产业公司。

三星、美光、海力士不仅申请总量名列前茅,而且所涉及的技术分支也比较全面,专利布局数量也相对均衡,其中涉及电容技术的专利申请量最多,其次依次是有源区技术、字线位线技术和外围器件技术。可见,这三家公司在 DRAM 存储单元领域的技术全面、先进,是整个行业的引领者和影响者。

另外,近十年来,中国的申请人长鑫存储无论在申请量上还是在所涉技术的全面性上都超过了尔必达、英特尔、台积电这三家老牌公司,晋华也在所涉及的各个主要技术分支全面进行专利布局。说明中国的申请人正在该领域积极布局,投入大量的资源和精力,不断扩充自己的专利储备和技术储备;而尔必达、英特尔、台积电这些传统申请人正在逐步退出 DRAM 领域的研究，其研究重点已发生转移。

3. 主要申请人具体分析

根据主要申请人的申请量、技术分布情况，以及近十年在产业界的影响程度，选择三星、美光和海力士作为主要申请人的代表，对其 DRAM 相关专利申请进行分析。

（1）三星。

图 1-1-6 示出了 2010—2020 年三星 DRAM 存储单元领域的全球专利申请趋势。从图中可以看出，三星在该领域的专利申请的年申请量波动不大，除了 2011 年降至 76 项外，其他年份均保持在 100~150 项。其中在 2010—2011 年延续之前的下降趋势，之后到 2013 年直线上升但并没有超过 2010 年的申请量，在 2014—2016 年几乎持平，在 2017 年下降至 101 项，之后又再次上升，2019 年申请量达到 130 项。

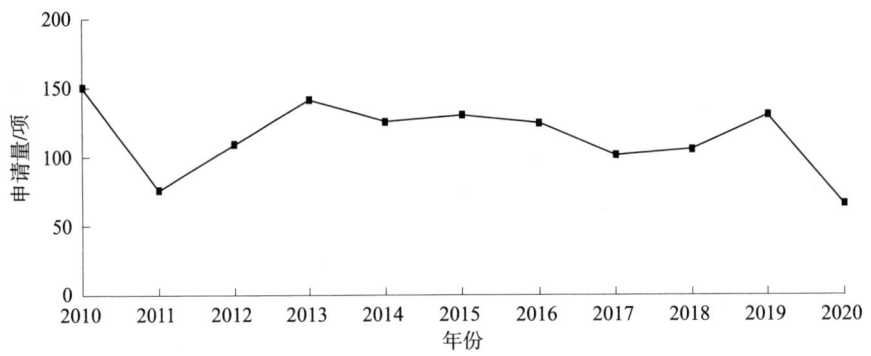

图 1-1-6　2010—2020 年三星专利申请趋势

图 1-1-7 示出了三星的专利申请中四个技术分支的专利申请年申请量变化趋势。从图中可以看出，涉及电容技术分支的专利年申请量最多，在有源区、字线位线、外围器件技术上分布较为均匀。在电容技术分支上起伏略大，分别在 2011—2014 年、2015—2016 年、2018—2019 年上升，其他年份下降，但总体趋势也比较平稳，并且在各个年份电容技术的申请量都大于其他技术分支的申请量。在有源区、字线位线、外围器件三个技术分支上不仅申请量相当，发展趋势也大体相同，都是相对稳定发展的。可见三星的技术分配较为均衡，不仅重视核心技术的发展，同时也注重技术的全面性发展，在整个 DRAM 领域处于引领地位。

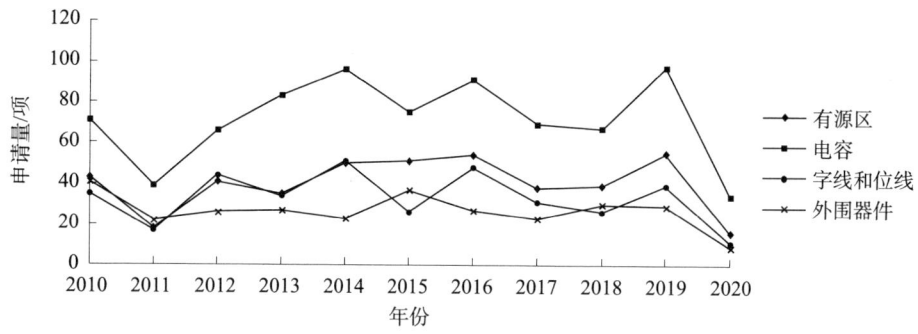

图1-1-7　2010—2020年三星各技术分支专利申请趋势

（2）美光。

图1-1-8示出了2010—2020年美光在DRAM存储单元领域的全球专利申请趋势。从图1-1-8可见，美光在2010—2013年申请量比较稳定，2014—2016年波动较大，在2014年大幅上升，2015年又急剧下降，2016年又回升到2013年的水平，之后继续上升，到2019年达到140多项。可见，美光在该领域自2016年起又加大了研究投入并且积极进行专利布局。

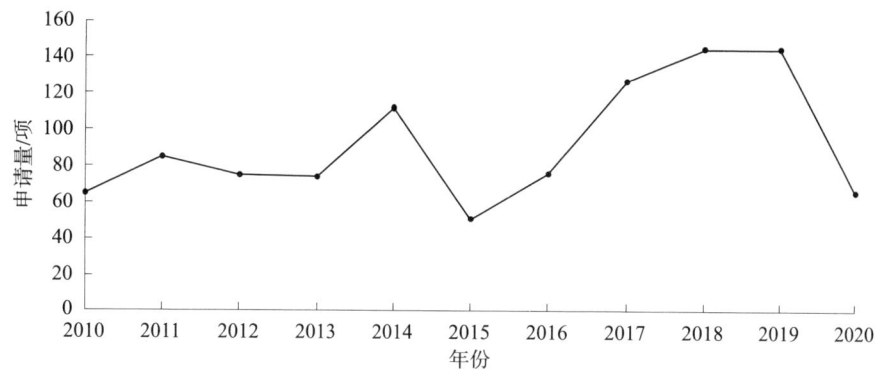

图1-1-8　2010—2020年美光专利申请量趋势

图1-1-9示出美光在各技术分支的专利申请趋势。从图中可以看出，在电容技术上的年申请量总体呈波动上升趋势，几次上升的峰值分别在2011年、2014年、2017年和2019年，且每次的峰值都高于上一次，尤其是2015年后快速上升并在2017—2019年维持相对稳定；在有源区技术、字线位线技术和外围器件技术上趋势大致相同，都是以2015年为界分为之前的总体下降趋势和之后的总体上升趋势；另外，美光在电容技术上的研究最多，其次依次是有源区技术、字线位线、外围器件。综上可见，美光在电容技术上一直在持续研发并每

年保持较多的专利申请量；在有源区、字线位线、外围器件技术上也是在2015年后再次迎来研究的小高潮，在技术上取得较为明显的发展。可见，美光也是技术发展相对均衡，整体技术比较成熟。

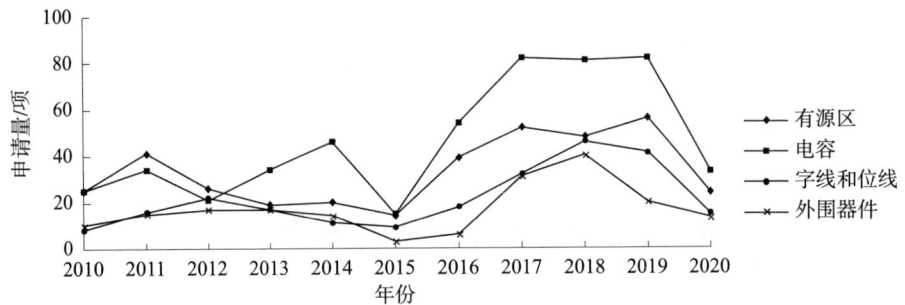

图1-1-9 2010—2020年美光各技术分支专利申请趋势

（3）海力士。

图1-1-10示出了2010—2020年海力士在DRAM存储单元领域的全球专利申请趋势。从图中可以看出，海力士的年申请量总体呈下降趋势，2014年之后的年申请量均不足50项。在申请量不断下降的趋势下，海力士在DRAM领域的市场份额并没有因此而急剧减少，反而近年来的市场份额依然可以与三星、美光相媲美。究其原因，一方面海力士在前期有大量的专利技术积累，另一方面近年来海力士的研究重点部分转移至DRAM器件的电路设计方面（不在本节的研究领域范围内）。

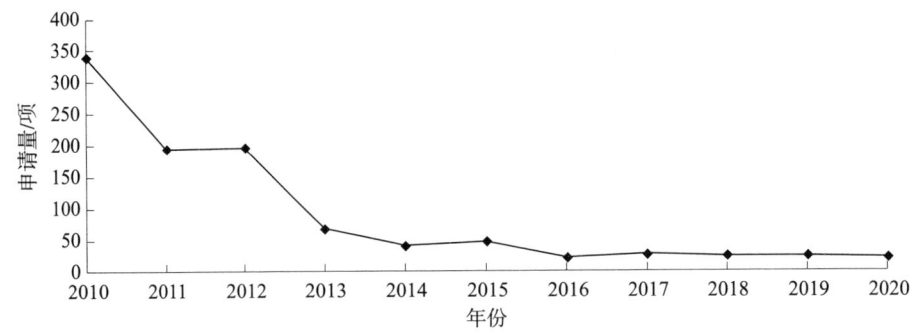

图1-1-10 2010—2020年海力士专利申请趋势

图1-1-11示出海力士在各技术分支的全球专利申请趋势。可见，海力士的专利技术也是以电容技术居多，其次是有源区和字线位线，最少的是外围器件。其在各个技术分支上的年申请量总体上都是下降的，并且申请量主要集中

在 2010—2013 年,2013 年之后的年申请量多数都在 20 项以下,说明近年来海力士已经不再将 DRAM 存储单元领域作为其研发重点。

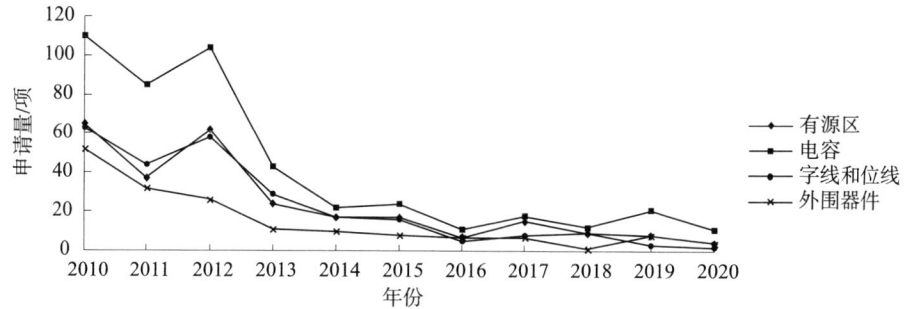

图 1-1-11　2010—2020 年海力士各技术分支专利申请趋势

(四) 重点技术分析

DRAM 存储单元领域主要包括有源区技术、电容技术、字线位线技术,以及外围器件技术。根据各技术分支的专利申请情况,本小节重点介绍其中的两个核心技术:有源区技术和电容技术。

1. 有源区技术

图 1-1-12 示出了有源区技术领域全球专利申请趋势。从图中可以看出其整体呈下降趋势,仅在 2010—2011 年和 2016—2017 年有两次上升且上升幅度不大,不过年申请量仍然保持在数百件以上。表明在 DRAM 领域有关有源区的技术发展已相对成熟,新技术的突破变得越来越困难。

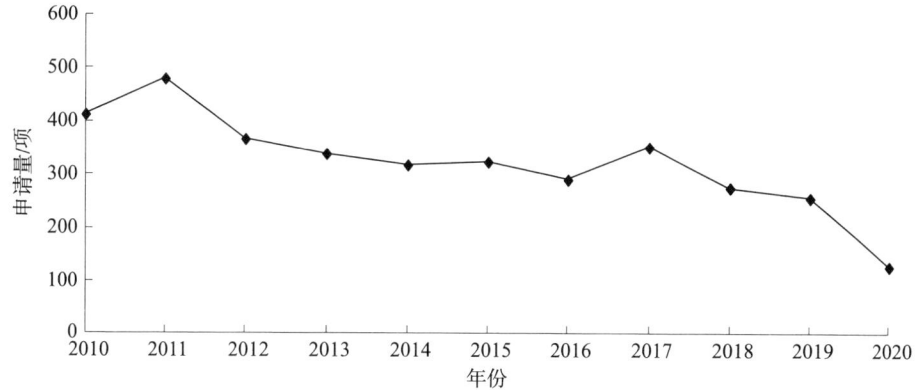

图 1-1-12　2010—2020 年有源区技术领域全球专利申请趋势

图 1-1-13 示出了有源区技术领域全球专利申请量排名前十的主要申请人。其中,专利申请量最多的申请人是半导体能源研究所,远超其他申请人;

其次是三星、美光、海力士；再次是长鑫存储，申请量位居第五位；其后依次是 IBM、晋华、台积电、英特尔、尔必达，申请量均少于 200 项。

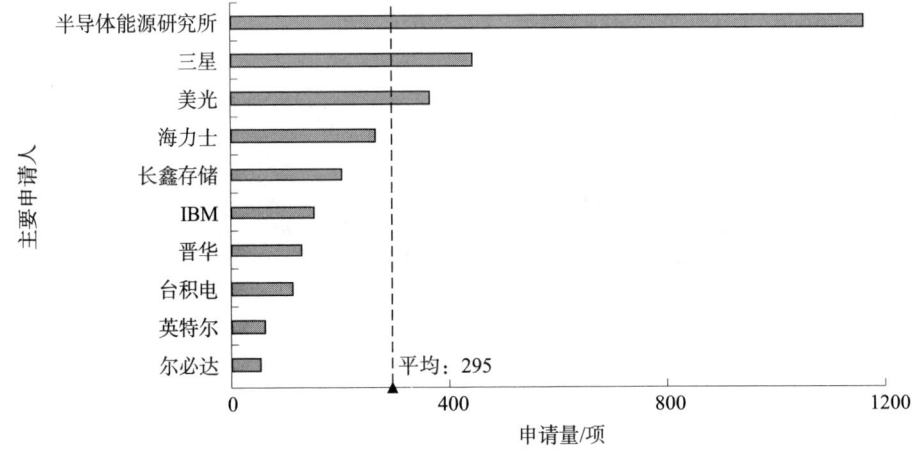

图 1-1-13 有源区技术领域全球专利申请的主要申请人

有源区指 DRAM 结构单元中的晶体管器件区，是 DRAM 结构单元的核心部件之一。有源区技术的改进主要涉及晶体管的结构和制备工艺方面。DRAM 对晶体管的规格要求与高性能逻辑器件不同，DRAM 需要具有较高电流开关比（I_{on}/I_{off}）的晶体管，要求低泄漏率以防止电容器放电，要求高导通电流以在短时间内完成数据读写。随着工艺节点的不断缩小，短沟道效应越来越明显，而短沟道效应又会直接导致截止电流增加、导通电流减小、漏电流增大等。因此，要改善 DRAM 特性最重要的是如何改善短沟道效应。为了克服上述问题，DRAM 晶体管的结构在不断发展改进，从对称结构向不对称结构发展，从平面型向三维复杂结构以及完全垂直集成方向发展。下面将结合部分专利技术对有源区技术进行说明。

（1）平面非对称结构。

韩国海力士的专利 KR100470388B1，最早优先权日：2002 年 5 月 3 日，授权公告日：2005 年 2 月 7 日，同时还在美国进行布局并获得授权。其公开了一种包括独立且不对称的源极/漏极的 DRAM 单元及其制造方法。如图 1-1-14 所示，形成在半导体衬底中的不对称源极/漏极结区（41，43），能够显著降低由于源极/漏极结与高电场之间的穿通而导致的漏电流，以确保在高度集成的 DRAM 单元晶体管处的刷新特性。

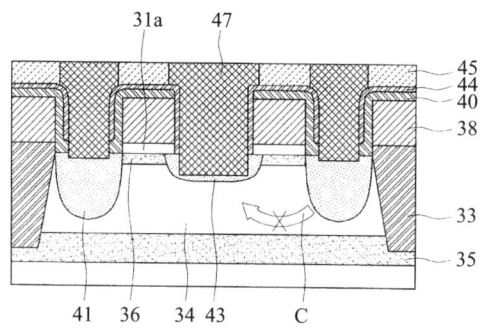

图1-1-14　KR100470388B1的DRAM结构示意图

（2）阶梯式栅极不对称结构。

韩国海力士的专利KR100612947B1，最早优先权日：2005年6月30日，授权公告日：2006年8月14日，同时还在美国进行布局并获得授权。其公开一种在DRAM制造期间用于制造具有阶梯栅控非对称凹部的晶体管的方法。如图1-1-15所示，在栅极绝缘层26上形成非对称阶梯结构栅极27，每个栅极在对应的凹陷有源区和对应的突出有源区上延伸。其通过将沟道的一半凹陷并形成非对称结构来实现沟道长度的增加，改善了器件的电学特性，如击穿电压、结泄漏和字线电容。

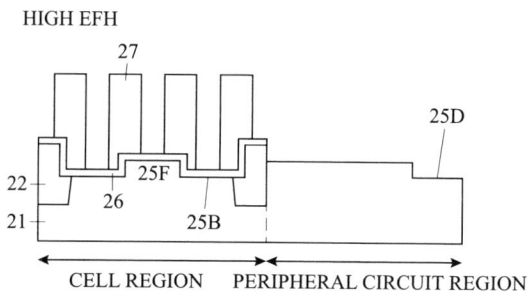

图1-1-15　KR100612947B1的DRAM结构示意图

（3）凹槽沟道栅晶体管结构。

日本半导体能源研究所的专利JP6005378B2，最早优先权日：2011年3月31日，授权公告日：2016年10月12日，同时还在美国、韩国进行布局并均获得授权。其公开了一种采用凹陷沟道阵列晶体管构成的DRAM。如图1-1-16所示，覆盖凹槽部分的侧面部分的半导体层140的大部分被制成沟道形成区。通过采用这种结构，可以在减小晶体管的占用面积的同时延长沟道长度，并且可以抑制短沟道效应。

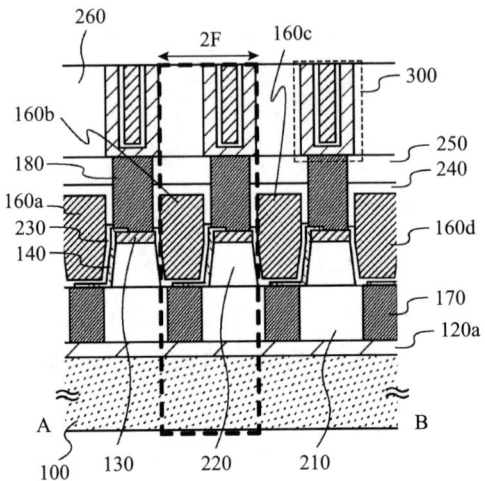

图 1-1-16　JP6005378B2 的 DRAM 结构示意图

（4）FinFET 晶体管结构。

美国美光的专利 US10424656B2，最早优先权日：2017 年 5 月 18 日，授权公告日：2019 年 9 月 24 日。其公开了一种构造在存储器的存储器单元中的沉积鳍主体的 FinFET 阵列，可以获得更理想的阈值电压从而优化电学性能。如图 1-1-17 所示，对于存储器阵列，可以经由由 FinFET 形成的存取晶体管将感测放大器连接到每个电荷存储元件 1442，该 FinFET 包括鳍状物主体 1035、掺杂区域 15、掺杂区域 1340、栅极 527 和 1237，以及栅极电介质 930 和 1132，

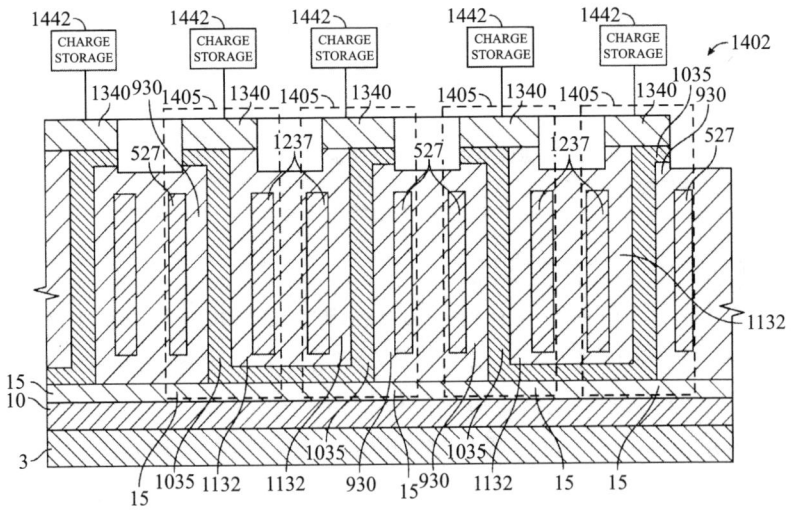

图 1-1-17　US10424656B2 的存储器结构示意图

沿着数字线 10 的所有 FinFET 可以在一侧连接到数字线 10，而 1340 处的每个 FinFET 的顶部可以连接到单独的电容器以保持信息电荷。

（5）全包围栅（Gate – all – Around，GAA）晶体管结构。

美国 IBM 的专利 US10615288B1，最早优先权日：2018 年 10 月 24 日，授权公告日：2020 年 4 月 7 日。其公开了一种基于全包围栅结构的非易失性存储器集成方案。如图 1 - 1 - 18 所示，GAA 晶体管提供了一个在栅极下形成的四面通道，而构成沟道的纳米片 1405 在垂直方向上堆叠，与普通 Fin 结构相比，GAA 在同等体积下却能拥有更大的有效沟道长度，从而在系统层面上获得更高的集成度。

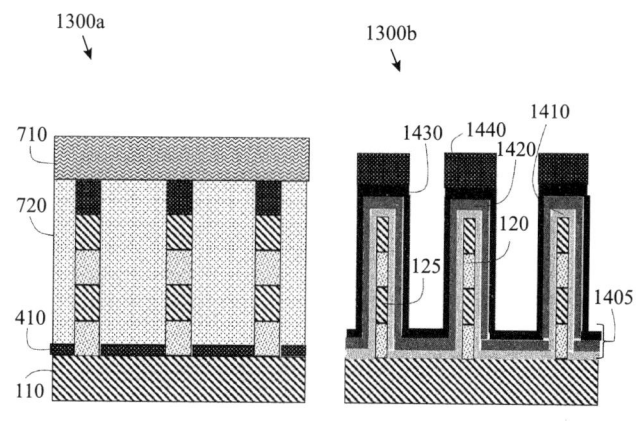

图 1 - 1 - 18　US10615288B1 的存储器结构示意图

（6）无电容存储结构（1T - DRAM）。

韩国三星的专利 KR100660910B1，最早优先权日：2006 年 1 月 9 日，授权公告日：2009 年 12 月 15 日，同时还在美国进行布局并获得授权。其提供了一种无电容动态随机存取存储器及其制造方法。如图 1 - 1 - 19 所示，无电容 DRAM 中，在体衬底 100 内形成一对圆柱形辅助栅极 122。因此，可以增加在圆柱形辅助栅极彼此接触的区域处形成的沟道主体 104 的体积，同时可以减小沟道主体接触源极和漏极区域 103 的结区域的面积，以此增加沟道主体的电容水

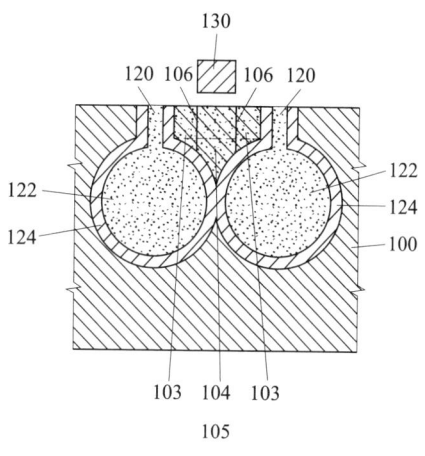

图 1 - 1 - 19　KR100660910B1 的无电容动态随机存取存储器结构示意图

平,并减少通过沟道主体与源极区域和漏极区域中的每一个之间的区域的泄漏电流的产生,将反向偏置施加到圆柱形辅助栅极可改进沟道主体的电荷存储能力。

2. 电容技术

图 1-1-20 示出了 2010—2020 年电容技术领域全球专利申请趋势。从图中可以看出其整体呈缓慢下降趋势,但在 2016—2017 年有上升。表明在 DRAM 领域有关电容的技术发展已经进入稳定期,技术已经相对成熟,但鉴于电容技术在整个 DRAM 单元中的核心地位,围绕该领域的研究热度仍在,并且在 2015—2017 年、2018—2019 年申请量均有小幅增长。

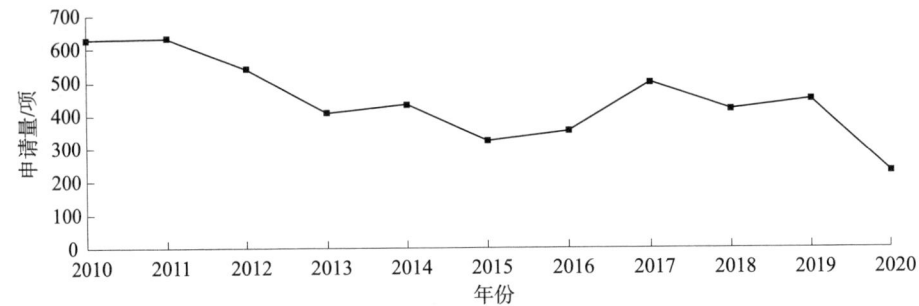

图 1-1-20　2010—2020 年电容技术领域全球专利申请趋势

图 1-1-21 示出了电容技术领域全球专利申请量排名前十的主要申请人。其中,专利申请量最多的申请人是三星(794 项),其次是半导体能源研究所(678 项)、美光(507 项)、海力士(463 项),之后依次是 IBM、长鑫存储、尔必达、台积电、晋华、英特尔。

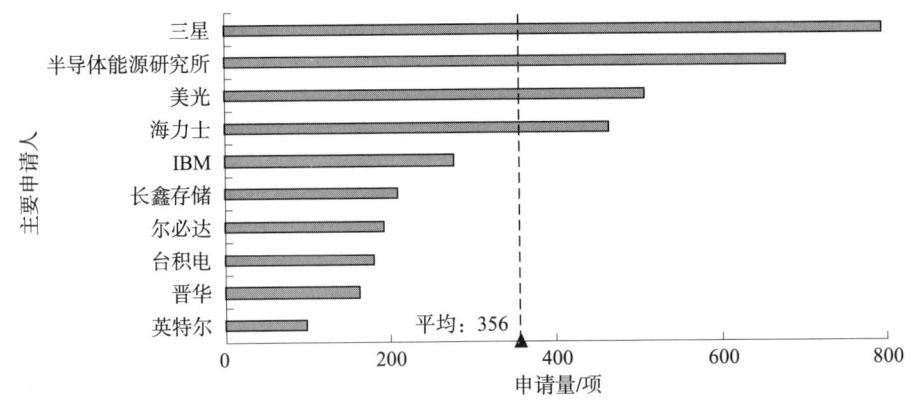

图 1-1-21　电容领域全球专利申请量排名前十的主要申请人

DRAM 存储单元中用于存储数据的电容是该器件的核心元件之一，主要是 MIM 结构的电容器，这不同于常见的集成电路中的 MOS 型电容器。DRAM 中电容器的容量越大存储能力越大，但是随着 DRAM 的高集成度以及设计尺寸的缩小，在有限的空间和高度下，增加电容面积变得日渐困难，随之应运而生了多种增大电容量的形式。为了获得更大的电容，存储更多的电荷，进而减小漏电对 DRAM 的影响，延长数据在电容中的存储时间，DRAM 单元电容从早期的平板式电容发展为现代的三维电容单元，主要分为沟槽式和堆叠式两种电容。目前以堆叠式电容结构为主流，改进主要在结构的细节和制造工艺上。

沟槽式电容的形成是在晶体管形成之前，主要包括波状形、衬底平板式、埋入导线式、埋入沟槽式或晶体管在电容上等技术。

堆叠式电容的形成是在晶体管完成之后，其结构类型主要包括基本的堆叠式电容、电容在位线上、圆柱堆叠式单元、表面粗糙堆叠式单元、半球颗粒形堆叠式单元、高 K 值电介质材料堆叠式单元等。与沟槽式单元相比，堆叠式单元更容易实现和高 K 值材料的结合，电容保持能力较好，器件结构简单，漏电流通道较少，存储电极周围缺陷较少。

以下结合部分重要专利对电容技术进行说明。

（1）堆叠式电容。

美国美光的专利 US10804273B2，最早优先权日：2017 年 9 月 6 日，授权公告日：2020 年 10 月 13 日。同时还在韩国、中国、欧洲进行专利布局，并在韩国、欧洲获得授权。其公开了一种包括绝缘材料和存储器单元的垂直交替层的存储器阵列以及形成存储器阵列的方法。如图 1-1-22 所示，存储单元中的电

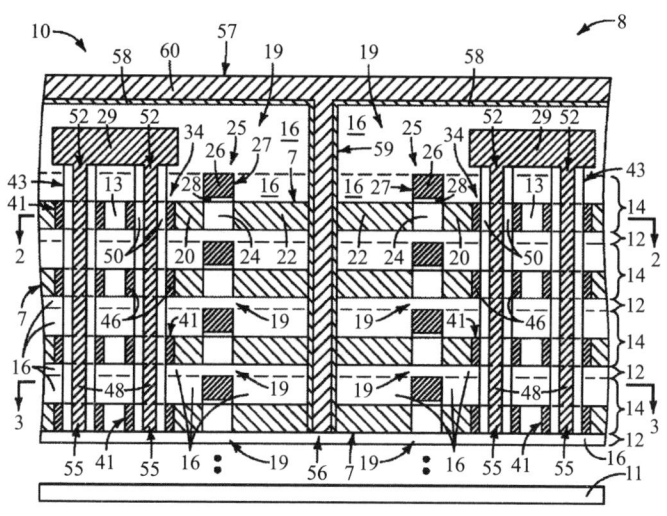

图 1-1-22　US10804273B2 的存储器阵列结构示意图

容器包括第一电极46，其电耦合到晶体管的源极/漏极区。所述第一电极46包括直线水平横截面中的环形41，以及从所述第一电极环形41径向朝内的电容器绝缘体50。第二电极48从所述电容器绝缘体50径向朝内。电容器电极结构竖向延伸穿过垂直交替层12和14。

（2）沟槽式电容。

美国IBM的专利US9048339B2，最早优先权日：2012年9月7日，授权公告日：2015年6月2日，其公开了一种深沟槽电容器以及形成其的方法。如图1-1-23，包括提供位于体衬底102上方的焊盘层，将深沟槽蚀刻到焊盘层和体衬底中，该深沟槽从焊盘层的顶表面向下延伸到体衬底内的位置，以及掺杂体衬底的一部分以形成掩埋板；沉积节点电介质、内部电极112和基本上填充深沟槽的电介质盖，节点电介质位于埋入板108和内部电极之间，电介质盖114位于深沟槽的顶部，去除焊盘层，在体衬底的顶部上生长绝缘体层116，以及在绝缘体层的顶部上生长绝缘体上半导体层。该方法可以在SOI衬底中制造深沟槽电容器同时最小化或消除在SOI层中引入掺杂剂的风险。

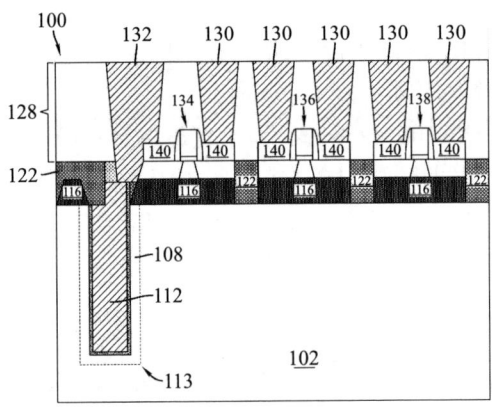

图1-1-23　US9048339B2的深沟槽电容器结构示意图

（3）电极接触。

韩国三星的专利申请KR20180069186A，最早优先权日：2016年12月14日，授权公告日：2018年6月25日，同时还在美国进行了专利布局，其公开了一种半导体存储器。如图1-1-24，在单元区域处在半导体衬底上的多个底部电极、共形地覆盖底部电极的顶表面和侧壁的介电层，以及在介电层上并填充在底部电极之间的上部电极的半导体存储器件。上电极的顶表面的表面粗糙度可小于上电极的侧表面46的表面粗糙度。电极侧表面较大的粗糙度可以增大电极面积以增大电容量，同时电极顶表面的粗糙度较小，这样在后续形成上电极接触孔时，上电极接触孔可以具有彼此相同的深度或基本相似的深度，可以防止或减轻上电极接触孔未正确打开的问题。

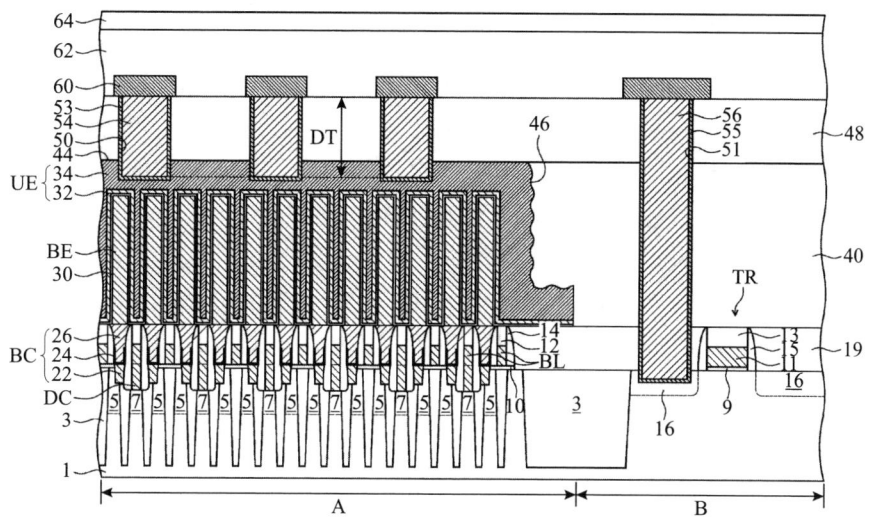

图1-1-24　KR20180069186A 的存储器结构示意图

(4) 特殊结构的电容器。

中国长鑫存储的专利申请 CN114171462A，最早优先权日：2020年9月10日，同时还在美国进行了专利布局。其公开了一种电容结构的制备方法，包括：提供半导体基底；在半导体基底上形成具有多个均匀分布的第一圆孔图案的第一掩膜层；基于第一圆孔图案，在半导体基底上蚀刻第一开口，每个第一开口在半导体基底上具有第一圆形投影；在第一开口的远离半导体基底的一侧形成第二掩膜层，并在第二掩膜层上形成多个第二图案；基于第二图案，在半导体基底上蚀刻出第二开口，每个第二开口在半导体基底上具有第二投影；其中，第二投影的轮廓线与四个相邻的第一圆形投影的轮廓线分别相交；蚀刻第一开口和第二开口形成电容孔，在电容孔内沉积下电极层6、电介质层7和上电极层8，形成电容结构，如图1-1-25所示。本发明的方法制备的电容结构提高了支撑稳定性。

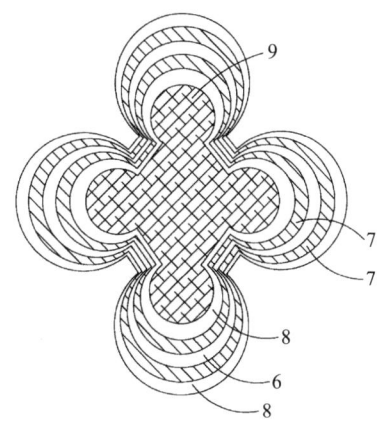

图1-1-25　CN114171462A 的电容结构示意图

二、检索策略及案例解析

（一）检索策略

充分理解发明是检索的基础。检索前充分理解发明，在此基础上准确地确定发明构思和检索要素（其表达形式包括分类号、关键词等），从而制定出合理的检索策略。检索中结合检索结果再次理解发明，是一个新的学习的过程，可以动态调整检索过程，从而获得更合适的检索结果。

目前，DRAM 技术已经进入一个技术相对成熟的稳步发展阶段，在进行检索时可以首先采用分类号或关键词"DRAM"进行领域的限定，以避免大量其他存储领域的噪声影响。在该领域内再进行具体的检索，使得检索有的放矢。但是在针对一些具体细节的检索时，尤其是一些通用细节特征的检索时，则可以不必须限制在 DRAM 领域。

另外，DRAM 领域有相对准确和完备的 CPC 分类号和 F-term（FT）分类号体系，因此检索时可以有针对性地找到某些技术对应的分类号，使得检索的范围大大缩小，有效提高检索的效率。

总之，针对 DRAM 技术领域的检索就是在一般性通用检索策略的基础上，结合反映该领域具体特点的分类号和关键词，不断进行动态调整的过程。

（二）检索要素

根据 DRAM 存储单元领域的常规表达，确定了对应技术领域及技术分支的相关检索要素，包括关键词及对应的分类号，如表 1-1-1 所示。

表 1-1-1 检索要素表

检索要素	中文关键词	英文关键词	IPC（2022.01 版）	CPC（2022.05 版）	FT
动态随机存取存储	存储结构、存储单元、存储器、动态随机存取、易失性、记忆体、一个晶体管 2w、一个电容、单元阵列	DRAM, dynamic RAM, dynamic random access memory, cell, 1T1C, one transistor one capacitor, cell array	H01L27/108 H01L21/8242	H01L27/108 及其所有下点组	5F083/AD00 - 5F083/AD69

· 22 ·

续表

检索要素	中文关键词	英文关键词	IPC（2022.01 版）	CPC（2022.05 版）	FT
有源区	晶体管、浮体晶体管、浮栅晶体管、浮体单元、有源区	transistor, FET, MOSFET, active area, floating body		H01L27/10802 H01L27/10823 H01L27/10826 H01L27/10838 H01L27/10841 H01L27/10873 及其下点组	5F083/AD01, AD02-04, AD06, AD10
电容	电容存储节点、金属、绝缘层金属、接触	capacitor, storage node, MIM, contact		H01L27/10808 及其下点组 H01L27/1082 H01L27/10829 及其下点组 H01L27/10838 H01L27/10885 及其下点组	5F083/AD11-12, AD 14-31, AD 42-43, AD 45-46, AD 48-49, AD 51-54, AD 60-63
字线位线	字线 位线 接触	word line, bit line, contact		H01L27/10882 及其下点组	5F083/KA00
外围结构	外围	periphery		H01L27/10894 H01L27/10897	

（三）案例解析

1. 案例 1-1-1：埋入式 DRAM 器件及其形成方法

（1）案情概述。

本申请涉及一种埋入式 DRAM 器件的形成方法。随着 DRAM 存储器的集成度越来越高，DRAM 复杂的制备过程，以及与现有的常规半导体器件的生产工艺兼容性差，使得制作工艺难度越来越大。现有技术中在形成衬底后需要先形成深沟槽，在深沟槽中形成电容器结构，之后再制备逻辑晶体管和存储晶体管。一方面深沟槽的制备工艺难度较大；另一方面多一道制备深沟槽的工序，使得整个制备流程更加复杂。

本申请提供了一种简化制作流程并提升 DRAM 器件性能的制备方法，包括：提供衬底，所述衬底包括存储器件区以及至少一个逻辑器件区；在逻辑器件区的衬底上形成第一栅极并在存储器件区的衬底上形成第二栅极；在第一栅极两侧的衬底上形成逻辑晶体管的源极和漏极，并在第二栅极两侧的衬底上形成通道晶体管的源极和漏极；在所述通道晶体管的源极或者漏极上依次形成电介质层以及金属层，所述电介质层、金属层与所述通道晶体管的源极或者漏极用于构成电容器。

本申请的方法不需要形成深沟槽，只需按照常规流程制作逻辑晶体管和通道晶体管，然后在通道晶体管的源极或者漏极上形成电介质层以及金属层便可以形成存储器件的电容器，其中由于采用后栅工艺使得电容器的电介质层与晶体管的栅极介电层可以在同一个步骤中形成，简化了制备工艺并且与常规流程的兼容性更好。

本申请权利要求1-2的技术方案如下：

1. 一种埋入式DRAM器件的形成方法，其特征在于，包括：

提供衬底，所述衬底包括存储器件区以及至少一个逻辑器件区；

在逻辑器件区的衬底上形成第一栅极并在存储器件区的衬底上形成第二栅极，

在第一栅极两侧的衬底上形成逻辑晶体管的源极和漏极，并在第二栅极两侧的衬底上形成通道晶体管的源极和漏极；

在所述通道晶体管的源极或者漏极上依次形成电介质层以及金属层，所述电介质层、金属层与所述通道晶体管的源极或者漏极用于构成电容器。

2. 如权利要求1所述的形成方法，其特征在于，第一栅极和第二栅极的栅电介质层和所述电容器的电介质层同层形成。

（2）充分理解发明。

本申请的技术方案主要包括三方面的改进：①逻辑区的逻辑晶体管和存储区的通道晶体管同时形成；②在通道晶体管的源漏极形成后，直接在源极或漏极上依次形成电介质层以及上电极金属层，其中通道晶体管的源极或漏极直接用作电容器的下电极；③电容器的电介质层与逻辑晶体管的栅极介电层在同一个步骤中形成。

其中，独立权利要求1的技术方案并没有体现出第③方面的改进内容，而是记载在从属权利要求2中。通常，我们首先需要针对权利要求1的范围进行检索，然后再针对从属权利要求的特征进行检索。

（3）检索过程分析。

首先根据上述对发明的充分理解确定检索要素：

确定技术领域是DRAM及其制备方法，涉及的IC分类号有H01L21/8242，

CPC 分类号有 H01L27/10844、H01L27/10847、H01L27/1085、H01L27/10852、H01L27/10855；

确定关键词：DRAM，埋入，逻辑区（可扩展为逻辑晶体管、logic、transistor），存储区（可扩展为存储晶体管、通道晶体管、memory、channel、transistor），源漏（可扩展为源极、漏极、源极扩散区、漏极扩散区、source、drain），电容（可扩展为电介质、介电、绝缘接触、下电极、capacitor、capacity impurity or diffusion、dielectric、insulator、electrode），栅极（栅、介质、电介质、绝缘、gate、dielectric、insulator）；

确定技术效果：简化工艺。

第一步，根据权利要求1要求保护的范围进行检索。

在中国专利文摘库 CNABS 中：

序号	所属数据库	命中记录数	检索式
1	CNABS	27950	H01l21/8242/ic/cpc or H01L27/108/ic/cpc or dram
2	CNABS	17	埋入 and（源 or 漏）and 电容 and 逻辑 and 存储
3	CNABS	11	1 and 2

检索结果较少，浏览发现公开了涉及本申请第①方面的改进的相关专利文献1，其公开了 DRAM 包含逻辑区晶体管、存储区晶体管以及存储电容。

发现关键词"埋入"的使用可能排除了很多相关文献。在本领域中，埋入式 DRAM 通常是指字线/位线或存储电容埋设在衬底中，本申请已经明确限定了其电容器不需要设置在衬底的沟槽中，因此权利要求主题名称中限定的"埋入式"应该是指字线/位线埋设在衬底中的类型，该埋入式与本申请的三个改进点都没有关系，因此检索时可以考虑去掉"埋入"这一检索要素，将检索范围扩大。后面的检索可以将重点放在寻找该专利文献1没有公开的特征上，即重点检索"电容位于存储晶体管上方的，且直接利用存储晶体管的源或漏区作为电容的下电极"，因此可以考虑 CPC 分类号 H01L27/10852：电容器在存取晶体管上延伸的。

继续在 CNABS 库中检索：

4	CNABS	4208	（源 or 漏）and 电容 and 逻辑 and 存储
5	CNABS	782	H01L27/10852/cpc
6	CNABS	1513	存储 and 晶体管 and（（源 or 漏）5w 电容）

| 7 | CNABS | 6 | 5 and 6 |
| 8 | CNABS | 12 | 5 and 4 |

未检索到相关专利文献。

转入德温特世界专利索引数据库 DWPI 做进一步检索:

1	DWPI	74160	DRAM or H01L27/108/ic/cpc or H01L21/8242/ic
2	DWPI	2076	(((source or drain) or impurit+ or diffus+) 5w capacitor) s electrode
3	DWPI	230	1 and 2
4	DWPI	2866	H01L27/10852/cpc
5	DWPI	18	2 and 4

并未检索到相关专利文献。

考虑到上述改进点比较细节,摘要库中可能未进行记载,因此转入外文专利全文库 ENTXT 进行检索。

1	ENTXT	395202	DRAM or H01L27/108/ic/cpc or H01L21/8242/ic
2	ENTXT	1032	((((capacitor or (capacity 3w diffusion)) 5w (source or drain)) s ((capacitor or capacity) w electrode)) and transistor and insulat+
3	ENTXT	167	1 and 2

检索到一篇相关专利文献 2,其公开了一种 DRAM 器件及其制备方法,存储区的电容位于晶体管上方,电容扩散区 7 和源漏区为同一个区域,该电容扩散区和其上的电介质层、上电极构成电容器(相当于公开了源/漏极区直接用作电容器的下电极)。

可见,上述两篇对比文件结合可以评价权利要求 1 的创造性。

然后,根据上面充分理解发明部分的分析,可知本案第③方面的改进"栅极电介质和电容电介质同层形成"本质是在第②方面改进"源漏直接用作电容器的下电极"的前提下才能实现的,它们是相互关联的,因此可以依据该第③方面的特征构建其他等效检索式,即针对从属权利要求 2 进一步检索。

第二步,针对从属权利要求 2 的检索。

| 9 | CNABS | 26676 | H01L27/108/ic or dram |
| 10 | CNABS | 5884 | (逻辑 or 逻辑晶体管) and (存储 or 通 |

			道晶体管) and 电容
11	CNABS	449	9 and 10
12	CNABS	30128	(栅 3w (介电 or 电介 or 绝缘))
13	CNABS	52	11 and 12

通过浏览，筛选出相关专利文献3，其不仅公开了从属权利要求2的附加技术特征，同时也公开了独立权利要求1的技术特征。

综上分析可知，本案中关于特征"电容位于晶体管上方，且晶体管的源/漏直接作为电容的下电极"的检索要素的表达比较困难，在这种情况下可以考虑在全文库中进行更细致的表达，或者寻找和该特征存在因果关系的其他等效表达，进而获得合适的专利文献。本案例在第二步检索中并未特别关注电容部分的特征，而是将重点放在栅介质的工艺和器件整体结构上，即更换了其他等效表达，从而获得了更优的专利文献。因此，检索是一个动态调整和不断尝试的过程，在检索的过程中一定要采用多种手段从不同角度采用不同思路进行尝试。

2. 案例1-1-2：高密度半导体结构

（1）案情概述。

随着半导体DRAM装置的整合，已发展出适用于高度整合的存储单元阵列布线与结构。为了使DRAM装置具有更高的密度，DRAM存储单元已成功地缩小至次微米级的范围。然而，由于尺寸缩小，存储单元电容也随之缩小，由此可能带来信噪比降低、刷新频率升高、装置错误率增加等问题。因此，需要以最小量的空间密集地排列存储单元，以维持或增加特征间距并减少硅表面积的使用。本发明的目的在于提供一种半导体结构，通过改变半导体结构晶体管的排列方式，可提供高密度的存储单元阵列。

本申请的独立权利要求1的技术方案如下：

1. 一种半导体结构，其特征在于，该半导体结构包括：

基板；

位线，设置于该基板上且具有第一侧与第二侧，该第二侧与该第一侧相对；以及

第一存储单元组，包括：

第一晶体管，设置于该基板上且具有第一终端与第二终端，该第一终端连接该位线；

第一电容，连接该第一晶体管的该第二终端；

第二晶体管，设置于该基板上且具有第三终端与第四终端，该第三终端连接该位线；及

第二电容，连接该第二晶体管的该第四终端；

其中该第一电容与该第二电容在垂直于该位线的延伸方向的一方向上与该位线分开，且该第一电容与该第二电容位于该位线的该第一侧。

（2）充分理解发明。

结合说明书和权利要求充分理解发明。为提供高密度的存储单元阵列，本发明提供了一种半导体结构晶体管的排列方式，第一存储单元组 1 的第一和第二晶体管 T1、T2 的排列分别与位线 BL 有个夹角，第一晶体管的一端 11－1 连接位线、另一端 11－2 连接第一电容 21，第二晶体管的一端 12－1 连接位线、另一端 12－2 连接第二电容 22。多个第一存储单元组 1 可构成多个六边形（如标号 60）排列，达到高密度存储单元阵列，如图 1－1－26 所示。

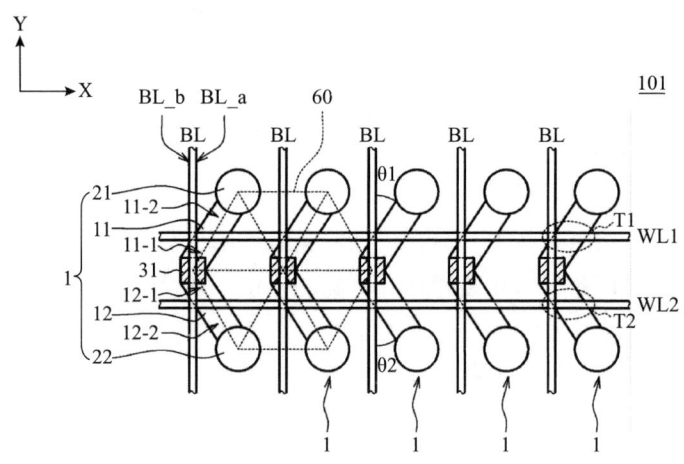

图 1－1－26　案例 1－1－2 的附图

（3）检索过程分析。

如果仅根据权利要求 1 的技术方案来确定检索要素，首先确定出的关键词为：存储器、晶体管、位线、电容、连接。这些表达都是 DRAM 领域非常常见和通用的表达，如果以此进行检索无疑是大海捞针，将引入大量的噪音。因此需要结合说明书具体实施例来进一步确定。确定的检索要素可以包括技术领域、技术问题/技术效果、技术手段。技术领域是 DRAM 领域；解决的技术问题/达到的技术效果是实现高密度的排列；采用的技术手段是每个存储组 1 中第一晶体管 T1 的主动区与位线之间形成夹角 $\theta 1$，第二晶体管 T2 的主动区与位线之间形成夹角 $\theta 2$，T1 与 T2 的主动区域可为相连的状态，并呈现"く"字形，多个存储组可构成多个六边形排列。其中"呈现'く'字形，及多个存储组可构成多个六边形排列"并没有记载在权利要求 1 的方案中，后续检索的时候视情况确定是否将其加入检索要素。另外申请人、发明人也可作为检索入口。

首先在 CNABS 中进行检索：

1	CNABS	464	dram and 晶体管 and 位线 and 电容
2	CNABS	16	1 and 高密度
3	CNABS	6	dram and 晶体管 and 位线 and 夹角

经过浏览，没有发现相关的专利文献。

接下来在 DWPI 数据库中进行检索：

1	DWPI	1000	dram and transistor? and bit and capacitor?
2	DWPI	617	dram and transistor? and bit and capacitor? and connect +
3	DWPI	90	dram and transistor? and bit and capacitor? and connect + and density

经过浏览，未发现相关专利文献。

经分析，虽然权利要求 1 的方案中限定的是"每一个存储组中两个晶体管与位线、电容的连接以及排列情况"，但是说明书中与之对应的具体实施例，将其扩展记载为"多个存储组组成的整体存储阵列的排列结构，即多个六边形排列结构。另外，在阅读相关文献时发现部分相关文献将类似本申请的"六边形排列"称为"$6F^2$ DRAM 单元"，因此将与"$6F^2$ DRAM"相关的特征并入检索要素的表达。

接下来，分别在 DWPI 和 CNABS 数据库中进行检索：

4	DWPI	0	transistor? and bit and capacitor? and $6F^2$
5	DWPI	0	transistor? and bit and capacitor? and 6F
6	DWPI	4	dram and 6F
7	DWPI	8	dram and $6F^2$

获得专利文献 1 公开了本申请权利要求 1 的全部技术特征。同时，发现该专利文献 1 的中文同族专利文献，然后转入 CNABS 中继续尝试，以获得更全面的检索结果：

| 4 | CNABS | 8 | 晶体管 and 位线 and 电容 and $6F^2$ |
| 5 | CNABS | 4 | 晶体管 and 位线 and dram and 6F |

通过浏览仅发现了该同族专利文献，未发现其他合适专利文献。

本案通过充分理解发明，结合说明书和其他相关文件的理解，适当引入更专业、更相关的表达，即引入特征表达"$6F^2$ DRAM 单元"后，在 CNABS 和 DWPI 中进行了试探性检索，检索到公开本案发明点且能评价新颖性的文件。

但在实际应用中，当进行这种细节特征检索时，如果在文摘库中未获得合适的专利文献，则需要转向全文数据库，如 CNTXT、ENTXT，在其中构建关于该细节特征的检索式往往能获得相关的专利文献。

3. 案例 1-1-3：存储单元、存储器件及电子设备

（1）案情概述。

本申请涉及一种具有大存储电容的 DRAM 存储单元。随着器件的不断小型化，用来形成电容器的芯片面积不断缩小，电容器的电容值也随之变小。为了确保存储性能，期望在不占用过大芯片面积的情况下，得到尽可能大的电容。本申请提供了一种存储单元，包括晶体管以及与该晶体管连接的电容组件。其中，该电容组件包括彼此串联连接的正电容器及负电容器。利用负电容器和常规电容器（即正电容器）的串联组合来形成存储电容组件，与常规存储电容相比，在相同的占用面积下，这种电容组件可以实现大的存储电容。

本申请独立权利要求 1 的技术方案为：

1. 一种存储单元，包括：

晶体管；以及

与该晶体管连接的电容组件；

其中，所述电容组件形成为沟槽电容器；所述电容组件包括彼此串联连接的正电容器以及负电容器。

（2）充分理解发明。

本申请的技术领域为 DRAM 存储单元领域，具体为 DRAM 器件中电容技术领域。为达到增大电容量的目的采用了两个技术手段：一是 DRAM 器件中采用沟槽电容器结构，以增大电容器面积；二是电容器结构采用正电容器和负电容器串联的结构，以此增大电容值。根据说明书的记载，可知正负电容器串联的结构具体为：所述电容组件包括第一导电层—电介质层—第二导电层—负电容材料层—第三导电层的叠层，或者所述电容组件包括第一导电层—电介质层—负电容材料层—第三导电层的叠层，负电容材料为铁电材料。

（3）检索过程分析。

首先根据发明确定检索要素并进行检索要素的表达，包括关键词、分类号等。检索领域：DRAM 存储单元领域；关键词：随机存取存储器、存储器、电容器、正电容、负电容、正性电容、负性电容、串联、铁电电容、电介质、叠层、增大、dram, memory, capacitor, negative, positive, ferroelectric, improve, increase, capacitance。涉及的 IPC 分类号：H01L27/108，H01L27/10829，H01L27/115，G11C11/407；CPC 分类号：H01L27/10829，H01L27/10861。在上述基本检

索要素的基础上，检索过程中根据实际情况进行动态调整，以有效检索到相关的专利文献。

① 本案发明点非常明确，可以直接针对发明点信息在 CNABS 中进行检索，构建如下检索式：

1	CNABS	23	（正电容 or 正性电容）and（负电容 or 负性电容）and 串联
2	CNABS	458082	H01L21/ic or H01L27/ic
3	CNABS	91	（正电容 or 正性电容）and（负电容 or 负性电容）
4	CNABS	11	2 and 3
5	CNABS	195	H01L27/10829/cpc
6	CNABS	2	5 and（负电容 or 负性电容）

上述检索式获得的检索结果很少。经过浏览，发现检索结果虽然相关性都很高，但是大部分都是申请人的系列申请。

② 分析第①步中未获得其他相关文献的原因：（i）"（正电容 or 正性电容）and（负电容 or 负性电容）"的表达过于上位或者扩展不够。通过再次阅读本申请说明书发现关于正负电容的更具体的表达"电容组件包括第一导电层—电介质层—第二导电层—负电容材料层—第三导电层的叠层"，或者"所述电容组件包括第一导电层—电介质层—负电容材料层—第三导电层的叠层"，以及"负电容材料为铁电材料"。（ii）检索领域不一定只局限于 DRAM 领域，本申请的技术改进主要在电容结构，尤其是电容内部结构和材料。

因此，调整检索思路，重新构建如下检索式：

7	CNABS	2	铁电 and（负性电容 or 负电容）and dram
8	CNABS	0	导电层 and 介质层 and 负电容 and 堆叠 and（增大 5d 电容）
9	CNABS	2	铁电 and（负性电容 or 负电容）and 增大
10	CNABS	156	（介电 or 电介）and（铁电 or 负电容 or 负性电容）and dram

并未获得合适的检索结果。可见针对技术细节的关键词表达很可能不出现在摘要中，因此转向全文库 CNTXT 或 ENTXT 进行全文检索。

③ 针对技术细节的全文库检索如下：

| 1 | CNTXT | 144 | 铁电 and（负性电容 or 负电容）and 增大 |
| 2 | CNTXT | 9 | 导电层 and 介质层 and 负电容 and（增 |

			大 5d 电容)
3	CNTXT	24	14 and dram

CNTXT 全文库检索结果浏览未获得相关的专利文献，转入 ENTXT 全文库继续检索。

1	ENTXT	23	ferroelectric and（negative 2w capacitor?）and increas+ and dram
2	ENTXT	39	dielectric and（negative 2w capacitor?）and dram
3	ENTXT	194	conduct+ and dielectric and（negative 5w capacitor?）and+ connect+ and dram

ENTXT 全文库检索结果浏览发现一篇公开发明点信息的专利文献1，其公开了"存储单元晶体管以及与晶体管相连的电容组件120，电容120包括彼此串联的包含介电层124的正电容以及包含铁电层122的负电容"，但此篇专利文献1未公开"电容位于沟槽中"。

④ 针对上述专利文献1未公开的特征继续检索：

CPC 分类号 H01L27/10829 和 H01L27/10861 分别对应 DRAM 器件中电容器位于沟槽的结构和方法，利用该精准分类号或者直接在/Ti 字段中以沟槽电容进行检索，将很容易获得电容位于沟槽的 DRAM 存储单元这种基本结构：

11	CNABS	275	（H01L27/10829 or H01L27/10861）/cpc and pd<20160125
12	CNABS	28	（沟槽 and 电容 and dram）/ti

经过浏览，几乎所有的专利文献都涉及 DRAM 器件中电容形成在沟槽的结构，因此再结合上述检索到的公开发明点的专利文献1，可以评价权利要求1的创造性。

第二节 三维 NAND 闪存

一、专利技术综述

（一）概况

NAND 闪存是东芝（TOSHIBA）在1987年发表的存储器架构，是一种非易失性存储器，由于其单元面积小、容量大、寿命长、可靠性容易保障等优点，广泛应用于消费电子产品和服务器的固态硬盘（SSD）等领域。随着消费电子产品如智能手机、平板电脑、数码相机、笔记本电脑等的性能要求的增加，消费级SSD产品的需求显著增长。由于二维（2D）NAND在缩小单元尺寸上已经达到极限，三维（3D）NAND成为克服平面器件限制的最有希望的选择。近年来，大数据、元宇宙等新型领域的快速发展，数字化生活的不断深入，对数据的存储要求越来越高，对大容量、小体积、低价格的闪存的需求量越来越大，这也进一步推动着3D NAND闪存不断提高密度、提升性能和可靠性。

2007年，东芝发布了基于BiCS（Bit Cost Scalable）技术的3D NAND，引领了3D NAND闪存的发展。2014年东芝、闪迪（SanDisk）联合推出15nm的3D NAND，此后3D NAND成为主流，NAND闪存芯片进入3D时代。2020年，NAND闪存占全球存储器市场的比例为42%，是存储器分支中市场规模第二大的产品，产值达到560亿美元，预计2026年NAND闪存产值将达到860亿美元。❶

目前3D NAND闪存的主要供应商包括三星（Samsung）、铠侠（Kioxia）、西部数据（Western Digital）、美光（Micron）、海力士（SK hynix）、长江存储（YMTC）。其中三星、海力士、铠侠和西部数据占据了3D NAND闪存市场前四的份额。从3D NAND技术出现以来，各头部厂商之间竞争合作，共同推动了3D NAND技术的快速发展。东芝和闪迪于2000年成立合资公司，2011年两者的300nm级闪存厂在日本正式投产。2016年西部数据收购了闪迪，2022年西部数据与铠侠签订协议，共投日本四日市的Fab。美光和英特尔在NAND业务上从2D NAND时代开始合作，还曾联合推出了Xpoint技术，但在3D NAND技术上由于两家技术分歧等原因最终于2019年结束了长达14年的合作关系，英特尔退出了3D NAND业务。2021年12月底海力士购买了英特尔的NAND业务及SSD业务，成立Solidigm公司，2021年第四季度已占据5.4%的市场份额。❷

3D NAND闪存根据拓扑结构可分为垂直沟道和垂直栅两种类型。目前垂直沟道是比较主流的实现方式，按照电荷存储方式，可分为浮栅型和电荷俘获型两种，目前，电荷俘获型使用更为广泛。堆叠的层数是3D NAND闪存性能的一个比较直观的指标，堆叠层数增加的同时，技术难度也会增加。3D NAND闪存

---

❶ 华经艾凯. 2020年全球NAND闪存市场竞争格局分析，3D NAND成发展主流 [EB/OL]. [2022 - 02 - 07]. https：//www.huaon.com/channel/trend/764583.html.

❷ 中国电子报企鹅号. NAND闪存之争：韩国双雄PK美日同盟 [EB/OL]. [2022 - 05 - 02]. https：//new.qq.com/rain/a/20220502A03A1C00.

从 32 层、48 层、64 层、128 层……逐渐演进。2022 年 5 月，美光发布首款 232 层 NAND；三星于 2022 年 11 月宣布第 8 代 V-NAND 技术的 NAND 闪存芯片，已达到 236 层；2023 年 3 月底，铠侠和西部数据共同发布了 218 层第 8 代 BiCS NAND 闪存。在国内厂商中，2022 年 8 月，长江存储发布了堆叠 232 层的 NAND 产品，技术上基本达到了与一线龙头企业持平的水平。然而，232 层并不是多层堆叠层数上限，有企业认为 600 层，甚至高于 600 层，都是可以实现的。未来 3D NAND 技术还有巨大的发展空间，3D NAND 技术的发展会进一步推动数字经济的发展，为人们的生活提供更多的便利。

（二）专利申请状况

在德温特世界专利索引数据库 DWPI 中检索到涉及 3D NAND 闪存领域的全球专利申请共计 11 113 项（公开日截至 2022 年 2 月 28 日），本节主要以上述数据作为研究对象进行分析。下文中的各申请趋势图中虽然示出了 2020 年的申请量，但由于 2020 年的专利申请部分数据还未公开，因此其数据不准确，不能体现专利申请的实际数量，仅作为参考。

1. 全球专利申请趋势

图 1-2-1 示出 3D NANA 闪存的全球专利申请趋势。2000—2004 年为 3D NAND 闪存专利申请的萌芽期，年申请量低于 10 项；2005 年申请量达到 20 项，2005—2010 年为第一次快速增长期，年增长率超过 100%；2011—2013 年有一个平静期，年申请量基本维持不变，稍高于 500 项；2014—2015 年专利申请量再次大幅上涨，2014 年的增长率达到 58.5%，到 2015 年申请量超过 1000 项；在 2016 年申请量小幅回落后，2017—2019 年申请量持续增加，2019 年申请量达到 1405 项。2020 年的申请虽然可能部分还未公开，但年申请量已达到 1255 项，因此预计申请总量还会增加。然而，在申请量增加的背后，实际上三星、铠侠、东芝、海力士等申请人在 2018 年之后每年的申请量均有下降，仅长江存储在 2016 年后申请量持续大幅增加，2020 年的申请量占当年全球总申请量的 47.4%（见图 1-2-9）。全球的 3D NAND 闪存的研究可能已达到一定的技术成熟度，专利申请量可能将进入稳定发展期。

2. 专利申请来源和目标国家/地区分析

图 1-2-2 示出 3D NAND 闪存领域专利申请来源和目标国家/地区的分布情况。

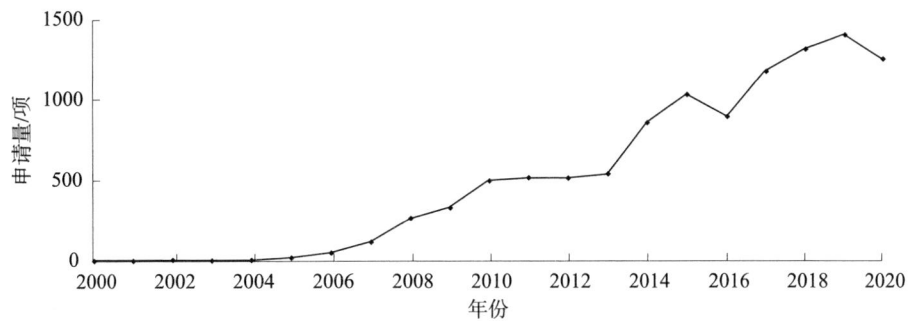

图1-2-1　2000—2020年3D NAND闪存领域全球专利申请趋势

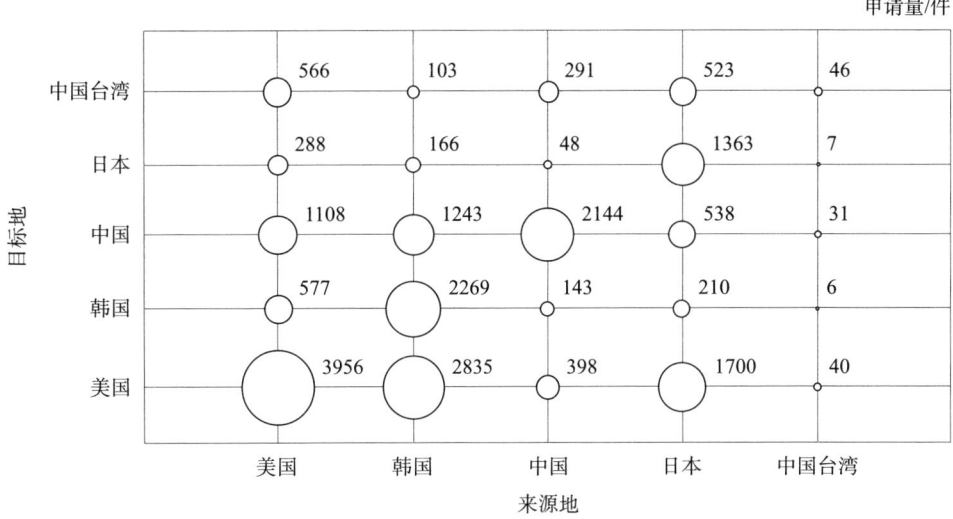

图1-2-2　3D NAND闪存领域专利申请来源和目标国家/地区分布

从专利的来源国家/地区看，美国是3D NAND闪存专利技术最主要的来源国，申请量达到3956项，其次是韩国，排名第三位和第四位的是中国和日本。来源美国的专利申请人主要是美光、闪迪等美国公司，但由于日本公司与美国公司有合作关系，因此也有部分申请由日本申请人提出。来源韩国和日本的专利申请主要是韩国和日本申请人，来源中国的专利申请主要申请人是长江存储和中国科学院微电子所，并且两者在3D NAND闪存技术上达成了合作伙伴关系。由于美国、韩国和日本开始进行3D NAND闪存研究的时间较早，三个国家都积累了数量众多的专利技术；我国申请人虽然进入该领域较晚，但技术进步迅速，已经积累了相当数量的专利技术。目前，长江存储实现了232层堆叠的产品,已追赶上龙头企业的技术水平,未来在 3D NAND 闪存技术上将具有更强的竞争力。

从专利的目标国家/地区看,美国是最受关注的市场区域,在全球专利申请中,超过 80%的专利申请都在美国进行布局。其次受关注的市场区域是中国,这是由于中国目前是世界上最大的消费电子产品市场,也有发展迅速的数字化产业。韩国和日本虽然是重要的技术来源国,但由于市场有限,专利布局数量少于中国和美国。来源中国的专利申请海外布局的比例相对较低,但最看重的市场也是美国。随着中国 3D NAND 闪存技术的进一步提升,市场份额的进一步扩大,可能会有进一步增加海外布局数量的需求。

3. 主要目标国家/地区的专利申请趋势

按专利布局数量,3D NAND 闪存全球专利申请的主要目标国家/地区依次为美国、中国、韩国、日本和中国台湾,布局数量分别占全球总申请量的 80.1%、45.6%、28.4%、16.7%和 13.7%。图 1-2-3 示出主要国家/地区的专利申请趋势分布。

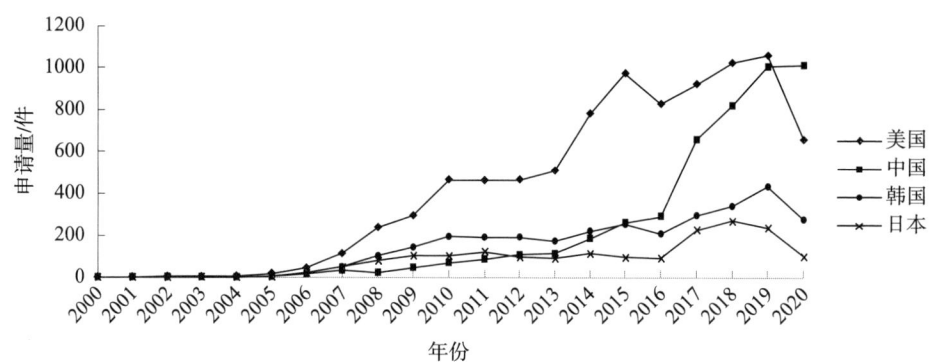

图 1-2-3 2000—2020 年主要国家/地区的专利申请趋势

在美国的专利申请趋势与全球专利申请趋势基本相同,2013 年申请量超过 500 件,2014 年和 2015 年申请量快速增加(年增长率超过 50%),2016 年申请量小幅下降,2017 年之后申请量开始持续小幅增长。

在中国的专利申请量在 2012 年达到 100 件,2012—2016 年申请量逐步增加,到 2016 年达到 293 件,2017 年以后呈爆发式增长,2019 年达到 1007 件,2020 年目前已公开的专利申请已达到 1014 件。

在韩国的专利申请量在 2006 年超过 20 件,随后进入快速增长期,到 2010 年年申请量达到近 200 件。2011—2016 年,申请量波动式上升,但涨幅较小,最高为 254 件。2017 年以后,申请量再次开始较快增长,2019 年达到 434 件。

在日本的专利申请量在2011年达到一个峰值，2012—2016年申请量维持在100件左右，2017年跃增到229件，2018年又有小幅增长。2017年开始，日本申请量最大的申请人铠侠的年申请量相比2016年增加了1.3倍，国外申请人在日本申请专利的数量增长比例更高，三星、美光、长江存储在日本的专利申请量达到了2016年的5倍以上。可见，2017年后，各国申请人对日本市场的重视程度增加。

（三）申请人分析

1. 全球/中国专利申请的申请人排名

图1-2-4示出申请量位于前十位的全球主要申请人，其中美国申请人4位，韩国申请人2位，日本申请人2位，中国和中国台湾申请人各1位。专利申请量排名前两位的申请人三星、长江存储的申请量都超过1700项，远超平均申请量976项，且长江存储与三星的申请量仅差189项；排名第三位的铠侠申请量超过1200项，但与排名第二位的长江存储的申请量有一定差距；申请量排名第四至第八位的申请人分别为东芝、闪迪、海力士、美光和旺宏，除旺宏的申请量仅稍高于500项外，其他三位申请人的申请量都在1000项左右；申请量排名第九和第十位的申请人莫诺利特斯3D和应用材料，两者申请量接近，都在130项左右，但其中莫诺利特斯3D在2016年之后的申请量低于10项，在该领域已不再活跃。排名前十位的申请人中，2016年以后最活跃的前五位申请人分别为长江存储、铠侠、应用材料、美光和闪迪，活跃度（2016年以后申请量占总申请量的比例）均超过50%，三星和海力士的活跃度也超过40%，可见3D NAND闪存技术依然是研究的热点。

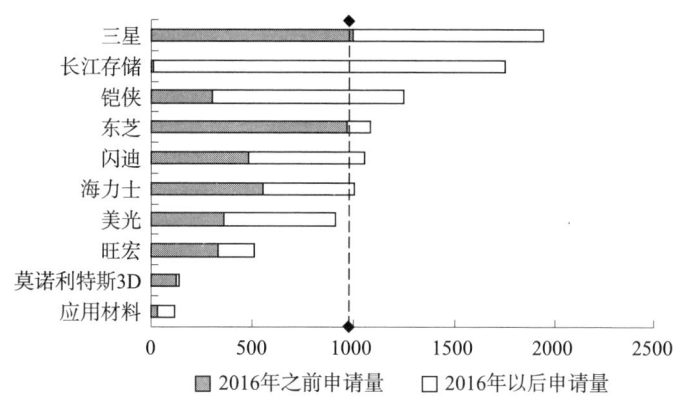

图1-2-4 3D NAND闪存领域全球主要申请人前十位排名

图1-2-5示出在中国申请量位于前十位的主要申请人，依次为长江存储、

三星、铠侠、海力士、美光、旺宏、闪迪、东芝、中科院微电子所和英特尔。其中，长江存储和三星的申请量远超平均申请量 444 项，铠侠和海力士的申请量比平均申请量稍高，美光、旺宏和闪迪的申请量在 200~300 件，东芝、中科院微电子和英特尔的申请量分别为 84 件、71 件和 54 件。以上排名前十的申请人 2016 年以后的活跃度都非常高，活跃度最高的 5 位申请人依次为长江存储、铠侠、美光、英特尔和三星，其活跃度均超过 70%。其中，长江存储超过 99% 的申请都是 2016 年以后申请的，东芝的活跃度低于 25%，这主要是由于东芝将东芝存储的业务剥离并改名为铠侠。可见，近年来，随着中国申请人在产品和技术上有所突破之后，各主要申请人都增加了在中国的专利布局力度。

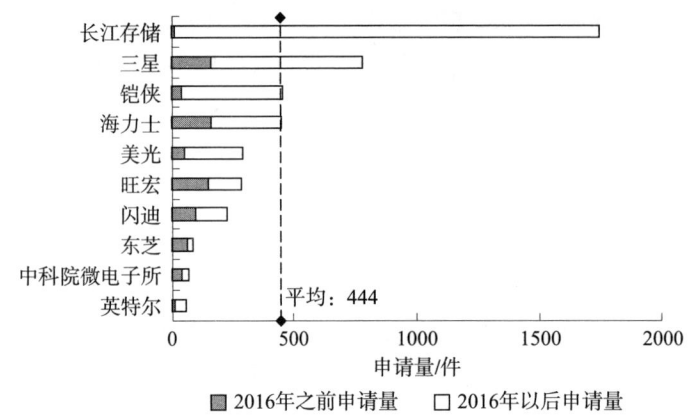

图 1-2-5　3D NAND 闪存领域中国主要申请人前十位排名

2. 主要申请人技术分支分布

垂直沟道的 3D NAND 闪存是当前最主流的形成方式。随着器件的密度越来越高，堆叠的层数越来越多，减小台阶结构的尺寸，提高台阶结构上字线接触连接的准确性和稳定性成为降低芯片面积的重要因素。高深宽比的沟道孔也对形成其中的沟道层及相应的电荷存储层保持稳定的性能提出了更高的要求。沟道孔结构、台阶结构和字线接触的设置成为 3D NAND 闪存技术中的重要技术，用以保证 3D NAND 闪存能够持续的提高密度且工作稳定有效。

图 1-2-6 示出申请量排名前八的申请人在台阶结构、沟道孔结构和字线接触三个重要技术分支的申请量分布情况。沟道孔结构是各申请人都重视的技术分支，这与沟道孔结构对 3D NAND 闪存的重要性相一致，其中长江存储、三星、海力士、旺宏、美光和东芝最重视沟道孔结构技术分支。对于字线接触技术分支，从申请数量上看，在申请量排名前八的申请人中，排名前五的申请人依次为三星、海力士、长江存储、闪迪和铠侠。在申请量排名前八的申请人中，

台阶结构技术分支申请量排名前五的申请人依次为长江存储、三星、美光、闪迪和铠侠。美光在三个技术分支的申请投入相对最均衡，相比其他申请人，台阶结构所占研发比重更大。

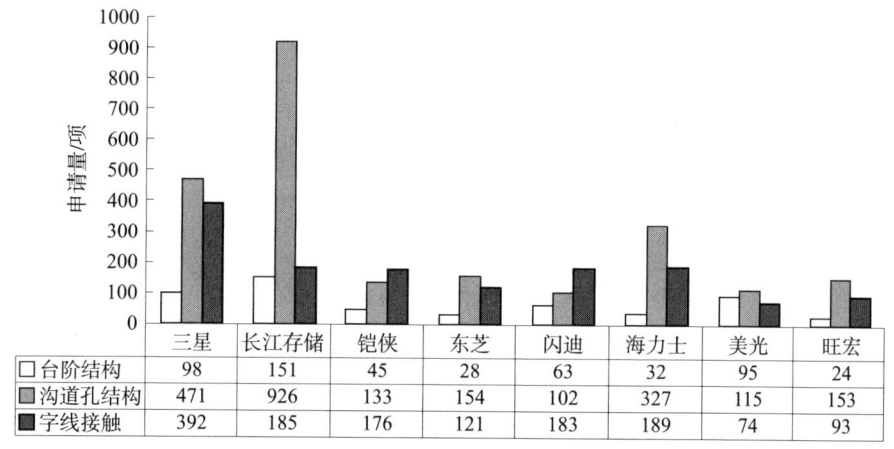

图1-2-6 主要申请人技术分支分布

3. 主要申请人具体分析

根据主要申请人的申请量、2016年以后专利申请的活跃程度、产业化程度等，选择三星、长江存储和铠侠作为主要申请人的代表，对其3D NAND闪存相关专利申请进行分析。

（1）三星。

三星3D NAND闪存全球申请量为1940项，图1-2-7示出三星3D NAND闪存全球申请趋势。从图1-2-7可见，三星关于3D NAND闪存的申请主要分为4个阶段：2005—2007年为萌芽期，申请量较低，技术主要集中在简单堆叠方式的3D NAND闪存；2007年后进入快速增长期，申请量迅猛增长，并于2010年申请量达到182项；之后在2011年申请量出现下降，2011—2013年的年申请量均不足100项，属于低谷期；2013—2019年为第二增长期，申请量呈波动上升的趋势，并在2018年达到峰值245项。

图1-2-8示出三星在台阶结构、沟道孔结构和字线接触三个技术分支的专利申请趋势。三星关于沟道孔结构的申请在2010年达到22项，2011年申请量下降到11项，2012年后申请量持续上升，2016年后申请量保持了较高的增长率，2019年达到79项。三星关于字线接触的申请在2011年达到一个峰值，2012年后申请量快速增长，在2018年达到峰值60余项，2019年申请量有明显下降。三星关于台阶结构的申请在2011年以前数量很少，2012年以后开始呈上

升趋势，2018 年申请量达到峰值 20 项。三个技术分支中，三星 2012 年以前关于字线接触的申请最多，2015 年后对沟道孔结构的重视程度超过了字线接触，台阶结构是三星相对投入研究最少的技术分支。

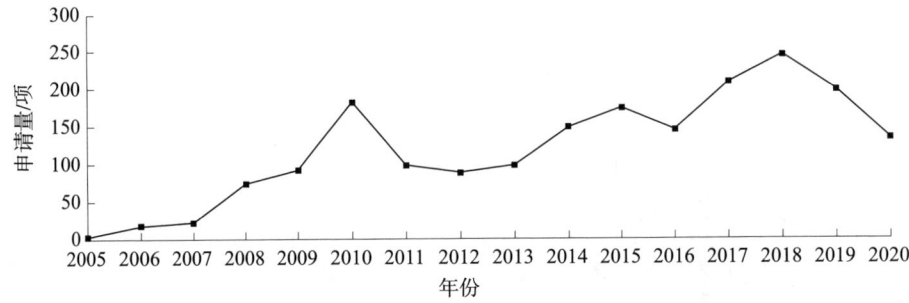

图 1-2-7 2005—2020 年三星 3D NAND 闪存全球专利申请趋势

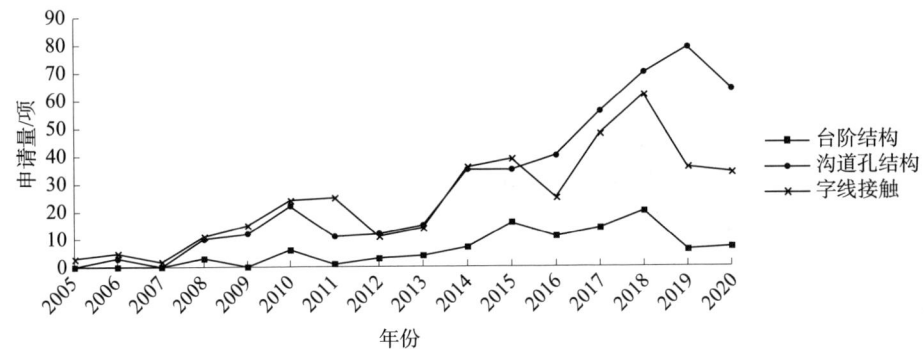

图 1-2-8 2005—2020 年三星 3D NAND 闪存各技术分支专利申请趋势

（2）长江存储。

长江存储进入 3D NAND 闪存领域相对较晚，首件专利申请于 2014 年提出，但其年申请量增长迅猛，现申请总量已达到 1751 项。图 1-2-9 示出长江存储 3D NAND 闪存专利申请趋势。从图 1-2-9 可见，长江存储的专利申请在 2014—2016 年处于萌芽期，2016 年申请量为 16 项。2017 年，申请量大幅跃升到 200 项以上，之后快速增长，2020 年申请量已将近 600 项。长江存储在 3D NAND 闪存技术上技术积累非常快，并提出了 XtackingTM 架构，将外围电路置于存储单元之上，更有利于提高存储密度。2022 年 8 月，长江存储推出的基于 XtackingTM 3.0 技术的第四代产品，堆叠层数达到 232 层，已与三星、美光等传统存储器头部企业达到相同堆叠层数。

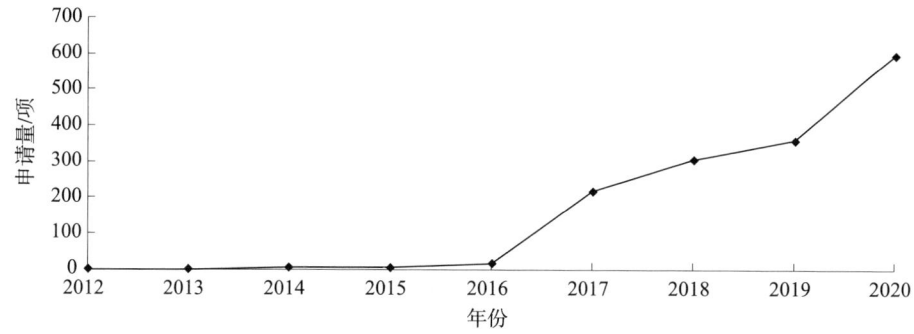

图1-2-9　2012—2020年长江存储3D NAND闪存专利申请趋势

图1-2-10示出长江存储在台阶结构、沟道孔结构和字线接触三个技术分支的申请趋势。从图1-2-10可见，长江存储在沟道孔结构技术分支的申请量最大，且申请量持续增加。2016—2019年在台阶结构和字线接触两个技术分支的申请量基本持平，2020年从已公开的申请看，字线接触的申请量高于台阶结构的申请量。相比于三星在沟道孔结构和字线接触申请量水平相当的情况，长江存储在字线接触技术分支的申请量还比较少，技术主要集中在沟道孔结构。

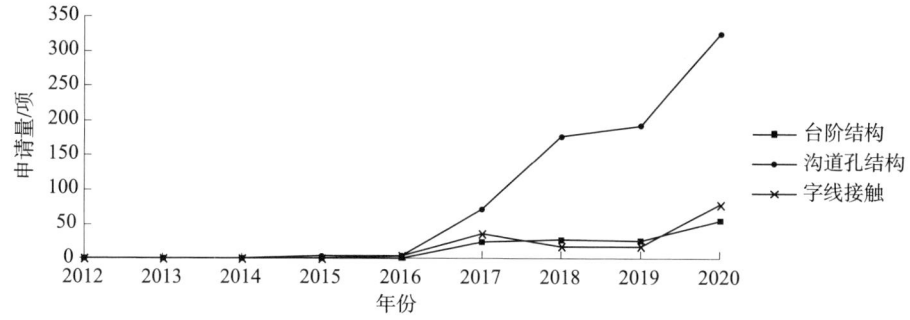

图1-2-10　2012—2020年长江存储3D NAND闪存各技术分支专利申请趋势

（3）铠侠。

铠侠的前身为东芝存储器集团，于2017年4月从东芝集团拆分出来，多年占据闪存市场份额的第二位。铠侠3D NAND闪存全球申请量为1248项，图1-2-11示出铠侠3D NAND闪存全球专利申请趋势。从图1-2-11可见，铠侠3D NAND闪存的申请大致分为两个阶段：2005—2013年为萌芽期，年申请量低于20项；2014—2019年为快速增长期，2018年申请量达到峰值242项，平均增长率为31.6%。

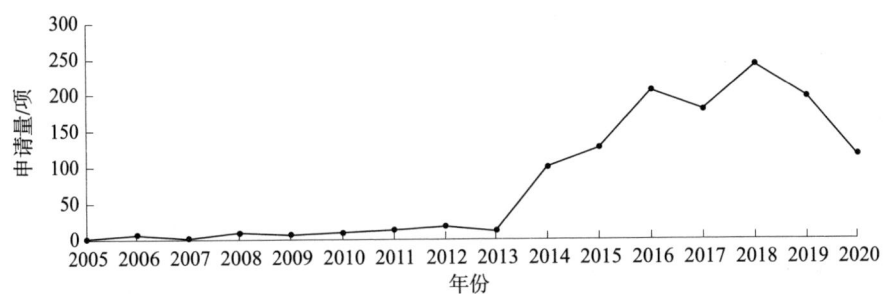

图 1-2-11 2005—2020 年铠侠 3D NAND 闪存专利申请趋势

图 1-2-12 示出铠侠在台阶结构、沟道孔结构和字线接触三个技术分支的申请趋势。从图 1-2-12 可见，萌芽期中，沟道孔结构和字线接触的申请量基本相当，没有关于台阶结构的申请。萌芽期中，铠侠为其发明的用于电荷俘获型 3D NAND 闪存的 BiCS 结构和 P-BiCS 结构分别进行了相关专利申请。如申请 US2007252201A1（最早优先权日为 2006 年 3 月 27 日），针对 BiCS 结构，具有多个同族，最新授权同族为 US11362106B2（公告日为 2022 年 6 月 14 日）。又如申请 WO2009075370A1（最早优先权日 2007 年 12 月 11 日），针对 P-BiCS 结构，同样具有多个同族，最新的授权同族为 US11393840B2（公告日为 2022 年 7 月 19 日）。快速增长期中，在 2014—2016 年，沟道孔结构的申请量最大，2017 年以后，关于沟道孔结构的申请呈下降趋势，关于字线接触的申请量超过沟道孔结构的申请量，并在 2018 年达到峰值 35 项。2014 年以后，关于台阶结构的申请开始出现并增加，在 2017 年达到峰值 14 项，可见近年来铠侠更重视对于字线接触的研究和专利布局。

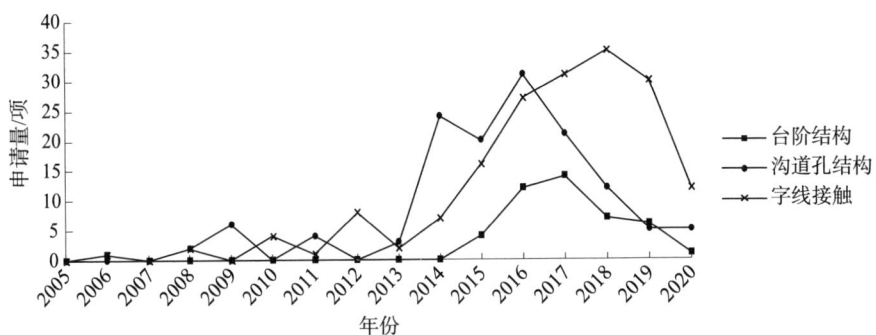

图 1-2-12 2005—2020 年铠侠 3D NAND 闪存各技术分支专利申请趋势

（四）重点技术分析

垂直沟道的 3D NAND 闪存为了提高存储密度，堆叠的层数越来越多，尺寸越来越小，高深宽比的沟槽的形成、沟道孔内存储层和沟道结构的填充和连接稳定性、浮栅结构优化、位线和字线的连接以及高精度对准、工艺的稳定性、成本的降低等都是技术人员要不断优化和解决的问题。本小节针对台阶结构、沟道孔结构以及字线接触三个重点技术的申请分别进行分析。

1. 台阶结构

台阶结构用于将不同层的控制栅极分别连接出来，基本结构如图 1-2-13 所示。其中，存储单元区域 MR 位于中心，接触区域 CR 为台阶结构，用于将堆叠的各层字线 WL 分别暴露出来。图 1-2-13（a）为存储器的俯视图，图 1-2-13（b）为沿着图 1-2-13（a）的 I-I′线的截面图。

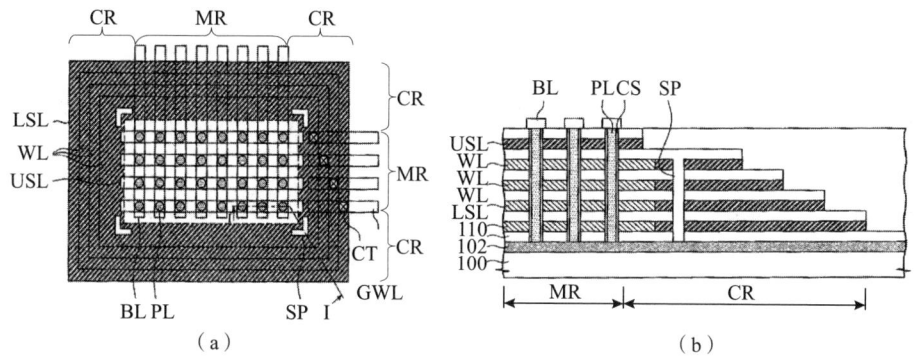

图 1-2-13　台阶结构示意图

注：本图来自专利申请 US2017301690A1 的附图 2C 和附图 3。

台阶结构会占据较大的芯片面积，通常通过减小台阶结构阶梯的宽度或者通过设置特定结构的阶梯形式来尽量减小台阶结构所占芯片面积。台阶结构通常是通过对掩膜进行修剪的方式实现的，大量的掩膜材料的形成和移除既昂贵又耗费时间，减少掩膜以及修剪的次数十分有利于降低成本和提高效率。

（1）全球/中国专利申请趋势。

台阶结构的全球专利申请的总申请量为 586 项，在中国的专利申请量为 313 件。图 1-2-14 示出台阶结构全球和中国的专利申请趋势。2010 年，全球申请中关于台阶结构的年申请量超过 10 项，2010—2014 年是申请的初期，年申请量维持在 20 项左右。2015—2020 年是申请的增长期，申请量呈波动上升的趋势，2015年申请量相对于2014年翻倍，主要原因是三星、东芝的申请量有较大幅度的增长，2019年和2020年年申请量均超过100项，2019年的申请主要集中在长江存储、闪迪和美光，三者的申请量均在20项左右，2020年最主要的申请人是长江存储和美光，其中长江存储的相关申请占了年申请量的50%以上，是美光的将近2倍。在中国的相关申请最早出现在2010年，2010—2015年的年申请量在10件以下，2016—2020年申请量持续增长，2020年增加到86件。

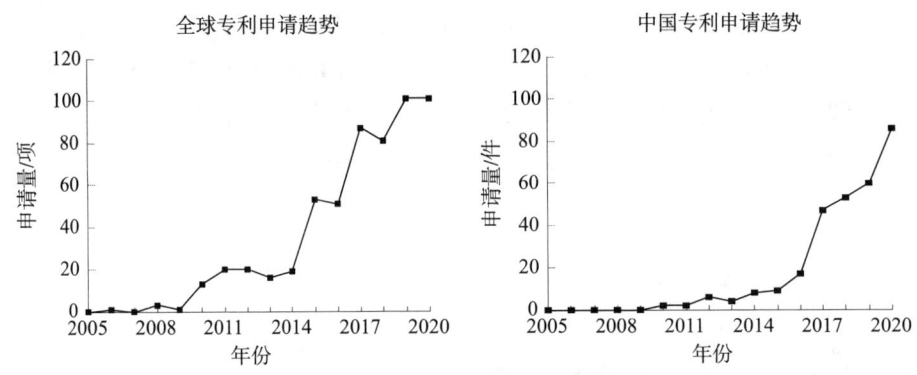

图1-2-14　2005—2020年台阶结构全球/中国专利申请趋势

（2）申请人排名。

图1-2-15示出台阶结构全球主要申请人排名情况，其中排名前十位的申请人中美国申请人4位，韩国申请人2位，日本申请人2位，中国申请人1位，中国台湾申请人1位。申请量排名前三的依次为长江存储、三星和美光，其中，长江存储的申请量超过150项，是三星的1.5倍，三星和美光的申请量相当，都稍低于100项。排名第四到第八位的申请人依次为闪迪、铠侠、海力士、东芝和旺宏，其中长江存储和三星的申请量分别是闪迪的2.4倍和1.5倍。朗姆和英特尔的申请量位于第九和第十位，申请量仅为10项左右。长江存储的申请量后来居上，在该领域有了较多的技术积累；但美光和三星进入该领域时间较早，掌握着较多相对基础的专利，且后续研发也具有一定的持续性。未来在相关技术研发中，中国申请人还应当对三星、美光、闪迪、铠侠等的专利给予高度重视。

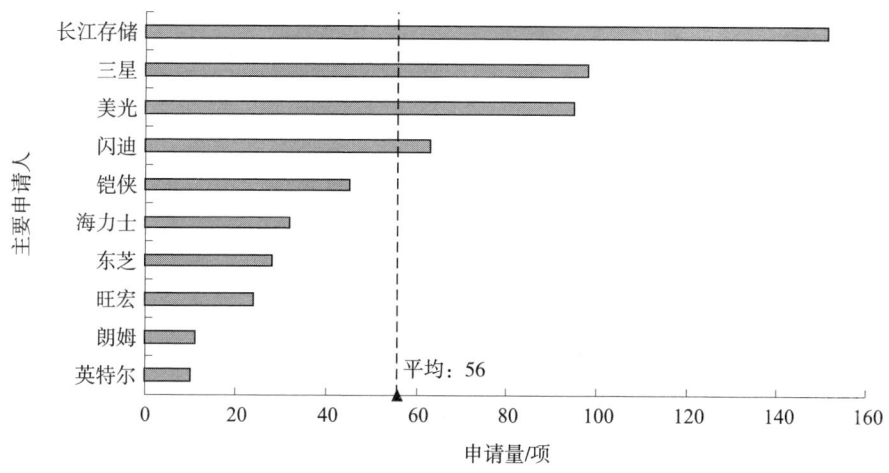

图1-2-15 台阶结构全球专利申请主要申请人前十位排名

(3) 重要专利。

随着3D NAND闪存的堆叠层数的增加,台阶结构的面积占存储单元面积的比例也逐渐增加,可靠连接的难度也越来越大,减小台阶结构占据的面积、降低字线连接的难度、提高连接的可靠性日益重要。这里仅列举近5年在关于台阶结构设置方面的部分重要专利。

三星提出一种非易失存储器的专利申请(公告号CN112271180B),最早优先权日为2017年7月17日,在美国、中国、韩国、印度和新加坡均有布局,并在除印度外的国家均已获得授权。该申请提供一种非易失存储器结构,如图1-2-16所示,包括:存储单元区域MA和接触区域CA,源极结构CS设置在存储单元区域MA上,栅电极GE在平行于衬底上表面的第一方向X上从存储单元区域MA延伸到接触区域CA上,串选择线SSL可以具有串选择垫区域SP,其字线WL可以具有字线垫区域WP,并且其地选择线GSL可以具有地选择垫区域LP,该垫区域的设置方式可防止桥接缺陷。

铠侠提出一种半导体存储装置的专利申请(公告号US10930673B2),最早优先权日为2019年3月4日,在美国、中国、日本均有布局,已在美国获得授权。该申请提供一种能够使阶梯状的结构所占的区域变小的半导体存储装置,如图1-2-17所示,包括阶梯部STRa、阶梯部STRb和阶梯部STRc,阶梯部STRb配置在最远离存储器部MEM的位置,阶梯部STRc配置在阶梯部STRa、STRb之间。阶梯部STRa、STRb的字线WL分别与配置在相同的高度位置的存储单元MC连接,阶梯部STRc的字线WL不与存储单元MC连接。阶梯部STRa

的最上级的上端部 A 与最下级的上端部 B 的距离 L1 大于阶梯部 STRc 的最上级的上端部 D 与最下级的上端部 E 的距离 L2，阶梯部 STRb 的梯度与阶梯部 STRa 的梯度大致相等。

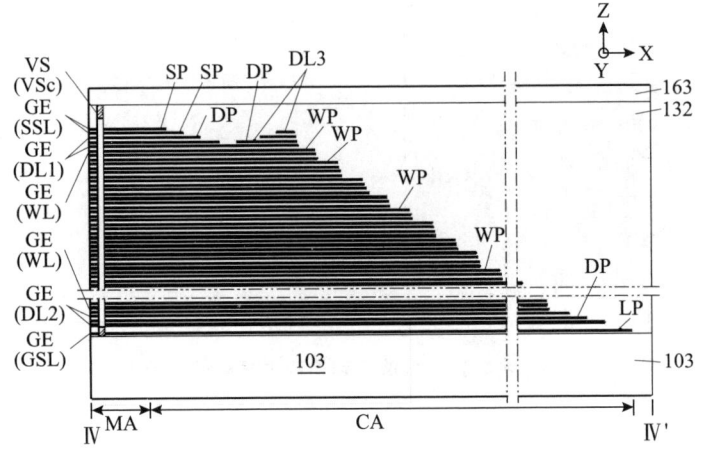

图 1-2-16　CN112271180B 器件结构示意图

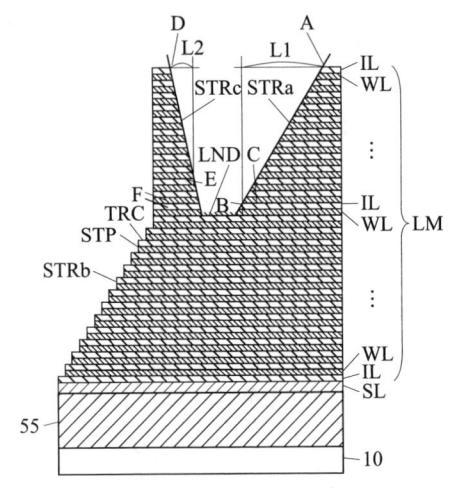

图 1-2-17　US10930673B2 器件结构示意图

海力士提出一种三维存储器的专利申请（公开号 CN113964130A），最早优先权日为 2020 年 7 月 20 日，在美国、中国和日本布局，在各国家的公开日都在 2022 年 1 月。该申请提供一种三维存储器装置，如图 1-2-18 所示，包括设置在基板 3 上的电极结构 ES，包括形成有从中央部分向两侧逐渐上升的第一阶梯结构 ST1 和具有与第一阶梯结构 ST1 相同的形状但位于不同高度的第二阶梯结构 ST2。电极结构 ES 中第一侧壁 SW1 和第二侧壁 SW2 的角部处分别形成介电支撑件 50，从而将电极层 10a 至 10c、20a 至 20c 和 30a 至 30c 与第一侧壁 SW1 和第二侧壁 SW2 的角部隔离。介电支撑件 50 使得即使在三叉点附近形成导电图案，也可以防止由于上面的电极和下面的电极的短路而导致故障的发生。

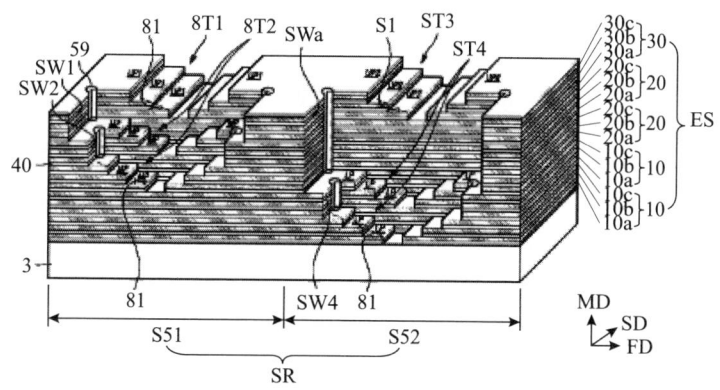

图 1-2-18 CN113964130A 器件结构示意图

2. 沟道孔结构

垂直沟道的 3D NAND 存储器的沟道孔中除形成沟道层外，对于浮栅型器件还形成有隧穿绝缘层，对于电荷俘获型器件还形成有存储结构，通常为 ONO 结构。由于沟道孔的深宽比高，保证各层的填充质量以及沟道层与衬底器件的连接至关重要。

（1）全球/中国专利申请趋势。

图 1-2-19 示出沟道孔结构领域全球/中国的专利申请趋势。沟道孔结构的全球专利申请总量为 2520 项，在中国的专利申请量为 1565 项。从图 1-2-19 可见，对于全球专利申请，2006—2013 年为初期阶段，年申请量缓慢上升，2011 年达到 78 项，2012 年和 2013 年申请量有小幅下降，2013 年申请量为 61 项。2014—2020 年为快速增长期，2014 年申请量跃升到 147 项，2017 年后申请量一直维持较高的增长速度。在中国的专利申请趋势 2016 年之前处于申请初期，2016 年申请量达到 55 项，2017—2020 年申请量持续快速增加。

（2）申请人排名。

图 1-2-20 示出沟道孔结构领域全球主要申请人排名情况，其中排名前八位的申请人中，美国申请人 2 位，韩国申请人 2 位，日本申请人 2 位，中国申请人 1 位，中国台湾申请人 1 位。申请量排名前三位的依次为长江存储、三星

和海力士，其中长江存储的申请量超过900项，是三星的申请量的将近2倍，是海力士申请量的2.8倍。申请量排名第四至第八的申请人依次为东芝、旺宏、铠侠、美光和闪迪，申请量在100~160项，远低于海力士的申请量。可见在沟道孔结构的设计上，专利申请主要集中在少数申请人手中，中国申请人长江存储在申请量上具有绝对优势。

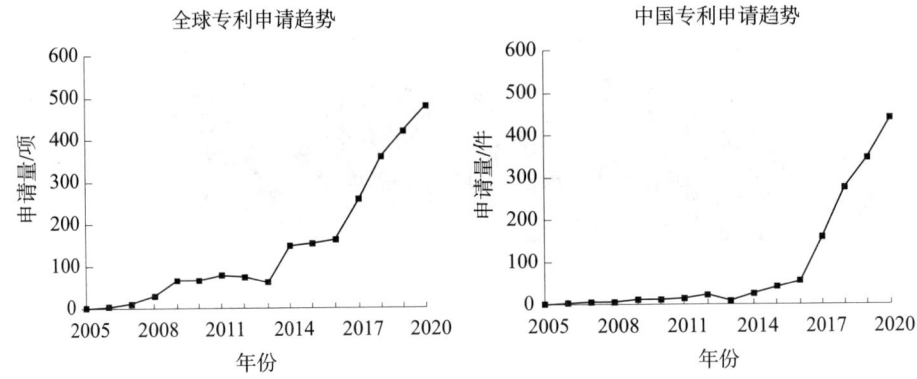

图1-2-19　2005—2020年沟道孔结构领域全球/中国专利申请趋势

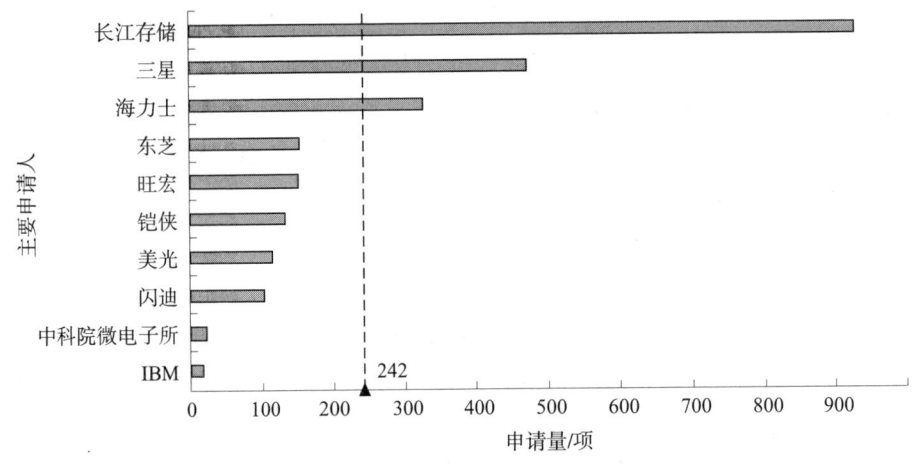

图1-2-20　沟道孔结构领域全球专利申请主要申请人前十位排名

（3）重要专利。

沟道孔结构设置体现存储单元的结构，会直接影响存储单元的性能。存储单元串之间的串扰、多层堆栈结构中沟道层的对准连接、数据保持和擦除能力等都是本领域广泛关注的。这里仅例举近5年在提升数据保持特性方面的部分重要专利。

美光提出一种存储器阵列集成结构的专利申请（公告号 US10083981B2），最早优先权日为 2017 年 2 月 1 日，在中国、美国、韩国、日本、欧洲有布局，已在美国、日本、韩国获得授权。该申请提供一种 NAND 存储器阵列的集成式结构 10，如图 1-2-21 所示，包括控制栅极区 35、电荷阻挡材料 32、电荷捕集材料 44、电荷隧穿材料 46 和沟道材料 48；间隙 45 可被称为介入区，其阻挡电荷捕集材料 44 与片段 43 之间的电荷迁移。间隔开的电荷阻挡层结构可防止串存储器单元之间的电荷迁移且导致数据丢失，改进了数据保持性能。

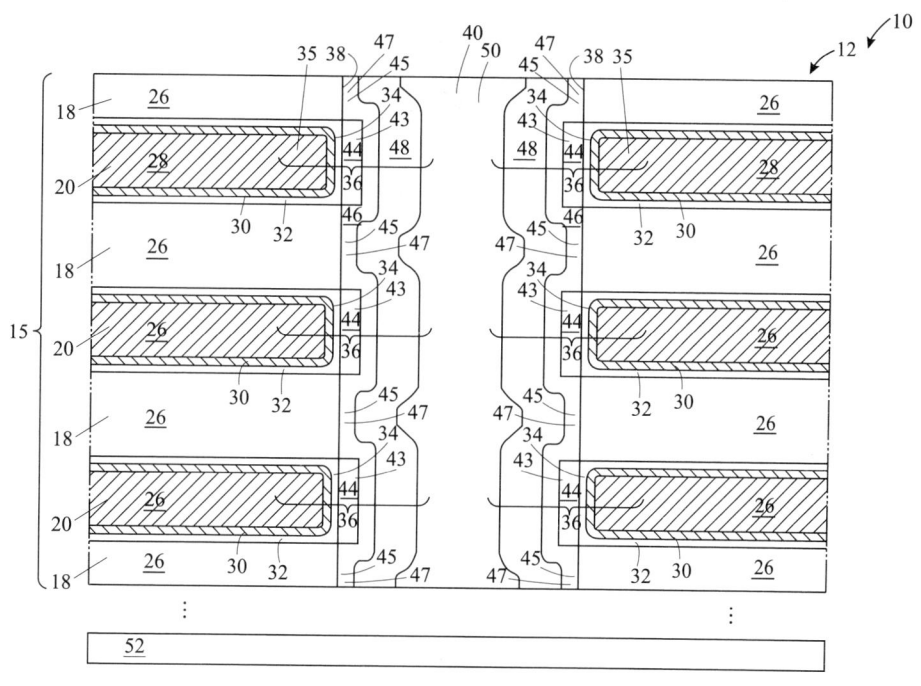

图 1-2-21　US10083981B2 器件结构示意图

铠侠提出一种 NAND 型存储器的专利申请（公告号 US10923487B2），最早优先权日为 2018 年 9 月 18 日，在中国、美国、日本均有布局，已在美国获得授权。该申请提供一种 NAND 型存储单元，如图 1-2-22 所示，包括半导体层 10、多个层间绝缘层 12、隧道绝缘层 14、阻挡绝缘层 16、电荷蓄积区域 18、覆盖层 20 以及芯绝缘层 22。电荷蓄积区域 18 设置于隧道绝缘层 14 与阻挡绝缘层 16 之间，具有马蹄形状，电荷蓄积区域 18 包含从包括金属、金属氮化物、金属氧化物、半导体以及金属半导体化合物的组中选择出的至少一种材料；覆盖层 20 包围电荷蓄积区域 18，具有抑制构成电荷蓄积区域 18 的元素向周围的绝缘层扩散的功能。电荷蓄积区域 18 包含电子亲和力或功函数比覆盖层 20 大的材料,通过增加浮置型的电荷蓄积区域 18,存储单元的电荷蓄积量增加而存储特性提高。

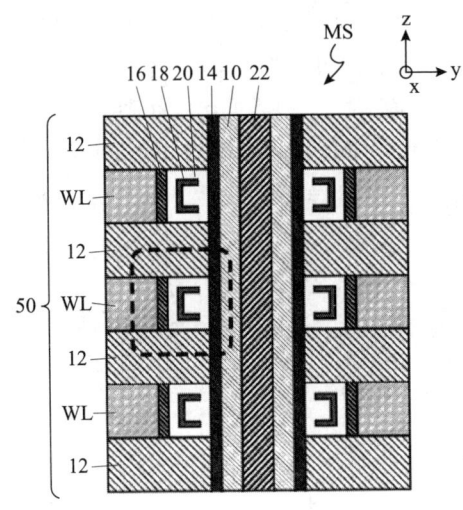

图 1-2-22 US10923487B2 器件结构示意图

三星提出一种存储器件的专利申请(公开号 CN112466877A),最早优先权日为 2019 年 9 月 6 日,在中国、美国、德国、印度和新加坡有布局,在各国家/地区的公开日为 2021 年 3 月和 4 月。该申请提供一种能够提高集成度的存储器件,包括栅极层 65、层间绝缘层 22、增强图案 36 和垂直结构 50 之间,如图 1-2-23 所示,垂直结构 50 可以包括绝缘芯区域 46、沟道半导体层 44、第二电介质层 42、多个数据存储图案 40 和第一电介质层 38,多个数据存储图案 40 在垂直方向 Z 上彼此间隔开,以防止在垂直方向 Z 上彼此相邻的数据存储图

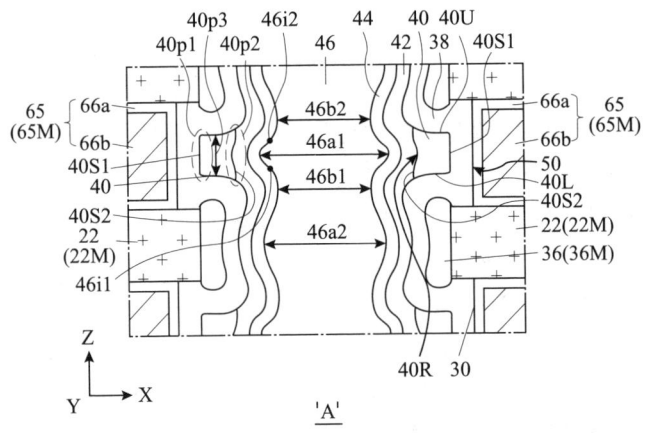

图 1-2-23 CN112466877A 器件结构示意图

案40之间的干扰改善数据保持特性。数据存储图案40具有下表面40L和上表面40U，下表面40L和上表面40U中的至少一者可以具有凹形形状。绝缘芯区域46在面对栅极层的区域中包括具有增加的宽度的第一凸部。

3. 字线接触

字线接触主要用于连接台阶结构中各个阶梯的表面，利用贯通孔将各层控制栅连接到对应的字线布线结构，其基本结构如图1-2-24所示，其中接触区域CR中的通孔CT作为接触结构，将各层的字线WL连接到堆叠层上方的全局字线GWL。图1-2-24(a)为存储器的俯视图，图1-2-24(b)为沿着图1-2-24(a)的Ⅱ-Ⅱ'线的截面图。

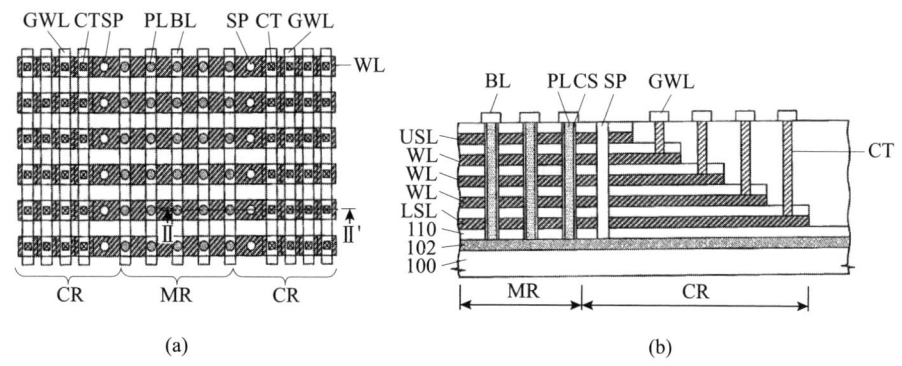

图1-2-24 字线接触结构示意图

注：本图来自专利申请US2017301690A1的附图4-5。

(1) 全球/中国专利申请趋势。

字线接触的全球专利申请的总申请量为1477项，在中国的专利申请量为669项。图1-2-25示出字线接触全球和中国的专利申请趋势。就全球专利申请而言，2007年以前，年申请量在10项以下，2008年申请量增加到31项，到2011年申请量达到第一个峰值71项，申请量增加的原因除主要申请人三星和东芝的申请量增加外，还在于更多的申请人开始对该技术提出申请。2013年后，申请量增长速度加快并呈波动上升的趋势，2020年申请量达到将近200项。2014年申请量增加的主要原因是海力士的申请量大幅增加，此外，三星、闪迪和美光的申请量也进一步增加。2017年申请量的增长主要由于长江存储和铠侠的申请量大幅上涨，三星的申请量也有小幅增加。到2020年，长江存储的申请量最多，铠侠、闪迪的申请量有所下降，但美光的申请稍有提高。

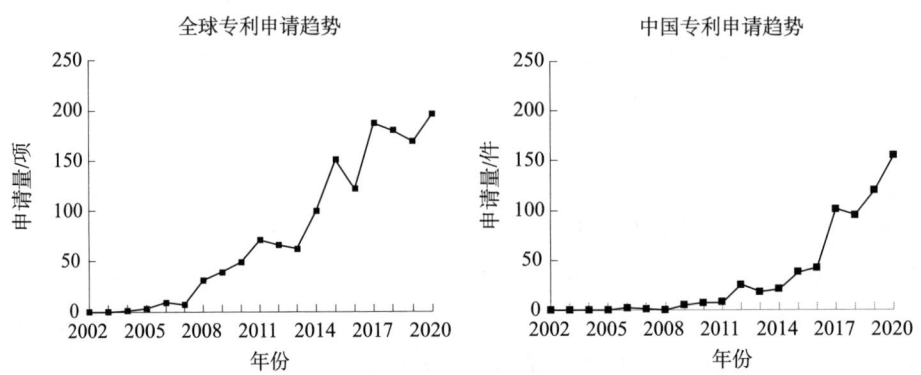

图1-2-25 2002—2020年字线接触领域全球/中国专利申请趋势

2011年之前,在中国的关于字线接触的专利申请,申请量低于10项。2008—2011年,国外申请人针对该技术分支在中国的布局较少。2012—2016年,申请量开始缓慢上升,这期间,海力士、三星和美光的申请量较大,闪迪、东芝、铠侠也有部分申请。2017年后,申请量开始快速增加,其中长江存储的申请的推动作用最明显。

(2) 申请人排名。

图1-2-26示出字线接触全球主要申请人排名情况,其中排名前八位的申请人中,美国申请人2位,韩国申请人2位,日本申请人2位,中国申请人1位,中国台湾申请人1位。申请量排名首位的申请人是三星,申请量将近400项;申请量排名第二到第五的申请人依次为海力士、长江存储、闪迪和铠侠,申请量相当,都在180项左右,是三星申请量的近一半;申请量排名第六到第

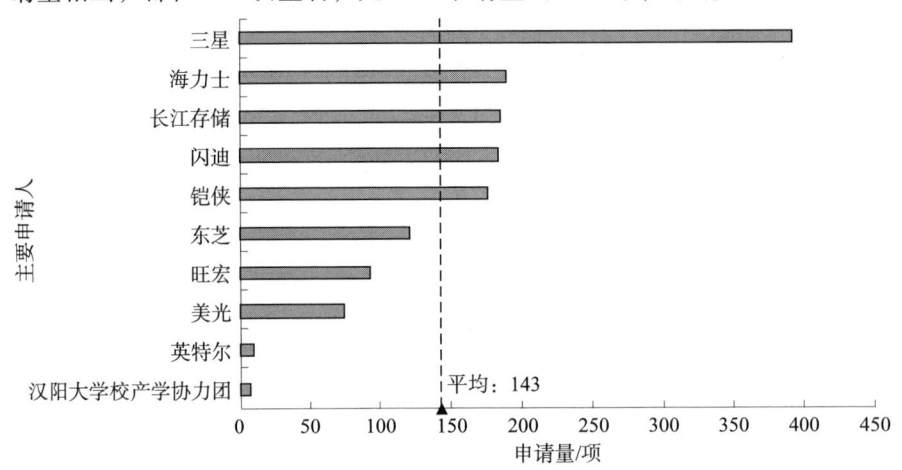

图1-2-26 字线接触领域全球主要申请人前十位排名

八的分别为东芝、旺宏和美光。三星的专利数量在字线接触技术上具有明显优势，其他主要申请人的申请量相当。结合图1-2-25示出的申请量趋势看，字线接触的相关研究还处于发展期，将来可能有更多新的技术出现以进一步缩小芯片尺寸，提高连接的可靠性。

（3）重要专利。

随着堆叠的层数越来越多，栅极材料层的厚度在降低，阶梯结构上方接触孔的深度增加，对工艺的要求越来越高，如何低成本、可靠的形成接触孔和电连接是业界关注的重点。这里仅例举近5年在接触孔、着陆部设置等方面的重要专利。

三星提出一种半导体器件的专利申请（公告号US10950544B2），最早优先权日为2018年9月13日，在美国、中国、韩国、印度和新加坡有布局，已在美国获得授权。该申请提供一种具有增大厚度的焊盘区域的栅极图案的半导体器件，栅极焊盘区域如图1-2-27所示，包括具有厚度比栅极电极区域的厚度大的第一焊盘区域158P1，第一焊盘区域158P1包括上表面S1、下表面S2以及外侧表面S3a。外侧表面的下外侧表面S3La从下表面S2延伸，并且下外侧表面S3La和下表面S2的连接部分具有圆化的形状。边界部分Ba通过连接具有凸起的形状的上外侧表面S3Ua和具有凸起的形状的下外侧表面S3La而具有凹入的形状。第一焊盘区域158P1在凸起侧表面S4处的厚度大于中间栅极电极区域158E的厚度T1。增大厚度的焊盘区域可以防止由接触插塞的穿透引起的缺陷的发生，通过将焊盘区域的栅极图案的外侧表面提供为圆化的形状（或具有圆化的形状），可以防止由于在栅极图案的端部的拐角处可能发生的电场集中引起的半导体器件的性能下降或错误。

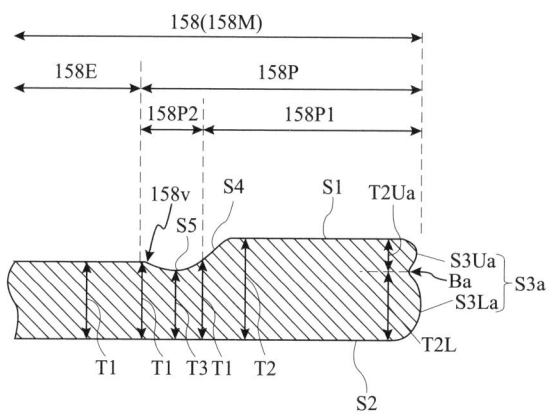

图1-2-27　US10950544B2器件结构示意图

海力士提出一种 NAND 存储装置的专利申请（公告号 US10930587B2），最早优先权日为 2019 年 1 月 16 日，在中国、美国、韩国和新加坡有布局，已在美国获得授权。该申请提供一种 NAND 存储装置，如图 1-2-28 所示，包括单元阵列区 CAR 和连接区 CNR，具有阶梯结构的电极结构 ST 包括底电极结构 10 和堆叠在底电极结构 10 上的顶电极结构 20。在顶电极结构 20 的阶梯表面形成穿透顶电极结构 20 预定深度的多个第一键槽 KH1，如图 1-2-28（a）所示；电极结构 ST 中限定多个凹孔 H1 穿透焊盘区域至 d1 深度以露出底电极结构 10 的底表面，如图 1-2-28（b）所示，凹孔 H1 的直径可大于第一键槽 KH1 的直径。该结构不需要在底部堆叠 UML 中形成阶梯结构，所以可以减小预堆叠 ML 和使用其形成的电极结构 ST 在第一方向 FD 上的长度，从而能够减小半导体存储器装置的大小。

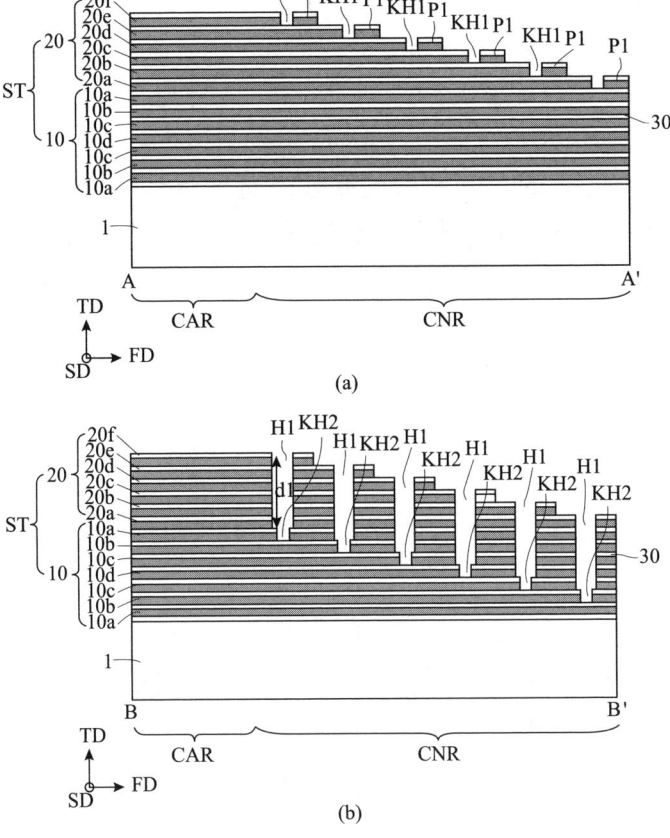

图 1-2-28　US10930587B2 器件结构示意图

铠侠提出一种半导体存储装置的专利申请（公开号 CN112951836A），最早优先权日为 2019 年 11 月 26 日，在中国、美国、日本均有布局，在各国家/地区的公开日为 2021 年 5 月到 8 月。该申请提供一种能够提高动作可靠性的半导体存储装置，在引出区域 HA 中，选择栅极线 SGD、字线 WL7~WL0 及选择栅极线 SGS 具有沿着 X 方向的阶梯形状，在形成接触插塞 CC 用孔 CCA 的步骤中，在连接目标的字线 WL 的下层设置虚设的绝缘插塞 30，如图 1-2-29 所示，作为终止层发挥作用。由此，能够减少接触插塞 CC 与连接目标的字线以外的字线连接的不良，提高半导体存储装置中动作的可靠性。

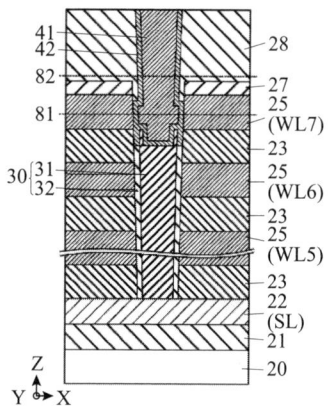

图 1-2-29　CN112951836A 器件结构示意图

二、检索策略及案例解析

（一）检索策略

如前文所述，3D NAND 闪存技术发展历史仅十余年，但技术集中度高，主要集中在三星、海力士、铠侠、闪迪、美光等企业中。中国的长江存储虽然起步较晚，但技术积累快，目前产品也比较成熟。对申请人进行检索和追踪，能够在一定程度上协助检索者尽快掌握技术脉络，提高检索的针对性。

3D NAND 闪存发展时间相对较短，目前在 IPC 和 CPC 分类体系中，还没有针对 3D NAND 闪存各个部分的具体细分，分类号都主要分布在 H01L27/11556 和 H01L27/11582 下。另外，由于 3D NAND 闪存的专利申请多于 3D NOR 闪存，且有部分工艺具有通用性，因此检索时可考虑直接采用"三维"或"垂直存储"作为 3D NAND 闪存的关键词，结合分类号 H01L27/115（电动编程只读存储器；其多步骤制造方法）来限定一个较宽的 3D NAND 闪存的技术领域。

在划定检索范围后,通常希望尽快获得与申请的发明点一致的文献,并以此为目的确定检索要素。在半导体领域中,检索要素通常为结构的各组成部分,或者制造方法的各个步骤,但是对于3D NAND闪存,检索要素的确定有一定难度,主要原因在于单纯存储器的结构,所涉及的关键词都是本领域常见的通用词语,如孔、介质层、台阶、沟道等,区分度低,容易引入较多的噪声,不利于准确表达发明点。因此,在检索中,首先要更加关注申请要解决的技术问题和获得的技术效果,将技术问题、技术效果和关键结构/步骤结合来确定具体检索要素的组合;其次,应注意连词符的合理使用,以尽量减少本领域通用词汇引入的噪声;最后,要注意结构部件、连接关系、技术问题/技术效果的联合使用,采用不同的角度对技术手段进行表达,使得检索的表达更全面,提高命中公开发明点文献的概率。由于3D NAND闪存的附图可以明确体现较多的发明信息,且浏览附图的效率较高,根据申请方案的不同,适当情况下,若继续缩小范围变得比较困难,可考虑直接进行浏览,以在不遗漏的情况下获得相应的结果。

关于检索要素中的技术术语,不同的申请人对于不同的工艺可能有不同的术语表达习惯,在检索过程中应当注意扩展。如果遇到不太常用的技术术语,可以通过百度、万方等互联网检索资源进行搜索,获得该技术术语的含义、替代表达、上下位概念等,使得检索更全面准确。

(二)检索要素

根据3D NAND闪存领域的常规表达,确定了对应技术领域及技术分支的相关检索要素,包括关键词及对应的分类号,如表1-2-1所示。

表1-2-1 3D NAND闪存检索要素

检索要素	中文关键词	英文关键词	IPC（2022.01版）	CPC（2022.05版）
3D NAND	三维存储器、三维NAND、垂直存储器、垂直存储器件、垂直存储元件、NAND闪存	3D NAND, NAND, vertical, memory, storage, flash, element, device	H01L27/11556, H01L27/11582, H01L 27/11524, H01L 27/1157, H01L21/8239	H01L27/11556, H01L27/11582, H01L 27/11524, H01L 27/1157
沟道孔结构	沟道孔、柱状沟道、通道孔/柱/通孔、垂直孔	channel hole, vertical hole/trench/opening, channel layer, pillar, column, CH, CHH		

续表

检索要素	中文关键词	英文关键词	IPC（2022.01版）	CPC（2022.05版）
台阶结构	台阶、阶梯、修剪、掩膜	stair, staircase, stairstep, stepwise, step/stair/trapezoidal structure/unit, ladder, trim		
字线接触	接触孔、栅线、字线、栅接触、对准、着陆	contact hole/pad/plug/via, contact region/area, word line contact, gate line, control gate		

（三）案例解析

1. 案例1-2-1：3D NAND闪存的台阶接触孔的构建方法

（1）案情概述。

本申请涉及3D NAND闪存的台阶接触孔的制造方法。现有技术中，建立3D NAND闪存的复杂三维结构，主要依赖淀积和蚀刻的工艺。制造过程中先淀积多层材料，然后在这些材料中蚀刻出长而窄的垂直孔，形成通道，即进行深孔蚀刻。在该制造过程中，由于深孔蚀刻对底层金属层的选择比要求较高，通常选用两块掩膜。一块掩膜用于形成台阶上层接触孔，另一块用于形成台阶下层接触孔。但是，在蚀刻形成台阶下层接触孔时，蚀刻工艺会不可避免地对已形成的台阶上层接触孔的侧壁造成损伤，从而导致电性能缺陷。

本申请为了解决上述问题，提供包括一种接触孔的制造方法，使用两块掩膜分两次对3D NAND的第一台阶区域和第二台阶区域进行台阶接触孔的刻蚀，并且在两次刻蚀之间，于在先形成的台阶接触孔中先形成保护膜，防止其侧壁被最后刻蚀损伤，弥补了分次刻蚀的缺陷，使台阶接触孔的刻蚀工艺趋于完善。在第二次刻蚀形成台阶接触孔之前，还可以包括去除先形成的台阶接触孔底壁的保护膜。保护膜的材料可以为氮化硅，器厚度能够充分低于常用的刻蚀强度。

本申请独立权利要求的技术方案如下：

3D NAND闪存的台阶接触孔的构建方法，其特征在于，包括以下步骤：

提供包括第一台阶区域和第二台阶区域的衬底堆叠结构，第一台阶区域和第二台阶区域均设有金属台阶；

刻蚀形成与第一台阶区域的金属台阶相连通的第一台阶接触孔（220）；

在第一台阶接触孔的侧壁和底壁沉积氮化硅，形成氮化硅保护层（2210）；

刻蚀除去位于第一台阶接触孔（220）的底壁的氮化硅保护层；

刻蚀形成与第二台阶区域的金属台阶相连通的第二台阶接触孔（230）。

图1-2-30示出本申请3D NAND闪存结构制造方法主要步骤的示意图。

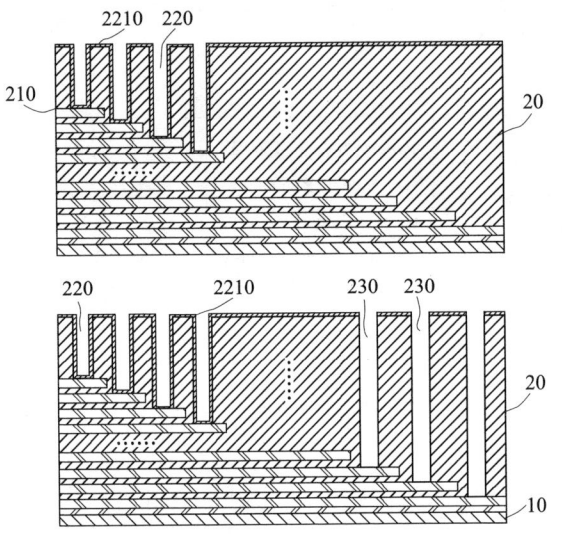

图1-2-30　案例1-2-1的台阶接触孔构建方法示意图

（2）充分理解发明。

本申请的发明构思清晰，独立权利要求直接体现了本申请的所有必要方法步骤。根据说明书的记载可以确定，本申请的改进主要在于，分两次/多次形成连接栅电极/字线的接触孔，在先形成的接触孔内表面形成保护层，以防止后续的刻蚀对先形成接触孔侧壁形成刻蚀损伤。可见，检索的重点应放在分次形成台阶结构上的接触孔，以及保护接触孔侧壁，防止形成刻蚀损伤上。

（3）检索过程分析。

本申请的技术领域为3D NAND闪存，部分申请人也称之垂直存储器件，本申请尤其涉及台阶部分接触孔的形成。本申请的技术领域可采用关键词和分类号组合来限定范围。在IPC分类体系中，可用于帮助划定技术领域范围的分类号如下：H01L27/115，含义为全部电动编程只读存储器及其制造方法；H01L27/11524，含义为具有浮栅的存储器件中，具有单元选择晶体管的，如NAND；H01L27/11551，含义为具有浮栅的存储器件中，以三维布置为特征的；H01L27/1157，含义为具有电荷俘获栅极绝缘层的存储器件中，具有单元选择晶体管的，如 NAND；H01L27/11578，含义为具有电荷俘获栅极绝缘层的存储器件中，以三维布置为特征的。从查全的角度，结合对三维存储器通常都会出现关于"三维的"描述，这里优先考虑采用分类号 H01L27/115 结合关键词"3D""三维""垂直存储"来确定一个较为全面的技术领域。

本申请的关键技术手段是在采用两次掩膜对台阶区域的第一台阶区域和第二台阶区域分别形成接触孔时，在形成第一台阶区域的接触孔后，形成保护层，去除第一台阶区域的接触孔底部的保护层，再利用新的掩膜形成第二台阶区域的接触孔。据此，从技术手段中可提出如下检索要素：台阶、接触孔、掩膜、保护层、侧壁、分步/第二。本申请获得的技术效果为防止接触孔的侧壁被随后的刻蚀损伤。根据该技术效果可以确定检索要素"保护侧壁"和"防止侧壁的刻蚀损伤"。

根据上面确定的检索要素，首先在中国专利文摘库 CNABS 中进行全要素检索。

1	CNABS	6695	H01L27/115/low/ic and（"3D"or 三维 or 垂直）
2	CNABS	29	台阶 and 接触孔 and 保护层 and（侧壁 or 内壁）
3	CNABS	21	1 and 2

通过浏览上述检索结果发现，获得的文献和本申请涉及的通过保护层保护通孔的侧壁相关，但是检索到的文献申请人基本都是本申请的申请人，可以推断，其他申请人也许表述方式不同，应适当改变检索方式，扩展关键词的选择。因此，选择从技术效果的角度进一步检索。

4	CNABS	149	接触孔 s（（保护 s（侧壁 or 内壁））or（防止 s（损 or 伤）））
5	CNABS	12	4 and 1

浏览检索式 5 的 12 篇文献，依然未获得能够影响权利要求新颖性或创造性的专利文献。考虑摘要可能未必记载申请的全部特征，采用中国专利全文库 CNTXT 库进一步检索。

1	CNTXT	12079	H01L27/115/low/ic and（"3D"or 三维 or 垂直）
2	CNTXT	541	台阶 and 接触孔 and 保护层 and（侧壁 or 内壁）
3	CNTXT	102	1 and 2

4	CNTXT	17	3 and ((分步 or 第二 or 步骤)s 掩膜 s 台阶)
5	CNTXT	10047	(栅 s (接触 or 孔))s (保护 or 防止 or 避免)s (侧壁 or 内壁 or 损 or 伤)
6	CNTXT	218	1 and 5

在 CNTXT 数据库中，采用和 CNABS 数据库中相同的检索思路，通过浏览检索式3、检索式4和检索式6获得的文献，未发现与本申请发明构思相同的专利文献。

由于在中文专利数据库中未检索到与本申请发明构思相同的专利文献，因此下一步采用德温特世界专利索引数据库 DWPI 进行检索。

1	DWPI	5907	H01L27/115/low/ic and ("3D" or (three w dimensional) or vertical)
2	DWPI	55	(contact+w hole?) and (step? or stair+) and protect+ and (sidewall? or innerwall?)
3	DWPI	2	1 and 2

该检索获得的两篇文献不能影响权利要求的新颖性或创造性。考虑进一步扩展检索词，采用栅线接触替代接触孔，侧壁形成材料层替代保护层。

| 4 | DWPI | 3147 | (gate s contact+) and ((sidewall? or innerwall?)s(film? or layer?)) |
| 5 | DWPI | 83 | 1 and 4 |

在上述83篇文献中，依然没有获得能够影响权利要求新颖性或创造性的文献。考虑仅检索包含侧壁，不再限定接触孔的侧壁是否有形成用于保护的层，以防止对"侧壁形成保护层"概括不恰当导致的遗漏。

| 6 | DWPI | 1171 | ((contact+w hole?) or (gate s contact+)) and (step? or stair+) and (sidewall? or innerwall?) |
| 7 | DWPI | 36 | 1 and 6 |

浏览检索式7的36篇文献，发现专利文献1，其公开了权利要求的全部技术特征，同样采用分两次形成台阶上的接触孔，在第一次形成的接触孔侧壁形成氮化硅保护层以防止后续第二次刻蚀形成接触孔对第一次接触孔的轮廓的损伤。

为了更全面的检索，进一步根据技术效果进行检索。

| 10 | DWPI | 7251 | ((contact+w hole?) or (gate s contact+))s(protect+ or prevent+) |

| 11 | DWPI | 58 | 1 and 10 |

检索式 11 获得的 58 篇文献中，包括前述专利文献 1，但未发现其他影响权利要求新颖性或创造性的对比文件。考虑到专利文献 1 公开了权利要求的全部技术特征，因此选择中止检索。

2. 案例 1-2-2：形成三维存储器的方法以及三维存储器

（1）案情概述。

本申请涉及高密度 3D NAND 存储器阵列中的核心区域沟道孔的形成方法。目前的高密度 3D NAND 存储器的层数（tier）继续增大，如从 64 层增加到 96 层、128 层或更多层。在这种趋势下，单次刻蚀的方法在处理成本上越来越高，在处理能力上越来越没有效率。

为了更好地实现较多层数的堆叠，现有技术中存在一种方法，将堆叠层分为多个相互堆叠的堆栈（deck）。在形成一个堆栈后，先刻蚀沟道孔和形成沟道结构，然后继续堆叠堆栈，堆栈之间通过位于二者之间共用的导电部连接。导电部的材料通常为多晶硅。当导电部的位置或者形态不佳时，容易导致多晶硅反型失败，从而造成多晶硅电阻过高、电子迁移率过低，进而严重影响三维存储器的编程/写入/擦除等性能。为解决这一问题，一些进一步的改进方法在形成下堆栈后先刻蚀下沟道孔，再堆叠上堆栈且刻蚀上沟道孔，然后形成填充上下沟道孔的沟道结构。然而这种方式在湿法刻蚀步骤容易损坏堆栈的堆叠层，并且当上下沟道孔对准不良时，填充沟道结构的过程中的等离子体也会损坏堆栈的堆叠层。另外，填充沟道层和介质层时还容易导致孔的堵塞，引入空气隙而影响存储单元性能。

为了解决上述堆叠的堆栈结构面临的问题，本申请提供一种三维存储器及其形成方法，通过在相邻堆栈间形成中间导电部来连接上下相邻的沟道层，该中间导电部不是位于下部堆栈中的沟道孔或上部堆栈中的沟道孔内，而是位于下部堆栈的沟道孔中的沟道层与沟道孔上与沟道层连接的第一导电部之上，中间导电部沿第一沟道孔的径向向外方向凸出于对应的第一沟道孔，尺寸可大于第一沟道孔，中间导电部的材料可以为非掺杂多晶硅。与分次形成沟道结构的方法相比，这种设置方式不会形成凸出部，也不会有反型失败的问题。与一次形成沟道结构的方法相比，即使相邻沟道层的对准不良，本申请的三维存储器也能通过凸出于沟道孔的中间导电部实现良好的电连接，而且不会存在损失堆叠层的问题。

本申请独立权利要求的技术方案如下：

一种三维存储器，包括：

衬底（301）；

位于所述衬底（301）上的堆叠的第一堆栈（310）和第二堆栈（320），所述第一堆栈（310）和第二堆栈（320）分别包括间隔的栅极层；

位于所述第一堆栈（310）中的多个第一沟道孔（313）；

位于所述多个第一沟道孔（313）中的多个第一沟道层（315）；

位于所述第二堆栈（320）的多个第二沟道孔（323）；

位于所述多个第二沟道孔（323）中的多个第二沟道层（325），每一第二沟道层（325）对应每一第一沟道层（315）；以及

位于所述第一堆栈（310）和所述第二堆栈（320）间的导电图案层，所述导电图案层包括多个相互隔离的中间导电部（317），每一中间导电部（317）连接对应的第一沟道层（315）和第二沟道层（325），所述中间导电部（317）沿所述第一沟道孔（313）的径向向外方向凸出于对应的所述第一沟道孔（313）；

其中连接到同一中间导电部的至少部分第一沟道孔的顶部和第二沟道孔的底部在所述衬底上的投影只有一部分重合或完全不重合。

图1-2-31是本申请三维存储器结构的示意图。

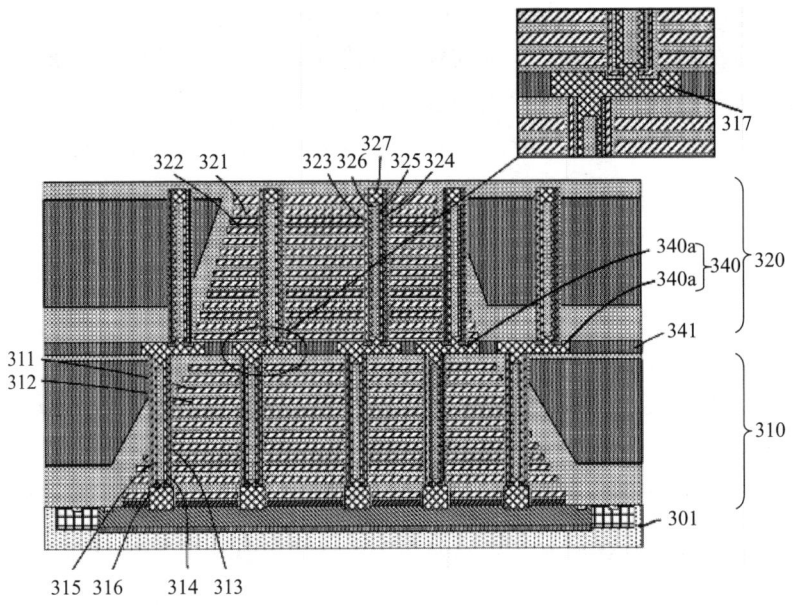

图1-2-31　案例1-2-2存储器结构

（2）充分理解发明。

本申请涉及三维存储器的沟道孔结构，其要解决的技术问题为实现堆栈之

间沟道结构的良好电接触,防止存在损失堆叠层的问题。该技术问题是通过在堆栈之间设置突出于下层沟道孔的中间导电部来实现的,相比于现有技术,中间导电部并不位于上部堆栈或下部堆栈的沟道孔中,该设置方式不会有反型失败的问题。

(3) 检索过程分析。

本申请的技术领域为三维存储器。IPC 和 CPC 分类体系中,分类号 H01L27/11556 和 H01L27/11582 分别包括浮栅和电荷俘获栅极绝缘层的存储器中沟道具有至少一垂直部分的,可用于限定垂直沟道的 3D 存储器件;H01L27/11524 和 H01L 27/1157 分别包括浮栅和电荷俘获栅极绝缘层的存储器中如 NAND 型、包括至少一个单元选择晶体管的。由于 IPC 分类体系中,上述分类号是 2017 年修订增加的,考虑三维存储器的关键词相对准确,一般可表述为"三维"或"垂直存储",从全面的角度,也可考虑采用 H01L27/115(存储器件)与关键词结合,作为三维存储器的技术领域的划定方式。

本申请尤其涉及多层堆叠的沟道孔的结构,上下两个堆叠的沟道孔部分重叠或不重叠,特别涉及多层堆叠结构之间的沟道层连接结构,连接结构突出下层堆叠水平延伸。由此,可确定如下检索要素:堆栈、沟道孔(CH)、重合、沟道层、连接、凸、径向。堆栈可以扩展为堆叠,重合扩展为重叠、交叠。

首先在 CNABS 中检索,采用先小范围再扩展的方式。检索式如下:

1	CNABS	3352	(H01L27/11556 or H01L27/11582)/cpc
2	CNABS	19	1 and(堆叠 or 堆栈)and((沟道孔 or CH?)s(重合 or 重叠 or 交叠))
3	CNABS	64	1 and(堆叠 or 堆栈)and((沟道孔 or CH?)and(重合 or 重叠 or 交叠))
4	CNABS	45	3 not 2
5	CNABS	64	1 and(堆叠 or 堆栈)and((沟道孔 or CH?)and(重合 or 重叠 or 交叠))
6	CNABS	101	1 and(孔 s 连接 s(凸 or 超 or 延伸))
7	CNABS	258	1 and(沟道 s 连接 s 堆叠)

浏览检索式 2、检索式 4 的结果,未发现公开本申请发明点的专利文献;浏览采用沟道孔之间的连接结构凸出沟道孔的相关表述进行检索的检索式的结果,也未公开本申请发明点的文献。之后进一步扩大检索范围,得到检索式 7。浏览检索式 7 的结果,发现专利文献 1,其公开了本申请的发明点,上下两个堆叠的导电沟道通过位于两个堆叠层之间的绝缘层中的连接体(如焊盘)连接,上

下两个导电沟道的沟道孔的轴线可以偏移，上下两个沟道孔不重叠。

为了检索得更全面，在 DWPI 数据库继续进行检索。由于在 CNABS 的检索中，检索结果的文献数量较少，考虑首先用分类号划定较全面的 3D 存储器的技术领域范围。关于发明点，结合专利文献 1 公开的内容，增加检索要素"偏移"作为上下沟道孔部分重合或不重合的另一种表达。

1	DWPI	2471	H01L27/115/low/ic and ((three w dimensional) or "3D")	
2	DWPI	8212	(H01L27/11556 or H01L27/11582)/cpc	
3	DWPI	9374	1 or 2	
4	DWPI	2636	channel? s connect + s stack +	
5	DWPI	199	3 and 4	
6	DWPI	21826	(channel?) s (overlap + or offset +)	
7	DWPI	89	3 and 6	

浏览检索式 5 的结果，同样发现专利文献 1，但未发现其他公开本申请发明点的专利文献。浏览检索式 7 的结果，未发现其他公开本申请发明点的专利文献。

3. 案例 1-2-3：三维存储器及其制备方法

（1）案情概述。

本申请涉及一种三维存储器的制备方法。

三维存储器作为一种典型的垂直沟道式三维存储器，为了实现三维存储器更高的容量，堆叠层数相应地不断增加。在形成贯穿堆叠层的存储结构的过程中，为了保护三维存储器的其他结构（如存储器层）会形成保护层，这层保护层在后续工艺制程中会被去除。但是，随着堆叠层数的不断增加，刻蚀位于堆叠层内部的保护层的难度也逐渐增加，使得在去除保护层的过程中可能损坏位于保护层周边的结构，增加了三维存储器的漏电风险，降低了三维存储器的良率。

为了解决该问题，本申请提供一种三维存储器的制造方法，在沟道孔中利用外延结构封堵存储器层形成的开口，避免了形成于外延结构上的沟道层部分位于存储器层的下方，降低三维存储器的电性失效或漏电等风险，提高三维存储器的良率。

本申请独立权利要求的技术方案如下：

一种三维存储器的制备方法，其特征在于，包括：

提供衬底；

沿所述衬底形成第一外延结构（41）；

在所述第一外延结构（41）上依次形成存储器层（50）及保护层（70），

所述存储器层（50）及所述保护层（70）沿垂直于所述衬底的方向延伸，且所述保护层（70）位于所述存储器层（50）的外侧，所述存储器层（50）包括依次形成的阻挡层、存储层及隧穿层；

刻蚀所述保护层（70）及至少部分所述第一外延结构（41），且在所述存储器层朝向所述衬底的底部形成开口（501）；

沿刻蚀的所述第一外延结构（41）在所述衬底形成第二外延结构（42），且所述第二外延结构（42）封堵所述开口（501），所述第二外延结构远离所述衬底的表面与所述衬底之间的间距为第一距离（D1），所述存储器层（50）朝向所述衬底的表面与所述衬底之间的间距为第二距离（D2），所述第一距离（D1）大于所述第二距离（D2）；

在所述第二外延结构（42）上形成沟道层，所述沟道层沿垂直于所述衬底的方向延伸。

图 1-2-32 示出本申请的三维存储器制造方法中涉及发明点的两次外延层的形成方法。

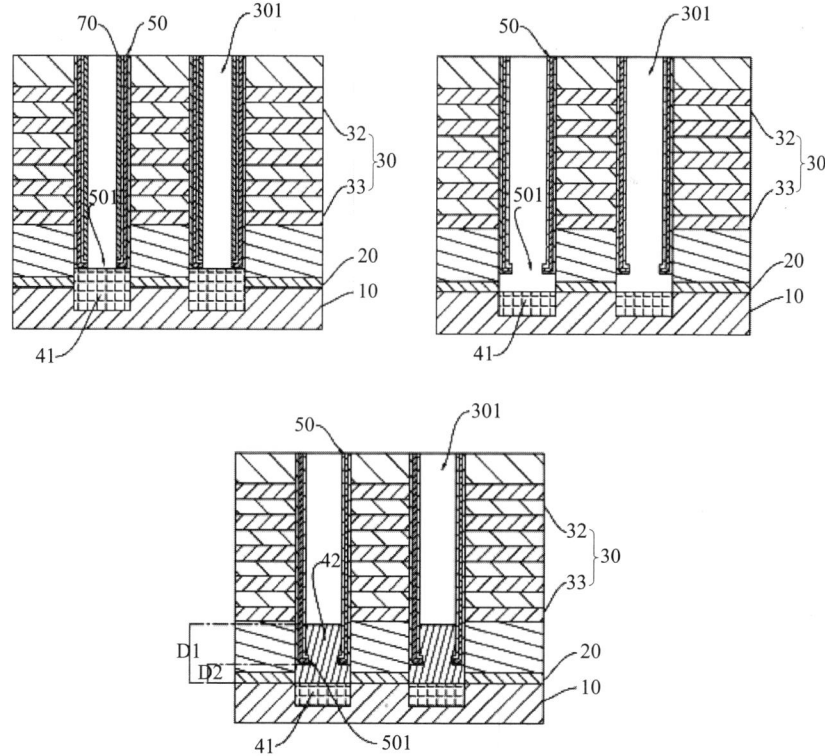

图 1-2-32　案例 1-2-3 三维存储器制造方法

(2) 充分理解发明。

本申请涉及沟道孔中沟道层及其连接的形成方法,尤其涉及沟道层与衬底的连接方式。在权利要求中记载了刻蚀沟道孔中的保护层并在第一外延层中形成开口,随后在开口中形成第二外延层。权利要求中对于保护层的刻蚀和形成开口仅用一句话概括,说明书中还给出了一个具体实施例,其中刻蚀保护层和形成开口更具体地分为两个步骤,先刻蚀沟道孔底部的保护层,再去除沟道孔侧壁的保护层,同时去除部分第一外延层形成开口。在检索过程中需要注意两者的差别。本申请通过先形成第一外延层再形成存储器层,避免了第一外延层的沟道孔较深带来的第一外延层不均匀的问题,刻蚀去除保护层时间较长,保证保护层被完全去除,避免了保护层残留带来的可靠性问题,同时导致第一外延层的部分残缺而形成开口,第二外延层的形成补偿被刻蚀的第一外延层的缺陷,提高存储器的可靠性。

(3) 检索过程分析。

本申请涉及一种具有电荷存储层,如 ONO 型的三维存储器的制造方法。从准确的角度,可采用 H01L27/1157 和 H01L27/11582 来确定检索的技术领域。根据申请的技术方案,还可确定如下检索要素:沟道孔、存储层、沟道层、外延、开口、刻蚀、保护层、高。对检索要素的关键词进行扩展,可获得如下关键词:通道孔、隧穿、凹、槽、牺牲层、低。

首先在 CNABS 中检索。

1	CNABS	5621	((H01L27/1157 or H01L27/11582)/cpc or (H01L27/1157 or H01L27/11582)/ic)
2	CNABS	501	1 and 外延
3	CNABS	46269	(保护 or 牺牲) s (沟道 or 通道)
4	CNABS	184	2 and 3
5	CNABS	2896	外延 s (高 or 低) s (沟道 or 通道 or 栅绝缘 or 栅介质 or (隧穿 3w 层))
6	CNABS	65	5 and 1
7	CNABS	148	外延 s (凹 or 槽) s ((沟道 or 通道) 3d (孔 or 柱))
8	CNABS	46	7 and 1

以上检索未检索到公开本申请发明点的文献。考虑扩大检索范围,增加浮栅型 3D NAND 存储器件的相关表达。

| 9 | CNABS | 6880 | ((H01L27/11556 or H01L27/11582 or |

H01L27/11524 or H01L27/1157)/cpc or（H01L27/11556 or H01L27/11582 or H01L27/11524 or H01L27/1157)/ic)

10	CNABS	59	9 and 5
11	CNABS	42	9 and 7

未发现公开本申请发明点的文献。考虑到本申请的结构细节较多，采用CNTXT数据库进行进一步检索。

1	CNTXT	6881	((H01L27/11556 or H01L27/11582 or H01L27/11524 or H01L27/1157)/cpc or（H01L27/11556 or H01L27/11582 or H01L27/11524 or H01L27/1157)/ic)
2	CNTXT	7276	外延 s（高 or 低）s（沟道 or 通道 or 栅绝缘 or 栅介质 or（隧穿 3w 层））
3	CNTXT	235	1 and 2
4	CNTXT	346	外延 s（凹 or 槽）s（（沟道 or 通道）3d（孔 or 柱））
5	CNTXT	67	3 and 4
6	CNTXT	265	（外延 s（凹 or 槽））and（（保护 or 牺牲）s（（沟道 or 通道）3d（孔 or 柱）））
7	CNTXT	120490	外延 s（高 or 低）
8	CNTXT	71	1 and 4 and 6 and 7

浏览检索式8的结果，发现专利文献1，其公开一种三维存储器，在沟道孔中形成第一外延层，再形成电荷存储层的栅介质层和牺牲层，刻蚀去除牺牲层和部分第一外延层形成开口，形成第二外延层填充第一外延层中的开口，再形成沟道层。专利文献1公开了权利要求的绝大部分技术特征，也公开了其中涉及发明点的相关技术特征，能够影响权利要求的创造性。但专利文献1未公开说明书中记载的具体实施方式，即刻蚀侧壁的保护层的同时形成第一绝缘层中的开口。针对该特征，在USTXT数据库中进行检索。

1	USTXT	12760	((H01L27/11556 or H01L27/11582 or H01L27/11524 or H01L27/1157)/cpc or（H01L27/11556 or H01L27/11582 or H01L27/11524 or H01L27/1157)/ic)
2	USTXT	1063	(protect+ or sacrif+) s (channel 2w

3	USTXT	845	1 and 2
			hole?）s（etch＋or remov＋）
4	USTXT	1989	（channel 2w hole?）s（trench?? or opening? or groove?）
5	USTXT	351	4 and 3
6	USTXT	709	epitaxial s（channel 2w hole?）
7	USTXT	115	6 and 5

浏览检索式7的结果，未发现公开刻蚀沟道孔侧壁的保护层的同时在沟道孔底部的外延层中形成开口的技术方案的专利文献。

第三节 新型随机存储器

新型随机存储（新型RAM）的发展方向是将DRAM的读写速度与Flash的非易失性结合起来，目前较为主流的新型存储有四种：铁电随机存储器（FRAM）、相变存储器（PCM）、阻变随机存储器（RRAM）和磁性随机存储器（MRAM）。上述四种新型随机存储器中，FRAM利用铁电材料的不同磁化方向来存储数据，其他三种均利用电阻的变化实现数据的存储。随着大数据、AI技术、高性能芯片的发展，对算力的要求越来越高，传统的计算与存储分裂的硬件架构遇到了"存储墙"的挑战。新型随机存储器尤其是RRAM、PRAM和MRAM，同时具有低延迟、高密度和非易失的特性，速度也接近DRAM，未来有望突破"存储墙"限制，构建存算一体的计算内存。将RRAM和MRAM的性能与传统DRAM对比可见，RRAM和MRAM的读写周期更短，写电压也更低❶，更适应快速低功耗的需求。因此，本节主要对RRAM和MRAM进行分析。

一、RRAM专利技术综述

（一）概况

RRAM利用材料的电阻转变效应（材料的电阻在电压作用下发生变化的现象）导致材料的不同电阻态来实现"0"和"1"的转变。RRAM存储单元基本

---

❶ 张明喆，张法，刘志勇. 基于动态权衡型的新型非易失存储器件体系结构研究综述［J］. 计算机研究与发展，2019，56（4）：677－691.

结构类似平行板电容的结构,即两层金属电极之间夹着绝缘性或半绝缘性的存储介质。形成阵列时,通常采用1T1R结构。RRAM由于其简单的结构,还很适合形成3D堆叠结构来进一步提高存储密度。

1962年电阻转变效应即被发现,通常包括单极性电阻转变效应和双极性电阻转变效应,双极性电阻转变效应与电压的极性相关,单极性电阻转变效应的电阻转变方向不取决于电压的极性,而取决于电压的大小。在电阻转变效应被发现后的很长一段时间里,由于各种原因,人们并未将其应用到存储器中,电阻转变效应的研究主要停留在物理机理的研究上。2000年,美国休斯顿大学的刘(Liu)等报道了钙钛矿型的复杂氧化物PCMO在电压脉冲的激励下表现出可逆的电致电阻效应,其高低阻态之比达到10倍。该报道激发了利用电阻转变效应制备阻变存储器的热情❶,形成了新一次的电阻转变效应的研究热潮。在这次研究热潮中,研究者开始关注电致电阻效应在存储器中的应用。RRAM器件具有速度快、密度高、功耗低、多值存储、多维存储等优点,很多国家的大学、研究所和公司都投入了大量的经费对其进行研究和开发。日本电气(NEC)于2004年首先推出了1KB的RRAM存储器。2010年后,RRAM器件得到快速发展,松下、闪迪、台积电、英特尔、IMEC等公司/研究机构先后推出了RRAM芯片,存储容量最高达32GB。2020年,IMEC推出了14nm的RRAM芯片,存储容量为1MB。

RRAM除应用于存储器外,还可以应用于神经网络模拟电路领域。阻变存储器的电阻随着流过它的电流而发生变化,这与突触权重的变化十分类似,因此十分适合用于在神经网络模拟电路中充当神经突触的功能。

(二)专利申请状况

在德温特世界专利索引数据库DWPI中检索到涉及RRAM的全球专利申请共计5970项(公开日截至2022年2月28日)。最早的RRAM专利申请出现于1970年(申请号为DE2049658A),其记载了一种数据存储元件,包括夹在具有不同电负值(electronegativity)的两电极(如铝和银)之间的、由一氧化硅和二氧化硅混合物形成的非晶层。2000年前后,氧化物阻变效应的报道带来的新研究热潮促进了对RRAM的研究热情,本节选择2000年之后的专利申请作为分析对象。下文中的各申请趋势图中虽然示出了2020年的申请量,但由于2020年的专利申请部分数据还未公开,因此其数据不准确,不能体现专利申请的实际数量,仅作为参考。

---

❶ 潘峰,陈超. 阻变存储器材料与器件[M]. 北京:科学出版社,2014:19.

1. 全球专利申请趋势

由图1-3-1所示的RRAM全球专利申请趋势可见，2002年，全球专利申请从31项跃升到94项，随后进入了长达10年的快速增长期，年平均增长率超过18%，专利申请量在2012年达到第一个峰值，为463项。2013—2014年，RRAM的专利申请量连续有小幅下降，2014年下降到334项。2015年之后专利申请量再次逐步增加，2019年达到488项。RRAM目前还处于技术发展期，随着技术的不断发展，专利申请量在未来一段时间内依然会呈现逐步升高的趋势。

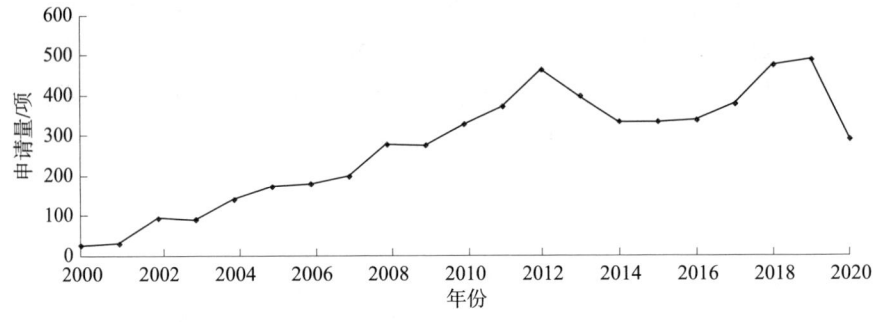

图1-3-1 2000—2020年RRAM领域全球专利申请趋势

2. 专利申请来源和目标国家/地区分析

图1-3-2示出RRAM专利申请来源国家/地区和目标国家/地区的分布情况。RRAM专利技术的最主要来源国家/地区为美国，达到2397项，来源于美国的RRAM专利技术是来源于中国的RRAM专利技术的近1.7倍，是来源于韩国的RRAM专利技术的2倍多。美国多家跨国公司在RRAM技术领域进行了较大的投入，如闪迪、英特尔、美光等。排名第二的专利来源国家/地区是中国，中国申请人既有高校，也有企业，近年来对RRAM研究十分活跃。韩国和日本分别是排名第三和第四的RRAM技术来源国家/地区，两国的RRAM技术来源主要是存储企业三星、海力士和东芝。中国台湾也产生了相对较多的RRAM专利技术，主要来源于台积电。可见美国在RRAM专利技术上具有一定优势，中国的RRAM专利技术数量多于韩国和日本，但由于其中不少是高校提出的申请，技术成果还需要进一步转化。来源于韩国和日本的RRAM专利技术集中度比美国和中国高。

专利布局体现了申请人对各个国家/地区市场的重视程度。来源美国的专利申请除在美国布局外，布局最多的是中国，其次为中国台湾，随后是韩国、日本和欧洲，其中在中国布局的专利数量高于在韩国或日本布局的1.5倍。可见，美国申请人十分重视中国市场，对其他国家/地区的布局相对均衡。来源中国的

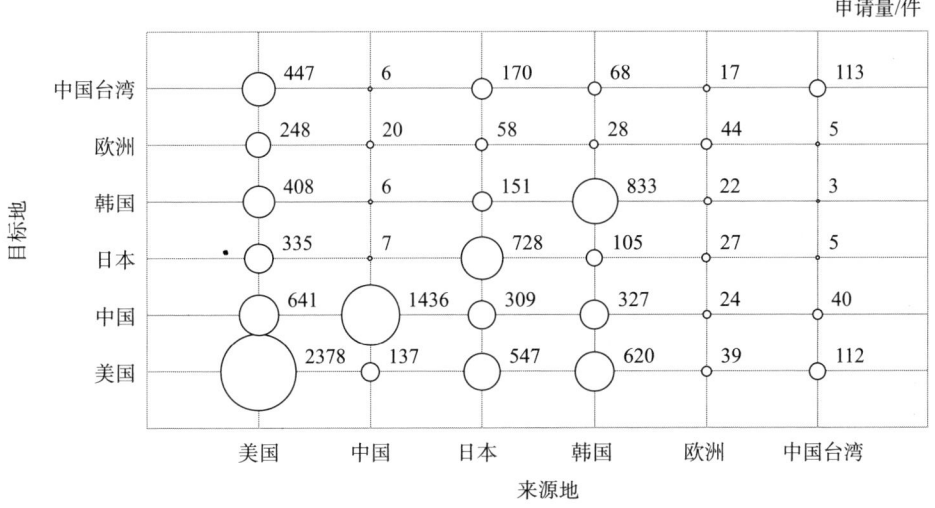

图1-3-2 RRAM领域全球专利申请来源和目标国家/地区分布

专利申请在其他国家/地区布局的比例较低,其中布局最多的是美国,而在韩国、日本和欧洲的布局很少,有的仅为个位数。可见,中国申请人最重视美国市场,可能由于目前还没有量产的产品,因此对其他国家/地区的布局还处于起步阶段。来源韩国的专利申请在韩国布局最多,其次布局较多的是美国、中国,在日本、中国台湾和欧洲仅有少量布局。来源日本的专利申请除在日本布局外,主要在美国和中国布局,在欧洲布局最少。除在中国台湾布局外,来源中国台湾的专利布局在美国最多,其次为中国,在其他国家/地区布局数量等于低于5件。来源欧洲的专利数量比较少,但在各国家/地区的专利布局数量差距不大,除了欧洲外数量最多的依然是美国。可见,全球申请人最关注的市场是美国,其次为中国。而中国申请人目前依然主要关注于中国市场,随着RRAM市场的扩大,中国申请人在提高技术的同时,可提高对其他国家/地区市场的专利布局,进一步提高竞争力。

3. 主要目标国家/地区的专利申请趋势

图1-3-3示出2000年后RRAM专利申请在主要国家/地区的申请量变化趋势。

作为最重要的技术来源国家和所有申请人最重视的市场区域,美国的RRAM专利申请量在2002—2012年呈起伏上升的趋势,其中2010—2012年增长速度更快,到2012年年申请量达到332件,2013—2015年专利申请量持续下降,2015年下降到220件左右,2016年后专利年申请量有小幅增长。

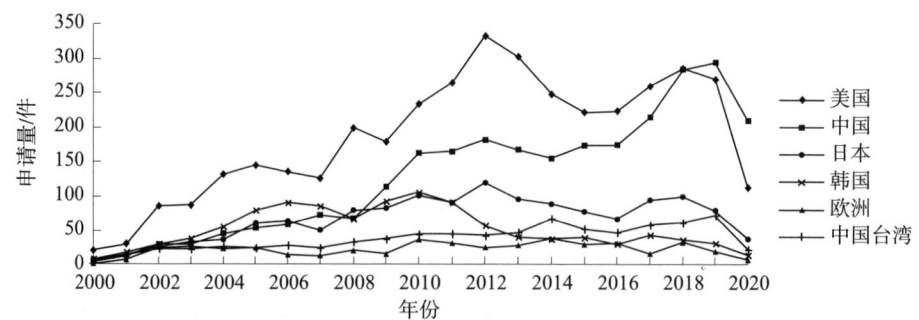

图 1-3-3　2000—2020 年 RRAM 领域主要国家/地区专利申请趋势

在中国，2008 年以前的专利申请年申请数量较少，均低于 100 件，且增长比较缓慢。2009—2010 年申请量大幅增长，2010 年申请量达 162 件，主要影响因素是 2009 年中国申请人的申请量几乎翻倍，以及 2010 年美国和韩国申请人在中国提出的申请有大幅增加。2011—2016 年，在中国的专利申请量稳定在 160 件上下。2017 年后，申请量再次快速增长，2018 年的年申请量与在美国的年申请量相当，2019 年年申请量超过在美国的年申请量，达到 294 件。2017 年以后专利申请量的增长主要是因为中国申请人提交的专利申请量的增长。

在日本，2012 年以前的专利申请量基本呈现逐步上升的趋势，到 2012 年达到峰值 119 件，其中 2007 年有一个小的申请量低谷。2013—2016 年，年申请量逐步下降到 66 件。2017—2018 年，申请量有一定提高。2019 年，申请量又有小幅下降。

在韩国的专利申请量于 2006 和 2010 年分别出现一个小高峰（年申请量分别为 90 件和 105 件）。2011—2013 年，在日本的专利申请量出现较大幅度的下降，2013 年的年申请量为 40 件。2014 年以后，在日本的专利申请量在 40 件上下波动。

在中国台湾的专利申请量在 2014 年和 2019 年各有一个小的峰值，其他时间申请量基本稳定。在欧洲的专利申请量直到 2018 年总体呈稳中有升的态势，2019 年有小幅下降。

总体看来，自 2000 开始，在中国的专利年申请量总体保持增长态势，尤其是在 2009—2010 年、2017—2018 年，专利年申请量均有大幅提升。而在美国、日本和韩国 2013 年都出现申请量较大幅度下降的情况，直到 2016—2017 年申请量才再次增长。可见，中国申请人开始 RRAM 研究的时间比美国、韩国和日本申请人稍晚，但近年来研究更活跃。

(三) 申请人分析

1. 全球/中国专利申请的申请人排名

图 1-3-4 (a) 示出 RRAM 全球专利申请的申请人排名情况，排名前十三位的申请人中，美国申请人 6 位，中国申请人 3 位，韩国申请人 2 位，日本申请人 1 位，中国台湾申请人 1 位。美国、日本、韩国的申请人全部为企业，中国申请人中 2 个为高校，1 个为企业。申请量最高的申请人为三星，申请量达到 386 项；其后依次为东芝、美光、台积电、海力士、闪迪和分子间公司，其申请量均超过 200 项。

图 1-3-4 (b) 示出 2016 年后 RRAM 全球专利申请的申请人排名情况。申请量排名前十三位的依次为 IBM、三星、台积电、英特尔、华邦电子、铠侠、海力士、闪迪、中科院微电子所、华中科技大学、联芯、美光和北京大学，其中中国申请人为 5 个。对照图 1-3-4 (a) 可见，中国申请人最近几年加大了对 RRAM 的研究投入，并且更多的高校和企业参与到 RRAM 的研发中，如联芯 95%的专利申请集中在 2016 年以后，华中科技大学 86%的专利申请集中在 2016 年以后，华邦电子也有超过 50%的专利申请在 2016 年以后提出。IBM 和英特尔的专利申请主要集中在近 7 年（2016—2022 年），三星、台积电、闪迪和海力士对 RRAM 研发进行了持续性的投入，美光 2016 年以后的专利申请仅占全部专利申请的 12.3%，其对 RRAM 的研发活跃度相对较低。

图 1-3-5 (a) 示出 RRAM 领域中国专利申请的主要申请人排名。申请量最高的三星，申请量为 220 项，是排名第二位的台积电的申请量的近 1.7 倍；申请量排名第二到第六位的申请人依次为台积电（130 项）、北京大学（116 项）、海力士（112 项）、中科院微电子所（109 项）和华邦电子（102 项），申请量差距不大；申请量排名最后四位的是复旦大学、索尼、美光和松下，申请量在 60~90 项。对照图 1-3-4 (a) 所示的 RRAM 全球专利申请主要申请人排名可见，在全球申请量较多的东芝、闪迪、分子间公司和科洛斯巴在中国布局专利申请较少，体现出其并不太注重 RRAM 的中国市场。

图 1-3-5 (b) 示出 RRAM 领域近 7 年（2016—2022 年）中国专利申请的申请量排名前十的申请人，其中中国申请人 4 位，美国申请人 1 位，韩国申请人 2 位，日本申请人 1 位，中国台湾申请人 2 位。可见，三星保持了在专利申请量上的领先地位，铠侠和台积电 2016 年以后在中国的专利申请较为活跃，海力士、中科院微电子所、北京大学、美光对 RRAM 相关研发和专利申请保持了相当的积极性，华中科技大学、电子科技大学 2016 年以后专利申请量进入前十名，而复旦大学、索尼、松下 2016 年以后的专利申请量下降较大。此外，联

芯和长鑫存储虽然申请量较低（不到30项），但2016年以后也加入到了RRAM的研究中。

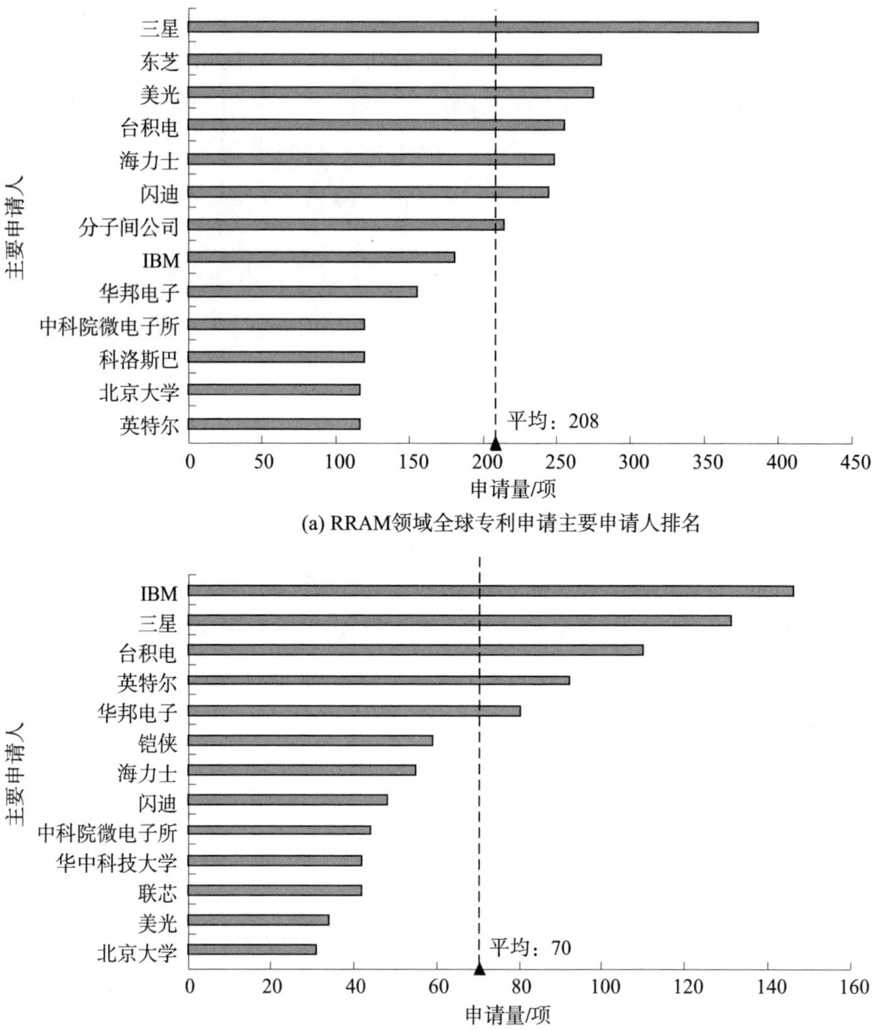

(a) RRAM领域全球专利申请主要申请人排名

(b) 2016—2022年RRAM领域全球专利申请主要申请人排名

图 1-3-4 RRAM 领域全球专利申请主要申请人排名统计

从 RRAM 的申请人和申请量情况可以看出，RRAM 还处于技术发展的初期，研究热情较高，越来越多的高校、研究所和企业投入到相关技术的研发中，共同寻找 RRAM 的更优解决方案。我国的大学和企业虽然起步相比国外主要申请人较晚，但研究热情高，加以时日也将在 RRAM 器件的技术中获得一席之地。

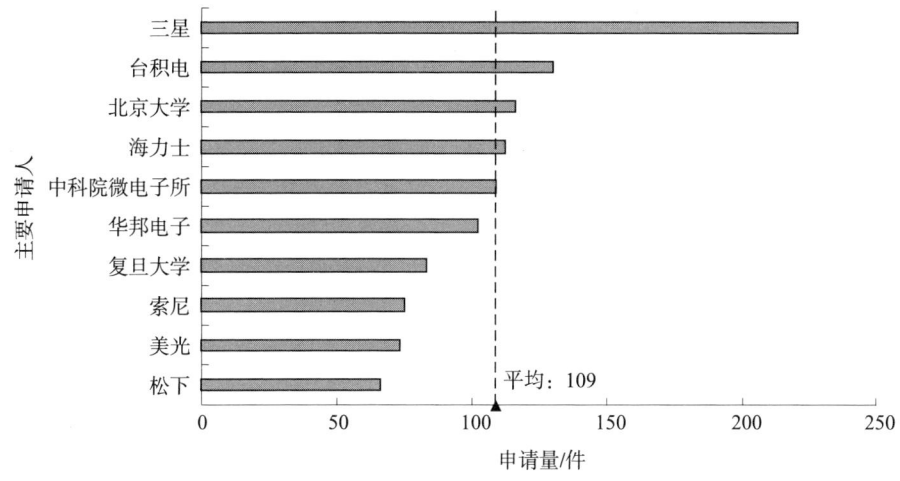

(a) RRAM领域中国专利申请主要申请人排名

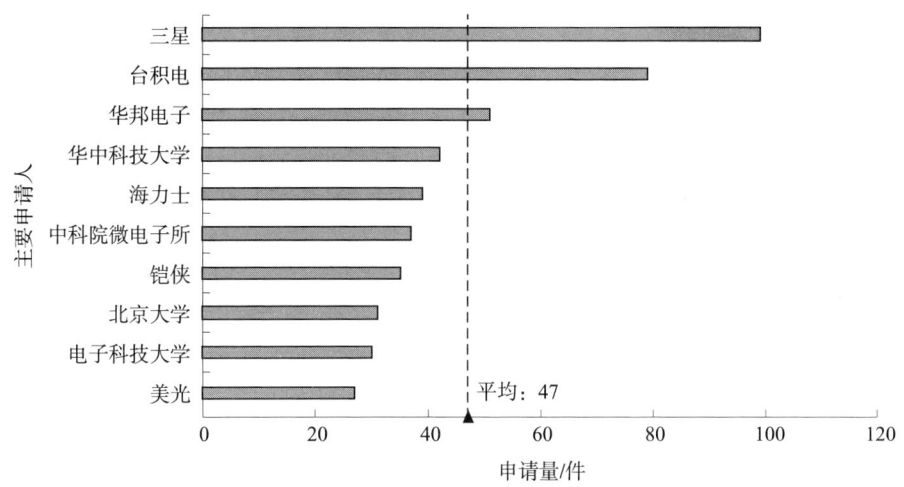

(b) 2016—2022年RRAM领域中国专利主要申请人排名

图1-3-5　RRAM领域中国专利主要申请人排名统计

2. 主要申请人技术分支分布

RRAM可按照电阻转换材料的种类不同来区分，电阻转换材料可以分为固体电解质材料、复杂氧化物材料、二元氧化物材料和有机材料等。其中二元氧化物材料是目前最受关注的电阻转换材料。图1-3-6示出主要申请人在二元氧化物、复杂氧化物和固体电解质作为电阻转换材料的RRAM（以下分别简称为二元氧化物 RRAM、复杂氧化物 RRAM 和固体电解质 RRAM)的专利申请情况。从图 1-3-6 可以看出,除海力士外,其他申请人均最重视二元氧化物 RRAM 的发展,尤其是台积电、闪迪和分子间公司,不但申请量较高,均超过 180 项,而且在三类专利申请中占的比例也较高。对复杂氧化物 RRAM 最关注的申请人为海力士,申请量超过 100 项,其次为三星、闪迪、分子间公司和美光。对固体电解质 RRAM 最重视的申请人分别为美光、闪迪、中科院微电子所、海力士和英特尔,其中美光的申请量超过 80 项,闪迪的申请量接近 60 项,另外三位申请人的申请量均为 40 项左右。

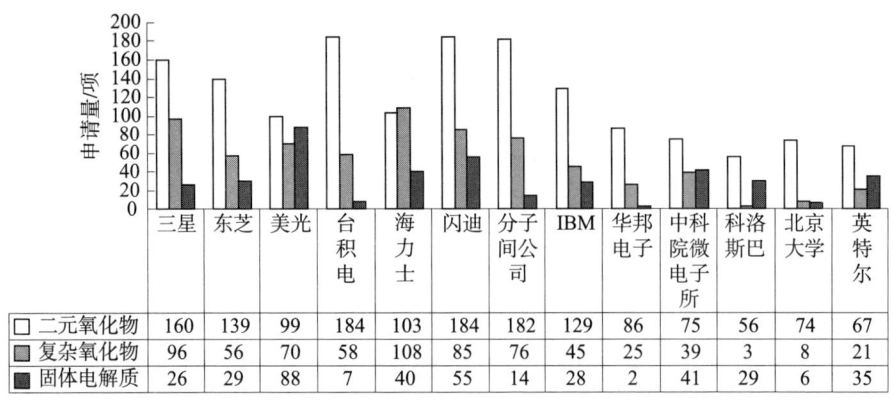

图 1-3-6　RRAM 主要申请人主要技术分支专利申请量分布

美光对三类 RRAM 研究投入相对均衡,申请量差距较小;三星、东芝、闪迪、台积电、分子间公司、华邦电子除了重点关注二元氧化物 RRAM 外,还对复杂氧化物 RRAM 有相当的投入;海力士对复杂氧化物 RRAM 和二元氧化物 RRAM 都很关注,复杂氧化物 RRAM 专利申请量稍高;IBM、中科院微电子所、英特尔除了重点关注二元氧化物 RRAM 外,对复杂氧化物 RRAM 和固体电解质 RRAM 也比较关注;科洛斯巴除重点关注二元氧化物 RRAM 外,对固体电解质 RRAM 也比较关注;北京大学则重点关注二元氧化物 RRAM 的研究,在复杂氧化物 RRAM 和固体电解质 RRAM 方面的申请量较少。

3. 主要申请人具体分析

根据主要申请人的申请量以及 2016 年后专利申请的活跃程度,选择三星、台积电和 IBM 作为主要申请人的代表,对他们的 RRAM 相关专利申请进行分析。

(1) 三星。

三星 RRAM 领域的全球申请量为 386 项,图 1-3-7 示出三星 RRAM 领域全球专利申请趋势。从图 1-3-7 可见,2004 年以前,三星的 RRAM 专利申请年申请量非常少，低于 10 项。2005—2006 年申请量呈爆发式增长，2006 年申请量达到第一个峰值，为 34 项。2007—2013 年，申请量呈波动式下降的趋势，2013 年年申请量降低到 5 项。2014 年以后，三星 RRAM 的申请量再次呈现总体上升的趋势，2019 年申请量达到 35 项，在部分数据未公开的情况下，2020 年的申请已达到 18 项。

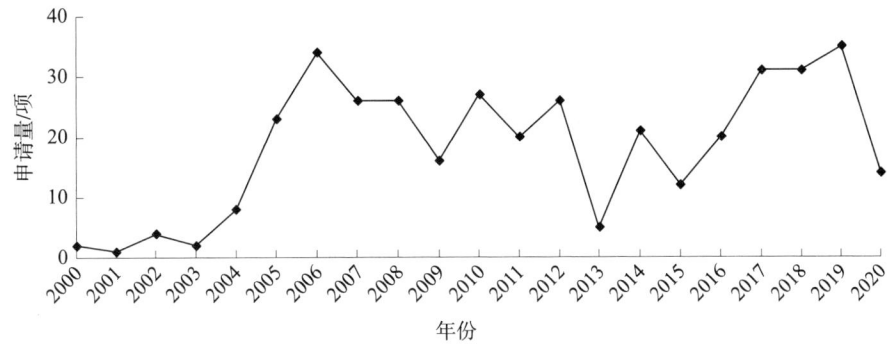

图 1-3-7　2000—2020 年三星 RRAM 领域全球专利申请趋势

图 1-3-8 示出三星 RRAM 领域全球专利申请在各技术分支的申请量变化趋势。2013 年以前，三星的专利申请主要以二元氧化物 RRAM 为主，同时关注复杂氧化物 RRAM；2014 年以后研究重点有所转移，二元氧化物 RRAM 的申请量有所下降，复杂氧化物 RRAM 的申请量与二元氧化物 RRAM 不相上下；在 2015 年、2016 年复杂氧化物 RRAM 的申请量超过了二元氧化物 RRAM 的申请量。对于固体电解质 RRAM，三星一直仅维持少量申请，年申请量最多的为 2005 年，仅有 5 项。

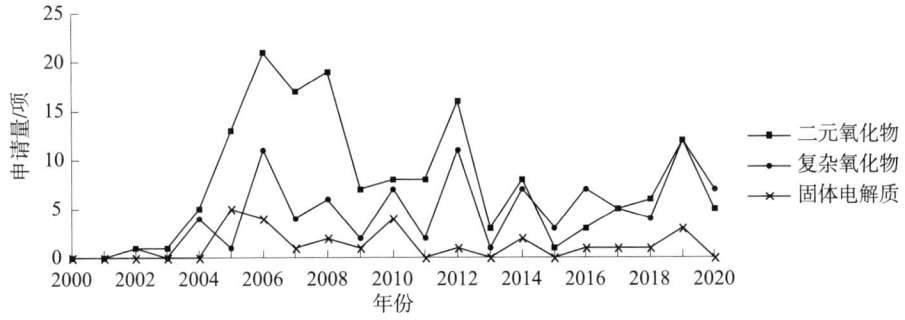

图 1-3-8　2000—2020 年三星 RRAM 领域全球专利申请各技术分支申请变化趋势

（2）台积电。

台积电 RRAM 领域全球专利申请量为 256 项，图 1-3-9 示出台积电

RRAM 领域全球专利申请趋势。从图 1-3-9 可见，台积电 2011 年以后申请量开始迅速增长，2012 年年申请量从 2011 年的 1 项跃升到 32 项，2013 年继续升高到 50 项。2014 年年申请量回落至 24 项。2014 年以后，申请量在 20 件上下波动，维持在相对稳定的水平。经过十年左右的技术积累，2018 年台积电进行了嵌入式 RRAM（eRRAM）的"风险生产"，2019 年开始生产采用 22nm 制程的 eRRAM 芯片。

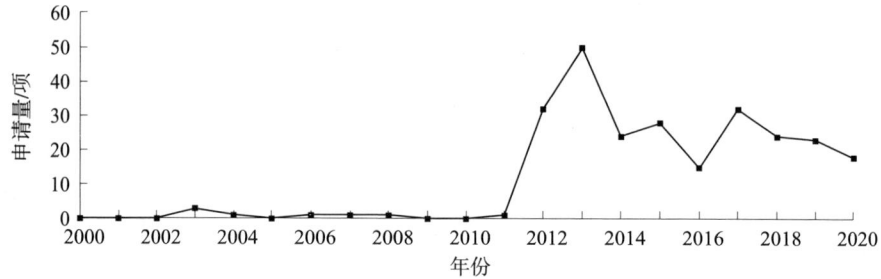

图 1-3-9　2000—2020 年台积电 RRAM 领域全球专利申请趋势

图 1-3-10 示出台积电 RRAM 领域全球专利申请在各技术分支的申请趋势。从图 1-3-10 可以看出，台积电的 RRAM 技术重点集中于二元氧化物 RRAM，尤其是在 2012—2015 年，二元氧化物 RRAM 专利申请量远大于其他两个技术分支。2017 年以后，台积电增加了对复杂氧化物 RRAM 的关注，其年申请量与二元氧化物 RRAM 的申请量相差不多，其中部分申请的技术方案是同时适用于两种不同氧化物电阻转换材料的。对于固体电解质 RRAM，台积电的相关研发较少，总申请量低于 7 项。

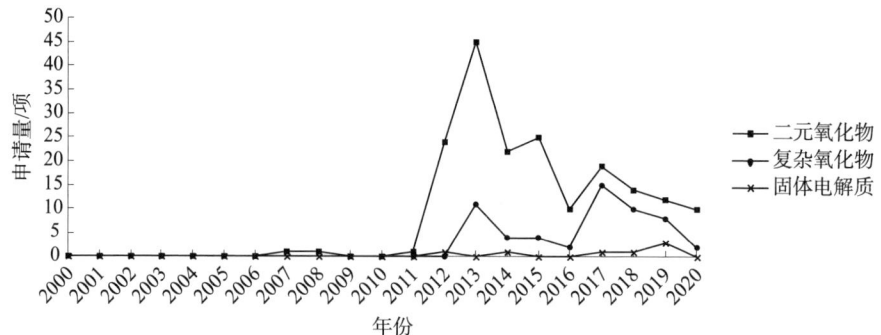

图 1-3-10　2000—2020 年台积电 RRAM 领域全球专利申请各技术分支申请趋势

(3) IBM。

IBM 在 RRAM 领域的全球专利申请量为 180 项，图 1-3-11 示出 IBM 在 RRAM 领域全球专利申请趋势。从图 1-3-11 可见，IBM 对于 RRAM 的研究可分为两个阶段：第一阶段为 2004—2007 年，期间仅提出较少专利申请；第二阶段为 2011 年以后，2011—2016 年，专利申请量呈波动上升，2017—2018 年申请量快速上升，2017 年的申请量从 2016 年的 5 项跃升到 23 项，2018 年专利申请量达到峰值 59 项，2019 年申请量有小幅下降，为 49 项。

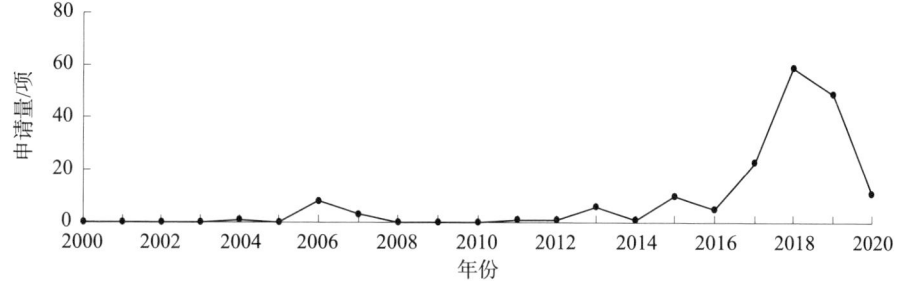

图 1-3-11　2000—2020 年 IBM RRAM 领域全球专利申请趋势

图 1-3-12 示出 IBM 在 RRAM 领域的全球专利申请在各技术分支的申请量变化趋势。由图 1-3-12 可以看出，2004—2007 年，IBM 关于 RRAM 的研究在三个技术分支基本相当，对于复杂氧化物和固体电解质 RRAM 稍有倾斜。2011 年以后，IBM 的研究主要集中于二元金属氧化物 RRAM，少量兼顾复杂氧化物 RRAM。2017 年二元金属氧化物 RRAM 的申请量大幅上涨，并于 2018 年达到峰值 47 项。2017 年以后，IBM 对于固体电解质 RRAM 的研究有所增加，2019 年达到峰值，年申请量为 9 项。

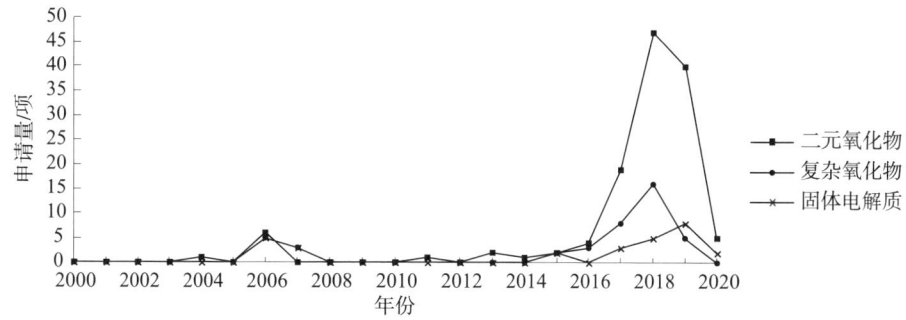

图 1-3-12　2000—2020 年 IBM RRAM 领域全球专利申请各技术分支申请趋势

(四) 重点技术分析

二元金属氧化物具有结构简单、材料组分容易控制、制备简单等特点，二元金属氧化物 RRAM 是各申请人最为重视的阻变存储器类型。作为电阻转变材料的二元金属氧化物，主要包括过渡金属氧化物（TMO），如 CuO、HfO_2、TaO_2、ZrO_2、ZnO_2、NiO_2、TiO_2、WO、Nb_2O_5、VO_2、CoO、Al_2O_3、MnO_2、MgO_2、Nd_2O_3、Gd_2O_3、La_2O_3、Er_2O_3 等。本小节对二元金属氧化物 RRAM 的专利申请情况进行分析。

1. 二元金属氧化物 RRAM 专利申请趋势

二元金属氧化物 RRAM 全球专利申请的总申请量为 2921 项，在中国的专利申请量为 1249 项。图 1-3-13 示出二元金属氧化物 RRAM 全球和中国专利申请趋势。2002 年，全球专利申请量增加到 16 项，随后专利年申请量呈快速上升趋势，到 2012 年年申请量达到峰值 296 项。2013—2014 年申请量进入第一个下降阶段，2014 年专利年申请量下降到 188 项，2015—2017 年专利年申请量维持在 170~180 项，2018—2019 年专利年申请量再次呈上升趋势，2019 年达到 234 项。

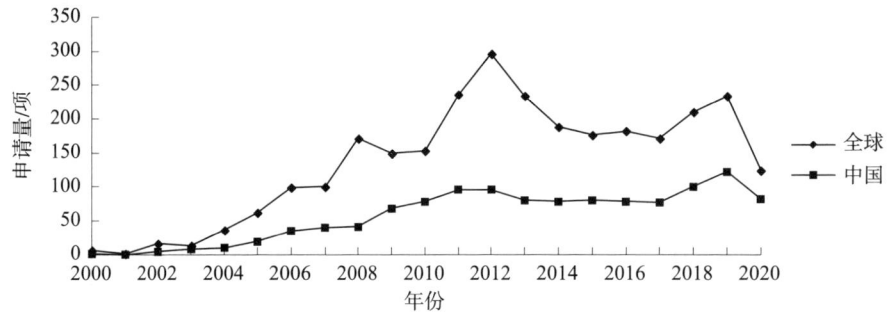

图 1-3-13　2000—2020 年二元金属氧化物 RRAM 领域全球/中国专利申请趋势

在中国的二元金属氧化物 RRAM 专利申请的起步稍晚，申请趋势与全球专利申请趋势类似，申请量的变化更平缓。2004 年在中国的二元金属氧化物 RRAM 专利申请量超过 10 项，2004—2012 年，申请量呈缓步上涨的趋势；2013 年，申请量稍有下降；2013—2017 年，申请量比较平稳，保持在 80 件左右；2018—2019 年，申请量有所提高，2019 年申请量达到 122 项。

2. 二元金属氧化物 RRAM 主要申请人排名

图 1-3-14（a）示出二元金属氧化物 RRAM 的全球申请量排名前十位的申请人，其中美国申请人 4 位，韩国申请人 2 位，中国申请人 2 位，日本申请人 1 位，中国台湾申请人 1 位。申请量排名前三位的申请人依次为台积电、闪

迪和分子间公司，申请量相差不多，都稍高于180项。排名第四、第五位的申请人为三星和东芝，申请量分别为160项和139项。排名前五位的申请人的申请量均高于平均申请量134项。申请量排名第六到第十位的申请人依次为IBM、海力士、美光、华邦电子和中科院微电子所。

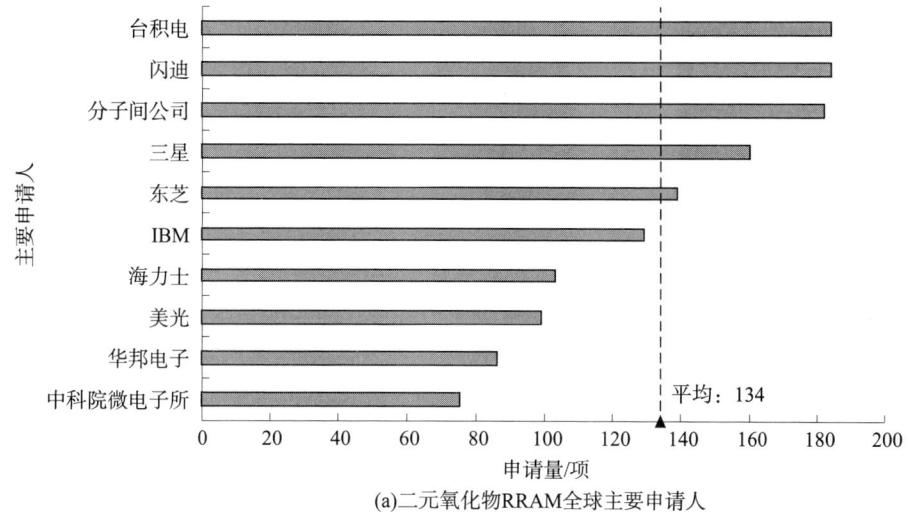

(a) 二元氧化物RRAM全球主要申请人

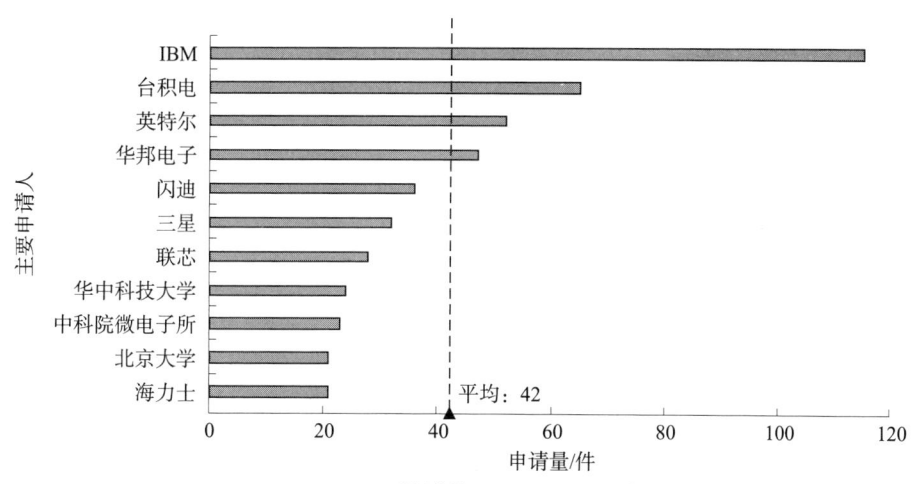

(b) 二元氧化物RRAM 2016-2022年主要申请人

图1-3-14 二元氧化物RRAM全球主要申请人统计

图1-3-14(b) 示出2016—2022年二元金属氧化物RRAM的全球主要申请人排名情况。从图1-3-14(b) 可见，申请量最高的是IBM，为115项，

占 IBM 总申请量的 89%。申请量排名第二到第四位的依次为台积电、英特尔和华邦电子，其申请量均高于平均申请量 42 项。申请量排名第五和第六位的分别是闪迪和三星，申请量在 30~40 项。申请量排名第七到第十位的依次为联芯、华中科技大学、中科院微电子所、北京大学和海力士，申请量为 20~30 项。对照图 1-3-14（a）可以看出，台积电、三星、闪迪、海力士、中科院微电子所对于 RRAM 的研究投入持续性强，IBM、华邦电子于 2016 年后加大了对二元氧化物 RRAM 的研究投入，2016 年以后分子间公司、东芝、美光在 RRAM 上已投入很少，而英特尔、联芯、华中科技大学则是新增加到二元金属氧化物 RRAM 的研究中的。

3. 二元金属氧化物 RRAM 重要专利

二元金属氧化物 RRAM 的研究改进方向包括二元金属氧化物材料的选择、存储单元结构设计、电极材料和/或结构、多位存储、三维存储等。本小节结合专利的同族情况、技术内容、授权情况等，就存储单元结构设计、电极材料/结构的设计和三维存储三个方面筛选部分重要专利技术，并分别作简单介绍。

（1）存储单元结构。

三星提出一种非易失性存储元件的专利申请（公告号 US8772750B2），最早优先权日为 2010 年 8 月 31 日，在美国、中国、韩国和欧洲均有布局，在美国和韩国获得授权。该申请提供一种非易失性存储元件，如图 1-3-15 所示，包括在两个电极之间具有多层结构的存储层 M1。存储层 M1 因第一材料层 10 和第二材料层 20 之间的离子物种的移动而具有电阻变化特性。第一材料层 10 可以是供氧层，第二材料层 20 可以是氧交换层，第一材料层 10 和第二材料层 20 可分别包含从由 Ta 氧化物、Ti 氧化物、Zr 氧化物、氧化钇稳定氧化锆（YSZ）、Hf 氧化物、Mn 氧化物和 Mg 氧化物组成的组中选择的至少一种或者这些氧化物的组合。第二材料层 20 可以是氧浓度沿厚度方向分阶段变化/逐渐变化的材料层。

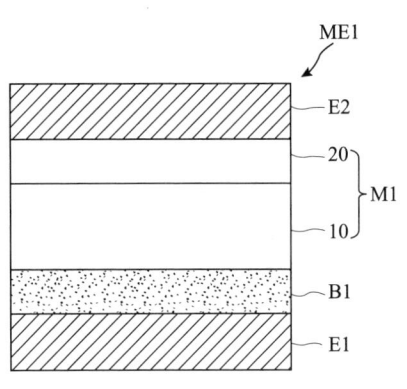

图 1-3-15 US8772750B2 存储元件结构

海力士提出一种储器装置的专利申请（公告号 US8692223B2），最早优先权日为 2011 年 12 月 29 日，在美国和韩国布局，且均获得授权。该申请提供一种电阻可变存储器装置，其包括第一电极 110、第二电极 150、电阻可变层 120、

140、200 和纳米颗粒 130。电阻可变层插入在第一电极和第二电极之间，纳米颗粒 130 可设置在第一电极和电阻可变层之间的界面处，如图 1-3-16（a）所示，也可设置在第一电阻可变层 120 和第二电阻可变层 130 之间的界面处，如图 1-3-16（b）所示，纳米颗粒 130 具有比电阻可变层更低的介电常数。当在第一电极和第二电极之间施加电压时，电场可以集中在纳米颗粒上，从而灯丝型电流路径不被分成几个部分，而是集中在纳米颗粒上，因此可以控制电流路径。

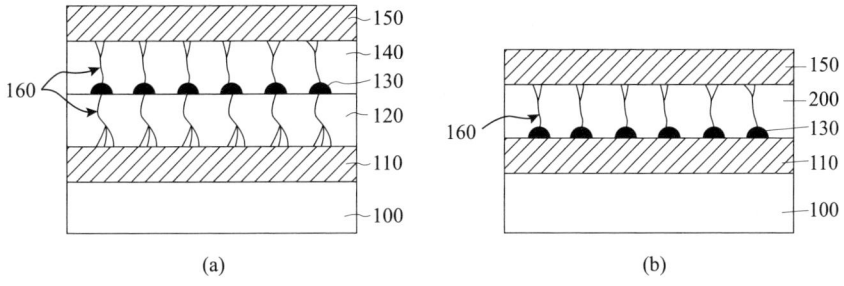

图 1-3-16 US8692223B2 存储器装置结构

台积电提出一种存储元件的专利申请（公开号 CN113782669A），最早优先权日为 2020 年 8 月 24 日，在美国、中国、韩国、德国均有布局。该申请提供一种存储元件，如图 1-3-17 所示，包括设置在衬底上方的底部电极和设置在底部电极上方的顶部电极，数据存储层设置在底部电极和顶部电极之间，顶部电极的底表面的至少部分沿平行于顶部电极的底表面的第一方向不与底部电极的顶表面的任何部分重叠。由于底部电极和顶部电极之间的空间偏移，数据存储元件具有相对于下方接触件的非对称结构，当在电极之间施加电压时，非对称结构会产生不均匀电场。因此，在某些区域中会促进导电细丝形成，而在其他区域中会妨碍其形成。这可以允许更好地控制细丝的数量，从而可以减少不同数据存储元件之间的性能特性的差异。

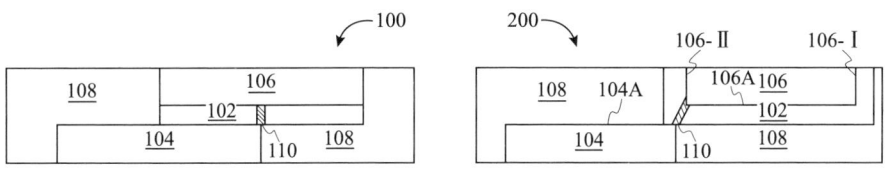

图 1-3-17 CN113782669A 存储元件结构

(2) 电极的材料/结构。

美光提出一种存储元件的专利申请（公告号 CN101288187B），最早优先权日为 2005 年 8 月 15 日，在美国、中国、韩国、日本、欧洲和新加坡均有布局，且均获得授权。该申请提供一种存储元件，如图 1-3-18 所示，包括：第一电极，第一电极的第一端大于所述第一电极的第二端；第二电极；以及电阻可变绝缘层，其在所述第一与第二电极之间。电阻可变绝缘层是氧化物层，如 PCMO、具有钙钛矿结构的氧化膜，如 Nb_2O_5、TiO_2、TaO_5 和 NiO。底部电极确保底部电极尖端处的绝缘材料的厚度最薄，因此在底部电极尖端处产生最大电场。电极尖端的小曲率还增强了局部电场。电极的配置和存储器元件的结构使得有可能产生具有稳定、一致且可再生切换及存储器装置中的记忆特性的导电路径。

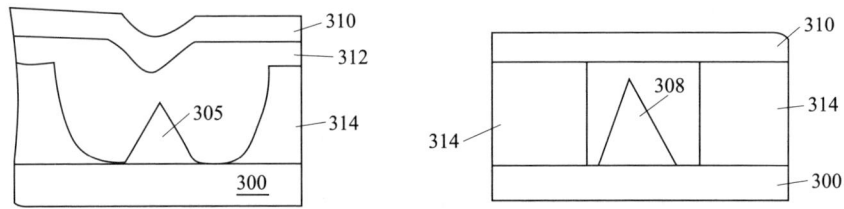

图 1-3-18　CN101288187B 存储元件结构

惠普提出一种存储器的专利申请（公告号 CN106537510B），最早优先权日为 2014 年 4 月 30 日，在美国、中国、韩国有布局，已在中国和美国获得授权。该申请提供一种具有多成分电极的电阻式存储器堆叠，如图 1-3-19 所示，包括多成分电极、金属氧化物材料的切换区域和导体 30，多成分电极包括具有表面的基极 12 和在该基极表面上的惰性材料电极，该惰性材料电极可以为薄层或不连续纳米岛的形式的惰性材料电极，当惰性材料电极采用不连续纳米岛形式 36 时，切换区域 26 与基极 12、与惰性材料电极并且与基极的氧化部分接触。

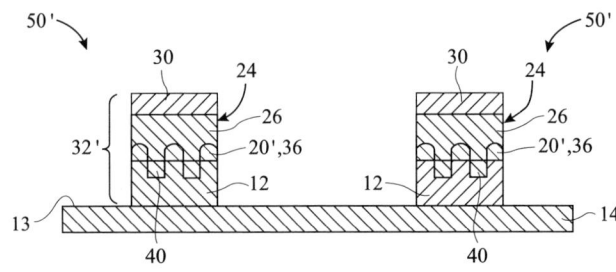

图 1-3-19　CN106537510B 存储器结构

台积电提出一种 RRAM 单元的专利申请（公告号 CN105514265B），最早优先权日为 2014 年 10 月 14 日，在美国、中国、韩国有布局，且均已获得授权。该申请提供一种具有底部电极的 RRAM 单元及相关形成方法，如图 1-3-20 所示，RRAM 单元包括设置在下部金属互连层 102 的底部电极 106 和周围的间隔件 134，可变电阻介电数据存储层 110 位于底部电极 106、间隔件 134 和底部介电层 132 上方。底部电极 106 可具有相对较小宽度 d_1，提高 RRAM 单元的切换效率、数据保留和耐久性能。间隔件 134 可插入开口内且可随后形成底部电极 106，这使得底部电极 106 的宽度 d_1 小于相关制造工艺的光刻尺寸限制。

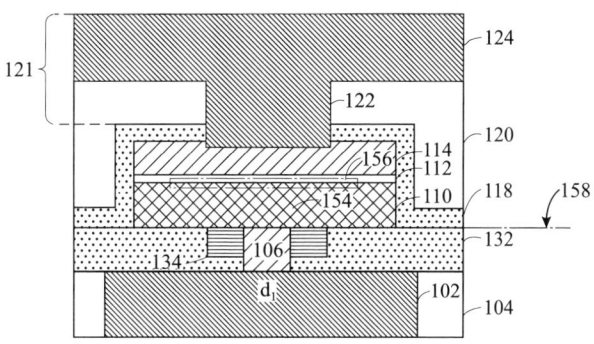

图 1-3-20　CN105514265B RRAM 单元结构

（3）三维阵列。

闪迪提出一种存储器的专利申请（公告号 CN103370745B），最早优先权日为 2010 年 12 月 14 日，在中国、美国、韩国和欧洲均有布局，且均获得授权。该申请提供一种带有垂直位线和选择器件的读/写元件的 3D 阵列的非易失性存储器，如图 1-3-21 所示，包括 Z 方向上的多条局部位线 330，优选由 P+多晶硅形成，在位线中与字线相邻的区域 332 被掺杂了 N+掺杂剂，以此方式，二极管被形成在在该位线 330 与字线 340 相邻的每个区域中。在每条字线 340 和二极管 336 之间形成存储器元件 346。电阻存储器元件 346 包括 HfOx 层 342 和 Ti 层 344。该 3D 结构的顶部层被氮化物层 350 覆盖。

惠普提出一种存储器阵列的专利申请（公告号 CN103493201B），最早优先权日为 2011 年 3 月 39 日，在美国、中国和欧洲均有布局，且均获得授权。该申请提供一种双平面存储器阵列，该存储器阵列的独特的结构能够实现使访问阵列中的单个存储单元所需的解码器数量减少的编址方案。双平面存储器阵列的导体结构 200 如图 1-3-22 所示，包括三个导线段。在 X 方向上延伸的第一导线段 202 设置在顶层；第二导线段 204 设置在中间层，且在 Y 方向上延伸；

第三导线段206设置在底层并在与X方向平行但相反的方向上延伸。三个导线段在各自的端点处通过通孔201相连接。CMOS层202可以包括解码器222和解码器224来解码用于访问存储器阵列中的导体结构的地址数据。

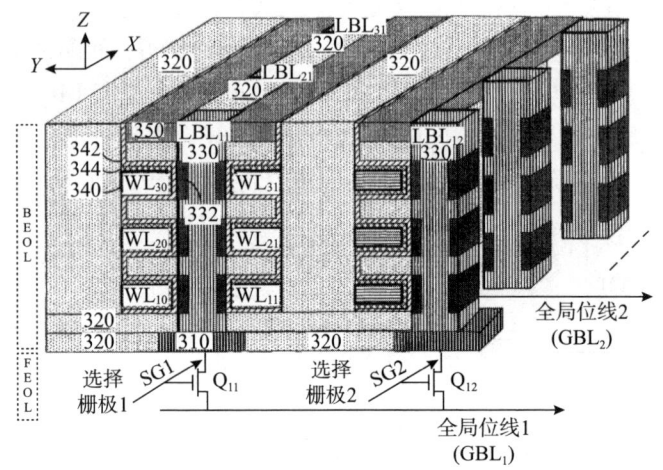

图1-3-21 CN103370745B 存储器结构

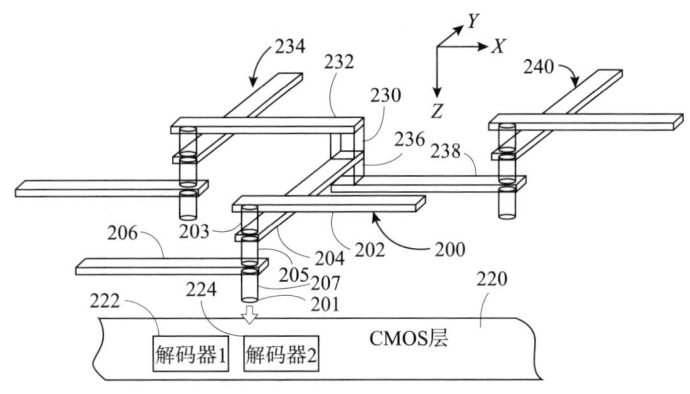

图1-3-22 CN103493201B 存储器阵列结构

东芝提出一种ReRAM的专利申请（公告号CN107180831B），最早优先权日为2016年3月7日，在美国、中国、加拿大均有布局，且除在加拿大外均获得授权。该申请提供一种导电桥接ReRAM，其立体图如图1-3-23所示，各存储单元构造体MAT内，在各位线BL与各字线WL之间，连接着电阻变化构件RC，1条位线BL、与配置于其上下的2条字线WL之间，分别连接着电阻变化构件RC，从下数为第奇数层和偶数层的字线配线层的字线WL分别彼此相互连接。电阻变化构件RC中，从字线WL侧朝向位线BL侧，依次积层有势垒金属层、高电阻层、离子移动层、金属层及另一势垒金属层。高电阻层是用以限制在电阻变化构件 RC 中流通电流的层。该结构能够抑制伴随选择单元的设置动作及复位动作的其他存储单元的误动作。

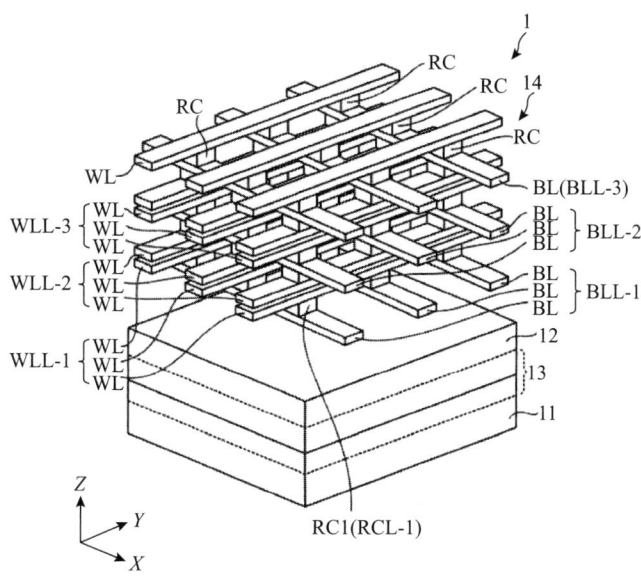

图 1-3-23　CN107180831B ReRAM 结构

二、MRAM 专利技术综述

(一) 概况

早在 1972 年，MRAM 的基本概念即首次被提出，其存储单元是利用各向异性磁阻 (Anisotropic Magneto-resistance，AMR) 的特性制作出的三层结构，但当时还不具备实用性价值。直到 1988 年巨磁阻效应 (Giant Magneto-resistance，GMR) 的发现，MRAM 才具有实用的可能，但其芯片的集成度很难提高，限制了 MRAM 的发展。1995 年隧穿磁阻效应 (Tunneling Magneto-resistance，TMR) 被发现，MRAM 的实用性前景明朗起来。❶ MRAM 按照写入方式的不同，可以分为两代。

---

❶ 张丽. 磁隧道结模型及自旋转移力矩磁随机存储器设计技术研究 [D/OL]. 西安：西安电子科技大学，2014：3 [2022-04-13]. https://kns.cnki.net/kcms2/article/abstract?v=6kTNsxnJ0OVbc0hJ05Zj4PTESshKPsyi_RQv_qE0cZoqhxBA8eZCZ5oWa-vsLGLmRi8t6bv4U6pZzjoydtFhAjzpX2iG0HwqmZa5YGZ--FhkhmQU-SdcB8sCwQn8DSXC&uniplatform=NZKPT&language=gb.

第一代 MRAM 为磁场写入型，基本结构参见图 1-3-24。该方式需要较高的写入电压，功耗较大，且随着集成度的提高，单元串扰增大，可靠性会降低，影响了 MRAM 的集成度。

1996 年，自旋转移力矩（spin transfer torque，STT）效应的提出，为 MRAM 提供了一种新的写入方式，它是利用自旋转移力矩效应诱导磁性材料发生磁化翻转，即利用流过磁隧道结中不同方向的自旋极化电流，驱动软磁体磁化方向的改变，实现磁隧道结高低阻抗状态的写入。第二代 MRAM 为 STT-MRAM，基本结构参见图 1-3-25，由于仅依靠电流改变磁性薄膜磁化方向而不需要电场，因此降低了对写电压的要求，结构简单，写入能耗低，可微缩性强，很快占据了 MRAM 研究的主流地位。

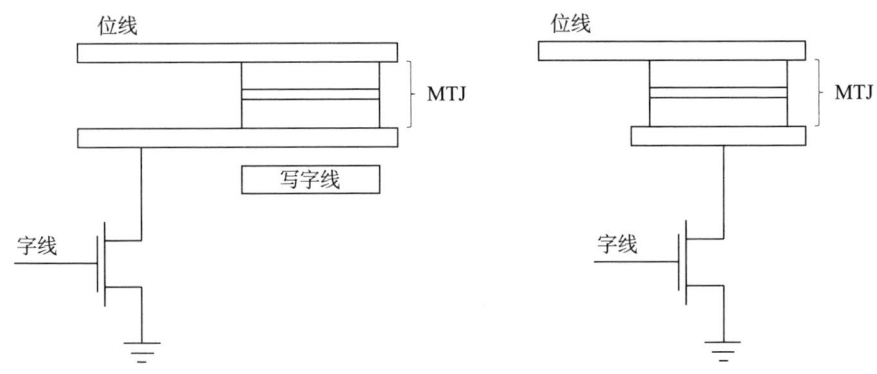

图 1-3-24　第一代 MRAM 基本结构　　图 1-3-25　STT-MRAM 基本结构

美国、欧洲、日本和韩国的主要半导体公司都投入了巨资进行 MRAM 开发，并取得了技术领先，STT-MRAM 已实现商业化。2012 年，Everspin 公司发布首个工业级 STT-MRAM 存储芯片，2016 年 Everspin 公司开始提供 256MB STT-MRAM。东芝于 2010 年推出了 64MB MRAM 芯片，三星于 2019 年开始量产 28nm 嵌入式 MRAM，海力士、英特尔、格罗方德也掌握了 22nm 嵌入式 MRAM 的量产工艺。2020 年，台积电在 ISSCC 上呈现了基于 22nm ULL（ultra-low-leakage，ULL）技术的 32MB 嵌入式 STT-MRAM。

中国 MRAM 研究也取得了一定进展。约在 2005 年，中国科学院物理所提出了一种环形 STT-MRAM。2017 年，北京航空航天大学与中国科学院微电子研究所成功制备了国内首个 80nm STT-MRAM 器件。2018 年以来，杭州驰拓科技有限公司（杭州驰拓）、上海磁宇信息科技有限公司（上海磁宇）、中芯国际、华为等还筹建了自旋芯片的研发、生产线。虽然研究热情高，投入大，但目前我国 MRAM 距离商业化还需要一些时间。

近年来，科研工作者又发现了新的自旋力矩，其物理起源是轨道角动量从晶格到自旋系统的转移，被称为自旋轨道力矩（spin orbit toruqe，SOT）效应，并利用该效应研发了 SOT - MRAM。SOT - MRAM 为三端器件，其基本结构参见图 1 - 3 - 26，具有独立的读写路径，可以解决读写干扰的问题。SOT - MRAM 的工艺与 STT - MRAM 类似，但由于该器件目前效率较低，距离商业化还有一定距离。

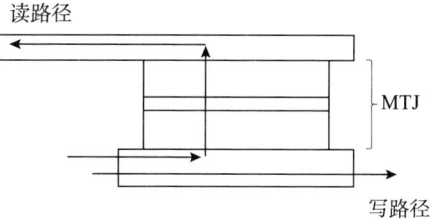

图 1 - 3 - 26　SOT - MRAM 基本结构

总体而言，MRAM 具有可比拟 SRAM 的读写速度和 DRAM 的集成度，并且具有非易失性、无限次擦写、低功耗、抗辐射等优势，不论独立式 MRAM 还是嵌入式 MRAM 都具有非常广阔的应用范围，如网络和数据存储、嵌入式计算、汽车电子、卫星和航空航天等技术领域。MRAM 正成为存储芯片巨头争相抢占的一个新的战略高地。

（二）专利申请状况

在德温特世界专利索引数据库 DWPI 中检索到涉及 MRAM 的全球专利申请共计 11851 项（公开日截至 2022 年 2 月 28 日），本小节将主要以上述数据作为研究对象进行分析。下文中的各申请趋势图中虽然示出了 2020 年的申请量，但由于 2020 年的专利申请部分数据还未公开，因此其数据不准确，不能体现专利申请的实际数量，仅作为参考。

1. 全球专利申请趋势

图 1 - 3 - 27 示出 MRAM 领域全球专利申请的趋势。对 MRAM 的研究始于 20 世纪 70 年代，随着隧穿磁阻效应在 1995 被发现，MRAM 申请在 1998—2002 年出现了第一个快速增长期，申请量从 1998 年的 135 项快速增加到 2002 年的 650 项。在此期间，研究发现了高效率的磁隧道结材料，如多晶氧化铝、单晶氧化镁等，也对电极材料的选取进行了研究。同时，STT - MRAM 的应用方式也已经被提出。2003—2012 年可看作 MRAM 专利申请发展的第二阶段，该阶段前两年，专利申请量出现一定下滑，之后申请量总体缓慢波动上升，到 2011 年又达到一个峰值 586 项。在这期间，磁场驱动型 MRAM 于 2006 年实现商业化，首款 STT - RAM 也于 2012 年底被推向市场。2013—2019 年，MRAM 申请又开始了一个增长周期，2013 年后，更多的申请人，包括多个中国申请人，投入到了 MRAM 的研发当中。MRAM 的市场化还在进一步推进，可以预见，专利申请量在未来一段时间内依然会维持较高的数量。

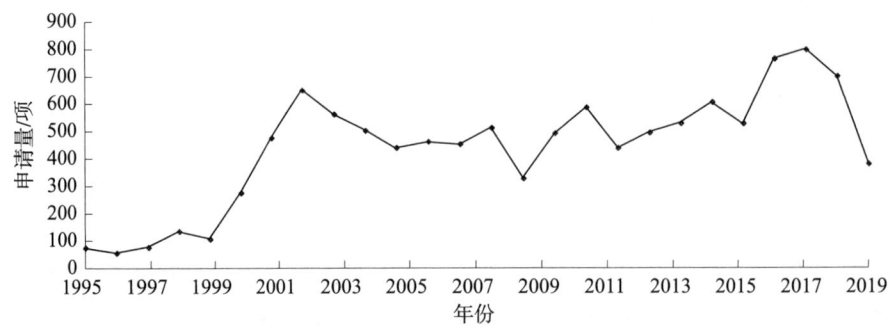

图 1-3-27　1995—2019 年 MRAM 领域全球专利申请趋势

2. 专利申请来源和目标国家/地区分析

图 1-3-28 示出 MRAM 领域专利申请来源和目标国家/地区的分布情况。MRAM 专利技术的最主要来源国家/地区为美国，来源美国的总申请量达到 5352 项；其次为日本，申请量为 3877 项；再次为韩国和中国，申请量分别为 1194 项和 1051 项。美国的公司申请人数量较多，除申请量跻身全球前十位的 IBM 和美光外，申请量较大的公司申请人还包括英特尔、高通、电平转换技术公司、希捷、西部数据、Everspin 等。此外，三星、东芝、台积电等非美国公司有也部分申请最早是在美国递交的。来源中国的专利申请数量仅是来源美国的 1/5 弱，是来源日本的专利申请量的 1/3 弱，中国的申请人数量也远低于美国。在 MRAM 技术上，中国申请人离 MRAM 领域的头部企业尚有较大差距。

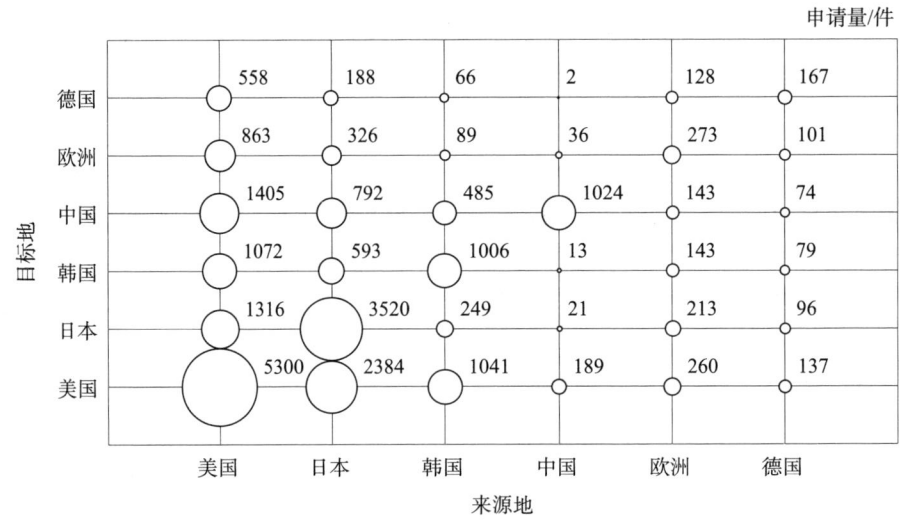

图 1-3-28　MRAM 领域专利申请来源和目标国家/地区分布

如图1-3-28所示，来源美国的专利申请主要布局在美国；此外布局最多的是中国，占全部申请量的26%；再次为日本。来源日本的专利申请除主要在日本布局外，在美国布局最多，达到申请量的61%；其次为中国；再次为韩国。来源韩国的专利申请主要布局在美国和韩国，其次为中国。来源中国的专利申请除布局在中国外，在美国布局最多，占全部申请的18%。总体看来，美国是全球申请人最重视的市场，其次是中国。同时，MRAM技术仍然处于商品化的早期阶段，申请人对不同市场区域均维持了一定量的专利布局。

3. 主要目标国家/地区的专利申请趋势

图1-3-29示出2000年后MRAM领域专利申请在主要国家/地区的申请量变化趋势。

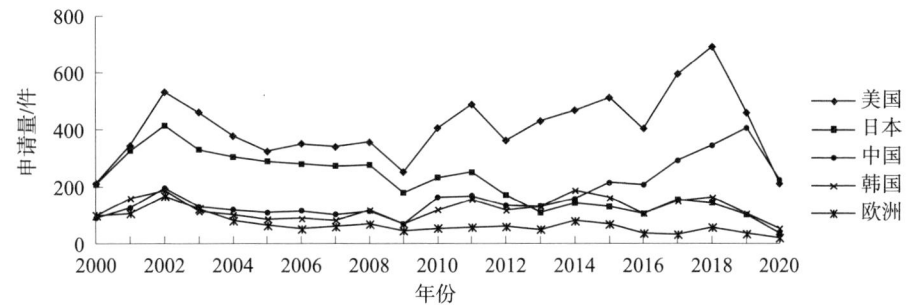

图1-3-29　2000—2020年MRAM领域主要国家/地区专利申请趋势

在美国布局的专利申请量在2002年达到第一个峰值533件，2003—2009年申请量整体呈现下降趋势，2009年申请量下降到253件，其中2005—2008年申请量相对稳定。2010—2018年，专利年申请量经历了3次波动增长，其中2017年增长速度最快，年增长率达到47%，并于2018年申请量达到692件。

在日本布局的专利申请在2009年之前和在美国布局的专利申请趋势基本相同，仅是年申请量较少，其中2002年申请量达到峰值416件，2009年年申请量下降到181件。2010年和2011年申请量小幅上涨后，到2016年在日本布局的专利申请整体呈下降趋势，2016年申请量降低到106件，但是在2017年年申请量出现较大幅度增长，之后再次逐渐减少。

在中国布局的专利申请量，2009年以前远小于在美国和日本布局的专利申请量。2010年专利申请量大幅上涨，2010—2016年总体呈小幅波动上升趋势，2017—2019年专利申请呈快速增长的趋势。2013年在中国布局的专利申请量已与在日本、韩国布局的专利申请量相当，2019年专利申请量已和在美国布局的专利申请量相当。

在韩国布局的专利申请于 2002 年达到峰值 189 件后呈下降趋势,到 2009 年下降到 71 件。2010—2019 年年申请量波动增长,2014 年再次达到峰值 189 件。在欧洲布局的专利申请 2002 年达到峰值 169 件,之后呈缓慢下降趋势,2005—2019 年在 60 件上下波动,其中 2014 年达到 81 件。

总体看来,MRAM 技术早期主要在美国和日本布局,在中国、韩国、欧洲布局的数量基本相当。2003—2013 年,在日本布局的专利申请有较大幅度下降。2013 年后,在中国布局的专利申请的年申请量快速上升,中国申请人的研究变得更加活跃。美国作为最大的技术来源国和最受重视的市场,我国申请人需要给予更多的关注。

(三) 申请人分析

1. 全球/中国专利申请的申请人排名

图 1-3-30 示出 MRAM 领域全球专利申请的申请人排名情况。排名前十位的申请人中,日本申请人 5 位,美国申请人 2 位,韩国申请人 2 位,中国台湾申请人 1 位。可见日本申请人在 MRAM 上投入较大,专利技术上具有一定的领先优势。申请量排在第一和第二位的分别为东芝和三星,两者的申请量基本相当,均为近 1000 项,两者的申请量是排名第三的 IBM 的近 1.7 倍。排名第三至第六位的依次为 IBM、TDK、台积电和索尼,IBM 申请量超过 600 项,其他三位申请量在 400~600 项。排名第七至第十位的依次为美光、海力士、瑞萨和日本电气,申请量在 270~330,差距不大。从专利申请量上看,各公司的研发热情都比较高,但专利技术在头部企业已形成一定的聚集优势。

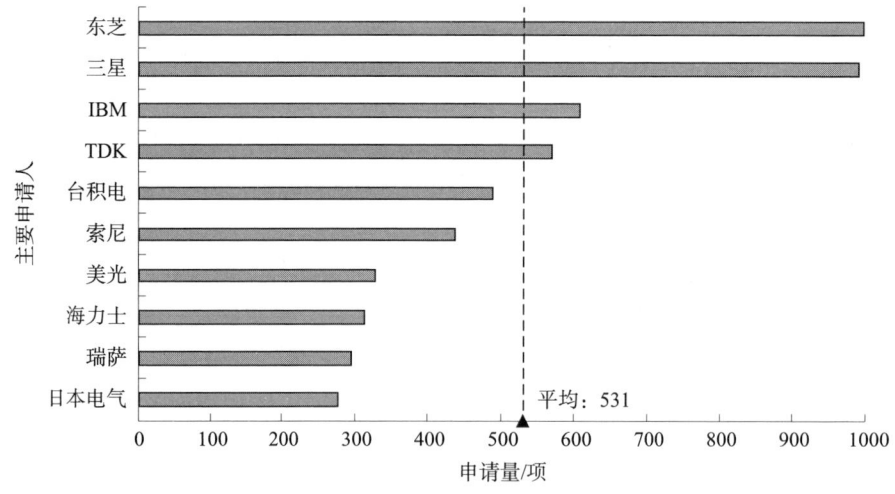

图 1-3-30 MRAM 领域全球专利申请申请人排名

图1-3-31示出MRAM领域中国专利申请的主要申请人排名。申请量最高的是三星,达447件,是排名第二位台积电申请量的近1.8倍。排名第三到第八位的申请人依次为上海磁宇、东芝、索尼、高通、TDK和海力士,申请量在100~200件,最低为110件,最高为193件;排名第九和第十位的分别是IBM和英特尔,申请量分别为92和91件。结合图1-3-40所示的全球申请量排名,高通和英特尔更重视在中国的专利布局,上海磁宇作为后进入该领域的申请人,技术积累比较迅速。

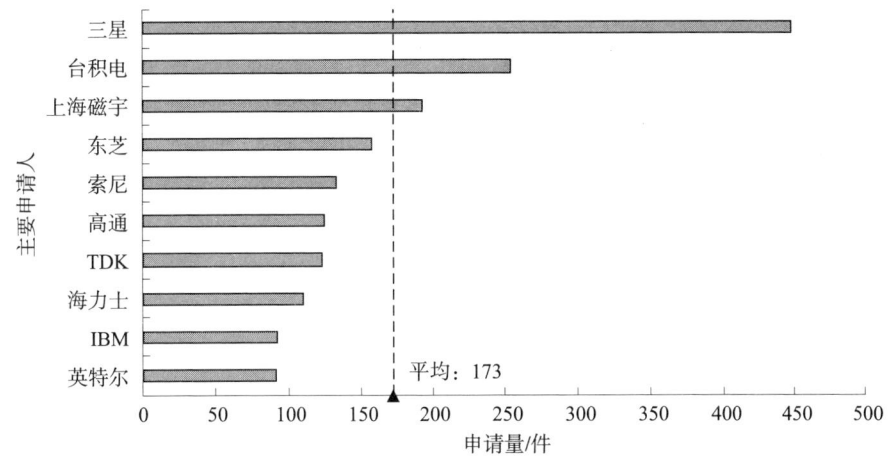

图1-3-31 MRAM领域中国专利申请申请人排名

不论是在全球还是在中国,专利技术的主要申请人都是公司申请人,除头部几个申请人外,其他公司的专利申请的数量差距不大,这与MRAM的商品化竞争激烈是相应的。中国本土的申请人起步稍晚,专利技术具有一定积累的申请人数量少,在MRAM实用化的竞争中还需要付出更多的努力。

2. 主要申请人技术分支分布

MRAM按照驱动方式的不同可分为电场驱动型MRAM、STT-MRAM和SOT-MRAM三种。电场驱动型MRAM由于功耗大,且不易于提高集成度,目前已非研究的重点。STT-MRAM是目前主流的MRAM器件,SOT-MRAM是未来潜在的替代技术之一。这里选择STT-MRAM和SOT-MRAM两个技术分支,对主要申请人的相关专利情况进行梳理,如图1-3-32所示。

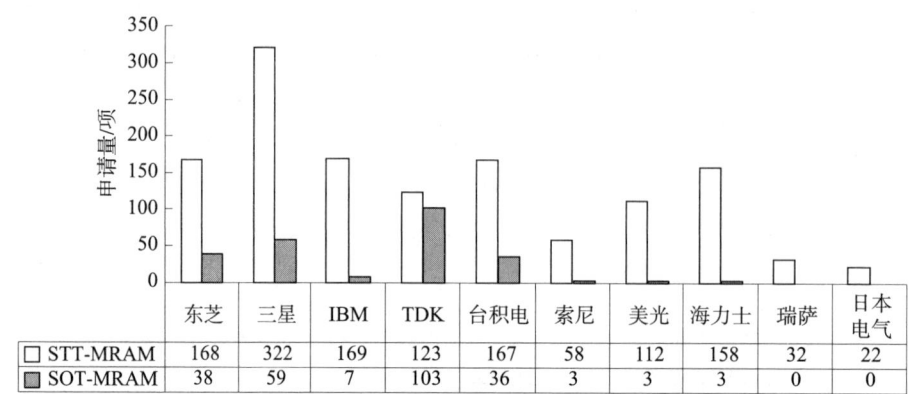

图 1-3-32　主要申请人主要技术分支专利申请量分布

在申请量排名前十位的申请人中，多数申请人以 STT-MRAM 的专利申请为主，如三星、IBM、索尼、美光和海力士，其中瑞萨和日本电气还没有 SOT-MRAM 相关申请。TDK 在两类 MRAM 的投入基本相当，其 SOT-MRAM 的申请量在几个申请人中最高。此外，除了 TDK 外，东芝、台积电和三星相比其他申请人，也更重视对 SOT-MRAM 的研究。

3. 主要申请人具体分析

MRAM 的竞争激烈，多家国际大公司投入到 MRAM 的研发竞争中，近年来中国企业和研究机构也加入其中。考虑专利申请量、技术分支分布情况和产业情况等，本小节选择三星、TDK 和上海磁宇作为主要申请人的代表，分别进行分析。

（1）三星。

三星在 MRAM 研究方面起步较早，2014 年即生产出了 eMRAM 芯片，2017 年和 2019 年又先后实现了 28nm eMRAM 测试芯片和嵌入式 STT-MRAM 芯片，目前已实现了 MRAM 量产。

三星在 MRAM 领域的专利申请量为 991 项，图 1-3-33 示出 2000 年后三星在 MRAM 领域专利申请趋势。由图 1-3-33 可见，三星的专利申请可以分为 3 个阶段。2000—2006 年为申请量第一个增长期，2004 年达到一个峰值 58 项。这期间的专利申请主要涉及第一代磁场驱动型 MRAM，在提高存储单元的稳定性、减少读出误差、提高集成度、降低功耗、优化读写设计和多位存储方面分别提出不同的改进方案。2007—2017 年为申请量第二个增长期，期间年申请量波动上升，从 2007 年的 23 项提高到 2017 年的 79 项。这期间，研究的重心逐渐转移到 STT-MRAM 器件，2008 年 STT-MRAM 的申请量为总申请的

44%，到 2016 年已达到总申请量的 62%。2018—2019 年是第三阶段，该阶段年申请量有小幅下降，除了长期关注的隧道结改进以降低功耗、提高热稳定性之外，还加大了关于 Heusler 化合物作为铁磁层的研究。三星该方面的研究是与 IBM 合作进行的（如 US10651234B2，提供一种 Mn_xN 层作为铁磁层并提供制造该层的方法，US10937953B2 提供一种 $Mn_{3-x}Co_xGe$ 形式的 Heusler 化合物）。除此之外，还涉及在同一衬底上设置执行不同功能的存储单元的应用设计（如 US10910552B2，通过调整两个存储单元的磁性隧穿结氧化物层和自由层的厚度在衬底上同时实现 NVM 和 RAM），该应用设计提高了 MRAM 的应用适应性。

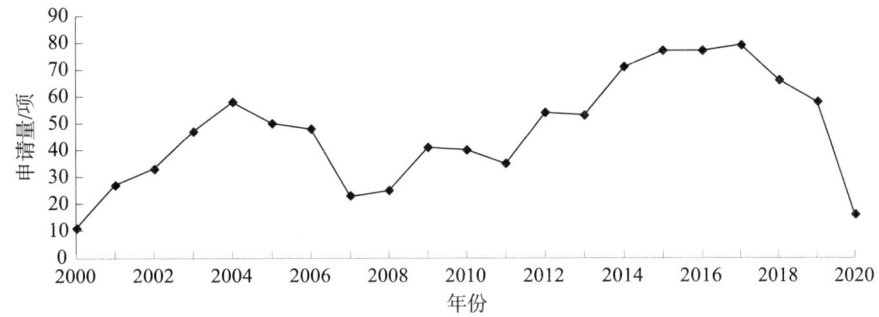

图 1-3-33　2000—2020 年三星 MRAM 领域的专利申请趋势

三星在 MRAM 的研究过程中，与其他公司的合作较多。2005 年以前与惠普合作较多，共同申请达 68 项。2006—2012 年，主要是 2006—2008 年与瑞萨有合作，提交共同申请 12 项。2015 年以后与 IBM 合作，提交共同申请 26 项，合作研究的内容主要集中在磁性层材料的设计，主要应用在 STT-MRAM 器件中。

图 1-3-34 示出三星在 STT-MRAM 和 SOT-MRAM 技术分支专利申请趋势。从图 1-3-34 可见，2003 年后，关于 STT-MRAM 的申请呈波动上升，到 2016 年达到峰值，2017—2018 申请量下降后，2019 年申请量有小幅提升。三星于 2012 年开始提出 SOT-MRAM 的专利申请，之后年申请量呈波动上升趋势，2017 年以前年申请量低于 10 项，2018 年申请量达到 14 项，2019 年基本维持相同的数量。三星关于 SOT-MRAM 的研究虽然还处于起步阶段，但相对比较活跃，且研究投入有增加的趋势。目前的研究主要关注器件结构的设计以提高集成度和改善电特性，如 US10411184B1 提出一种环形 MSJ 中央设置自旋-轨道相互作用（SO）活性层的存储单元结构，US10693055B2 提出一种改善的下电极结构，US10825497B2 提出设置与存储层相邻的至少一个自旋轨道转矩线。

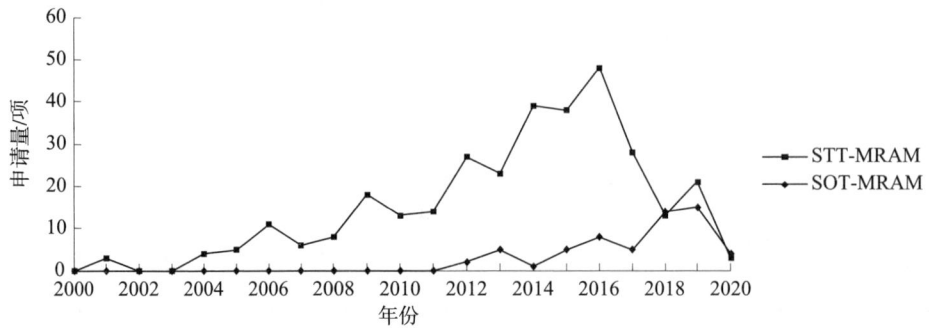

图 1-3-34　2000—2020 年三星 MRAM 各技术分支专利申请趋势

（2）TDK。

TDK 关于 MRAM 的专利申请共 570 项，图 1-3-35 示出 TDK 在 MRAM 领域的专利申请趋势。从图 1-3-35 可见，2000—2004 年 TDK 关于 MRAM 的专利申请量快速增加，2004 年达到 57 项，2005—2014 年 TDK 关于 MRAM 的专利申请量呈下降趋势，2016 年以后申请量再次呈上升趋势，2017 年达到峰值 65 项，2018—2019 年申请量有一定下降，2019 年的申请量为 36 项。

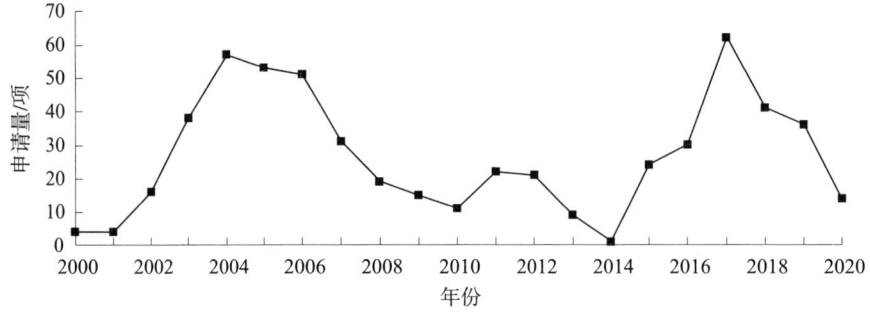

图 1-3-35　2000—2020 年 TDK MRAM 领域专利申请趋势

图 1-3-36 示出 TDK 在 STT-MRAM 和 SOT-MRAM 技术分支专利申请趋势。从图 1-3-36 可见，TDK 于 2005 年开始提交 STT-MRAM 相关申请，2005—2012 年申请量大致呈上升趋势，2011 年申请量达到 21 项。期间，TDK 于 2007 年开始与 IBM 开展为期四年的合作，开发 STT-MRAM 芯片。2013—2014 年 STT-MRAM 的申请量急剧下降，2015—2017 年申请量再次呈上升趋势，并于 2017 年达到峰值 25 项。2014 年，TDK 在日本电子高科技展 Ceatec 博览会上展示了 MRAM 晶圆。TDK 关于 SOT-MRAM 的相关申请最早出现于 2015 年，之后申请量快速增加，2016 年之后 SOT-MRAM 的申请量均超过 STT-

MRAM 的申请量，其中 2017 年达到 28 项。可见，2015 年以后，TDK 对于 MRAM 的研究重心已经逐渐向 SOT – MRAM 偏移。

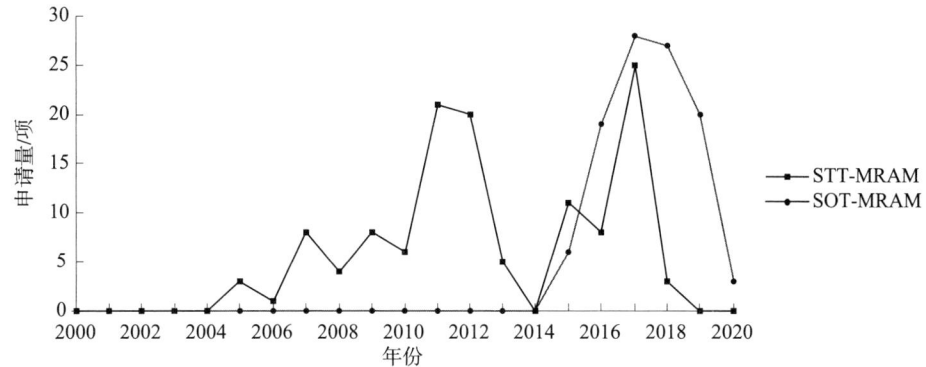

图 1 – 3 – 36　2000—2020 年 TDK MRAM 各技术分支专利申请趋势

（3）上海磁宇

上海磁宇自 2014 年成立以来，一直致力于 MRAM 通用记忆芯片的研制，计划未来产品包括独立式和嵌入式两种结构的 MRAM。上海磁宇 MRAM 的申请量为 199 项，其中实用新型申请 21 项，其专利技术主要针对垂直 STT – MRAM。2019 年开始进行关于 SOT – MRAM 的申请，目前申请量仅为 2 件，其对 SOT – MRAM 的研究可能还处于萌芽阶段。

图 1 – 3 – 37 示出上海磁宇在 MRAM 领域的专利申请趋势。最早申请为 2012 年，是美国专利申请，内容涉及通过溅射蚀刻或 RIE 蚀刻工艺去除盖层的顶部，保留盖层的薄的热稳定部分，以减小写入电流。公司成立后，申请量经历了两个上升阶段，第一阶段是 2014—2017 年，2016 年申请量达到第一个峰值 39 项。其中，2014 年和 2015 年的专利申请主要涉及设置辅助层以减小阻尼系数和写电流（如 CN104733606B、CN104766923B 等），以及交叉矩阵阵列式随机存储器的制造工艺（如 CN105655481A、CN105470385A 等）。2016 年的专利申请主要集中在磁性隧道结和 MRAM 的制造工艺，目标在于提高 MRAM 的良率和电学性能。2018—2019 年是申请量上升的第二阶段，2019 年申请量跃增到 74 项。这阶段的专利申请主要关注缩小尺寸，提高良率的制造方法（如 CN111490151A、CN111490152A、CN111613719A 等）和改进磁隧道结的结构，以提高器件的磁稳定性和可微缩化（如 CN110676288A、CN113013325A、US2021193735A1 等）。

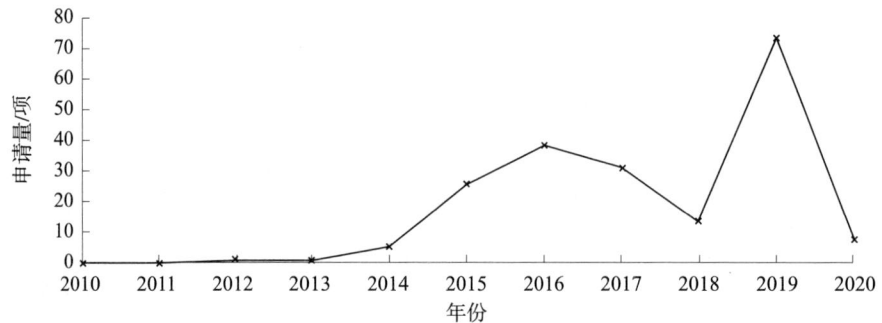

图 1-3-37　2010—2020 年上海磁宇在 MRAM 领域的专利申请趋势

（四）重点技术分析

STT-MRAM 利用自旋转移力矩效应（STT）实现磁场的翻转，进而实现"0"和"1"的存储。自旋转移力矩效应又称为电流诱导磁化翻转效应，是指在无外磁场的作用下，自旋极化电流与纳米尺度铁磁体的磁矩发生相互作用，自旋极化电子所携带的自旋角动量转矩转给铁磁体的磁矩，可以对铁磁电极的磁矩产生转矩，当自旋极化电流的密度达到临界值时，铁磁电极的磁矩方向会发生变化。

1996 年 IBM 公司的 Slonezewski 和美国卡内基梅隆大学（Carnegie Mellon University）的 Berger 分别独立地在理论上预言了在多层膜系统中足够高的自旋极化电流密度可以对磁矩产生明显的力矩作用，甚至可以激发整个铁磁性薄膜磁矩的反转。在理论的指导下，实验上很快地实现了自旋转移矩诱导磁矩反转。随后在 Slonezewski 的专利中预言了自旋转移矩的多种详细的应用。STT-MRAM 至今仍是 MRAM 研究热点。

STT-MRAM 可分为面内磁化型（In-plane）和垂直磁化型（Perpendicular-plane）两种。面内磁化型 STT-MRAM（iSTT-MRAM）指磁隧道结磁性层的磁化方向和两个磁层的平面平行，如图 1-3-38（a）所示。由于磁化方向与磁层平面平行，因此磁隧道结的尺寸及其间距的尺寸对于芯片集成度的影响较大，缩小晶体管尺寸对提高 iSTT-MRAM 的集成度影响有限。垂直磁化型 STT-MRAM（pSTT-MRAM）指磁隧道结磁性层的磁化方向和两个磁层的平面垂直，如图 1-3-38（b）所示。由于 pSTT-MRAM 的磁隧道结的尺寸相对 iSTT-MRAM 已大为缩小，因此缩小晶体管的尺寸提高 pSTT-MRAM 密度的影响较大，pSTT-MRAM 在提高集成度上更有优势。

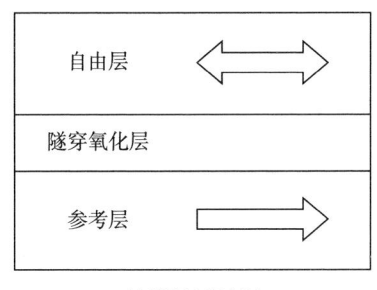 

(a)iSTT-MRAM　　　　　　　(b) pSTT-MRAM

图 1-3-38　STT-MRAM 示意图

STT-MRAM 因为其读写速度介于 DRAM 与 Flash 之间，在速度上属于现有新型随机存储器中较快且较趋近于 DRAM 的类型，因此受到广泛关注。除此之外，STT-MRAM 还具有集成度高、功耗低、防辐射等优点，预期可替代 eDRAM、eSRAM，作为高速闪存或末级高速缓存（Last Level Cache，LLC）等，其目标市场包括 IoT、车用 MCU 或 SoC 中的 eFlash、航空航天等。目前，STT-MRAM 已经产业化，但仍面临着材料、器件制备、电路设计及系统级整合等方面的挑战。

1. STT-MRAM 全球专利申请趋势

STT-MRAM 全球专利申请共 2849 项，图 1-3-39 示出 STT-MRAM 全球专利申请趋势。由图 1-3-39 可见，STT-MRAM 专利申请可分为三个阶段。第一阶段为 2006 年之前，是 STT-MRAM 萌芽阶段，申请量比较低，申请主要由三星和日立提出，纽约大学、瑞萨、东芝也分别有将近 10 项的申请，还有多个申请人的申请量为 3 项以下，如 Everspin、IBM、TDK 等。第二阶段是 2007—2017 年，STT-MRAM 的申请进入快速增长期，2007 年的申请量是 2006 年的 2.3 倍，2008 年申请量超过 100 项，2017 年达到峰值 326 项。2018 年之后是第三阶段，2018—2019 年年申请量呈现下降趋势。

2. STT-MRAM 申请人排名

图 1-3-40 示出全球 STT-MRAM 主要申请人排名情况，其中排名前十位的申请人中，美国申请人 4 位，韩国申请人 2 位，日本申请人 2 位，中国申请人 1 位，中国台湾申请人 1 位，全部为公司申请人。申请量最多的是三星，为 322 项，是申请量排名第二英特尔的申请量的将近 1.9 倍。申请量排名第二到第六位的申请人的申请量基本相当，最高为 169 项，最低为 158 项。申请量排名第七位的海力士的申请量稍高于 150 项，排名最后三位的申请人的申请量在 110~140 项。对照图 1-3-30 所示的 MRAM 全球主要申请人排名可见，美国

申请人在 STT‑MRAM 领域集中投入，在专利技术上取得了一定优势。总体看来，除三星在申请量上具有绝对优势外，其他申请人的申请量相差不大。STT‑MRAM 技术处于竞争期，各申请人在积极推进 STT‑MRAM 产品化进程。

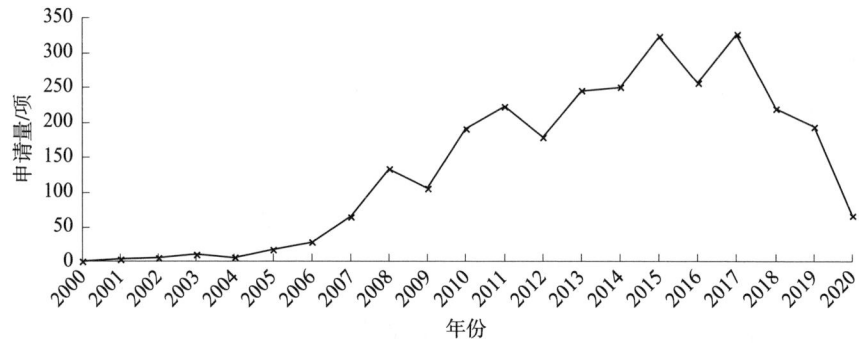

图 1‑3‑39　2000—2020 年 STT‑MRAM 领域全球专利申请趋势

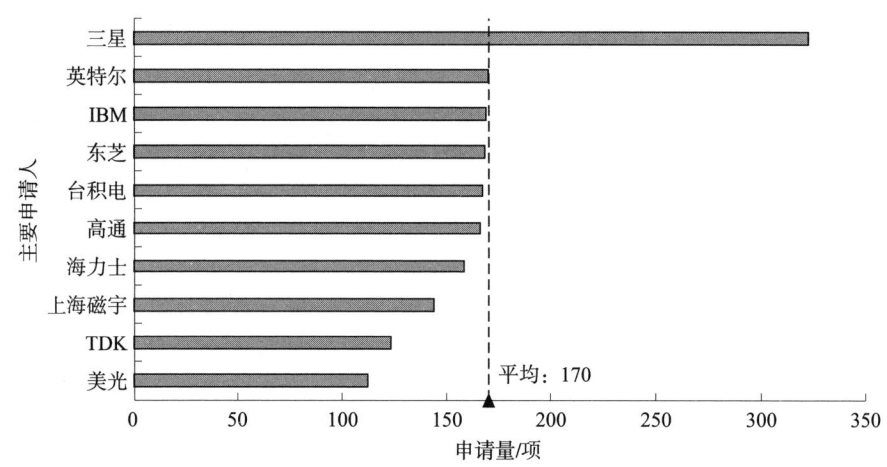

图 1‑3‑40　STT‑MRAM 全球主要申请人排名

图 1‑3‑41 示出 STT‑MRAM 在中国的专利申请的主要申请人排名情况，其中排名前十位的主要申请人中，美国申请人 3 位，韩国申请人 2 位，日本申请人 2 位，中国申请人 2 位，中国台湾申请人 1 位。结合图 1‑3‑40 所示的全球申请人排名，IBM 在中国布局的相关专利较少，相对不太重视中国市场。在中国递交申请最多的是上海磁宇，为 136 项。上海磁宇作为成立不到 10 年、专攻 MRAM 存储芯片的公司，其专利技术积累非常迅速。申请量排名第二到第六位的申请人分别为三星、高通、台积电、英特尔和海力士，申请量从 116 项到 53 项梯度排布。排名第七到第十位的申请人依次为索尼、美光、TDK 和中电海

康，申请量均为30余项，比排名第六位的海力士少将近20项。

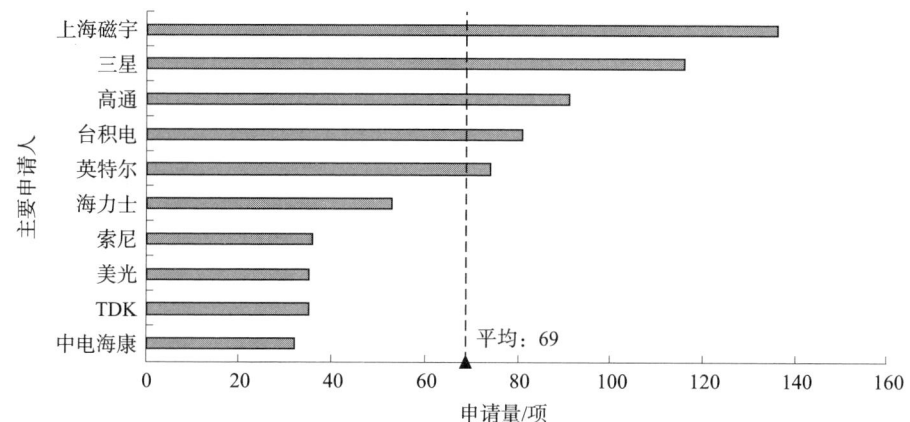

图1-3-41 STT-MRAM中国专利申请的主要申请人

3. STT-MRAM重要专利

STT-MRAM作为电流驱动元件，在穿过存储器单元的电流密度大于临界切换电流密度时磁矩方向发生切换，器件电阻改变。因此，为了编程存储单元，编程电流密度需要略微高于临界切换电流密度。由于传递较大切换电流会增加磁隧道结中的能量消耗和热分布，从而影响单元的完整性和可靠性；另外，随着工艺尺寸的降低，器件难以保持较高的热稳定性势垒，甚至无法保持稳定的磁化，因此减小临界切换电流和提高热稳定性是STT-MRAM的两个研究重点。本小节主要从这两个性能的改进上，结合专利申请的同族情况、专利技术、授权情况等，筛选部分有代表性的专利作为重要专利，并分别进行简要介绍。

IBM提出一种磁性装置的专利申请（公告号US5695864A），最早优先权日为1995年9月28日，公告日为1997年12月9日。该专利申请指出电子通过非磁性金属间隔物在固定铁磁体与自由铁磁体之间流动，移动电子的自旋通过量子力学交换与自由磁体的局部、永久存在的自发极化电子自旋相互作用，可导致自由磁体的磁化矢量从其初始方向翻转108°。该现象可应用于存储器、偏振器等。

希捷提出一种磁随机存取存储器写入方法的专利申请（公告号US7006375B2），最早优先权日为2003年6月6日，公告日为2006年2月28日。该专利申请提出一种磁随机存储器以及混合写入机制，如图1-3-42所示，存储器元件包括从下到上依次层叠的反铁磁层84、钉扎层86、非磁性层90、自由层88，使电流通过磁阻元件，以通过自旋动量转移来改变自由层的磁化方向。

IBM 提出一种热辅助磁写入装置的专利申请（公告号 CN1519856A），最早优先权日为 2002 年 11 月 15 日，公告日为 2009 年 1 月 28 日，在美国、日本、中国均有布局，并均获得授权。该申请提供一种利用电流诱导加热的热辅助磁写入装置，如图 1-3-43 所示，包括稳定的磁电极 140，形成在稳定的磁电极上的绝缘体层 160，如氧化物层，形成在绝缘体层 160 上的自由磁电极 130，其中绝缘体层 160 的电阻具有允许产生足够的功率耗散的值，以通过电流诱导加热来加热所述自由磁电极从而降低所述自由磁电极的各向异性。加热辅助转换所述自由磁电极，可降低写入所需的电流密度。

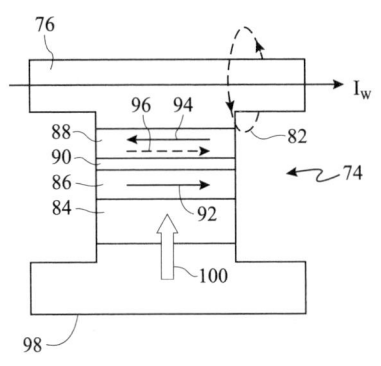

图 1-3-42　US7006375B2
存储器结构

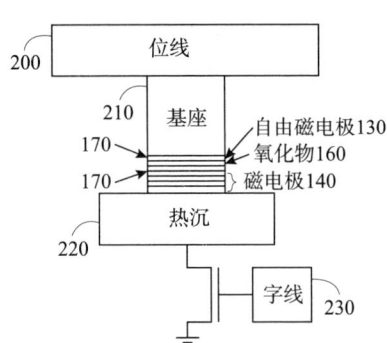

图 1-3-43　CN1519856A
热辅助磁写入装置结构

东芝提出一种磁致电阻效应元件的专利申请（公告号 CN102176510B），最早优先权日为 2007 年 3 月 30 日，公告日为 2011 年 9 月 7 日，在美国、日本、韩国和中国均有布局，在美国和中国已获得授权。该申请提供一种用于 MRAM 的磁致电阻效应元件，包括第一磁性层、第二磁性层和第一隔离层。第一磁性层具有不变的磁化方向。第二磁性层具有可变的磁化方向，并且包含从 Fe、Co 和 Ni 中选择的至少一种元素，从 Ru、Rh、Pd、Ag、Re、Os、Ir、Pt 和 Au 中选择的至少一种元素和从 V、Cr 和 Mn 中选择的至少一种元素。第二磁性层的材料在室温下呈垂直磁性各向异性，通过调整合金中各材料的比例以及晶向，可调整晶体各向异性磁能 Ku，减少磁化反转电流。

IBM 提出一种磁性电极材料的专利申请（公告号 CN105826462B），最早优先权日为 2015 年 1 月 26 日，公告日为 2018 年 1 月 12 日，在美国、中国和英国均有布局，且均已获得授权。该申请其采用 $Mn_{1+c}X$ 形式的四方赫斯勒（Heusler）材料作为磁性电极（如参考层）材料，其中 X 包括选自 Ge 和 Ga 的元素，$0 \leq c \leq 3$，如 Mn_3Ge。该赫斯勒化合物的磁化优选垂直于膜平面被取向且具有在 10 埃和 500 埃之间的厚度。

三星提出一种磁性隧道结的专利申请（公告号 US11009570B2），最早优先权日为 2018 年 11 月 16 日，公告日为 2021 年 5 月 18 日，在美国、日本、韩国、中国均有布局，已在美国获得授权。该申请是一种磁性隧道结堆叠，其中自由层为无硼自由层，即不含 B，以获得更高的垂直磁各向异性，使得磁矩可稳定的垂直于平面，形成垂直 MTJ，进而可降低开关电流，提高热稳定性，提高写入效率和数据保持。无硼自由层沉积的材料可包含 3d 过渡金属、其合金和/或赫斯勒合金（Heusler alloy）。

2018 年，艾沃思宾技术公司（Everspin）提出一种 MRAM 的专利申请（申请号 WO2020028250A1），最早优先权日为 2018 年 7 月 30 日，公开日为 2020 年 2 月 6 日，已在美国和欧洲布局。该申请提供一种用于 MRAM 的磁阻堆叠 200，如图 1-3-44 所示，从下至上依次层叠 NiCr 种子层、未受钉扎的合成反铁磁（SAF）区域 214、第一过渡区域 220、第二过渡区域 221、参考区域 240、中间区域 230 和存储区域 250（也称为"自由"区域），多个过渡区域可提高形成在过渡区域顶部的隧道势垒的质量，从而可以实现更低的切换电压，并可以改善耐久性能。

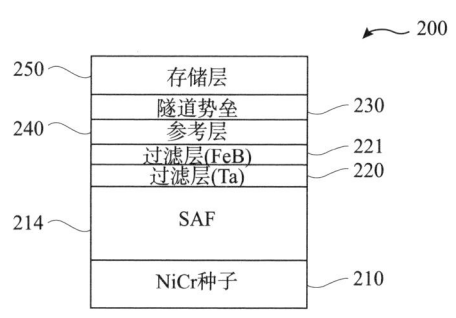

图 1-3-44　WO2020028250A1
MRAM 磁阻堆叠结构

三、检索策略及案例解析

（一）检索策略

新型随机存储器主要包括阻变存储器、相变存储器、磁阻存储器和铁电存储器，这些存储器的基本结构有相通之处，主要在于各类存储单元中晶体管和存储元件的连接关系和存储元件的位置设置类似，尤其是阻变存储器和相变存储器。铁电存储器和磁阻存储器由于涉及的原理不同，结构差别较大。因此在进行检索时，可首先根据存储器件的类型采用分类号或者关键词限定技术领域，当检索对象涉及通用结构时，则可适当扩展到相关的技术领域。

分类号是检索中最常用的限定方式。在新型随机存储器领域，IPC 分类体系下没有具体分类，仅能限定到存储器类型，如相变存储器和阻变存储器分布在 H01L45，磁存储器分布在 H01L43，铁电存储器分布在 H01L27/115。在 CPC

分类体系下，对于阻变存储器和相变存储器有着详细的细分，主要分布在 H01L45/04（双稳态或者多稳态切换器件，如用于电阻转换非易失存储器）下，包括零部件（H01L 45/12）、切换材料的选择（H01L 45/14）、制造（H01L 45/16）等，其中零部件还进一步细分为器件的几何图案（H01L 45/122）、电极（H01L 45/1253）、热学零部件（H01L 45/128）等，切换材料的选择包括硫属化合物（H01L45/141）、氧化物或者氮化物（H01L 45/145）等，制造还可进一步包括切换材料的形成（H01L45/1608）、后处理（H01L45/1641）和图形化（H01L45/1666）等。在对相变和阻变存储器的检索中，应当充分利用 CPC 分类体系，快速获得相对恰当的检索范围，提高检索效率。另外，分类号 G11C 下也有部分文献涉及存储器的结构，虽然大部分文献同时也会存在一个位于 H01L 的分类号，但也有部分文献仅有 G11C 的相关分类，在检索中应当根据检索情况适当进行扩展。

检索要素的确定可根据新型随机存储器类型的不同而进行选择。对于阻变存储器，其改进多在于结构组成，不同的层具有不同的功能，多数情况可直接根据结构获得检索要素。对于磁阻存储器，由于其各层名称固定，其中多数层属于不可缺少的层，结构的改变在于不同层的具体结构、大小等，因此在确定检索要素时，要结合制造方法或者相对位置、大小关系，并要注意与连词符的结合，使得对检索要点的表达更有针对性。

发明要解决的技术问题和取得的技术效果是重要的检索要素，通常技术问题和技术效果的引入能够获得相似的技术手段，快速获得和申请非常相关的文献。但要注意，对于新型随机存储器的专利技术效果在于提高速度、降低成本、提高可耐久性等相对上位的技术效果时，要考虑是否有必要引入技术问题和技术效果。

此外，对于专利文献，权利要求的范围十分重要，部分专利申请的权利要求请求保护的范围可能与申请人本意要保护的技术方案不同，尤其是在权利要求中省略部分特征的情况下。对于新型随机存储器，部分特征的缺少，如电极或辅助装置的位置或结构的变化，可能会导致实际获得的技术方案不同，在检索过程中也应当注意权利要求的技术方案实际限定的范围。

（二）检索要素

根据新型随机存储器领域的常规表达，确定了对应技术领域及技术分支的相关检索要素，包括关键词及对应的分类号，如表 1-3-1 所示。

表1-3-1 新型随机存储器检索要素表

检索要素	中文关键词	英文关键词	IPC（2022.01版）	CPC（2022.05版）
阻变随机存储器	电阻式随机存储器、电阻开关元件、变电阻、电阻转换、电阻转变、电阻可逆、忆阻器	RRAM, ReRAM, EPIR, memResistor, resistive RAM, resistance random access memory, resistance switching, resistance change type memory, electric-pulse Induced resistance switching	H01L 45/00, H01L 45/02	H01L 45/04, H01L 45/16
二元氧化物 RRAM	二元氧化物、过渡金属氧化物、稀土氧化物	transition metal oxide, TMO, earth oxide, binary oxide, duality oxide,		H01L 45/145, H01L 45/146, H01L 45/1608, H01L 45/1641, G11C13/0007
复杂氧化物 RRAM	钙钛矿、复杂氧化物、三元氧化物	trioxide, ternary oxide, complex oxide, perovskite, PCMO, CMR, STO, SZO		H01L 45/147, H01L 45/1608, H01L 45/1641, G11C13/0007
磁随机存储器	磁阻式、磁阻型、磁隧道结	magneto resistive random Access memory, magnetic random access memory, MRAM, MTJ, magnetic tunnel junction	H01L 43/08, H01L 43/12, G11C 15/02, G11C 11/02	H01L 43/08, H01L 43/12, G11C 11/02, G11C 11/5607, G11C 15/02
	固定层、自由层、钉扎层、被钉扎层、隧穿势垒层	fixed layer, free layer, pinning layer, pinned layer, tunnel barrier layer, antiferromagnetic layer		
STT MRAM	自旋转移力矩、自旋力矩转移、自旋转移矩	spin transfer torque, spin transmitting torque, STT		G11C 11/16, G11C 11/161
	垂直型、面内磁化	pSTT, perpendicular, iSTT, In-plane		
SOT MRAM	自旋轨道矩	spin orbit torque, SOT		

(三) 案例解析

1. 案例1-3-1：电阻式随机存取存储器结构及其形成方法

(1) 案情概述。

本申请涉及一种电阻式随机存取存储器结构及其形成方法。现有技术中电阻式存储单元通常结构包括下电极、电阻转态层和上电极，存储单元设置在层间介电层上。氧化程度对于电阻式存储器的影响较大，使得电阻器出现良率和可靠性方面的问题。当氧进入下电极中，会导致存储器电阻不均一和转换不均一的问题。由于扩散进入下电极的氧的深度、位置或方向皆无法控制或预期，因此下电极层的氧化的程度与位置也无法控制，因而无法控制电阻值。在制造过程中，电阻式随机存取存储器结构的电阻值增加的程度会因在晶片上的相对位置不同而产生无法控制的差异，将会降低最终产品的良率及可靠性。由于下电极的电阻值存在差异，进一步导致电阻转态层所承受的电场强度产生差异，从而无法控制氧空缺丝（导电路径）的形成位置，造成氧空缺丝的形成不均一，这也导致晶片上不同位置上的电阻式随机存储器的电阻值不同，也将降低产品的良率及信赖性。

本申请的电阻式随机存取存储器结构，可改善电阻不均一与转换不均一的问题，进而提升最终产品的良率及可靠性。本申请的电阻式随机存取存储器结构包括位于层间介电层上的氧扩散阻障层，电阻式随机存取单元位于氧扩散阻障层上，依次包括底电极层、电阻转态层和顶电极层。底电极层包括第一电极层、形成于第一电极层上的第一富氧层以及形成于第一富氧层上的第二电极层。氧扩散阻障层可包括氮化硅、碳化硅、碳氮化硅或其他不含氧的阻障材料，第一富氧层可包括金属氧化物、类金属氧化物、金属氮氧化物或上述的组合。氧扩散阻障层可避免层间介电层中的氧扩散到后续将形成的底电极中。第一富氧层形成于第一电极层与第二电极层之间，即使仍有少量的氧存在于第一电极层中，第一富氧层也能够避免氧经由第一电极层而扩散进入第二电极层中。如此，能够大幅减少层间介电层中的氧经由第一电极层而扩散进入第二电极层中。

本申请独立权利要求的技术方案如下：

一种电阻式随机存取存储器结构，其特征在于，包括：

一层间介电层（104），形成于一基板上，其中该层间介电层（104）为包括氧的介电材料；

一氧扩散阻障层（106），形成于该层间介电层（104）上；

一底电极层（110），形成于该氧扩散阻障层（106）上，其中该底电极层

(110) 包括：

— 第一电极层（112），形成于该氧扩散阻障层（106）上；

— 第一富氧层（114），形成于该第一电极层（112）上；以及

— 第二电极层（116），形成于该第一富氧层（114）上；

— 电阻转态层（120），形成于该底电极层（110）上；以及

— 顶电极层（130），形成于该电阻转态层（120）上。

图 1-3-45 是本申请电阻式随机存取存储器结构的示意图。

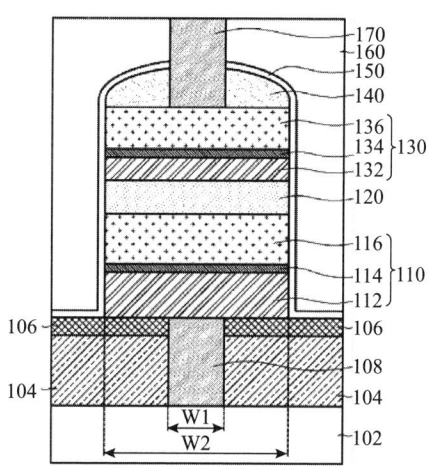

图 1-3-45　案例 1-3-1 存储器结构

（2）充分理解发明。

本申请要解决的技术问题在于阻止层间介电层中的氧对下电极中靠近电阻转态层的电极层的影响，从而减少氧对下电极电阻的均一性的影响。解决该技术问题采用的技术手段包括：下电极结构包括第一和第二电极层的下电极结构，下电极与层间介质层之间、第一和第二电极层之间分别形成氧阻障层，从而防止氧从层间介质层扩散到第二介质层。更具体的，下电极与层间介质层之间氧阻障层为绝缘材料或介电材料，是不含氧的阻障材料，第一和第二电极层之间的氧阻障层是富氧材料。此外还注意到，虽然权利要求 1 中并未对电阻转态层的材料进行限定，但是根据说明书的记载，电阻转态层的材料优选是过渡金属氧化物，如五氧化二钽、二氧化铪或二氧化锆，也可以是其他合适的电阻转态材料。

（3）检索过程分析。

本申请的技术领域为阻变随机存储器，在 IPC 分类体系中分类在 H01L45 下，没有专门对应的分类号。但在 CPC 分类体系下，H01L 45/04（双稳态或者

多稳态切换器件,如用于电阻转换非易失存储器)是阻变存储器对应的分类位置,并有进一步的细分可以参考。具体本申请涉及如下的 CPC 分类号:H01L 45/1233 涉及器件的几何图形,适于主要是垂直电流的,如三明治或者柱型器件;H01L 45/145 切换材料为氧化物或者氮化物;H01L 45/146 切换材料为二元金属氧化物;H01L 45/1253 器件的电极。

本申请的关键技术手段为在不同位置形成氧扩散阻障层,作用是防止下电极的氧化,控制下电极的电阻。据此,可以提取氧扩散、阻障、富氧、无氧、下电极、层间介质层、电阻作为检索要素。检索要素"氧扩散""阻障"还可扩展为氧、扩散、阻挡、阻碍,检索要素"下电极"还可扩展为底电极,检索要素"层间介质层"还可扩展为层间介电层。

1	CNABS	6374	H01L45/ic or H01L45/cpc
2	CNABS	2626	1 and (阻 5d 变)
3	CNABS	15958	氧 5d (扩散 or 阻挡 or 阻障 or 阻碍)
3	CNABS	69	2 and 3

首先采用主要检索要素在中国专利文摘库 CNABS 检索,但获得检索结果比较少,且未发现公开本申请发明点的专利文献,因此转移到中国专利全文库 CNTXT 进行检索。

1	CNTXT	5028	(H01L45/ic or H01L45/cpc) and (阻 5d 变)
2	CNTXT	70559	氧 5d (扩散 or 阻挡 or 阻障)
3	CNTXT	413	1 and 2
4	CNTXT	7	1 and (富氧 s (阻挡 or 阻障 or 阻碍 or 扩散))
5	CNTXT	24	3 and (层间介质层 or 层间介电层)
6	CNTXT	13364	电阻 s ((下 or 底) 2w 电极)
7	CNTXT	181	3 and 6

经浏览检索式 7 的文献,发现专利文献 1,其公开一种阻变存储器,依次包括下电极、金属氮氧化物层、第一缓冲层、转变金属氧化物层和上电极,其中金属氮氧化物层用于防止氧原子的扩散,第一缓冲层材料与下电极材料相同,还可以在下电极和阻变材料之间设置一层氮氧化物层。专利文献 1 公开了在下电极的两个子层之间设置氧阻挡层。然后考虑采用 CPC 作为更精确的领域限定,并结合氧扩散层的具体材料进行检索。

8	CNTXT	1002	（H01l45/145 or H01L45/146）/cpc
9	CNTXT	1582	（H01L45/1233 or H01L45/1253）/cpc
10	CNTXT	622	8 and 9
11	CNTXT	285	（氮氧化物 or 富氧 or 氧化铝 or 二氧化硅 or 氮氧化钛）and 10
12	CNTXT	13364	电阻 s（（下 or 底）2w 电极）
13	CNTXT	130	12 and 11

浏览检索式 13 的 130 篇文献，发现专利文献 2，其公开一种阻变存储器，下部电极包括第一导电层、第一导电层上的氧化变质层和第二导电层，第一导电层可以为氮化钽或氮化钛。专利文献 2 与专利文献 1 公开权利要求的技术特征相近，但没有明确公开氧化变质层具有氧阻挡的作用。

专利文献 1 和专利文献 2 均未公开在层间绝缘层和阻变元件之间设置氧阻挡层的特征，因此进一步扩大检索范围，在德温特世界专利索引数据库 DWPI 中进行检索。根据中文检索的结果，考虑直接采用 CPC 限定检索领域进行检索。

1	DWPI	2968	（H01l45/145 or H01L45/146）/cpc and （H01L45/1233 or H01L45/1253）/cpc
2	DWPI	31370	oxygen 5d（block + or barrier? or prevent + or shield +）
3	DWPI	5536	（oxygen 5d（diffu + or disper +））
4	DWPI	35703	2 or 3
5	DWPI	98	1 and 4

浏览检索式 5 的结果，发现专利文献 3，其公开一种阻变存储装置，在层间绝缘层和阻变存储器的下电极之间设置氧扩散阻挡层。在检索式 5 的结果中还包括与专利文献 1 的申请人相同、内容也基本相同的另一篇专利文献。

2. 案例 1-3-2：磁阻器件和用于制造磁阻器件的方法

（1）案情概述。

本申请涉及一种磁存储器件及其制造方法。磁阻器件可以基于隧道磁阻（TMR）、巨型磁阻（GMR）、各向异性磁阻（AMR）等技术。一些磁阻器件需要附加的顶部金属层，这可能造成附加的制造步骤。磁阻器件和用于制造磁阻器件的方法必须不断改进。具体而言，可能希望减少磁阻器件的复杂性并且还希望减少用于制造磁阻器件的成本。

本申请提供了一种不需要顶部金属层的基于磁隧道结（MTJ）的磁存储器，

磁阻结构包括串联连接的两个结构相似的独立的 TMR 元件,第一 TMR 元件包括第一自由层,第二 TMR 元件包括第二自由层,隧道势垒层布置在第一、第二自由层和电介质层之上,参考系统覆盖隧道势垒层,形成参考系统的堆叠层包括参考层、耦合层、固定层、反铁磁层和帽层。磁阻器件操作时,向与第一、第二自由层分别电连接的第一、第二电接触施加电势,从而电流可以沿着第一自由层与第二自由层之间的电流路径流动,电流路径如图 1-3-46 箭头所示,迫使全部电流经过隧道势垒层,这可以造成最大的可用 CPP(与平面垂直的电流)TMR 效应高度。

本申请独立权利要求的技术方案如下:

一种磁阻器件,包括:

衬底 (3);

在所述衬底 (3) 之上布置的电绝缘层 (10);

在所述电绝缘层中嵌入的第一自由层 (11A) 和第二自由层 (11B),其中所述第一自由层 (11A) 和所述第二自由层 (11B) 被所述电绝缘层 (10) 的一部分分离,且所述第一自由层 (11A) 的背离所述衬底的表面和所述第二自由层 (11B) 的背离所述衬底的表面与所述电绝缘层 (10) 的背离所述衬底 (3) 的表面齐平;

在所述第一自由层 (11A) 和所述第二自由层 (11B) 之上布置的层堆叠 (14)。

图 1-3-46 示出本申请磁阻式随机存取存储器结构的示意图。

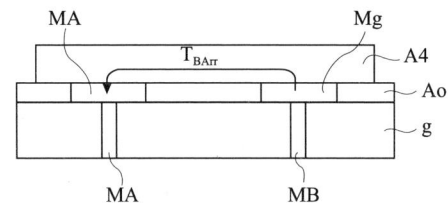

图 1-3-46 案例 1-3-2 存储器结构

(2) 充分理解发明。

本申请提供了一种不需要顶部金属层的基于磁隧道结 (MTJ) 的磁存储器,从而减少了磁阻器件的复杂性,降低了工艺成本。实现该技术效果的技术手段主要是形成串联结构的两个单元,两个单元的自由层相互独立,参考层作为实现电流连接的连接层。根据说明书的记载,相互独立的也可以是自用层和隧道势垒层。相互独立是通过将堆叠用介质层隔离实现的。

此外，还需要注意到，权利要求 1 限定的技术方案与本申请的发明并非完全一致，权利要求 1 中并未记载电极的连接情况。虽然说明书中记载了存储器结构不具有上电极，电流通过下部的两个电极连接，但权利要求覆盖的范围并不包括该电极连接关系或电流流动方式。

（3）检索过程分析。

本申请的技术领域为磁存储器，涉及的 IPC 分类号为 H01L43/08（产品）和 H01L43/12（制造方法），IPC 以及 CPC 分类号均没有进一步细分。考虑到磁存储器的关键词相对明确，对于发明点在于器件结构本身的，可采用关键词结合分类号 H01L 作为限定，也可划定相对准确的范围。从最大范围确定检索领域考虑，将两种方式划定技术领域的方式同时使用。

随后考虑检索要素的选择。本申请的结构特征主要是自由层或者自由层/隧道势垒层被绝缘层隔离，该隔离通过在绝缘层中的凹陷内形成自由层或自由层/隧道势垒层叠层获得，参考层覆盖绝缘层，用于电流的传输，从而形成串联结构。据此，选择自由层、绝缘层、隔离、凹、串联作为检索要素。检索要素"凹"还可扩展为槽、开口、沟、嵌，检索要素"隔离"可以扩展为独立、分离、单独。

1	CNABS	4180	(((磁 or 隧道结) 7w 存储) or (MRAM or MeRAM or Me－RAM or M－RAM)) and H01L/ic
2	CNABS	5254	(H01L43/08 or H01L43/12)/ic
3	CNABS	6588	1 or 2
4	CNABS	73	自由层 s (凹 or 槽 or 嵌 or 开口 or 沟)
5	CNABS	51	3 and 4
6	CNABS	505	3 and (串联 or 串连)
7	CNABS	311	6 and 电流
8	CNABS	70	7 and 自由层

浏览检索式 5 和检索式 8 的结果，未发现公开本申请发明点的专利文献。考虑器件的结构可能未记载在摘要中，接着转入 CNTXT 进行检索，检索思路与 CNABS 中类似。由于全文库包含说明书全部内容，增加更多的技术特征可以更准确地限定所检索文献的范围，因此增加对于串联结构中自由层是彼此独立的，以及效果上不需要/没有上电极的相关表达。

| 1 | CNTXT | 18520 | (((磁 or 隧道结) 7w 存储) or (MRAM or MeRAM or Me－RAM or M－RAM)) |

2	CNTXT	5254	and H01L/ic（H01L43/08 or H01L43/12）/ic
3	CNTXT	20048	1 or 2
4	CNTXT	193	自由层 s（凹 or 槽 or 嵌 or 开口 or 沟）
5	CNTXT	139	3 and 4
6	CNTXT	3478	3 and（串联 or 串连）
7	CNTXT	222	6 and（CPP or（垂直 3d 电流））
8	CNTXT	28	4 and（串联 or 串连）
9	CNTXT	346341	（无 or 没有）s（电极）
10	CNTXT	377	9 and 6
11	CNTXT	63	10 and 自由层
12	CNTXT	610	自由层 s（分离 or 分隔 or 独立 or 单独）
13	CNTXT	105	12 and 6

浏览检索式 11 和检索式 13 的结果，均可发现相关文献 1。其公开了权利要求的技术方案，但相关文献 1 的优先权日晚于本申请优先权日，并非本申请的现有技术或抵触申请。对相关文献 1 进行追踪，未获得能够影响权利要求新颖性或创造性的专利文献，进一步在 DWPI 数据库对全球专利进行检索。

1	DWPI	16524	（H01L43/08 or H01L43/12）/ic
2	DWPI	14524	((mram or meram or m-ram or me-ram) or ((magnet+ or mtj) s (memory? or storage))) and H01L/ic
3	DWPI	23348	1 or 2
4	DWPI	810	3 and (series or serial+)
5	DWPI	0	4 and (((free? or tunnel) 2w (layer? or film?)) s (trench+ or groove? or open+ or embed+))
6	DWPI	137	4 and (((free or tunnel) 2w (layer? or film?))

浏览检索式 6 的结果，发现专利文献 1，其公开的技术方案与本申请相同，可影响权利要求的新颖性。另外，还发现专利文献 2，其发明构思与本申请相同，区别在于先形成堆叠层和隧道势垒层，再形成相互独立的自由层，操作时电流流动方式也与本申请相同，可影响权利要求的创造性。

7	DWPI	295	4 and current

| 8 | DWPI | 237 | 7 not 6 |
| 9 | DWPI | 78 | 3 and (((free? or tunnel) 2w (layer? or film?)) s (trench+ or groove? or open+ or embed+)) |

浏览检索式9的结果，未发现其他能影响权利要求的新颖性或创造性的专利文献。

3. 案例1-3-3：磁阻式随机存取存储器结构及其形成方法

（1）案情概述。

本申请涉及磁阻式随机存储器结构及其形成方法。每个MRAM单元包括磁性隧道结（MTJ）元件，并且MTJ元件的电阻可调节以表示逻辑"0"或者逻辑"1"。MTJ元件包括通过隧道绝缘层隔离的一个铁磁固定层和一个铁磁自由层。MTJ元件的电阻通过改变铁磁自由层的磁矩相对于铁磁固定层的磁矩的方向来调节。相比于其他类型的存储器，磁阻式随机存储器虽然具有诸多优点，但是需要进一步改进对磁阻式随机存储器的配置，以进一步改善器件性能。

本申请提出一种磁阻式随机存储器，其磁性隧道结结构中，铁磁自由层包括被消磁部分围绕的铁磁自由层功能部分。铁磁自由层的功能部分被非功能部分围绕使得磁性隧道结元件形成器件与等离子体环境隔离，功能部分不会被蚀刻工艺中的等离子体攻击而退化，提高了磁阻式随机存储器的电气特性稳定性。

本申请独立权利要求的技术方案如下：

一种磁阻式随机存取存储器（MRAM）结构，包括：

底部电极结构（201）；

位于所述底部电极结构（201）上方的磁性隧道结（MTJ）元件，所述MTJ元件包括：

位于所述底部电极结构（201）上方的反铁磁材料层（203）；

位于所述反铁磁材料层（203）上方的铁磁固定层（205）；

位于所述铁磁固定层（205）上方的隧道层（207）；和

位于所述隧道层（207）上方的铁磁自由层（209），所述铁磁自由层（209）具有第一部分（209N）和消磁的第二部分（209T）；以及

位于所述第一部分（209N）上方的顶部电极结构（211E）。

图1-3-47示出本申请磁阻式随机存取存储器结构的示意图。

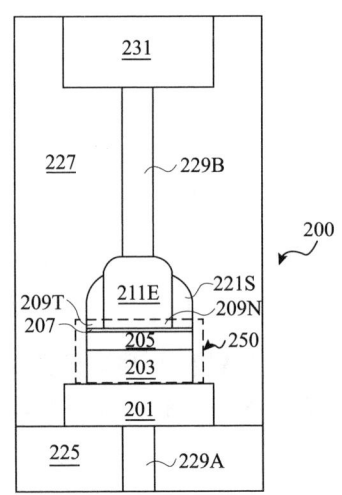

图1-3-47 案例1-3-3存储器结构

(2) 充分理解发明。

本申请为磁存储技术领域,发明点在于自由层的结构,包括消磁的非功能性部分和被消磁部分围绕的自由层功能部分。消磁部分是通过对被上电极和保护层暴露的自由层部分进行等离子体处理获得的,等离子体环境包括诸如氧气或者氮气的主要气体。等离子体环境的工作压力在1~1000毫托。

(3) 检索过程分析。

本申请的技术领域为磁存储器,与案例1-3-2相同,没有关于技术细节的IPC和CPC分类号,需要采用关键词并结合分类号H01L来限定技术领域的检索范围。本申请的发明点在于对自由层的外围进行消磁处理,形成消磁的区域,处理方式为等离子体处理。由此,可以确定如下的检索要素:自由层、消磁、等离子体、围绕。本申请的技术效果在于使得自由层的功能部分不会被蚀刻工艺中的等离子体攻击而退化。由此可考虑检索要素:隔离和退化。进一步,上述检索要素还可以扩展为:非磁性、去除磁性、无磁性、电浆、损伤、损坏。

首先在CNABS数据库进行检索,检索式如下。

1	CNABS	4095	(((磁 or 隧道结) 7w 存储) or (MRAM or MeRAM or Me-RAM or M-RAM)) and H01L/ic
2	CNABS	5159	(H01L43/08 or H01L43/12)/ic
3	CNABS	6447	1 or 2
4	CNABS	651	自由层 s ((无 or 非 or 消 or 去 or 除)

			5d 磁)
5	CNABS	463	4 and 3
6	CNABS	56	4 s（围 or 绕 or 环 or 外围 or 周围）

浏览检索式 6 的结果，发现相关专利文献，其公开了一种磁阻存储器，在自由层两个侧面形成有等离子体处理造成改性部分。该相关专利文献虽然不是现有技术，但技术内容相关性非常高，对其进行追踪检索，发现专利文献 1，其公开一种磁阻存储器，自由层外周通过 GCIB（气体团簇离子束）照射工艺形成非磁性区域，在自由层的非磁性区域形成侧壁，并进一步刻蚀形成存储单元。专利文献 1 公开了本申请的发明点，区别仅在于器件堆叠层的顺序与本申请相反。根据专利文献 1 的描述，进一步将消磁部分扩展为改性和氧化，继续进行检索。

7	CNABS	388	（自由 3w 层）s（等离子体 or 电浆 or 改性 or 氧化）
8	CNABS	243	7 and 3
9	CNABS	20	8 and（掩膜 or 掩模）

浏览检索式 8 和检索式 9 的结果，未发现公开本申请发明点的专利文献。进一步扩大检索范围，在 DWPI 数据库进行检索。

1	DWPI	16166	（H01L43/08 or H01L43/12）/ic
2	DWPI	14089	（（mram or meram or m－ram or me－ram）or（（magnet+ or mtj）s（memory? or storage）））and H01L/ic
3	DWPI	22760	1 or 2
4	DWPI	1388	（free 3w（layer? or film?））s（((non or remov+ or los+）3w magnet+）or de-magnetiz+）
5	DWPI	905	4 and 3
6	DWPI	203	（free 3w（layer? or film?））s plasm?
7	DWPI	3	5 and 6
8	DWPI	22	3 and 6

浏览检索式 8 的结果，发现专利文献 2，其公开了权利要求的全部技术特征，可影响权利要求 1 的新颖性。可见，对于产品权利要求，关于产品的组成部分的性能特征，有时采用获得该特性的方法特征进行表达，可以获得较好的效果。

第四节 专利申请文件撰写

一、撰写特点

大数据时代,需要存储的数据量呈爆炸式增长,对数据存储在速度、功耗、容量、可靠性等层面提出了更高的要求。随着技术的发展,存储器尺寸逐渐缩小,密度逐渐增大,存储容量大幅提升。同时,为了突破传统存储器的局限,集成了可比拟 DRAM 的速度,以及 Flash 的非易失性的新型存储器,近十几年来也受到广泛的关注。

存储器件领域的专利申请,要求保护的权利要求类型基本上包括两大类:第一类为请求保护一种器件结构,包括多个组成部分,改进点在于产品各组成部分的结构,以及各结构之间的位置关系和/或连接关系;第二类为请求保护一种器件的制造方法,包括多个工艺步骤,改进点在于多个步骤的顺序和组合,通常还涉及各步骤中的工艺方法及工艺参数。在存储器件领域,器件结构往往是与其制造方法密切相关的,在多数存储器件领域的专利申请中,既包括器件结构,又包括器件的制造方法,因此会将结构和方法分别作为保护主题写入权利要求中。

从专利申请所涉及的技术来分析,首先对于传统存储器件技术如本章第一、二节所分析的 DRAM、3D NAND 等领域,核心技术已经比较成熟,基础专利布局也已经基本完成,目前的专利申请大部分为改进型发明,主要包括对存储单元结构、制造工艺等方面进行改进以提升器件在某一方面的效果和性能的发明;而对于新型存储器件技术,由于产业路径和模式还不明确,目前也是处于百家争鸣的发展阶段,存在提出创新性发明的可能。对于上述两种情形,对专利申请文件的撰写也相应提出了不同的要求。

二、常见问题分析

在专利申请文件撰写中,主要关注以下两点:一是说明书的撰写,根据《专利法》第 26 条第 3 款规定:说明书应当对发明或者实用新型作出清楚、完整的说明,以所属技术领域的技术人员能够实现为准。专利制度的立法本意即为"以公开换保护",如果专利申请的说明书不能为公众提供足够的能够实现其发明的技术信息,就不能被授予专利权。因此,说明书的撰写是申请文件撰写中的关键环节，充分公开则是说明书撰写中应当满足的首要条件。二是权利要求的撰写，根据《专利法》第 26 条第 4 款规定：权利要求书应当以说明书为依据，清楚、简要地限定要求专利保护的范围。一项专利权的保护范围以其权利要求的内容为准，权利要求要能够合理、准确地界定请求获得保护的技术方案。因此，对于权利要求撰写的最基本要求，首先应当以说明书为依据，即权利要求应当得到说明书的支持，进一步，权利要求的保护范围应当清楚。

对于半导体存储器件领域的专利申请，说明书是否公开充分、权利要求是否得到说明书支持、权利要求保护范围是否清楚是判断申请文件撰写是否满足授权基本要求的标准。在实际申请案例中，这些也正是撰写容易出现问题的地方。以下对半导体存储器件领域的常见撰写问题的具体类型进行梳理，并结合实际案例进行具体分析。

（一）说明书公开不充分

根据《专利审查指南 2010（2019 修订）》第二部分第二章第 2.1 节，说明书对发明作出的清楚、完整的说明，应当达到所属技术领域的技术人员能够实现的程度。也就是说，说明书应当满足充分公开发明的要求。（1）对于"清楚"，首先说明书的主题要明确，说明书应当从现有技术出发，明确地反映出发明想要做什么和如何去做，使所属技术领域的技术人员能够确切地理解该发明要求保护的主题；其次说明书的表述要准确，说明书应当使用发明所属技术领域的技术术语。（2）对于"完整"，说明书应当包括有关理解、实现发明的全部技术内容。凡是所属技术领域的技术人员不能从现有技术中直接、唯一地得出的有关内容，均应在说明书中描述。（3）对于"能够实现"，是指所属技术领域的技术人员按照说明书记载的内容，就能够实现该发明的技术方案，解决其技术问题，并且产生预期的技术效果。

根据半导体存储器件领域专利申请的特点，说明书公开不充分的问题，一方面涉及对具体结构或具体工艺描述含糊不清，导致所属技术领域的技术人员按照说明书的记载无法具体实施，这种情况多见于改进型发明；另一方面则涉及没有将具体结构或具体工作原理描述清楚，仅仅提出了一种设想或者基本原理，而未给出任何使所属领域的技术人员能够实施的技术手段，这种情形大多涉及新型存储结构的创新类发明。

1. 案例1-4-1：一种沟槽电容结构的制作方法

(1) 案情介绍。

本申请涉及一种沟槽电容结构的制作方法。在现有沟槽电容浅沟隔离的制作方法中，由于深沟槽电容结构较为复杂，在进行STI蚀刻形成绝缘浅沟时，需经由浅沟隔离图案开口向下蚀刻底部抗反射层、硬屏蔽、硅基底、部分电容下电极以及部分电容介电层，蚀刻等离子体的成分较为复杂而不易控制，因此导致临界尺寸均匀度较差以及在疏/密图案间的临界尺寸有偏差。本申请即要解决现有沟槽电容浅沟隔离的制作方法在进行STI蚀刻时与逻辑工艺的兼容性较低的问题。

本申请中制作沟槽电容的方法，为先制作浅沟隔离，再制作沟槽电容，因此解决了现有技术进行浅沟隔离蚀刻时，因沟槽电容结构复杂而导致蚀刻后的临界尺寸均匀度较差以及在疏/密图案间的临界尺寸偏差等问题，同时提升了沟槽电容结构与逻辑工艺兼容性以及增大了有效电容面积，进而提高产率与良率来降低制作成本。

本申请技术方案为一种制作沟槽电容的方法，包括步骤：提供一基底，且该基底的表面定义有一存储阵列区域以及一逻辑区域；依序沉积一氧化层以及一氮化硅层于该基底上；进行一浅沟隔离工艺，于该存储阵列区域以及该逻辑区域中的该氧化层、该氮化硅层以及部分该基底中形成至少一浅沟隔离；于该氮化硅层以及该浅沟隔离的表面形成一图案化的屏蔽层，且该图案化的屏蔽层暴露出该存储阵列区域内的该氮化硅层与该浅沟隔离的周边；以及蚀刻该存储阵列区域内未被该屏蔽层覆盖的该氮化硅层及该浅沟隔离的周边，以于该基底内形成多个深沟槽，且各该深沟槽与该浅沟隔离接触部分具有一垂直状的内壁，而其未与该浅沟隔离接触部分则具有一圆弧状的内壁。

(2) 案例分析。

在本申请中所解决的技术问题是现有沟槽电容浅沟隔离的制作方法的工艺兼容性问题。在本申请的技术方案中先制作浅沟隔离，再制作沟槽电容，并且在制作沟槽电容时，形成一侧具有垂直侧壁，另一侧具有圆弧状侧壁的深沟槽，通过上述工艺步骤解决了现有技术进行浅沟隔离蚀刻时，因沟槽电容结构复杂而导致蚀刻后的临界尺寸均匀度较差以及在疏/密图案间的临界尺寸偏差等问题，并提高了电容的有效面积。其中如何形成该特定结构的深沟槽是本申请的关键技术手段，但是在本申请说明书仅记载了"在进行蚀刻工艺时由于浅沟隔离、基底与氮化硅层的蚀刻选择比有所差异，因此各深沟槽开口与浅沟隔离接触部分具有垂直状的内壁，而其未与浅沟隔离接触部分则具有圆弧状的内壁，藉此圆弧状的内壁可增加有效电容面积"。

可见说明书中仅给出了进行蚀刻工艺的技术手段以及限定了蚀刻后所形成的最终结构（即获得的效果），但对所属技术领域的技术人员来说，其蚀刻工艺的具体手段是含糊不清的，在说明书中没有公开蚀刻工艺的具体类型、工艺条件以及相关工艺参数；进一步考虑说明书附图，也无法得出具体的蚀刻工艺条件，作为所属技术领域的技术人员根据说明书公开的内容不能得知具体在何种蚀刻工艺条件能够得到一侧为垂直内壁，另一侧具有圆弧状内壁的开口；同时充分考虑现有技术，在现有技术中也并未公开如何形成本申请技术方案中给出的一侧为垂直内壁，另一侧具有圆弧状内壁的开口结构，因此所属技术领域的技术人员根据说明书记载的内容无法具体实施该技术方案。

（3）案例启示。

对于理解和实现发明必不可少的内容，特别是改进点涉及的关键技术手段，必须清楚完整地记载在说明书中。在半导体存储器件领域，专利申请的发明点经常在于制备工艺的微小改进，而这也正是区别于现有技术的地方，因此在说明书中应当清楚记载发明的技术方案，尤其是在具体实施方式部分应当对关键的工艺步骤、工艺条件进行详细的描述，以使得所属技术领域的技术人员能够实现该发明，而不能仅仅笼统地用所获得的效果进行说明。

2. 案例1-4-2：一种新型存储器

（1）案情介绍。

本申请涉及一种新型存储器。现有半导体存储器仅能接收携带有数据信息的电信号，难以满足特定场景下其他形式（如光信号形式）的数据信息的存取要求，导致所述存储器的应用范围受到限制。为了解决上述问题，本申请提供一种存储器，在衬底内具有若干光电存储区，能够接收相应光源发出的携带有数据信息的光信号，从而拓展所述存储器的应用场景。

本申请技术方案为存储器，包括：衬底、光电存储区、光源及读取单元，所述衬底具有相对的第一面和第二面，所述光源位于所述第二面上，且每个光源位于一个光电存储区上。所述光源向对应的所述光电存储区发出携带有数据信息的光信号，所述光电存储区通过光电转换将光信号转变为电信号，从而对数据信息进行存储。所述读取单元位于所述第一面上，且每个所述读取单元位于一个光电存储区上，以对相应的所述光电存储区内的电信号进行读取。所述存储器能够接收携带有数据信息的光信号，并可实现对数据信息的存储及读取，因此本申请能够拓展所述存储器的应用领域，满足特定场景下对的数据信息的存取要求。

(2)案例分析。

在本申请中所解决的技术问题是如何满足其他形式如光信号的数据信息的存取要求。在本申请的技术方案中,提供了一种存储器,其包括光电存储区和读取单元,光源将携带有数据信息的光信号传输至对应的光电存储区,光电存储区通过光电效应将接收到的光信号转变为电信号,并将电信号传输至读取单元,以实现数据信息的存储及读取。在本申请的具体实施方式部分记载了一种存储器,包括:衬底,衬底具有相对的两个表面;位于衬底内的若干光电存储区,每个光电存储区的满阱电荷数为第一电荷量 $Q1$;位于衬底一个表面上的若干光源,且每个光源位于一个光电存储区上;位于衬底另一表面上的若干读取单元,且每个读取单元位于一个光电存储区上,读取单元的最低读取电荷数为第二电荷量 $Q2$,$Q1$ 与 $Q2$ 的比值大于或等于 2。

本申请涉及一种通过光电效应来实现光信号信息存取的光电存储器,这是一种新型存储器,其结构以及存储方式都不同于本领域传统的半导体存储器。但是在说明书中仅记载了该存储器的基本工作原理,即首先通过光电转换将光信号转换为电信号,之后再通过读取单元存储和读取电信号,在说明书附图中所示出的也仅是基本结构示意图,在整个说明书中均没有记载该存储器中光电存储区以及读取单元的具体材料和结构组成,也没有具体描述如何实现存储功能。对所属技术领域的技术人员来说,按照说明书的记载,并不能得到该光电存储器的具体结构,进而不能制造出该光电存储器,无法实现该申请的技术方案。因此,该申请仅仅提出了一种设想,而未给出任何使所属领域的技术人员能够实施的技术手段。

(3)案例启示。

对于涉及新型存储器件的专利申请,由于其不同于传统的半导体存储器件,因此现有技术的可预期程度较低。在撰写专利申请文件时,为了达到能够使得所属技术领域的技术人员实现该发明的目的,技术方案应当撰写清楚完整,对于具体的器件,要将器件的具体结构和/或材料记载在说明书中,并且详细描述工作原理。如有必要,在具体说明工作原理或工作方式时,可以提供相应的实验数据和测试数据。

(二)权利要求得不到说明书支持

根据《专利审查指南 2010(2019 修订)》[以下简称《专利审查指南(2019 年修订)》]第二部分第二章第 3.2.1 节,权利要求书应当以说明书为依据,是指权利要求应当得到说明书的支持。权利要求书中的每一项权利要求所要求保护的技术方案应当是所属技术领域的技术人员能够从说明书充分公开的内容中得到或概括得出的技术方案,并且不得超出说明书公开的范围。

在半导体存储器件领域,权利要求得不到说明书支持的问题通常涉及由于上位概念概括或者功能性限定,导致请求保护的权利要求的技术方案中包括不能实施的技术方案,或者不能解决发明所要解决的技术问题,产生不了预定效果的技术方案。

案例1-4-3:一种非易失存储器

(1)案情介绍。

本申请涉及一种包括一个晶体管和一种电阻材料的非易失存储器,用过渡金属氧化物层作为电阻材料,利用电阻材料的阻值变化来读取和写入数据。

本申请请求保护的权利要求如下:

1. 一种非易失存储器,包括:

一衬底;

一形成于所述衬底上的晶体管;和

一连接至所述晶体管的漏极的数据存储单元,

其中所述数据存储单元包括在不同电压范围具有不同电阻性能的数据存储材料层,

其中,当在该数据存储材料层上施加写入电压V_{w1},$0 < V_1 < V_{w1} < V_2$时,所述数据存储材料层具有第一电阻,该第一电阻代表第一数据状态,

其中,当在该数据存储材料层上施加写入电压V_3,$V_2 < V_3$时,所述数据存储材料层具有与第一电阻不同的第二电阻,第二电阻代表第二数据状态,

其中,通过在该数据存储材料层施加读取电压V_R,$V_R < |V_1|$,该第一和第二数据状态可以从该数据存储材料层读取,而不改变该数据存储材料层的数据状态。

(2)案例分析。

在该权利要求中使用了上位概念"数据存储材料层",概括了一个较宽的保护范围,其包括所有具有阻变性能的存储材料。

但是在说明书中仅记载:当数据存储材料层为NiO层时,当在该数据存储材料层上施加写入电压V_{w1},$0 < V_1 < V_{w1} < V_2$时,所述数据存储材料层具有第一电阻,该第一电阻代表第一数据状态;其中,当在该数据存储材料层上施加写入电压V_3,$V_2 < V_3$时,所述数据存储材料层具有与第一电阻不同的第二电阻,第二电阻代表第二数据状态;其中,通过在该数据存储材料层施加读取电压V_R,$V_R < |V_1|$,该第一和第二数据状态可以从该数据存储材料层读取,而不改变该数据存储材料层的数据状态。作为所属技术领域的技术人员基于本领

域的现有技术，无法从说明书充分公开的内容中得到或概括得出该上位概念中所包括的其他材料层均能够解决发明所要解决的技术问题。特别是在说明书的其他实施方式中公开了当存储材料层为 TiO_2 时，明显不能得到权利要求中所限定的技术方案，不能解决其技术问题。因此该权利要求概括的范围过宽，得不到说明书的支持。

（3）案例启示。

对于涉及上位概括的权利要求，允许申请人将请求保护的技术方案概括至涵盖了说明书充分公开的所有等同替代和明显变型方式，但是要注意概括的范围是否恰当，如果概括的范围内出现了不能实现或者属于推测的内容，其技术效果又难以确定，则可能会存在权利要求得不到说明书支持的问题。尤其当涉及具体材料、工艺时，应当结合本领域与之相关的现有技术，确定上位概括的所有技术方案均能够解决其技术问题，并实现其技术效果。

（三）权利要求保护范围不清楚

根据《专利审查指南（2019 年修订）》第二部分第二章第 3.2.2 节，权利要求书是否清楚，对于确定发明要求保护的范围是极为重要的。权利要求书应当清楚：一是指每一项权利要求应当清楚；二是指构成权利要求书的所有权利要求作为一个整体也应当清楚。

在半导体存储器件领域，权利要求保护范围不清楚问题主要涉及技术特征本身含义不明确、各个技术特征之间的关系不清楚、权利要求引用导致的自相矛盾或逻辑不清等。

1. 案例 1-4-4：一种半导体器件的制造方法

（1）案情介绍。

本申请请求保护的权利要求如下：

1. 一种半导体器件的制造方法，所述半导体器件包括台阶状的阶梯结构，所述制造方法包括以下步骤：

光刻胶涂覆：使用光刻胶对所述半导体器件进行涂覆；

微刻：按照预定标准对光刻胶的边缘轮廓进行微刻；

刻蚀：逐级对阶梯结构中的每一级阶梯进行刻蚀直至完成阶梯结构的刻蚀，其特征在于，所述预定标准是指光刻胶的边缘轮廓的形状为微凸形状。

（2）案例分析。

权利要求 1 中的"微凸形状"是含义不确定的用语，在本领域对"微凸形状"并没有明确的定义，所属技术领域的技术人员并不能确定光刻胶的边缘轮廓刻蚀到什么程度才属于微凸形状，因此难以清楚限定权利要求的保护范围。

对于该申请，在说明书中记载了"光刻胶轮廓为微凸形状，以避免光刻胶侧壁上的刻蚀过程中产生的聚合物的不均匀附着"，作为所属技术领域的技术人员可以根据上述技术效果来确定微凸的程度，因此可以将该效果特征增加至权利要求1中，以使得权利要求的保护范围清楚。

（3）案例启示。

权利要求中的技术特征通常应当按照本领域通常具有的含义来理解，如果出现了某些特定的在所属技术领域没有明确定义的词语，则需要在权利要求中增加对该技术特征的具体定义和描述，如果无法用结构特征限定清楚，则可以考虑使用效果特征或功能特征进行限定。另外，要尽量避免在权利要求中使用表达不精确状态的词语，除非所用词语是在所属技术领域具有通用含义的技术用语。

2. 案例1-4-5：一种半导体集成电路装置

（1）案情介绍。

本申请请求保护的权利要求如下：

1. 一种半导体集成电路装置，其特征在于，

包括：一种导电型的半导体基板；

层叠在该基板上面的反向导电型的第1外延层；

在上述基板和上述第1外延层上形成，并基于上述第1外延层由高浓度杂质扩散层构成的反向导电型的第1埋入层；

重叠所述反向导电型的第1埋入层和形成区域、至少一个区域形成于所述反向导电型的第1埋入层上面，并基于上述第1外延层由高浓度杂质扩散层构成的一种导电型的第1埋入层；

层叠在所述第1外延层上面的反向导电型的第2外延层；

……

（2）案例分析。

在权利要求1中记载了"重叠所述反向导电型的第1埋入层和形成区域、至少一个区域形成于所述反向导电型的第1埋入层上面，并基于上述第1外延层由高浓度杂质扩散层构成的一种导电型的第1埋入层"，其中包括特征"反向导电型的第1埋入层""形成区域""至少一个区域""一种导电型的第1埋入层"，根据权利要求的记载，不能够清楚区分"形成区域""至少一个区域"的具体所指内容，并且不能清楚说明"形成区域"与"反向导电型的第1埋入层"之间，"形成区域"与"至少一个区域"之间是怎样的位置关系，因此导致权利要求1不能清楚地表述其保护范围。

(3) 案例启示。

在半导体存储器件领域的专利申请中，对于产品权利要求，通常为包含多个半导体或其他材料层的器件结构，如果多个材料层之间的位置关系限定不清楚，则很容易导致权利要求的保护范围不清楚；另外，对于方法权利要求，如果多个方法步骤之间的顺序限定不清楚，也可能会由于步骤顺序不明确导致权利要求的保护范围不清楚。因此，在专利申请的撰写中要注意产品中的位置关系和方法中的步骤顺序是否会影响对权利要求技术方案的清楚理解，如果不进行限定会导致所属技术领域的技术人员不能清楚理解和确定权利要求技术方案的保护范围，则要将上述特征在权利要求中予以限定。

3. 案例1-4-6：一种制造非易失性存储器件的方法

(1) 案情介绍。

本申请请求保护的权利要求如下：

1. 一种制造非易失性存储器件的方法，该方法包括：

在半导体衬底之上形成隧道电介质膜；

在所述隧道电介质膜之上形成第一导电层从而形成浮置栅极；

在所述第一导电层之上形成栅极电介质层，所述栅极电介质层包括具有ZrO_2膜和氧化物膜的堆叠结构，其中该ZrO_2膜接触该第一导电层；以及

在所述栅极电介质层之上形成第二导电层从而形成控制栅极。

2. 如权利要求1所述的方法，其中形成所述栅极电介质层包括进行ZrO_2膜的热处理工艺，其中所述ZrO_2膜设置在所述氧化物膜之上。

(2) 案例分析。

根据权利要求1要求保护的技术方案，该非易失性存储器件的结构自下而上依次设置为半导体衬底、隧道电介质膜、第一导电层（浮置栅极）、栅极电介质层（包括ZrO_2膜和氧化物膜的堆叠结构、其中ZrO_2膜接触第一导电层）、第二导电层（控制栅极），即ZrO_2膜形成在氧化物膜与第一导电层（浮置栅极）之间；但是在权利要求2的附加技术特征中记载了"所述ZrO_2膜设置在所述氧化物膜之上"，即氧化物膜形成在ZrO_2膜与第一导电层之间，ZrO_2膜与第一导电层不接触，可见权利要求2的附加技术特征与其引用的权利要求1的技术方案相互矛盾，因此导致权利要求2的保护范围不清楚。

(3) 案例启示。

如果一项权利要求的技术方案与其引用的权利要求的技术方案相互矛盾，则该权利要求的保护范围不清楚。在专利申请的撰写中，要注意从属权利要求应当对其引用的权利要求作进一步限定，其请求保护的技术方案通常也应当是

在所引用权利要求请求保护的技术方案的范围之内,尤其需要注意当将说明书中的不同实施方式以不同的权利要求进行保护时,要仔细考虑在这些权利要求之间是否能够进行引用,是否会造成权利要求的保护范围不清楚。

三、典型案例

上文中分析了半导体存储器件领域的专利申请的特点,梳理了说明书和权利要求撰写中容易出现的问题,并且结合案例对各类问题进行了具体分析。该部分结合上述分析内容,通过典型案例对申请文件的撰写要点进行具体阐述。

在半导体存储器件领域的申请文件撰写中,通常情况下建议先撰写说明书,在说明书撰写较为完善的基础上再进行权利要求书的提炼与撰写。因此,说明书的撰写是申请文件撰写中最为关键的环节,"充分公开"则是说明书撰写中应当满足的首要条件。无论是对存储单元结构、制造工艺等方面进行改进以提升器件效果和性能的改进型发明,还是提出一种新型存储器件结构的创新性发明,都应当在说明书中对发明作出清楚、完整的说明,并使得所属技术领域的技术人员根据说明书的记载能够实现。另外,在说明书撰写中,除了必须满足公开充分这个首要条件外,对于说明书各部分内容也分别具有不同的撰写要求。在典型案例中将重点从背景技术、发明内容、具体实施方式等方面进行具体分析说明。

在进行权利要求的提炼和撰写时,其重点在于要体现出本申请的关键技术手段,既要使得权利要求保护的技术方案能够与现有技术相区别,满足新颖性和创造性的要求,又要概括合理的保护范围,使得申请人的权益最大化。同时还要满足每项权利要求的保护范围清楚,权利要求书整体清楚;每一项权利要求所要求保护的技术方案能够得到说明书的支持,不得超出说明书公开的范围。

案例1-4-7:一种三维存储器及其制作方法

本申请涉及一种三维存储器及其制作方法。典型的三维非易失性存储器元件是由多个彼此平行的绝缘层和导电层交错堆叠而成的多层堆栈结构所构成。现有技术中,为提供元件较佳的控制效能而设置较薄的顶部通道层,但是容易导致金属接触结构与通道层之间产生接触电阻值偏高的问题。本申请提供一种存储器元件,其包括图案化多层堆栈结构、半导体覆盖层、存储材料层以及通道层,由于半导体覆盖层可以和覆盖于多层堆栈结构顶部的通道层整合,形成厚度较大的接触区,使后续形成在接触区上的金属接触结构能有较大的工艺窗口,进而减少空隙的产生,达到有效降低金属接触结构与通道层之间的接触电阻的目的。

在撰写申请之前，建议先进行查新检索，充分检索现有技术，找到要求保护的技术方案能够与现有技术相区别的关键技术特征，以确定其满足新颖性和创造性的实质性要求。进一步的，有助于说明书中背景技术部分的撰写，可以通过引证与申请最接近的现有技术文件，指出现有技术中存在的问题和缺点。

（一）说明书

1. 背景技术

在本申请的背景技术部分，首先介绍三维非易失性存储器技术，并借助附图示出了现有技术中三维非易失性存储器的基本结构。接着引出现有技术中所存在的问题并分析原因，即现有技术中的通道层都比较薄，使得制备金属接触结构时的工艺窗口受限，由此容易在金属接触结构和通道层之间产生空隙而导致接触电阻偏高。对现有技术的描述清楚、完整，有助于公众对技术方案的理解，也便于专利审批部门进行专利检索和审查。进一步的，建议在这部分可以增加与最接近现有技术相关的专利文件或非专利文件作为引证文件，更便于对现有技术的充分理解。

典型的三维非易失性存储器元件是由多个彼此平行的绝缘层和导电层交错而成的多层堆栈结构所构成。例如专利申请号 CN……所提出的一种三维非易失性存储器元件，参照图 1 示出的剖面示意图，其中，叠层结构 100 包括至少一条沟道 101，将多层堆叠结构 100 区分为多个脊状叠层 102，使每一脊状叠层 102 都具有多条由图案化导电层所形成的导电条带 102a。三维非易失性存储器元件还包括存储材料层 103 和通道层 104。其中……

然而，为提供元件较佳的控制效能，通道层 104 的厚度一般都相当薄，使得在通道层 104 上定义金属接触结构 106 时工艺窗口相当有限（甚至不足）。再加上，通道层 104 一般由多晶硅所构成，会与金属接触结构 106 的势垒层形成金属硅化物界面，过薄的通道层 104 容易使金属硅化物界面产生空隙，而导致金属接触结构 106 与通道层 104 之间产生接触电阻值偏高的问题。

2. 发明内容

发明内容部分至少应当包括发明所要解决的技术问题、解决该技术问题所采用的技术方案，以及与现有技术相比所具有的有益效果。

（1）技术问题。

本申请中，结合背景技术部分对现有技术中所存在问题的描述，在发明内容部分的开头就用简洁的语言明确所解决的技术问题是"现有三维存储器元件中接触结构的工艺窗口受限以及接触电阻偏高的问题"，与背景技术部分所提供的现有技术中存在的问题相呼应。

为了解决现有三维存储器元件中接触结构的工艺窗口受限以及接触电阻偏高的问题，本发明提供一种三维存储器元件及其制作方法，可提供较大的工艺窗口，来形成一金属接触结构，进而降低金属接触结构的接触电阻。

（2）技术方案。

技术方案是专利申请的核心。在这部分，至少应反映独立权利要求的技术方案，该技术方案须包含为解决其技术问题所不可缺少的技术特征；进一步的，最好给出包含其他附加技术特征的进一步改进的技术方案，以作为撰写从属权利要求的基础。

在本申请中，技术方案中首先记载了存储器元件的完整结构，尤其是解决其技术问题所不可缺少的"半导体覆盖层覆盖于这些脊状多层叠层上；存储材料层覆盖于沟道的侧壁上；通道层覆盖于存储材料层、半导体覆盖层以及沟道的底部上，且与半导体覆盖层直接接触"，并在后面列出对接触电极、多层堆栈结构、覆盖层和通道层等的进一步限定。另外，由于本申请中同时涉及产品结构和工艺方法，因此在技术方案部分也将描述方法的技术方案写入其中。通常所记载的这些技术方案应当与权利要求所限定的技术方案表述一致，因此这部分的撰写一般会放在说明书其他部分撰写完成之后，即与权利要求书同时进行撰写。

本发明提供一种存储器元件，其包括图案化多层堆栈结构、半导体覆盖层、存储材料层以及通道层。图案化多层堆栈结构位于基材上，具有至少一条沟道，以定义出多个脊状多层叠层，其中每一个脊状多层叠层至少包括一导电条带。半导体覆盖层覆盖于这些脊状多层叠层上。存储材料层覆盖于沟道的侧壁上。通道层覆盖于存储材料层、半导体覆盖层以及沟道的底部上，且与半导体覆盖层直接接触。

进一步的，其中该图案化多层堆栈结构包括彼此交错堆栈的多个绝缘层和多个导体层。

进一步的，其中该半导体覆盖层和该通道层皆包括多晶硅，且该半导体覆盖层和该通道层之间具有一晶粒界面。

进一步的，其中该存储材料层至少包含氧化硅层、氮化硅层和氧化硅层的复合层。

进一步的，该存储器元件包括一接触电极，位于该半导体覆盖层上方，并且与该通道层直接接触。

进一步的，更包括一半导体间隙壁位于该存储材料层和该通道层之间，且与该通道层直接接触。

……

本发明提供一种存储器元件的制作方法，包括下述步骤：首先在基材上提供一多层堆栈结构。再于多层堆栈结构上形成一半导体覆盖层。然后，图案化多层堆栈结构和半导体覆盖层，藉以于多层堆栈结构中形成至少一条沟道，以定义出多个脊状多层叠层，并使每一个脊状多层叠层至少包括一条导电条带。之后，形成一存储材料层，覆盖半导体覆盖层以及沟道的侧壁和底部。后续，移除位于半导体覆盖层和沟道的底部上的一部分存储材料层，再形成一通道层，覆盖存储材料层、半导体覆盖层以及沟道的底部，且与半导体覆盖层直接接触。

（3）有益效果。

说明书应当清楚、客观地写明发明与现有技术相比所具有的有益效果，并且该有益效果应当是由发明的技术特征必然产生的技术效果。在改进型发明中，技术效果也是考虑要求保护的技术方案是否具备新颖性和创造性的重要因素。

在该部分，首先明确了本申请技术方案的关键技术特征为"是先在多层堆栈结构上方额外形成一半导体覆盖层，然后再形成多条沟道藉以将多层堆栈结构和半导体覆盖层区隔成多个脊状多层叠层。后续再于沟道侧壁上形成存储材料层和通道层，藉以定义出多个存储单元，并垂直串接成至少一个存储单元串行。其中，半导体覆盖层和通道层直接接触"，所属技术领域的技术人员通过对本申请技术方案的分析，确定得出由于上述区别特征使得本申请的技术方案获得了有益效果"有较大的工艺窗口""有效降低金属接触结构与通道层之间的接触电阻""兼顾元件的控制效能"。整个分析思路清晰，重点突出。

本发明提供的一种三维存储器元件及其制作方法，是先在多层堆栈结构上方额外形成一半导体覆盖层，然后再形成多条沟道藉以将多层堆栈结构和半导体覆盖层区隔成多个脊状多层叠层。后续再于沟道侧壁上形成存储材料层和通道层，藉以定义出多个存储单元，并垂直串接成至少一个存储单元串行。其中，半导体覆盖层和通道层直接接触。

由于，半导体覆盖层可以和覆盖于多层堆栈结构顶部的通道层整合，形成厚度较大的接触区，而使后续形成在接触区上的金属接触结构能有较大的工艺窗口。同时，厚度较大的接触区，可提供较多的多晶硅，与金属接触结构形成晶粒结构较小的金属硅化物层，进而减少空隙的产生，有效降低金属接触结构与通道层之间的接触电阻。又由于半导体覆盖层仅覆盖于多层堆栈结构的顶部，并不会增加位于沟道侧壁的存储单元的通道层厚度。因此更可兼顾元件的控制效能。

3. 具体实施方式

说明书应当详细描述申请人认为实现发明的优选的具体实施方式，该部分是说明书中最为重要的组成部分，为说明书的充分公开提供基础，对于理解和实现发明的技术方案、支持和解释权利要求都是非常重要的。

　　本申请中的具体实施方式部分，详细描述了三维存储器元件的结构组成、方法流程和每个工艺步骤，特别是在说明书中还使用了多个附图，包括整体结构立体图以及制备过程中各阶段的剖面结构示意图，能够直观地、形象化地帮助理解发明的每个技术特征和整体技术方案。以具体实施方式中对工艺步骤的描述为例，在本申请中，结合附图示出的制作过程中各阶段的结构示意图，详细描述了第一个实施例中的工艺步骤，其中工艺步骤顺序清楚、工艺参数具体、每步工艺所制备而成的器件结构也很明确，使得所属技术领域的技术人员能够清楚理解本申请中的三维存储器元件是如何制造出来的。另外，在对实施方式描述完成之后，再次点明了本申请的关键技术特征以及所取得的技术效果以起到进一步强调的作用。

　　制作三维存储器元件200的方法，包括下述步骤：首先在基材201上形成多层堆栈结构210。

　　多层堆栈结构210包括形成于基材201上的多个导电层211-217以及多个绝缘层221-227。其中，……

　　之后，再于多层堆栈结构210上形成半导体覆盖层202（如图2和图2A所绘示）。其中，……

　　接着，对多层堆栈结构210以及半导体覆盖层202进行图案化工艺203，以形成多个脊状多层叠层210a、210b、210c和210d以及覆盖脊状多层叠层210a、210b、210c和210d的图案化半导体覆盖层202（如图2B所绘示）。……

　　然后，于脊状多层叠层210a、210b、210c和210d上形成存储材料层206，使其覆盖于图案化半导体覆盖层202的覆盖部分202a、202b、202c和202d以及沟道204底部（即被沟道204暴露于外的一部分基材201）和沟道侧壁204a上（如图2C所绘示）……

　　在形成存储材料层206之后，以对存储材料层206进行一刻蚀步骤207，以移除覆盖于覆盖部分202a、202b、202c和202d上，以及覆盖于沟道204的底部上的一部分存储材料层206，将图案化半导体覆盖层202暴露于外，并将一部分基材201再度经由沟道204暴露于外（如图2D所绘示）。在本发明的一些实施例中，剩余的存储材料层206较佳仅位于沟道的侧壁204a之上。

　　……

　　之后，再于脊状多层叠层210a、210b、210c和210d上进行共形沉积，以形成通道层209，覆盖于存储材料层206、图案化半导体覆盖层202以及沟道

204 的底部上，并且使通道层 209 与图案化半导体覆盖层 202 的顶面 202f 直接接触（如图 2F 所绘示）……

另外，在本实施例之中，由于通道层 209 同时覆盖存储材料层 206、图案化半导体覆盖层 202 以及沟道 204 的底部。因此，通过通道层 209，可以将图案化半导体覆盖层 202 位于脊状多层叠层 210a、210b、210c 和 210d 顶部的覆盖部分 202a、202b、202c 和 202d 电性导通。

之后，再于通道层 209 上形成多个接触电极 220，与通道层 209 直接接触。接触电极 220 的形成方式包含下述步骤：首先在脊状多层叠层 210a、210b、210c 和 210d 上形成一介电层 230……

后续，再经由后段工艺完成三维存储器元件 300 的制备（如图 2G 所绘示）。

由于，图案化半导体覆盖层 202 和通道层 209 皆是半导体材质，可整合成一厚度较大的接触区，可提供定义开口 222 的刻蚀工艺较大的工艺窗口。另外，厚度较大的接触区也可防止通道层 209 和势垒层 220a 之间所生成的金属硅化物层产生空隙，进降低而导致接触电极 220 与通道层 209 之间的接触电阻值。

在说明书中可以根据需要给出一个或多个实施例。当一个实施例足以支持权利要求所概括的技术方案时，说明书中可以只给出一个实施例；当独立权利要求覆盖的保护范围较宽，其概括不能从一个实施例中找到依据时，应当给出至少两个不同实施例以支持要求保护的范围。在本申请中给出了两个实施例以及相应的附图，通常一件申请中的多个实施例之间会存在部分相同的特征，在说明书中则可以省略该部分的描述，而重点描述不同的地方即可。

请参照图 3A 至图 3E，图 3A 至图 3E 是根据本发明的另一实施例所绘示的制作三维存储器元件 300 的工艺结构剖面图。其中，制作三维存储器元件 300 的方法与制作三维存储器元件 200 的方法类似，差别仅在于，制作三维存储器元件 300 的方法在进行刻蚀步骤 207 以移除一部分存储材料层 206 之前，还包括选择性地于存储材料层 206 上形成一半导体薄膜 301。

（二）权利要求

1. 独立权利要求

撰写权利要求时，首先需提炼独立权利要求的技术方案，独立权利要求应记载解决技术问题所必不可少的技术特征。

在本申请中包括两项独立权利要求：一项产品权利要求，一项方法权利要求。其中产品权利要求中，限定了三维存储器元件的必要结构组成，以及各部分的位置或连接关系，尤其是限定出了其关键技术特征"半导体覆盖层，覆盖于所述多个脊状多层叠层上""通道层覆盖半导体覆盖层"且"与所述半导体覆盖层直接接触"，以与现有技术相区别，并且对于属于本领域技术人员所知晓的技术特征如"多层堆栈结构""存储材料层"，没有限定其具体结构，尽量不引入非必要的技术特征，这样在独立权利要求中限定了较为合理的保护范围。在方法权利要求中，清楚记载了工艺步骤，以及限定了关键工艺"形成一半导体覆盖层，覆盖于所述多层堆栈结构上""形成一通道层，覆盖所述半导体覆盖层"，且"与所述半导体覆盖层直接接触"。需要注意，在方法权利要求的撰写中，如果其关键点在于中间的某些步骤以及步骤的组合，这种情况下并不一定适用于"前序部分+特征部分"的撰写方式，而是按照工艺步骤顺序来进行撰写。

1. 一种存储器元件，包括：

一图案化多层堆栈结构位于一基材上，具有至少一沟道，以定义出多个脊状多层叠层，其中每一这些脊状多层叠层至少包括一导电条带；

一存储材料层覆盖于所述沟道的一侧壁上；

其特征在于：

一半导体覆盖层，覆盖于所述多个脊状多层叠层上；

一通道层覆盖于所述存储材料层、所述半导体覆盖层以及所述沟道的一底部上，且与所述半导体覆盖层直接接触。

……

7. 一种存储器元件的制作方法，包括：

于一基材上提供一多层堆栈结构；

形成一半导体覆盖层，覆盖于所述多层堆栈结构上；

图案化所述多层堆栈结构和所述半导体覆盖层，藉以于所述多层堆栈结构中形成至少一沟道，以定义出多个脊状多层叠层，并使每一这些脊状多层叠层至少包括一导电条带；

形成一存储材料层，覆盖所述半导体覆盖层以及所述沟道的一侧壁和一底部；

移除位于所述半导体覆盖层上和所述沟道的所述底部上的一部分所述存储材料层；以及

形成一通道层，覆盖所述存储材料层、所述半导体覆盖层以及所述沟道的所述底部，且与所述半导体覆盖层直接接触。

2. 从属权利要求

从属权利要求对其引用的权利要求进行进一步限定，也可以增加技术特征或者使用下位概念。例如，对于本申请的产品权利要求，在引用独立权利要求1的从属权利要求中，既包括对"多层堆栈结构""覆盖层""通道层""存储材料层"作进一步限定的从属权利要求 2~4，又包括增加了特征"接触电极""半导体间隙壁"的从属权利要求 5~6，布局合理，有利于审查或者无效程序中申请文件的修改。

2. 根据权利要求1所述的存储器元件，其中所述图案化多层堆栈结构包括彼此交错堆栈的多个绝缘层和多个导体层。

3. 根据权利要求1所述的存储器元件，其中所述半导体覆盖层和所述通道层皆包括多晶硅，且所述半导体覆盖层和所述通道层之间具有一晶粒界面。

4. 根据权利要求1所述的存储器元件，其中所述存储材料层至少包含氧化硅层、氮化硅层和氧化硅层的复合层。

5. 根据权利要求1所述的存储器元件，更包括一接触电极，位于所述半导体覆盖层上方，并且与所述通道层直接接触。

6. 根据权利要求1所述的存储器元件，更包括一半导体间隙壁位于所述存储材料层和所述通道层之间，且与所述通道层直接接触。

第二章 功率器件

功率半导体器件，又称为电力电子器件，是用于电能变换和电能控制电路中的大功率（通常指电流为数十至数千安、电压为数百伏以上）电子器件，具有处理高电压和大电流的能力。典型的功率处理，包括变频、变压、变流、功率管理等。

20世纪50年代后期，美国通用电气公司研制出第一个晶闸管成为电力电子技术诞生的标志。晶闸管又称反向阻断型可控硅，是一种半控型器件，只能控制开通，不能控制关断。晶闸管主要应用于变流装置，在关断时需要增加比较复杂的强迫换流电路，从而使得装置体积增大，可靠性低。随着技术的发展，晶闸管发展出了派生器件，如双向晶闸管、快速晶闸管等，不断改善器件性能和功率等级，这些器件被统称为第一代功率半导体器件。❶

20世纪70年代以后，各种全控型功率半导体器件先后问世，如大功率晶体管（GTR）、门级可关断晶闸管（GTO）、静电感应晶体管（SIT）、功率MOS场效应晶体管（Power MOSFET）、绝缘栅双极型场效应晶体管（IGBT）、集成门极晶闸管（IGCT）等，这些新型的全控型器件被统称为第二代功率半导体器件，也被称为新型功率半导体器件。全控型器件，又称自关断器件，其可以自

---

❶ 陆建勋. 极低频于超低频无线电技术［M］. 哈尔滨：哈尔滨工业大学出版社，2019：231－232.

主控制开启与关断,因此在大功率电力牵引驱动中有明显的优势。❶❷ 随着以功率 MOSFET 器件为代表的新型功率半导体器件的迅速发展,已经广泛应用于交通运输、汽车电子、消费电子、计算机电源、通信、家用电器等多个领域。图 2-0-1 示出了不同功率和频率范围适用的功率器件类型。

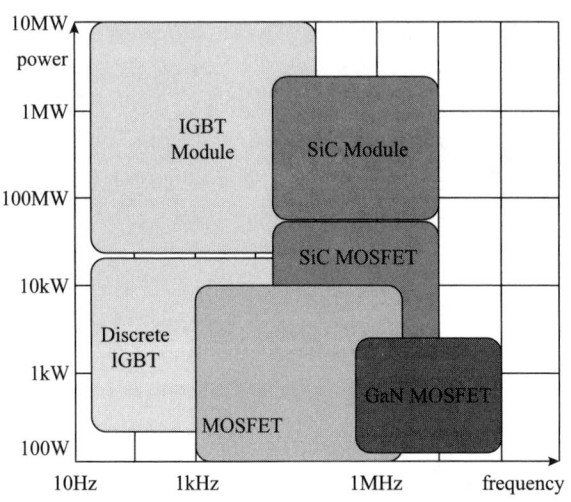

图 2-0-1 适用于不同功率和开关频率范围的功率半导体器件

功率半导体器件在大多数情况下被用作开关。一个理想的开关,应该具有两个基本的特性:①电流通过的时候,这个理想开关两端的电压降是零,即导通电阻尽量小;②电流截断的时候,这个理想开关两端可以承受的电压可以是无穷大,即耐压尽量大。因此,功率半导体器件的研究和发展,主要是围绕着减小电阻、提高耐压这个目标不断前进的。目前的功率半导体器件已经达到较为理想的性能,尤其在某些特定的电压电流处理范围内,已经可以接近理想开关的性能。

全控型功率半导体器件按照载流子的类型,又可以分为单极器件和双极器件两种。单极器件中的代表为双扩散金属氧化物半导体晶体管(Double-diffusion MOSFET, DMOS)和高电子迁移率晶体管(High Electron Mobility Transistor, HEMT),双极器件则以 IGBT 为代表。❸ 其中,DMOS 包括两种类型:纵向双扩

---

❶ 程明, 张建忠, 王念春. 可再生能源发电技术 [M]. 2 版. 北京: 机械工业出版社, 2020.
❷ 毕克允, 胡先发, 王长河, 等. 微电子技术信息化武器装备的精灵 [M]. 北京: 国防工业出版社, 2012.
❸ 孙伟锋, 张波, 肖胜安, 等. 功率半导体器件与功率集成技术的发展现状及展望 [J]. 中国科学: 信息科学, 2012, 42 (12): 1616-1630.

散金属氧化物半导体晶体管（Vertical Double – diffusion MOSFET，VDMOS），多用于分立器件；横向双扩散金属氧化物半导体晶体管（Lateral Double – diffusion MOSFET，LDMOS），其三个电极均在硅片表面，易于集成，多用于功率集成电路领域。HEMT器件具有截止频率高、噪声低、开关速度快等特性，在高频领域展现出了优异的性质。IGBT可以看作是功率MOS和功率BJT的混合型新器件，兼具MOSFET的高输入阻抗和GTR的低导通压降两方面的优点，是当前的研发热点。

本章针对IGBT、DMOS、HEMT三个技术领域进行分析。

第一节　绝缘栅双极型场效应晶体管（IGBT）

一、专利技术综述

（一）概况

IGBT是由双极型晶体管（BJT）和绝缘栅型场效应管（MOSFET）组成的复合全控型电压驱动式功率半导体器件。1979年，MOS栅功率开关器件想法出现，成为了IGBT概念的先驱，这种器件表现为类似于晶闸管的结构（P-N-P-N四层组成）。[1] 1983年，IGBT由美国GE公司和RCA公司首次研制出来，并于1986年开始正式生产并逐渐系列化。[2] 作为新型功率半导体场控自关断器件，IGBT集功率MOSFET的高速性能与双极器件的低电阻于一体，具有输入阻抗高、电压控制功耗低、控制电路简单、耐高压、承受电流大等特性，目前已广泛应用关于工业、4C（通信、计算机、消费电子、汽车）、航天技术等传统领域，以及轨道交通、新能源、智能电网等信新型产业领域。各大半导体生产厂商不断开发IGBT的高耐压、大电流、高速、低饱和压降、高可靠性、低成本技术，对器件的结构和工艺不断改进，表2-1-1示出了IGBT器件的结构和制造工艺的历史演变。

---

[1] 赵承贤，杨虎刚，余晋杉. IGBT技术现状及发展趋势［J］. 创新与实践，2015，22（4）：28.
[2] 陆晓东. 功率半导体器件及其仿真技术［M］. 北京：冶金工业出版社，2016：16.

表 2-1-1 IGBT 器件的结构和制造工艺的历史演变

年份	结构		工艺特点
	表面结构	垂直结构	
1979	V 型沟槽栅（MOS 栅晶闸管）	非穿通型（NPT）（背面扩散）	强碱性湿法刻蚀
1982	平面栅（IGBT 概念的源型）	穿通型（PT）（外延生长）	DMOS
1989	平面栅（精细图形）	穿通型（PT）（N+缓冲型）	DMOS 精细图形
1989	平面栅	非穿通型（NPT）	DMOS
1994	沟槽栅（1 微米设计规则）	穿通型（PT）（外延生长，N+缓冲层）	来自大规模集成工艺技术的硅干法刻蚀
2002	载流子存储的沟槽栅双极晶体管	弱穿通（LPT）或软穿通（SPT）或电场截止（FS）型	区熔单晶硅片（FZ）

虽然实验室最早出现的 IGBT 为非穿通（NPT）结构，但首先商用的 IGBT 为穿通（PT）结构，在集电极和漂移区之间引入了 N+缓冲区以有效阻止电场，防止寄生晶闸管的栓锁效应。通过穿通结构的方法，获得了器件在参数折中方面的改进，所制备的平面栅结构的设计规格可以从 5 微米缩小到 3 微米。

20 世纪 80 年代后期，PT 型 IGBT 由于工艺复杂且不利于并联，逐渐被 NPT 型 IGBT 取代。❶ NPT 型 IGBT 在正面元胞制作完成后，采用背面减薄工艺将芯片减薄至电压规定的厚度，再从背面通过离子注入工艺形成 P+集电极，不需要载流子寿命控制技术，更薄的 N-区电阻小，过剩载流子总量少，使得关断时间及关断损耗减小。

20 世纪 90 年代中期，沟槽栅被应用到 IGBT 中，采用大规模集成（LSI）工艺中的硅干法刻蚀技术来形成，这种沟槽结构实现了在通态电压和关断时间之间的参数折中。沟槽栅 IGBT 的沟道从水平变为垂直，使得元胞尺寸大大缩小，器件电流增加，并使得衬底的厚度还可以进一步减薄，降低了成本。❷

2000 年，电场截止型 IGBT（Field Stop IGBT，FS-IGBT）被首次提出❸，其晶圆厚度进一步减薄，并在背面注入工艺中采用了高能离子注入工艺，制备

---

❶ 肖飞，刘宾礼，罗毅飞，等. IGBT 疲劳时效机理及其健康状态监测［M］. 北京：机械工业出版社，2019：39-40.

❷ 张为国，张俊，唐世亿，等. IGBT 结构及发展趋势［J］. 电子元器件与信息技术，2021，5（4）：77.

❸ Laska T，Münzer M，Pfirsch F，et al. The field stop IGBT（FS IGBT）- a new power device concept with a great improvement potential［C］. International Symposium on Power Semiconductor Devices and IC's. 2000：355-358.

了较高浓度的 N 型缓冲层，大大提高了器件的耐压水平。近年来，各种先进的 IGBT 结构及加工制造技术的发展都是基于电场截止结构设计实现的。

未来，IGBT 器件将向着沟槽栅结构、精细化图形、载流子注入增强调制及薄片化的加工工艺方向继续发展。

（二）专利申请状况

在德温特世界专利索引数据库 DWPI 中检索到涉及 IGBT 技术领域的全球专利申请共计 17 944 项（公开日截至 2022 年 2 月 28 日）。本节主要以上述数据作为研究对象进行分析。

1. 全球专利申请趋势

图 2-1-1 是 1980 年以来 IGBT 技术领域的专利申请在全球范围内申请量的变化趋势图。从图中可以看出，1980—1990 年为 IGBT 技术发展的萌芽阶段；1990 年后，随着器件结构和制备工艺的改进技术不断提出，其专利申请量也呈较快速度增长；2012 年后，IGBT 领域的专利申请出现大幅增长，到 2016 年年申请量达到 1181 项；2016 年后，IGBT 领域的专利申请量有所下降，但是每年的专利申请数量仍比较多，2017—2019 年的年申请量均在 900 项以上，IGBT 技术依然是功率器件领域的研发热点。IGBT 不仅是变频器、逆变焊机和电磁感应加热等传统工业控制及电源行业的核心元器件，还是新能源汽车、光伏发电等新能源领域的核心部件，上述工业领域驱动 IGBT 的需求持续增长。可以预见，IGBT 未来仍将实现稳步增长，具有良好的发展前景。

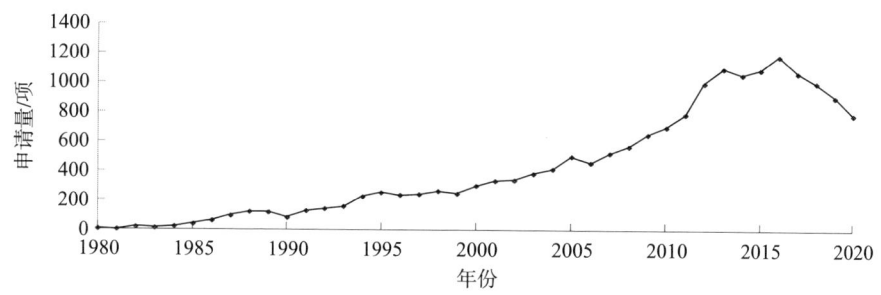

图 2-1-1　1980—2020 年 IGBT 全球专利申请量变化趋势图

2. 专利申请目标和来源国家/地区分析

图 2-1-2 列出了 IGBT 专利申请来源地和目标地分布图。从图中可以看出，日本是原创专利申请量最多的国家，其次是美国。而且日本和美国申请人在其他主要国家也都有大量的专利布局，并且布局相对较为均衡，这也反映出日本和美国两国在该技术方面研发的绝对领先地位，以及对全球市场的重视。

中国在该领域提出的专利申请量也较多，但是专利申请主要在国内提出，多达3000余件；中国向其他国家和地区提出专利申请较少，在美国申请的最多，但也只有200余件。这说明中国的IGBT技术还没有完全走出国门。德国申请人虽然在专利申请总量上不及中国、美国、日本等国，但其在注重本土专利技术布局的同时，也积极地布局其他主要国家和地区，使其创新技术能够在全球范围内广泛得到专利保护，以期占领技术高地，获得更好的经济收益和长远的发展。

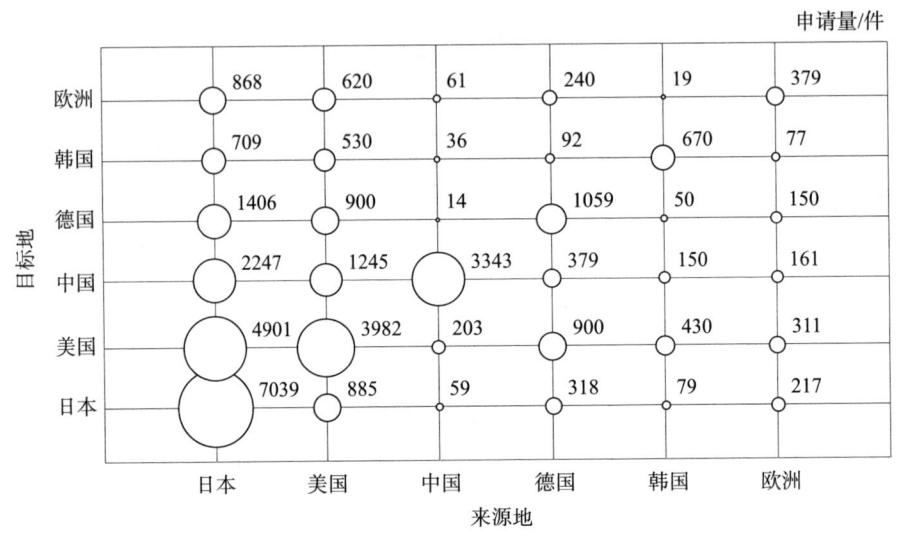

图2-1-2　IGBT专利申请来源和目标国家/地区分布

从图2-1-2中体现的目标地申请量来看，由于美国和日本申请人优先在其所在国家进行专利申请，使得美国和日本仍然是最主要的申请目标国；但是在两个国家的专利布局有明显差异，大部分申请人都非常重视美国市场，并在美国进行专利布局，而在日本的专利布局则主要来源于日本申请人。除美国和日本以外，各国家和地区申请人也比较关注中国市场，在中国申请的专利数量也比较大。

3. 主要目标国家/地区的专利申请趋势

图2-1-3是自1980年以来各主要目标国家/地区在IGBT技术领域的专利申请量变化趋势图。从图中可以看出，在各主要国家和地区的申请量总体呈增长趋势，其中在日本布局的申请量在大部分时间都居于领先地位，其次是美国。但在近年，在美国和日本等国家的申请量开始明显下降。相比之下，在中国虽然早期申请量较低，但在2007年以后申请量开始显著增长，并且自2018年开始超越了在美国和日本等国家的专利布局数量。这体现出国内IGBT厂商近年对

IGBT技术的研发重视程度加强，技术进步较快，并且正在加速进行专利布局。

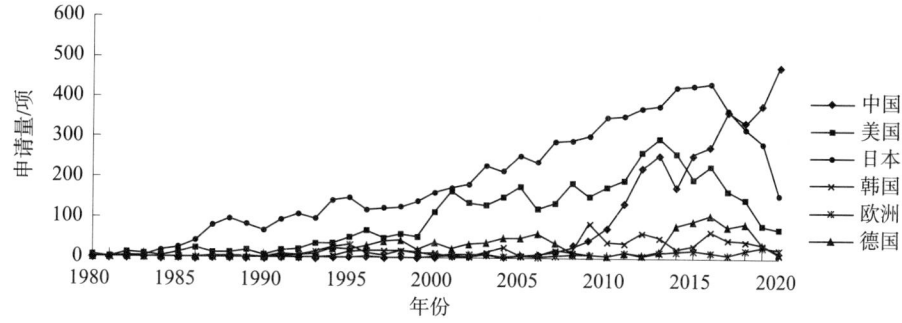

图 2-1-3 1980—2020 年主要国家/地区的专利申请趋势

（三）申请人分析

1. 全球/中国专利申请的申请人排名

图 2-1-4 是 IGBT 领域全球专利申请的主要申请人排名情况。如图所示，全球申请量排名前十位的申请人中，日本申请人有 4 家，可见日本在该领域技术上具有较显著的优势；中国申请人 3 家，美国申请人 2 家，德国申请人 1 家。排在第一位的为富士电机，其申请量为 1781 项，表明富士电机在该领域技术上的领先优势；德国的英飞凌作为全球功率半导体龙头企业之一，也以其 1611 项的申请量，排名第二位。

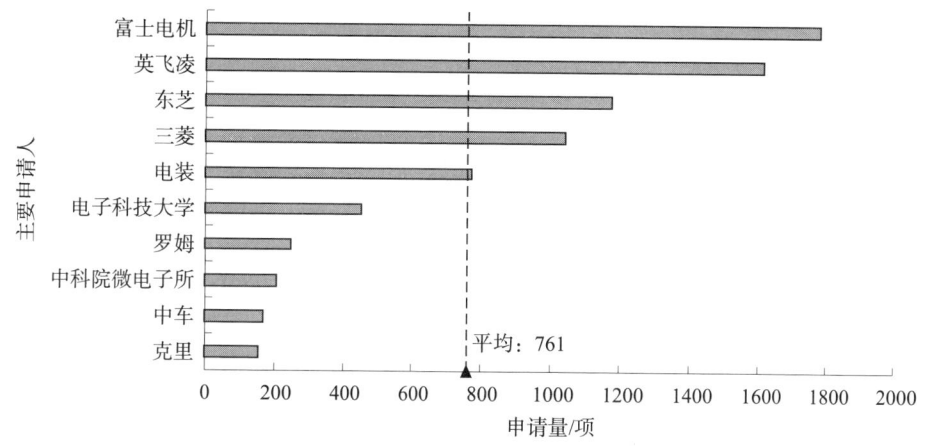

图 2-1-4 IGBT 领域全球专利主要申请人排名

图 2-1-5 是 IGBT 领域中国专利申请的主要申请人排名。在中国申请量排名前十位的主要申请人中，有 5 家是外国企业，包括英飞凌、三菱、富士电机、

东芝、电装。中国企业或科研院所有5家，包括电子科技大学、中科院微电子所、中车、国家电网、上海华虹宏力。其中，在中国申请量排在第一位的为英飞凌，其申请量为771件；其次是两家日本企业——三菱和富士电机，申请量分别为567件和501件。这体现出目前国内的IGBT专利格局仍是英飞凌、三菱、富士电机等外国企业占优势，这是由于IGBT行业进入门槛高，且外国企业的起步较早，先发优势明显，因此形成了当前外国申请人专利申请量领先的局面。国内申请人中，电子科技大学排名最靠前，其申请量为451件，其次是中科院微电子所，其申请量为207件，表明上述高校及科研院所在IGBT领域上的科研实力较为雄厚；接下来是中车、国家电网和上海华虹宏力三家企业，其申请量分别为168件、137件和114件。从上述分布情况可以看出，国内申请人以科研院所为申请主体，需要不断加强产学研的结合，这样才能提高市场化能力，不断扩大IGBT最新技术的市场应用范围。

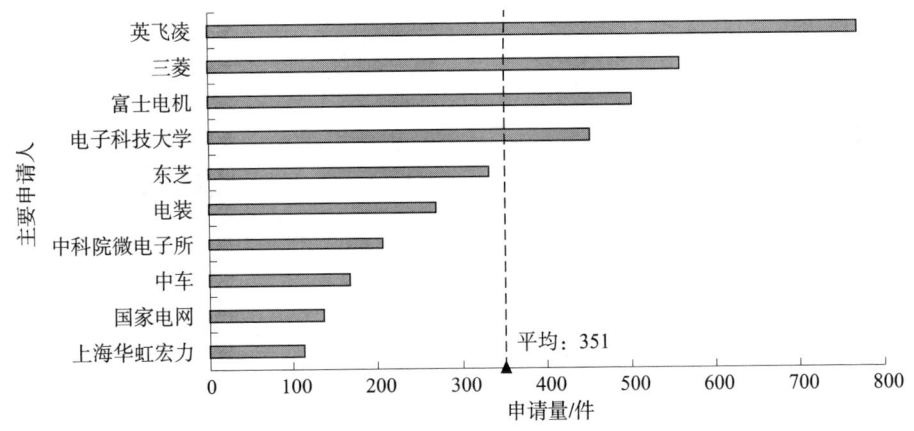

图2-1-5　IGBT领域中国专利申请主要申请人排名

2. 主要申请人技术分支分布

针对IGBT技术领域目前的技术研究重点——本体区技术、沟槽栅技术、电极场板技术，对各主要申请人的技术研发方向进行分析。

图2-1-6示出了IGBT技术专利申请各主要申请人在本体区、沟槽栅、电极场板技术分支的专利申请的分布情况。从该图中可以看出，各主要申请人的技术分支侧重的分布都比较接近，其中对本体区进行改进的专利申请最多，其次是沟槽栅，之后涉及对电极场板的改进。从中可以看出，对本体区的改进是IGBT技术的主要改进方向，是各申请人都重点关注的技术。富士电机在本体区方面的申请量最多，达到767项；英飞凌的申请量与富士电机相近，为764项，

另外英飞凌在三个技术分支发展较为均衡，沟槽栅和电场极板方面的专利申请也是数量最多的。

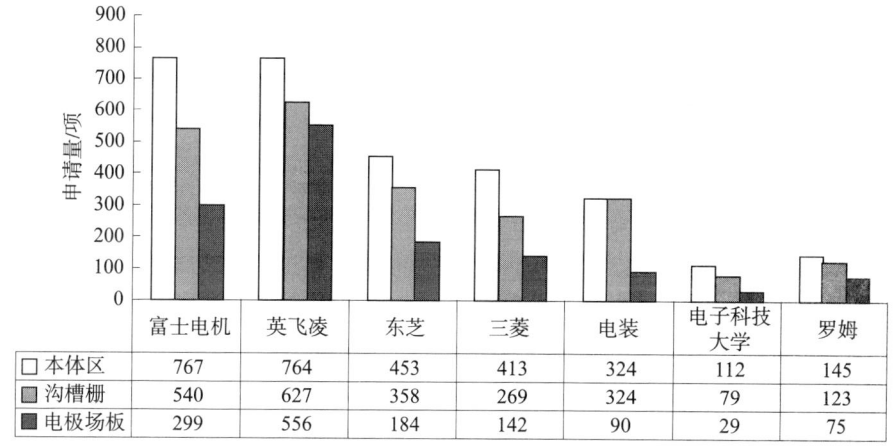

图2-1-6　IGBT技术专利申请技术分支分布

3. 主要申请人具体分析

（1）富士电机。

富士电机在全球涉及IGBT技术的专利申请共计1781项。图2-1-7是富士电机涉及IGBT技术的专利申请在全球范围申请量的变化趋势图。从图中可以看出，富士电机在IGBT技术的专利申请在早期总体上比较稳定并略有增长，2014年后专利申请量开始大幅度增长，2016年达到峰值。尽管2016年后专利申请量有所下降，但2017—2018年的申请量仍保持100项左右。

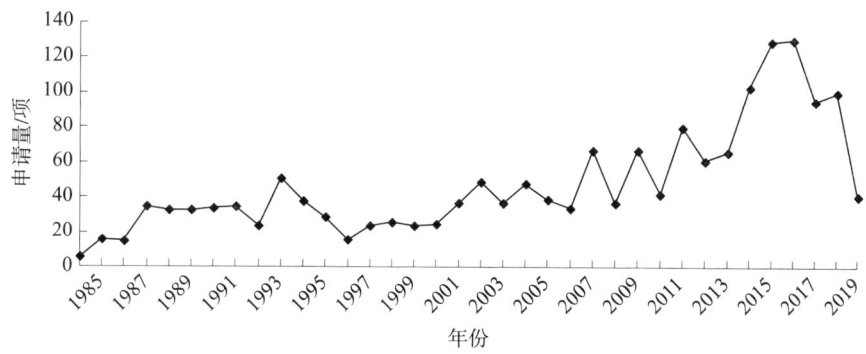

图2-1-7　1985—2019年富士电机IGBT领域全球专利申请趋势

图2-1-8示出了富士电机在IGBT领域各技术分支的全球申请量变化情况。从图中可以看出，富士电机长期以来也是以本体区作为主要的改进方向，

其次是沟槽栅，之后涉及对电极场板的改进。各研发方向总体上都呈增长趋势，其中涉及对本体区和沟槽栅进行改进的专利申请增长较为明显，尤其是涉及对沟槽栅进行改进的专利数量增长最为明显，在近年来已经逐渐接近涉及对本体区进行改进的专利数量。

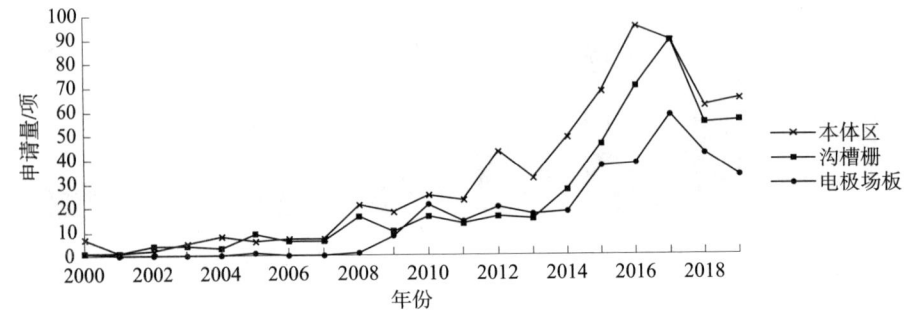

图 2-1-8　2010—2018 年富士电机 IGBT 领域各技术分支全球专利申请趋势

（2）英飞凌。

英飞凌在全球涉及 IGBT 技术的专利申请共计 1611 项。图 2-1-9 是英飞凌涉及 IGBT 技术的专利申请在全球范围内的申请量变化趋势。从图中可以看出，英飞凌在 IGBT 技术上的专利申请在早期总体上呈缓慢增长趋势，2009 年后专利申请量呈较大幅度增长，2014 年达到峰值，但 2014 年后 IGBT 技术的专利申请量呈波动下降趋势。

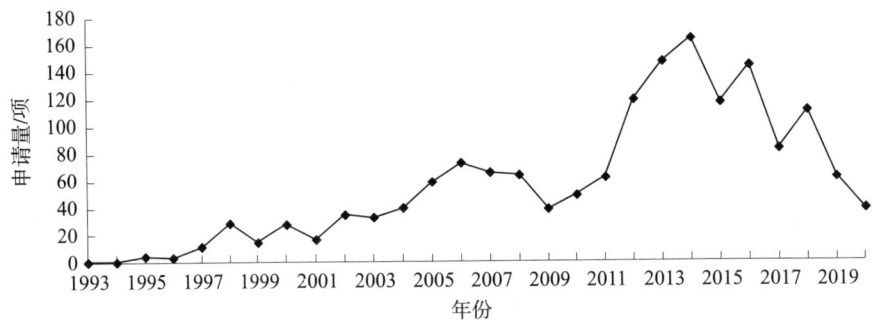

图 2-1-9　1993—2019 年英飞凌 IGBT 领域全球专利申请趋势

图 2-1-10 示出了英飞凌在 IGBT 领域各技术分支的全球专利申请趋势情况。从图中可以看出，英飞凌在各个技术方向的研发都比较均衡，其中长期以来以本体区作为最主要的改进方向，同时在沟槽栅和电极场板方面的改进也有大量申请。各研发方向在早期总体上都呈缓慢增长趋势，2012—2014 年快速增

长，但在 2014 年后则呈波动下降趋势。

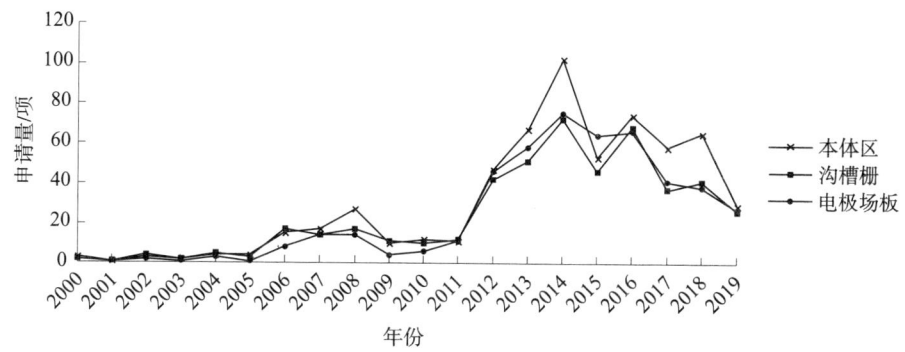

图 2-1-10 2000—2019 年英飞凌 IGBT 领域各技术分支全球专利申请趋势

（四）重点技术分析

1. 本体区

全球涉及 IGBT 本体区技术的专利申请共计 5843 项。图 2-1-11 是 IGBT 本体区的全球专利申请量的变化趋势。从图中可以看出，该技术分支的专利申请在早期总体上比较稳定并略有增长，2004 年后专利申请量开始大幅度增长，2016 年达到峰值，2017 年后专利申请量则明显下降。

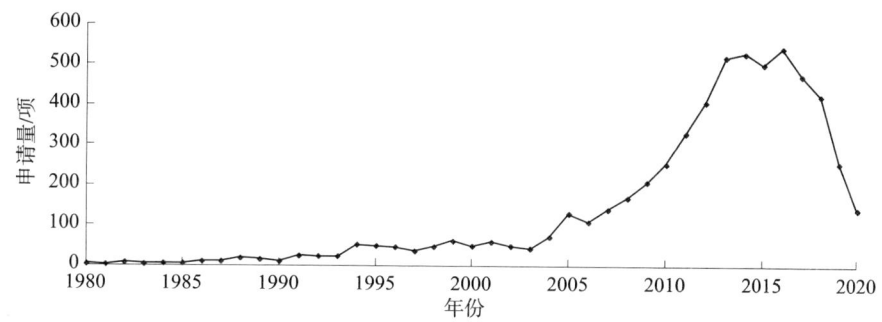

图 2-1-11 1980—2020 年 IGBT 本体区全球专利申请趋势

图 2-1-12 是涉及 IGBT 本体区的全球专利申请主要申请人排名。如图所示，全球申请量排名第一位和第二位的分别是英飞凌和富士电机，均超过 700 项，遥遥领先于其他申请人；排名第三位和第四位的分别是东芝和三菱，均超过 400 项；排名第五位的是电装，超过 300 项；之后依次是罗姆、克里、电子科技大学和半导体元件工业公司。其中以美国、日本、欧洲的企业为主，表明上述国家和地区在该领域技术上有极为显著的优势。相比之下，中国申请人的

专利申请数量较少,与国外申请人的研发水平还有较大差距。

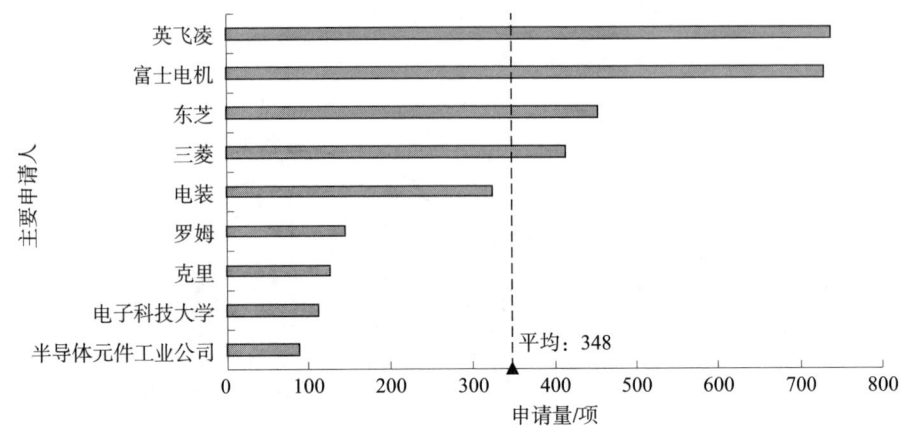

图 2-1-12　IGBT 本体区全球专利申请主要申请人排名

2. 沟槽栅

全球涉及 IGBT 沟槽栅改进技术的专利申请共计 4079 项。图 2-1-13 是涉及 IGBT 沟槽栅改进技术的专利申请在全球范围内申请量的变化趋势。从图中可以看出,该技术分支的专利申请趋势与本体区的趋势相类似,专利申请在早期总体上呈稳定增长趋势,并在 2004 年后专利申请量开始大幅度增长,2017 年达到峰值,随后申请量有所下降。

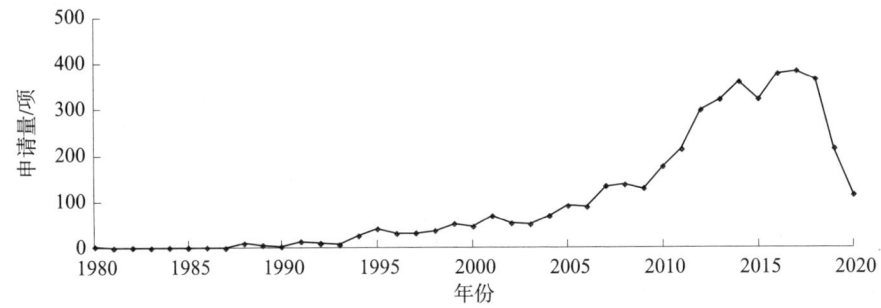

图 2-1-13　1980—2020 年 IGBT 沟槽栅改进的技术分支全球专利申请趋势

图 2-1-14 是 IGBT 沟槽栅全球专利申请的主要申请人排名。参见图 2-1-14,全球申请量排名第一位和第二位的分别是英飞凌和富士电机,分别超过 600 项和 500 项,远超其他申请人;排名第三位至第六位的依次是东芝、电装、丰田和三菱,东芝、电装全球申请量超过 300 项,丰田和三菱全球申请量不足 300 项;之后依次是瑞萨、罗姆和万国半导体(开曼)。其中以美国、日本、欧洲

的企业为主,表明上述国家和地区在该领域技术上有显著优势。中国申请人未能上榜,表明与国外申请人的研发能力差距较为明显。

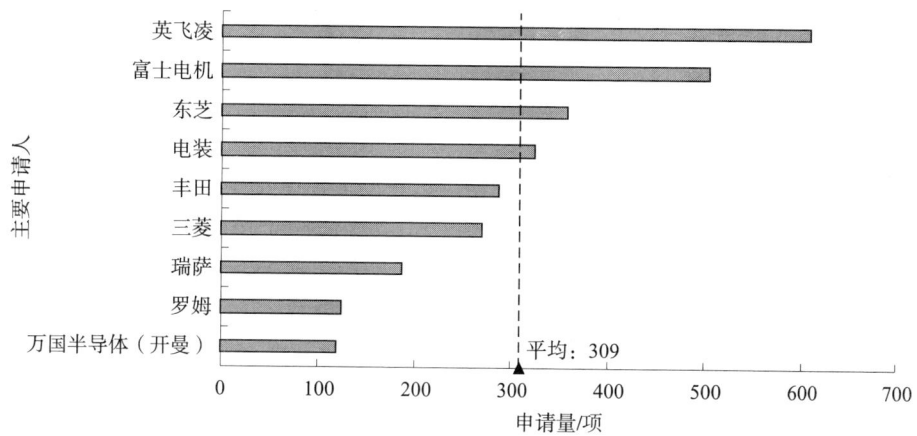

图2-1-14 IGBT沟槽栅全球专利申请主要申请人排名

3. 重点专利

(1) 本体区。

IGBT的本体区涵盖衬底层、缓冲层、漂移区、基区等多个区域。商用IGBT的本体结构设计技术的发展经历了从穿通到非穿通,再到软穿通的过程。而在穿通结构之前,IGBT的体结构是基于厚晶圆扩散工艺的非穿通结构,背部空穴的注入效率很高;但由于器件内部的寄生晶闸管结构,IGBT在工作时容易发生闩锁,因此很难实现商用。随着外延技术的发展,引入了N型缓冲层形成穿通结构,降低了背部空穴注入效率,并实现了批量应用;但由于外延工艺的特点,限制了高压IGBT的发展,其最高电压等级为1700V。随着区熔薄晶圆技术的发展,基于N型衬底的非穿通结构IGBT推动了电压等级不断提高,并通过空穴注入效率控制技术使IGBT具有正温度系数,能够较好地实现并联应用,提高了应用功率等级。随着电压等级不断提高,芯片衬底厚度也迅速增加,并最终导致通态压降增大,为了优化通态压降与耐压的关系,局部穿通结构应运而生,也有软穿通、电场截止、弱穿通、超薄穿通 (Extremely light Punch Through, XPT) 及其他的薄穿通 (Thin Punch Through, TPT) 和受控穿通 (Controlled Punch Through, CPT) 等各种不同的称呼。在相同的耐压能力下,软穿通结构可比非穿通结构的芯片厚度降低30%,同时还保持了非穿通结构的正温度系数的特点。近年来出现的各种增强型技术及超薄片技术主要是基于软穿通的体结构。

含电场截止层的IGBT的专利包括瑞萨于2017年申请并于2019年获得授权

的发明专利 US10186609B2，发明名称为"半导体器件、RC‐IGBT 和制造半导体器件的方法"。该发明在欧洲、日本、韩国都进行了申请，并在欧洲获得授权。该发明的核心方案如下。

半导体器件结构如图 2‐1‐15 所示。设置在第一主表面 1a 中的发射极电极 46 和栅极布线；设置在第二主表面 1b 中的集电极 43；当从第一主表面的一侧看时沿平行于第一主表面的平面中的一个方向延伸的第一单位单元区 10 和在一个方向上延伸的第二单位单元区 20。在半导体器件 100 中，在第二单位单元区 20 的 P+型集电极层 42 中设置有沿着一个方向延伸的 N 型阴极层 47。高电子密度区没有从 FET 区 11 在单元布置方向上扩散。以该方式，可以抑制在半导体衬底 1 的前表面 1a 的一侧上从 FET 区 11 注入的电子在单元布置方向上扩散，因此可以减少流动到 N 型阴极层 47 中的电子的量并且抑制负阻。

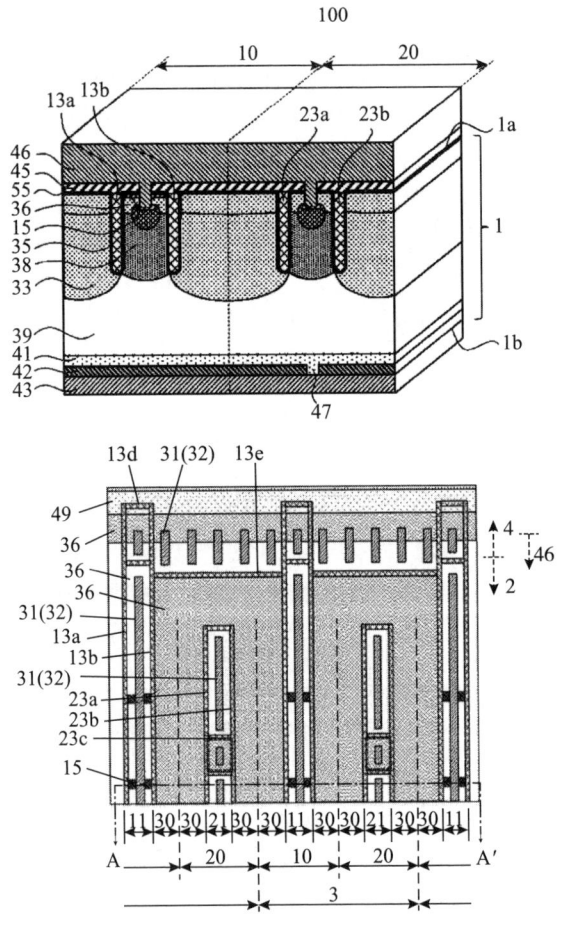

图 2‐1‐15　US10186609B2 的半导体器件结构

含电场截止层的 IGBT 的专利还包括英飞凌于 2013 年申请并于 2018 年获得授权的发明专利 CN104347424B，发明名称为"具有单元沟槽结构和触点的半导体器件以及制造半导体器件的方法"。该发明在德国、美国都进行了申请并获得授权。该发明的核心方案为如下。

半导体器件结构如图 2-1-16 所示。第一和第二单元沟槽结构从第一表面延伸到半导体衬底中。第一单元沟槽结构包括第一掩埋电极和在第一掩埋电极与将第一单元沟槽结构和第二单元沟槽结构分开的半导体台面之间的第一绝缘体层。覆盖层覆盖第一表面。覆盖层被图案化以形成具有大于第一绝缘体层的厚度的最小宽度的开口。所述开口在所述第一表面处暴露所述第一绝缘体层的第一垂直部分。移除所述第一绝缘体层的暴露部分以在所述半导体台面与所述第一埋入电极之间形成凹槽。接触结构位于开口和凹槽中。接触结构电连接半导体台面中的埋入区和第一埋入电极，并且允许更窄的半导体台面宽度。该发明能够以可靠的方式和低成本提供具有窄半导体台面和相邻单元沟槽结构之间的小距离的半导体器件。

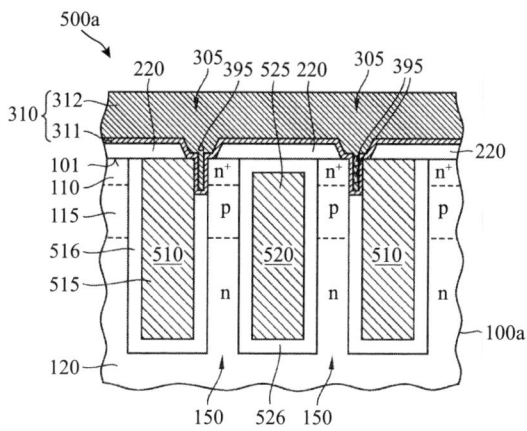

图 2-1-16　CN104347424B 的半导体器件结构

（2）沟槽栅。

现有的 IGBT 的栅极通常为平面栅或沟槽栅。当 IGBT 的栅极为平面栅时，IGBT 制作工艺简单，对制成设备要求较低，且平面栅的耐压性较好；但由于平面栅沟道区在表面，沟道密度受到芯片表面积大小限制，因此平面栅的电导调制效应较弱，从而使得其导通压降较高。当 IGBT 的栅极为沟槽栅时，将沟道由横向转化为纵向，从而实现一维电流通道，有效消除平面栅沟道中的结型场效应晶体管（Junction Field-Effect Transistor，JFET）效应，同时使沟道密度不再受芯片表面积限制,大大提高元胞密度从而大幅度提升芯片电流密度;但随着沟槽栅密度的增加,芯片饱和电流过大,弱化了芯片的短路性能,从而影响了芯片的安全工作区,同时也降低了芯片的耐压能力。因此,大量的专利申请都致力于设计耐压能力大,同时又可以很好地避免芯片饱和电流过大的沟槽栅 IGBT。

含沟槽栅的 IGBT 的重要专利包括由株洲中车于 2018 年申请的公告号为 CN108538910B 的发明专利"具有复合栅的 IGBT 芯片",该专利在美国也获得授权。该专利的核心方案如下。

IGBT 结构如图 2-1-17 所示。元胞 16 包括两个轴对称的复合栅单元。复合栅单元包括设置于晶圆基片上的源极区 3 和栅极区,栅极区包括设置于源极区 3 两侧的平面栅极区和沟槽栅极区。应用该具有复合栅的 IGBT 芯片,通过将 IGBT 芯片中的栅极设置成复合栅,使得栅极区既包括平面栅又包括沟槽栅,从而使得 IGBT 芯片既具有平面栅耐压性好的优点,同时也具有沟槽栅实现一维电流通道,有效消除平面沟道中 JFET 效应的影响,沟道密度不受芯片表面积限制,大幅提升芯片电流密度的优点。

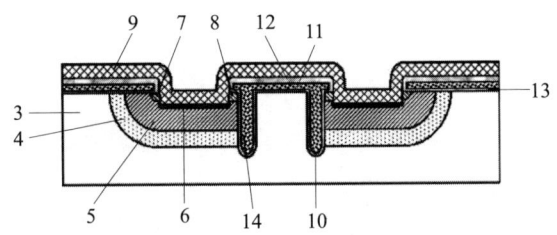

图 2-1-17　CN108538910B 的 IGBT 结构

含沟槽栅的 IGBT 的重要专利还包括由三菱电机于 2012 年申请的公告号为 CN103311121B 的发明专利"纵型沟槽 IGBT 及其制造方法",该专利在日本、美国、德国、韩国也获得了授权。该专利的核心方案如下。

IGBT 结构如图 2-1-18 所示。在 n-型 Si 基板 1 上依次设置有 n 型电荷蓄积层 2 和 p 型体层 3。在贯通 p 型体层 3 的沟槽内隔着栅极绝缘膜 5 设置有沟槽栅极 4。沟槽栅极 4 在平面视图中配置为条纹状。在 p 型体层 3 上设置有 n 型发射极层 6 及 p+型扩散层 8。在该方案中,能够利用来自多晶硅膜的杂质扩散形成极浅且细微的 n 型发射极层 6。因此,在 IGBT 的反向偏置切断时,不在 n 型发射极层 6 的正下方蓄积空穴,在截止时不产生闩锁的问题。因此,能够提高反向偏置安全工作区(RBSOA)耐受性。此外,利用自对准形成 n 型发射极层 6 和 p+型扩散层 8,由此能够使两者的重合高精度化,两者的接合偏差变小,从而电流偏差变小,RBSOA 耐受性也稳定化。

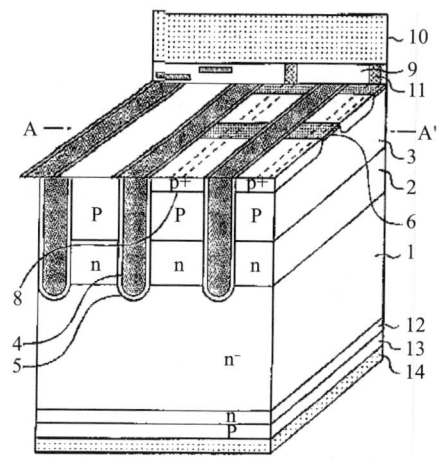

图 2-1-18　CN103311121B 纵型沟槽 IGBT 结构

（3）电极场板。

IGBT 包括栅电极、发射极、集电极等多个电极部件。在 IGBT 的电极制备工艺中，首先是正面工艺形成正面的栅电极和发射极图形，然后是背面的研磨和腐蚀以形成集电极场板。上述电极部件的制备工艺不仅影响了 IGBT 器件整体的制备难度，也与导通压降和关断时间等 IGBT 关键参数有密切关系。采用何种电极场板制备方法能够降低制备的难度并改善 IGBT 的开关特性，也是本领域的重要研究方向。

该类型的专利包括由东芝于 2011 年申请的公告号为 CN102694009B 的中国发明专利"半导体器件及其制造方法"，该发明在美国和日本也进行了申请并在美国获得授权。该发明的核心方案如下。

半导体器件结构如图 2-1-19 所示。一种半导体器件及其制造方法。半导体器件具备第 1 半导体层、多个基区、源区、在沟槽内隔着栅绝缘膜设置的栅电极、在沟槽内于栅电极之下隔着场板绝缘膜设置的场板电极、第 1 主电极以及第 2 主电极。场板绝缘膜的一部分的厚度比栅绝缘膜的厚度厚，设置于一对沟槽内的场板绝缘膜的一部分彼此之间的第 1 半导体层的宽度比设置于一对沟槽内的栅绝缘膜彼此之间的基区的宽度窄，在第 1 半导体层和场板绝缘膜的一部分之间的界

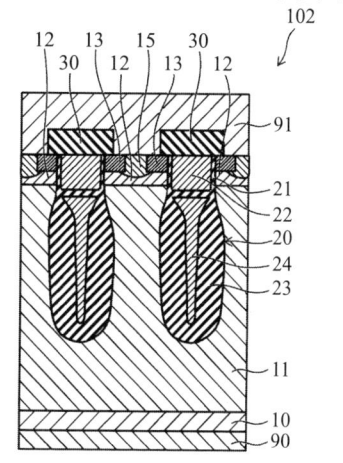

图 2-1-19　CN102694009B 的半导体器件结构

面的正上方未形成源区。

该类型的专利还包括由国家电网于2012年申请的公告号为CN103035694B的发明专利"一种具有终端保护结构的IGBT芯片及其制造方法"。该发明的核心方案如下。

IGBT结构如图2-1-20所示。一种具有终端保护结构的IGBT芯片及其制造方法。终端保护结构包括P型连续场限环结构和多级场板结构；将所述P型连续场限环结构与多级场板结构通过接触孔电极互连结构和金属电极互连结构进行等电位连接。制造方法包括下述步骤：①制作IGBT芯片P型连续场限环结构；②制作IGBT芯片场氧化膜结构；③制作IGBT芯片栅极结构和多级场板部分结构；④制作IGBT芯片有源区结构和P型连续场限环的延伸结构；⑤制作IGBT芯片电极互连结构；⑥制作IGBT芯片钝化保护结构；⑦制作IGBT芯片背面结构。本发明在能够保证600~6500V的IGBT器件耐压性能的同时，还可缩小终端保护区域的面积，降低成本。

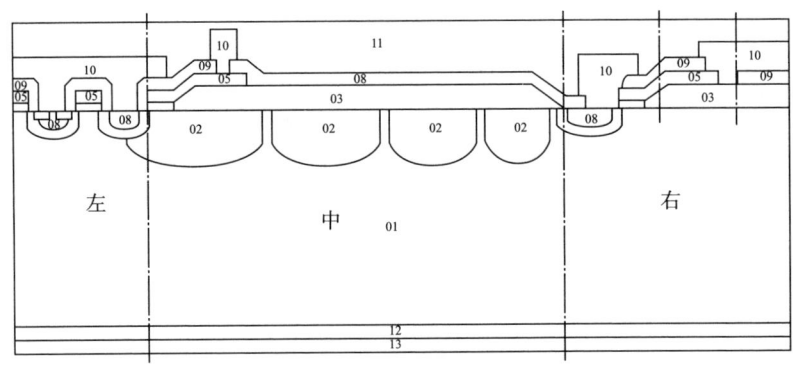

图2-1-20 CN103035694B的IGBT结构

二、检索策略及案例解析

（一）检索策略

IGBT是功率器件中的研究热点，近年来发展迅猛，专利申请量较大。但是，在IPC分类表中还没有与IGBT直接对应的IPC分类号。IGBT器件通常都分到较为上位的表示晶体管的H01L29/739及表示晶体管制造方法的H01L21/331作为对应的IPC分类号。此外，H01L29/02（按其半导体本体的特征区分的）、H01L29/40（按其电极特征区分的）、H01L29/66（按半导体器件的类型区分的）、H01L29/78（由绝缘栅产生场效应的）等分类号与IGBT也存在技术关联，在必要的时候可以用于检索。

相对于 IPC 分类，CPC 分类体系中存在与 IGBT 更加接近的产品类分类号，如 H01L29/66325〔场效应控制的，如绝缘栅双极晶体管（IGBT）〕、H01L29/66333（垂直绝缘栅双极晶体管）、H01L29/7393（绝缘栅双极型晶体管）、H01L29/7395（垂直晶体管，如垂直 IGBT），这体现出 CPC 分类号的细分程度优于 IPC 分类号的特点，这些分类号都可以用于检索。

此外，对于 IGBT 领域的检索来说，上述这些分类号并不能完全包含 IGBT 相关的专利文献。如果一个申请的技术主题主要涉及 IGBT 器件本身的结构及制作方法，那么通常会分到前述 H01L 小类中的分类号。然而，由于 IGBT 的应用领域较广，可以广泛应用于各种电机、变频器、开关电源、控制电路、牵引传动等领域，如果一个申请的技术主题主要侧重上述各种不同领域，而不仅限于 IGBT 本身的内部结构，那么在检索过程中还需要扩展到上述各领域的分类号。例如，如果申请的主题是一种包含 IGBT 器件的整流器，那么检索要扩展到整流器领域的分类号，如 H02H7/12（用于静态变换器或整流器的）等。经过检索发现，有的申请仅给出一方面的分类号，而有的申请会同时给出多方面的分类号，这说明上述分类号之间的技术交叉比较多。因此，在检索时要根据情况适当地扩展到具体应用领域进行检索。

如前文所述，IGBT 技术仅是众多功率器件中的一种技术，在对该技术分支进行检索时，最好先进行技术领域的限定，否则会引入很多其他晶体管的文献，增加不必要的噪声，降低检索效率。对于 IGBT 技术，文献通常都分入 IPC 分类号 H01L29/739 及 H01L21/331，在检索时可以使用上述分类号进行技术领域的限定，但如果希望精确限定到 IGBT 领域，还需要结合关键词进行限定。此外，还需要注意划分更加细致的 CPC 分类号 H01L29/66325、H01L29/66333、H01L29/7395，当检索的技术内容有对应的 CPC 分类号时，可以首先采用 CPC 分类号进行检索，从而避免由于关键词选用或扩展不当带来的文献遗漏，尤其是关键词不容易表达时选用对应的 CPC 分类号进行检索可以达到事半功倍的效果。

对于 IGBT 等通用技术术语，在检索时是比较明确的关键词，可以直接采用通用技术用语进行检索。但是，在利用关键词进行检索时，也要注意对关键词进行上下位、同义词、近义词、反义词扩展，因为许多文献虽然也是绝缘栅双极型晶体管，但也可能在文中不出现关键词 IGBT。

（二）检索要素

根据 IGBT 领域的常规表达，确定了对应技术领域及技术分支的相关检索要素，包括关键词及对应的分类号，如表2-1-2所示。

表2-1-2 检索要素表

检索要素		中文关键词	英文关键词	IPC（2022.01版）	CPC（2022.05版）
结构类型	平面栅IGBT	平面栅、水平栅	planar gate		H01L29/7393，H01L29/7394，H01L29/66325
	沟槽栅IGBT	沟槽栅、载流子、存储、双极晶体管	trench gate, carrier, storage, bipolar, transistor		H01L29/7393，H01L29/7395，H01L29/7397，H01L29/66325，H01L29/66333，H01L29/6634，H01L29/66348
部件组成	本体区	本体、体区、埋入、漂移区	body, bury, drift	H01L29/739，H01l29/02，H01L29/40，H01L29/66，H01L29/68，H01L29/78	H01L29/1095，H01L29/1608，H01L29/2003，H01L29/0684，H01L29/0696，H01L29/0623，H01L29/0619
	电极场板	电极、源极、漏极、集电极、发射极、场板	electrode, source, drain, collect, emitter, plate		H01L29/402，H01L29/404，H01L29/405，H01L29/407
垂直结构	穿通型	穿通	punch through, PT		
	非穿通型	非穿通	non-punch through, NPT		
	弱穿通或软穿通	弱穿通、软穿通	LPT, SPT, light, soft, punch througt		
	场终止型	场终止、场截止	field stop, FS		
工艺特点	刻蚀、掺杂、注入 等	刻蚀、腐蚀、掺杂、杂质、注入	etch, dope, inject, impurities, diffuse	H01L21/332	H01L29/66007，H01L29/66015，H01L29/66053，H01L29/66075，H01L29/66969

(三) 案例解析

1. 案例 2-1-1: 一种具有浮结构的 IGBT

(1) 案情概述。

本申请涉及一种具有浮结构的 IGBT。将浮结构应用在 IGBT 中可以在满足高耐压要求的同时进一步减小通态比电阻,降低器件正向导通功耗。

目前功率半导体器件耐压层通常采用超结结构 (super junction)。超结结构是由交替存在的 n 区和 p 区所构成的耐压层。现有技术中超结结构 IGBT 具有以下缺点:①超结结构基于电荷补偿原理,要求电荷平衡,否则器件性能大大降低。②设计中为了满足高耐压和低通态电阻的要求,要求耐压层中柱区长宽比很大,在长宽比较大的情况下很难满足电荷平衡且制备成本很高。③超结结构反向恢复电荷很高,具有较高的电流峰值,较大的电磁干扰噪声和较高的功耗。

本申请提供了一种具有浮结构的 IGBT,将同样基于电荷补偿原理设计的浮结构应用在 IGBT 中,如图 2-1-21 所示,在满足高耐压的同时进一步减小通态比电阻,降低器件正向导通功耗。

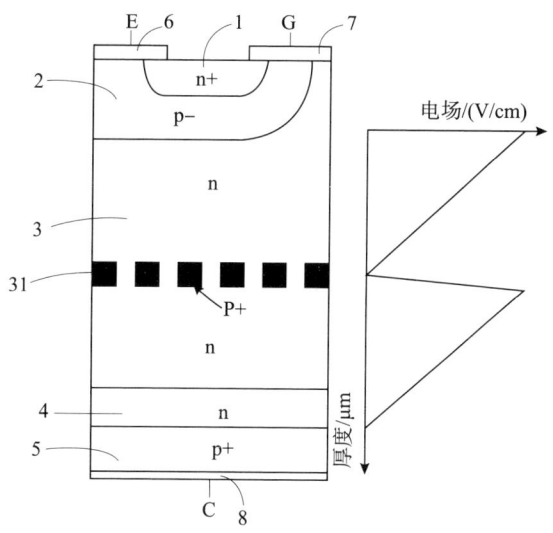

图 2-1-21 具有浮结构的 IGBT 结构

本申请独立权利要求的技术方案如下:

一种具有浮结构的 IGBT,所述 IGBT 包括漂移区、位于所述漂移区上方的 p 型区及 n 型区、位于所述漂移区下方的缓冲层、以及位于所述缓冲层下方的注入层,其特征在于,所述漂移区内形成有若干浮结。

(2) 充分理解发明。

本申请涉及的技术领域是 IGBT 领域,要解决的技术问题是在满足高耐压的同时进一步减小通态比电阻,降低器件正向导通功耗。采用的技术手段是在漂移区内形成有若干浮结。可知,漂移区内的浮结是检索的重点。

(3) 检索过程分析。

将理解发明部分中明确的两个重点即 IGBT 的漂移区和浮结确定为基本检索要素,相应的关键词可以选择漂移（drift）、浮结（floating junction）、浮栅（floating gate）等。这两个检索要素都没有直接对应的 IPC 或 CPC 分类号,因此分类号只能使用较为上位的表示晶体管的 H01L29/739 及其他相关分类号 H01L29/66、H01L29/78 来进行检索。

根据上述确定的检索要素,首先在中国专利全文库 CNTXT 中进行检索。

1	CNTXT	925	H01L29/739/ic and 漂移 and 浮 and igbt
2	CNTXT	384	H01L29/739/ic and（漂移 s 浮）and igbt
3	CNTXT	670	（H01L29/739 or H01L29/66 or H01L29/78）/ic and（漂移 s 浮）and igbt
4	CNTXT	111	3 and （漂移 4d 浮）

采取上述逐步递进式检索,在检索式 4 的 111 篇结果中,得到了一篇专利文献 1 公开了权利要求的技术方案。该文献公开了一种浮空电荷补偿 MOS 半导体装置,在 MOS 器件漂移层中设置了浮空相异导电类型的半导体材料,形成电荷补偿结构,从而降低器件的导通电阻和制造难度。

转到德温特世界专利索引数据库 DWPI 库中对全球专利进行进一步检索。通过上述检索过程,发现上述检索要素的选择比较准确,因此还是沿用在 CNTXT 中的检索思路进行检索。

| 1 | DWPI | 323 | （H01L29/739 or H01L29/66 or H01L29/78）/ic and drift and floating and igbt |
| 2 | DWPI | 192 | 1 and（drift s floating） |

通过浏览检索式 2 的 192 篇检索结果,获得一篇专利文献 2 公开了权利要求的技术方案。该文献公开了一种降低导通电压和导通电阻的半导体器件,具有通过 p 型体区与 n 型发射极区隔离的上漂移区和形成在上漂移区的下部上并处于电浮置状态的 p 型浮置半导体区,半导体器件还具有 n 型下漂移区,该 n 型下漂移区形成在 p 型浮置半导体区的下部上并且与上漂移区和沟槽导电,该沟槽从发射极区的表面延伸穿过体区和上漂移区并将其基极突出到下漂移区。

在 IGBT 领域中,如果发明点涉及比较细节的部件（如漂移区、浮结等）

且发明点的表达方式比较明确时,首先考虑直接针对发明点的检索要素进行检索。以本申请为例,发明点在于漂移区中存在浮结,而漂移区和浮结两个部件都不存在针对性较强的分类号,那么就可以首选利用代表漂移区和浮结的关键词来检索,以期能够快速地得到相关的对比文件。

2. 案例2-1-2:一种场终止型IGBT器件的制造方法

(1) 案情概述。

本申请涉及一种FS型IGBT。FS型IGBT的结构如图2-1-22所示,包括IGBT的硅衬底或N-基区01、FS区02、正面元胞区21和背面区域集电极区22。正面元胞区21包括载流子存储层N区03、场氧化层04、栅氧化层05、多晶硅栅极06、P阱07、N+区08、P+区09、隔离介质10和发射极金属11。背面区域集电极区22包括集电极P型掺杂区12和集电极金属13。现有技术的缺点是需要高能离子注入机,这种设备昂贵且占地面积大,制造成本高,FS区太薄,工艺难控制,有潜在漏电风险;另外,激光还存在退火不均匀问题。

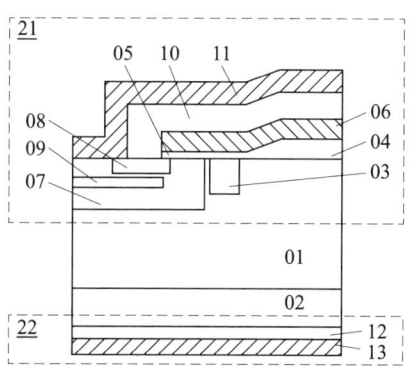

图2-1-22 FS型IGBT基本结构

针对现有技术的不足,本申请提供一种场终止型IGBT器件的制造方法,与现有技术比,本发明达到的有益效果是:没有特殊设备要求,具有制造成本低和易推广的优点。不需要昂贵的高能离子注入设备或外延设备可形成 $10\sim65\mu m$ 的场终止区,适合 $1700\sim6500V$ 场终止型IGBT器件制造。

本申请独立权利要求1的技术方案如下:

1. 一种场终止型IGBT器件的制造方法,其特征在于,所述方法包括下述步骤:

步骤001,选择N型掺杂区熔法单晶硅片,厚度根据电压等级确定;

步骤002,从硅片背面离子注入杂质并实施高温退火,形成厚度 $15\sim70\mu m$ 和掺杂浓度 $2\times10^{13}\sim2\times10^{15}/cm^3$ 的N型掺杂缓冲层;

步骤003，腐蚀掉背面保护层，采用腐蚀或喷砂方法将背面打毛，形成吸杂源；

步骤004，去除硅片正面的保护层，在硅片正面进行IGBT器件元胞区的制造；

步骤005，从硅片背面研磨5~30μm厚度的硅衬底，背面再腐蚀2μm左右厚度的硅衬底，留下厚度10~65μm的N型缓冲层作为场终止区；

步骤006，完成背面集电极区的制造。

（2）充分理解发明。

本申请涉及的主题是场终止型IGBT器件的制造方法，要解决的技术问题是不需要昂贵的高能离子注入设备或外延设备可形成10~65μm的场终止区。可知，包括掺杂、腐蚀、研磨等一系列制造步骤是检索的重点。

（3）检索过程分析。

按照本申请的内容，技术领域确定为场终止型IGBT。本申请的主题是场终止型IGBT的制造方法，方法类的分类号应在H01L21的大组中寻找。而在H01L21中并没有与IGBT直接对应的IPC分类号，因此只能选择较为上位的表示晶体管制造方法的H01L21/331作为对应的IPC分类号。产品类的分类号也与之类似，在H01L29中没有与IGBT直接对应的IPC分类号，因此只能选择较为上位的表示晶体管的H01L29/739作为对应的IPC分类号。但CPC分类体系中存在与IGBT直接对应的产品类分类号，如H01L29/66325［场效应控制的，如绝缘栅双极晶体管（IGBT）］、H01L29/66333（垂直绝缘栅双极晶体管）、H01L29/7393（IGBT）、H01L29/7395（垂直晶体管，如垂直IGBT），这些分类号都可以用于检索。而本申请的主题场终止型IGBT及其各个步骤都不存在直接对应的分类号，因此可以选择相应的中英文关键词来进行检索，如场终止或场截止（field stop）、掺杂（dope）、杂质注入（inject，impurities）、腐蚀（etch）、研磨（grind）等。

首先，在中国专利文摘库CNABS中进行试探性检索。

1	CNABS	1508	H01L21/331/ic AND（IGBT? OR 绝缘栅场效应晶体管）
2	CNABS	66	1 and 场终止
3	CNABS	3489	H01L29/739/ic AND（IGBT OR 绝缘栅场效应晶体管）
4	CNABS	130	3 and 场终止

在上述检索结果中，并没有找到合适的对比文件，因此转库到中国专利全

文库 CNTXT 进行检索，同时将"场终止"的关键词扩展到"场截止"。

1	CNTXT	8773	H01L21/331/ic or H01L29/739/ic
2	CNTXT	106843	IGBT or 绝缘栅场效应晶体管
3	CNTXT	1506	场终止 or 场截止
4	CNTXT	882	1 and 2 and 3
5	CNTXT	781	3 and 注入
6	CNTXT	514	5 and 蚀
7	CNTXT	145	6 and 研磨

在这 145 篇专利文献中，得到了一篇专利文献 1 公开了权利要求的技术方案。该文献公开了一种制备场阻断型绝缘栅双极晶体管的方法，N−型单晶片清洗后在正反两表面预扩散 N+型半导体杂质，经主扩散、推结形成 N+杂质区，研磨去除一个 N+杂质区作为硅片正面，抛光硅片正面制得衬底材料，光刻场限环形成场限环 P+窗口并进行硼离子注入，再光刻形成源区窗口，硅片栅氧化后进行多晶硅淀积和掺杂，在多晶硅栅窗口内离子注入并扩散形成 P 杂质区和 N+杂质区，进行绝缘介质层淀积和回流、光刻引线孔，淀积金属层形成发射极和栅极；将硅片背面的 N+杂质区磨消减薄，将硼离子注入后退火形成 P+杂质区，淀积金属层形成集电极。

为防止关键词"场终止"将检索领域限定地过于狭窄，调整检索策略，直接检索方法步骤相关的关键词，得到如下结果：

5	CNABS	3204	H01L29/739/ic and IGBT
6	CNABS	2260	5 and 注入
7	CNABS	2008	6 and 蚀
8	CNABS	201	7 and 研磨
9	CNABS	1491	H01L21/331/ic and IGBT
10	CNABS	960	9 and 注入
11	CNABS	578	10 and 蚀
12	CNABS	59	11 and 研磨

在这 59 篇专利文献中，仍能得到与之前相同的专利文献1。

在德温特世界专利索引数据库 DWPI 检索时，可以优先用直接能够细分到 IGBT 的 CPC 号检索，得到如下结果：

| 1 | DWPI | 2832 | （H01L29/66325 OR H01L29/66333 OR H01L29/7395）/CPC |
| 2 | DWPI | 125 | 1 and（field stop） |

3	DWPI	1	2 and impurit + and diffuse +
4	DWPI	41	2 and impurit +
5	DWPI	62	1 and impurit + and diffuse +

在这 62 篇文献中,得到了一篇专利文献 2 公开了权利要求的技术方案。该文献公开了一种低功耗半导体功率开关器件及其制造方法,提供低功耗的耐压在 2kV 以内的 IGBT、MCT 和晶闸管。特征是,离子注入形成的超薄、低杂质浓度的背 p+发射区与包含单侧残留 N 型扩散层的杂质非均匀分布的 N 型基区的结合。方法特征是,其中非均匀掺杂 N 型基区中靠近 p+区一边的残留扩散层是在衬底减薄之前的制造过程的第一步完成的,在衬底减薄之后只有低温加工过程。具有 PT – IGBT 通态压降小和 NPT – IGBT 开关时间短的特点,制造方法适于实际生产。

在利用 IPC 分类号进行检索时,由于 IPC 分类号没有细分到 IGBT,所以可以用表示 IGBT 的关键词来进行检索。当用 CPC 分类号检索时,则可以优先用直接能够细分到 IGBT 的 CPC 号检索,这样得到的结果会更加精确。

3. 案例 2 – 1 – 3:沟槽栅 IGBT

(1) 案情概述。

本发明提供一种沟槽栅 IGBT,用以解决现有技术中的沟槽栅 IGBT 在增大发射极接触面积的同时,会相应增大沟槽间距的技术问题。本发明提供的沟槽栅 IGBT,发射极金属与第二沟槽栅结构相接触,即发射极金属与假栅相接触。由于现有技术中的发射极金属接触区设置在沟槽之间,而本发明中的发射极金属接触区不限于沟槽之间,还与假栅相接触,即发射极金属接触区包含了与假栅接触部分,增大了发射极金属接触区,使用此种结构并没有使沟槽间距增大,相反还可以将第一沟槽栅结构与第二沟槽栅结构之间的距离适当缩小,使真栅与假栅之间的间距不再受发射极最小接触面积的影响,显著降低沟槽栅 IGBT 的导通压降;同时,将假栅的栅电极与发射极金属相接触,可使假栅实现良好接地。

图 2 – 1 – 23 为本发明的沟槽栅 IGBT 的结构示意图。提供一种沟槽栅 IGBT,包括半导体衬底 1 和第一结构 2,所述第一结构 2 包括位于所述半导体衬底 1 表面内的第一沟槽栅结构 21 及第二沟槽栅结构 22。其中,第二沟槽栅结构 22 位于两个第一沟槽栅结构 21 之间,第一沟槽栅结构 21 为真栅,第二沟槽栅结构 22 为假栅;发射极金属 3 与第二沟槽栅结构 22 相接触。半导体衬底 1 由两部分构成,包括位于底层的通过对半导体衬底 1 进行 N 型掺杂的 N 型掺杂区 12 和位于底层之上的通过向半导体衬底 1 表层注入 P 型杂质形成的 P 型掺杂区 11。真栅即为沟槽栅 IGBT 元胞中起控制作用的栅极,对地电压可在 15 ~ – 15V 间变化;假栅即为沟槽栅 IGBT 元胞中不起控制作用的栅极,通常浮空或者接地。

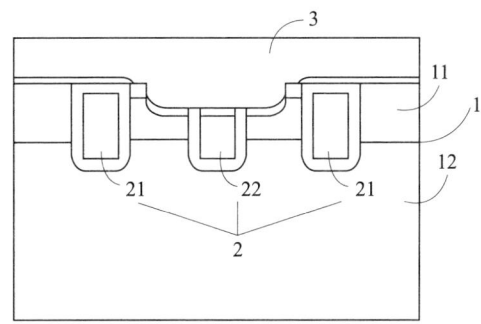

图 2-1-23 沟槽栅 IGBT 结构

本申请独立权利要求 1 的技术方案如下：

1. 一种沟槽栅 IGBT，包括：半导体衬底和第一结构，第一结构包括位于半导体衬底表面内的第一沟槽栅结构及第二沟槽栅结构；其中，第二沟槽栅结构位于两个第一沟槽栅结构之间，第一沟槽栅结构为真栅，第二沟槽栅结构为假栅；发射极金属与第二沟槽栅结构相接触。

（2）充分理解发明。

本申请涉及的主题是沟槽栅 IGBT，要解决沟槽栅 IGBT 在增大发射极接触面积的同时，会相应增大沟槽间距的技术问题。其所采取的技术手段是设置假栅，使发射极金属与假栅相接触。可知，假栅是检索的重点。

（3）检索过程分析。

按照本申请的内容，技术领域确定为沟槽栅 IGBT。本申请的主题类型是产品，产品类的分类号应在 H01L29 的大组中寻找，而在 H01L29 中没有与 IGBT 直接对应的 IPC 分类号，因此只能选择较为上位的表示晶体管的 H01L29/739 作为对应的 IPC 分类号。CPC 分类体系中存在与 IGBT 直接对应的产品类分类号，如 H01L29/66325 [场效应控制的，如绝缘栅双极晶体管（IGBT）]、H01L29/66333（垂直绝缘栅双极晶体管）、H01L29/7393（IGBT）、H01L29/7395（垂直晶体管，如垂直 IGBT）。其中，尤其还包括与沟槽栅 IGBT 直接对应的分类号 H01L29/7397（沟槽栅 IGBT），可以优先用于对本申请沟槽栅 IGBT 的检索。

本申请可选择的检索要素包括衬底、沟槽栅、发射极、真栅、假栅等。其中"假栅"还可扩展到同义词"伪栅（dummy gate）、虚栅、虚拟栅"，其与发明点比较相关，应作为检索重点。

首先，在中国专利文摘库 CNABS 中进行试探性检索。

1　　CNABS　　　3489　　　H01L29/739/ic AND（IGBT? OR 绝缘栅场效应晶体管）

2	CNABS	571	1 and 沟槽栅
3	CNABS	11	2 and 假栅
4	CNABS	17	1 and 假栅
5	CNABS	9	1 and 伪栅

在上述检索结果中,并没有找到合适的对比文件。因此,转而在中国专利全文库 CNTXT 中检索。

1	CNTXT	5201	H01L29/739/ic AND(IGBT OR 绝缘栅场效应晶体管)
2	CNTXT	1608	1 and 沟槽栅
3	CNTXT	80	2 and(假栅 or 伪栅 or 虚栅 or 虚拟栅)

在这 80 篇专利文献中,得到了一篇专利文献 1,提供了一种半导体器件,其中输出电容和反馈电容的波动量减小。在沟槽型绝缘栅半导体器件中,电荷存储层的一部分在栅电极和伪栅极对准的方向上的宽度被设置为至多 $1.4\,\mu m$。

然后在德温特世界专利索引数据库 DWPI 中用 CPC 分类号检索,优先使用直接对应沟槽栅 IGBT 的 CPC 分类号 H01L29/7397,得到如下结果:

| 1 | DWPI | 2903 | H01L29/7397/CPC |
| 2 | DWPI | 25 | 1 and(dummy gate) |

在这 25 篇专利文献中,仍能得到之前的专利文献 1。从上述检索过程可以看出,本申请的技术领域沟槽栅 IGBT,其在 IPC 分类体系中缺乏直接对应的 IPC 分类号,只能选择较为上位的表示晶体管的 H01L29/739 作为对应的 IPC 分类号。但 CPC 分类体系包括与沟槽栅 IGBT 直接对应的分类号 H01L29/7397。因此,本申请可以优先用直接能够细分到沟槽栅 IGBT 的 CPC 号来检索,这样得到的结果会更加准确,检索效率较高。

第二节 双扩散金属氧化物半导体晶体管(DMOS)

一、专利技术综述

(一)概况

功率金属—氧化物—半导体(MOS)器件是目前高频及 100V 以下应用场合最流行的器件。功率 MOS 继承并改善了早期 MOS 器件的优良特点,并以此为基础，不断改善功率 MOS 器件的工作电压、工作电流及其功率。首先，MOSFET（Metal Oxide Semiconductor Field Effect Transistor，MOSFET）作为一种单极器件，拥有较高的开关速度，因此能在高频领域中得到广泛应用。载流子的迁移率拥有负温度系数特性，会随着温度的上升而下降，因此使得 MOSFET 也同样具有负温度系数特性，这一点明显优于在二次击穿、热稳定性与电流分布方面存在稳定性问题的双极器件。因为 MOSFET 良好的电流自调节能力与热稳定性能力，可以有效避免因电流局部集中而造成的热点问题，这使得 MOSFET 的电流处理能力得以大大提高。❶

20 世纪 60 年代初，随着硅表面特性的改善，在此基础上提出了 MOS 结构。❷ 通过改变 MOS 结构金属与半导体之间的电势差，可以控制氧化层下方半导体表面的导电类型。由于绝缘栅的存在，MOSFET 输入阻抗大，对驱动电路施加的负载小，具有易驱动的特点。MOSFET 的电流能力具有负温系数，使其适合并联使用。上述优点使 MOSFET 在功率电子领域得以广泛应用，尤其开辟了在高频领域的新应用。❸ 图 2-2-1 示出了几种典型的 MOSFET 结构。

一般的平面 MOSFET 结构，是通过在低掺杂的 P 型衬底上，制备高掺杂的 N 型区作为器件的漏区和源区，由栅极电位控制源、漏区之间沟道的通断。但这种结构存在一个重要问题，若要获得较高的阻断电压，漏源间距需足够大，否则漏端耗尽区将向源区扩展发生穿通，而器件的电流能力与沟道长度成反比，这样的矛盾关系限制了平面 MOSFET 在大功率应用中的发展。❹

为解决平面 MOSFET 在功率上的瓶颈问题，1971 年塔鲁伊（Tarui）等人研究出了横向双扩散 MOS（LDMOS）结构。一方面，LDMOS 通过引入比 P 型衬底掺杂浓度更低的 N 型漂移区，使得器件在耐压过程中耗尽层主要向漂移区扩展，漂移区长度足够大时可以获得很高的阻断电压。另一方面，虽然漂移区掺杂浓度较低，但厚度远大于平面 MOSFET 中的沟道厚度，因此即便长度较大，其电阻也小于平面 MOSFET 的沟道电阻。此外，LDMOS 利用两次扩散结深的差值作为沟道，沟道长度通常较小，解除了对电流能力的限制。

---

❶ 李果. 浅槽功率 DMOS 器件的设计 [D]. 成都：电子科技大学, 2014.
❷ HOFSTEIN S R. The Silicon insulated - gate field - effect Transistor [J]. Proc. IEEE, 1963 (51)：1190 - 1202.
❸ LINDER S. Power Semiconductors [M]. Switzerland：EPFL, 2006：183 - 192.
❹ 谢驰. 具有高抗浪涌能力的 TRENCH DMOS 设计 [D]. 成都：电子科技大学, 2018.

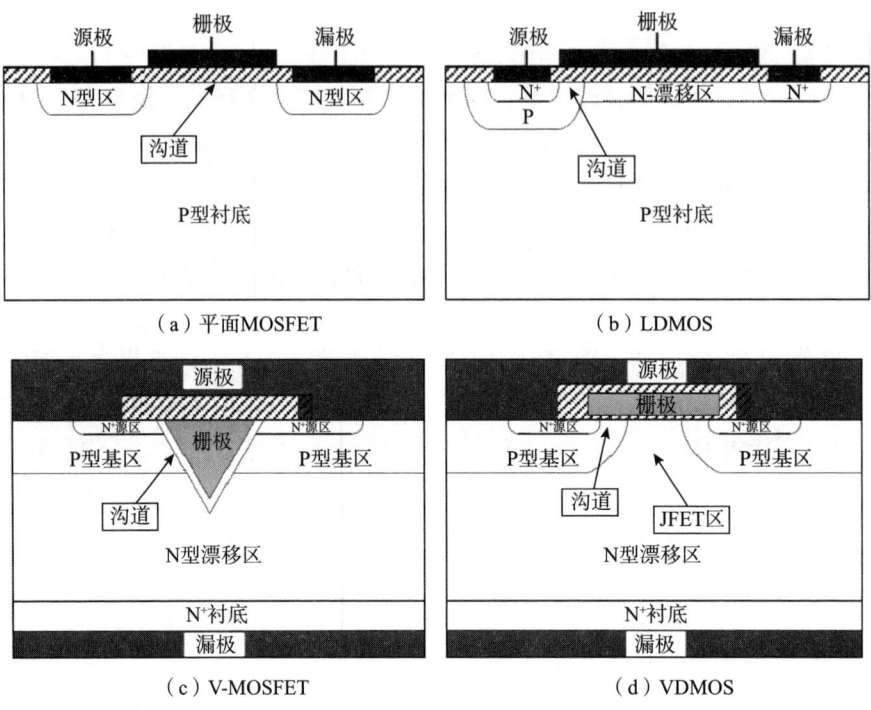

图 2-2-1 MOSFET 结构

LDMOS 显著提高了 MOSFET 器件的功率容限，但是高阻断电压意味着很大的漂移区长度❶，带来芯片面积的增大，进而成本提高。为提高芯片利用率，纵向 MOSFET 应运而生，最初的纵向功率 MOSFET 采用 V 形槽栅结构。❷ V - MOSFET 将漂移区由横向变为纵向，漏极置于芯片背面，有效地降低了元胞尺寸，提高了芯片利用率。❸

但 V - MOSFET 的 V 形槽制造难度大，且槽底尖角会降低器件击穿电压，因而使用并不广泛。1979 年，提出了垂直双扩散 MOSFET（VDMOS）❹，解决了V - MOSFET 所面临的问题。该结构采用平面栅极结构，大大降低了制造难度。同时借用 LDMOS 的双扩散工艺，利用两次扩散结深之差形成沟道。VDMOS 结

---

❶ 陈星弼. 功率 MOSFET 与高压集成电路 [M]. 南京：东南大学出版社，1990：120 - 132.

❷ LISIAK K P, BERGER J. Optimization of Non - Planar Power MOS Transistors [J]. IEEE Transactions on Electron Devices, 1978, 25 (10)：1229 - 1234.

❸ KHALFAN S A. Optimization and Characterization of Power VVMOS Transistor for High Frequency Application [D]. Toronto：University of Toronto, 1981：3 - 10.

❹ LIDOW A, HERMAN T, COLLINS H W. Power MOSFET technology [C]. Electron Devices Meeting, California, 1979：79 - 83.

构的问世使得功率 MOSFET 迎来大规模发展,并被大量采用。

VDMOS 结构由于相邻 P 型基区之间形成 JFET 区,电流须流经窄的 JFET 区才能扩展到整个元胞区,这种电流的不均匀分布增大了内阻。20 世纪 80 年代后期,随着刻槽技术在半导体制造工艺中的发展,槽形栅结构被引入功率 MOSFET 中,U – MOSFET 由此而生。❶ U – MOSFET 结构如图 2 – 2 – 2 所示。

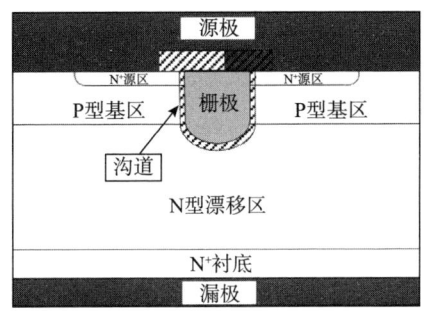

图 2 – 2 – 2 U – MOSFET 结构

相比 VDMOS 结构,U – MOSFET 的槽栅结构纵向穿过 P 型基区,同时将沟道也变为纵向,消除了 JFET 区,使得器件内阻得以降低。同时由于纵向沟道减小了电流的横向流动,因而元胞宽度可以进一步降低,有利于得到高电流密度的功率 MOSFET。U – MOSFET 的特点是具有 U 槽形栅结构,因此也被叫作沟槽 VDMOS (TRENCH VDMOS)。

低导通电阻一直是功率 MOSFET 优化的首要参数,但受硅材料临界击穿电场、掺杂浓度与电阻率等因素之间的限制,更高击穿电压必然导致更大的导通电阻。❷ 为缓解该制约关系,超结(SJ – VDMOS)结构和分裂栅(Split – Gate VDMOS)结构相继被提出。超结与分裂栅 VDMOS 耐压原理类似,通过 P 柱或屏蔽栅结构在 N 型漂移区内引入横向电场,使漂移区耗尽,纵向电场将只与漂移区厚度相关,而与漂移区掺杂浓度无关。❸ 利用这种电场调制作用可以在不影响耐压的情况下提高漂移区掺杂浓度,降低导通电阻。超结和分裂栅结构分别在高压和中低压功率 MOSFET 中被广泛应用,不过其工艺难度和制造成本相

---

❶ UEDA D, TAKAGI H, KANO G. A New Vertical Power MOSFET Structure with Extremely Reduced on – resistance [J]. IEEE Transactions on Electron Devices, 1985, 32 (1): 2 – 6.

❷ DARWISH M N, BOARD K. Optimization of Breakdown Voltage and On – Resistance of VDMOS Transistor [J]. IEEE Transactions on Electron Devices, 1984, 31 (12): 1769 – 1773.

❸ JAYANT BALIGA B. Vertical Field Effect Transistors Having Improved Breakdown Voltage Capability and Low On – state Resistance [P]. U. S. Patent, US005637898A, 1995 – 12 – 22.

比普通 VDMOS 和 U-MOSFET 会高出许多。由于 U-MOSFET、超结 MOSFET 及分裂栅 MOSFET 均是纵向结构，且都采用了双扩散工艺，因而也都被叫作 VDMOS。

（二）专利申请状况

在德温特世界专利索引数据库 DWPI 中检索到涉及 DMOS 技术领域的全球专利申请共计 22 263 项（公开日截至 2022 年 2 月 28 日）。本节主要以上述数据作为研究对象进行分析。

1. 全球专利申请趋势

图 2-2-3 是 1967 年以来，涉及 DMOS 技术在全球范围内专利申请量的变化趋势图。从图中可以看出，DMOS 技术的专利申请总体上呈增长趋势，1996 年后专利申请量呈较大幅度增长，2013 年的全球申请量达到峰值 1366 项。2013 年后 DMOS 技术的专利申请量有所下降。这是由于经过 40 余年的发展，DMOS 技术已经日趋成熟，早期申请量较大的外国企业申请人近年来在 DMOS 领域的专利申请量普遍下降。但 2014—2019 年的专利申请量仍保持在每年 1000 项左右，因此 DMOS 依然是重要的基础技术，仍保持较高的研发热度。

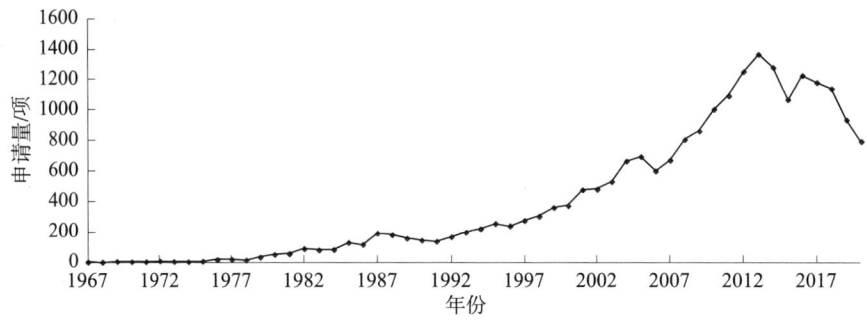

图 2-2-3 1967—2017 年 DMOS 领域全球专利申请趋势

2. 专利申请来源和目标国家/地区分析

虽然 DMOS 器件起步较早，可是到目前为止 DMOS 的核心技术和产业大多数仍被美国、日本、欧洲半导体厂商所掌控，相关专利也主要来自美国和日本的申请人。从图 2-2-4 可以看出，美国是原创专利申请最多的国家，其次是日本；而且美国和日本两国申请人在其他主要国家也都有大量的专利布局，在世界各国的专利申请量整体上比较均衡，这也反映出了美国和日本两国在该技术方面研发的绝对领先地位。中国企业虽然在本国的申请量较大，但在国外的专利布局相对较少。

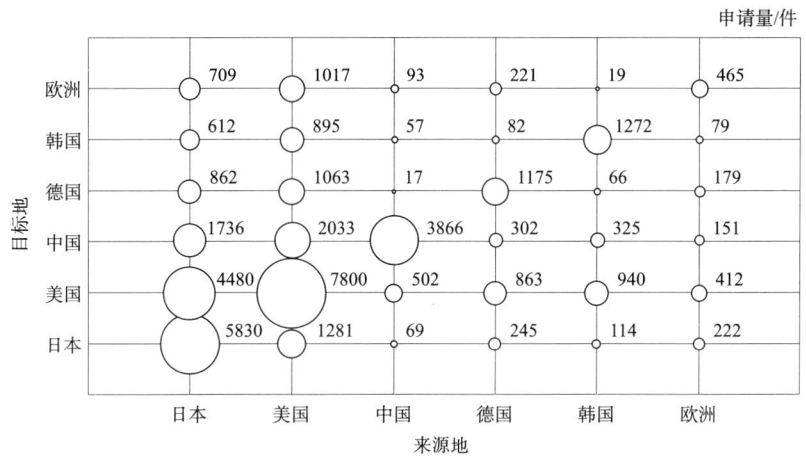

图 2-2-4　DMOS 领域专利申请来源和目标国家/地区分布

从图 2-2-4 中体现的目标国家/地区申请量来看，由于美国和日本申请人在各自所在国的大量申请带动了其所在国家的专利申请量，其他国家的申请人也相对热衷于在美国和日本两国提交专利申请，这使得美国和日本仍然是最主要的申请目标国。除美国和日本以外，国外来华的专利申请数量也比较大，尽管与美国和日本相比还有很大差距，但也足以体现出各国申请人对中国市场的重视。

3. 主要目标国家/地区的专利申请趋势

图 2-2-5 是 1991 年以来主要国家和地区在 DMOS 技术的专利申请量的变化趋势图。从图中可以看出，美国的申请量在大部分时间都居于领先地位，其次是日本。但在近年，美国和日本等主要国家的申请量开始明显下降。相比之下，中国虽然早期申请量较低，但在 2007 年后中国的申请量开始显著增长，甚至在近年超越美国和日本等其他主要国家。这表明 DMOS 领域的创新主体近年来对中国市场给予了更多关注，并加快相应的专利布局。

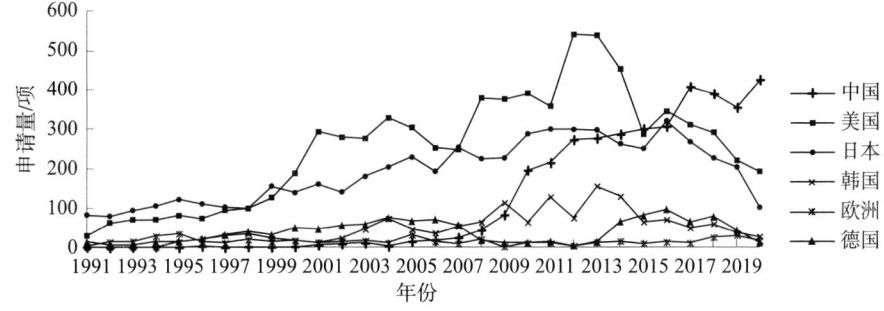

图 2-2-5　1991—2019 年主要国家/地区专利申请趋势

(三) 申请人分析

1. 全球/中国专利申请的申请人排名

全球专利申请量排名前十位的申请人主要来自日本（4位）、中国（2位）、德国（1位）、美国（1位）、韩国（1位）、中国台湾（1位），如图2-2-6所示。其中，排在第一位的为英飞凌，其申请量为1534项，表明英飞凌在该领域技术上的领先优势。东芝紧随其后，申请量达到1130项，说明其在该领域也具备非常强劲的实力。

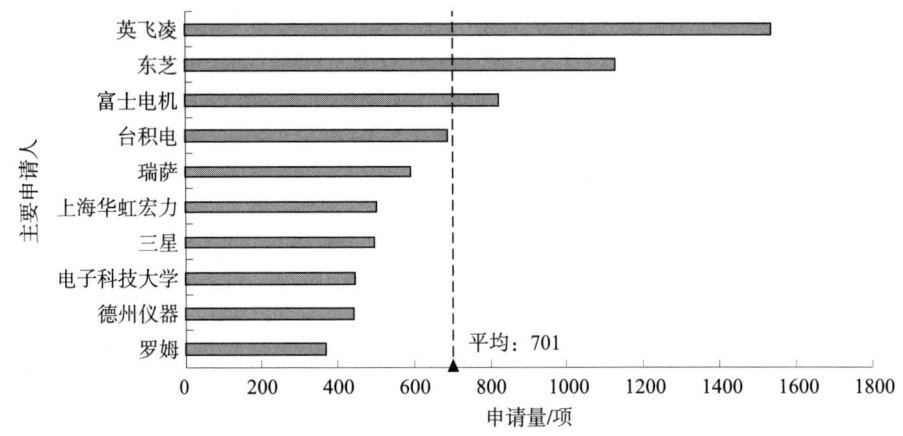

图2-2-6 DMOS领域全球专利申请主要申请人排名

在中国专利申请量排在前列的主要申请人有台积电、英飞凌、上海华虹宏力、电子科技大学、东芝、中芯国际等，如图2-2-7所示。排在第一位的为台积电，其申请量为688项，表明台积电在DMOS领域中的技术实力非常雄厚，是本领域的龙头企业。其次是英飞凌，其申请量为607项，表明英飞凌在技术上不仅处于国际领先地位，而且也非常注重在中国的专利布局。申请量排第三位的是上海华虹宏力，其在该领域的技术实力也较强。电子科技大学的申请量也较大，说明该高校在DMOS领域有较强的科研实力。

2. 主要申请人技术分支分布

图2-2-8示出了DMOS技术专利申请的主要改进方向的分布情况。从图中可以看出，在国际上申请量领先的几家企业，如英飞凌、东芝、富士电机等，其技术分布主要侧重VDMOS。台积电、上海华虹宏力则主要侧重于LDMOS技术的研发。三星、电子科技大学则在VDMOS和LDMOS两个方面的投入相对比较均衡。这些技术分布上的差异也体现了不同企业主要研发方向的不同。

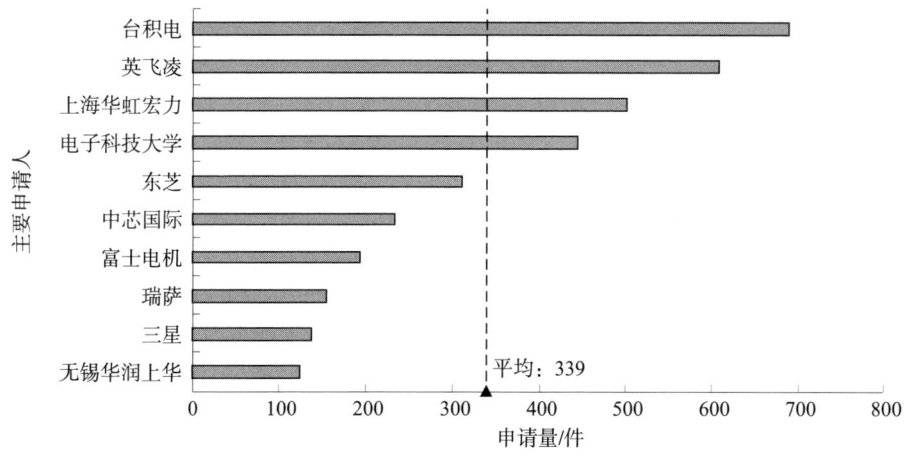

图 2-2-7 DMOS 领域中国专利申请主要申请人排名

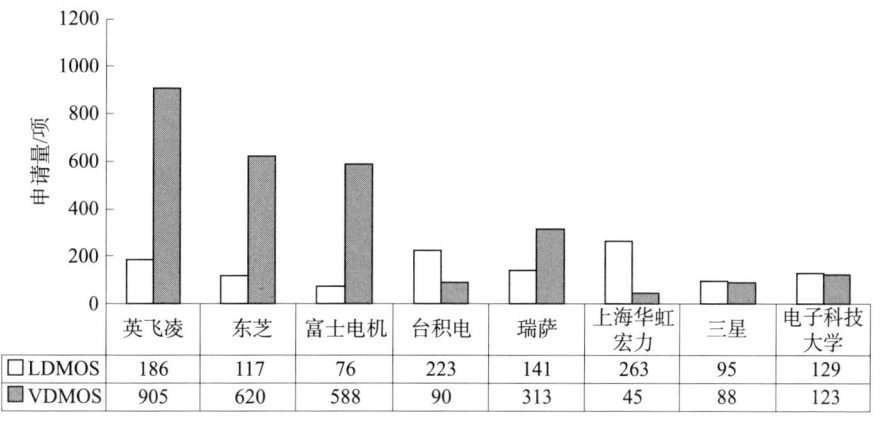

图 2-2-8 DMOS 技术专利申请技术分支分布

3. 主要申请人具体分析

（1）英飞凌。

在德温特世界专利索引数据库 DWPI 中检索到英飞凌在全球涉及 DMOS 技术的专利申请共计 1534 项。图 2-2-9 是英飞凌涉及 DMOS 技术在全球范围内专利申请的变化趋势。从图中可以看出，英飞凌在 DMOS 技术的专利申请在早期总体上呈稳步增长趋势，2007 年后则显著下降，2012 年开始专利申请量又大幅度增长，并于 2016 年达到峰值；但 2016 年后 DMOS 技术的专利申请量呈波动下降趋势。

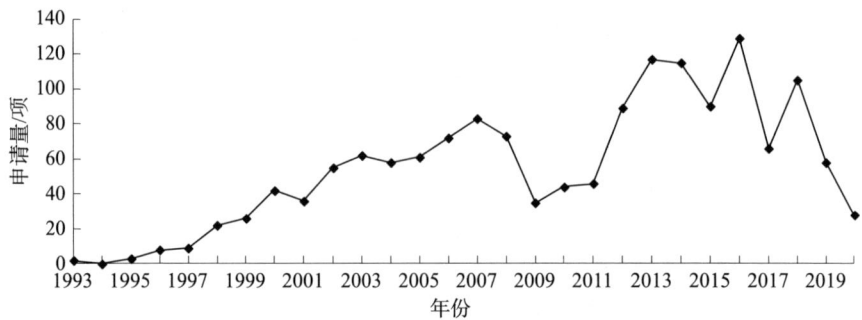

图 2-2-9　1993—2019 年英飞凌 DMOS 领域全球专利申请趋势

图 2-2-10 示出了英飞凌在 DMOS 领域各技术分支的全球专利申请量变化情况。从图中可以看出，英飞凌长期以来都以 VDMOS 作为主要的研发方向。VDMOS 方向的专利申请量在近年相对较大，而 LDMOS 方向的专利申请量在数量上整体比较稳定，一直没有较大幅度的增长。

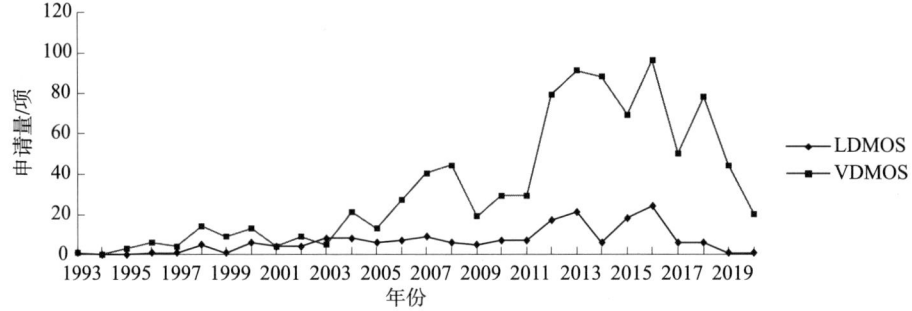

图 2-2-10　1993—2019 年英飞凌 DMOS 各技术分支全球专利申请趋势

(2) 东芝。

在德温特世界专利索引数据库 DWPI 中检索到东芝在全球涉及 DMOS 技术的专利申请共计 1130 项。图 2-2-11 是东芝涉及 DMOS 技术的专利申请在全球范围内的变化趋势图。从图中可以看出，东芝在 DMOS 技术的专利申请在早期总体上比较稳定并略有增长，2008 年后专利申请量开始大幅度增长，2015 年达到峰值。2016 年后专利申请量虽有所波动，但年申请量仍保持在 40 项以上。

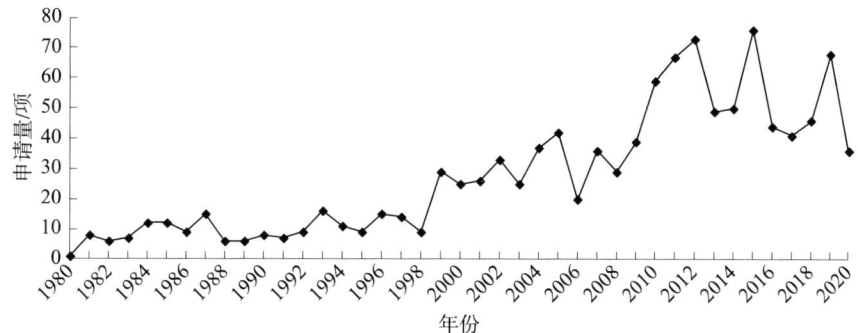

图 2-2-11　1980—2020 年东芝 DMOS 全球专利申请趋势

图 2-2-12 示出了东芝在 DMOS 领域各技术分支的全球申请量变化情况。从图中可以看出，东芝长期以来都是以 VDMOS 作为主要的改进方向。VDMOS 的专利申请量在 2008 年后显著增长，2015 年曾达到年申请量 60 项。相比之下，LDMOS 的专利申请量则一直较低，年申请量多数保持在 10 项以内。

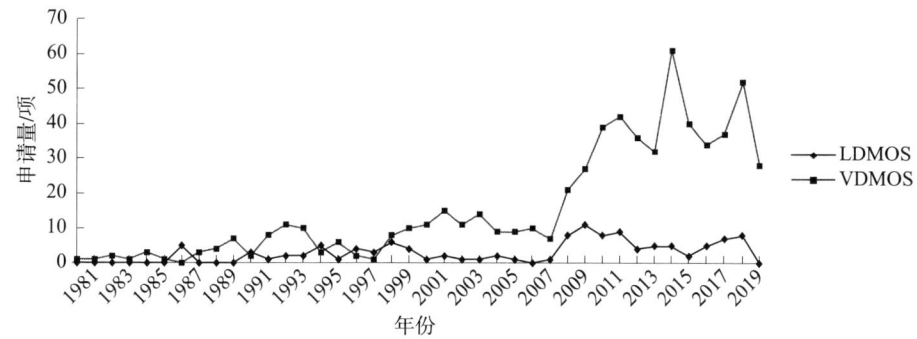

图 2-2-12　1981—2019 年东芝 DMOS 各技术分支全球专利申请量变化趋势

（四）重点技术分析

1. LDMOS

在德温特世界专利索引数据库 DWPI 中检索到全球涉及 LDMOS 改进技术的专利申请共计 4695 项。图 2-2-13 是涉及 LDMOS 技术在全球范围内的专利申请量变化趋势。从图中可以看出，该技术分支的专利申请在早期总体上比较稳定并略有增长，2007 年后专利申请量开始大幅度增长，2014 年的专利数量达到峰值超过 400 项，近年专利申请量则明显下降。这主要是由于 LDMOS 的技术已经趋于成熟，相对于有更加广阔应用前景的 VDMOS 来说，LDMOS 已经不是当前的研发热点，所以申请量呈明显下降趋势。

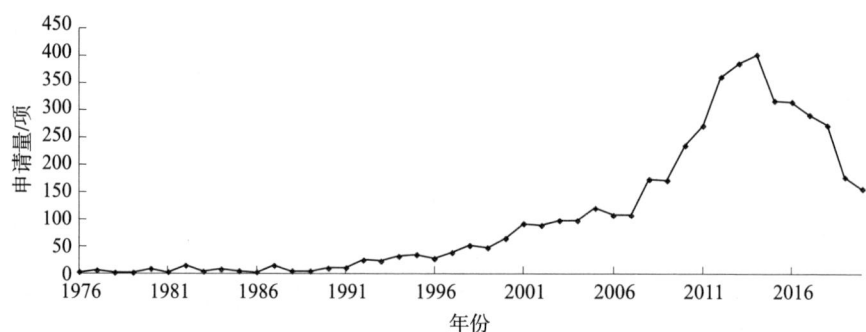

图 2-2-13　LDMOS 技术分支全球专利申请趋势

在该技术分支，全球申请量排名前十位的申请人主要来自中国（3 位）、美国（3 位）、中国台湾（1 位）、德国（1 位）、日本（1 位），如图 2-2-14 所示。排在第一位的为上海华虹宏力，其申请量为 263 项；台积电紧随其后，申请量达到 223 项。表明上述两家中国企业在 LDMOS 技术上的具有较明显的领先优势。专利申请量排在第三位和第四位的是美国的德州仪器和德国的英飞凌，表明上述国家和地区的企业在 LDMOS 领域技术上也具有较强的优势。中芯国际、电子科技大学等中国国内企业和高校的专利申请数量也较多，体现出这些国内企业和高校在该领域也具有较强的研发水平。

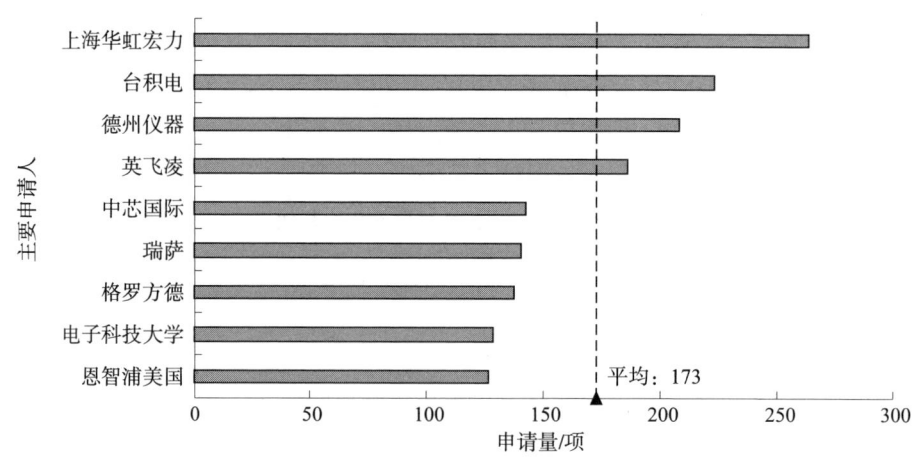

图 2-2-14　LDMOS 技术分支主要申请人排名

2. VDMOS

在德温特世界专利索引数据库 DWPI 中检索到全球涉及 VDMOS 改进技术的专利申请共计 8688 项。图 2-2-15 是涉及 VDMOS 改进技术在全球范围内的专利申请量变化趋势。从图中可以看出,该技术分支的专利申请量在早期总体上比较稳定并略有增长,2003年后专利申请量开始大幅度增长,2016年的专利数量达到峰值超过600项;近年专利申请量虽略有下降,但仍保持在年申请量200项以上,申请数量明显超过LDMOS。这表明VDMOS一直是业界较为热点的研发领域。

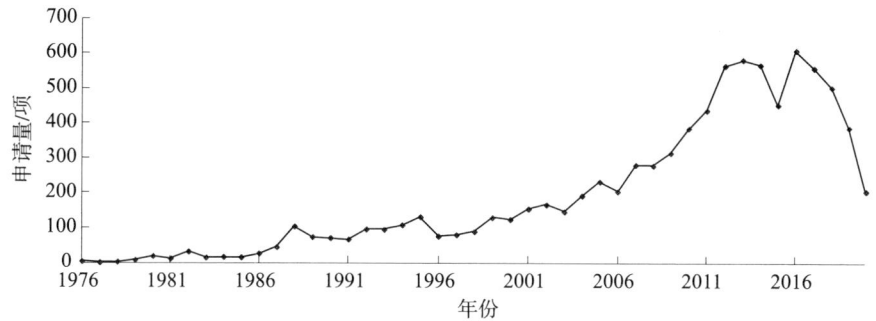

图2-2-15 1976—2016年VDMOS技术分支全球专利申请趋势

在该技术分支,全球申请量排名前十位的申请人主要来自日本(7位)、德国(1位)、美国(1位)、意大利(1位),如图2-2-16所示。排在第一位的为英飞凌,其申请量为906项,遥遥领先于其他申请人;东芝和富士电机在该领域的申请量分别列在第二位和第三位,申请量相差不大。专利申请量排在前十位的都是美国、日本和欧洲企业,表明上述国家和地区的企业在VDMOS领域技术上具有非常明显的优势。相比之下,中国申请人的专利申请数量则普遍较少,未进入前十名,这表明在VDMOS领域,国内企业与美国、日本和欧

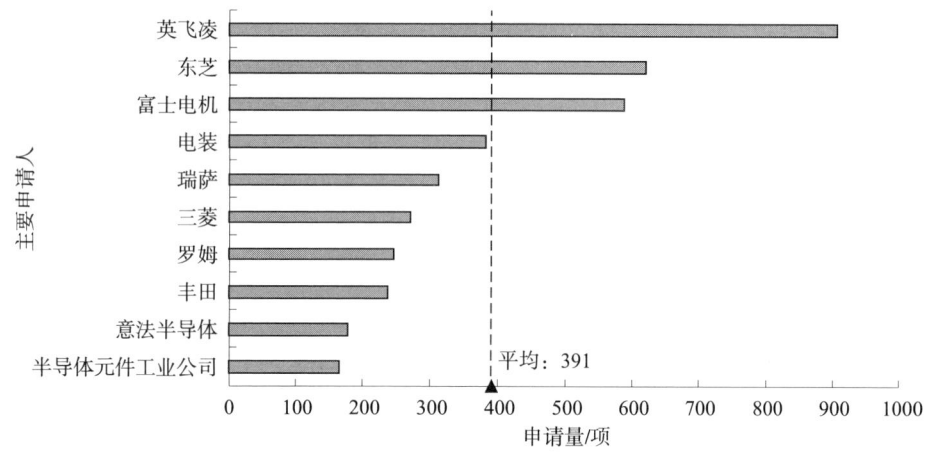

图2-2-16 VDMOS技术分支主要申请人排名情况

洲顶尖企业的技术水平尚存在较大差距。

3. VDMOS 重点专利

由于 VDMOS 独特的高输入阻抗、低驱动功率、高开关速度、优越的频率特性及很好的热稳定性等特点，使其广泛地应用于开关电源、汽车电子、电动机驱动、工业控制、电机调速、音频放大、高频振荡器、不间断电源、节能灯、逆变器等各种领域。因此，自从 VDMOS 诞生以来就得到了迅速发展，涉及 DMOS 的专利申请也以 VDMOS 为主。本节选取 VDMOS 作为重点研究对象。

目前，功率 MOS 研究方向主要侧重于低压和高压两个方面。在低压领域，随着系统对电源的要求日趋低压、大电流化，MOSFET 的发展必须符合新的要求。例如对计算机 CPU 而言，要求 MOSFET 用于越来越低电压的电源；对便携式电源而言，降低损耗、缩小体积又成为首要任务。在高压领域，由于 IGBT 比 VDMOS 的导通电阻更低，使得 VDMOS 在整体性能上不如 IGBT。近年来，由于超结（Superjunction）新结构的提出与 SiC 新材料的应用，使得 VDMOS 在高压下导通电阻大为降低，甚至低于 IGBT，为高压 VDMOS 开拓了新的发展方向。❶ 以下从低压和高压两方面对重点专利进行介绍。

（1）低压大电流 VDMOS。

由于 VDMOS 具有高输入阻抗、低导通电阻、高开关速度等一系列优势，因此在低压功率开关半导体市场上占有统治地位。尽管如此，由于便携式设备及无线通信对功耗要求越来越低，因而减小导通电阻、降低功耗是功率 MOS 研发的首要任务。此外，对低压设备输出电流要求越来越大，现在的处理器电流达到 30A 以上，甚至有的高达 100A。低压大电流对封装也是个巨大的挑战。目前，通过采用先进的沟槽工艺和封装技术，在降低导通电阻和缩小芯片面积方面取得了巨大的进步。

对于低压器件，沟道电阻占了其中绝大部分。降低沟道电阻只有加大栅压，然而这样必然会加大开关功耗，因此研究人员把目光放在提高元胞密度上。对于普通 VDMOS 结构而言，现代技术进步已经达到了缩小 VDMOS 元胞尺寸而无法降低导通电阻的程度，主要原因是由于 JFET 颈区电阻的限制，即使采用更小的光刻尺寸，单位面积导通电阻也难以进一步下降，沟槽结构可以有效解决这个问题。沟槽 MOSFET（TMOS）采用 U 形沟槽结构，导电沟道为纵向沟道，元胞密度高，电流处理能力大，因为其结构中消除了 JFET 区而使器件导通损耗较低而发展起来，广泛应用于低压领域。

---

❶ 陈龙，沈克强. VDMOS 场效应晶体管的研究与进展 [J]. 电子器件. 2006（1）：290 – 295.

该类型的专利包括由电子科技大学于 2018 年申请并于 2021 年获得授权，公告号为 CN109119468B 的发明专利"一种屏蔽栅 DMOS 器件"。该发明的核心方案如下。

屏蔽栅 DMOS 器件结构如图 2-2-17 所示，包括依次层叠设置的金属化漏极 1、第一导电类型半导体重掺杂衬底 2、第一导电类型半导体漂移区 3 和金属化源极 13；第一导电类型半导体漂移区上层具有槽栅结构和第二导电类型半导体体区 4，第二导电类型半导体体区位于槽栅结构两侧且与其接触；第二导电类型半导体体区上层具有第二导电类型半导体重掺杂接触区 5 和第一导电类型半导体重掺杂源区 6；槽栅结构中具有绝缘介质层和被其完全包裹的控制栅电极 7、浮空栅电极 8 和屏蔽栅电极 9，绝缘介质层自上而下依次为第一介质层 10、第二介质层 11 和第三介质层 12，控制栅电极位于第一介质层中，浮空栅电极位于第二介质层中，屏蔽栅电极位于第三介质层中，且上表面与第二介质层接触，下表面与第三介质层接触。该屏蔽栅 DMOS 具有合适的栅源电容，降低器件开关损耗，提高器件开关速度和耐压能力，改善导通电阻和开关损耗的矛盾关系。

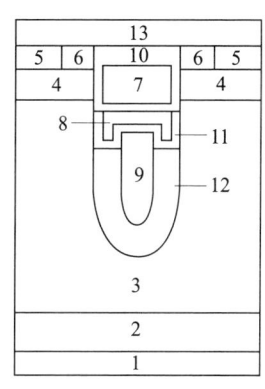

图 2-2-17　CN109119468B 的 DMOS 器件结构

该类型的专利还包括由武汉大学于 2014 年申请并于 2017 年获得授权，公告号为 CN104409507B 的发明专利"低导通电阻 VDMOS 器件及制备方法"。该发明的核心方案如下。

传统 N 沟道 VDMOS 器件包括漏极 1、N+衬底 2、N-漂移区 3、P 型基区 5、N+源区 6、P+接触区 7、多晶硅栅极 8、栅氧层 9 和源极 10。如图 2-2-18 所示，本专利在传统 VDMOS 器件的 N-漂移区 3 内增加了与 N+源区 6 掺杂杂质和掺杂浓度相同的 N+掺杂区 4，N+掺杂区 4 位于栅氧层 9 下方且与 P 型基区 5 和栅氧层 9 紧密接触，N+掺杂区 4 与 N+源区 6 位于同一层，即 N+掺杂区 4 与 N+源区 6 处于同一水平线。多晶硅栅极 8 采用中空结构，基区 5 和漂移区 3 上方的多晶硅栅极 8 通过掺杂区 4 正上方边缘处的栅条连接组成整体栅极 8。N+掺杂区 4 根据 P 型基区 5 形状呈带状或环状围绕 P 型基区 5 边缘。本专利在漂移区内增加重掺杂区，可有效降低沟道导通电阻和颈区电阻，从而降低 VDMOS 器件的导通电阻；同时采用中空式结构栅极可避免重掺杂区对击穿电压的影响，并降低栅极与漏极间结电容，提高 VDMOS 的开关速度。

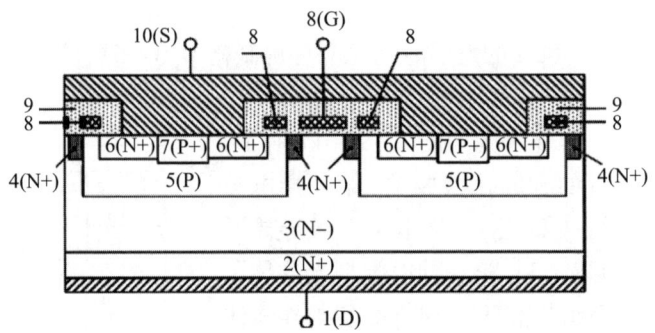

图 2-2-18 CN104409507B 的 VDMOS 器件结构

(2) 高压大电流 VDMOS。

在高压领域，VDMOS 导通电阻会随着电压升高而急剧增大，导通电阻主要取决于漂移区电阻，约占全部电阻的 70% 以上，因此高击穿电压与低导通电阻具有难以调和的矛盾。然而可喜的是，由于制造工艺的进步，新型超结结构的引入，以及新材料 SiC 的应用，打破了过去的理论极限。

超结的原理是提高外延层掺杂浓度而不改变器件的击穿电压，通过在 n 型外延层注入 p 柱，形成 p 柱与 n 柱交替出现的结构。这样在漏极电压作用下，p 柱与 n 柱将反偏形成耗尽层，精确控制 p 柱与 n 柱的掺杂浓度与宽度，可以使两者完全耗尽，正负固定电荷刚好抵消。因此，理论上它的击穿电压几乎与零掺杂的功率 MOSFET 相同。通过这一技术，击穿电压与掺杂浓度几乎呈线性关系。在同样的击穿电场下，超结大大提高了耐压容量，如果想进一步提高击穿电压，可以加深 p 柱的垂直距离。

超结理论一经提出，立即成为研究的热点，特别是由于 p 柱与 n 柱的电荷补偿程度决定了耐压的高低，因此超结的技术难点在于 p 柱的实现与精确控制，以及解决超结技术高成本和工艺复杂性。在超结方面的专利包括由意法半导体于 2010 年申请并于 2017 年获得授权，公告号为 US9627472B2 的发明专利"用于高压器件的结构和相应的集成工艺"。该发明在欧洲也获得了授权。该发明的核心方案如下。

用于高压器件的结构 1 包括由外延层 3 覆盖的半导体衬底 2，外延层 3 具有第一导电类型，如 N 型。如图 2-2-19 所示，在外延层 3 中实现具有相对高的纵横比（如小于约 3/20）的多个柱结构 4。高压器件的结构还包括有源表面区域 5，其中实现了高电压器件的有源区域。柱结构 4 中的每一个包括外部部分 6（如适当掺杂的外延硅层）及填充部分 7（如电介质层，诸如氧化物），填充部分 7 沉积在相应柱结构 4 内部以完全填充它。外部部分 6 的外延硅层被掺杂并且具有第二导电类型。此外，外部部分 6 的外延层在对应的柱结构 4 的壁上和底部上。

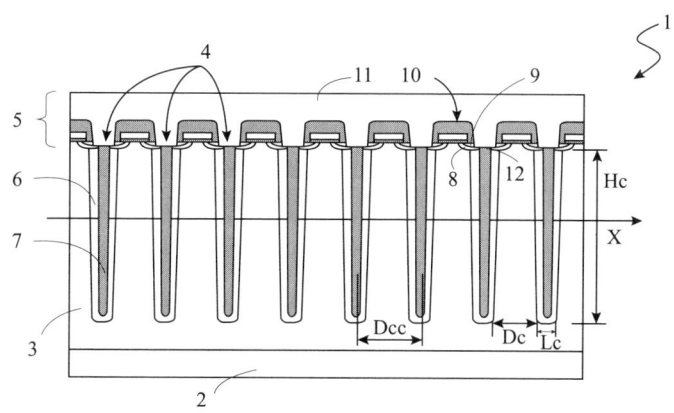

图 2-2-19　US9627472B2 的器件结构

由于 SiC 独特的材料属性，如高击穿电场、高的电子饱和速度、高热导率，因而在高功耗、高速、高温开关器件中具有巨大的潜力。在 600~2000V 范围内，用 SiC 制作的 VDMOS 比用 Si 制作的 IGBT 具有更优越的性能，这显示出 SiC 在高压领域的广阔研发前景。基于 SiC 方面的专利包括由电子科技大学于 2012 年申请并于 2014 年获得授权，公告号为 CN102779852B 的发明专利"一种具有复合栅介质结构的 SiC VDMOS 器件"。该发明的核心方案如下：

元胞结构如图 2-2-20 所示，包括：金属栅电极 1、多晶硅栅 2、栅介质、金属源电极 5、碳化硅 N+源区 6、碳化硅 P+接触区 7、碳化硅 P-base 区 8、碳化硅 N-漂移区 9、碳化硅 N+衬底 10、金属漏电极 11；栅介质为复合栅介质结构，由高介电常数栅介质 3 和 SiO_2 栅介质 4 复合而成；SiO_2 栅介质覆盖于两个碳化硅 P-base 区的碳化硅 N-漂移区表面，即器件的 JFET 区表面；高介电常数栅介质覆盖于两个碳化硅 P-base 区的表面，即器件的沟道区表面；高介电常数栅介质的介电常数高于 SiO_2 的介电常数。这种 SiC VDMOS 器件，避免大量陷阱态，降低 FN 隧穿电流的影响，避免栅介质击穿电压降低与提前击穿。

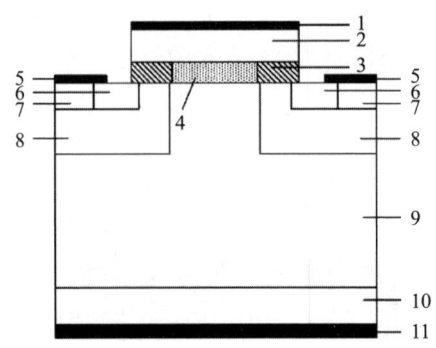

图 2-2-20　CN102779852B 的 SiC VDMOS 器件结构

以上从低压和高压两方面阐述了近年来 VDMOS 在沟槽技术、封装、超结、SiC 新材料等方面所取得的新进展。可以预期，随着制造工艺不断进步和设计结构的不断改进，导通电阻降低、芯片尺寸减小、制造工艺简化，低压功率 MOSFET 将在开关电源、电动机控制、汽车电子、计算机周边及 DC 转换等领域得到更广泛应用。而在高压领域，通过解决 SiC 的制备和可靠性问题，SiC 器件将成为高压、高频、高温开关功率器件的主流方向。随着这几方面研究的日益成熟，超结、沟槽技术及 SiC 技术将相互整合，可以优势互补。目前在硅基材料方面，已经有沟槽技术与超结相结合的技术（STM、VTR-DMOS、MDmesh），根据需要可以实现低压或者高压性能都很优异的功率 MOSFET。而把这些技术引入 SiC 材料，可以进一步降低导通功耗、提高器件优值，成为未来功率 VDMOS 的发展重点。

二、检索策略及案例解析

（一）检索策略

近年来 DMOS 器件发展迅猛，但在 IPC 分类表中并没有与之直接相对应的分类。因此，只能选择较为上位的表示场效应晶体管的 H01L29/78 及表示绝缘栅场效应晶体管制造方法的 H01L21/336 作为对应的 IPC 分类号。在 DMOS 领域，目前用于检索的 IPC 分类不够准确，因此通过 IPC 分类的检索很难获得理想的结果。这些分类号下的文献虽然都是场效应晶体管领域，但其是否为 DMOS，还需要进一步通过浏览来甄别。

与 IPC 分类体系不同的是，CPC 分类体系中存在与 DMOS 直接对应的产品分类号，如 H01L29/1095（DMOS 晶体管或 IGBT 的体区，即基区）、H01L29/7802（垂直 DMOS 晶体管，即 VDMOS 晶体管）、H01L29/7801（DMOS 晶体管）、H01L 29/66674（DMOS 晶体管）等，如果所检索的主题与这些 CPC 分类号直接对应,那么这些划分较细的分类号都可以优先选择用于检索。

另外,基于申请人撰写习惯的差异,针对相同部件往往使用不同的技术术语。要想快速及全面地找到能够准确反映技术主题的检索关键词是比较困难的,需要相当长的时间积累。以 DMOS 为例,与该类器件相关的英文缩写就包括多种近义词表达,如 DMOS、UMOS 等。同时,在上述领域还存在表征同一技术要素的关键词繁杂无序的现象 [如 DMOS 中常见的"凹进"这一技术特征就有凹回、槽、沟、(空)腔、孔、隙、缝等表达方式],所以采用关键词进行检索也存在较大的难度。如果局限于某个关键词来限定可能会漏掉大量文献。因此,在该领域检索过程中,需根据检索结果适当地对关键词进行扩展。

发明所要解决的技术问题及达到的技术效果也是检索时需要考虑的因素。从技术问题和技术效果提取检索要素可以更加贴近发明构思,也更容易检索到与申请相关的技术手段。而且,在技术手段对应的关键词不容易表达而技术问题和技术效果又是比较明确、容易提取时,使用技术问题或技术效果进行检索可以避免噪声,提高检索效率。此外,当使用技术手段检索噪声很大时,也可以利用技术问题和技术效果进行补充限定,削减噪声。

(二) 检索要素

根据 DMOS 领域的常规表达,确定了对应技术领域及技术分支的相关检索要素,包括关键词及对应的分类号,如表 2-2-1 所示。

表 2-2-1 检索要素表

检索要素		中文关键词	英文关键词	IPC (2022.01 版)	CPC (2022.05 版)
结构	DMOS	DMOS、双扩散、双扩散晶体管、双扩散金属氧化物半导体晶体管	DMOS, double-diffused	H01L29/78, H01L29/66, H01L21/336	H01L29/0852, H01L29/7801, H01L29/66674, H01L29/0603, H01L29/0634, H01L29/0684, H01L29/4236, H01L29/66674, H01L29/66734, H01L29/7813, H01L29/7828
	垂直 DMOS	垂直、竖直、纵向	vertical, VDMOS		H01L29/7802, H01L29/66712
	水平 DMOS	水平、横向	lateral, LDMOS		H01L29/7816, H01L66681

续表

检索要素		中文关键词	英文关键词	IPC （2022.01 版）	CPC （2022.05 版）
部件	源极区	源极区、源区、源极	source	H01L29/78, H01L29/66, H01L21/336	H01L29/0856
	漏极区	漏极区、漏区、漏极	drain		H01L29/0873
	体区	体区、基区	body, base		H01L29/1095
	平面栅	平面栅、水平栅	planar gate		
	沟槽栅	沟槽栅、槽栅、凹槽栅	trench gate		
掺杂	杂质浓度分布	杂质、浓度、掺杂、分布	impurity, concentration, distribution, dope		H01L29/086, H01L29/0878
	掺杂形状	掺杂、形状	dope, shape		H01L29/0869, H01L29/0886

（三）案例解析

1. 案例 2-2-1：一种 VDMOS 器件元胞结构及其制作方法

（1）案情概述。

对于 VDMOS 器件而言，它的一个重要指标是导通电阻。随着 VDMOS 器件的发展，其结构不断地得到改进，以尽可能地降低导通电阻。对于平面栅 VDMOS，击穿电压主要体现在 P-阱区与 N-外延层形成的 PN 结上。因此，要获得高击穿电压，必须使 N-外延层有较大的厚度和较低的掺杂浓度。然而，随着击穿电压的增加和 N-外延层掺杂浓度的不断降低，厚度不断地增加，使得外延层电阻升高，从而导致导通电阻的增加。因此，现有技术的平面栅 VDMOS 导通电阻较大。

由于掺杂浓度大幅提高，在相同的击穿电压下，超结 MOS 的导通电阻比平面栅 VDMOS 的导通电阻要小。尽管与平面栅 VDMOS 相比，超结 MOS 能够实现降低导通电阻，然而在 N-外延层上形成 P-体区，从制作工艺角度考虑，比较难做，且不易控制。

鉴于此，本发明提供一种 VDMOS 器件元胞结构及其制作方法，来解决以上提到的技术问题。本发明提出的 VDMOS 器件元胞结构及其制作方法如图 2-2-21 所示,通过在现有技术平面栅 VDMOS 器件元胞结构中增加场氧化层（604,611）和导电层（603,612）,可以有效地降低原有 VDMOS 器件元胞结构的导通电阻,甚至能够达到现有技术超结 MOS 的特性;与超结 MOS 相比,该 VDMOS 器件具有制作工艺简单,制作过程中容易控制的特点。

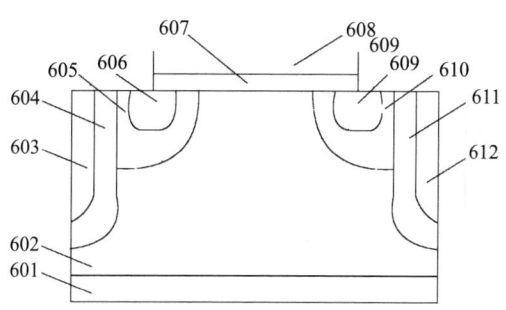

图 2-2-21 条形元胞结构截面

本申请独立权利要求 1 的技术方案如下:

1. 一种 VDMOS 器件元胞结构,其特征在于,所述元胞结构包括:

漏区;

位于所述漏区上的外延层;

位于所述外延层中的沟槽;

衬在所述沟槽的内壁上的场氧化层;

衬在所述场氧化层的内壁上的导电层;

位于所述外延层上的栅极结构;

位于所述外延层中且位于所述沟槽之间的第一阱区、第二阱区,以及嵌入第一阱区中的第一源区、嵌入第二阱区中的第二源区。

(2) 充分理解发明。

本申请涉及的主题是 VDMOS 器件元胞结构,目的是要有效地降低原有 VDMOS 器件元胞结构的导通电阻,甚至能够达到现有技术超结 MOS 的特性;与超结 MOS 相比,该 VDMOS 器件制作工艺简单,制作过程中容易控制。其采取的技术手段是在现有技术平面栅 VDMOS 器件元胞结构中增加场氧化层和导电层。

(3) 检索过程分析。

按照本申请的内容,技术领域确定为 VDMOS。本申请的主题是 VDMOS 的结构及制造方法,产品类的分类号应在 H01L29 的大组中寻找。而在 H01L29 中并没有与 DMOS 直接对应的 IPC 分类号，因此只能选择较为上位的表示场效应晶体管的 H01L29/78 作为对应的 IPC 分类号。与之类似的，方法类的分类号也没有与 DMOS 直接对应的 IPC 分类号，因此只能选择较为上位的表示绝缘栅场效应晶体管制造方法的 H01L21/336 作为对应的 IPC 分类号。而对于 CPC 分类体系，虽没有与 DMOS 制造方法直接对应的 CPC 分类号，但 CPC 分类体系中存在与 VDMOS 直接对应的产品类分类号，如 H01L29/7802（垂直 DMOS 晶体管，即 VDMOS 晶体管）和 H01L 29/66674 及其下点组，这些划分较细的分类号都可以优先选择用于检索。

权利要求包括的检索要素有漏区、外延层、沟槽、场氧化层、栅极、阱区、源区。可以根据检索过程中的实际情况从中选取相应检索要素的中英文关键词来进行检索，如漏区（drain）、外延层（epitaxial）、沟槽（trench）、场氧化层（field oxide）、栅极（gate）、阱区（well）、源区（source）等。

首先，在中国专利文摘库 CNABS 进行检索：

1	CNABS	587	H01L29/78/IC AND VDMOS
2	CNABS	155	1 AND 沟道
3	CNABS	172	1 and 阱
4	CNABS	49	1 and 场氧化

由于 IPC 分类体系并没有针对 VDMOS 来细分，所以需要结合关键词 VDMOS 来限定主题。在上述检索结果中，并没有找到合适的对比文件，原因主要在于检索式 1 结果过少，只有 587 篇。这说明大量的涉及垂直双扩散晶体管的文献中并未用"VDMOS"来表述，所以单纯用关键词 VDMOS 来限定会漏掉大量文献。因此，在后续检索中，扩展到关键词 VDMOS 的同义词"垂直 DMOS"等继续检索，依然没有合适的检索结果。此后主要使用其他检索要素的关键词继续检索，过程如下：

5	CNABS	171	H01L29/78/IC and 晶体管 and 漏区 and 场氧化层
6	CNABS	169	5 and 栅
7	CNABS	1357	H01L29/78/IC and 晶体管 and 漏区 and 外延
8	CNABS	276	7 and 阱
9	CNABS	93	8 and 沟槽

其中在检索式 6 的 169 篇专利文献中，得到了相关专利文献 1，公开了一种调制导通电阻 UMOS 晶体管，包括漏区 201、漂移区 202、场氧化层 203、多晶

硅极板 204、沟道区 205、源电极 206、栅氧化层 207、栅电极 208，多晶硅极板 204 与栅电极 208 连接。可以根据器件具体导通特性、击穿特性的要求来具体设定器件各区域尺寸。这种结构可在不牺牲器件耐压的前提下，同时兼顾降低漏－源导通电阻的要求。本申请与常规 UMOS 晶体管工艺兼容，具有很强的可实施性，更易满足功率电子系统的应用要求。

经过分析，该专利文献 1 虽然也是垂直双扩散晶体管，但其中并未出现关键词 VDMOS，而是用了 UMOS 的名称。这说明双扩散晶体管具有多种表达，如 VDMOS、DMOS、UMOS 等，检索过程中须根据检索结果进行扩展。

在德温特世界专利索引数据库 DWPI 检索时，可以优先用直接能够细分到 DMOS 的 CPC 号检索，得到如下结果：

1	DWPI	8375	H01L29/1095/CPC
2	DWPI	844	1 and drain and well
3	DWPI	170	2 and epitaxial
4	DWPI	11	2 and vdmos
5	DWPI	374	2 and field
6	DWPI	254	5 and oxide
7	DWPI	5921	H01L29/7802/cpc
8	DWPI	288	7 and vdmos
9	DWPI	902	7 and well
10	DWPI	271	9 and epitaxial

在这些结果中，并未得到较接近的对比文件。经过核查，之前得到的专利文献 1 没有 CPC 分类号。可见 CPC 分类号虽然划分较细，但其文献覆盖率要小于 IPC 分类号。所以在检索过程中不能过分依赖 CPC 分类号，否则会遗漏相关文献。由于 IPC 分类体系并没有针对 VDMOS 来细分，所以需要结合关键词 VDMOS 来限定主题。然而大量的涉及垂直双扩散晶体管的文献中并未用"VDMOS"来表述，而是使用其他的多种近义词表达，如 DMOS、UMOS 等。单纯用关键词 VDMOS 来限定会漏掉许多相关的文献。因此，在尝试使用"VDMOS"之后，如果结果不理想，则需根据检索结果进行扩展。

2. 案例 2－2－2：沟槽栅耗尽型 VDMOS 器件及其制造方法

（1）案情概述。

在电路启动阶段，耗尽型 VDMOS 需要通过较大的启动电流，此刻的电流往往会高于电路稳态工作时的电流，因此提高耗尽管开态时的工作电流成为了时下耗尽型器件的设计重点，低导通电阻成为了耗尽型器件的重要设计指标，沟槽栅耗尽型 VDMOS 也是如此。

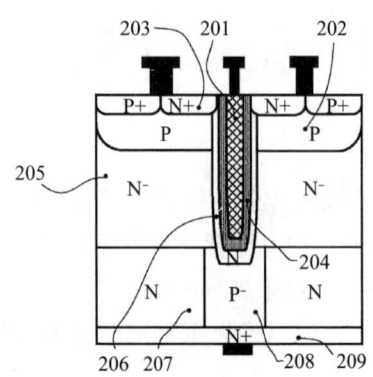

图 2-2-22 沟槽栅耗尽型 VDMOS 器件结构

传统的沟槽栅耗尽型 VDMOS 管,其底部的 N+掺杂漏极区到 N-漂移区,二者的载流子浓度差别较大,P 阱形成时的热过程会导致 N+大量反向扩散进漂移区中,有效的漂移区厚度会降低很多,导致在设计时需增加 N-外延(N-外延作为 N-漂移区)的余量变相增加了导通电阻。而图 2-2-22 所示的沟槽栅耗尽型 VDMOS 管,由于漂移区 205 下方 N 阱(第一导电类型掺杂区 207)的存在,相当于在漏极区 209(N+)和漂移区 205(N-)间形成了一个载流子浓度缓冲区,因此漂移区 205 的浓度更加稳定(从下方扩散进漂移区 205 的 N 型杂质更少),能够更好地利用反向耐压,漂移区 205 不需要留出较大的余量,因此电阻较高的漂移区 205 可以做得较薄,从而能够降低导通电阻。

本申请独立权利要求 1 的技术方案如下:

1. 一种沟槽栅耗尽型 VDMOS 器件,其特征在于,包括:

漏极区,为第一导电类型;

沟槽栅,包括沟槽内表面的栅绝缘层,和填充于沟槽内且被所述栅绝缘层包围的栅电极;

沟道区,位于所述栅绝缘层周围,为第一导电类型;

阱区,位于所述沟槽栅两侧,为第二导电类型,所述第一导电类型和第二导电类型为相反的导电类型;

源极区,位于所述阱区内,为第一导电类型;

漂移区,位于所述阱区和漏极区之间,为第一导电类型;

第二导电类型掺杂区,位于所述沟道区和漏极区之间;

第一导电类型掺杂区,位于所述第二导电类型掺杂区两侧,且位于所述漂移区和漏极区之间。

(2)充分理解发明。

本申请涉及的主题是沟槽栅耗尽型 VDMOS 器件,要解决的技术问题是降低导通电阻。其所采取的技术手段是在漂移区下方设置掺杂区,相当于在漏极区和漂移区间形成了一个载流子浓度缓冲区。可知,漂移区是需要重点检索的部件。

(3)检索过程分析。

按照本申请的内容,技术领域确定为 VDMOS。本申请的主题是沟槽栅耗尽型 VDMOS 器件,IPC 分类号应在 H01L29 的大组中寻找。而在 H01L29 中并没有与 DMOS 直接对应的 IPC 分类号,因此只能选择较为上位的表示场效应晶体管的 H01L29/78、H01L29/66、H01L29/06 等作为对应的 IPC 分类号。而 CPC 分类体系中存在与 DMOS 及 VDMOS 非常相关的产品类分类号,包括 H01L29/0603(本体—形状特征—特殊结构)、H01L29/0634(本体—形状—防止表面泄露—掩埋辅助区)、H01L29/0684(隔离)、H01L29/4236(场效应晶体管的沟槽栅)、H01L29/66674(DMOS)、H01L29/66734(具有凹槽栅的)、H01L29/7813、H01L29/7828(垂直 DMOS)等,这些划分较细的分类号都可以选择用于检索。

权利要求包括的检索要素有漏区、沟槽栅、阱区、源区、沟道、漂移区。可以根据检索过程中的实际情况从中选取相应检索要素的中英文关键词来进行检索,如漏区(drain)、沟槽栅(trench gate)、阱区(well)、源区(source)、沟道(channel)、漂移区(drift)等。其中漂移区是本申请的发明点,应重点进行检索。

在中国专利全文库 CNTXT 进行检索:

1	CNTXT	1398	H01L29/78/IC and vdmos
2	CNTXT	766	1 and 漂移
3	CNTXT	178	2 and 槽栅

其中在检索式 3 的 178 篇专利文献中,得到了多篇专利文献与本申请的技术方案相关,如其中一篇专利文献 1 涉及一种半导体器件,该器件包括半导体衬底,所述半导体衬底上是半导体漂移区,所述半导体漂移区包括第一导电类型的半导体区和第二导电类型的半导体区,所述第一导电类型的半导体区和所述第二导电类型的半导体区形成超结结构。所述半导体衬底上是高 K 介质,所述高 K 介质与所述第二导电类型的半导体区相邻。所述半导体漂移区上是有源区。所述高 K 介质上是槽栅结构,所述槽栅结构与所述有源区相邻。其中,所述第二导电类型的半导体区通过小倾角离子注入形成,因此宽度窄且浓度高。

在德温特世界专利索引数据库 DWPI 检索时,可以选择一些较为相关的 CPC 分类号检索,得到如下结果:

| 1 | DWPI | 2408 | H01L29/0603/CPC |
| 2 | DWPI | 329 | 1 and drift |

在检索式 2 中的 329 篇结果中,得到了专利文献 2,涉及一种功率 MOS 器

件。该文献的功率 MOS 器件包括具有高 K 介质延伸栅结构的元胞结构、漏延伸区和介质槽终端，且多个元胞结构并联排布，漂移区下方设置掺杂区，使得器件具有以下特点：兼顾 VDMOS 可并联产生大电流及 LDMOS 易集成的优点；正向导通时，靠近高 K 介质一侧的漂移区产生多子积累层，形成连续的低阻通道，显著降低比导通电阻；反向耐压时，高 K 介质辅助耗尽漂移区，调制漂移区电场，可提高耐压并降低比导通电阻；介质槽终端可缩小器件尺寸，节约芯片面积。

从检索过程中能体会到，大量的垂直双扩散晶体管的文献中并未用"VDMOS"来表述，单纯用关键词 VDMOS 来限定的话会漏掉许多相关文献。所以，对 DMOS 器件检索时，主要还是利用从器件结构的各部件中提取的检索要素来进行检索，其中重点对涉及发明点的检索要素进行检索。此案例就是重点使用了体现发明点的关键词"漂移"来检索，从而比较快速地得到了相关文献。

3. 案例 2-2-3：LDMOS 器件及其制作方法

（1）案情概述。

传统的高压功率 LDMOS 器件通常采用双重降低表面电场（Double - RESURF）技术来形成。Double - RESURF 技术为在器件的漂移区中部表面内引入与漂移区导电类型相反的掺杂区，改善漂移区表面电场分布，提高击穿电压。LDMOS 器件在高温工作时，由于晶格散射和碰撞产生的电子空穴对，从而产生的漏电流会被 LDMOS 器件的衬底收集，围绕衬底流动，会对 LDMOS 器件对外围的控制逻辑电路产生噪声干扰，串扰外围的控制逻辑电路，影响其产品性能。基于此，有必要提供一种在高温工作条件下，减小漏电电流对外围控制逻辑电路串扰的 LDMOS 器件。

本申请的 LDMOS 器件结构如图 2-2-23 所示，源区 201 位于漂移区 20 内的有源阱区 210 内，其中源区 201 是在有源阱区 210 相继进行两次硼磷扩散而形成，由两次硼磷扩散的横向结深之差来精确控制沟道的长度。LDMOS 器件还包括设在漂移区 20 上的漏区 220、从漏区 220 引出的漏极端 204；从源区 201 引出的源极端 202；设在漂移区 20 上的场氧化层 30；设在源区 201 上的栅极 206，栅极 206 从源区 201 上延长到场氧化层 30 之上。其中，场氧化层 30 决定该器件的漂移区 20 长度，不同的长度将得到不同电压耐压值。漂移区 20 的存在提高了器件的击穿电压，并减小了源、漏两极之间的寄生电容，有利于改善频率特性。

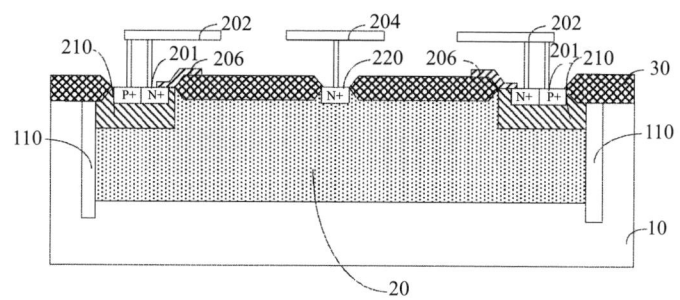

图 2-2-23 LDMOS 器件结构

本申请独立权利要求1的技术方案如下：

1. 一种 LDMOS 器件，包括：

衬底；

位于所述衬底上的漂移区；

设在所述漂移区内的源区和漏区；以及，

包围所述漂移区的沟槽，所述沟槽的深度大于所述漂移区的深度。

（2）充分理解发明。

本申请涉及的主题是 LDMOS 器件，目的是要减小漏电电流对外围控制逻辑电路串扰。其所采取的技术手段是设置沟槽的深度大于漂移区的深度且沟槽包围漂移区，从而可以限制 LDMOS 器件在高温工作时产生的电子空穴对中的空穴电流流向 LDMOS 器件，其 LDMOS 器件的衬底就不会收集漏电流，即可以有效隔离 LDMOS 器件与外围逻辑电路，避免串扰现象的发生。可知，"包围漂移区的沟槽，沟槽的深度大于漂移区的深度"是检索的重点。

（3）检索过程分析。

按照本申请的内容，技术领域确定为 LDMOS，分类号应在 H01L29 的大组中寻找。而在 H01L29 中并没有与 DMOS 直接对应的 IPC 分类号，因此只能选择较为上位的表示场效应晶体管的 H01L29/78、H01L21/336、H01L29/06 等作为对应的 IPC 分类号。而 CPC 分类体系中存在与 LDMOS 直接对应的产品类分类号，如 H01L29/66681（横向 DMOS 晶体管，即 LDMOS 晶体管）、H01L29/7816（横向 DMOS 晶体管，即 LDMOS 晶体管）等一系列分类号，这些划分较细的分类号都可以优先选择用于检索。

权利要求包括的检索要素有漏区、沟槽、阱区、源区、沟道、漂移区。可以根据检索过程中的实际情况从中选取相应检索要素的中英文关键词来进行检索，如漏区（drain）、沟槽（trench）、源区（source）、沟道（channel）、漂移区（drift）、深度（depth）等。其中，沟槽的深度大于漂移区的深度是本申请的发明点，但不太容易用检索词表达，应在浏览过程中重点关注。

由于在CPC分类体系中有与LDMOS直接对应的分类号，所以首先用CPC分类号在德温特世界专利索引数据库DWPI中进行检索，得到如下结果：

1	DWPI	2459	H01L29/66681/cpc
2	DWPI	203	1 and trench and drift
3	DWPI	4323	H01L29/7816/CPC
4	DWPI	742	3 and trench
5	DWPI	324	4 and drift
6	DWPI	239	5 and source and drain

在检索式6中的239篇结果中，浏览得到了专利文献1，公开一种双沟道沟槽LDMOS晶体管，包括以下内容：第一导电类型的衬底；形成在所述衬底上的第二导电类型的半导体层；形成在所述半导体层中的沟槽，覆盖主体区的平面栅极被沟槽包围；所述第一导电类型的体区，其形成在所述半导体层中，与所述沟槽相邻；所述第二导电类型的源极区，其形成于所述主体区中且邻近沟槽；所述第二导电类型的漏极区，所述漏极区通过漏极漂移区与所述主体区间隔开。

大量的水平双扩散晶体管的文献中并未用"LDMOS"来表述，单纯用关键词LDMOS及其同义词来限定会遗漏相关文献。所以，对LDMOS器件检索时，优选使用CPC分类体系中与LDMOS直接对应的产品类分类号，如H01L29/66681（横向DMOS晶体管，即LDMOS晶体管）、H01L29/7816（横向DMOS晶体管，即LDMOS晶体管）等一系列分类号。

如果在CPC检索过程中没有发现较为接近的文献，可以再考虑适当结合使用IPC分类号及关键词等来检索。

第三节 高电子迁移率晶体管（HEMT）

一、专利技术综述

（一）概况

高电子迁移率晶体管（High Electron Mobility Transistor，HEMT）是一种利用高电子迁移率材料制造的场效应晶体管，又称为调制掺杂场效应晶体管（Modulation-Doped Field Effect Transistor，MODFET）或选择掺杂异质结晶体管

(Selectively Doped Heterojunction Transistor，SDHT）。其典型结构如图 2-3-1 所示：通过 GaAs 层和 n 型 AlGaAs 层之间的调制掺杂，使得窄禁带 GaAs 的导带中的导电电子由宽禁带的 AlGaAs 提供。❶这些电子通过落入没有杂质的 GaAs 势阱中从而达到与杂质空间分离的效果。这样电子受到杂质中心的散射就变得很小，也就得到较高的迁移率。同时，由于这种产生机制，电子只能在 AlGaAs 和 GaAs 界面处的很薄的势阱中运动（即二维平面中运动），因此称这种高浓度的电子为二维电子气（2DEG）。❷❸❹ HEMT 器件由于具有电子迁移率高、电流大、击穿电压高、高频性能好等特点，已经被用于无线基站、雷达等领域，这也使得 HEMT 器件在航天和军事领域有较大需求。

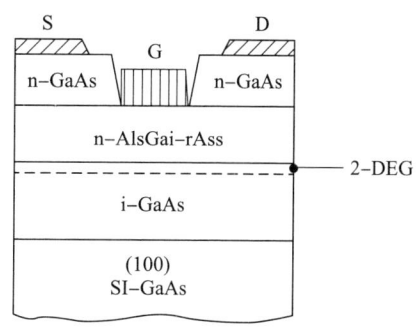

图 2-3-1　典型 HEMT 器件结构

1978 年美国贝尔实验室的丁格尔（Dingle）等人在 GaAs/AlGaAs 结构中发现了这种高电子迁移率的现象，1980 年富士通公司制成了首个 GaAs/AlGaAs 结构高电子迁移率晶体管。1993 年，美国 APA Optics 公司的卡恩（Khan）等最早制造出 AlGaN/GaN 结构的 HEMT 器件。❺ 由于 GaN 材料的能带为 3.39eV，热导率为 1.3W/cmK❻并且具有热稳定性高的特点，使得 AlGaN/GaN 结构的 HEMT 器件展现出高迁移率、大电流和高击穿电压的特性，从而使其在高频、高功率及高温领域被广泛应用。目前 GaN 结构的 HEMT 器件可以实现工作频率从 L 到 W 波段，截止频率 454GHz，最大震荡频率达到 444GHz。❼

评价 HEMT 的重要参数是功率参数和频率参数。材料的性质直接决定了 HEMT 中二维电子气的浓度和迁移率，从而决定了器件的功率参数。除了材料之外，器件的设计也影响着 HEMT 频率参数，如栅长、栅结构、源漏电极的设计等均为常见的影响频率参数的设计因素。❽

---

❶ 章俊华，苏明. 电子基础元器件检测［M］. 成都：西南交通大学出版社，2014：185 - 186.
❷ 谢永桂. 超高速化合物半导体器件［M］. 北京：中国宇航出版社，1998：287.
❸ 郝跃，贾新章，吴玉广. 微电子概论［M］. 北京：高等教育出版社，2003：91.
❹ 谢孟贤，刘诺. 化合物半导体材料与器件［M］. 成都：电子科技大学出版社，2000：109.
❺ 于宁，王红航，刘飞飞，等. GaN HEMT 器件结构的研究进展［J］. 发光学报，2015，36(10)，1178 - 1187.
❻ 谢孟贤，刘诺. 化合物半导体材料与器件［M］. 成都：电子科技大学出版社，2000：203.
❼ 胡安琪. Ⅲ族氮化物半导体材料及其在光电和电子器件中的应用［M］. 北京：北京邮电大学出版社，2020.
❽ 金东东. Ⅲ - Ⅴ族半导体异质结二维电子气输运特性研究［D］. 北京：清华大学，2014.

因此，材料和器件设计是 HEMT 的两个重要主题。在材料上主要是提高 GaN 等材料的外延质量，并且大力拓展石墨烯等新的二维材料。器件设计上则主要通过不同的部件（如场板等）的设置、不同掺杂方式及材料的堆叠方式、沟道层与势垒层的叠放方式，以及源、漏、栅的位置设置等方式来对器件进行设计。这些设计思路能够从不同的角度提高器件的性能。

HEMT 器件作为功率器件的一种，其结构设计上体现了 HEMT 自身的特性。HEMT 器件与其他功率器件最大的不同就是二维电子气，因此针对其特性的器件设计也主要是围绕着二维电子气。例如，常规功率器件中的常关器件通常利用反型掺杂沟道形成，而二维电子气的横向传输性能使得这种方式不再适用，这就需要通过器件设计使得二维电子气出现中断。而不同的关断方法会对器件的外延层质量、缺陷种类、二维电子气浓度甚至载流子输运过程产生影响，并进而影响器件的阈值电压、动态阈值、导通电阻等性能。

同时，由于 HEMT 器件的性能受到二维电子气的影响很大，使得产生二维电子气的异质结的设计显得十分重要。通过设计可以形成不同的异质结构与二维载流子气，从而降低漏电流或者降低导通电阻。

另外，作为功率器件，HEMT 还具有一些功率器件的共性，如 HEMT 器件也需要提高其耐压。因此，其他功率器件中常用的场板设计也可以被用于 HEMT 以提高耐压性能，如可以在源、漏、栅等电极结构周围设计场板电极，通过对场板形状、个数和位置的调控以优化电场。

（二）专利申请状况

在德温特世界专利索引数据库 DWPI 中检索到涉及 HEMT 领域的全球专利申请共计 16 081 项（公开日截至 2022 年 2 月 28 日），本节主要以上述数据作为研究对象进行分析。

1. 专利申请趋势

技术发展初期，富士通在 1979 年 12 月 28 日申请了名称为"半导体器件"的专利申请，公开号为 JPS5730374A，该专利申请明确提及 GaAs 层与 AlGaAs 层之间的界面存在电子存储层。图 2-3-2 示出了 HEMT 领域全球专利申请趋势。1979—1981 年，HEMT 器件处于萌芽阶段，这阶段的专利申请量较少，不足 50 项；自 1982 年起，申请量快速增长，1987 年年申请量达到 223 项；1988 年起，申请量呈波动下降趋势，HEMT 器件的发展进入了缓慢发展平台期，1997 年达到低值，不足 100 项；之后，申请量呈快速增长趋势，2013 年达到 938 项，2014 年起呈波动上升趋势。其中，1993 年 GaN 基 HEMT 问世，其以增强的耐压性能而吸引了研究者的注意力，并于 2009 年后成为最主流的技术。因此，2003—2011年专利申请量呈迅猛发展的增长势头，申请量提升到每年290~800项。2011年后，申请量处于较为稳定的发展阶段，申请量稳定保持在700项以上；并且，2011年至今的申请量占据了所有申请量的50%以上，达到9765项。因此下文均选择2011年以后的专利申请数据进行统计。

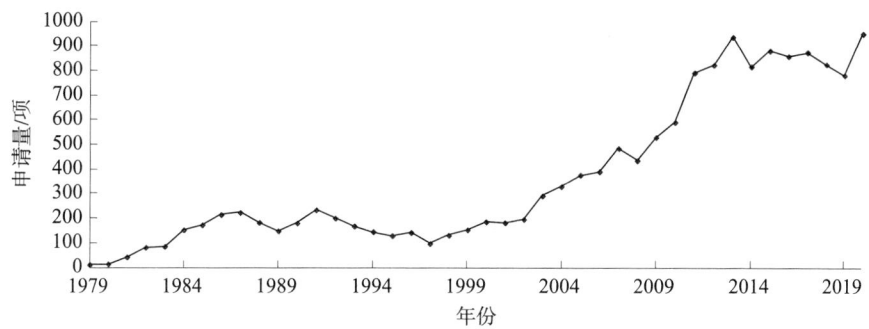

图2-3-2 1979—2019年HEMT领域全球专利申请趋势

2. 专利申请来源和目标国家/地区分析

图2-3-3示出了HEMT领域全球专利申请来源和目标国家和地区的分布情况。全球专利申请来源国家/地区依次是日本、美国、中国、韩国、中国台湾、欧洲。

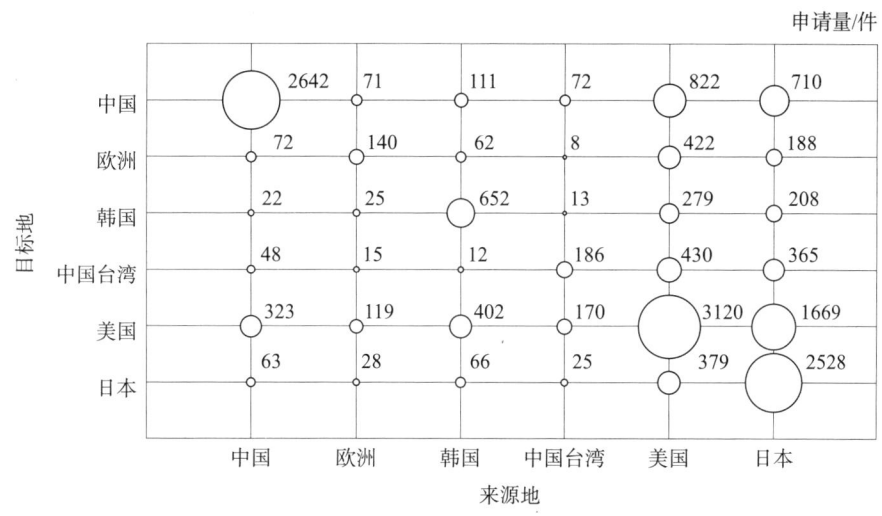

图2-3-3 HEMT领域全球专利申请来源区域和目标区域

从图2-3-3中可以看出，全球专利申请目标国家和地区依次主要是美国、中国、日本、韩国、中国台湾、欧洲，表明这些国家和地区仍是申请人关注和重视的热点市场。

从图 2-3-3 中也可以看出，来源于中国的专利申请的目标地大部分是在中国，第二大市场是美国。而来源于日本的专利申请的主要目标地除了日本外，在美国、中国均有较多的市场布局，在韩国、中国台湾也提交了相对多的专利申请，表明日本的专利申请人对海外市场的重视。来源于美国的专利申请的主要目标地除了美国本土外，在中国、中国台湾、欧洲、日本、韩国的专利申请占比也较多，这点与来源于欧洲、韩国、中国台湾的专利申请相似。从以上分析可以看出，中国相比于其他国家/地区更关注本地区的市场，而其他国家/地区的专利申请人，基本上在全球热门区域和市场均进行重点专利布局。

3. 主要目标国家/地区的专利申请趋势

图 2-3-4 示出了 HEMT 领域主要目标国家/地区的专利申请趋势，从申请趋势中可以看到，中国的申请量总体呈现持续增长势头，其中 2011 年较少，为 136 件；2012—2016 年增长到每年 200~350 件；2017—2019 年申请量稳定在每年 400~500 件，并且据目前的不完全统计，2020 年的申请量已经达到了 548 件。这与 HEMT 近年来的商业化应用加速发展密切相关：HEMT 器件主要被用于基站、天线、雷达等设备中，而这些设备又与通信与航天行业发展息息相关。中国目前正处于 5G 建设的阶段，以 2021 年通信行业为例，三家基础电信企业和中国铁塔股份有限公司共完成电信固定资产投资 4058 亿元，这一数据与 2020 年基本持平。❶ 这些数目巨大的投资促进了基站、天线、雷达等设备的发展，从而带动了 HEMT 领域申请人的研发积极性，使得目前中国的申请量一直呈现增长趋势。值得一提的是，中国的年申请量于 2016 年起已超过日本。

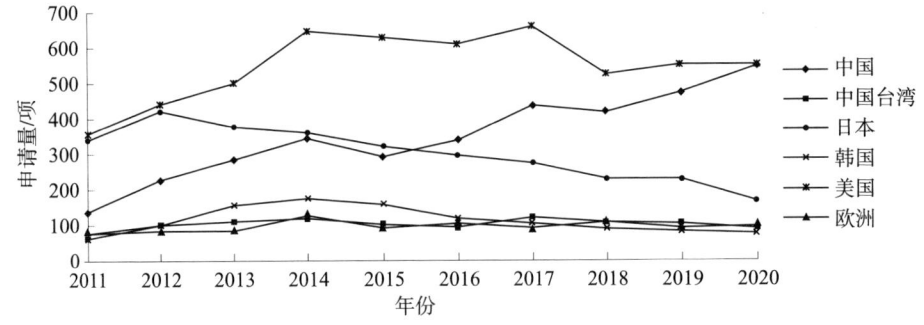

图 2-3-4　2011—2020 年 HEMT 领域主要国家/地区的专利申请趋势

---

❶ 中华人民共和国工业和信息化部. 2021 年通信业统计公报［R/OL］.（2022-01-25）［2022-11-07］. https://www.miit.gov.cn/gxsj/tjfx/txy/art/2022/art_e8b64ba8f29d4ce18a1003c4f4d88234.html.

美国的专利申请量呈现先增长再下降的变化趋势，其中2011—2014年申请量呈上涨趋势，每年为350~650件；2015—2017年呈现平稳趋势，每年稳定在600件以上；2018年申请量出现较大幅度下滑，之后申请量基本保持稳定，年申请量维持在550件左右。

日本的申请量整体上呈现出下降的趋势，其中2011—2012年申请量呈上涨趋势，2012年申请量达到421件，之后逐年下降，申请量从下降至200件左右。

韩国、中国台湾、欧洲的年申请量变化趋势基本一致，2011—2019年申请量整体在200件以内。

(三) 申请人分析

1. 全球/中国专利申请的申请人排名

图2-3-5示出了HEMT领域全球专利申请主要申请人排名，申请量排名前十位的申请人中，日本申请人数量最多，包括富士通、东芝、住友、三菱，说明日本在HEMT领域的技术优势明显。其次是美国有两位申请人，德国、韩国、中国、中国台湾各有一位。申请量排名第一的申请人为富士通，其对于HEMT器件的研发历史悠久，专利布局相对完备，东芝、台积电的申请量紧随其后，英特尔次之。前四位申请人的申请量均显著超过其他申请人，并且明显超过平均申请量（326项）。西安电子科技大学的申请量位列第六，也是前十位中仅有的中国申请人。

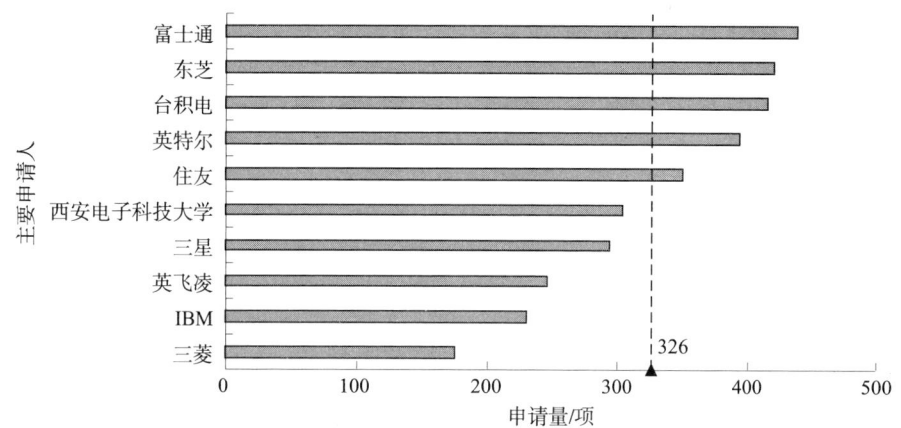

图2-3-5　HEMT领域全球专利申请主要申请人排名

图2-3-6示出了HEMT领域中国专利申请主要申请人排名。在中国的申请人中只有西安电子科技大学进入前十位，排名第一。可见，尽管近年来国内HEMT领域的发展迅速，专利申请量整体上增长较快，但是申请人呈百花齐放

的局面,参与研究的企业和科研机构数量较多,但是大部分申请人的专利申请数量不多,专利集中度较差。瑞萨也出现在了前十位申请人中。并且申请人的排位顺序也发生了变化,这说明了不同申请人对中国市场的重视程度的差别。

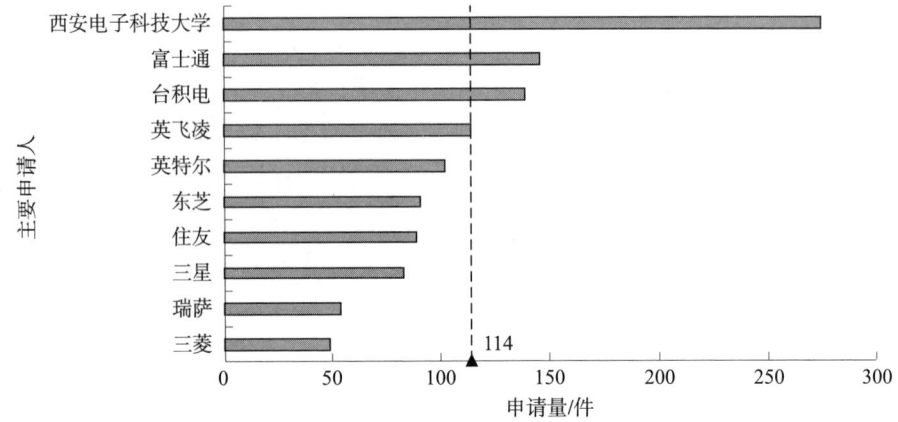

图2-3-6 HEMT领域中国专利申请主要申请人排名

2. 主要申请人技术分支分布

表2-3-1示出了申请量排名前十位的申请人的主要技术领域。在专利技术布局方面,申请量进入前十位的申请人之间有较大差异。

表2-3-1 申请量排名前十位的申请人主要技术领域

申请人	主要技术领域
富士通	制造方法、异质结结构、常关器件
东芝	制造方法、电极结构
台积电	常关器件、制造方法
英特尔	异质结结构、常关器件、电极结构
西安电子科技大学	电极结构、常关器件
住友	制造方法
三星	材料选择、制造方法
IBM	材料选择、异质结结构
英飞凌	制造方法、异质结结构
三菱	制造方法、电极结构、异质结结构

基于HEMT领域的器件结构,可以划分为开启关断的器件结构(如常关器件)、电极结构(如沟槽栅、场板、肖特基栅)、异质结结构、材料选择等方面。电极结构的设置对内部电场的分布、二维电子气的浓度等均有较大影响,

其中东芝、英特尔、西安电子科技大学、三菱均有较多布局；本体结构的设置则影响了导通电流的状态（如导通载流子是电子还是空穴、导通电流是否需要隧穿）、器件是常开型还是常关型、器件的栅控能力等性能，对于涉及本体结构的异质结结构和材料选择，富士通、英特尔、三星、IBM、英飞凌、三菱均开展了研究并进行了专利布局。

制造方法作为一个研究重点，其影响单晶形成质量及形成器件的成本与可靠性。从沉积工艺来说，由于大部分 HEMT 需要使用单晶Ⅲ-Ⅴ族化合物材料来形成异质结，材料的选择、单晶沉积的条件（如温度、沉积方法等）均会影响单晶的质量并进而影响器件的性能。器件的形成步骤影响到了已形成层的质量，如后续步骤的温度是否影响已形成层的应力释放、后续步骤是否会对已形成层造成蚀刻损伤等。由于Ⅲ-Ⅴ族化合物半导体的大规模制备难度较高，而这点对产业化过程中批量生产 HEMT 造成了较大的影响，富士通、台积电、东芝、住友、三星、英飞凌、三菱等公司均有较多的专利着眼于制造工艺的改良。

由于器件的结构对器件频率参数有较大影响，因此各个申请人均在器件结构上有研发，如选择异质结材料/结构的设计、器件类型（如异质结方向等）及场板等角度作为主要的研究对象。例如，西安电子科技大学、英特尔、IBM 等申请人，更加注重不同角度的器件结构的优化。

3. 主要申请人分析

为了研究不同申请人在器件结构中不同技术上的专利分布，以下就重点申请人在电极结构、异质结结构、常关的器件结构这几个技术分支上的专利布局情况进行分析。

（1）富士通。

图 2-3-7 示出了富士通在 2011—2020 年 HEMT 领域的专利申请年申请量变化趋势。2011—2014 年，其申请量呈大幅下降趋势，年申请量从 2011 年的 80 项下降到 2014 年的 22 项；2015 年增长到 40 项左右；2016 年起，申请量再次呈下降趋势，2019 年申请量为 12 项。

图 2-3-8 示出了富士通在 HEMT 领域重点技术分支的专利分布情况。从图中可以看出，富士通的专利申请中电极结构的占比最多，接近50%，这是由于电极结构包含了较多的角度（如源、漏、栅、场板），能够达到的技术效果也不同；常关器件结构次之，异质结结构最少。

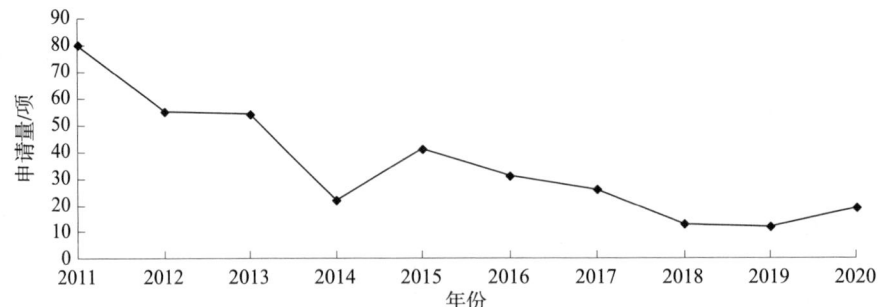

图 2-3-7　2011—2020 年 HEMT 领域富士通全球专利申请年申请趋势

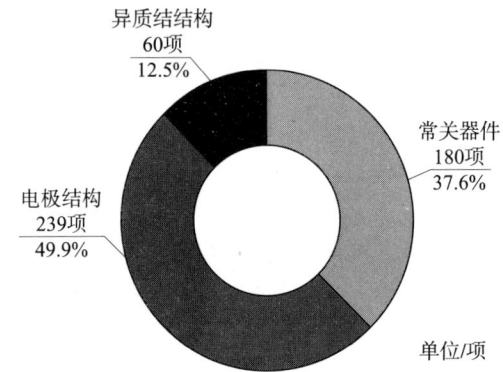

图 2-3-8　富士通在 HEMT 领域重点技术分支的专利分布

（2）东芝。

图 2-3-9 示出了东芝在 2011—2020 年 HEMT 领域的专利申请年申请量变化趋势。2011—2013 年其申请量在 40 项左右浮动；在 2014 年出现一个较大的增长，超过 60 项；之后其申请量整体呈现下降的趋势。

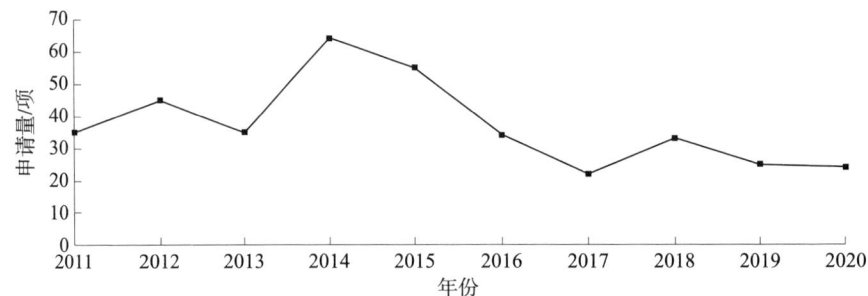

图 2-3-9　2011—2020 年 HEMT 领域东芝全球专利申请年申请量

图 2-3-10 示出了东芝在 HEMT 领域重点技术分支的专利分布情况。从图中可以看出,东芝的专利申请中涉及电极结构技术的申请量最多,接近 50%,常关器件占比次之,最后是异质结结构。东芝和富士通两家公司在电极结构领域均占较大比重,因此可知不同电极的结构是申请人研发时考量的重点。

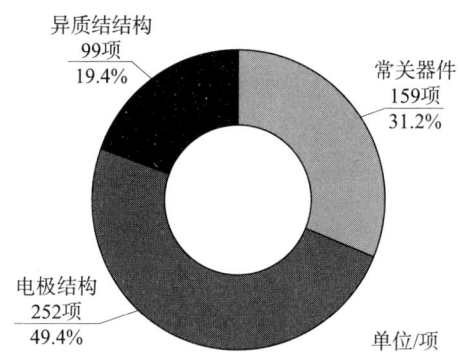

图 2-3-10 东芝在 HEMT 领域重点技术分支的专利分布

(四) 重点技术分析

由于 HEMT 器件结构的设计对其性能影响十分重要,因此为了更好地研究 HEMT 器件结构,选取器件关断的设计、异质结的设计和场板的设计作为重点研究对象。

1. 器件关断的设计

HEMT 可以分为常关型和常开型两种类型。作为功率器件,无论是从耐压性还是长期耗能角度来看,常关型都比常开型更优越。常关型器件需要使栅下的二维电子气在 0V 栅压下消失。这就使得与常开型器件相比,常关型器件的形成需要更多的步骤以阻断栅下二维电子气的形成。其技术路径如图 2-3-11 所示,为此一般采取三种不同的技术路径:去除栅电极区域的势垒层和沟道层或仅去除势垒层以破坏异质结构之间的极化性质,从而使二维电子气消失,由于一般是栅极结构设置在去除的部分,所以又称嵌入栅技术;或者在栅区域的势垒层上形成 P 型结构以耗尽二维电子气,即 P 型 GaN 技术;或者其他技术,该分支下共有 6671 项专利。以下结合重点专利对不同的技术路径做详细说明。

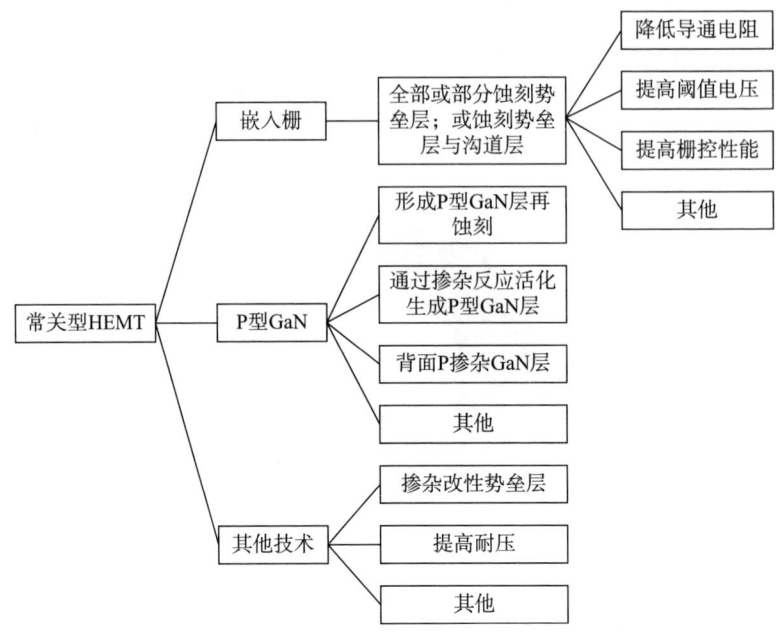

图 2-3-11 常关型 HEMT 技术路径

(1) 嵌入栅技术。

对于使用嵌入栅技术的常关型器件来说，由于二维电子气被部分破坏而导致导通电阻上升是一个需要考虑的问题。2012 年 4 月 29 日西安电子科技大学申请名为"基于 GaN 的 MIS 栅增强型 HEMT 器件及制作方法"的专利（公告号为 CN102629624B），其结构如图 2-3-12 所示。在凹槽两侧的 GaN 主缓冲层和 AlGaN 主势垒层界面上形成第一二维电子气 2DEG 层，在凹槽两侧的 GaN 次缓冲层与 AlGaN 次势垒层界面上形成第二二维电子气 2DEG 层，在凹槽底面上的 GaN 次缓冲层与 AlGaN 次势垒层界面上形成第三二维电子气 2DEG 层，因而当电子流经第二二维电子气 2DEG 层、凹槽侧壁的增强型的二维电子气 2DEG 层以及第三二维电子气 2DEG 层形成第一导电沟道；当电子流经第一二维电子气 2DEG 层、增强型的二维电子气 2DEG 层以及第二二维电子气 2DEG 层形成第二导电沟道。

除此之外，作为关断器件，其阈值电压也是评价性能的重要指标。为了提升增强型 HEMT 的阈值电压，世界先进积体电路递交了最早优先权日为 2018 年 1 月 23 日的名为"半导体器件及其制造方法"的专利申请（授权公告号为 US10700190B2），该申请通过阶梯状 P 型氮化镓层的沉积以更精确的控制器件的阈值电压。

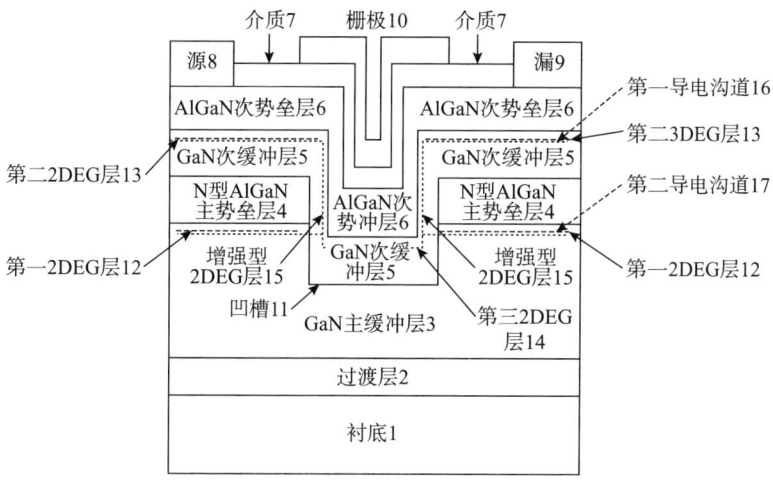

图 2-3-12 CN102629624B 的器件结构

为了提高栅控能力，英特尔递交了专利申请"多栅极高电子迁移率晶体管及其制造方法"，该申请最早优先权日为 2014 年 9 月 9 日（授权公告号为 US10439057B2）在美国、日本、韩国、欧洲、中国、马来西亚进行了布局，在美国、日本、韩国、中国已获得授权。该申请的 HEMT 器件设置上下两个栅极结构 106、108，如图 2-3-13 所示，其中栅极结构 108 阻断背势垒层 112，从而截断其中的二维电子气以得到增强型的 HEMT 器件；并且由于有两个栅极结构，栅极对电流的控制性能可以得到大大提高。

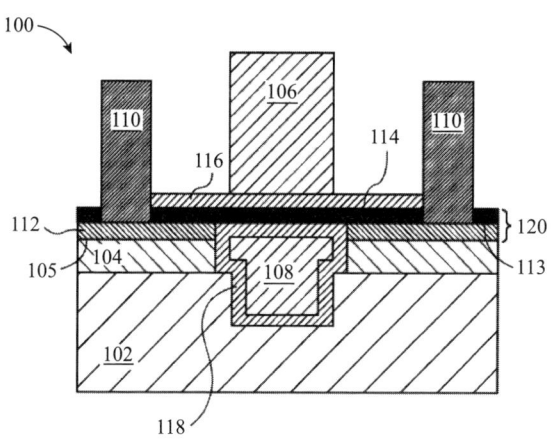

图 2-3-13 US10439057B2 的器件结构

以上仅是通过重点专利对技术路径做举例说明，其他如击穿电压、开关性能等参数的研究和提高也是嵌入栅常关 HEMT 器件领域重要的研究内容。

(2) P 型 GaN 技术。

由于嵌入栅技术需要对异质结构进行蚀刻，容易引入缺陷，因此研发人员开发了 P 型 GaN 技术。P 型 GaN 技术由于会增加引入一层 P 型 GaN 层，因此如何形成 P 型 GaN 层成为研究的重点。

除了主流的形成 P 型 GaN 层再利用栅极结构进行自对准蚀刻的技术外，2011 年 2 月 17 日富士通递交了"半导体器件及其制造方法和电源装置"的专利申请（授权公告号为 JP5775321B2），在美国、日本进行了布局且获得授权，如图 2 - 3 - 14 所示。为了避免常规蚀刻形成二维电子气阻断区域时造成沟道区域受损，在器件上整体形成有氢的 p - GaN 层 6，再在不需要耗尽二维电子气的区域上提供 n - GaN 层 7 与掩膜。通过热处理，未被覆盖的栅下区域的 p - GaN 层 6 中氢析出从而呈现 p 型掺杂，即形成限定活化区域 10 以耗尽栅下的电子气，而其他注入氢的区域则形成高阻的无源区域 10A。无源区域 10A 上的 n - GaN 层 7 由于可以降低能带，因此栅以外区域依旧可以形成二维电子气。

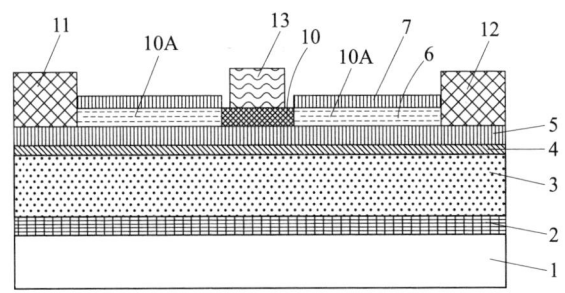

图 2 - 3 - 14　JP5775321B2 的器件结构

阿聚尔斯佩西太阳能申请了一件名为"Ⅲ族氮化物常断型晶体管的层结构"的专利申请（授权公告号为 EP2768027B1），在美国、韩国、欧洲进行了布局且获得授权，其最早优先权日为 2013 年 2 月 15 日。该申请在沟道层的背面设置 P 型掺杂的背势垒层，通过 P 型掺杂提升导带位置获得常关器件；并且可以通过控制 P 型掺杂的浓度调控阈值电压。

(3) 其他技术路径。

嵌入栅技术与 P 型 GaN 技术是两个重要的主流技术路线，然而目前这两种主流技术路线依然存在缺点。嵌入栅技术在对势垒层进行蚀刻时会在异质结中形成缺陷，从而导致器件性能下降；而 P 型 GaN 技术又存在阈值电压不稳定的问题。❶ 因此研究人员依然在积极开发其他技术路径。

---

❶ 鲍婕等，GaN HEMT 电力电子器件技术研究进展 [J]．电子与封装，第 21 卷，020102 - 1 到 020102 - 10．

对于其他技术路径，如英特尔递交了名为"用于非对称 GaN 晶体管和增强模式操作的自对准结构和方法"的专利申请（授权公告号为 US9099490B2）在美国、韩国、欧洲、中国进行了布局且获得授权，其最早优先权日为 2012 年 9 月 28 日。如图 2-3-15 所示，该申请为了避免常关 HEMT 在大规模集成时面临的功耗高且栅下蚀刻技术不完全适用的问题，使用电介

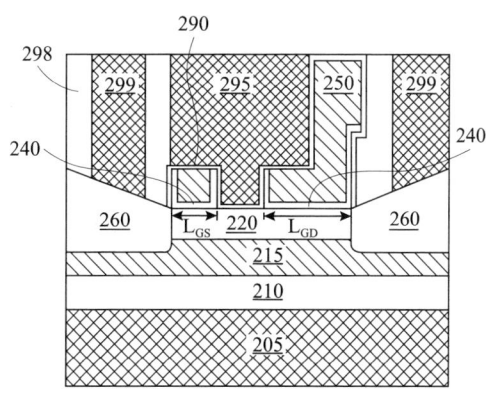

图 2-3-15 US9099490B2 的器件结构

质衬垫 240 自对准限定栅结构，在左右两侧电介质衬垫 240 做掩膜的情况下对势垒层 220 进行氟离子注入以耗尽电子气，并且该结构采用栅极电极 295 与源极和漏极半导体区间隔不同的距离，以提供高击穿电压和低导通状态电阻。这是利用掺杂改性的方式来耗尽二维电子气。

2013 年 1 月 29 日年富士通递交了名为"半导体器件"的专利申请（授权公告号为 JP6064628B2）在美国、中国、日本进行布局且获得授权，如图 2-3-16 所示。该专利通过将电子渡越层 21 形成在衬底 10 的非极性 m 面上，这样电子渡越层 21 表面是非极性的；而在电子渡越层 21 与电子供给层 22 之间的垂直界面 20c 附近是 N 极性表面，使得在电子渡越层 21 中生成 2DHG21b；在电子渡越层 21 与电子供给层 22 之间的界面附近的电子渡越层 21 中生成 2DEG21a，如此提高器件的耐压。

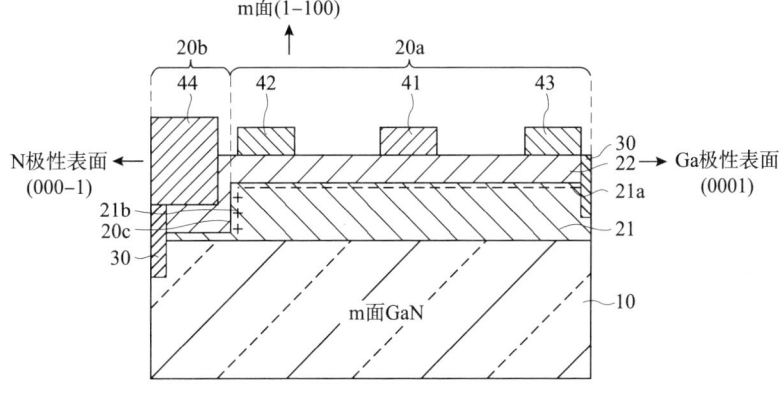

图 2-3-16 JP6064628B2 的器件结构

除此之外，还有如2017年6月9日意法半导体递交了名为"具有选择性生成2DEG沟道的常关型HEMT晶体管及其制造方法"的专利申请（授权公告号为EP3413353B1），在美国、欧洲进行了布局且获得授权。该申请通过设置Al浓度较低的势垒层以使得势垒层与沟道层之间不存在二维电子气。再在势垒层上方引入绝缘层，绝缘层与势垒层之间存在较大的晶格常数的失配，通过失配在势垒层中产生应力以使得指定区域产生二维电子气。这是采用诱导栅下以外的区域产生二维电子气以达到器件实现常关的目的。

2017年9月19日东芝递交了名为"半导体器件及其制造方法"的专利申请（授权公告号为JP6734241B2），在美国、日本进行了布局且获得授权。如图2-3-17所示，该申请通过第1层10的一部分（第3面10c）倾斜，由此在该第3面10c与第3电极53之间的区域中极化减弱，从而获得常关特性的HEMT器件。

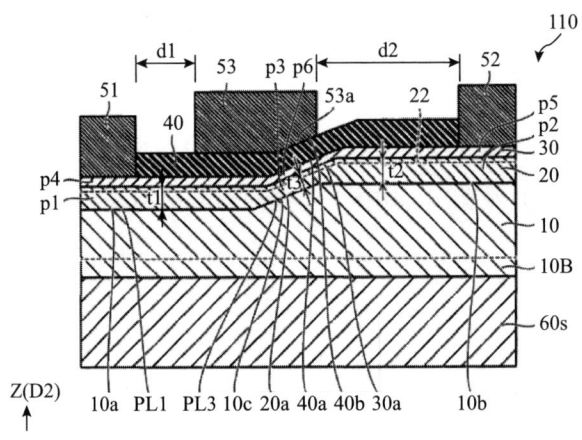

图2-3-17　JP6734241B2的器件结构

综上所述，对于常关型HEMT，其中嵌入栅技术由于历史更长，因此其技术发展更倾向于技术优化；P型GaN层技术则更多的是在如何优化P型GaN层的形成；其他技术则依旧处于百花齐放的阶段。

2. HEMT异质结的设计

HEMT优异的性能主要依赖于其中的二维电子气，而二维电子气则是由异质结产生的。在图2-3-18所示的典型HEMT器件结构中，势垒层位于沟道层的上方，势垒层与沟道层形成的异质结之间形成二维电子气，即单个的正向异质结。因此，异质结的设计对于二维电子气的性质会有较大影响，异质结的设计也是影响HEMT性能的重要部分。除了该图所示的典型单个的正向异质结之外,研发者也设计出了其他的结构以期取得更优异的性能。例如,反向异质结能够使得电流从二维电子气经过沟道直接到栅极,降低了栅极与二维电子气之间的电阻;双异质结在 HEMT 中引入两个产生二维载流子气的结构,这样既可以利用两个不同的二维载流子气设计器件结构,也可以降低器件的导通电阻,改善阈值电压;多层异质结构则是在双异质结基础上发展起来,其通过多个异质结的堆叠,设计更多的二维载流子气沟道。该技术路径下有 2976 项专利申请,为了更好的了解各技术路径,以下结合重点专利进行介绍。

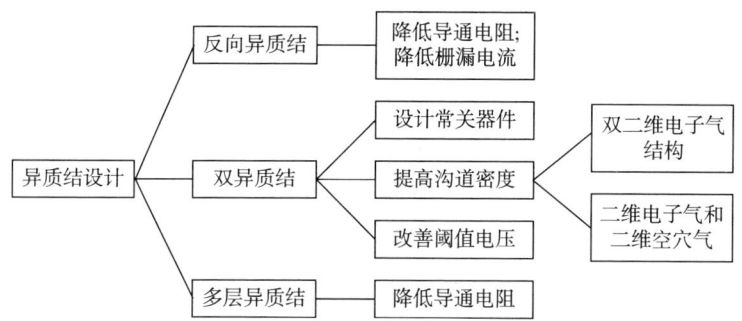

图 2-3-18 异质结的设计的技术路径

(1) 反向异质结。

反向异质结的沟道层位于势垒层的上方,这样的设计使得电流路径不需要经过势垒层从而降低电阻;并且,背面的厚缓冲层与阻挡层一起可以改善夹断性能。

2012 年 5 月 16 日索尼递交了名为"半导体器件及其制造方法"的专利申请(授权公告号为 JP5991018B2),在美国、中国、日本进行了布局,在美国、日本已获得授权。该申请通过设置反向异质结构形成 p 沟道 HEMT 器件。在该器件中,背面缓冲层 102 同时也可以作为压电极化层,如图 2-3-19 所示,其可以在上方的沟道 103 中形成二维空穴气。通过这样的结构以实现 p 沟道 HEMT 器件导通电阻的降低,操作速度与耐压性能的提高。

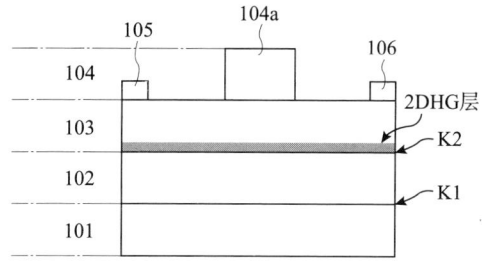

图 2-3-19 JP5991018B2 的器件结构

2018年4月25日住友递交了名为"具有沟道层和势垒层反向排列的高电子迁移率晶体管"的专利申请（授权公告号为JP7074282B2），在美国、日本进行了布局且获得授权。如图2-3-20所示，由于反向异质结的沟道层位于势垒层的上方，因此使得栅极-2DEG之间的电阻降低。然而也正是因为这个结构使得栅极电极与沟道层直接接触而增加栅极漏电流。该申请为了解决反向异质结的栅极-2DEG电阻与栅极漏电流的矛盾，在沟道层14上设计了掺杂的中间层15；中间层15上设置肖特基层16。肖特基层16提高中间层15由于掺杂而降低的能带，并且提高了栅极势垒层高度从而降低栅漏电流；中间层15则消除从源电极22和漏电极23到沟道14的路径中的载流子传输的异质势垒。

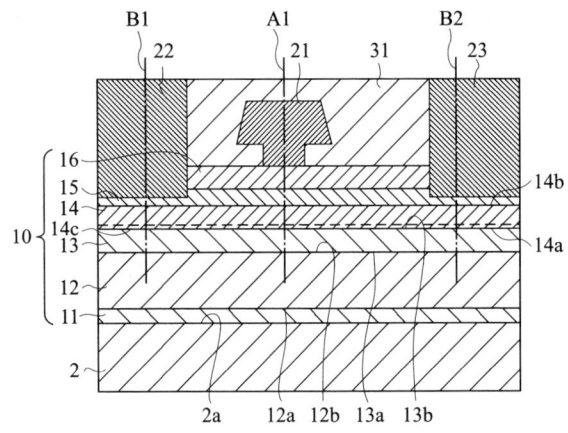

图2-3-20　JP7074282B2的器件结构

（2）双异质结。

双异质结由于器件中存在两个二维载流子气沟道，因此其设计上可以利用两个二维载流子气沟道获得优于单个二维载流子气沟道器件的性能。

2012年2月28日英飞凌递交了名为"常断型化合物半导体隧道晶体管"的专利申请（授权公告号为US8586993B2），在美国、中国、德国进行了布局且获得授权，如图2-3-21所示。该申请的结构中，中间层110的带隙比上层120和下层110的带隙更低（或比两者带隙均更高），如此中间层110与上层120、中间层110与下层100之间形成了两个异质结构。在两个异质结构中形成两个二维载流子气150、160，两者分别是二维电子气与二维空穴气。通过在栅极170上施加电压使得跨二维电荷载流子气150、160之间的隧穿位垒的隧穿发生以产生电流。如此可以制造常关型器件。

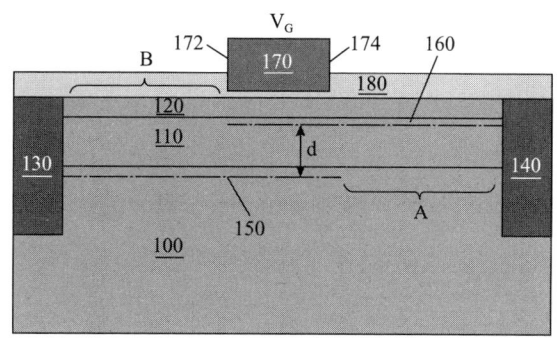

图 2-3-21　US8586993B2 的器件结构

2013 年 9 月 17 日东芝递交了名为"半导体器件"的专利申请（授权公告号为 JP6214978B2），在美国、韩国、欧洲、中国、日本进行了布局，在美国、韩国、中国、日本已获得授权。如图 2-3-22 所示，该申请中第二半导体层 16 和第三半导体层 18 之间作为第一对异质结构，产生第一二维电子气区域；第四半导体层 20 和第五半导体层 22 之间作为第二对异质结构，产生第二二维电子气区域。通过设置两个二维电子气区域减小阈值控制层 14 对二维电子气区域产生密度降低的影响，从而降低导通电阻。

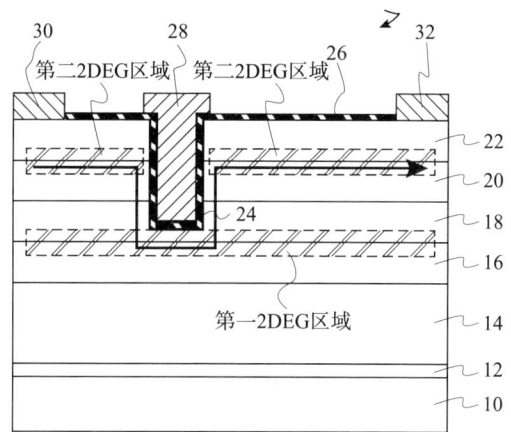

图 2-3-22　JP6214978B2 器件结构

2014 年 2 月 26 日瑞萨递交了名为"半导体器件"的专利申请（授权公告号为 JP6341679B2），在美国、韩国、欧洲、中国、日本进行了布局，在美国、中国、日本已获得授权，器件结构如图 2-3-23 所示。该申请除了导电区域的势垒层 BA 与沟道层 CH 之间形成二维电子气 2DEG1 之外，还利用超晶格层 SL

上的缓冲层 BU1 与缓冲层 2 之间形成二维电子气 2DEG2。由于二维电子气 2DEG2 可以与正极化电荷抵消，因此可以减少界面处的极化电荷；也可以使缓冲层 BU2 与沟道层 CH 之间的负极化电荷不偏移，从而改善阈值电压与常关特性。

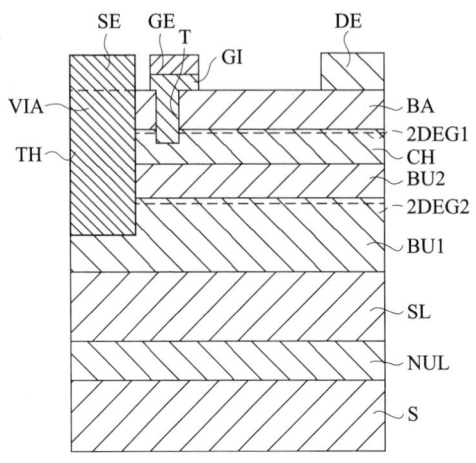

图 2-3-23　JP6341679B2 的器件结构

（3）多层异质结。

2015 年 7 月 14 日电装递交了名为"氮化物半导体器件"的专利申请（授权公告号为 JP6304155B2），在美国、日本进行了布局且获得授权，器件结构如图 2-3-24 所示。该申请通过在 GaN 层 2 与 AlGaN 层 3 的 GaN/AlGaN 界面的 GaN 层 2 侧、由各层的 GaN 层 4 及 AlGaN 层 3 构成的 GaN/AlGaN 界面的 GaN 层 4 侧，通过压电效应及极化效应感应出 2DEG 载流子，通过多层结构降低器件的导通电阻。

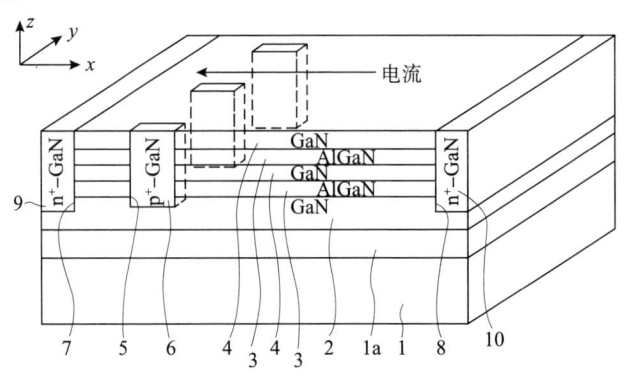

图 2-3-24　JP6304155B2 的器件结构

3. HEMT 场板的设计

由于 HEMT 器件在射频范围下操作需要较高的击穿电压，而仅靠 HEMT 本身的结构难以满足操作需求，因此常常会在器件中引入场板结构来提高击穿电压。场板结构可以通过连接电极或场板表面电荷等方式产生电场，并且产生的电场可以抵消或改变原器件中的电场峰值，从而提高原击穿点的击穿电压或更改击穿点到更耐压的位置。

因此，场板所连接的电极或其表面形成电荷的方式成为影响其性质的重要因素，场板按照其连接的电极可以分为源极场板、栅极场板、漏极场板和其他场板，如图 2 - 3 - 25 所示。该技术路径下有 1141 项专利申请，以下结合重点专利进行介绍。

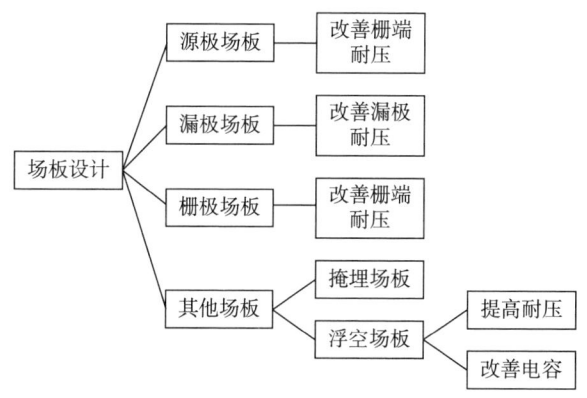

图 2 - 3 - 25　场板设计技术路径

（1）源极场板。

HEMT 器件中源极一般连接低压，因此源极场板能够使得部分电场线从沟道指向源极场板。

2013 年 3 月 13 日创世舫递交了名为"增强型Ⅲ族氮化物器件"的专利申请（授权公告号为 US9590060B2），在美国、日本进行了布局且获得授权，器件结构如图 2 - 3 - 26 所示。设置增强型晶体管 41 和耗尽型晶体管 42，第一延伸部分 47 既是耗尽型晶体管的栅极也是增强型晶体管的场板，其与增强型晶体管 41 的源极触点 34 相连，还具有比延伸部分 32 更接近于器件沟道 19 的栅极 48，可使器件的峰值电场产生在延伸部分 47 的下面或附近，而不产生在延伸部分 32 的下面或附近；并且第一延伸部分 47 在混合器件 40 偏置在大的漏极 - 源极电压的情况下处于截止状态时，减少耗尽型晶体管 42 的峰值电场。

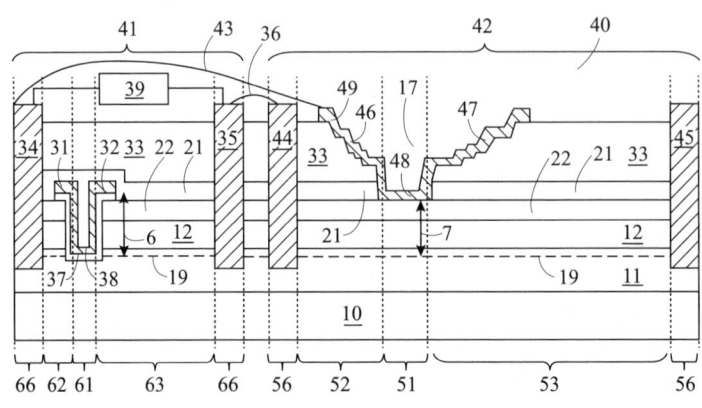

图 2-3-26　US9590060B2 的器件结构

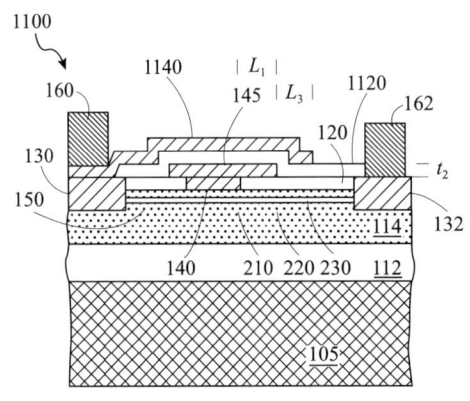

图 2-3-27　US10541323B2 的器件结构

2016 年 4 月 15 日镁可（Macom）递交了名为"高压 GAN 高电子迁移率晶体管"的专利申请（授权公告号为 US10541323B2），在美国、欧洲、日本进行了布局，在美国、日本已获得授权，器件结构参见图 2-3-27。在 HEMT 中形成源极连接场板 1140，场板 1140 电连接到器件的源极 130。源极连接场板 1140 在栅极 140 上方朝向漏极 132 延伸并延伸超过栅极 140。通过设置源极连接场板朝向漏极延伸超过栅极连接场板的边缘距离 L3，可以调控器件的击穿电场峰值的位置。

（2）漏极场板。

漏极场板能够较好地解决漏极附近电场峰值造成的击穿。

2016 年 5 月 11 日 RFHIC 申请了名为"高电子迁移率晶体管"的专利申请（授权公告号为 US10217827B2），在美国、欧洲、日本、韩国进行了布局且获得授权，器件结构如图 2-3-28 所示。设置栅极场板 144 形成在钝化层 120 上，钝化层 120 向漏极 104 延伸，栅极场板 144 和漏极场板 140 可以与电极/外延层 102 等结构形成电容，从而提高击穿电压，这个电容可以降低在漏极侧上的栅极边缘区域和漏测区域的电场，从而提高栅极 118 及漏极 104 之间的击穿电压。

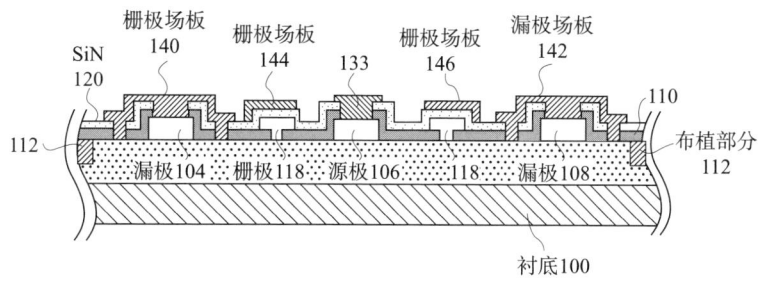

图 2-3-28　US10217827B2 的器件结构

2011 年 9 月 6 日传感器电子（SENSOR ELECTRONIC）递交了名为"具有低导通场控元件的半导体器件"的专利申请（授权公告号为 US9806184B2），如图 2-3-29 所示。该申请为了解决异质结构场效应晶体管在高频下工作时，现有场板增加电极间电容和电极半导体电容，并且因此降低器件的最大工作频率，这降低了器件的最大操作频率。为了使得沟道在整个源极—漏极间隔中完全耗尽，需要增加对栅极—漏极间距中的电场分布的控制。因此设置了场控制元件 28A、28B、28C，低导电材料层（如半导体）形成，在以低频操作期间，低导电材料将表现得类似于金属电极，因此可以充当导体；在高频操作期间，将表现得类似于绝缘体，即充当电介质，从而不会劣化装置频率性能。场控制元件 28A、28B、28C 使总电极面积略微增加，从而使器件电容略微增加。

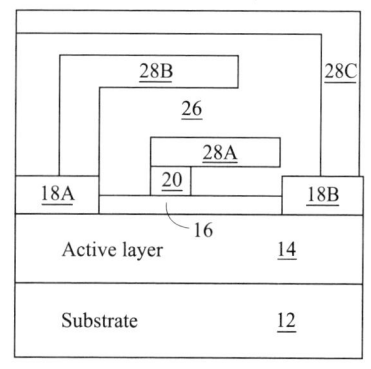

图 2-3-29　US9806184B2 器件结构

（3）栅极场板。

栅漏击穿是 HEMT 中的一个常见的击穿方式，而栅极场板能够较好地提高这一击穿点的击穿电压。

相当一部分栅极场板以与栅极在同一步骤中形成的方式形成，或者称为 T 形栅。例如，2013 年 2 月 28 日电力集成（Power Integrations）递交了名为"具有 AlSiN 钝化层异质结构功率晶体管"的专利申请（授权公告号为 US8928037B2），在美国、韩国、日本、欧洲进行了布局且获得授权。如图 2-3-30 所示，朝着漏极欧姆接触点 316 横向延伸的栅极 312 的部分充当栅极场板，它用以减轻边缘栅极最靠近漏极欧姆接触点 316 处的电场强度。

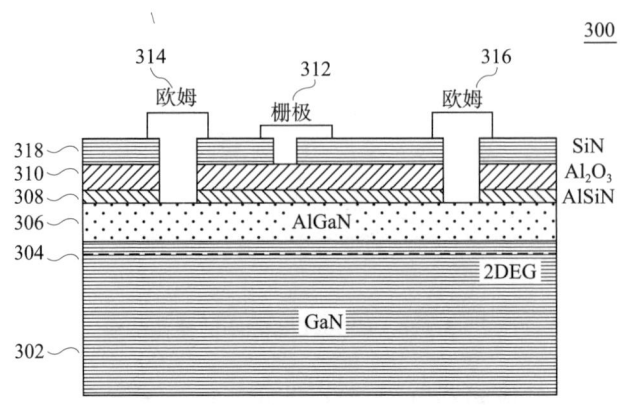

图 2-3-30　US8928037B2 的器件结构

（4）其他场板。

除了直接与电极电接触的场板外，还有部分场板通过其他方式改变电场线，从而改变器件电学性能。

掩埋场板：2011 年 12 月 20 日英飞凌递交了名为"具有掩埋场板的化合物半导体器件"的专利申请（授权公告号为 US9024356B2），在美国、日本、德国进行了布局且获得授权，如图 2-3-31 所示。通过将掺杂剂物质注入缓冲区 120 中，以在缓冲区 120 中的深度处形成掩埋场板 140。掩埋场板 140 被较低掺杂的缓冲区 120 包围，使得第二 2DEG 出现在缓冲区 120 中，并且掩埋场板 140 介于上 2DEG 和下 2DEG 之间。下部 2DEG 从源极区 150 朝向漏极区 160 横向延伸，但在到达漏极区 160 之前终止且充当掩埋场板。掩埋场板能够降低最大电场峰值并增强器件的击穿强度，并且掩膜场板避免了顶部金属场板影响器件的 AC 的问题。

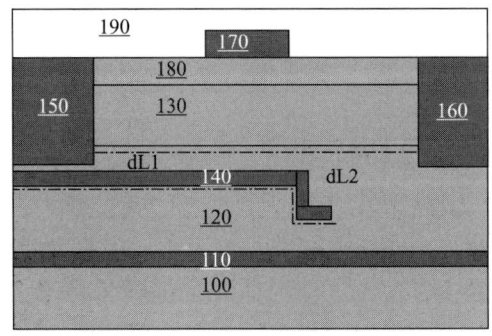

图 2-3-31　US9024356B2 的器件结构

浮空场板：2012年6月29日电力集成（Power Integrations）递交了名为"具有电荷分配结构的开关装置"的专利申请（授权公告号为EP3419055B1），在美国、欧洲、中国进行了布局且获得授权，将多个场板结构135、140、145设置于栅极介电层110上，如图2-3-32所示。场板结构通过电容205、210、215与其他部分耦合，而不是直接电连接；这样场板结构每个组件的静电电势可以具有不同的值，再通过电容CS1 225、CS2 230和CSN 235改变静电电势，因此能使得沿着2DEG 155的静电电势可以相对均匀地分布，从而提高击穿电压。

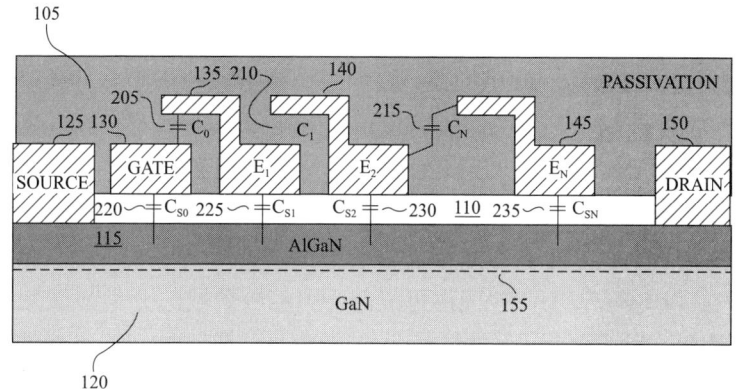

图2-3-32　EP3419055B1的器件结构

除了提高器件击穿电压外，场板还可以用来降低器件寄生电容。2015年11月6日台积电递交了名为"高电子迁移率晶体管及其制造方法"的专利申请（授权公告号为US10002955B2），在美国、韩国、德国、中国进行了布局且已获得授权，如图2-3-33所示。沟道和漂移区之间的结中的高电压导致低击穿电压，该申请为了解决该问题，利用浮空的场板结构21来降低栅极到漏极之间的电容并提高功率效率。

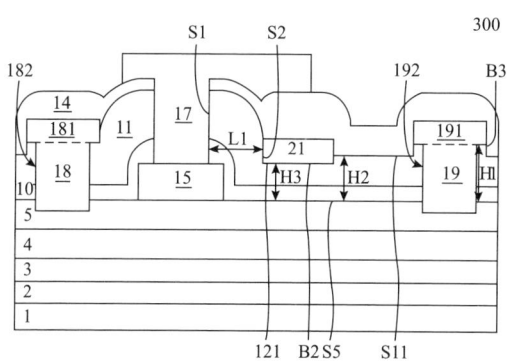

图2-3-33　US10002955B2的器件结构

· 209 ·

二、检索策略及案例解析

（一）检索策略

对于 HEMT 领域在检索时，可以首先对该领域的重要申请人进行追踪以便更快速地了解现有技术。

HEMT 领域的大部分专利文献集中在 IPC 分类号 H01L29/778 下，可以尝试使用该分类号与关键词的组合来限制技术领域。对于 CPC 分类号，H01L29/778 的所有下位点组、H01L29/66462、H01L29/66431 均较为常用；除此之外，相对较为独立的 H01L29/02 和 H01L29/40 的下位分类号也经常会被使用。检索的技术内容有对应的 CPC 分类号时，可以首先采用 CPC 分类号进行检索；当没有合适的 CPC 分类号时，可以采用 IPC 分类号与关键词的组合。

对于关键词的使用，需要注意适当扩展。例如，在限制 HEMT 的领域时，除了常用的 HEMT、高电子迁移率晶体管、MODFET 等关键词，二维电子气、二维空穴气、2DEG、2DHG 等词也可以与 H01L29 领域的分类号联用以限定技术领域。这是由于部分情况下申请人会仅以 MOS、晶体管、功率器件等上位领域对器件领域进行描述，但是申请文件中又会明确提出异质结与二维电子气的存在，因此需要避免遗漏该部分文件。

除此之外，上下位扩展、功能扩展也同样适用于该领域。例如，器件衬底内部存在的 N 型掺杂类型的层，需要注意部分情况下它可能被称之为第一掺杂类型掩埋层，部分情况下在以另一种载流子作为导电载体的器件中可以叫作 P 型掺杂层。再如，凹槽栅除了常见的槽栅、T 型栅等技术术语作为关键词外，还可以利用功能扩展的思路扩展关键词。从形成过程上来说，可以将其表达为蚀刻形成的栅；从目的上来说，部分凹槽栅是为了减弱二维电子气、阻断电流，因此这些词也是可选的关键词。

除了关键词之外，表达方式也是检索时需要考虑的重点。由于功率器件领域常常是由某一特定的导电类型、区域、部件、形状、材料位于特定的位置产生作用，因此一方面可以使用关键词来描述这一特定的导电类型、区域、部件、形状、材料；另一方面，使用临近算符将特定的导电类型、区域、部件、形状、材料和特定的位置联系起来。具体选择哪种策略则需要根据具体案情及文献量进行判断。例如，在栅漏之间使用 P 型材料作为钝化层，可以先根据经验判断 P 型钝化层不是常见的材料，并且钝化层包含了该层的功能信息，即该层在大部分情况下是位于栅源、栅漏之间或者电极层之上的层，因此可以尝试采用第一种思路，直接使用技术领域与该层的描述组合检索。如果检索后发现文献量较大,则可以采用第二种检索思路,将 P 型钝化层与漏极用邻近算符关联进行限定以减小噪声。

技术问题和技术效果也是检索时需要考虑的因素。当技术效果比较特定时,如多沟道、降低表面电场等,可以单独与技术领域联用。但是,当技术效果为降低导通电阻、提高耐压、降低漏电流等较为常见的技术效果时,更推荐使用技术问题和技术效果进行补充限定或者与技术特征之间用临近算符进行关联以降低噪声。

(二)检索要素

根据 HEMT 领域的常规表达,确定对应技术领域及技术分支的相关检索要素,包括关键词及对应的分类号,如表 2-3-2 所示。

表 2-3-2 检索要素表

检索要素	中文关键词	英文关键词	IPC (2022.01 版)	CPC (2022.05 版)
HEMT	二维电子气、二维空穴气、高电子迁移率晶体管、高空穴迁移率晶体管、调制掺杂场效应晶体管、选择掺杂异质结晶体管、二维电子气场效应晶体管	HEMT, HHMT, high electron mobility transistor, high hole mobility transistor, modulation doped field effect transistor, modulation doped FET, selectively doped heterojunction transistor, two dimensional electron gas FET, 2DEG, 2DHG, SDHT, TEGFET	H01L29/778	H01L29/778 的所有下位点组、H01L29/66462、H01L29/66431
常开型	耗尽型(模式)、常开型(模式)、D 模式	normal on, depletion mode, D mode		
常关型	增强型(模式)、常关型(模式)、常断型(模式)、常闭型、常关断、E 模式	enhanced mode, E mode, normal off		
场板	场板	FP, field plate		H01L29/402 下位点组
P 型栅	P 型栅	P gate		H01L29/1058、H01L29/1066

（三）案例解析

1. 案例2-3-1：一种高空穴迁移率晶体管

（1）案情概述。

本申请涉及一种高空穴迁移率晶体管。相比于由 GaN 分立器件构成的电力电子系统，单片集成技术更具有成本优势，且同时可抑制寄生电容和寄生电导问题，有利于提高系统的工作频率、效率及可靠性。其中，采用 GaN 器件实现的互补逻辑电路作栅驱动，既能最大化发挥 GaN 基功率器件的性能优势，又可以通过单片集成实现功率转换系统；在单片上实现增强型或耗尽型器件、P 沟道或 N 沟道器件、电容、电阻等模块，可以极大地降低系统的成本，提高系统转换频率、频率以及可靠性。因此，为了实现 GaN 基互补逻辑电路集成化应用，P 沟道增强型 GaN 器件必不可少。

现有 P 沟道增强高空穴迁移率晶体管器件在开关时损耗较高。

本申请在栅电极与 p-GaN 层之间增设了 n-GaN 材料层，通过调节该结构中的 n-GaN 的掺杂浓度，可以耗尽 p-GaN 层中的空穴，从而形成增强型器件。增强型器件的优点是在 0V 时，实现常关操作，降低功率损耗；并且，器件的阈值电压也可以由 n-GaN 的掺杂浓度或生长厚度来控制。由此，本申请可以改善 P 沟道增强型 GaN 高空穴迁移率晶体管器件的功率损耗和泄漏电流。将本申请提供的基于 n-GaN 栅的 P 沟道 GaN 基异质结场效应晶体管与 N 沟道 GaN 基电子器件在单片内集成，可以实现 GaN 基互补逻辑电路集成化应用。

本申请独立权利要求的技术方案如下：

1. 一种高空穴迁移率器件，其特征在于，自下而上包括：衬底、缓冲层、势垒层以及 p-GaN 层；其中，

所述 p-GaN 层的上表面两侧设有源电极和漏电极，所述 p-GaN 层的上表面设有 n-GaN 材料；所述 n-GaN 材料不与所述源电极、所述漏电极相接触；

所述 n-GaN 材料的上表面设有栅电极；

所述 p-GaN 层、所述 n-GaN 材料、所述源电极、所述漏电极以及所述栅电极的上表面均覆盖有钝化层；

所述高空穴迁移率晶体管器件还包括：穿过所述钝化层分别与所述源电极、所述漏电极以及所述栅电极相接的互连金属。

（2）充分理解发明。

本申请涉及的技术领域是 HEMT 领域，要解决的技术问题是如何更好地实现对高空穴迁移率晶体管开关控制，采用的技术手段是在栅电极与 p-GaN 层之间增设 n-GaN 材料层。可知，高空穴迁移率晶体管和栅电极与 p-GaN 层之

间的 n–GaN 材料层是其检索的重点。

（3）检索过程分析。

将理解发明部分中明确的两个重点：高空穴迁移率晶体管，栅电极与 p–GaN 层之间的 n–GaN 材料层确定为检索要素。

栅电极与 p–GaN 层之间的 n–GaN 材料层是一种与 P 型栅技术相似的技术，这类技术都是在栅区域形成 PN 结。可以使用 CPC 进行表达：H01L29/1058、H01L29/1066 这两个 CPC 分类号都可以表达器件中存在 PN 结栅。

根据上面确定的检索要素首先在中国专利全文库 CNTXT 中进行全要素检索。

1	CNTXT	5968	H01L29+/ic and（HHMT or 2DHG or 二维空穴气 or 高空穴迁移率晶体管 or MODFET or 调制掺杂场效应晶体管 or 选择掺杂异质结晶体管 or SDHT or THG-FET or H01L29/778+/ic/cpc）
2	CNTXT	101151	n s 栅
3	CNTXT	1423	1 and 2

文献量比较大，考虑用技术效果进一步限定。

| 4 | CNTXT | 295 | 1 and（n s 栅 s（断 or 关）） |

没有获得合适的相关专利文献。考虑到主题限定时包括了所有高电子迁移率晶体管与高空穴迁移率晶体管，对于主题表达不够精确。因此，可以进一步缩小主题的范围，将空穴气表达得更为明确。

| 5 | CNTXT | 399 | H01L29+/ic and（HHMT or 2DHG or 二维空穴气 or 高空穴迁移率晶体管） |
| 6 | CNTXT | 140 | 5 and 2 |

没有获得合适的相关专利文献，再尝试使用 CPC 表达。

| 7 | CNTXT | 285 | （H01L29/1058 or H01L29/1066）/cpc |
| 8 | CNTXT | 11 | 7 and 5 |

没有在中国专利全文库 CNTXT 中获得合适的相关专利文献。

使用外文专利全文库 ENTXT 进行进一步检索，通过上述检索过程，发现 CPC 的表达更为精确，因此首先尝试使用 CPC 分类号进行检索。

| 1 | ENTXT | 380 | H01L29+/ic and（HHMT or 2DHG or 二维空穴气 or（high 1w hole 1w mobility 1w transistor）or（two 1w dimensional 1w hole |

			1w gas 1w FET))
2	ENTXT	1359	(H01L29/1058 or H01L29/1066)/cpc
3	ENTXT	38	1 and 2

通过浏览上述检索结果，获得一篇相关专利文献，其公开了发明点：高空穴迁移率晶体管，并且 n 型掺杂Ⅲ－Ⅴ半导体位于栅电极与势垒层之间。继续用英文关键词进行检索，没有发现其他更接近的相关专利文献。

在 HEMT 领域中，当专利申请人是高校或研究所、发明点比较细节（尤其是沉积工艺的条件方面）或发明点用关键词容易表达时，要考虑将非专利数据库作为必选的检索数据库。以该申请为例，在高电子迁移率晶体管中，产生 2DEG 的沟道层上方设置 n－GaN 层耗尽二维空穴气是比较成熟的技术，因此 2DHG 沟道上方设置 p－GaN 的器件也可以在非专利库中进行检索。

使用 Web of science 数据库进行检索，检索式为（2DHG and N near/1 GaN），检索到相关的非专利文献，其正文图 1（b）公开了 n－GaN 栅 p 沟道 HFETs 器件，利用 n－GaN 消耗下方的二维空穴气。

2. 案例 2－3－2：一种高电子迁移率晶体管

（1）案情概述。

本申请涉及一种高电子迁移率晶体管，现有增强型 HEMT 器件由于需要对势垒层进行蚀刻，通过减薄势垒层的方式降低二维电子气的浓度从而形成增强型器件。然而蚀刻时会在势垒层造成额外的损伤与缺陷，因此会使得器件可靠性较低。

为了解决该技术问题，本申请将第三氮基半导体层埋置于势垒层中，具有不同带隙的第一和第二氮基半导体层彼此堆叠，以便在其间形成具有 2DEG 区域的异质结。第三氮基半导体层的导电类型不同于第二氮基半导体层的导电类型，为 P 型。第三氮基半导体层嵌入或埋置于第二氮基半导体层中。因此，第三氮基半导体层可以耗尽部分 2DEG 区域，导致半导体器件具有增强模式。半导体器件的制造工艺简单且避免使用蚀刻步骤在第二氮基半导体层中形成凹槽。因此，本申请的半导体器件可以具有良好的可靠性、电性能和较高的良率。

本申请独立权利要求的技术方案如下：

1. 一种高电子迁移率晶体管，其特征在于，包括：

第一氮基半导体层；

第二氮基半导体层，设置于所述第一氮基半导体层上；

第三氮基半导体层，嵌入于所述第二氮基半导体层中并与所述第一氮基半导体层隔开，其中所述第三氮基半导体层具有不同于所述第二氮基半导体层的导电类型；

源极电极和漏极电极,设置于所述第二氮基半导体层上；以及

栅极电极,设置于所述第二氮基半导体层上方以及在所述源极电极和所述漏极电极之间,其中所述栅极电极位于所述第三氮基半导体层的正上方。

(2) 充分理解发明。

本申请涉及的技术领域是 HEMT 领域,要解决的技术问题是如何避免在形成第三氮基半导体层(即 P 型半导体层)时蚀刻势垒层使得器件可靠性降低,采用的技术手段是 P 型半导体层嵌入势垒层中。可知,P 型半导体层嵌入势垒层是其检索的重点。

(3) 检索过程分析。

将理解发明中的重点,即 P 型半导体层嵌入势垒层或沟道层确定为检索要素。与案例 2-3-1 类似,本案例也属于一种 P 型栅技术,因此也可以使用 H01L29/1058,H01L29/1066 这两个 CPC 分类号对 PN 结栅进行检索。

根据上面确定的检索要素,首先在中国专利全文库 CNTXT 中进行检索。

1	CNTXT	5857	H01L29/778+/ic/cpc
2	CNTXT	285	(H01L29/1058 or H01L29/1066)/cpc
3	CNTXT	151	1 and 2

浏览后发现上述检索只能限制到 PN 结栅,无法准确描述 P 型半导体层嵌入势垒层或沟道层中的嵌入一词的状态,检索噪声较大,因此考虑使用关键词进行限定。

4	CNTXT	3939204	常关 or 常断 or (e 1w mode) or 增强
5	CNTXT	71529	"P"s(埋入 or 嵌入 or 置入 or 包围 or 包裹 or 镶嵌)
6	CNTXT	108	1 and 4 and 5

由于对"埋入"这类常用的中文词难以做到全面扩展,只用中文表达很难兼顾查全与查准,可以使用英文关键词检索。因此,使用德温特世界专利索引数据库 DWPI 进行检索。

1	DWPI	14828	H01L29/778+/ic/cpc
2	DWPI	5081	"P"s(embed+ or surround+ or inset+)
3	DWPI	41	1 and 2

通过检索式 3 获得了一篇相关专利文献 1,其与本申请的发明构思相似,均是避免 P 型半导体层形成时蚀刻本体,但是该专利文献采取了与本申请不同的技术手段。该文献中 P 型半导体层是埋入在沟道层中的而不是势垒层中。对该

文献进行追踪，没有获得更好的相关专利文献。

考虑到该发明点较为细节，为了避免遗漏相关专利文献，需要在外文专利全文库 ENTXT 中尝试该检索思路。

1	ENTXT	12528	H01L29/778 + /ic/cpc
2	ENTXT	35566	((e or enhance +) 1w mode) or (normal + 1w off)
3	ENTXT	130349	"P" s (embed + or surround + or inset +)
4	ENTXT	114	1 and 2 and 3

通过浏览上述检索结果，获得另一篇相关专利文献2，其势垒层8包括N型半导体层10，N型半导体层10位于沟道层3之上，N型半导体层10中嵌入有P型半导体层7，公开了本申请的发明点。

3. 案例2-3-3：一种高电子迁移率晶体管

（1）案情概述。

本申请涉及一种高电子迁移率晶体管。随着P型氮化镓器件的商用普及，用于5G射频通信的氮化镓器件要求具有更小的横向尺寸，但是随着横向尺寸的减小，漏极横向场板的局限性越来越突出。这是因为在较短的栅—漏区域，稍长的漏极场板会使得栅极区域的碰撞电离现象加剧，所以会在栅边缘区域出现由高电场下引发的器件失效问题。

为了解决现有 HEMT 器件漏场板横向距离过长所导致的栅边缘出现击穿的技术问题，本申请通过在漏极设置横向场板和纵向场板两个区域的场板，纵向场板和横向场板均起到分散电场尖峰的作用，其中漏极下方的纵向场板能够有效地分散高电场，结合漏极水平阶梯场板技术，可以极大地提高器件的关态击穿电压。

本申请独立权利要求的技术方案如下：

1. 一种 HEMT 器件，其特征在于，包括衬底、依次层叠形成于所述衬底上方的沟道层和势垒层、彼此间隔形成于所述势垒层上方的源极、栅极和漏极、以及纵向场板和横向场板，其中，所述纵向场板形成于所述漏极下方并穿设于至少部分所述缓冲层、沟道层和势垒层中，所述横向场板形成于所述漏极上方并至少部分位于所述漏极和栅极之间。

（2）充分理解发明。

本申请涉及的技术领域是 HEMT 领域，要解决的技术问题是如何更好地提高击穿电压，采用的技术手段是在漏极使用横向场板和纵向场板的组合场板，其中纵向场板为阶梯状。从本申请的现有技术部分可知，漏极横向场板是现有技术的一部分，因此将漏极的纵向场板明确为检索的重点。

（3）检索过程分析。

将理解发明部分中明确的重点，即漏极的纵向场板作为一个检索要素。场板在 CPC 分类号中有对应的表达，首先本申请的纵向场板是与横向场板结合，因此是多个场板结构，其对应的 CPC 分类号是 H01L29/404。其次，如果检索不到，可以考虑只检索纵向场板，纵向场板位于沟道层和势垒层中，因此是一种掩埋场板，其对应的 CPC 分类号是 H01L29/407。

根据上面确定的检索要素，首先在中国专利全文库 CNTXT 中进行检索。

1	CNTXT	5857	H01L29/778+/ic/cpc
2	CNTXT	576	H01L29/404/cpc
3	CNTXT	131	1 and 2

可以直接获得一篇相关专利文献 1，其技术方案是漏极 11 上有水平场板 12，漏极 11 下有垂直漏场板 3。可见，通过 CPC 检索可以高效地获得相关对比文件。

然后，使用 H01L29/407 分类号进行检索。

4	CNTXT	891	H01L29/407/cpc
5	CNTXT	61	1 and 4

没有获得比上一篇文献更接近的相关专利文献，但是也获得了相关专利文献 1，这说明了上述检索思路是可以有效检索到相关专利文献的。

6	CNTXT	91	漏 s（（竖直 or 垂直 or 纵向）3d 场板）
7	CNTXT	21	1 and 6

没有获得比上一篇文献更接近的相关专利文献。

此外，还采用同样的思路在外文全文数据库中进行检索，但是没有发现更接近的相关专利文献。

第四节　专利申请文件撰写

一、撰写特点

半导体功率器件作为电子系统的基本结构，是其维持正常运行必不可少的部件。目前功率器件正在朝着小型化、复杂化方向发展，相关材料及其应用朝着大尺寸、低成本、新材料开发的方向演进。

基于此，半导体功率器件领域的发明专利申请主要涉及器件的结构设计、材料的选择及其组合、器件的制造方法及应用等。其中，不仅涉及宏观的器件结构、材料的组成，更多地涉及微观的功能结构及其材料组成，又可能涉及方法步骤的取舍、顺序的选择或步骤的组合等。因此，在专利申请文件的撰写中，不仅要遵循一般的撰写规律，同时也要兼顾领域自身的特点，尤其是一般应当详细记载微观层面的组成及其原理、技术方案与所要解决的技术问题、达到的技术效果之间的关系等。当然，近些年随着芯片设计、衬底材料、制造方法、制造设备等技术的发展，以及从传统的消费电子、工业控制、电力传输等领域向物联网、电动汽车、云计算、大数据等新的应用场景的扩展，半导体功率器件与其他领域如化学、计算机相结合的交叉领域的发明也在日趋增加，因此在申请文件的撰写中同样需要考虑这些相关、相近领域的特点。

以下对半导体功率器件领域的常见撰写问题及典型案例进行分析，以期有助于提高专利申请文件的撰写质量，满足专利审查的实质要件及形式要件，在拥有核心技术的基础上，进一步提升获得专利权保护的可能性。

二、常见问题分析

半导体功率器件领域的核心特点之一在于其具有微观不可视性，其内部结构涉及的诸如电子、空穴流动，耗尽区的形成，载流子迁移和隧穿，特定掺杂离子带来的晶格变化等微观行为，以及这些微观行为所能解决的技术问题和所达到的技术效果，需要通过所属技术领域的技术人员结合专利申请文件所表达出来的技术方案及半导体领域的相关知识进行综合的分析与判断。专利申请文件撰写得是否内容全面、逻辑清楚，权利要求保护范围限定得是否恰当，不仅关系到技术方案本身是否满足撰写的形式要求，有时还关系到与其他现有技术之间是否存在实质性的区别及是否具备显而易见性等实质要求。尤其在目前绝大多数专利申请都属于改进型发明的情况下，专利申请文件撰写的失误可能会带来诸如公开不充分、权利要求得不到说明书的支持、缺少必要技术特征，甚至是新颖性和创造性等一系列问题。申请文件撰写中的缺陷也会使得后续在修正失误、完善发明的过程中面临重重障碍。

（一）说明书公开不充分

《专利法》第 26 条第 3 款规定："说明书应当对发明或者实用新型作出清楚、完整的说明，以所属技术领域的技术人员能够实现为准。"

在半导体功率器件领域中，涉及公开不充分的问题主要有以下几种情况：①说明书只给出了要解决的技术问题、实现的技术效果，而对于相应的技术手段并未作具体描述或者记载得含糊不清；②所采用的技术方案自身（如器件的结构和/或制造方法等）存在前后矛盾，相互抵触的情形导致无法具体实施；③所采用的具体技术方案（全部或者一部分）、技术问题和技术效果三者之间相互存在矛盾导致无法具体实施。功率器件领域最核心的特点是其具有微观不可视性，也正是由于这个原因，该领域发明的原理性较强，因此技术方案自身及其与技术问题和技术效果之间的关联性、一致性问题，也是导致所属技术领域的技术人员不能实现的主要原因。

1. 案例2-4-1：一种碳化硅功率金属—氧化物半导体场效应晶体管栅氧化层的制造方法

（1）案情介绍。

本申请涉及一种碳化硅功率金属—氧化物半导体场效应晶体管栅氧化层的制造方法。碳化硅是宽禁带半导体中可以通过自氧化方法形成高质量的氧化层的材料，但是碳化硅热氧化形成的二氧化硅、碳化硅界面会产生大量的界面态（如界面处硅与碳的悬挂键、与碳相关的缺陷及近界面氧化物缺陷等），严重影响沟道的场效应迁移率、饱和电压特性及栅氧化层的可靠性。这些缺陷导致栅氧化层击穿所需要的激活能减小，降低了栅氧化层电应力的承受能力及不稳定的饱和电压。因此，减少栅氧化层中的缺陷，提高栅氧化层的可靠性就成为了碳化硅金属—氧化物半导体场效应晶体管研究领域的关键问题。

本申请的核心改进点在于提供一种碳化硅MOS栅氧化层退火方法，进而改善碳化硅与二氧化硅界面的悬挂键或残留的碳原子特性，并使碳化硅MOS组件电性行为模式与理论组件特性一致，进而改善碳化硅MOS栅氧中的缺陷以提高产品的击穿电荷量，以及对电场应力的耐受能力，改善碳化硅MOS栅氧的饱和电压特性及可靠性，并提供可信及稳定的电源模块应用设计。

说明书中提供的技术方案为使用合成气体在特制设备及特定条件下形成超临界流体的超级合成气体后，对热氧化工艺形成的氧化层进行退火处理。本申请的制造方法包括栅极氧化物生长步骤、栅区形成步骤、源区形成步骤、P型区形成步骤、介电层形成步骤及防护层形成步骤。

（2）案例分析。

根据说明书的记载，本申请所要解决的技术问题是减少碳化硅热氧化形成的二氧化硅、碳化硅界面产生大量的界面态。为解决上述技术问题，本申请所采用的关键技术手段是提供一种退火处理方法，通过栅氧化层退火方法可以改善碳化硅与二氧化硅界面的悬挂键或残留的碳原子特性，并使碳化硅MOS组件电性行为模式与理论组件特性一致，进而改善碳化硅MOS栅氧中的缺陷，提高产品的击穿电荷量以及对电场应力的耐受能力，改善碳化硅 MOS 栅氧的饱和电压特性及可靠性，并提供可信及稳定的电源模块应用设计。然而，本申请的说明书对该关键的技术手段"退火处理"没有作出清楚、完整的说明，致使所属技术领域的技术人员不能实现该发明。对于"退火处理"，本申请的说明书记载了"使用合成气体在特制设备及特定条件下形成超临界流体的超级合成气体后，对热氧化工艺形成的氧化层进行退火处理"，因此说明书中仅给出了超临界流体的超级合成气体进行退火的技术手段，但对所属技术领域的技术人员来说，该技术手段是含糊不清的，并且该技术手段是用于解决发明技术问题的核心技术手段，说明书对于特定设备和特定条件没有给出清楚的说明，即没有清楚地说明该合成气体是何种气体，用于实现超临界流体的特定设备是何种设备，对于具体的退火条件也没有相关记载，根据说明书记载的内容所属技术领域的技术人员无法具体实施。

（3）案例启示。

对于在权利要求中进行保护的技术方案，尤其是针对发明的核心改进点、关键技术点等，应当清楚完整地记载在说明书中，以使所属技术领域的技术人员能够实现，进而实现说明书的信息公开的功能；否则，有可能违背了以公开换保护的立法本意，同时也可能在后续程序中（如侵权判定等）不能更好地解释权利要求以确定其保护范围。对于公开不充分的情形，申请人应当予以澄清，如果陈述的意见不具有说服力，并且也不能够通过后续补充、修改内容加以完善，则不具备授权的可能性。

2. 案例 2-4-2：一种集成了 PIN 肖特基二极管的碳化硅金属氧化物场效应晶体管

（1）案情介绍。

本申请涉及一种集成了 PIN 肖特基二极管的碳化硅金属氧化物场效应晶体管（MOSFET）。在半导体领域中，碳化硅 MOSFET 在高功率电力系统中广泛应用，通常碳化硅 MOSFET 需要反平行的外接肖特基二极管，但这样会增加外围器件的使用数量，使得整体器件体积变大，还会增加器件的开关损耗。

本申请的核心改进点在于，提供一种集成 PIN 肖特基二极管的碳化硅 MOSFET，将可快恢复混合型 PIN 肖特基二极管集成在碳化硅 MOSFET 结构中，对比传统的沟槽型碳化硅金属氧化物场效应晶体管再外接二极管的形式，本申请在不损失碳化硅金属氧化物场效应晶体管功耗的情况下减少其外围器件的使用数量，并且实现了减少开关损耗的目的。

基于其发明构思，本申请提供以下的技术方案。一种集成 PIN 肖特基二极管的碳化硅 MOSFET，包括半导体主体，所述半导体主体包括 N 型区、P+源极区，所述 P+源极区设置在 N 型区上，所述 N 型区的下表面覆盖了金属化漏极；所述 N 型区的上表面与 P+源极区的侧面形成沟槽，在所述沟槽内设置了栅极，且栅极与所述 N 型区的上表面接触；所述 P+源极区的上表面覆盖了金属化源极，且所述金属化源极具有垂直结构。其中，金属化源极具有一体化连接的垂直结构，所述垂直结构贯穿栅极

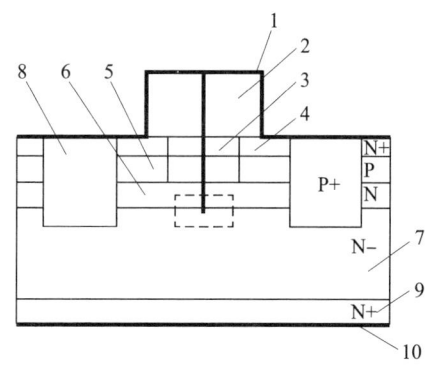

图 2-4-1 集成 PIN 肖特基二极管的碳化硅 MOSFET 的侧视图

且与 N 型区接触，形成肖特基势垒，由于金属化源极直接与 P+源极区接触，使得肖特基势垒形成 P+型区环绕，从而形成一种可快恢复，且结合传统 PIN 二极管与肖特基二极管的混合型 PIN 肖特基二极管（MPS）。将 MPS 集成在碳化硅 MOSFET 结构中，从而减少其外围器件并减少开关损耗。由于金属化源极直接与 P+源极区接触，使得图 2-4-1 中虚线框内的肖特基势垒形成 P+型区环绕，因此虚线框内形成一种可快恢复，且结合传统 PIN 二极管与肖特基二极管的混合型 PIN 肖特基二极管。图 2-4-1 所示为本申请碳化硅 MOSFET 的侧视图。

此外，本申请说明书中明确记载，所述金属化源极 1 还具有凸起结构、平展结构、垂直结构，三者一体化连接。所述平展结构覆盖在 P+源极区 8 的上表面，与 P+源极区 8 接触；所述凸起结构与所述栅极 3 之间灌入场氧化物 2，所述垂直结构深入到栅极 3 中。所述垂直结构不仅是与栅极 3 接触，而是完全贯穿了栅极 3，且贯穿部分被栅极 3 包裹。

（2）案例分析。

本申请解决的技术问题是如何"在不损失碳化硅 MOSFET 的功耗情况下减少其外围器件"，然而根据本申请原始申请文件的记载，其金属化源极 1 覆盖 N+源区 4、P+源极区 8，并且垂直结构与 N 型电流分布区 6 接触，因此金属化源极 1 同时接触 N+源区 4、P+源极区 8 和 N 型电流分布区 6，使得 N+源区 4、P+源极区 8 和 N 型电流分布区 6 都是等电势的，在工作时，其 N 型电流分布区 6 会直接与金属化漏极 10 形成电流通道，使得 MOSFET 器件不能工作；说明书中也记载了所述垂直结构不仅是与栅极 3 接触，而是完全贯穿了栅极 3，且贯穿部分被栅极 3 包裹，因此垂直结构与栅极 3 的接触使得器件的栅极与源极短接，也会使得 MOSFET 器件不能正常工作。因此，本申请的技术方案无法完

成最基本的 MOSFET 功能，更加不能解决使得 MOSFET 工作情况下减少外围器件的技术问题。因此，本申请说明书未对发明作出清楚、完整的说明，致使所属技术领域的技术人员不能实现该发明。

(3) 案例启示。

本申请原始申请文件记载的内容（结合文字内容及附图）本身具有清晰明确的含义（如金属化源极 1 同时连接栅极、源极等多个区域），所属技术领域的技术人员根据原始记载的内容足够明晰申请文件所要表达的技术方案，同时也能够根据其所具有的半导体领域普通技术知识，直接推导出该技术方案必然不能实现所要解决的技术问题，达不到相应的技术效果，存在重大缺陷，因此说明书没有达到能够实现的程度。进一步，本申请说明书中没有记载详细的工作原理，申请文件其他部分也没有记载申请人所要表达的正确的、更合理的电连接关系。即便申请人强调由于笔误，所记载的"垂直结构不仅是与栅极 3 接触"实际上应为"垂直结构不与栅极 3 接触"，在所属技术领域的技术人员认为技术方案本身记载得清楚，且无法再解读成其他含义的情况下，也不能认定该缺陷为明显笔误且可修改，即无法依据申请文件原始记载的内容通过修改来克服上述缺陷。反之，假设本申请在其他部分记载了相应的工作原理（如电流流动和载流子分布等微观机理），或/和在其他部分记载了与所要解决的技术问题及达到的技术效果相匹配的、正确的电连接关系，那么如果所属技术领域的技术人员综合申请文件的整体内容能够直接地、毫无疑义地确定得出本申请实际的、正确的技术方案，有可能允许将上述不合理的技术方案认定为明显笔误并进行修改。

(二) 权利要求得不到说明书的支持

《专利法》第 26 条第 4 款规定："权利要求书应当以说明书为依据，清楚、简要地限定要求专利保护的范围。"其中规定了权利要求应当得到说明书的支持，即每一项权利要求所要求保护的技术方案应当是所属技术领域的技术人员能够从说明书充分公开的内容中得到或概括得出的，并且不得超出说明书公开的范围。

在半导体功率器件领域，可能导致权利要求得不到说明书支持的常见原因包括但不限于以下二点：一是由于说明书公开不充分导致的；二是由于权利要求自身撰写导致的，如技术方案的技术特征和/或技术特征之间的相互关系等与说明书记载的不一致，对权利要求技术方案的上位概括或并列概括超出了说明书公开的范围（即说明书记载的有限的技术方案不足以支撑这种概括），存在包含功能性限定或效果特征来限定发明等。

案例 2-4-3：一种硅锗异质结双极型晶体管

（1）案情介绍。

本申请涉及一种硅锗（SiGe）异质结双极型晶体管（HBT）。通过使用在硅衬底上包括一层或多层硅锗的晶片形成异质结双极型晶体管。在这种衬底上，由于硅锗膜与硅衬底之间晶格常数的不同，锗原子在复合膜中产生机械应变。在硅衬底的平面中，晶格常数较大的硅锗晶格压在晶格常数较小的硅衬底上。在垂直于硅衬底的平面中，硅锗层的晶格常数大于硅衬底的晶格常数，并由此处于张应力下。应变与锗原子本身一起在硅锗膜与下面的自然硅衬底之间产生带隙偏移。该带隙偏移通过在基区中产生分级区域增强了基区上的载流子扩散并由此提高了晶体管速度，由此提供了硅锗异质结双极型晶体管的独特优点。在将硅锗异质结双极型晶体管用于小信号放大器期间，其中一个困难是用于这种放大器的公用发射极的输出特性（即集电极电流与集电极—发射极电压）通常显示出较差的早期电压。

本申请涉及一种硅锗异质结双极型晶体管，包括具有厚度和锗浓度大于硅锗稳定性极限的硅锗层，其中的多个错配位错没有产生显著的电荷捕获位置。通过增加硅锗层的厚度可以显著提高早期电压（截止频率）。虽然在现有技术中为了其他目的增加硅锗层的厚度，然而由于担心产生错配位错，通常避免较厚的硅锗层。通过在大于硅锗稳定性曲线的厚度、浓度复合形成硅锗层，显著提高了早期电压，增加了截止频率，没有产生错配位错，显著释放了机械应力，产生了硅锗提供的带隙偏移，没有显著影响衬底的晶体。

本申请请求保护的独立权利要求如下：

1. 一种硅锗异质结双极晶体管，包括具有厚度 t 和锗浓度大于硅锗稳定性极限的硅锗层，所述硅锗层在大于硅锗稳定性曲线的厚度、浓度复合形成，以便其内的多个错配位错没有产生显著的电荷捕获位置。

（2）案例分析。

权利要求 1 中的"所述硅锗层在大于硅锗稳定性曲线的厚度、浓度复合形成"概括了较宽的厚度、浓度范围，且包含功能性、效果性限定的技术特征"以便其内的多个错配位错没有产生显著的电荷捕获位置"。但是根据说明书记载的实施例，通过在大于硅锗稳定性曲线的厚度、浓度复合形成硅锗层，具体地，仅公开了特定的锗浓度和硅锗厚度的配合，即锗浓度为 10% 时，硅锗厚度为 70nm 时复合而成的硅锗层，从而达到了没有引入显著的电荷捕获的效果。由此可见，该效果是以说明书实施例记载的特定实施方式实现的，所属技术领域的技术人员无法确定所有大于硅锗稳定性曲线的任意厚度和浓度的组合都能实现上述技术效果。因此，包含上述技术特征的技术方案得不到说明书的支持。

（3）案例启示。

本申请权利要求限定了较大的保护范围，其覆盖了所有符合所限定的厚度、浓度关系的情形下且达到多个错配位错没有产生显著的电荷捕获位置的效果的技术方案。但是，当所属技术领域的技术人员综合考虑说明书的全部内容之后，认为说明书没有记载足够的实施方式来支撑所有满足所限定的厚度、浓度的情形下，均能够解决其技术问题，达到相同的技术效果。如果不能提供有说服力的理由，应当重新限制权利要求，使得权利要求的保护范围与其对现有技术作出的贡献相匹配。此外，对于并非属于无法用结构、材料等特征进行限定的情形，产品权利要求也应当尽量避免使用功能性、效果性等特征来限定发明。另外，上述权利要求1还存在"没有产生显著的电荷捕获位置"的表述不清楚等其他缺陷，在此不再赘述。

（三）权利要求未恰当记载发明的改进点

《专利法实施细则》第20条第2款规定："独立权利要求应当从整体上反映发明或者实用新型的技术方案，记载解决技术问题的必要技术特征。"《专利审查指南2010（2019年修订）》第二部分第二章第3.1.2节中指出："必要技术特征是指，发明或者实用新型为解决其技术问题所不可缺少的技术特征，其总和足以构成发明或者实用新型的技术方案，使之区别于背景技术中所述的其他技术方案。判断某一技术特征是否为必要技术特征，应当从所要解决的技术问题出发并考虑说明书描述的整体内容，不应简单地将实施例中的技术特征直接认定为必要技术特征。"

在半导体功率器件领域中，权利要求应当记载发明所强调的改进之处。反之，如果未能记载相应的必要技术特征，除了违反上述法条之外，还可能导致不能将其与现有技术中的技术方案区别开来，因而也可能因为属于现有技术而不符合新颖性和创造性的规定。同时，如果不能合理限定其技术方案，使得权利要求概括的范围过宽，所属技术领域的技术人员根据说明书的记载无法得到或概括得出其撰写的技术方案时，则会导致权利要求得不到说明书支持。

案例2-4-4：一种逆阻器件IGCT

（1）案情介绍。

逆阻器件IGCT具有正向通流和双向阻断能力，可以省去串联二极管，减少器件数目，节约成本，降低损耗，在电流源换流器、双向固态断路器等应用中具有显著优势。传统的非对称器件通过设置缓冲层或者场截止层改变电场分布，在保证相同耐压条件下，减小器件整体片厚，从而减小导通压降等参数，属于穿通型结构。逆阻器件的漏电流主要由两部分组成，即体漏电流和边缘漏电流。在相同电压等级下，如果采用相同的边缘终端结构，非对称器件和逆阻器件的边缘漏电流理论上相同，但体漏电流则完全不同。体漏电流由两部分组成，一是由自由载流子扩散产生，二是在空间电荷区产生。其中，自由载流子扩散产生的这部分漏电流与 PNP 晶体管的放大系数密切相关。在高压直流的应用场景中，需要开关器件的阻断电压等级尽可能高且漏电流尽可能小。较小的漏电流不仅可以减小系统的损耗，也可以提高器件的耐压能力及可运行的最高结温，进而增大器件的通流能力。

本申请的技术方案在于包括以下两部分。①设置上掺杂剂区域和下掺杂剂区域，上掺杂剂区域和下掺杂剂区域位于承受耐压的 PN 结位置，上掺杂剂区域和下掺杂剂区域掺杂类型与第二掺杂剂区域掺杂类型相同。上掺杂剂区域和下掺杂剂区域统称为透明缓冲层。由于透明缓冲层掺杂浓度高于 n-基区，根据泊松方程，透明缓冲层电场强度变化斜率较大。但由于透明缓冲层很薄，其对电场分布的实际调节作用非常小，甚至可以忽略，这种情况下器件仍然属于非穿通型，可以保证器件的双向阻断能力。而透明缓冲层可以降低小电流密度下 PNP 晶体管的发射效率，在不增加片厚的情况下减小由自由载流子扩散形成的漏电流，特别适用于各类半导体逆阻器件。②中部掺杂剂区域将传统结构中的第二掺杂剂区域分成上下两部分，分别为第二掺杂剂上区域和第二掺杂剂下区域，中部掺杂剂区域位于整体结构的中心；中部掺杂剂区域的掺杂类型可以与第二掺杂剂区域相同或相反；若中部掺杂剂区域的掺杂类型和第二掺杂剂区域类型相同，其掺杂浓度大于第二掺杂剂区域的浓度。中部掺杂剂区域结构对电场有调制作用，第二掺杂剂上区域、第二掺杂剂下区域、中部掺杂剂区域的掺杂浓度及厚度的配合可以减小整体片厚，进而降低器件的压降，同时也可以有效抑制由自由载流子扩散形成的漏电流，在减小系统损耗的同时，也可以提高器件最高可运行结温，增大器件的通流能力。

本申请请求保护的独立权利要求如下：

1. 一种具有缓冲层结构的半导体器件，包括依次设置的第一掺杂剂区、第二掺杂剂区、第三掺杂剂区，其特征在于，还包括择一或多个组合设置的上掺杂剂区、下掺杂剂区、中部掺杂剂区；所述上掺杂剂区位于第一掺杂剂区和第二掺杂剂区之间；所述下掺杂剂区位于第二掺杂剂区和第三掺杂剂区之间；所述中部掺杂剂区位于第二掺杂剂区域中间。

（2）案例分析。

首先，本申请涉及一种比较具体的半导体器件如 IGCT，是针对该具体器件存在的漏电流等问题进行的改进发明，说明书也仅在此范围内讨论其技术方案。在独立权利要求中仅限定了一种包括多个掺杂区的半导体器件，而并未对具体技术领域进行限定，也未对各部件的电连接方式、掺杂类型或部件组成等进行限定以体现出具体器件类型和功能，如并未通过限定门极、基极、发射极等以体现其为具体的功率器件技术领域。目前权利要求的撰写囊括了很多可能的甚至包括了具有不同工作机理的半导体器件，因此可能会得不到说明书的支持。

其次，根据说明书的记载，针对这种具体的 IGCT 器件，为了解决阻断电压等级尽可能高，漏电流尽可能小的问题，本发明采用设置上掺杂剂区域、下掺杂剂区域或者设置中部掺杂剂区域方式，对于设置上掺杂剂区域、下掺杂剂区域的技术方案，需要设定上掺杂剂区域、下掺杂剂区域（透明缓冲层）掺杂浓度高于 n-基区。对于设置中部掺杂剂区域的技术方案，需要第二掺杂剂上区域、第二掺杂剂下区域、中部掺杂剂区域的掺杂浓度及厚度的配合来减小整体片厚，进而降低器件的压降，同时也可以有效抑制由自由载流子扩散形成的漏电流。因此，为了解决相应的技术问题，需要将上述相应的技术特征作为必要技术特征记载到独立权利要求中。

本申请权利要求撰写的范围较大，未能很好地体现发明的技术方案并且使其区别于现有技术，因此在检索到合适的对比文件的情况下，也有可能不符合有关新颖性和创造性的规定。

（3）案例启示。

权利要求撰写的范围不宜过大，应当尽量体现发明构思，对改进点进行较完整的限定。权利要求可以包括但不限于体现具体技术领域的技术特征，作为整体体现发明为解决其存在的技术问题所进行改进的技术特征，如技术特征、技术特征之间的相互作用、相互关系等，以使其技术方案区别于背景技术中所述的其他技术方案。否则，独立权利要求的撰写可能因缺少必要技术特征而导致技术方案不完整。此外，权利要求也可能存在得不到说明书的支持及技术方案不具备新颖性和创造性的缺陷。在实质审查过程中，如果不能很好地解决上述问题，不仅延长了审查程序，而且有可能因多次修改仍不能克服相应缺陷，导致专利行政部门最终作出驳回决定。因此，专利申请文件撰写可能会对发明创造能否得到保护产生实质性影响，即便是一项好的技术创新，也仍有可能因为撰写上的严重失误，错失获得专利权保护的机会。

三、典型案例

专利申请文件通常基于技术交底书撰写，在获得技术交底书的基础上，建议进行必要的查新检索，以在区别于现有技术的同时限定出合理的保护范围。至于是先撰写权利要求书，还是先撰写说明书（包括说明书附图），并无一定之规。例如，对于技术方案较为复杂、实施方式较多、需要进行上位概括的技术方案可以先撰写说明书再撰写权利要求书，对于技术方案较为简单且较为明确的专利申请也可以采用相反的撰写顺序。

在半导体功率器件领域中，涉及功率器件和由其组成的装置的发明，以及该器件或装置的制备方法等较为常见。

除了一般通用领域的要求之外，在说明书中至少要写明发明创造相对于现有技术（现有技术可写入说明书"背景技术"部分）的改进之处，包括为解决技术问题而采用的技术方案，即需要记载发明的改进点、具体通过哪些技术手段得以实施，尽可能地记载与改进点相关的宏观或微观技术原理及其所能够达到的相应技术效果等（与改进点无关、属于公知常识的技术点可以从简），并且上述内容作为整体在逻辑上、表述上要清楚、完整且能够实现。之所以要在原始说明书中记载必要的技术原理及相应技术效果，一方面是为了满足充分公开的要求，便于所属技术领域的技术人员充分理解和实现发明；另一方面也可能成为发明区别于现有技术、后续修改及意见陈述的重要依据。如果缺少和改进点相关的技术原理，或者基于原理不能实现相应的功能、达到相应的技术效果，即便在后续意见陈述的过程中加以强调也会略显缺乏依据，因此其意见陈述也可能不被接受。

对于涉及半导体功率器件结构和方法步骤的发明，通常需要说明书附图来辅助描述，在涉及微观结构和微观原理时，可以采用整体图、细节图（包括主视图、侧视图、剖视图、透视图、俯视图、投影图等）、电路图、仿真图、V－I曲线图、电荷分布图、载流子流向图、能带跃迁图等进行较为直观的表达；对于涉及方法步骤，除了对每一步所使用的原料、制备方法本身及步骤流程进行描述外，还可以结合附图来呈现每一步骤制造的器件、装置的结构等。

对于权利要求，涉及器件、装置的产品权利要求通常采用结构或组成等结构特征来描述。根据《专利审查指南2010（2019年修订）》第二部分第二章第3.1.1节的规定："当产品权利要求中的一个或多个技术特征无法用结构特征并且也不能用参数特征予以清楚地表征时，允许借助于方法特征表征。但是，方法特征表征的产品权利要求的保护主题仍然是产品，其实际的限定作用取决于对所要求保护的产品本身带来何种影响。"对于涉及制造方法及步骤的改进的方法权利要求，根据《专利审查指南2010（2019年修订）》第二部分第二章第3.2.2节的相关规定："方法权利要求适用于方法发明，通常应当用工艺过程、操作条件、步骤或者流程等技术特征来描述。"而对于究竟是撰写产品权利要求还是撰写方法权利要求，这主要取决于发明对于现有技术作出的贡献是在于发明了一种新的产品还是一种新的方法。在半导体功率器件领域，常常会出现采用方法特征限定的产品权利要求，或者产品权利要求直接引用在前的方法权利要求。对于这类权利要求，需要具体分析相应的方法特征或者方法的技术方案是否给最终所要保护的产品权利要求的主题带来影响，即是否限定或者隐含限定了该主题的产品具有特定结构和/或组成。不仅要关注宏观层面，而且也要考量在微观层面上是否给产品结构、组成带来影响。此时，一方面要应用所属技术领域的技术人员所知晓的普通技术知识；另一方面也需要借助原始说明书对相应问题的记载等来加以综合判断。

案例 2-4-5：一种超结 VDMOS 及其制备方法

超结 VDMOS 在快速开关转换状态下，产生的电磁干扰具有较强的幅度且占有很宽的频带，这些干扰会通过传导和辐射的方式对周围的元器件产生电磁污染。

本申请发明了一种能够减少电磁干扰的超结 VDMOS，主要通过在漂移区引入长度渐变、浓度渐变的第二导电类型半导体柱，通过减小靠近 JFET 区耐压柱的长度来避免相邻耐压柱横向耗尽、纵向扩展造成的 Cgd 电容迅速下降，从而既能加快开关时间、减小开关功耗，又能减小开关振荡、缓解电磁干扰，从而改善超结器件的动态特性。

经过查新检索，假设现有技术存在为了解决电磁干扰而采用的改进的制造方法，如在使用深沟槽外延填充技术制造超结过程中，在刻蚀出深沟槽后，采用 3 次不同倾斜角度的硼离子注入依次形成三个 P 型辅助耗尽区。此外，假设还有其他专利申请公开了在超结 VDMOS 结构漂移区中引入长度渐变的第二导电类型半导体柱，但其主要目的在于优化关断时的开关特性，减小电荷非平衡对开关特性的影响。

（一）说明书

说明书的背景技术不宜过于笼统，可以对相关的现有技术进行描述，关键是需要客观地指出现有技术存在的问题和缺点，尽可能说明存在这些问题的宏观或微观原因，以及解决这些问题所面临的障碍，为后续引出本申请的技术方案做铺垫。

超结 VDMOS 结构利用相互交替的 P 柱与 N 柱代替传统的 N 漂移区，能够有效降低导通电阻，得到较低的导通功耗。由于高输入阻抗、低驱动功率、高开关速度、优异的频率特性，其广泛地应用于开关电源。但随着开关电源不断地小型化，超结 VDMOS 的开关频率和功率密度在不断提高，功率器件在快速开关转换状态下，其电压和电流在短时间内急剧变化，容易出现电压震荡和电流震荡，成为一个很强的电磁干扰源。超结 VDMOS 在快速开关转换状态下，栅漏电容 Cgd 和漏源电压 Vds 的曲线出现较大程度的陡降，产生的电磁干扰会通过传导和辐射的方式对周围的元器件及设备产生电磁污染。对此，业界也作出了一些努力，如专利申请号 CN……的发明提出了一种抗电磁干扰的超结 VDMOS 器件，在深沟槽外延填充技术制造超结时，采用 3 次不同倾斜角度的硼离子注入依次形成三个 P 型辅助耗尽区。然而这种方式需要精确控制各项工艺参数，工艺复杂且成本较高，效果也并不如预期理想。

在发明内容部分不仅要记载本申请所要解决的技术问题（与背景技术相呼应）、所采用的技术方案（与权利要求相对应），还要记载基于该技术方案能够达到的有益技术效果，最好是记载由于哪些具体的技术特征（如结构特征、方法特征、作用方式等）或技术特征的组合取得了相应的技术效果。

本发明的有益效果：在漂移区引入长度渐变，浓度渐变的第二导电类型半导体柱，通过减小靠近 JFET 区耐压柱的长度来避免相邻耐压柱横向耗尽，纵向扩展造成的 Cgd 电容迅速下降，使 Cgd～Vds 曲线上的最小值点向 Vds 更大的方向移动，在 Vds 较小时抬高 Cgd 电容值，并使 Cgd～Vds 曲线更平坦。从而既能加快开关时间、减小开关功耗，又能减小开关振荡、缓解电磁干扰的影响、改善超结器件的动态特性。

在具体实施方式部分应当详细记载为解决技术问题而采用的具体技术方案，并尽量结合说明书附图对技术特征进行详细说明，这对于充分公开、理解和实现发明，支持和解释权利要求都颇为重要。例如，本申请中应详细记载超结 VDMOS 的整体结构（如各组成部分的位置、相互关系等），尤其是为解决电磁干扰问题而引入的长度渐变、浓度渐变的第二导电类型半导体柱（如位置、数量、相互关系、长度和浓度及其渐变的方式等），以清楚、完整地记载发明的技术方案。对于功率器件领域，除了记载详细的技术方案之外，要尽可能地记载与改进点相关的宏观、微观技术原理及其所能够达到的相应技术效果等。正如本申请，由于现有技术中已存在在超结 VDMOS 结构漂移区中引入长度渐变的第二导电类型半导体柱的方案，但其解决的问题在于优化关断时的开关特性，减小电荷非平衡对开关特性的影响，这与本申请的方案存在一定差异，如果本申请说明书中能够详细记载工作机理，则更易于所属领域的技术人员将其与现有技术区别开，同时也可以作为后续意见陈述和修改申请文件的原始依据。

对于传统超结器件，在较小的漏源电压 Vds 下，轻掺杂第二导电类型体区和低掺杂第一导电类型外延层形成的 PN 结相互耗尽，栅极与漏极之间的耗尽层宽度决定了耗尽层电容的大小。对传统超结 MOSFET 而言，由于轻掺杂第二导电类型耐压柱和相邻的第一导电类型耐压柱形成的 PN 结相互横向耗尽，在 Vds 很小时，其横向的耗尽层迅速合并导致了耗尽层的纵向展宽，从而 Cgd 的值迅速下降，造成 Cgd ~ Vds 曲线出现严重的陡降。本申请提出的结构，在漂移区引入长度渐变，浓度渐变的耐压柱，保证其维持电荷平衡，耐压特性不降低。通过减小靠近 JFET 区耐压柱的长度来避免相邻耐压柱横向耗尽，纵向扩展造成的 Cgd 电容迅速下降，在相同的 Vds 下，对比传统超结 MOSFET，本申请提出的结构其栅极与漏极之间的耗尽层宽度更短，从而 Cgd 的值更大。本申请提出的渐变式耐压柱可以使 Cgd 最小时对应的 Vds 值更大，在 Vds 较小时抬高 Cgd 电容值，使 Cgd ~ Vds 曲线更平坦。在漏极电源电压 Vdd = 400V 的条件下进行感性负载开关仿真，本申请提出的结构可以有效减小开关时超结 VDMOS 器件的电压震荡和电流震荡，从而抑制开关回路中的电磁辐射噪声。

此外，在功率器件领域通常会撰写产品和方法两类权利要求，本申请如果申请人还希望在权利要求书中保护器件制造方法，那么还应当在说明书中充分公开相应的制造方法（如步骤、顺序、工艺条件等），尤其是与产品的改进点相对应的那些制造方法。

（二）说明书附图

为了结合说明书进一步描述发明，在功率器件领域通常需要借助说明书附图。例如，本申请中可以采用现有技术和本发明的器件结构图、耗尽层的示意图、耗尽层的仿真对比图等。

（三）权利要求书

权利要求书用于确定专利权的保护范围，可以将实质上属于同一发明构思的技术方案撰写在同一件申请的权利要求书中。权利要求书的各项权利要求应当以说明书为依据，并且各项权利要求及其相互之间要达到清楚、简要的要求。对于独立权利要求，应当在整体上反映发明的技术方案，体现出对现有技术作出贡献、区别于背景技术中其他技术方案的技术内容，记载解决技术问题的必要技术特征；在查新检索的基础上，要体现出本申请区别于现有技术之处，排除现有技术以撰写合理的保护范围。此外，权利要求保护范围应当适当，不宜过大或过小，并且各部件之间位置关系、工艺步骤顺序的限定要达到能够清楚限定保护范围的程度。同时也要尽可能地将说明书已公开的重要技术内容撰写为合理范围的权利要求，在能够获得专利权的同时，也避免在侵权判定时因捐献原则而丧失一部分利益。从属权利要求对所引用的权利要求进行限定，可以采用层层递进的方式对所引用权利要求的某个技术特征作进一步限定,也可以采用增加其他技术特征的方式等。

1. 独立权利要求

1. 一种超结 VDMOS,包括金属化漏极(1)、位于金属化漏极(1)之上的重掺杂第一导电类型半导体衬底(2)、位于所述第一导电类型半导体衬底(2)之上的轻掺杂第一导电类型半导体区(3)、位于所述第一导电类型半导体区(3)的中间区域之上的栅电极(10);所述轻掺杂第一导电类型半导体区(3)顶部两侧具有第二导电类型半导体体区(5);所述第二导电类型半导体体区(5)中具有第一导电类型半导体源区(7);其特征在于,第二导电类型半导体体区(5)的底部还具有多个第二导电类型半导体柱,所述第二导电类型半导体柱的顶部与第二导电类型半导体体区(5)接触,相邻第二导电类型半导体柱的侧面接触;并且从边缘指向所述中间区域的方向上,第二导电类型半导体柱的长度和掺杂浓度依次递减。

以上独立权利要求 1 中限定了本申请的超结 VDMOS 的整体结构,并依据说明书及其附图的记载,具体限定出解决本申请所要解决的电磁干扰问题所不可缺少的技术特征,如关于"第二导电类型半导体柱"的相关结构,而且明确了本申请的"第二导电类型半导体柱"在长度和掺杂浓度上都是依次递减的,不仅区别于本申请的背景技术,同时也与查新得到的关于"长度渐变的第二导电类型半导体柱"的现有技术区别开来。

当说明书充分公开了与独立权利要求 1 相应的制造方法时,还可以撰写相应的权利要求,此时它们之间具有相同的发明构思,也符合关于单一性的要求。

7. 一种超结 VDMOS 的制造方法,提供硅基板,进行轻掺杂以形成第一导电类型半导体区(3);在硅基板一侧进行重掺杂以形成第一导电类型半导体衬底(2);在与硅基板所述一侧相对的另一侧的顶部两侧形成第二导电类型半导体体区(5);在所述第二导电类型半导体体区(5)中形成第一导电类型半导体源区(7);在所述第一导电类型半导体区(3)所述另一侧的中间区域之上形成栅电极(10);在所述硅基板的所述一侧上形成金属化漏极(1);其特征在于,在形成第二导电类型半导体体区(5)和第一导电类型半导体源区(7)的步骤之间,在第二导电类型半导体体区(5)的底部形成多个第二导电类型半导体柱,所述第二导电类型半导体柱的顶部与第二导电类型半导体体区(5)接触,相邻第二导电类型半导体柱的侧面接触;并且从边缘指向所述中间区域的方向上,第二导电类型半导体柱的长度和掺杂浓度依次递减。

当然,对于不属于同一发明构思的发明,申请人可以另案提出申请。例如,采用系列申请的方式形成专利族，以形成较为完整的专利布局。

8. 一种超结 VDMOS，通过权利要求 7 所述的制造方法制得。

其中独立权利要求 8 引用在前的方法权利要求，实质上属于以方法特征限定的产品权利要求，由于所属技术领域的技术人员能够确定所述制造方法（包括步骤顺序等）在微观和/或宏观上给超结 VDMOS 的结构、组成带来影响，因此其对产品权利要求的保护范围有限定作用。虽然可以撰写类似权利要求 8 的技术方案，但是在保护范围上，其与独立权利要求 1 有所不同，权利要求 1 的保护范围能够延及任何制造方法制造的、具有所限定结构的超结 VDMOS，而权利要求 8 仅能界定由权利要求 7 的方法制造所得出的特定超结 VDMOS。在功率器件领域，有些情况下制造方法的不同会导致产品的不同，即采用其他方法制造的超结 VDMOS 很可能与权利要求 7 制造的超结 VDMOS 结构并不相同，此时采用非权利要求 7 的方法制造的产品很可能并不落在权利要求 8 的保护范围内。因此，尽管权利要求 8 是产品权利要求，但是其保护范围与权利要求 1 相比受到一定的局限。除非发明的改进之处就在于其方法本身，否则对于产品发明的权利要求一般还是建议采用类似权利要求 1 的撰写方式。

2. 从属权利要求

在得到说明书支持的前提下，可以在独立权利要求的基础上清楚、简要地撰写从属权利要求。

2. 根据权利要求 1 所述的超结 VDMOS，其特征在于，所述多个第二导电类型半导体柱的杂质总量和轻掺杂第一导电类型半导体区（3）的杂质总量满足电荷平衡。

3. 根据权利要求 1 或 2 所述的超结 VDMOS，其特征在于，多个第二导电类型半导体柱包括 3~10 个。

4. 根据权利要求 1 或 2 所述的超结 VDMOS，其特征在于，多个第二导电类型半导体柱的长度为 18~45μm。

5. 根据权利要求 1 或 2 所述的超结 VDMOS，其特征在于，多个第二导电类型半导体柱的掺杂浓度为 $5 \times 10^{13} \sim 7 \times 10^{15} cm^{-3}$。

6. 根据权利要求 1 所述的超结 VDMOS，其特征在于，还包括在所述第二导电类型半导体体区（5）中的第二导电类型半导体重掺杂接触区（6），其与第一导电类型半导体源区（7）并列设置。

第三章 新型封装

随着制造工艺所带来的芯片集成度按照摩尔定律（Moore's Law）的预期逐年提高，芯片的制造成本、功耗和性能也随之得到了全面的提升。然而，随着集成电路（IC）关键尺寸（critical dimension，CD）越来越接近量子极限，各种介观效应愈发明显；同时，小尺寸下功耗和散热的平衡问题也考验着制造商；更重要的是在 20 纳米以后的工艺节点上，芯片制造成本开始显著上升，严重挤压厂商的利润。❶ 单纯依托集成电路制造工艺发展的摩尔定律似乎已经走到了尽头。

在此背景下，人们开始重新审视集成电路产业中除缩小晶体管制造尺寸之外的其他发展方向，其中先进封装（advanced packaging）被认为是延续摩尔定律的重要技术方向之一。

封装（package）原指电气结构的一部分，其作用在于保障每个电子元件及其必备的工作环境。随着集成电路产业的发展，在电子系统高度小型化、集成化的今天，电子系统的封装在一定程度上已经特指将尺寸在亚微米级别的集成电路和其他电子元件相互连接到系统级的板上以形成完整电子产品的部件。特别是在移动通信、高性能计算、自动驾驶、物联网和大数据这五大产业的推动下，下游对芯片间互连密度和输入/输出（I/O）数量提出了更高的要求，使得封装技术得到了快速的发展。一般而言，业界将凸点尺寸在 $100\mu m$ 以下的封装技术称为先进封装技术。❷

---

❶ 另辟蹊径再续摩尔定律 [R/OL]. (2019–11–07) [2023–04–04]. http://www.ime.cas.cn/icac/learning/learning_2/201911/t20191107_5423430.html.

❷ 先进封装最强科普 [R/OL]. (2022–04–26) [2023–04–04]. https://www.eet-china.com/mp/a127541.html.

先进封装技术有多种实现手段，从整体规划布局的角度划分，包括片上系统（System-on-Chip，SoC）、多芯片模块（Multichip Module，MCM）、系统级封装（System-in-Package，SiP）等；从连接方式和堆叠方式的角度划分，又包括倒装芯片封装、晶圆级封装（Wafer Level Packaging，WLP）、3D 封装等。值得一提的是，这些技术各有特色，很难说孰优孰劣，在不同的具体应用场景下不同厂商会选择不同的技术优化芯片的综合性能。

本章从系统级封装、晶圆级封装和 3D 封装这三个典型的先进封装技术出发，探讨先进封装技术的专利技术和专利申请文件撰写。

第一节　系统级封装（SiP）

一、专利技术综述

（一）概况

随着晶体管尺寸的缩小越来越困难，为了继续提高电子产品的集成度、降低成本，人们从系统设计的角度出发，探索了新的技术发展方向。如图 3-1-1 所示，常规的封装技术只考虑对单一的集成电路芯片进行封装，而在系统级别上，仅是简单地将各个封装好的模块安装到一个主板上。在将系统设计考虑进集成电路设计之后，产生了 SoC 技术，而将封装、集成电路和系统三者统筹考虑进行设计，产生了 SiP 技术。

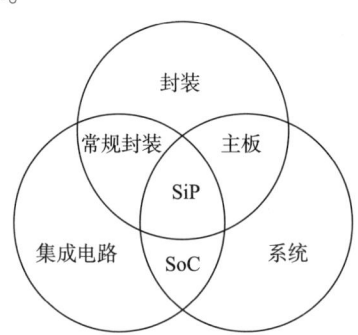

图 3-1-1　集成电路、封装和系统的关系图❶

SiP 指的是将具有不同功能的多个小芯片（chiplet）通过堆叠或紧密排布的

---

❶ RAO R，TUMMALA. Fundamentals of Microsystems Packaging [M]. New York：McGraw-Hill Education，2001.

方式集成在一个单独的基板上。这些小芯片可能实现不同的功能、可能基于不同的材料体系、可能采用不同的制造工艺节点、可能来自不同的晶圆厂商，更重要的是这些小芯片常常直接是一种芯片形式的 IP 核。这种将成熟的小芯片像搭积木一样集成起来的系统架构，大大简化了设计的复杂度，而且高度契合市场分工合作的发展方向，因而受到了广泛关注。目前，这种技术已广泛应用于智能手表、智能手机、平板电脑、笔记本电脑、真无线立体声（True Wireless Stereo，TWS）等产品中。

不同于倒装封装、晶圆级封装这些具体形态结构或工艺方法层面的概念，SiP 是芯片设计层面的概念，一个 SiP 器件可能应用任何现有的封装技术。当前应用于 SiP 中较重要的技术包括凸点技术（bump）、中介层技术（interposer）和散热技术。

凸点技术指的是利用金属凸点进行互连的技术。当单个芯片需要以倒装的形式安装时，在芯片正面可以利用凸点技术形成互连的接触点。如图 3-1-2 所示，chip 1 和 chip 2 采用凸点技术与下方的重布线层（RDL）进行电连接，同时中介层与下方的 PCB 板之间的电连接也采用凸点技术。可以注意到，因为技术要求不同，这两个位置所采用的凸点技术是不同的。可见，在 SiP 中会根据应用场景的不同而同时采用多种不同技术参数的凸点技术。但总体而言，在先进封装技术中，高端凸点技术要求形成的互连结构具有凸点间距小、排布密度高、连接电阻小的特性，从而保证芯片尽可能多的 I/O 互连和尽可能快速的信号传输。而当利用 SiP 的方式将多个芯片封装成整个系统时，芯片和基板之间常常会采用凸点技术进行互连。常见的凸点技术包括 C2（Chip Connection）凸点、C4（Controlled Collapse Chip Connection）凸点、BGA（Ball Grid Array）凸点等，根据材料、工艺的不同可以满足 $10\mu m \sim 1mm$ 间距的互连需求。

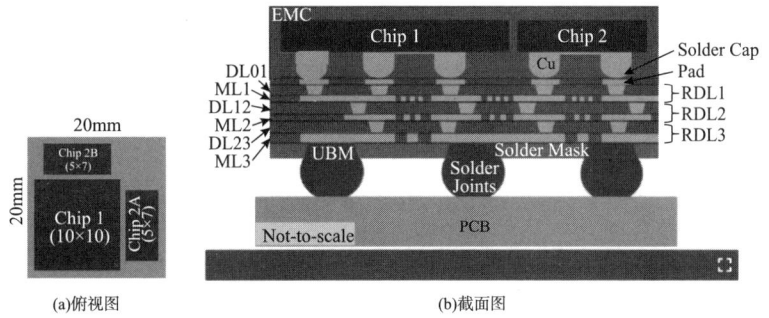

图 3-1-2 典型 SiP 示例

资料来源：LAU，J H，KO C，et al. Panel – Level Fan – Out RDL – first Packaging for Heterogeneous Integration［J］. IEEE Transactions on CPMT，2020，10（7）：1125-1137.

中介层技术指的是利用中间结构实现芯片之间、芯片与电路板之间高 I/O 密度的互连。有时中介层结构可以完成很多运算和数据交流，其相当于连接多个芯片和同一电路板之间的桥梁，通过这种设计可以使得整个系统更小，更省电，更大带宽，可以将信号从具有较窄引脚间距的芯片传播到具有较宽引脚间距的电路板上，也易于将信号连接到主板上的不同沟槽上。狭义的中介层特指位于封装基板（如图 3-1-2 中的 RDL 所在的基板）上另形成的一个专用于芯片互连的转接板，广义的中介层也包括封装基板。在本节中，只要在封装基板或转接板上采用了提高互连效率的设计，则统称为中介层技术。如图 3-1-2 的封装基板上设置了 RDL，也属于一种中介层技术。常见的中介层技术包括在封装基板上设置金属互连线的线宽 L/S（Line width/Spacing）达到 2/2 微米的超精细金属线层，采用有机材料形成无核的转接板、超精细 RDL、硅桥互连、包含无源硅通孔（Through-Silicon Via，TSV）的转接板等。

散热技术是集成电路行业长期关注的一项重要技术。随着集成电路行业的发展，芯片的集成度越来越高，热密度越来越大，因而对后段的封装技术提出的散热要求越来越高。具体就 SiP 而言，如图 3-1-2 所示，其中三个芯片由于功能类型不同，导致发热量往往差别很大、耐热的能力也各不相同，因而在 SiP 设计时，需要整体考虑它们之间的排布方式对整个封装的热分布的影响，从而影响之后的散热设计。此外，散热技术还包括多种考虑了散热的多芯片堆叠模式、散热器件的安装方案等。

本节在分析 SiP 技术的基础上，也将同时重点关注以上几项技术。

（二）专利申请状况

以下对 SiP 技术领域的全球专利申请和中国专利申请进行具体分析。在德温特世界专利索引数据库 DWPI 中检索到涉及 SiP 技术领域的全球专利申请共计 73 929 项（公开日自 2010 年 1 月 1 日至 2022 年 2 月 28 日），本节主要以上述数据作为研究对象进行分析。

1. 全球专利申请趋势

图 3-1-3 示出了 2010—2020 年涉及 SiP 技术领域的全球专利申请趋势。从图中可以看出，涉及 SiP 技术的专利年申请量在 2010—2018 年一直较稳定地保持在 6500~7000 项，波动不大。可能有两方面因素共同促成了这种现象：其一，业界长期看好 SiP 技术的发展前景，对该技术的研发一直保持着较高的热情；其二，封装技术作为后道工艺，广泛应用于各种场景，因而集成电路中所有的产业对其都有应用需求，故总体上对 SiP 技术的研发有着持续的需求。另外，在 2013 年专利申请量出现了一个小高峰，这主要是由智能设备中指纹识别

技术这一新的 SiP 应用场景的快速兴起所引发。2019 年 SiP 技术的专利申请量有所下降，但仍保持 6618 项的申请量。

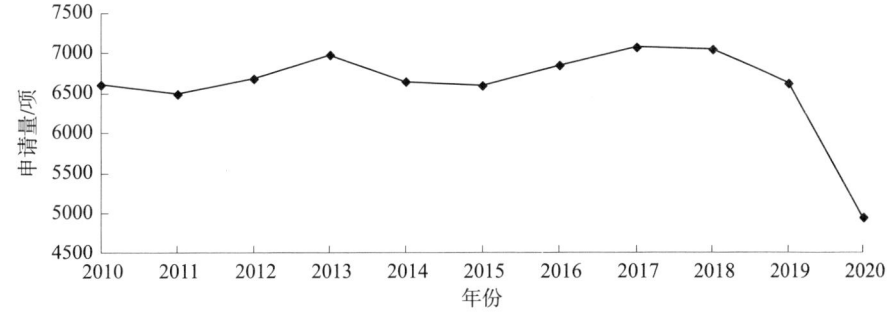

图 3-1-3　2010—2020 年 SiP 技术领域全球专利申请趋势

2. 专利申请来源和目标国家/地区分析

如图 3-1-4 所示，从整体上看，美国、日本、中国和韩国是 SiP 技术研究活跃的国家，不论是作为专利申请的来源地，还是作为专利布局的目标地，专利申请的数量都是较多的。此外，中国台湾和德国在 SiP 技术研究方面也较为活跃，欧洲在该领域中也有一定的专利申请量。

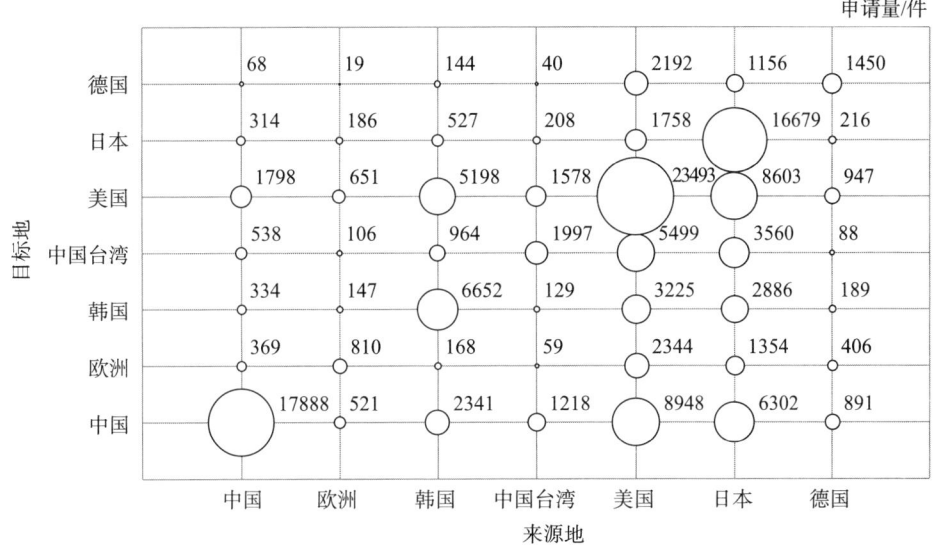

图 3-1-4　SiP 技术领域专利申请来源和目标国家/地区分布

从图 3-1-4 中各个专利申请来源地对应的纵向列可以看出各个国家和地区的专利技术在所示国家和地区的布局情况。中国和美国的专利申请布局有明显的不同。以中国作为来源地的专利申请进入海外的并不多，进入美国的仅有1798项，在其他国家和地区布局的专利申请量均未超过600项。与此不同的是，以美国作为来源地的专利申请除了在其本土布局之外，在所示的其他各个国家和地区都有一定的布局。可见，中国的技术研发更加侧重在本土市场中的专利布局及应用，并没有太多的海外技术布局，而美国的专利技术则更加侧重全球的整体布局。欧洲和德国的海外专利布局与美国类似，也较为注重全球布局。

在 SiP 领域，日本申请人的专利布局也非常有特点，尽管其相对于中国和美国具有较小的专利申请总量，但是日本专利技术在海外的布局量相对于其申请总量的占比是比较大的，其在很多国家和地区的专利申请量仅次于来源于美国的专利申请量。

韩国申请人的海外技术布局也是值得关注的，其在美国的专利布局量仅次于日本申请人在美国的布局量，中国、中国台湾也是其海外专利布局的重要市场，但是对欧洲、德国、日本的布局则较少。

中国台湾的情况与韩国类似，其海外专利布局较为集中，主要针对美国和中国两个市场。但是，中国台湾在海外的专利布局占比较韩国更大。

从图3-1-4中各个专利目标地对应的横向行可以看出来源于各个国家和地区的专利申请在该国家和地区布局情况。中国和美国无疑仍然是 SiP 专利技术最重要的市场，来源于所有国家和地区的专利申请在这两个国家和地区都有仅次于本土的布局量。

在日本的专利申请主要来自日本申请人，其他主要国家和地区在日本的专利布局都较少，数量最多的美国也仅在日本申请了1758项专利申请，这远小于日本向外输出的专利申请量。

在作为技术市场的方面，韩国与日本的情况也有一定的差异。美国和日本申请人在韩国有相当数量的技术输出，在韩国申请的专利申请中，来自美国的专利申请有3225项，来自日本的专利申请有2886项，其总量仅次于来自韩国本土的专利申请量6652项。

中国台湾的情况与韩国相似，美国和日本申请人在中国台湾的专利申请量分别为5499项和3560项，已经远远超过了中国台湾自身的专利申请量1997项。中国台湾的集成电路制造业虽然非常发达，拥有台积电、日月光、联电这些业内一流企业，但是在 SiP 领域的整体专利布局数量方面并无优势。

德国的情形和中国台湾较为类似，美国和日本在德国也有大量的专利布局。但是相比而言，德国本土也有相当数量的专利申请。

3. 主要目标国家/地区的专利申请趋势

如图3-1-5所示，在2018年以前，美国的专利申请量稳居全球第一且总体上稳步增长，但是 2019 年申请量有所下降。

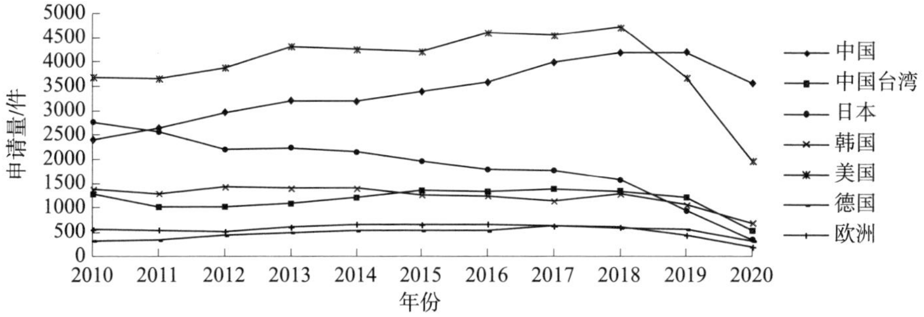

图 3-1-5　2010—2020 年主要目标国家/地区的专利申请趋势

中国在 2010—2019 年的十年内申请量快速增长，2011 年超过日本且仅次于美国，这与中国的技术和市场快速发展有关。特别是到了 2019 年，其他国家和地区的专利申请量都或多或少地有所下降，中国的专利申请量仍然小幅提升，也是唯一实现增长的全球主要市场。而且，在这一年其申请量超过美国成为全球第一，这与近年来中国集成电路产业的快速发展及消费市场规模的持续扩大密不可分。

日本的申请量在这十年内一直处于下降的态势，至 2018 年专利申请量降到了 1500 件左右，这可能和其产业发展向产业链上游的战略转移有关。

韩国和中国台湾的申请量在 2010—2018 年一直保持在 1000~1500 件，德国的专利申请量在 2010—2018 年一直保持在 500 件左右，可见这些国家和地区的专利申请量总体相对稳定。

（三）申请人分析

1. 全球/中国专利申请的申请人排名

笔者对申请人进行了统计，并对相同或相关的申请人进行了合并，以了解重要申请人的情况。另外，笔者单独筛选其中的中国专利申请，以了解在中国申请专利的重要申请人情况。

图 3-1-6 展示了 SiP 领域全球专利申请量排名前十位的申请人。其中专利申请量最大的是中芯国际，超过 6300 项；第二位是台积电，超过 5200 项；第三位是三星，超过 4100 项；第四位是英特尔，超过 2300 项；后六位的专利申请量全部都在 1000~2000 项。

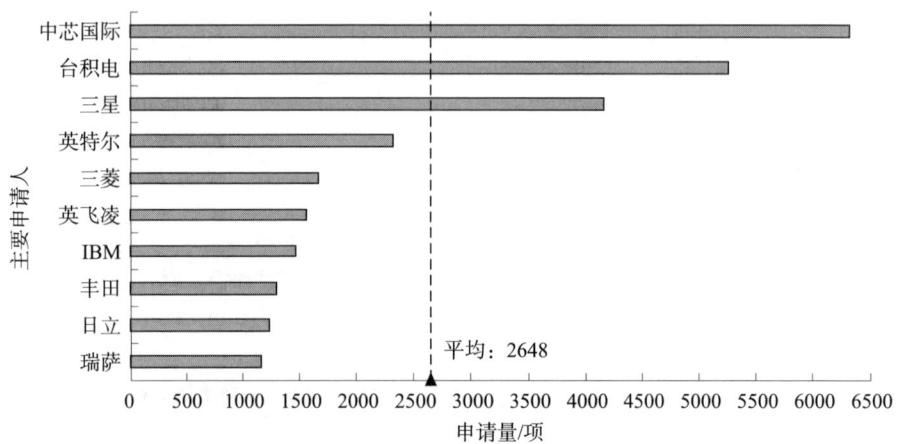

图 3-1-6 SiP 技术全球专利申请主要申请人排名

可以注意到，申请量前三位的申请人全部都是业内重要的晶圆代工厂，专利申请量前十位的其他申请人也都是业内著名的芯片厂商。由于当前先进封装工艺的特征尺寸越来越小，不同于完全作为后道工艺的传统封装技术，先进封装工艺（特别是 SiP 技术）与中道工艺之间的关联正在变得越来越紧密。因此，很多晶圆代工厂已经开始改进其晶圆制造技术以适应之后的 SiP 需求，甚至直接开始研发 SiP 技术。正是来自中道工艺庞大的专利申请体量，导致传统封测厂商的专利申请量无法跻身前十位。

图 3-1-7 展示了在中国申请专利的申请量排名前十位的申请人。其中专利申请量最大的是中芯国际，接近 3500 件；第二位是台积电，接近 2500 件；

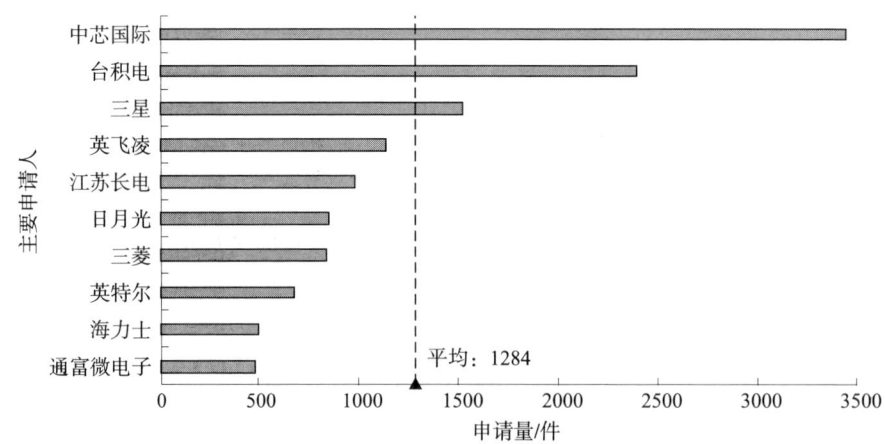

图 3-1-7 SiP 技术领域中国专利申请主要申请人排名

第三位是三星,超过1500件,这与全球专利申请量排名一致。英飞凌的申请量超过1100件,位列第四位。江苏长电和富通微电子分别占据了第五、第十位,这与国内封测行业的快速发展有关。与全球申请量排名相比,可以发现英特尔的专利申请量退居了第八位,IBM的专利申请量跌出前十位,这与其专利申请更侧重全球的均衡布局有关。海力士在中国的专利申请量位列第九位,这与其主营存储芯片业务及中国具有庞大的存储芯片市场密切相关。

2. 主要申请人技术分支分布

通过对全球排名前十位的申请人的数据进一步处理,分别获取涉及凸点技术、中介层技术和散热技术这三个技术分支的专利申请量,进行对比分析。

如图3-1-8所示,SiP专利申请总量位列全球前四位的中芯国际、台积电、三星和英特尔的专利技术重点布局均在凸点技术上,中介层技术次之,在散热技术上的布局从比例上看相对较小。IBM的专利布局结构和中芯国际等企业类似,但是其散热技术的布局比例略高一些。英飞凌重点布局在中介层技术上,散热技术和凸点技术的布局量相当。瑞萨的专利布局主要在凸点技术和中介层技术上,散热技术最少。日立的专利布局主要在凸点技术和散热技术上,中介层技术最少。三菱则重点布局在散热技术上,中介层技术次之,凸点技术最少。丰田的专利布局结构和三菱类似,但是其中介层技术的布局更少,与凸点技术的布局量相当。

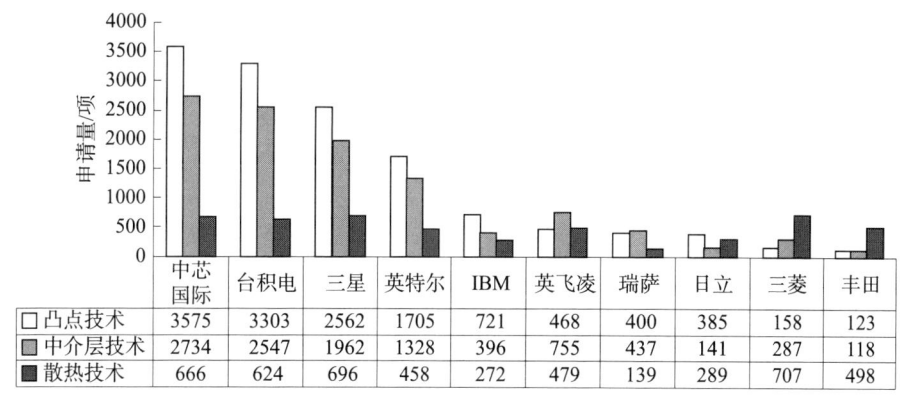

图3-1-8 主要申请人在各个技术分支的布局

3. 主要申请人具体分析

根据主要申请人在三个技术分支的布局可以发现,不同申请人在不同技术分支上的布局比例往往是有较大差异的,而这种差异往往来源于该申请人技术研发重点的不同。以下选取台积电和三菱这两个比较有代表性的申请人,主要从技术分布、申请趋势的角度分析这两个申请人在 SiP 领域的专利申请情况。图 3-1-9 对台积电和三菱在重点技术分支布局进行了对比。

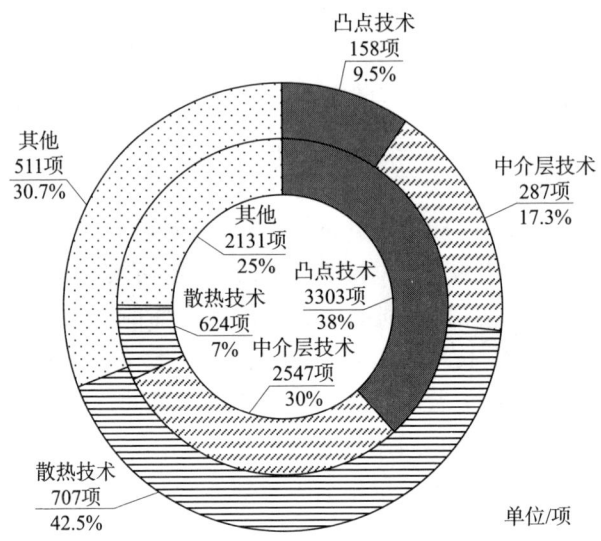

图 3-1-9　台积电（内环）、三菱（外环）重点技术分支布局图

（1）台积电。

如图 3-1-9 所示，台积电涉及凸点技术的专利申请有 3303 项，占其总申请量的 38%；涉及中介层技术的专利申请有 2547 项，占其总申请量的 30%；涉及散热技术的专利申请有 624 项，占其总申请量的 7%。可见，台积电在凸点技术上的申请量占比最大，其次是中介层技术，最后是散热技术。这与其晶圆代工厂商的产业地位相适应。先进的凸点技术可以允许代工厂为客户提供更大的 I/O 密度，而中介层技术则为这些高密度 I/O 之间的互连通信及 I/O 与基板的连接提供可能，这些都是晶圆代工厂商必备的基础技术能力。而系统的热分布往往与系统的整体设计、每个芯片的种类和位置摆放直接相关，这种个性化定制的设计则一般由设计厂商直接完成，因此代工厂本身在散热技术上的专利布局较少。

图 3-1-10 示出了台积电近十年的专利申请量情况。可以看出台积电在三个技术分支领域的申请趋势与申请总量的趋势大体是一致的。专利申请量在 2010—2013 年逐渐上升，到 2014—2015 年出现了一个低谷，这可能和全球行业低谷有关。2016 年又开始增长，直到 2019 年开始下降，这与全球总申请量的趋势大体一致。

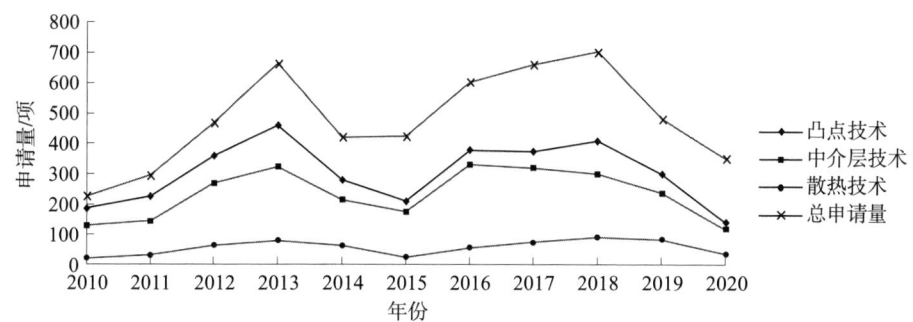

图 3-1-10　2010—2020 年台积电各技术分支的专利申请趋势

（2）三菱。

如图 3-1-9 所示，与台积电不同的是，三菱涉及凸点技术的专利申请有 158 项，占其总申请量的 9.5%；涉及中介层技术的专利申请有 287 项，占其总申请量的 17.3%；涉及散热技术的专利申请有 707 项，占其总申请量的 42.5%。可见，三菱在散热技术上的申请量占比最大，在凸点技术和中介层技术上的申请量占比都比较小。这种现象与三菱的行业布局有关。三菱在芯片行业的技术主要用于其工业设备和电动汽车，其技术更加关注大电流、高功率，因此三菱在封装技术的研发会更加关注散热问题。

图 3-1-11 示出了三菱近十年的专利申请量情况。由于凸点技术和中介层技术的申请量较少，三菱的专利申请总量变化趋势与散热技术专利申请量的变化趋势基本一致。自 2012—2013 年专利申请量有一段明显的攀升，之后基本保持稳定；除了 2015 年有一个低谷，该低谷与台积电申请趋势中的低谷是一致的，这可能与全球整体的行业低谷有关。之后从 2018 年开始，专利申请量明显下滑。

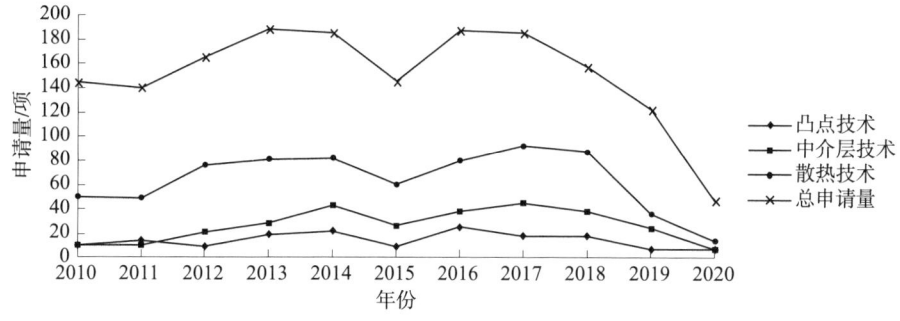

图 3-1-11　2010—2020 年三菱涉及各技术分支的专利申请趋势

(四) 重点技术分析

本节针对凸点技术、中介层技术和散热技术这三个重点技术的申请分别进行具体分析。图3-1-12示出了凸点技术、中介层技术和散热技术在2010—2020年的全球申请趋势。

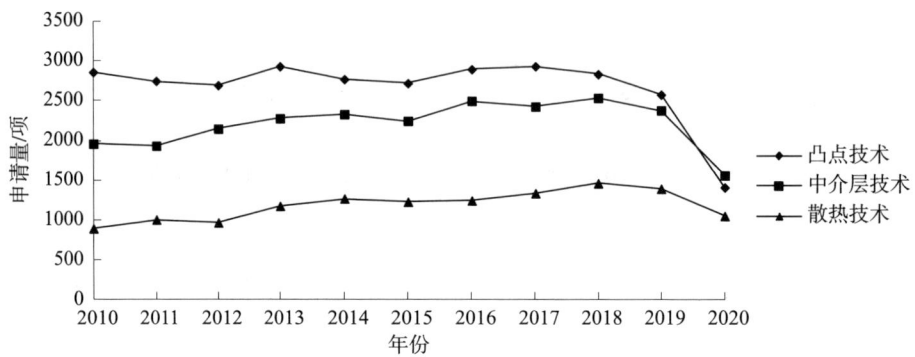

图3-1-12 2010—2020年凸点技术、中介层技术和散热技术全球申请趋势

1. 凸点技术

凸点技术指的是利用金属凸点在芯片和线路板之间进行电连接的技术。如图3-1-12所示，凸点技术的全球申请量在2010—2012年缓步下降，这与作为凸点技术主要贡献国的日本申请量大幅下降有关；在2013年上升至2929项之后，2014—2015年缓慢下降；在2016—2017年再次缓步爬升，2017年达到峰值，之后从2018年开始下降。

如图3-1-13所示，凸点技术的全球申请量前四位申请人为中芯国际、台

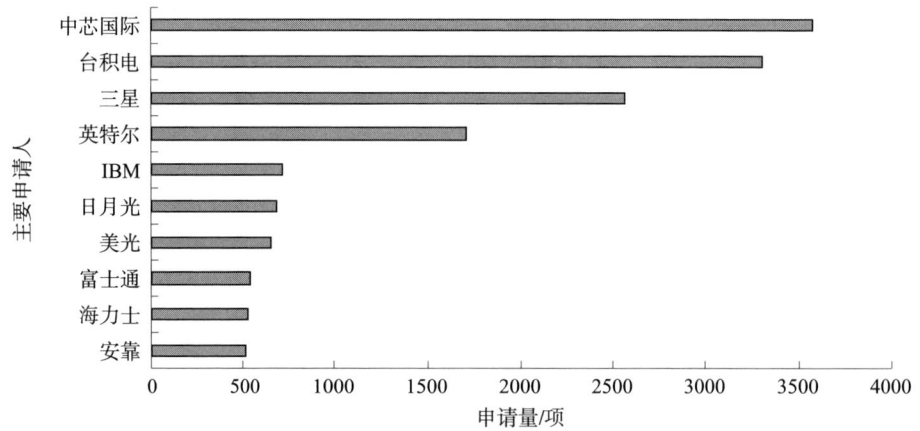

图3-1-13 凸点技术全球申请量前十位的申请人

积电、三星、英特尔,这与 SiP 的全球申请总量前四位一致,其申请量同样远超后面几位。之后依次是 IBM、日月光、美光、富士通、海力士、安靠。相比全球申请总量的申请人排名,芯片厂商 IBM、美光、海力士的排名有所提升,传统的封测厂商日月光、安靠进入前十位,近期着力发展封测业务的传统设备厂商富士通也进入前十位。

以下以凸点技术的几个改进点为例,对凸点技术的典型专利进行介绍。

对于凸点的制造,铜柱凸点是提高凸点互联密度的一个常用技术路线。在英特尔最早提出在其处理器中使用铜柱凸点之后,各个晶圆制造厂商纷纷在该技术路线上提出了自己的改进方案。例如,台积电申请了一种凸点结构的专利申请(公告号 CN109979903B),在美国、德国、韩国都进行了布局并都得到了授权。如图 3-1-14 所示,其主

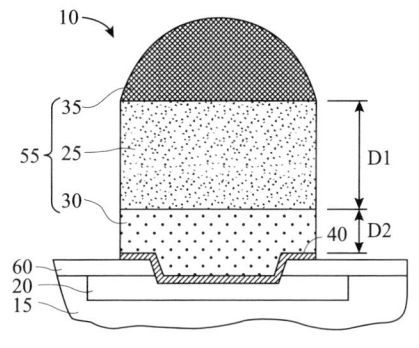

图 3-1-14 CN109979903B 中的凸点结构图

要技术方案是在半导体器件 10 中,凸点结构 55 经由接合焊盘 20 连接至衬底 15 的电路,该凸点结构 55 包括铜或铜合金层 30 及主要由镍基材料形成的柱 25,与铜或铜合金至焊料合金的可焊性相比,该镍基材料具有至焊料合金的更小的可焊性(润湿性)。因为柱比铜或铜合金具有更低的可焊性,所以抑制了焊料 35 沿着柱的侧向下流动。使用这种方法,可以实现直径达 $5\mu m$、间距达 $15\mu m$ 的凸点阵列。

对于凸点的连接方式,安靠首先提出了在键合前在基板上预置非导电黏合剂的技术,该非导电黏合剂不仅可以起到助熔的作用,同时还可以保护金属表面。此后,不同厂家将该技术应用于其产品中。例如,高通的骁龙芯片中应用了该技术,且基于其实际生产的线上研发,对该技术进行了诸多改进。高通申请了一项基于预置非导电黏合剂(NCP)技术改进的专利申请(公告号 US8802556B2),其主要技术方案如图 3-1-15 所示,现有的铜柱 212 上如果直接设置焊料 214,则焊料 214 可能由于铜柱浸润效果而厚度减小,从而导致连接失败。该发明在铜柱 512 上设置非浸润的阻挡层 513,这样能够阻止焊料的浸润效果,提高凸点互连的可靠性。

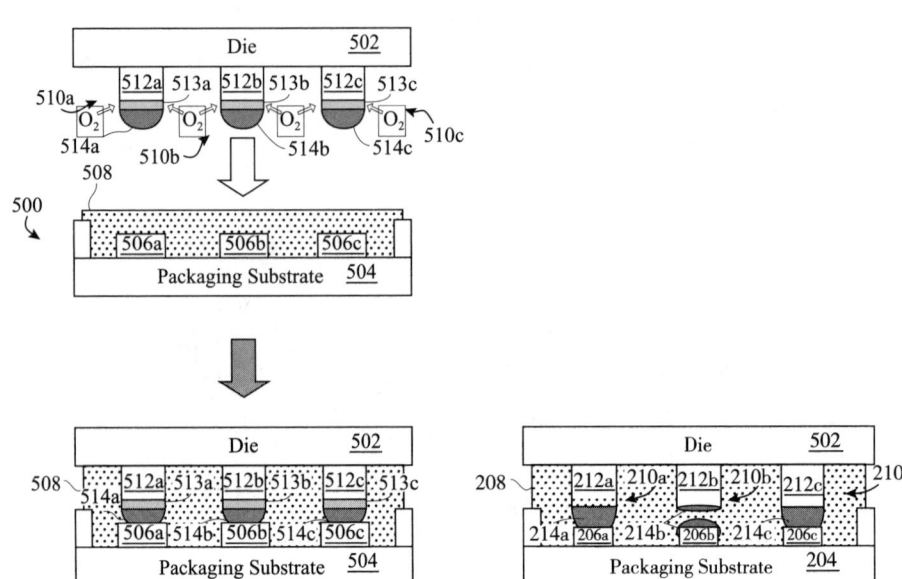

图 3-1-15　US8802556B2 中的凸点互连示意图（左）及对比案例（右）

2. 中介层技术

中介层技术有时也称载板技术、转接板技术，指的是利用中间结构实现芯片之间、芯片与电路板之间高 I/O 密度的互连。如图 3-1-12 所示，中介层技术的专利申请量在 2011 年略有下降后，2012—2014 年处于上升趋势，2015 年略有下降后再次上升，2016 年后基本处于小幅波动阶段，2019 年后呈下降趋势，这与行业整体的专利申请量下行趋势基本一致。

如图 3-1-16 所示，中介层技术的全球申请量前四位申请人依然是中芯国际、台积电、三星、英特尔，之后依次是英飞凌、日月光、矽品精密、瑞萨、星科金朋和 TESSERA。其中英飞凌、瑞萨是芯片公司，日月光、矽品精密、星科金朋和 TESSERA 都是封测公司。可见，尽管中介层技术更偏重于芯片公司所涉及的前道工艺，但是主要涉足后道工艺的传统封测公司在中介层技术上也占据着非常重要的技术地位。

以下以中介层技术的几个改进点为例，对中介层技术的重要专利进行介绍。

中介层技术的一个重要改进点是互连方式的设计。2014 年英特尔公开了其 EMIB（embedded multi-die interconnect bridge）技术，即在中介层中设置用于芯片互连的硅桥。该硅桥由硅片直接制作而成，已经发展非常成熟的硅工艺可以允许在硅桥表面形成非常精细的互连线，从而能够通过简单的工艺达到非常高的集成密度。另外，相比于当前常用的在中介层中制作 TSV 的技术，硅桥互连大大降低了生产成本。此后，应用材料、台积电、高通等业内主要公司也纷纷推出自己的硅桥技术。例如，英特尔申请了一种涉及中介层技术的专利申请（公告号 US8872349B2），如图 3-1-17 所示，该申请是涉及该技术较典型的专利申请，已经被引用 80 余次。追踪其申请流程相关文件和同族专利，发现英特尔早在 2012 年就已经申请了该技术的美国专利，权利要求仅涉及封装结构、相关装置及相应的封装方法，并且以此为优先权于 2014 年、2016 年、2017 年连续提出分案申请，专利布局涉及单独保护的硅桥结构以及多个角度撰写的封装方案。可见，在首次申请后，经过多年打磨及综合业界发展趋势，英特尔后续的分案申请进一步从不同的角度对该技术进行了更加全面的保护，这与首次专利申请文件撰写的前瞻性是分不开的。

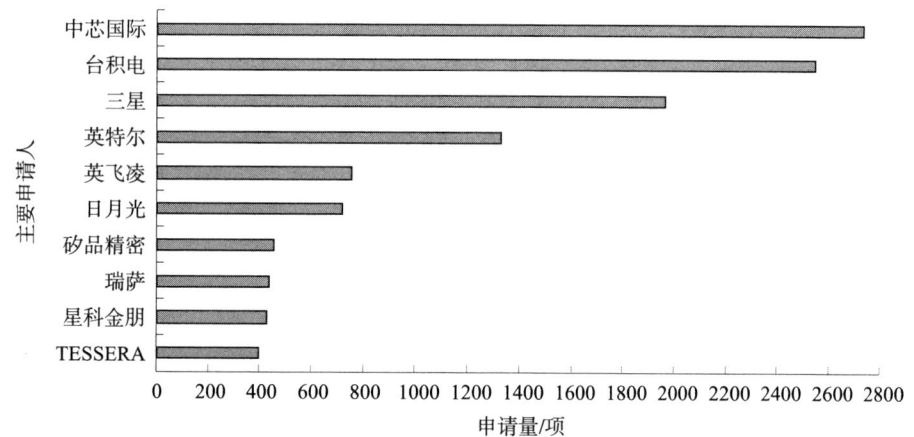

图 3-1-16　中介层技术全球申请量前十位的申请人

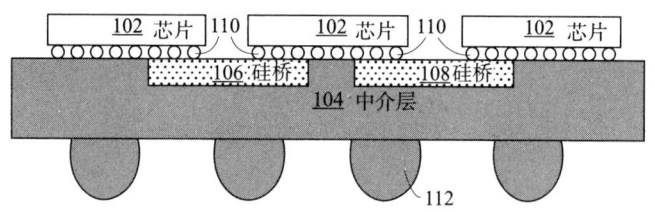

图 3-1-17　US8872349B2 中的硅桥技术

器件布局方式的设计也是中介层技术的一个重要改进点。在传统的单个封装方案中应用多个管芯架构时，会需要较大的引脚面积，系统的产量和可靠性也容易出问题，特别是由于翘曲和其他对准问题，会对管芯之间的互连造成困难。因此，利用异构嵌套中介层的电子封装是 SiP 的一个重要技术路线。例如，英特尔申请了一种涉及中介层器件布局方式的专利申请（公开号 CN112071826A），在美国、欧洲、韩国、新加坡都进行了布局，被引用次数 9 次。其主要技术方案是在电子封装 100 中设置中介层 130，可以为有源或无源器件的嵌套组件 140 被定位在穿过中介层 130 的腔 135 内，管芯 120 的有源表面 121 可以通过多种不同节距的内部互连电耦合到内插器 130 和嵌套部件 140。

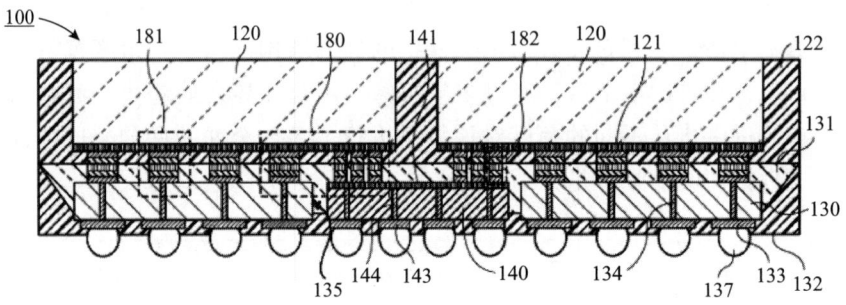

图 3-1-18　CN112071826A 中的中介层结构图

3. 散热技术

散热技术主要是基于先进封装的应用场景，考虑到芯片的布局、不同芯片特性进行的专门散热设计。如图 3-1-12 所示，散热技术在近十年大体呈现持续的增长趋势，这可能与电动汽车市场的持续增长有关。

如图 3-1-19 所示，散热技术申请量排名前十位的申请人与前两个技术分支差异较大。三菱的申请量位列全球首位，超过 700 项；三星位列第二，接近 700 项；中芯国际、台积电分别位列第三、第四，分别超过 650 项、600 项；丰田、英飞凌、英特尔的申请量在 450～500 项；富士电机、日立、IBM 的申请量在 250～350 项。可以注意到，丰田、富士电机、日立这几家日本企业在凸点技术和中介层技术的专利申请量并没有排入前十位，可见其对散热技术更加重视。

以下以散热技术的几个改进点为例，对散热技术的典型专利进行介绍。

对于封装中多种不同芯片的布局方式的调整，特别是对发热较大的芯片的位置设计，可以有效提升散热能力。如图 3-1-20 所示，通用电气申请了一种涉及器件封装的专利申请（公告号 US10068879B2），在中国、欧洲、韩国、日本、新加坡都进行了布局并都得到了授权，被引用次数 13 次。其主要技术方案是将发热较大的逻辑芯片设置于发热较小的存储芯片上方进行 3D 堆叠封装，该逻辑芯片位于整个封装结构的外侧，这样有利于器件整体的散热；同时还通过多种互连方式实现逻辑芯片与基板之间、逻辑芯片与存储芯片之间、存储芯片与基板之间不同的通信需求。

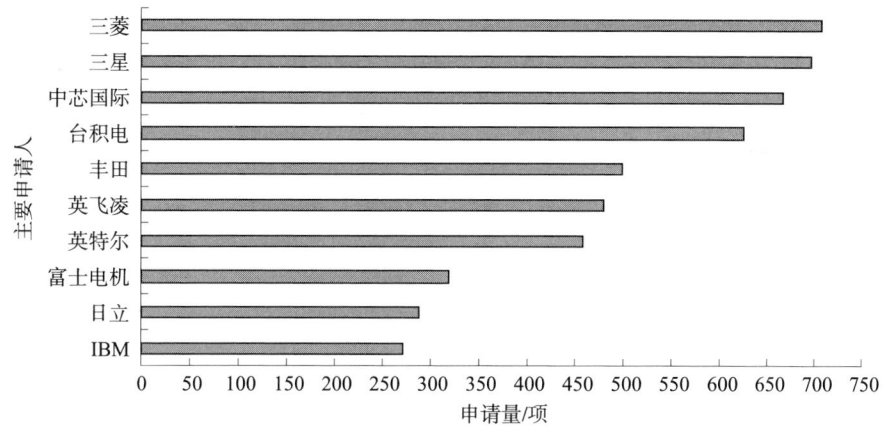

图 3-1-19　散热技术全球申请量前十位的申请人

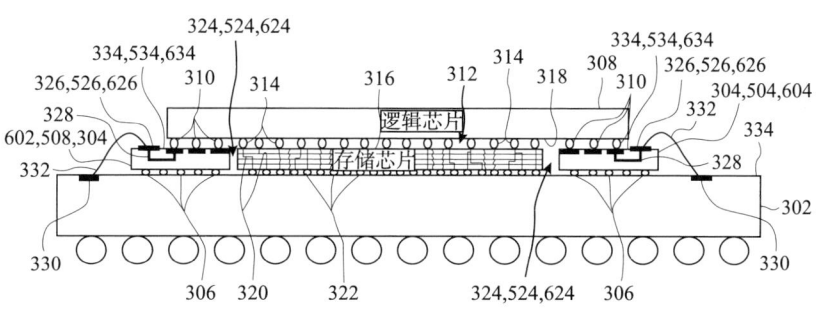

图 3-1-20　US10068879B2 中的器件封装方案

对于 3D 封装架构的散热，热管理受到层或部件（如底部填充物、模制物或具有低热导率的封装衬底）的限制，热量往往不容易从管芯传播到集成散热器（IHS），因而通过不同的方式提供多种的导热路径也是散热设计的一个思路。例如，英特尔申请了一种涉及散热结构的专利申请（公开号 CN113013116A），在美国和欧洲都进行了布局。如图 3-1-21 所示，其主要技术方案是在封装衬底 110 的上表面 111 和下表面 112 分别设置有第一管芯模块 140、第二管芯模块 141，封装衬底 110 的顶部设置有集成散热器（IHS）150，该集成散热器 150 与第一管芯模块 140 直接接触，实现第一条散热路径；此外，还设置有环绕散热器（WAHS）120，该环绕散热器 120 贴着封装衬底 110 的下表面沿着侧壁一直延伸到上表面与集成散热器 150 接触，实现第二条散热路径；最后，还设置有热过孔 115，提供从第一管芯模块 140 下表面到封装衬底 110 背面的第三条散热路径。

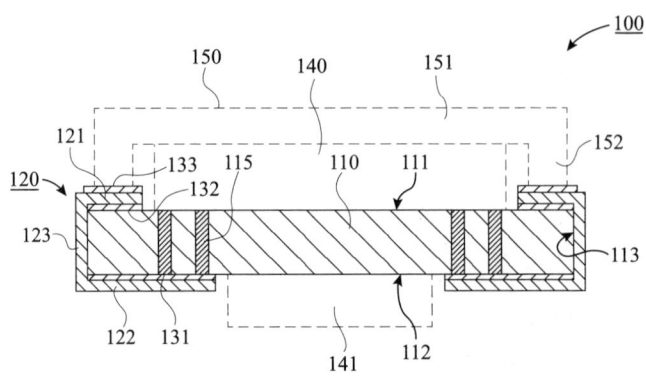

图 3-1-21　CN113013116A 中的散热结构

二、检索策略及案例解析

(一) 检索策略

如前文所述，SiP 是芯片设计层面的概念，一个 SiP 器件可能应用任何现有的封装技术，对于 SiP 技术的检索可能广泛地涉及诸多分类号和多种类型的器件，这给检索的技术领域确定带来了难度。通常的做法是利用 H01L 的分类号把检索范围限定在一个较大的技术领域范围内；如果技术方案明显涉及印刷电路板，有时还需要考虑增加 H05K 的分类号限定。

SiP 实质上是实现高效、高密度的电连接及合理的布局设计，最终达到的往往是高密度互连、电学性能提升、散热、生产效率提升等通用的技术效果。在检索中，这些效果描述往往难以对检索的范围进行有效的限定。因此，在 SiP 技术的实际检索过程中，往往会弱化技术效果的检索要素，而更加关注具体的技术点，如选用凸点的类型、是否存在重布线层、中介层中的互连方式等。

从申请人的角度，SiP 领域的申请人较为集中，特别是从布局设计的角度上，不同申请人往往具有其特色的技术路线。因此，可以参考前文中介绍的主要申请人及不同类型的申请人分析，针对性地以申请人作为入口进行检索。从数据库的角度，SiP 技术的检索常用以下数据库。

(1) 中国专利文摘库 CNABS。中国专利文摘库 CNABS 除了收录中文专利文献外，还同时收录了文献的英文翻译摘要和德温特世界专利索引数据库 DWPI 的人工摘要（英文），所以在中国专利文摘库 CNABS 中使用英文进行检索也同样是非常方便的。特别是对于封装领域，很多技术术语源于英文，其有固定的英文用词表达，但是在中文文献中则可能出现多种不同的中文用词。例如 bump

这个术语，在中文文献中可能出现凸点、凸块、焊球、焊料等多种表达。对于这种情形，在中国专利文摘库 CNABS 中使用英文能够对这个检索要素进行更加精准的表达。

（2）中国专利全文库 CNTXT。如前所述，封装领域的检索往往会将检索重点放在结构之间的关联上，因而中国专利全文库 CNTXT 中的全文数据可以给这方面的检索带来更多的信息。但是更多的信息会带来大量的检索噪声，这又会给专利文献的筛选带来困难。对此，可以基于技术特征之间的逻辑关系、结合中文表达的习惯，使用邻近算符和同在算符连接相关的技术特征以准确定位发明构思并同时缩小检索范围，这是封装领域的检索中非常重要的技巧。另外，还需要善用数据库中的不同字段，根据关键词与本申请的相关程度并兼顾中文的表达习惯，将不同的关键词分别选择在标题、关键词、摘要、权利要求、全文这些字段范围中进行检索，结果将更加精确。

（3）德温特世界专利索引数据库 DWPI。德温特世界专利索引数据库 DWPI 中人工改写的摘要和发明名称可以使得术语更加规范准确，同时能更加精准地反映发明主题和技术效果，这对于封装技术的检索是非常有帮助的。但是需要注意，可能与人工改写较为耗时有关，德温特世界专利索引数据库 DWPI 对于最新文献的整理往往不是很完善。因此，对于封装领域的最新技术，特别是最近两年封装技术的检索不能完全依赖德温特世界专利索引数据库 DWPI。

（4）美国电气与电子工程师学会数据库 IEEE。先进封装是当前非常活跃的技术领域，相关企业、高校、研究所的研究者常常会在会议上发布其最新的成果，因而美国电气与电子工程师学会数据库 IEEE 在先进封装领域的检索中应当受到相当的重视。

另外，从文献浏览的角度，SiP 技术的技术特征往往能够从产品形态直接得出，即一般可以从附图甚至摘要附图中直接看出一个封装结构采取了哪些技术，这给该技术领域的文献浏览带来了极大的便利。因此，在检索过程中，可以不必将结果限定到过小的范围，在限定到一个较大的范围后就可以开始浏览。

最后，在 SiP 技术的检索中，由于难以通过技术领域、分类号对检索范围进行限定，因而得到的文献量往往非常大、技术分布也非常杂。因此，噪声的排除在 SiP 技术的检索中是非常重要的。除了前面在介绍数据库部分提到的方法之外，还有一个非常重要的噪声排除方式，就是通过技术的方式排除不同技术路线的噪声。例如，对于一些与本申请同领域但是技术路线不同的技术，可以通过一些特定的表达方式（关键词和/或分类号）将这些文献从检索结果中排除。这就需要对相关技术领域中的各种技术路线有一定的了解，通常的做法是,在初步检索结果的浏览过程中,发现某条技术路线文献量较大但与本申请有较为本质的差异,则可以通过这些无关文献归纳出这条技术路线的表达方式,进而在检索式中直接将其全部排除。

(二) 检索要素

根据 SiP 在专利申请中的常用表达,确定了对应技术领域及技术分支的相关检索要素,包括关键词及分类号,如表 3-1-1 所示。

表 3-1-1 检索要素表

检索要素	中文关键词	英文关键词	IPC (2022.01 版)	CPC (2022.05 版)
系统级封装	系统级封装	SiP, system in package	H01L21/50, H01L21/768, H01L23/00, H01L25/00, H01L21/48, H01L21/67, H01L23/48, H01L21/60, H01L23/52	H01L24/00, H01L24/01, H01L24/73, H01L24/80, H01L24/91 - H01L24/97, H01L2224/00, H01L2924/00, H01L2021/60, H01L2224/01, H01L2224/80, H01L2224/73, H01L2224/91, H01L2224/93, H01L2924/15
	集成电路、器件、芯片、管芯、晶片、电路、线路、封装	IC, ICs, circuit, device, chip, die, package		
	封装、连接、互连、键合、接合	seal, ecapsul, package, connect, intercnnect, bond		
凸点技术	凸点、凸块、突点、突块、焊料、焊球	bump	H01L23/48, H01L21/60, H01L23/52, H01L21/768	H01L21/4825, H01L21/4853, H01L23/3128, H01L24/01, H01L24/73, H01L24/80, H01L24/91 - H01L24/97, H01L24/10, H01L24/81, H01L24/742, H01L24/75, H01L2021/60, H01L2021/60022,

续表

检索要素	中文关键词	英文关键词	IPC（2022.01 版）	CPC（2022.05 版）
凸点技术	凸点、凸块、突点、突块、焊料、焊球	bump	H01L23/48，H01L21/60，H01L23/52，H01L21/768	H01L2224/01，H01L2224/80，H01L2224/73，H01L2224/91，H01L2224/93，H01L2924/15，H01L2224/81，H01L2224/80903，H01L2224/03912，H01L2224/03914，H01L2224/83903，H01L2224/0401，H01L2224/10，H01L2224/742，H01L2224/75，H01L2224/73103，H01L2224/73153，H01L2224/73203 - H01L2224/73211，H01L2224/73253 - H01L2224/73261，H01L2224/9201，H01L2224/92122，H01L2224/92133，H01L2224/92143，H01L2224/92153，H01L2224/92163，H01L2224/92173，H01L2224/92222，H01L2224/92253，H01L2225/06513 - H01L2225/0652，H01L2225/06586，H01L2225/1058

续表

检索要素	中文关键词	英文关键词	IPC (2022.01 版)	CPC (2022.05 版)
中介层技术	载体、承载、载板、载带、中介、内插、转接	carrier, interposer	H01L23/48, H01L21/60, H01L24/01, H01L23/52, H01L21/768, H01L23/498	H01L2021/60, H01L23/5389, H01L24/50, H01L24/97, H01L24/80, H01L24/73, H01L24/91, H01L24/93, H01L2224/01, H01L2224/80, H01L2224/73, H01L2224/91, H01L2224/93, H01L2924/15, H01L2225/1041, H01L2225/107
散热技术	热、冷	heat, thermal, cool	H01L23/28, H01L23/36, H01L23/38, H01L23/40, H01L23/42, H01L23/44, H01L23/46	H01L21/4846, H01L21/4882, H01L23/4012, H01L23/49568, H01L2023/4037, H01L2224/06519, H01L2224/09519, H01L2224/17519, H01L2224/30519, H01L2224/33519, H01L2225/06589, H01L2225/1094

(三) 案例解析

1. 案例 3-1-1: 一种用于系统级封装的转接板结构

(1) 案情概述。

本发明涉及一种半导体封装结构的制造方法。近年来,半导体器件在成本降低和前道晶圆制造工艺提升的共同促进下,实现了同样功能的半导体器件的单体芯片尺寸越来越小的目标,这样会导致半导体器件上用于外接的电极之间的节距越来越小,原来用于倒装焊的半导体器件结构容易引起电极之间的桥接从而导致半导体器件失效。目前,用于倒装焊的半导体器件结构中,半导体芯片与再布线基板间的连接一般是通过在电极上进行金属焊料回流后形成球状凸点,然后倒装在再布线基板而形成,在这种倒装芯片封装结构中,虽然在结构上满足了倒装芯片封装结构的要求,但是由于金属焊料直接形成于电极上,容易引起电极之间的桥接。此外,金属焊料靠近半导体芯片设置,导致金属焊料中的 α 射线对芯片性能造成影响。另外,现有技术再布线层采用复杂的刻蚀工艺形成,生产成本高且层厚难以随半导体器件对电流大小的设计需求进行调整。

如图 3-1-22 所示,本发明利用金属凸块取代现有技术中的形成于电极上的球状焊料,并利用形成于再布线层上的第一端子中的焊料将金属凸块固定于再布线层上,可有效避免电极间的桥接及焊料中的 α 射线对芯片性能的影响。进一步,通过该制造方法所形成的半导体封装结构中端子的节距减小,使在小尺寸芯片上实现多端子成为可能。

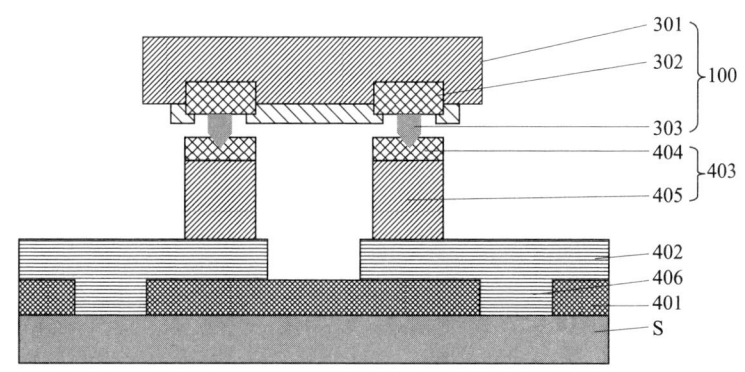

图 3-1-22　案例 4-1-1 的芯片封装结构

相关的权利要求如下:

一种半导体封装结构的制造方法,其特征在于,所述制造方法包括以下步骤:

提供一基材;

在所述基材上形成介电层;

在所述介电层上形成再布线层;

在所述再布线层上形成第一端子,其中所述第一端子包括焊料;

提供一芯片,所述芯片包括芯片主体、设置在所述芯片主体上的电极以及固定在所述电极上的金属凸块;

利用所述焊料将所述金属凸块固定于所述再布线层上。

（2）充分理解发明。

通过与现有技术的对比，可以发现本申请的发明点主要是在芯片的电极上形成金属凸块而非焊料，这样避免了在芯片上形成焊料带来的一系列不良影响。需要注意的是，本申请中的凸块并非通常意义上凸点技术中的"bump"，只是一个用于与bump实现连接的金属件，所以对其关键词的扩展需要特殊考虑。

因此，在检索过程中，互连结构中这种焊料位于基材上、金属凸块位于芯片上的特殊位置关系是检索的重要关注点。

（3）检索过程分析。

首先将检索范围限定在H01L技术领域中，直接利用同在算符表达位于芯片上的金属凸块。考虑到直接用"凸块"并不能准确表达技术方案中的实际结构，故采用金属、导电这样更加准确的表达，加上焊料的技术特征。

1　CNABS　11091　H01L/ic and ((or 芯片，器件，元件，chip?，element?，die?) s (or 金属，导电，metal+，conduct+)) and (or 焊料，solder)

当前文献量比较大，需要进一步限定。注意到其中具有"所述金属凸块插入至所述焊料"这种较有特点的方法描述，将这种关联用同在算符表达。

2　CNABS　126　H01L/ic and ((or 芯片，器件，元件，chip?，element?，die?) s (or 金属，导电，metal+，conduct+)) and ((or 焊料，solder) s (or 金属，导电，metal+，conduct+) s (or 插，plug+))

获得一篇相关专利文献，其公开了在芯片的电极上形成金属凸块而非焊料的相关技术特征，追踪该文献的引用和被引用文献，没有获得可用的文献。但是注意到该文献申请人是IBM，一家以英语为母语的国际化大公司，同时该专利文献具有美国、欧洲、日本等多地的同族专利，故该文献及其同族的分类号、关键词等信息仍然具有挖掘价值。这里得到CPC分类号H01L2224/1134（凸点连接器bump connector的下位点组钉头凸块stud bumping），直接利用该分类号进行检索。

3　CNABS　90　H01L2224/1134/cpc and ((or 芯片，器件，元件，chip?，element?，die?) s (or 金属，导电，metal+，conduct+))

and（or 焊料，solder）

获得多篇相关专利文献，都公开了在芯片的电极上形成金属凸块而非焊料的相关技术特征，可以影响权利要求的新颖性或创造性。

另外，在浏览检索式2的结果过程中，发现本申请的申请人有多个使用了该技术的系列申请，因而可以考虑针对申请人进行检索。

4　　CNABS　　136　　＊＊＊（申请人）/pa and（（or 芯片，器件，元件，chip?，element?，die?）s（or 金属，导电，metal+，conduct+））and（or 焊料，solder）

基于这个检索思路，也可以获得多篇相关专利文献，都公开了在芯片的电极上形成金属凸块而非焊料的相关技术特征，可以影响权利要求的新颖性或创造性。

以下在中国专利全文库 CNTXT 中进行检索。考虑到全文表达的全面性，可以将解决的技术问题作为一个检索要素，即避免了焊料给芯片带来的桥接和α射线。其中桥接的意思其实是短路、漏电，因而进行一定的扩展。

1　　CNTXT　　348　　H01L/ic and（焊料 s（or 芯片，器件，元件，chip?，element?，die?）s（or 射线，桥接，短路，漏电））and（（or 芯片，器件，元件，chip?，element?，die?）s（or 金属，导电，metal+，conduct+））/ba and 焊料/ba

注意到文献量比较大，因而将"芯片上的金属凸块"和"焊料"这两个比较重要的检索要素直接限制在发明名称、关键词和摘要的字段。

2　　CNTXT　　50　　H01L/ic and（焊料 s（or 芯片，器件，元件，chip?，element?，die?）s（or 射线，桥接，短路，漏电））and（（or 芯片，器件，元件，chip?，element?，die?）s（or 金属，导电，metal+，conduct+））/ti/kw/ab and 焊料/ti/kw/ab

基于这个检索思路，也可以获得一篇相关专利文献，公开了在芯片的电极上形成金属凸块而非焊料的相关技术特征，可以影响权利要求的新颖性或创造性。此外，该检索式所获得的结果中还有数个相关文献，需要时也可以考虑对这类文献进行追踪，在此不再赘述。

以下在德温特世界专利索引数据库 DWPI 中进行检索。前面在分析相关文献时,注意到对金属凸块形态使用"stud"的英文表达,这很可能是本领域常用的表达方式,因而尝试将其作为检索关键词。

| 1 | DWPI | 32 | H01L/ic and ((or 芯片, 器件, 元件, chip?, element?, die?) s ((or 金属, 导电, metal +, conduct +) 1w stud)) and (or 焊料, solder) |

基于这个检索思路,也可以获得多篇专利文献,都公开了在芯片的电极上形成金属凸块而非焊料的相关技术特征,可以影响权利要求的新颖性或创造性。

2. 案例 3-1-2:芯片封装结构及方法

(1)案情概述。

本申请涉及芯片制造技术领域。随着电子产品的小型化、高性能化发展,系统集成度也日益提高。硅通孔技术是一项高密度封装技术,通过铜、钨、多晶硅等导电物质的填充,实现硅通孔的垂直电气互连。硅通孔转接板技术(Though-Silicon-Via Interposer,TSV Interposer)作为 3D-SiP 技术的主流分支,主要采用单层或者多层的插入式堆叠形式。扇出形(Fan out)晶圆封装基于晶圆重构技术将芯片重新布置到一块人工晶圆上,然后按照与标准 WLP 工艺类似的步骤进行封装。但是现有技术中芯片单一的扇出形晶圆封装或者单一硅通孔转接板技术的封装而成的电路功能单一,空间利用率低,无法实现高集成复杂的电路功能。

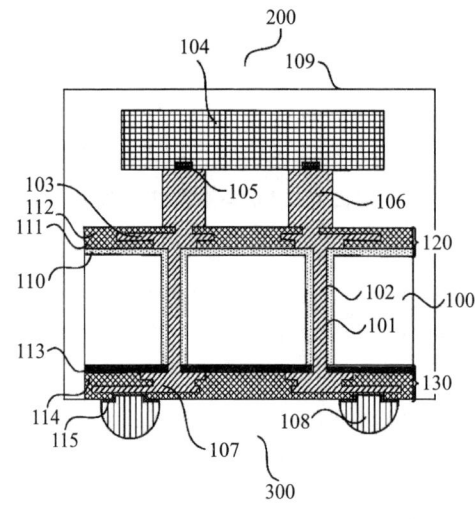

图 3-1-23 案例 3-1-2 的芯片封装结构图

如图 3-1-23 所示,实施例提供了一种芯片封装结构及方法,具体涉及一种针对转接板的改进。通过在衬底基板形成至少一个贯通第一侧面与第二侧面的通孔,在通孔设置第一导电柱,在衬底基板的第一侧面制备第一重布线层,在衬底基板的第二侧面制备第二重布线层,以及设置第二导电柱,通过倒装芯片上的电极连接第二导电柱,使第二导电柱与第一重布线层电连接,解决了现有技术中芯片封装空间利用率低、电路功能单一的问题,使得可以实现更为复杂的线路设计,从而获得更复杂的电路功能,提高了芯片单位面积上的 I/O 设备接口,提高芯片集成度与电学性能。

相关的权利要求如下:

一种芯片封装结构,其特征在于,包括:

衬底基板,包括第一侧面和第二侧面,所述衬底基板中形成有至少一个贯通所述第一侧面和第二侧面的通孔,所述通孔内设置第一导电柱;

第一重布线层,设置在所述衬底基板的第一侧面,且与所述第一导电柱电连接;

第二重布线层,设置在所述衬底基板的第二侧面,且与所述第一导电柱电连接,所述第二重布线层与第一对外连接凸点电连接;

至少一个倒装芯片,设置在所述第一重布线层远离所述衬底基板的一侧,所述倒装芯片的电极上设置有对应的第二导电柱,所述第二导电柱与所述第一重布线层电连接。

(2)充分理解发明。

尽管说明书中提到了本申请针对诸多技术问题,也实现了诸多技术效果,但这些技术问题和技术效果实际上是封装领域所共通的,对检索而言没有太大的实际意义。本领域技术人员经过对本申请的理解可以确定,本申请的发明点实际上是设计了一种上方采用铜柱式凸点互连、下方采用锡球凸点互连、中间采用硅通孔互连的转接板设计,这种设计可能用于申请人所需要的某些特定应用场景。

因此,在检索过程中,对于技术领域、技术问题、技术效果的限定可以适当弱化,将检索范围限定在相关领域中即可。而检索的重点应当在于具体的技术手段,以及这些技术手段之间的关联,如铜柱式凸点、锡球凸点、硅通孔及同时采用了这些要素的转接板。

(3)检索过程分析。

对于技术领域的限定,直接使用 H01L 的 IPC 分类号将检索范围限定在半导体领域中;同时,考虑到该分类号结合其他的技术特征也可以限定到所需要的具体技术领域,因而也不会带来过多检索噪声。

考虑到锡球凸点是很常见的互连技术,因而不将其作为在中国专利文摘库 CNABS 中的检索要素。另外,可以通过浏览附图很方便地确定相应的互连是不是锡球凸点,因而也无须单独对其加以特别限定。

综合前面的分析,采用了铜柱式凸点的转接板是本案的检索重点,且在检索中需要考虑到转接板中具有硅通孔互连、转接板两侧有重布线层、一侧的凸点为锡球凸点。

根据以上分析，首先在中国专利文摘库 CNABS 中进行检索。采用中英文关键词同时检索的方式对有关检索要素进行表达。对于转接板的表达包括"中介层""interposer""载板""载体""carrier"；对于铜柱式凸点，直接用"柱""pillar"这个非常有特点的关键词即可较全面地表达该技术，在封装技术的场景下不会引入过多的检索噪声。

1　CNABS　4963　H01L/ic and（or 转接板，中介层，interposer，载板，载体，carrier）and（or 柱，pillar）

当前文献量较大，尚不宜浏览，故需要进一步限定。考虑到硅通孔在本案中也是非常重要的技术点，而且其比较有特点、关键词的表达方式较为简单，故选用这个要素进行限定。TSV 是本领域中比较统一的用法，很多中文文献中也都直接采用这个英文说法，故无须对其进行过多扩展，这里仅增加了本申请采用的"硅通孔"。

2　CNABS　200　H01L/ic and（or 转接板，中介层，interposer，载板，载体，carrier）and（or 柱，pillar）and（or tsv，硅通孔）

其实，对于一般检索者而言，其对于本案的技术不一定特别熟悉，第一步的检索往往带有试探、学习的性质，因而初步检索所获得的 200 篇文献已经可以开始初步浏览了。在初步浏览的过程中，可以更加熟悉本案的细分领域，了解细分领域的发展状况、与本申请相近的技术都是什么样的、本申请究竟有什么不一样的地方，从而可以在后续的检索中进一步扩展关键词、整理检索思路。

在前面的检索结果中获取了一篇相关专利文献（相关专利文献1），公开了上方采用铜柱式凸点互连、下方采用锡球凸点互连、中间采用硅通孔互连的相关转接板设计，可以影响权利要求的新颖性或创造性。

以下在中国专利全文库 CNTXT 中进行检索。考虑到硅通孔和转接板有非常紧密的逻辑关联且非常有特点，即一般很难避免类似"穿过'转接板'的'硅通孔'"的描述，因此可以考虑用邻近算符表达这两个检索要素之间的关联。此外，铜柱凸点是关键特征，很可能会出现在权利要求书中甚至出现在摘要中，因此在联合检索字段对其进行表达；转接板是技术主题很可能会出现在标题中，尤其是出现在相应的德温特世界专利索引数据库 DWPI 标题中，因而可以直接在标题字段对其进行检索。

1　CNTXT　61　H01L/ic and（(or 转接板，中介层，interposer，载板，载体，carrier）3d（or tsv，硅通孔））and（or 柱，pillar）/ba and（or 转接板，中介层，interposer，载板，载体，carrier）/ti

在这个检索结果中仍然包括了前面的相关专利文献1。另外，还发现了另一篇专利文献（相关专利文献2），也公开了上方采用铜柱式凸点互连、下方采用锡球凸点互连、中间采用硅通孔互连的相关转接板设计，可以影响权利要求的新颖性或创造性。

以下在德温特世界专利索引数据库 DWPI 库中进行检索。

1　　DWPI　　21　　H01L/ic and（or interposer, carrier）and pillar and tsv

文献量较少，且其中没有合适的文献，可以考虑减去一个特征扩大检索范围。

2　　DWPI　　1076　　H01L/ic and（or 转接板，中介层，interposer，载板，载体，carrier）and（or 柱，pillar）

进一步，注意到柱和转接板这两个要素可能不太容易体现封装领域，因而加上"package、；而转接板上的重布线层又是连接两者的重要因素，故再在检索式中加入 redistribution。同时，考虑到英文时态、语态、词性表达的多样性，用截词符对相应的词汇进行扩展。

3　　DWPI　　109　　H01L/ic and（or 转接板，中介层，interpos+，载板，载体，carrier+）and（or 柱，pillar+）and（packag+）and（redistribut+）

可以获得另一篇相关专利文献，也公开了上方采用铜柱式凸点互连、下方采用锡球凸点互连、中间采用硅通孔互连的相关转接板设计，可以影响权利要求的新颖性或创造性。

最后，反观前面的检索结果可以发现，如果一开始删去的是"柱"这个检索要素，则可以获得相关专利文献1。而相关专利文献2没有出现在检索结果中，是因为该文献中的重布线层的表达为"Re-routed metal layer"，这不是本领域常用表达方式。可见，只有在多种思路、多个角度混合的检索方式中，才能检索到相关专利文献。

3. 案例3-1-3：系统级封装模块及其封装方法、终端设备

（1）案情概述。

本申请涉及一种系统级封装模块、终端设备及封装方法。系统级封装模块（SiP Module System in Package，或称 Module IC）具备微型体积、低耗电的特点，其将大量的电子器件（如电容、电感、电阻等）及线路包覆在极小的封装内，可广泛应用于无线通信模块、便携式通信产品等。现有的系统封装模块中，电感等电子器件通过塑封体封装于绝缘基板的一个表面，即电感深埋于塑封体内，造成电感散热困难，影响系统封装模块的可靠性。

如图3-1-24所示，本申请提供的系统级封装模块及其封装方法、终端设备，由于所述电感与所述塑封体分立于所述金属框架的两侧，提高了所述系统级封装模块的散热性，从而提供了系统级封装模块的可靠性。由于电感与塑封体分立于金属框架的两侧，亦降低了对电感的要求，从而节约生产成本。由于无须将电感深埋于塑封体，简化了工艺，亦便于加工检测。进一步，系统级封装模块采用J型弯脚，从而加强二次应用的焊点可靠性。系统级封装模块与大板焊接分离，减少系统级封装模块异常造成的电路板报废。还有，由于所述电感与设于所述塑封体内的芯片分立于所述金属框架的两侧，形成垂直互连的三维封装结构，实现无源器件与有源部分的堆叠，且降低了对电感的要求，从而节约生产成本。此外，通过所述金属框架实现所述电感与所述芯片电性连接，避免于系统级封装模块内设置连接导线以实现电感、芯片等电子器件之间的电性连接。因此，简化了所述系统级封装模块的结构。

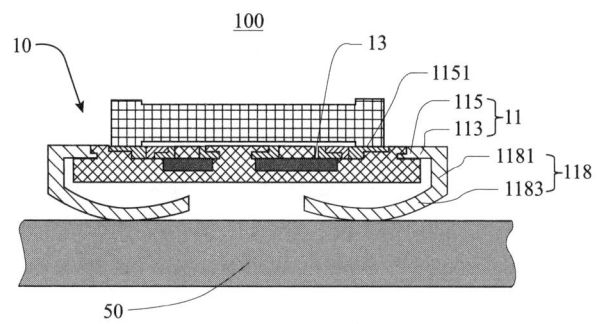

图3-1-24 案例3-1-3的芯片封装结构

相关的权利要求如下：

一种系统级封装模块，其特征在于，

所述系统级封装模块包括金属框架、芯片、电感及塑封体，所述金属框架包括相对设置的第一表面与第二表面，所述芯片安装于所述第一表面，所述电

感安装于所述第二表面，所述电感与所述芯片通过所述金属框架电性连接，所述塑封体成型于所述第一表面并覆盖所述第一表面及所述芯片。

（2）充分理解发明。

尽管权利要求中包括金属框架、芯片、塑封体等多个特征，但本申请设计的关键点在于将散热量大的电感安装到金属框架上芯片的另一侧。因此，在检索中，需要关注相关的位置关系，散热效果也需要重点考虑。对于其中的塑封体，考虑到常规设置中芯片上一般都有塑封保护，故对于塑封体的检索可以弱化。从技术效果来看，通过发热器件的位置设置以提升散热效率也是本申请检索的关键。

（3）检索过程分析。

考虑到在引线框架上的封装可能涉及多个分类号，且引线框架和封装的关键词已经能够比较好地限定该技术领域，因而不使用分类号，直接采用关键词进行检索。

首先在中国专利文摘库 CNABS 中进行检索，直接将所有关键词用与算符连接。

| 1 | CNABS | 1926 | （or 封装，packag+）and（or 框，frame，架）and（or 电感，induct+）and（or 芯片，器件，元件，chip+，die+，element+） |

所获得的文献量太大，需要进一步限定。考虑到金属框架可能与散热直接相关，也是非常重要的特征，故用邻近算符对框架进一步限定。

| 2 | CNABS | 152 | （or 封装，packag+）and（（or 框，frame，架）3d（or 金属，metal+））and（or 电感，induct+）and（or 芯片，器件，元件，chip+，die+，element+） |

经浏览发现，很多文献中并没有电感，而是有"induction area"（感应区）的表述，可见电感的关键词扩展不当，因此对其调整。

| 3 | CNABS | 112 | （or 封装，packag+）and（（or 框，frame，架）3d（or 金属，metal+））and（or 电感，inductance，inductor）and（or 芯片，器件，元件，chip+，die+，element+） |

没有获得合适的相关专利文献，因此需要调整检索思路。考虑到将芯片和

发热器件放在金属框架两侧是本申请非常关键的结构设计，可以对此进行关键词表达。

| 4 | CNABS | 102 | （or 封装，packag+）and（（or 框，frame，架）3d（or 金属，metal+））and（（or 框，frame，架）s（（or 两，对，opposit+，第，first，second）3w（or 侧，side?））s（or 热，冷，heat））and（or 芯片，器件，元件，chip+，die+，element+） |

仍然没有获得合适的相关专利文献。现在暂时放弃结构限定，从技术效果的角度进行检索，考虑到散热技术的分类号比较准确，故用分类号进行后续的检索。

| 5 | CNABS | 111 | H01L23/367/ic and（（or 框，frame，架））and（or 电感，inductance，inductor）and（or 芯片，器件，元件，chip+，die+，element+） |

获得同一申请人的多篇系列申请的专利文献，都公开了将散热量大的电感安装到金属框架上芯片的另一侧的相关特征，可以影响权利要求的新颖性或创造性。

以下在中国专利全文库 CNTXT 中进行检索。考虑到电感可能是多种散热元件中的一种，不一定出现在摘要或权利要求中，因此在全文中检索电感是更加合适的。而芯片、金属框架则必然会出现在标题、关键词、摘要或权利要求中，故在联合检索字段对其进行表达。

| 1 | CNTXT | 127 | （or 封装，packag+）/ti/kw/ab and（（or 框，frame，架））/ba and（（or 框，frame，架）s（or 散热，冷却）s（or 侧，side?））and（or 芯片，器件，元件，chip+，die+，element+）/ba and（or 电感，inductance，inductor） |

基于该检索思路，可以获得一篇专利文献，其公开了将散热量大的电感安装到金属框架上芯片的另一侧的相关特征，可以影响权利要求的新颖性或创造性。

另外，从技术效果的角度，采用分类号进行检索。

2	CNTXT	242	H01L23/367/ic and （or 框，frame，架）/ba and （(or 框，frame，架）s （or 散热，冷却））and （or 芯片，器件，元件，chip+，die+，element+）/ba and （or 电感，inductance，inductor）

同样可以获得前面的多篇系列申请。

以下在德温特世界专利索引数据库 DWPI 中进行检索。由于德温特世界专利索引数据库 DWPI 的摘要撰写较为规范，故其表达方式会更加丰富一些，在一些特定情形下，可以考虑将一些全文库的检索方式应用在德温特世界专利索引数据库 DWPI 中。

1	DWPI	33	（or 封装，packag+）/ti/kw and （(or 框，frame，架））and （(or 框，frame，架）s （or 散热，冷却，heat+，cool+，thermal+））and （or 芯片，器件，元件，chip+，die+，element+）and （or 电感，inductance，inductor）

基于该检索思路，可以获得多篇专利文献，都公开了将散热量大的电感安装到金属框架上芯片的另一侧的相关特征，可以影响权利要求的新颖性或创造性。

第二节 晶圆级封装（WLP）

一、专利技术综述

（一）概况

传统封装技术以晶圆划片后的单个芯片为加工目标，封装过程是在芯片生产线以外的封装厂。晶圆级封装（WLP）是芯片尺寸封装（Chip Scale Packaging，CSP）的一种实现方式，也被称为晶圆级芯片封装（Wafer Level Chip Scale Packaging，WLCSP）。不同于传统的芯片封装方式（先切割再封装和测试），WLCSP 在晶圆执行切割分离的工序之前，便完成封装和测试，彻底整合芯片的前端与后端工艺。在完成封装和测试后，才将晶圆按照每一个芯片的大小来进行切割，这样，其封装后的芯片大小与实际芯片的大小是完全一样的，是真正意义上的芯片尺寸封装。❶ WLP 以晶圆片为加工对象,直接在晶圆片上同时对众多芯片进行封装、老化、测试,封装的全过程都在晶圆片生产厂内运用芯片的制造设备完成,使芯片的封装、老化、测试完全融合在晶圆的芯片生产流程中。封装好的晶圆经切割得到单个 IC 芯片,可以直接贴装到基板或印制电路板上。

图 3-2-1 是 WLP 完整的工艺流程图。❷ WLP 封装方式的独特在于封装内部没有键合粘接工艺,充分体现了 BGA、CSP 的技术优点,不仅明显地缩小芯片模块尺寸,从而符合便携式移动设备对于内部设计空间的高密度需求;在效能的表现上,更提升了数据传输的速度与稳定性。

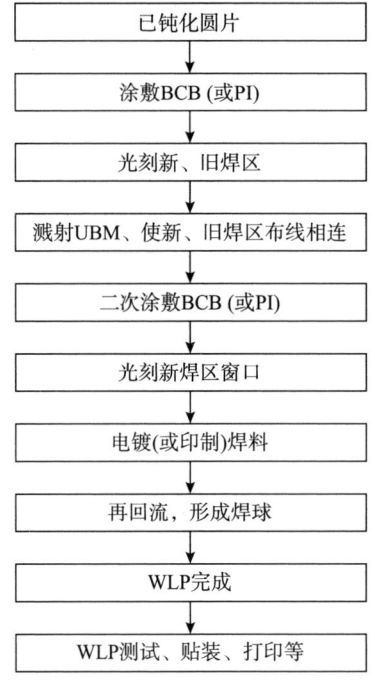

图 3-2-1　WLP 工艺流程

WLP 技术的关键工艺技术是重布线(redistribution layer,RDL)技术和焊料凸点制作工艺。RDL 技术是指在 IC 晶圆上,将各个芯片按周边分布的 I/O 区,通过薄膜工艺的再布线,变换成整个芯片上的阵列分布焊区并形成焊料凸点的技术。

---

❶ 石怀成. 世界信息产业概览 2004 下:电子信息产品与技术 [M]. 北京:世界图书出版公司北京公司,2005.

❷ 李可为. 集成电路芯片封装技术 [M]. 北京:电子工业出版社.2007

通过在晶圆表面沉积金属层和介质层并形成相应的金属布线图形,来对芯片的 I/O 端口进行重新布局。图 3 – 2 – 2 是芯片外面键合区域到凸点重新布线的剖面图,凸点通过 RDL 与芯片内的焊盘(pad)相连,实现 I/O 的重新布局。❶

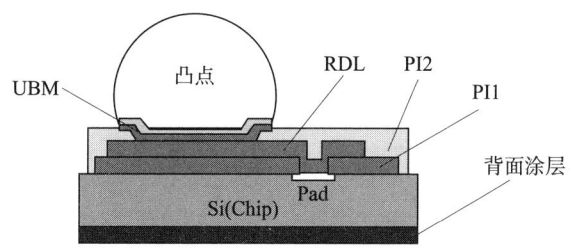

图 3 – 2 – 2　WLP 局部结构

焊料凸点制作技术用于在凸点焊区上制作凸点,形成球栅阵列。WLP 是一种表面贴装技术,对凸点阵列有严格的工艺要求。"焊球共面"是表面贴装的重要要求,只有共面好,才能使 WLP 的各个焊球与印制板间同时形成可靠的焊点连接;焊球的合金成分均匀;焊球材料成分均匀性好,回流焊特性的一致性好。

WLP 包括扇入式晶圆级封装(Fan – In Wafer level packaging,FIWLP)和扇出式晶圆级封装(Fan – Out Wafer level packaging,FOWLP)两种。扇出式晶圆级封装又包括面朝下的芯片先装(chip – first/face – down)、面朝上的芯片先装(chip – first/face – up)和芯片后装(chip – last 或 RDL first)三种。

FIWLP 是传统的晶圆级封装,切割晶粒在最后进行,适于低引脚数的集成电路。在模拟和混合信号芯片中的用途最广,其次是无线互联,CMOS 图像传感器也采用 FIWLP 技术封装。图 3 – 2 – 3 是 FIWLP 的工艺示意图。❷ 扇入式封装主要应用在手机领域,高端智能手机内所有封装器件中,超过 30% 采用了扇入式封装,其在手机领域还属于商业黄金期。扇入式封装的 I/O 引脚少,芯片尺寸小,发展趋势是主要通过减少 WLP 的层数以降低工艺成本。

FOWLP 是将晶粒切割,再重布在一块新的人工模塑晶圆上,组合成为重构晶圆,与来料晶圆相比,重构晶圆上裸晶之间的距离相对更大,方便构造单位面积更大、输入输出更多的芯片成片,因此能够减小封装厚度,增大扇出(更多的 I/O 接口)。扇出晶圆级封装不仅用于电子封装,还可以用于传感器、功率 IC 和 LED 封装,近年来主要应用在移动设备的处理器芯片中。图 3 – 2 – 4 是 FOWLP 的典型工艺流程图。❸

---

❶　戴锦文. 晶圆级封装技术的发展 [J]. 中国集成电路产业发展. 2016,25(21):22 – 24.
❷　姚玉,周文成. 芯片先进封装制造 [M]. 广州:暨南大学出版社,2019.
❸　曾广根,等. 电子封装材料与技术 [M]. 成都:四川大学出版社,2020.

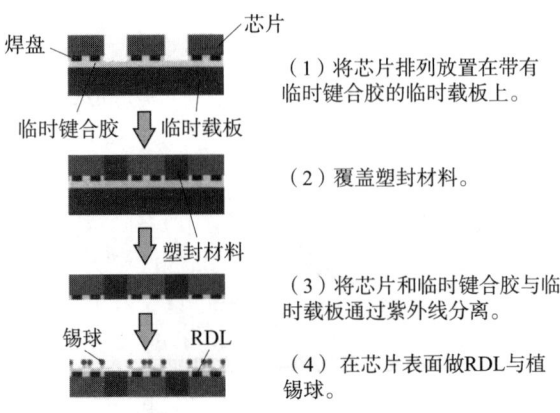

图3-2-3 FIWLP的工艺

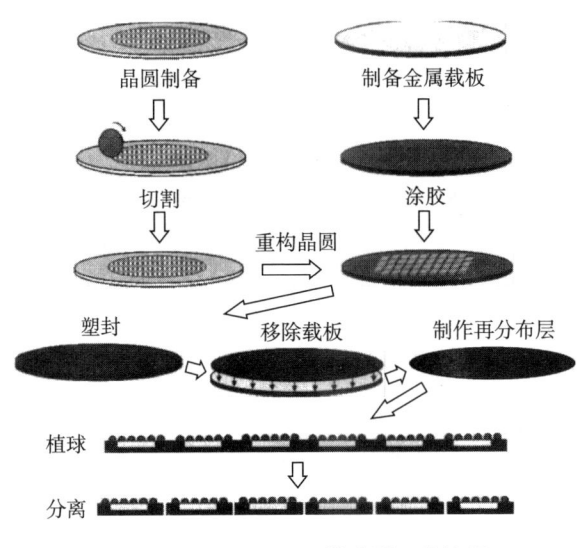

图3-2-4 FOWLP的典型工艺流程

晶圆重构之后，按照芯片放置方向和重布线层制备顺序，可分为三种制备流程：面朝下的芯片先装（chip-first/face-down）、面朝上的芯片先装（chip-first/face-up）、芯片后装（chip-last 或 RDL first）。

面朝下的芯片先装是最早提出的扇出式封装技术，主流工艺可包括如下主要步骤：从经切割的晶圆拾取芯片并放置在贴有胶膜的金属载片上以使其有源表面朝向胶膜；用模塑化合物对安装有芯片的一侧进行塑封；移除载片（和胶膜一起）以暴露芯片的有源表面；在芯片的有源表面上形成互连层［包括RDL层和凸点下金属（UBM）］；在互连层上形成焊球，其中芯片的互连焊盘或互连

凸点通过互连层与焊球实现电连接；以及进行切割以形成独立的半导体组件。图 3-2-5 是面朝下的芯片先装工艺流程图。❶

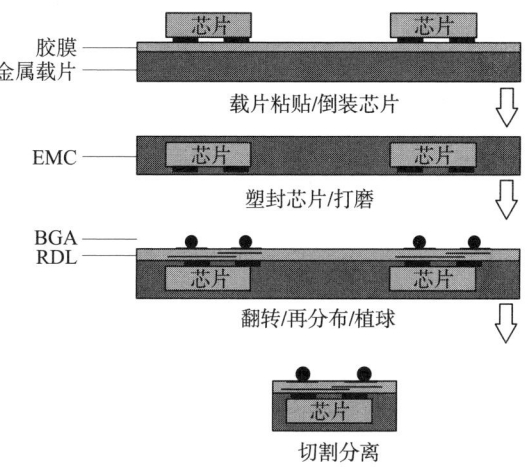

图 3-2-5 面朝下的芯片先装工艺流程

面朝上的芯片先装封装工艺与面朝下的芯片先装封装工艺大致相同。主要区别在于：将芯片拾取并放置在贴有胶膜的载板上时，使其有源表面背对胶膜；在塑封后减薄芯片有源表面一侧的模塑化合物以暴露芯片有源表面的互连凸点；以及可在形成互连层和焊球之后移除载板。图 3-2-6 是面朝上的芯片先装工艺流程图。❷

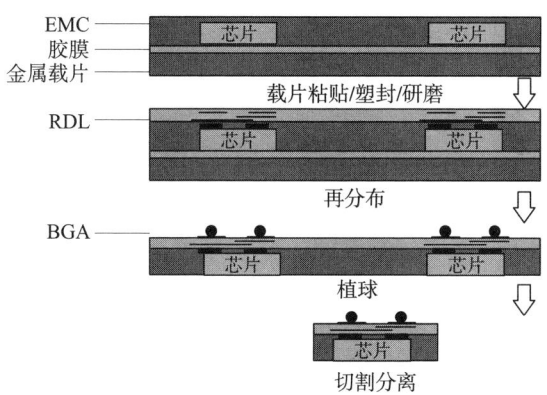

图 3-2-6 面朝上的芯片先装工艺流程

---

❶ 曾广根，等. 电子封装材料与技术 [M]. 成都：四川大学出版社，2020.
❷ 曾广根，等. 电子封装材料与技术 [M]. 成都：四川大学出版社，2020.

芯片后装封装工艺首先在晶圆上形成钝化层，然后以晶圆为基板制作重布线层，重布线层的最后一层需要制作微铜柱，用以和芯片互连。重布线层制作完成后，进行芯片的倒装并塑封。接着移除晶圆载片暴露出重布线层的第一层布线，制作 UBM 并植球。此工艺需要在重布线层上倒装植球后的芯片，通常适用于空间要求略高的倒装 BGA 产品，但由于只在检验合格的重布线层上贴装芯片，可避免 RDL 工程良率给芯片带来的损失，因此对于价格昂贵的高端芯片而言，有较明显的价格优势。但是在此过程中，重构的晶片容易翘曲，当芯片嵌入化合物中时，会导致芯片移位等不良影响，会影响产量。图 3-2-7 是芯片后装工艺流程图。

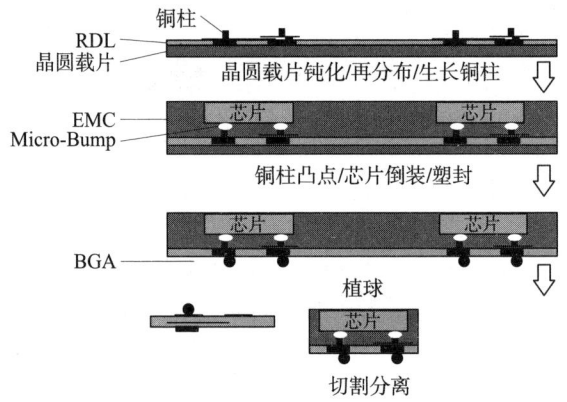

图 3-2-7 芯片后装封装工艺流程

WLP 的加工过程决定了具有以下优点：①封装效率高；②WLP 具有倒装芯片封装（FCP）和芯片尺寸封装（CSP）轻、薄、短、小的优点，特别适用于薄形电子封装产品的组装；③电、热性能较好；④工艺技术都是现有技术，只需要做相应改进；⑤符合表面贴装技术（SMT）的技术要求。

随着电子产品不断更新升级换代，高集成度、多功能是集成电路产品的发展趋势，先进封装技术的发展加速了电子产品开发的进程。WLP 技术可以减小芯片尺寸、布线长度、焊球间距等，由此可以提高集成电路的集成度、处理器的速度等，进而降低功耗，提高可靠性。WLP 技术是低成本的批量生产芯片封装技术，已广泛用于集成电路和集成无源元件。世界著名的半导体公司都十分重视 WLP 技术的研究与开发，众多半导体厂商都向市场供应 WLP 产品。

WLP 的发展前景主要体现在两个方面：一方面是现有主要领域产品（如影像传感器芯片）封装的放量增长，另一方面是对传统封装产品的升级换代。国内的前几大封装厂均已设立晶圆级封装的产线。

第三章 新型封装

（二）专利申请状况

对 WLP 技术领域的中国专利申请和全球专利申请进行具体分析。在德温特世界专利索引数据库 DWPI 中检索到涉及 WLP 领域的全球专利申请共计 12 095 项（公开日自 2010 年 1 月 1 日至 2022 年 2 月 28 日），本节主要以上述数据作为研究对象进行分析。

1. 全球专利申请趋势

专利申请量变化趋势往往反映该领域技术发展状况和研发活跃程度等，图 3-2-8 为 WLP 专利申请量年度变化趋势图。图中可见 WLP 的全球专利申请量在 2010—2014 年增长较为平稳，自 2015 年后专利申请量快速增长，至 2018 年达到 1000 余项，为近十年的最高值。2019 年由于受到全球产业环境影响，专利申请量略有下降，但是仍然保持在接近 1000 项的水平。该领域申请量总体保持了增长趋势，仍处在发展阶段。可见，WLP 技术仍然是先进封装领域的重要技术。

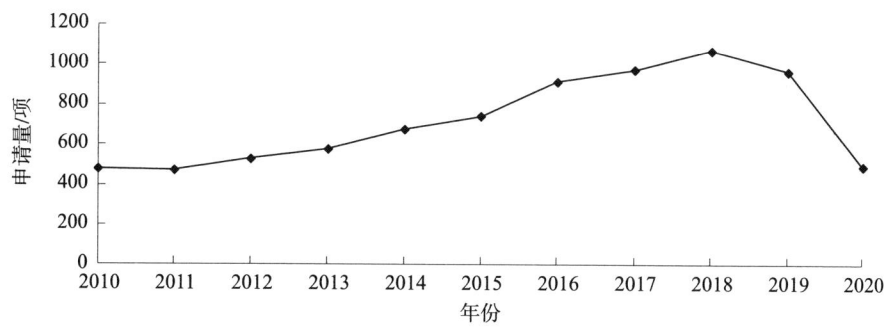

图 3-2-8 2010—2020 年 WLP 专利申请量年度变化

2. 专利申请来源和目标国家/地区分析

图 3-2-9 为 WLP 技术专利申请目标和来源国家/地区分布。其中，美国、中国、韩国、日本、中国台湾同时作为主要的目标和来源国家/地区，体现了这些国家/地区在 WLP 技术领域的研发实力和市场需求。

以来源地美国为例，美国申请人主要在本土进行大量专利申请，达到 6000 多件，同时也将中国和中国台湾作为仅次于美国的第二、第三大目标地，申请数量都在 1500 件以上，可见美国申请人除了本土专利布局，尤其注重对中国和中国台湾的专利布局，反映了对中国市场的重视程度较高。同时，美国申请人在韩国、欧洲、日本的专利申请也较多，体现了美国在世界范围内 WLP 技术的领先优势，以及对韩国、欧洲、日本市场的重视。

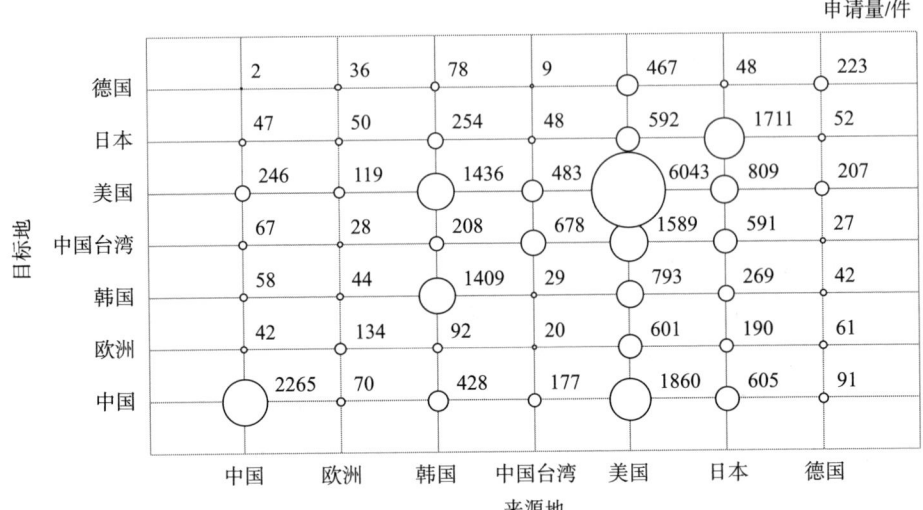

图 3-2-9　WLP 技术专利申请目标和来源国家/地区分布图

以来源地中国为例，虽然中国在该领域起步较晚，但发展迅猛，拥有相对较多的专利申请量，仅次于美国。其中，在中国申请量高达 2265 件，可见中国申请人更看重本土专利布局；其次在美国申请量为 246 件，可见中国申请人对美国市场也较为看重；但在世界范围内其他国家和地区，申请量明显较少，没有实现均匀布局。

以来源地韩国为例，韩国申请人在本土和美国的专利申请量基本持平，都略高于 1400 件，甚至在美国的申请量略多于在本土的申请量，可见韩国对美国市场和本土市场同样看重，充分布局，而在其他国家和地区重视程度则远远不及。韩国在中国的申请量位列第三位，虽然仅次在于美国和本土的布局，但申请量不到 500 件，不及在美国专利申请数量的 1/3。

以来源地日本为例，日本在 WLP 技术上具有较强的研发实力，在本土申请量超过 1700 件。除了在本土专利布局外，在世界范围内各个主要国家、地区都保持较高的申请量，如在美国申请量为 800 多件，在中国和中国台湾申请量都是 600 件左右，可见日本申请人对全球的主要市场都较为看重，均匀布局。

以来源地中国台湾为例，中国台湾在 WLP 技术上具有较强的研发实力，在中国和中国台湾申请量分别为 177 件和 678 件，在美国申请量为 483 件，可见在中国台湾和美国的专利申请量明显高于其他国家和地区，说明中国台湾申请人更加重视当地市场和美国市场。同时，在日本、韩国申请量较少，未能实现均匀布局。

3. 主要目标国家/地区的专利申请趋势

图 3-2-10 为 WLP 主要目标国家/地区专利申请趋势。其中，专利申请数量排在前三位的是美国、中国、中国台湾，并且在美国的专利申请量远超其他国家和地区，充分体现了美国在 WLP 领域的技术发展和市场应用的绝对主导地位。美国专利申请量自 2011 年略有下降，2012 年起持续增长，在 2018 年达到了近十年的最高值，体现了 WLP 产业良好的发展势头。虽然中国在该领域起步较晚，起点较低，但发展迅猛，拥有相对多的专利申请布局，仅次于在美国的专利申请布局数量，近十年保持良好的增长态势，尤其 2014 年起中国申请量快速增长，在 2019 年达到最高值，是 2010 年申请量的 4 倍多，并接近在美国的申请量。在中国台湾的专利申请量在 2010—2012 年略有起伏，2013 年起保持逐年增长，至 2017 年达到最高值，随后保持稳定；虽然 2019 年略有下降，仍然是处于仅次于在美国、中国的申请量的第二梯队。在韩国的申请量自 2010 年起逐年递增，至 2018 年达到最大值，同年也接近在中国台湾的申请量，达到第二梯队水平，表明了韩国 WLP 产业的飞速发展及对该领域专利申请的重视；但 2019 年起呈下降趋势，这主要是由于受到全球产业环境的影响。而日本在 2010—2015 年处于平稳态势，申请量略有起伏，2016 年达到最高值后开始呈下降趋势，尤其在 2018 年下降较为明显。如图 3-2-10 中所示，大部分目标国家和地区的专利申请量在 2013 年后都有明显增长，体现了 WLP 产业良好的发展势头。而中国的增长势头更为明显，在 2019 年达到最高值，这主要是由于中国封装企业发展良好，国际竞争力不断提升，封装市场规模增长持续高于全球水平。在国际环境影响下，集成电路产业率先走出低谷，芯片制造环节产能回升并加速向产业链下游渗透需求，封装测试也在加速升温。

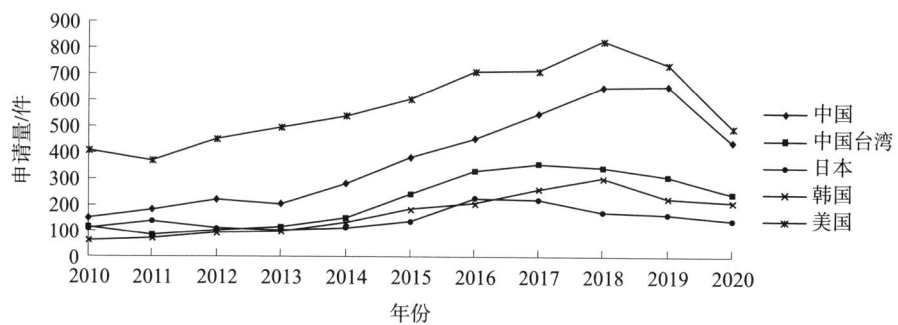

图 3-2-10　2010—2020 年 WLP 主要国家/地区专利申请趋势

(三) 申请人分析

1. 全球/中国专利申请的申请人排名

图3-2-11、图3-2-12分别是WLP领域全球专利申请的申请人排名和中国专利申请的申请人排名。从图中可以看出，全球专利申请的申请人排名靠前的三家公司中，台积电占有绝对的领先地位，其次是三星和星科金朋。中国专利申请的申请人排名中仍然是台积电遥遥领先，随后是三星，与全球专利申请的申请人前三名不同的是，第三名为中芯长电。并且中国专利申请的申请人第四名为华进半导体，华进半导体同时也是全球专利申请的申请人前十名，这展现了中国企业在封装技术领域的进步与发展。全球专利申请的申请人排名靠前的星科金朋、英特尔、英飞凌等跨国公司在中国申请量排名相对靠后，这可能是由于这些公司更看重本土专利布局。两图对比看出，台积电在全球专利申请的数量相比于在中国专利申请的数量多近1000项，三星在中国专利申请的数量占全球申请的近1/3，这体现了以上申请人更看重全球专利均匀布局。而同为排名前十的中芯长电的全球专利申请和中国专利申请较接近，华进半导体的专利布局基本在本土，这体现了以上申请人主要立足本土市场。

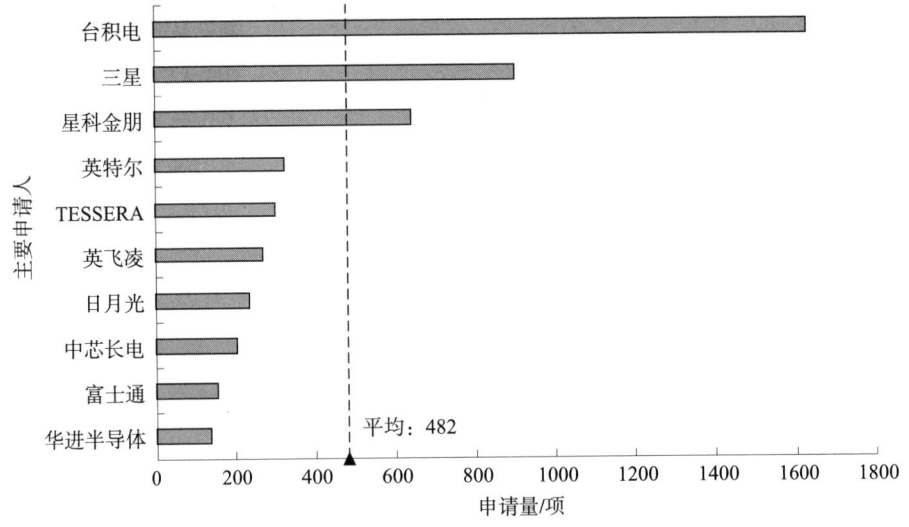

图3-2-11 WLP领域全球专利申请的申请人排名

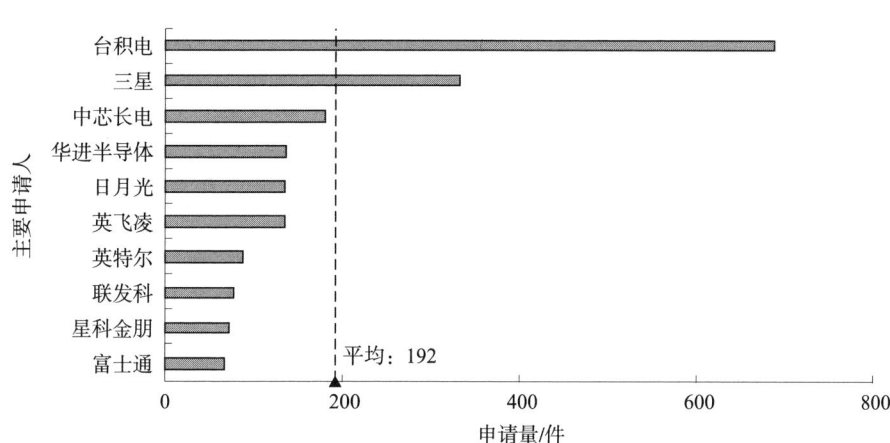

图 3-2-12　WLP 领域中国专利申请的申请人排名

2. 主要申请人技术分支分布

图 3-2-13 是主要申请人在 WLP 领域专利申请的技术分支分布。从图中可以看出，在扇入式封装、扇出式面朝下的芯片先装、扇出式面朝上的芯片先装、扇出式芯片后装各个技术分支中，各主要申请人的主要技术研发方向都集中在扇出式晶圆级封装，尤其是面朝下的芯片先装技术，这是 WLP 的技术发展重点。台积电在面朝下的芯片先装技术分支的专利申请数量与其他三个技术分支的专利申请量之和基本持平，并且领先于其他主要申请人，这体现了台积电在该技术分支的绝对重视。三星在面朝下的芯片先装技术分支的专利申请也领先于其他分支，同时也非常重视扇入式封装，在该技术分支的专利申请量领先于其他申请人。与其他主要申请人不同的是，星科金朋在芯片后装技术方向也有较多专利布局，明显领先于其他申请人，体现了该申请人对该技术分支的重视。英特尔的各技术分支申请量有较大差异，最为看重面朝上的芯片先装。英飞凌在扇入式封装、面朝下的芯片先装、面朝上的芯片先装均有较接近的专利布局，但在芯片后装技术分支，重视程度明显不足。TESSERA、日月光在各个技术分支也都有专利申请，布局较均匀。中芯长电、富士通、华进半导体都更为重视扇出式晶圆级封装，在扇入式封装方面的专利申请较少，其中中芯长电在面朝下的芯片先装技术分支的申请量更多，体现了中国申请人在该领域的飞速发展。

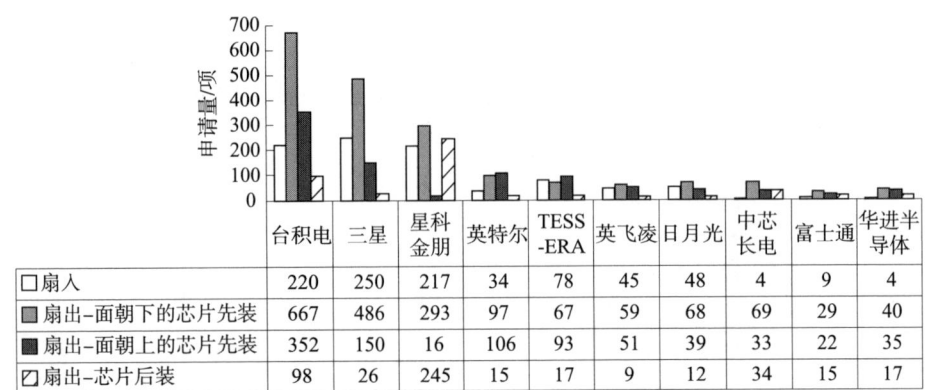

图3-2-13 主要申请人在WLP领域专利申请的技术分支分布

	台积电	三星	星科金朋	英特尔	TESS-ERA	英飞凌	日月光	中芯长电	富士通	华进半导体
□扇入	220	250	217	34	78	45	48	4	9	4
■扇出-面朝下的芯片先装	667	486	293	97	67	59	68	69	29	40
■扇出-面朝上的芯片先装	352	150	16	106	93	51	39	33	22	35
▨扇出-芯片后装	98	26	245	15	17	9	12	34	15	17

3. 主要申请人具体分析

根据主要申请人排名，台积电和三星在 WLP 领域明显领先于其他公司，因此选取台积电和三星进行具体分析。封装技术是三星和台积电在相当长一段时间内展开激烈竞争的领域，二者都把先进封装技术作为重点研发方向，这主要是在日益增长的性能需求与摩尔定律的逐渐失效的矛盾影响下所演进出来的必然结果。以下主要从申请趋势、技术分布、技术发展趋势三个方面分析台积电和三星在 WLP 领域的专利申请情况。

（1）台积电。

图 3-2-14 是 2010—2020 年台积电的专利申请趋势图。从图中可以看出，2010—2013 年一直保持较高增长的趋势，虽然受全球半导体行业发展影响，在 2014 年申请量有所下降，但随后申请量仍持续增长，在 2016 年达到较高值后，2017 年略有下降，之后又呈现良好的增长态势，尤其在 2019 年达到峰值，在近十年的时间实现了近十倍的增长，体现了台积电近十年在 WLP 领域的迅猛发展及在该领域的领先地位。

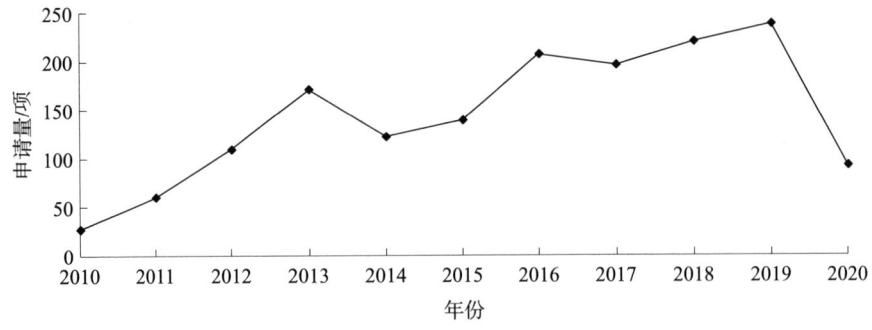

图3-2-14 2010—2020年台积电在WLP领域的专利申请趋势

图 3-2-15 是台积电的专利申请技术分布图。从图中可以看出,台积电在 WLP 领域尤其重视扇出式晶圆级封装技术,占专利申请总量的 69%,这也与行业发展主要方向一致。其中,技术分支面朝下的芯片先装的专利申请量占专利申请总量的 41.0%;技术分支面朝上的芯片先装的专利申请量占专利申请总量的 21.6%;技术分支芯片后装的专利申请量仅为专利申请总量的 6.0%。体现了台积电在主要技术的布局中最为重视面朝下的芯片先装。另外,台积电的扇入式晶圆封装的专利申请量仅占专利申请总量的 13.5%,远不及扇出式晶圆封装。

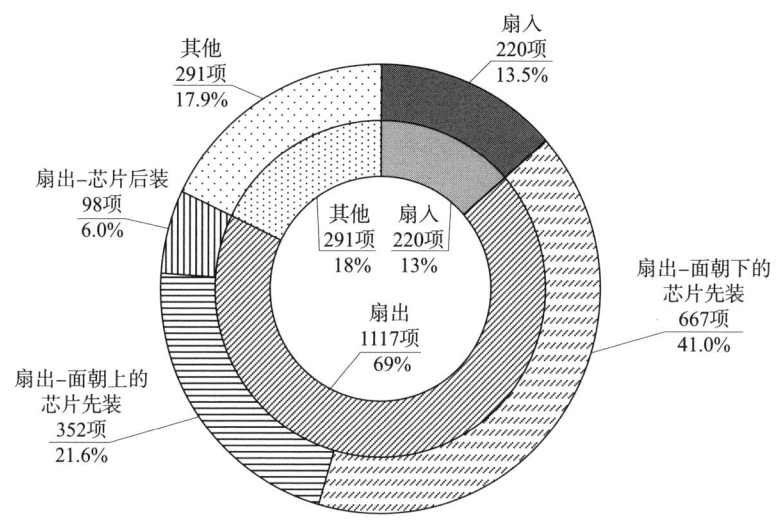

图 3-2-15 台积电 WLP 专利申请技术分布

图 3-2-16 是 2010—2020 年台积电的主要技术分支的申请趋势图。从图中可以看出,扇出技术分支面朝下的芯片先装的专利申请量在 2010—2016 年持续增长,自 2014 年起明显领先于其他分支,尤其在 2019 年达到 160 余项。扇出技术分支面朝上的芯片先装的专利申请量在 2010—2012 年有所起伏后明显增长,2014 年达到较大值,2015 年有所下降后再次明显增长,至 2018 年达到最大值后再次下降,但仍然是申请量较高的技术分支。技术分支扇入式芯片封装在 2013 年以前(包括 2013 年)的专利申请量与主要分支面朝下的芯片先装接近,并高于其他分支,但之后有所下降,2016 年之后逐年下降,明显落后于前两个技术分支。扇出技术分支芯片后装持续起伏,但申请量都不大,在 2015—2018 年明显落后于其他分支。可见,台积电更注重扇出式芯片封装,尤其是面朝下的芯片先装,这可能是由于移动应用的客户需求。尤其是由于台积电在

2016年凭借集成扇出式封装（Intergrated Fan－Out Info，InFOT）技术，拿下了苹果A10处理器的全部订单，InFOT技术成为台积电竞争苹果A系列处理器订单份额的关键，同时也让扇出式封装技术成为行业热点。

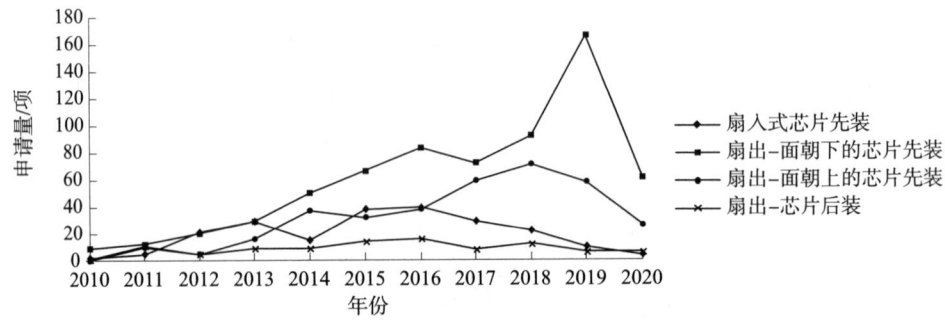

图3－2－16　2010—2020年台积电WLP主要技术分支的专利申请趋势

（2）三星。

图3－2－17是2010—2020年三星的专利申请趋势图。从图中可以看出，三星的专利申请量在2011年有所下降，进入低谷，随后缓慢增长，这与全球半导体行业发展有关；2014年开始进入复苏期，2015年起申请量开始快速增长，尤其在2016年翻倍增加，在2018年达到峰值，实现了数倍增长，体现了三星近十年在WLP领域的快速发展；虽然在2019年有明显下降，仍然在WLP领域处于领先地位。

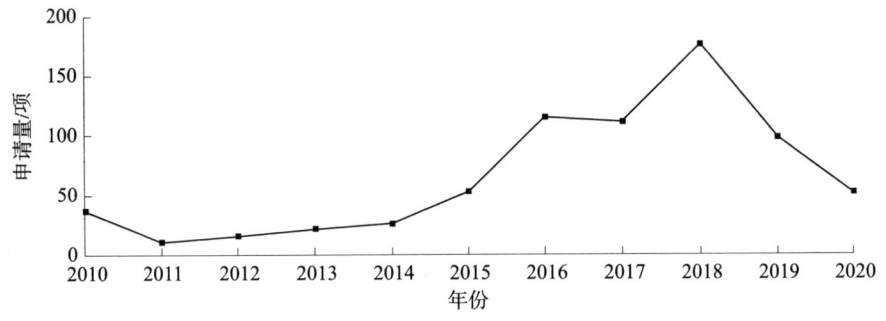

图3－2－17　2010—2020年三星WLP专利申请趋势

图3－2－18是三星的WLP专利申请技术分布图，展现了三星在WLP领域尤其重视扇出式晶圆封装，扇出式晶圆封装的专利申请量占WLP领域专利申请总量的61%，这也与行业发展主要方向一致。同时，三星也非常重视扇入式晶圆封装，扇入式晶圆封装的专利申请量占WLP领域专利申请总量的23.1%，这

也是在主要技术的布局上三星与台积电等其他申请人明显不同的地方。扇出技术分支面朝下的芯片先装，占WLP领域专利申请总量的44.8%；扇出技术分支面朝上的芯片先装，占WLP领域专利申请总量的13.8%；扇出技术分支芯片后装仅为WLP领域专利申请总量的2.4%，体现了三星在扇出式晶圆封装中最重视面朝下的芯片先装。

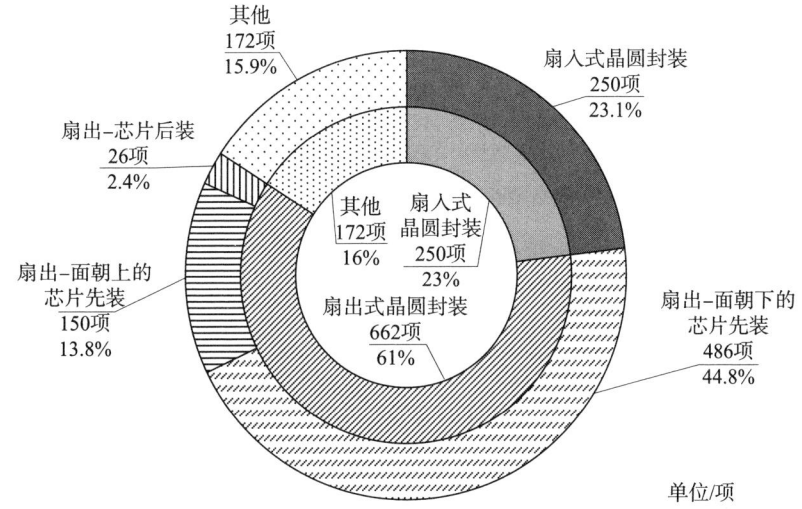

图3-2-18 三星WLP专利申请技术分布

图3-2-19是三星的主要技术分支的申请趋势图。从图中可以看出，各个技术分支在2010—2014年都较为接近，但从2015年起扇出技术分支面朝下的芯片先装和扇入式晶圆封装开始呈现快速波动增长，在2018年达到最大值，都明显领先于其他分支。2016年，面朝下的芯片先装保持了快速增长的态势，2017年有所下降后，在2018年遥遥领先于其他技术分支，但在2019年明显下降。三星在与台积电竞争苹果公司手机处理器订单中处于劣势。此后，三星对晶圆级封装尤其是扇出式晶圆封装加强研发，开发了面板级扇出式封装（FO-PLP）。从图3-2-19可见，扇入式晶圆封装技术在2015年以前（含2015年），申请量与面朝下的芯片先装接近，并高于其他技术分支；但在2016年有所下降，申请量少于面朝上的芯片先装；2017年起，再次快速增长稳定成为申请量排名第二的技术分支。面朝上的芯片先装技术在2010—2015年申请量较为平稳，2016年起开始波动增长，2018年达到最大值后略有下降。芯片后装技术申请量较少，在2016—2019年略有起伏，明显落后于其他技术分支。可见，三星在技术分支的研发重心有所调整，可能与移动市场需求的变化有关。

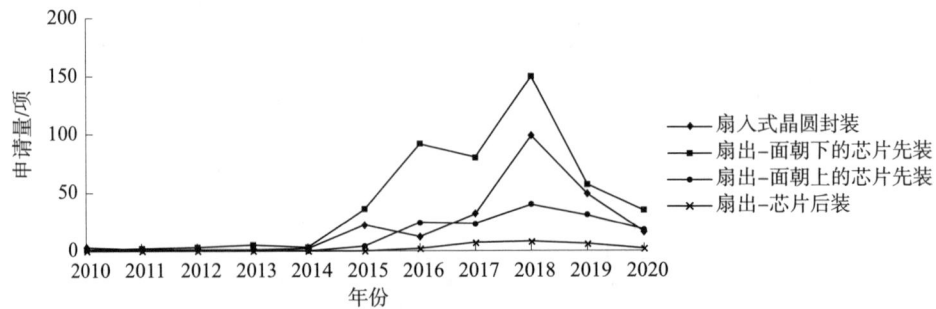

图 3-2-19 2010—2020 年三星 WLP 领域主要技术分支的专利申请趋势

(四) 重点技术分析

以下选取 WLP 封装领域的几个技术分支进行重点分析，包括扇入式晶圆封装、面朝下的芯片先装、面朝上的芯片先装、芯片后装。

1. 扇入式晶圆封装

图 3-2-20 是 2010—2020 年扇入式晶圆封装的全球专利申请趋势。从图中可以看出，全球专利申请量持续平稳增长，虽然在 2012 年略有下降，但是 2013 年又进入增长期，在 2015 年达到较高值，2016—2017 年申请量相对稳定，至 2018 年达到最高值，与 2010 年相比增长数倍。2019 年由于受到全球产业环境影响，专利申请有所下降。

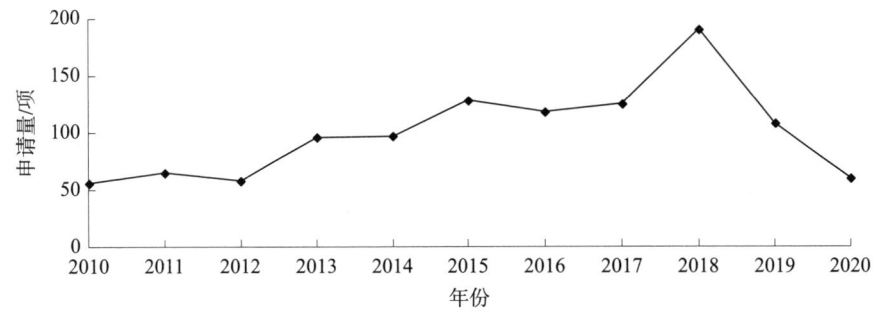

图 3-2-20 2010—2020 年扇入式晶圆封装的全球专利申请趋势

扇入式晶圆封装的主要申请人如图 3-2-21 所示。三星在该领域的申请量最高，其次是台积电和星科金朋。图中可见前三名申请人的申请量在该领域差别不大，尤其是台积电和星科金朋在申请数量上十分接近，三位申请人的专利申请量都遥遥领先于其他申请人。TESSERA 也是该领域的主要申请人，位于第二梯队，虽然与前三名有较大差距，但领先于其他申请人。紧随其后的是日月光、日立、英飞凌,其申请量十分接近。英特尔、住友、DECA 的申请量也较为接近,也是该领域排名前十位的主要申请人。

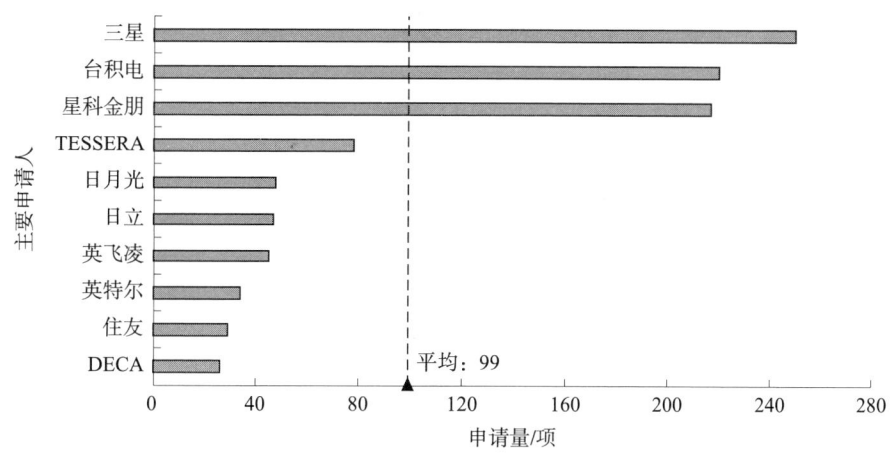

图 3-2-21 扇入式晶圆封装的主要申请人

以下对扇入式晶圆封装技术的典型专利进行介绍。

三星申请了一种半导体封装件的连接系统的专利申请(公告号 CN109390314B),最早优先权日为 2017 年 8 月 4 日,在韩国、中国都进行了布局,并在韩国、中国获得了授权。其主要技术方案如图 3-2-22 所示,扇入式半导体封装件 2200 的连接焊盘 2222(即 I/O 端子)可通过中介层 2301 重新分布,扇入式半导体封装件 2200 可在其安装在中介层 2301 上的状态下最终安装在电子装置的主板 2500 上,焊球 2270 等可通过底部填充树脂 2280 等固定,并且半导体芯片 2220 的外侧可利用模制材料 2290 等覆盖。扇入式半导体封装件 2200 可嵌在单独的中介层 2302 中,半导体芯片 2220 的连接焊盘 2222(即 I/O 端子)可在扇入式半导体封装件 2200 嵌在中介层 2302 中的状态下通过中介层 2302 而重新分布,并且扇入式半导体封装件 2200 可最终安装在电子装置的主板 2500 上。

星科金朋申请了一种扇入式重构或嵌入式晶片级芯片尺寸封装(eWLCSP)工艺的专利申请(公告号 US9721862B2),最早优先权日为 2013 年 1 月 3 日,在美国、中国、韩国、新加坡都进行了布局,并在美国、中国、韩国均获得了授权,被引用次数达到 40 次。图 3-2-23 中重构晶片 156 可以被处理成许多类型的半导体封装,包括扇入式晶片级芯片尺寸封装(WLCSP)。将密封剂或模塑料 164 沉积在半导体管芯 124,利用锯片或激光切割工具 180 将半导体管芯 124 单切成个体晶片级芯片尺寸封装 182。沿着侧表面 184 通过密封剂 164 和基底衬底材料 122 单切该重构晶片 156 以从半导体管芯 124 的侧面去除密封剂 164

并从半导体管芯 124 的侧面去除基底衬底材料 122 的一部分。因此，在形成晶片级芯片尺寸封装 182 期间将基底衬底材料 122 切割或单切两次，一次在晶片级、一次在重构晶片级。由此，介电材料较不易于破裂，并且改进了晶片级芯片尺寸封装 182 的可靠性。

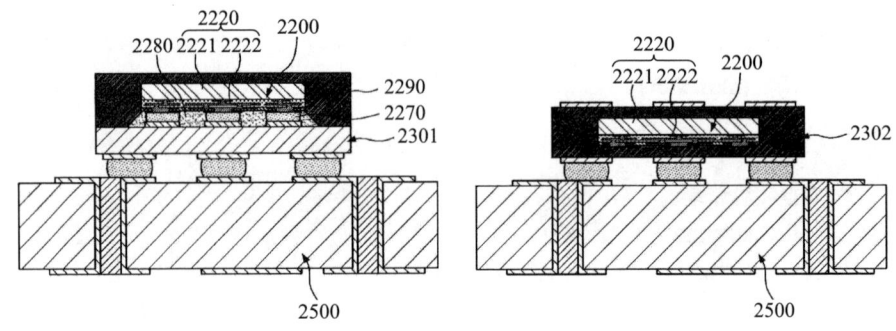

图 3-2-22　CN109390314B 扇入式半导体封装件安装在中介层（左）和嵌入中介层（右）的情况

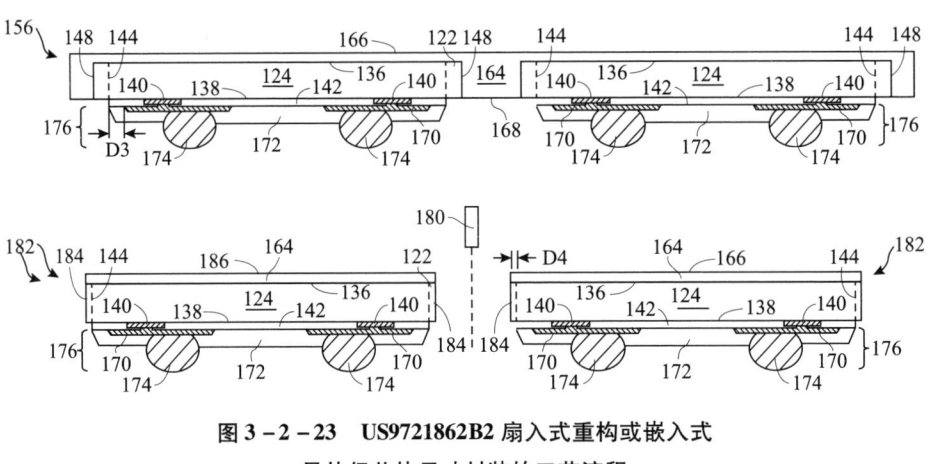

图 3-2-23　US9721862B2 扇入式重构或嵌入式晶片级芯片尺寸封装的工艺流程

2. 面朝下的芯片先装

图 3-2-24 是 2010—2020 年面朝下的芯片先装封装的全球专利申请趋势。从图中可以看出，申请量在 2010—2012 年有所下降，2012—2014 年持续平稳增长，2015 年起快速增长，其中在 2016 年达到较高值，至 2018 年达到最高值，2019 年略有下降，但仍然保持较高申请量。

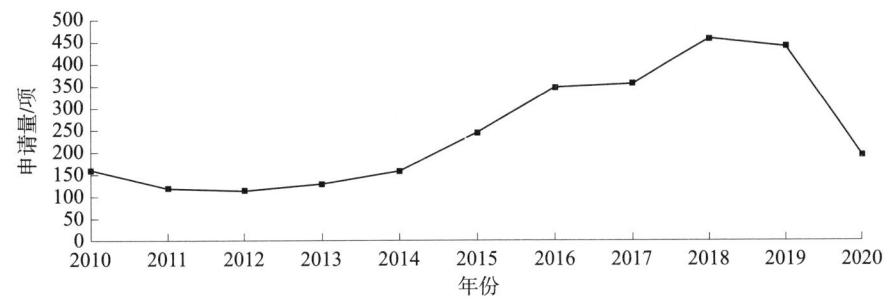

图 3-2-24　2010—2020 年面朝下的芯片先装封装的全球专利申请趋势

面朝下的芯片先装封装的主要申请人如图 3-2-25 所示。台积电在该领域的申请量最高，其次是三星。台积电和三星的申请量都遥遥领先于其他主要申请人，展示了台积电和三星在该领域技术的绝对领先地位，占据第一梯队。紧随其后的是星科金朋，在第二梯队，虽然其申请量仅占台积电和三星申请量的 50% 左右，但仍然明显领先于其他申请人。英特尔也是排名靠前的主要申请人，申请量接近星科金朋的 1/3。随后是申请量十分接近的中芯长电、日月光、TESSERA，在该领域也拥有较多申请；英飞凌、美光、IBM 也是该领域排名前十位的主要申请人。

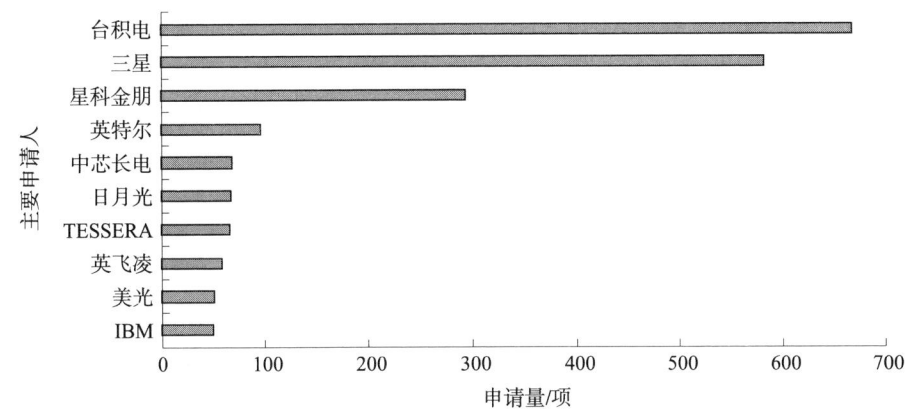

图 3-2-25　面朝下的芯片先装封装的主要申请人

以下对面朝下的芯片先装技术的典型专利进行介绍。

台积电在 2015 年提出集成扇出式封装 InFO 技术，通过将数量较多的芯片或无源元件集成在一个封装体内，在芯片的周围制作电路布线，实现元器件的互连，其工艺流程如图 3-2-26 所示。[1] 该技术由于布线工艺在载片上完成，

---

[1] 姚玉，周文成. 芯片先进封装制造［M］. 广州：暨南大学出版社，2019.

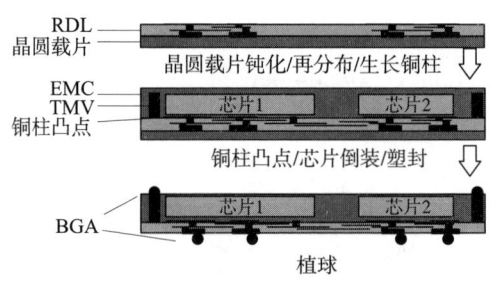

图 3-2-26 集成扇出式封装工艺流程

没有翘曲等因素的影响,因而能够实现高密度布线,同时整体封装厚度也可以大大减小,大多应用在高端手机处理器等高价值芯片上。台积电凭借此技术拿下了苹果 A10 处理器的全部订单,同时进行了合理的专利布局。

台积电申请了一件用于减小 INFO 封装件中接触不良的解决方案的专利申请(公告号 CN104900598B),最早优先权日为 2014 年 3 月 7 日,在中国、美国、韩国、德国都进行了布局,并在中国、美国、韩国、德国均获得了授权,被引用次数达到 88 次。该申请公开了一种用于减小 INFO 封装件中接触不良的解决方案。如图 3-2-27 所示,将封装件 100 与封装件 200 接合以形成封装件 300,通过在 InFO 封装件 100 和另一个封装件 200 之间设置间隔件 230,在封装件 100 与封装件 200 接合之后,间隔件 230 位于封装件 100 和 200 之间的间隙中。间隔件由可以作为非固态材料(液体或凝胶)分配的有机材料形成,然后通过紫外(UV)固化或热固化来固化分配的有机材料以具有固体形态;可以通过丝网印刷或通过喷嘴分配来实现间隔件的分配。间隔件可以防止在相应的 InFO 封装件的功能测试期间 InFO 封装件发生翘曲,避免一些探针 42 与相应的焊料区 126 接触不良,避免导致一些良好的封装件 300 在功能测试中错误地不合格。此外,通过设置间隔件,甚至在封装件 300 不与在功能测试中使用的探针 42 接触时,封装件 300 的翘曲也得以减小。

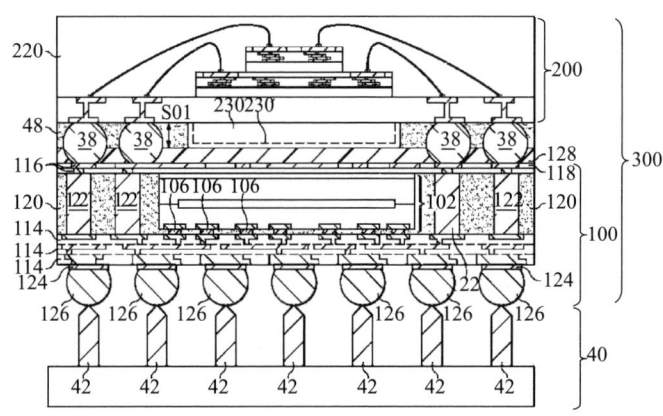

图 3-2-27 CN104900598B 通过设置间隔件减小 InFO 封装件中接触不良

星科金朋申请了一种半导体装置和将密封剂沉积在扇出式晶片级芯片规模封装的专利申请（公告号 US10515828B2），最早优先权日为 2012 年 10 月 2 日，在美国、中国、韩国、新加坡都进行了布局，并在美国、中国、韩国均获得了授权，被引用次数达到 47 次。如图 3-2-28 所示，半导体管芯 220 具有背表面 222 和有源表面 224，导电层 226 形成在有源表面 224 上，导电层 228 形成在导电层 226 上，导电凸点材料沉积在导电层 228 上。导体管芯 220 通过诸如取和放操作安装到衬底 232（其中凸点 230 朝衬底取向）。衬底 232 包括导电迹线 234，用于垂直和横向互连通过衬底，其中凸点 230 冶金和电接合到导电迹线 234。在有源表面 224 的部分与衬底 232 之间存在间隔。MUF 材料 240 设置在半导体管芯 220 下方并且密封剂 244 覆盖半导体管芯的侧表面，密封剂 244 是非导电的并且在环境上保护半导体装置免受外部元件或污染物影响。

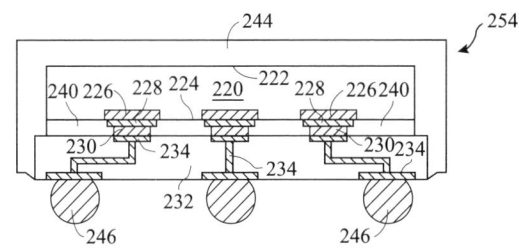

图 3-2-28　US10515828B2 将密封剂沉积在扇出式晶片级芯片规模封装中

3. 面朝上的芯片先装

图 3-2-29 是 2010—2020 年面朝上的芯片先装的全球专利申请趋势。从图中可以看出，2010—2012 年申请量有所起伏，这与半导体产业发展有关，2012 后持续增长，2018 年达到最高值，较 2010 年增长了 5 倍。2019 年由于受到全球产业环境影响，全球专利申请量有所下降。

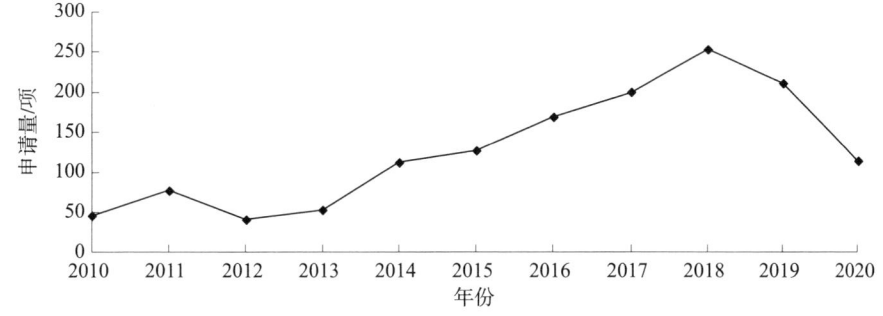

图 3-2-29　2010—2020 年面朝上的芯片先装的全球专利申请趋势

面朝上的芯片先装的主要申请人如图3-2-30所示。台积电在该领域的申请量处于绝对领先地位，遥遥领先于其他申请人，展示了其在该领域的技术领先地位。其次是三星，虽然其申请量接近台积电的50%，但仍远领先于其他申请人，居第二梯队。英特尔和TESSERA紧随其后，两者申请量较为接近，但不及台积电的1/3，居第三梯队。排名第五位的是英飞凌，中国申请人日月光、华进半导体、中芯长电和美国申请人DECA申请量较为接近，美光与富士通的申请量紧随其后。

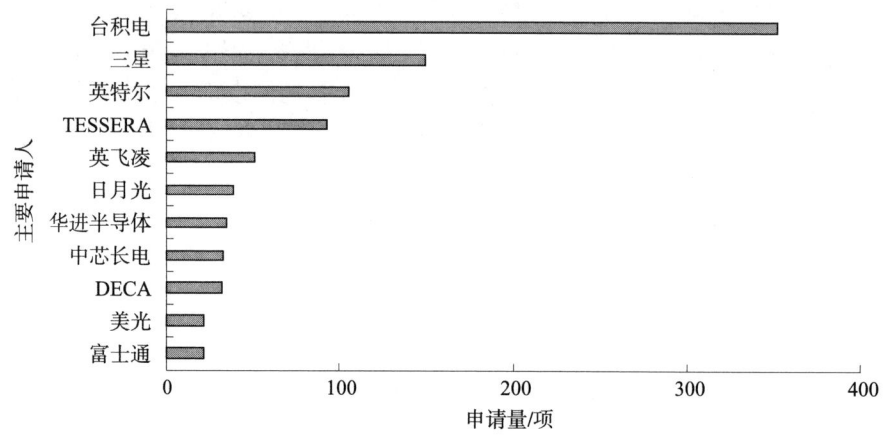

图3-2-30　面朝上的芯片先装的主要申请人

台积电申请了一件用于形成扇出器件封装件和相应的结构的方法专利申请（公告号CN105390455B），最早优先权日为2015年4月14日，在美国、中国都进行了布局，且均获得授权，被引用49次。如图3-2-31所示，接触焊盘110设置在管芯102的顶面上，使用真空层压工艺在管芯102上方形成聚合物层108，使用传递模制工艺在管芯周围形成模塑料104，在聚合物层108中形成开口以暴露接触焊盘110，用导电材料（如铜、银、金等）填充开口以形成导电通孔120B，导电通孔120B可以电连接至管芯102的接触焊盘110，在聚合物层108上方形成导线120A（如铜、银、金等），在聚合物层108和导电部件120上方形成另一聚合物层122，RDL106形成在管芯102和模塑料104上方，在RDL106上方形成诸如外部连接件126（如BGA球、C4凸点等）的额外的封装部件。

英特尔申请了一种使用支撑部的具有无源组件的面朝上扇出电子封装的专利申请（公告号US11211337B2），最早优先权日为2017年12月28日，在美国、中国、欧洲进行了布局，并在美国获得授权，被引用12次。如图3-2-32

所示，通过将管芯 502A、503B、502C 的第一侧（包括一个或多个导电柱 508 的有源侧）背朝支撑框架 544 上，模具 514（如模制材料）可以设置在管芯、导电柱 508、支撑部 530（以及在一些示例中，支撑框架 544 或支撑框架面板 562）和无源组件 524 之上，可以从无源组件 524 的引线 528、导电柱 508 的远端 512 和模具 514 移除材料以形成平坦安装表面 520，移除载体 558、支撑框架 544，布线层 522 可以通过至少一个相应的导电柱 508 而电气耦合到管芯，或者通过一个或多个引线 528 而电气耦合到至少一个无源组件 524，多个焊球 540 可以电气耦合到布线层 522 的接触部，用于将电子封装电气耦合到电子器件。无源组件可以集成到面朝上扇出电子封装中，并且可以减小电子封装的占用空间或者可以缩短电气连接（以增大电气性能）或其组合。

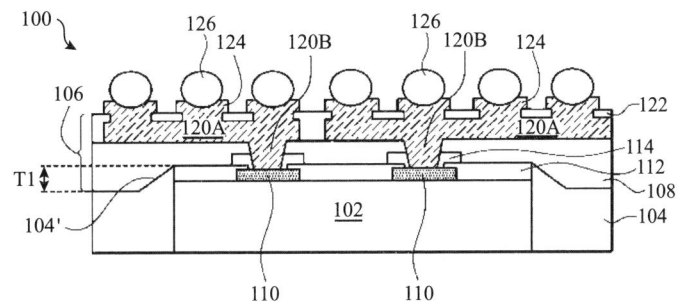

图 3-2-31　CN106057758B 扇出器件封装件

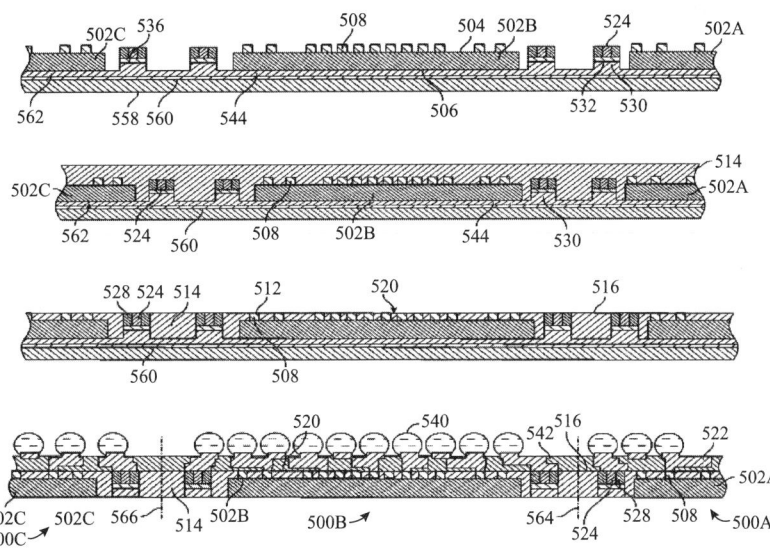

图 3-2-32　US11211337B2 使用支撑部的具有无源组件的面朝上扇出电子封装

4. 芯片后装

图3-2-33是2010—2020年芯片后装封装的全球专利申请趋势。从图中可以看出，2010—2014年申请量逐年下降，这与半导体产业发展有关。2014后持续增长，2017年达到较高值后，逐年下降。这可能是由于与芯片先装工艺相比，芯片后装工艺的材料必须经过更多道工艺步骤，而且会接触到更多化学品，因此在制作过程中遇到污染或加工失败导致不良品出现的概率更高。因此，封装厂必须跟产业上下游进行紧密的配合，确保材料、设备和工艺的参数相互匹配，才能拥有较高的良率。

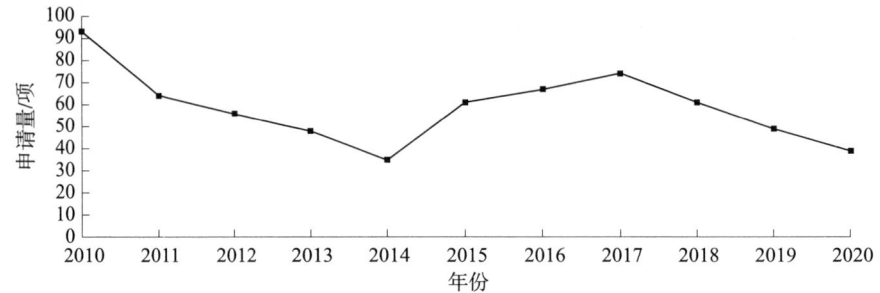

图3-2-33　2010—2020年芯片后装封装的全球专利申请趋势

芯片后装封装的主要申请人如图3-2-34所示。与其他扇出式封装不同，在该领域星科金朋的申请量处于绝对领先地位，图中可见星科金朋的申请量在该领域遥遥领先于其他申请人，表明星科金朋对该领域较为重视。处于第二梯队的台积电，其申请量虽不及星科金朋申请量的50%，但也远大于随后的申请

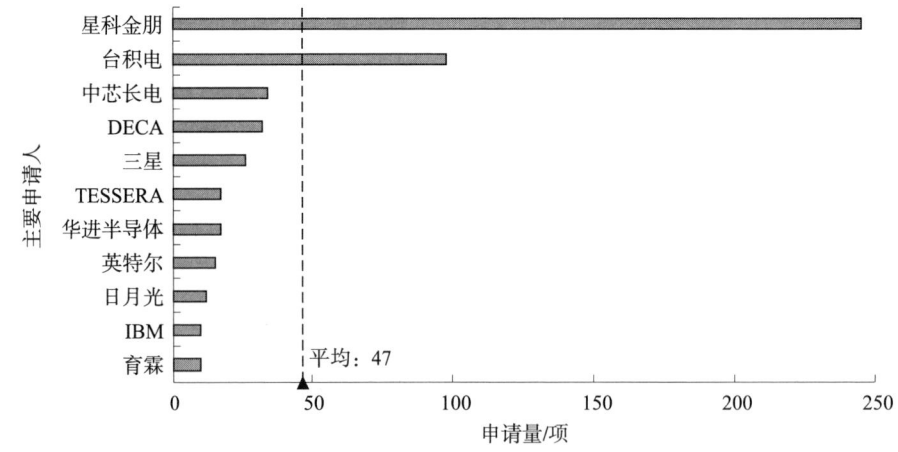

图3-2-34　芯片后装封装的主要申请人

人的申请量。排名第三位至第五位的是中芯长电、DECA、三星，其申请量较为接近，居第三梯队。TESSERA、华进半导体、英特尔、日月光，以及申请量相同的IBM、育霖，都是该领域的主要申请人。

以下对芯片后装技术的典型专利进行介绍。

星科金朋申请了一件半导体管芯上形成细节距的RDL的半导体器件和方法的专利（公告号CN104733379B），最早优先权日为2013年12月23日，在美国、中国、新加坡进行了布局，在美国、中国、新加坡均获得授权，被引用93次。如图3-2-35所示，绝缘层182、导电层184、绝缘层186、导电层188、绝缘层190和凸起192构成晶圆级重布线层（WL RDL）194，将半导体管芯124安装到WL RDL 194，密封剂198在半导体管芯124和WL RDL 194之间并且围绕互连结构168流动，移除载体180，移除绝缘层182的一部分以曝露导电层184，通过密封剂198和WL RDL 194将重建的晶圆196单体化成个体晶圆级芯片规模的封装（WLCSP）220，将重建的晶圆196倒置，将绝缘或钝化层240形成在绝缘层182和密封剂236的表面239上，绝缘层240、导电层242、绝缘层244、导电层246及绝缘层248的组合构成在WLCSP 220和密封剂236上形成的堆积互连结构250，通过堆积互连结构250和密封剂236将重建结构234单体化成个体半导体器件260。

三星申请了一种防止翘曲的半导体封装件及其制造方法的专利（公告号US10319611B2），最早优先权日为2017年3月15日，在美国、中国、韩国进行了布局，在美国、韩国均获授权，被引用2次。如图3-2-36所示，在基板110中形成导电柱113，再在基板110的第一表面111上形成介质层120和再布线结构130，将半导体芯片140设置在再布线结构130上并使彼此电连接，在介质层120上形成包封层150以包封半导体芯片140。在半导体封装件具有由模塑材料形成的基板110和包封层150及置于两者之间的介质层120的三明治结构。将该结构应用于扇出式晶圆级封装件可以有效控制封装件的翘曲，还可以解决玻璃基板在剥离过程中造成的模塑材料与半导体芯片不平整的问题，从而提高封装工艺的良率和封装件的耐用性。

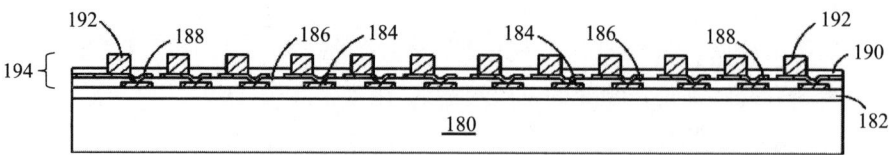
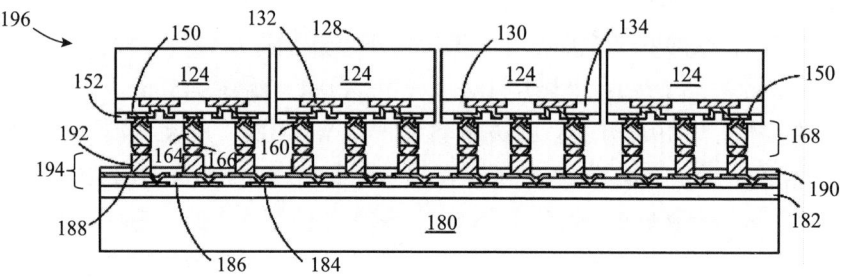
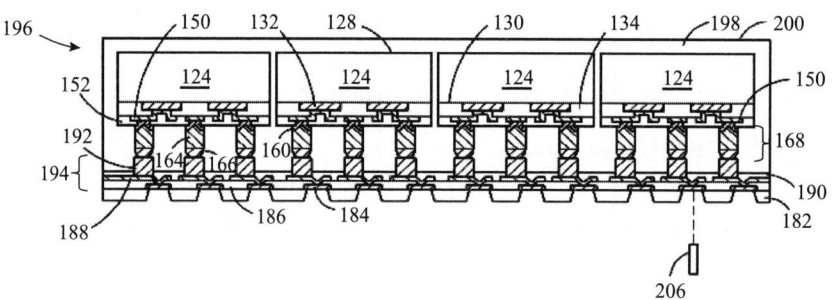
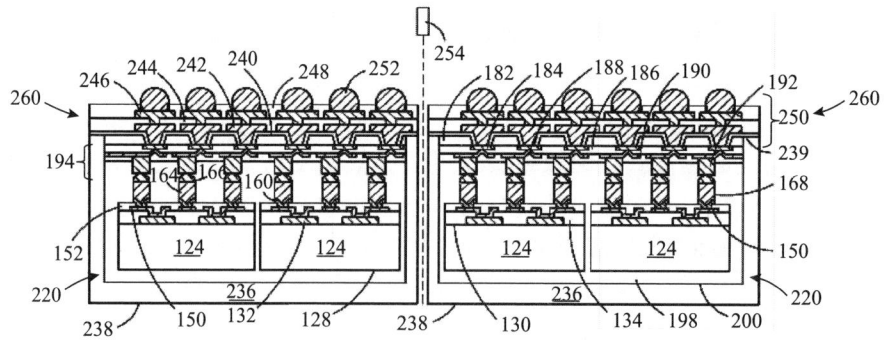

图 3-2-35　CN104733379B 半导体管芯上形成细节距的 RDL 的半导体器件

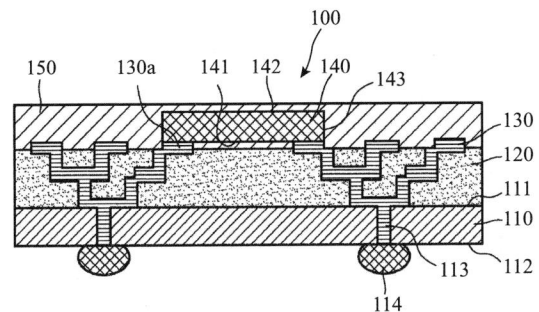

图 3-2-36　US10319611B2 防止翘曲的半导体封装件

二、检索策略及案例解析

(一) 检索策略

如前文所述,晶圆级封装是先进封装领域的主要技术,是一种直接在晶圆上进行大多数或是全部的封装、测试程序,然后再进行切割的封装方法,其关键工艺技术是重布线技术和焊料凸点制作工艺。半导体封装的技术较成熟,有很多本领域常见的通用术语。因此,在进行检索的时候,要充分体现晶圆级封装技术方案的关键技术,从最能体现发明点的关键词入手,以提高检索的针对性和有效性。

从前面的分析可知,有关晶圆级封装的专利申请数量排在前三位的是美国、中国、韩国,并且美国的专利申请量远超其他国家和地区。虽然中国在该领域起步较晚,起点较低,但发展迅猛,也拥有相对多的专利申请量。专利申请主要以企业申请人为主,如台积电、三星、星科金朋、英特尔、英飞凌、中芯长电等。因此,在检索时,应当重点检索专利文献,并且要注重对美国和中国专利数据库的检索。

关于半导体封装,在 IPC 和 CPC 分类体系中,分类号 H01L23、H01L24、H01L25 都是非常相关的分类号。此外,分类号 H01L21/60、H01L21/768 等也是涉及晶圆级封装工艺中方法技术特征的常用分类号,相关度非常高。

检索的重点应放在申请的发明构思上,尤其是独立权利要求的发明构思上,一般从技术领域、技术问题、技术手段、技术效果四个方面提炼发明构思。在检索中,关键词要准确体现发明点,虽然晶圆级封装与传统半导体封装有很多相似的关键词,但在对发明构思的提炼中,精准地找到最能体现发明点的关键词及其扩展词是很重要的。扩展关键词时可以考虑进行上下位、同义词、近义词、反义词扩展。在将准确的关键词进行组合时，也要注意避免重复，避免引入噪声；同时，也要注意同在算符的合理使用，关键词之间使用不同的同在算符，可能会带来截然不同的检索结果。

（二）检索要素

根据晶圆级封装领域的常规表达，确定了对应技术领域及技术分支的相关检索要素，包括关键词及对应的分类号，如表3-2-1所示。

表3-2-1 检索要素表

检索要素	中文关键词	英文关键词	IPC（2022.01版）	CPC（2022.05版）
晶圆级封装	晶圆级封装、晶片级封装、硅片级封装、晶元级封装、圆片级封装、元片级封装、晶圆级芯片封装	WLP, WLCSP, Wafer level package, Wafer Level Chip, Scale Packaging	H01L21/48, H01L21/50, H01L21/60, H01L21/768, H01L23/00, H01L25/00, H01L23/48, H01L23/52, H05K1/00, H05K3/00	H01L21/48, H01L21/50, H01L21/60, H01L21/768, H01L23/00, H01L23/48, H01L23/52, H01L25/00, H01L24/00, H01L24/01, H01L24/80, H01L24/73, H01L24/91, H01L24/93, H01L24/94, H01L2224/00, H01L2924/00, H01L2021/60, H01L2224/01, H01L2224/80, H01L2224/73, H01L2224/91, H01L2224/93, H01L2924/15, VH05K1/00, H05K3/00
	集成电路、器件、芯片、管芯、晶片、电路、线路、封装	ic, ics, circuit, device, chip, die, package		
	封装、连接、互连、键合、接合	seal, encapsule, package, connect, interconnect, bond		
扇入式晶圆级封装，面朝下的芯片先装，面朝上的芯片先装，扇出芯片后装	扇入、封装扇出、芯片先装、先上芯片、先置芯片、有源、面朝下、芯片先装、先上芯片、先置芯片、有源、面朝上、芯片后装、后上芯片、后置芯片、后装芯片	FIWLP, Fan-In Wafer level packaging, FOWLP, Fan-Out Wafer level, packaging, chip-first, face-down, chip-first, face-up, chip-last, RDL first	H01L23/31, H01L23/48, H01L23/498, H01L23/538, H01L23/12, H01L23/485, H01L23/28, H01L23/522, H01L23/12, H01L23/495, H01L21/56, H01L21/60, H01L21/48, H01L21/768, H01L21/50, H01L25/065, H01L25/10, H01L25/00	H01L21/48, H01L21/50, H01L21/60, H01L21/768, H01L23/00, H01L25/00, H01L23/48, H01L23/52, H05K1/00, H05K3/00, H01L24/00, H01L24/01, H01L24/80, H01L24/73, H01L24/91, H01L24/93, H01L24/94, H01L2224/00, H01L2924/00, H01L2021/60, H01L2224/01, H01L2224/023, H01L2224/02377, H01L2224/80, H01L2224/73, H01L2224/91, H01L2224/93, H01L2924/15

(三) 案例解析

1. 案例 3-2-1：半导体封装及其制造方法

(1) 案情概述。

本申请涉及扇出晶圆级封装，一般在扇出晶圆级封装工艺中，多个半导体晶粒以面向下的方式放置在临时的磁带载体（tape carrier）上，该多个半导体晶粒与该临时磁带载体使用模塑料来包覆成型。在成型之后，移除该磁带载体，留下该多个半导体晶粒的主动面从被称为重构晶圆（reconstituted wafer）的结构中露出。接着，在该重构晶圆的顶面上形成 RDL 结构。球栅阵列（Ball Grid Array，BGA）球附着至该 RDL 结构上，并且接着分割该重构晶圆以形成单独的封装。

本申请权利要求的技术方案如下。

一种半导体封装的制造方法，其特征在于，包括

提供载体基板；

在该载体基板上形成重布线层结构，其中该重布线层结构包括至少一凸点垫；

在该重布线层结构上安装半导体晶粒；

在该半导体晶粒及该重布线层结构上形成模塑料；

移除该载体基板，以露出该重布线层结构的多个焊球垫；以及

于该多个焊球垫上形成多个导电结构。

(2) 充分理解发明。

检索的重点应放在申请的发明构思上，尤其是独立权利要求的发明构思上，一般从技术领域、技术问题、技术手段、技术效果四个方面提炼发明构思。本申请涉及的技术领域是半导体封装技术，具体的技术分支是扇出晶圆级封装；要解决的技术问题是安装的半导体晶粒是合格的晶粒，以及半导体晶粒存在一定程度的偏移的技术问题；采用的关键技术手段是采用芯片后装工艺，即先形成 RDL 结构，再将半导体晶粒安装于重布线层结构上。因此，能够保证安装的晶粒都是已知合格的晶粒，从而提高产品的良品率，并且 RDL 结构中第一表面（晶粒所接合的表面）上的导电迹线位于晶粒区（即俯视时半导体晶粒在 RDL 结构上的投影区域）的部分和位于晶粒区外的部分之间不会存在偏移。可知，本申请的发明构思是采用芯片后装工艺，即先形成 RDL 结构，再将半导体晶粒安装于 RDL 结构上。

(3) 检索过程分析。

权利要求中记载了半导体封装，表明权利要求的技术方案属于半导体封装

领域,在检索时将技术领域"半导体封装"确定为检索要素。

本申请的关键技术手段是先形成 RDL 结构,再将半导体晶粒安装于 RDL 结构上,据此提取的检索要素为半导体晶粒、重布线及其扩展词管芯、芯片、重分布。

根据上述确定的检索要素,首先在中国专利文摘库 CNABS 中进行全要素检索。

1	CNABS	1513	封装 and(重分布 or RDL)
2	CNABS	21471	半导体 w(晶粒 or 管芯 or 芯片)
3	CNABS	289	1 AND 2

在初步检索中,检索式并未准确体现关键发明点:先形成 RDL 再在结构上安装半导体晶粒。由于本申请权利要求中未限定晶圆级封装,并且在专利申请的摘要中,一般也不会强调晶圆级封装,因此在中国专利文摘库(NABS)的检索中可不必采用"晶圆级封装"作为关键词。

调整检索式,充分体现发明点,即在封装技术领域中筛选 RDL 与半导体晶粒在同一个句子中的相关文献。

4	CNABS	191	(半导体 w(晶粒 or 管芯 or 芯片))s (重分布 or RDL)
5	CNABS	52178	H01L23/low/ic and 封装
6	CNABS	171	4 AND 5

浏览检索结果,发现多篇专利文献可评价本申请的新颖性,都公开了先形成 RDL 结构,再将半导体晶粒安装于 RDL 结构上。

考虑到中国专利全文库 CNTXT 的表达更为丰富,可以体现更多的检索信息,利用上述检索要素及同在算符在中国专利全文库 CNTXT 中继续进行检索,文献量增大。通过调整算符,仍然可以检索到以上相关专利文献,但文献量有所减小。可见,相同关键词结合不同的算符会带来很大的区别。检索过程中,选择合适的算符有助于提高检索效果。

| 1 | CNTXT | 623 | (半导体 w(晶粒 or 管芯 or 芯片))s (重分布 or RDL) |
| 2 | CNTXT | 239 | (半导体 w(晶粒 or 管芯 or 芯片))8w (重分布 or RDL) |

为了做到充分检索,在德温特世界专利索引数据库 DWPI 中对全球专利文献进行进一步检索,可体现"封装层"的分类号包括 H01L23/31、H01L21/56。

| 1 | DWPI | 5415 | (RDL or redistribution) and (die or wafer |

			or chip）
2	DWPI	76155	H01L23/31/ic or H01L21/56/ic
3	DWPI	48478	semiconductor and carrier
4	DWPI	291	1 and 2 and 3

浏览检索结果，发现中文库检索到的上述专利文献的同族专利文献。

美国在该领域申请量较大，考虑在美国专利全文库 USTXT 进行检索，并充分体现关键发明点：先形成 RDL 再在 RDL 结构上安装半导体晶粒。

1	USTXT	445	（（RDL or redistribution）2w（over or on）2w（die or wafer or chip））s package
2	USTXT	30621	H01L23/31/ic or H01L21/56/ic
3	USTXT	233	1 and 2

浏览检索结果，发现可评价本申请的新颖性的专利文献，先形成 RDL 结构，再将半导体晶粒安装于 RDL 结构上，也包括了中文库检到的专利文献的美国同族。

2. 案例 3-2-2：埋入硅基板扇出式封装结构及其制造方法

（1）案情概述。

本申请涉及扇出式晶圆级封装。标准的嵌入式晶圆级球栅阵列（eWLB）工艺流程如下：在一个载片上贴膜，把芯片焊盘面朝下放置于膜上；使用圆片级注塑工艺，将芯片埋入到模塑料中；固化模塑料，移除载片；对埋有芯片的模塑料圆片进行晶圆级工艺；在芯片焊盘暴露的一侧进行钝化、金属重布线、制备凸点底部金属层，植球；切片完成封装。现有技术的主要问题是聚合物胶圆片的翘曲，使用硅或者玻璃载片可以帮助减少翘曲，但会带来临时键合和剥离工艺复杂等问题，而研发新型低翘曲模塑料的材料成本较高；在注塑及模塑料固化过程中芯片偏移也是一个主要的工艺障碍。

本申请提出一种埋入硅基板扇出式封装结构及其制造方法，采用硅基体取代模塑料作为扇出的基体，充分利用硅基体的优势，能够制作精细布线，利用成熟的硅刻蚀工艺，可以精确刻蚀孔、槽等结构，且散热性能好。在工艺流程上，还可以取消圆片塑封及剥离工艺，降低工艺难度，从而显著降低成本，提高成品率。通过聚合物胶填充芯片与凹槽侧壁之间的间隙，可以防止芯片偏移；芯片通过黏附层与凹槽底部黏结，可以更好地固定芯片，防止芯片偏移。较佳的，通过同一种聚合物胶形成第一介质层及第二介质层，可以提高封装体的可靠性。

本申请权利要求的技术方案如下：

1. 一种埋入硅基板扇出式封装结构，其特征在于：包括一硅基体（1），所述硅基体具有第一表面（101）和与其相对的第二表面（102），所述第一表面上形成有至少一个向所述第二表面延伸的凹槽，所述凹槽侧面与底面垂直或接近垂直，所述凹槽内放置有至少一颗芯片（2），所述芯片的焊盘面与所述凹槽底面反向，且所述芯片的焊盘面接近所述第一表面；所述芯片底部与所述凹槽底部之间设有一层黏附层（8），所述芯片侧面与所述凹槽的侧壁之间具有间隙，该间隙内填充有第一介质层（3）；所述芯片及所述第一表面上形成有第二介质层（4）；所述第二介质层上形成有至少一层与所述芯片的焊盘（201）连接的金属布线（5），最外一层金属布线上覆盖有一层钝化层（6），且该金属布线上形成有用于植焊球的凸点下金属层，所述钝化层上开设有对应该凸点下金属层的开口，所述凸点下金属层上植有焊球或凸点（7）；且至少有一个焊球或凸点及其对应的凸点下金属层位于所述硅基体的第一表面上。

2. 一种埋入硅基板扇出式封装结构的制作方法，其特征在于，包括如下步骤：

A. 提供一硅基体圆片，所述硅基体圆片具有第一表面和与其相对的第二表面，在所述硅基体圆片的第一表面刻蚀形成至少一个具有设定形状和深度的凹槽；

B. 在所述凹槽内放置至少一个待封装的芯片，使所述芯片的焊盘面朝上，芯片背面涂布有一定厚度的黏附胶，芯片与凹槽底部粘接并固化，形成黏附层，所述芯片的焊盘面接近所述硅基体的第一表面，且所述芯片与所述凹槽的侧壁之间具有间隙；

C. 通过涂布工艺，在所述凹槽的侧壁与所述芯片之间的间隙内填充聚合物胶，固化后形成一层绝缘的第一介质层；

D. 在所述芯片的焊盘面上及所述硅基体的第一表面上，形成一层绝缘的第二介质层；

E. 打开所述芯片的焊盘上面的第二介质层，并在第二介质层上面制作连接芯片的焊盘的金属布线；

F. 在所述金属布线上面制作一层钝化层，在该金属布线上需要植焊球的位置打开钝化层，在露出的金属布线上制备所需的凸点下金属层，然后进行凸点制备或植焊球，最后切片，形成一埋入硅基板扇出式封装结构。

（2）充分理解发明。

检索的重点应放在本申请的发明构思上，一般从技术领域、技术问题、技术手段、技术效果四个方面提炼发明构思。本申请涉及的技术领域是半导体封装技术，具体涉及扇出式晶圆级封装技术，要解决的技术问题是聚合物胶圆片的翘曲、注塑和模塑料固化过程中芯片偏移及常规的临时键合和后续剥离所带来的工艺复杂化等技术问题，采用的关键技术手段是用硅基体取代模塑料作为扇出的基体，充分利用硅基体的优势，制作精细布线，利用成熟的硅刻蚀工艺，精确刻蚀孔、槽等结构；且散热性能好。在工艺流程上，可以取消圆片塑封及剥离工艺，减小工艺难度，从而显著降低成本，提高成品率。由此可知，本申请的发明构思是采用硅基体取代模塑料作为扇出的基体，在硅基体的表面形成凹槽，将芯片埋入凹槽，芯片通过黏附层与凹槽底部黏结固定，防止芯片偏移。

（3）检索过程分析。

权利要求中记载了半导体封装，表明权利要求的技术方案属于半导体封装领域，在检索时将技术领域"半导体封装"确定为检索要素。

本申请的关键技术手段是采用硅基体取代模塑料作为扇出的基体，在硅基体的表面形成凹槽，将芯片埋入凹槽。据此，提取的检索要素为硅基板、凹槽、芯片、埋入，以及扩展关键词基底、基材、载板、衬底、凹陷、凹杯、凹穴、凹腔、晶片、晶圆、填充，本申请的技术手段进一步包括金属重布线、制备凸点底部金属层，植球，最后切片完成封装。据此，提取的检索要素为布线、凸点。IPC 分类号 H01L23/488（……由焊接或黏结构组成）较为准确地体现了本申请的技术方案，在检索中可以使用。

根据上述确定的检索要素，先在中国专利文摘库 CNABS 中进行全要素检索。

1	CNABS	14990	（基板 or 基底 or 基材 or 载板 or 衬底）s（槽 or 凹陷 or 凹杯 or 凹穴 or 凹腔）s（芯片 or 晶片 or 晶圆）
2	CNABS	23403	H01L23/488/low/ic and 封装
3	CNABS	958	1 AND 2

经过初步检索，得到的结果数量过多，主要原因在于检索式未能准确体现关键发明点。根据对本申请的充分理解，进一步调整检索思路，重新构建检索式以体现发明点"不需要模塑料"。

4	CNABS	785	3 not（塑封 or 模塑料）
5	CNABS	1067310	埋入 or 填充
6	CNABS	295	4 AND 5

初步浏览检索结果，发现多篇专利文献公开了采用硅基体取代模塑料作为扇出的基体，在硅基体的表面形成凹槽，将芯片埋入凹槽。可见权利要求的大

部分技术特征已被公开，上述专利文献能够影响本申请的创造性。

进一步对布线进行检索。

| 7 | CNABS | 1333 | 布线 AND 凸点 |
| 8 | CNABS | 9 | 6 AND 7 |

发现同一申请人的系列申请，公开了埋入硅基板扇出型封装结构，功能芯片嵌入硅基板正面上的凹槽内，在硅基板正面凹槽外的区域具有垂直导电通孔，通过导电通孔，功能芯片可以与硅基板的背面电性连接，在硅基板的正面和背面还可以具有再布线和焊球结构，该专利文献能够影响本申请的创造性。

尝试转换检索思路，权利要求中强调了技术领域为扇出式晶圆级封装，可以此为关键词进行检索。

9	CNABS	12397	扇出 or（晶圆级 or 圆片级）
10	CNABS	1472	2 AND 9
11	CNABS	101	10 AND 1

仍然能得到之前检索得到的部分专利文献。

为了做到充分检索，在德温特世界专利索引数据库 DWPI 中对全球专利进行进一步检索。

1	DWPI	103150	（package or packaging） and H01L23/ic
2	DWPI	392	（substrate 5w silicon） and （die or wafer） and cavity
3	DWPI	46	1 and 2

浏览检索结果发现，在中国专利文摘库 CNABS 检索到的专利文献的同族文献，以及其他专利文献，这些文献都公开了在硅基体的表面形成凹槽，将芯片埋入凹槽，芯片通过粘附层与凹槽底部黏结固定，均能够影响本申请的创造性。

考虑到英文全文库 ENTXT 的表达更为丰富，可以体现更多的检索信息，因此继续在英文全文库 ENTXT 数据库中进行检索。

1	ENTXT	116441	（package or packaging） and H01L23/ic
2	ENTXT	6954	（wafer w level w package） or wlp
3	ENTXT	6154	substrate s （die or wafer） s cavity
4	ENTXT	130	1 and 2 and 3

浏览检索结果，也发现了在中国专利文摘库 CNABS 检索到的专利文献的同族文献，以及其他专利文献，这些文献都公开了本申请的发明构思，能够影响本申请的创造性。

3. 案例3-2-3：扇出式晶圆级封装结构

（1）案情概述。

本申请涉及半导体领域，具体涉及扇出式晶圆级封装结构。在现有技术中，用于减小系统中各芯片之间的距离的一种方法是堆叠芯片，其中电互连垂直延伸，可以包含多个衬底层，芯片位于衬底的上表面和下表面，衬底具有导电通孔，该导电通孔穿过衬底以提供上表面和下表面之间的电连接。封装叠加结构可通过焊球栅格阵列（BGA）、接点栅格阵列（LGA）等安装在另一载体、封装件、印刷电路板（PCB）等上。在一些情况下，阵列中各个互连件间的间隔或接合间距可能与封装叠加结构中的管芯不匹配，或者可能需要与封装叠加结构中不同的连接配置。

本申请权利要求的技术方案如下。

1. 一种用于形成封装结构的方法，包括

在载体上方施加管芯，所述管芯具有多个安装件；

在所述载体上提供一个或多个通孔；

在所述载体上方和所述通孔周围形成模制衬底；

减少所述模制衬底与所述载体相对的第一侧并在所述模制衬底与所述载体相对的第一侧处露出所述一个或多个通孔及所述管芯上的所述多个安装件，其中，减少所述模制衬底的第一侧还平坦化所述一个或多个通孔和所述多个安装件；

在所述模制衬底的第一侧上形成重布线层，所述重布线层具有多个重布线层接触焊盘；以及

在所述模制衬底与第一侧相对的第二侧处露出所述一个或多个通孔。

2. 一种用于形成封装结构的方法，包括

提供载体，在所述载体的第一侧上具有黏合层；

将管芯施加于所述黏合层，所述管芯具有多个安装件；

在所述黏合层上提供通孔；

在所述载体上方以及所述管芯和所述通孔周围形成模制衬底；

减少所述模制衬底与所述载体相对的第一侧并在所述模制衬底与所述载体相对的第一侧处露出所述一个或多个通孔及所述管芯上的所述多个安装件，其中，减少所述模制衬底的第一侧还平坦化所述一个或多个通孔和所述多个安装件；

在所述模制衬底的第一侧上形成重布线层，所述重布线层具有多个重布线层接触焊盘及至少一条导线；

将多个封装安装件施加于所述重布线层接触焊盘；以及

在所述管芯上方和所述通孔上安装第二结构。

根据本申请的方法制造并使用例如晶圆级封装组件中的扇出结构，可应用于其他电子部件的连接。

（2）充分理解发明。

本申请涉及的技术领域是半导体封装技术，具体为扇出式晶圆级封装技术。要解决的技术问题是阵列中各个互连件间的间隔或接合间距可能与封装叠加结构中的管芯不匹配问题，或者可能需要与封装叠加结构中不同的连接配置的技术问题，采用的关键技术手段是将管芯和通孔施加到载体上方并在载体上方和通孔周围形成模制衬底，露出通孔和管芯上的安装件的端部，形成RDL层，适用于球栅格阵列或其他封装安装系统。可见，本申请的发明构思是采用将管芯和通孔施加到载体上方并在载体上方和通孔周围形成模制衬底，露出通孔和管芯上的安装件的端部。

（3）检索过程分析。

权利要求中记载了半导体封装，表明权利要求的技术方案属于半导体封装领域，在检索时将技术领域"半导体封装"确定为检索要素。

本申请的关键技术手段是将管芯和通孔施加到载体上方，并在载体上方和通孔周围形成模制衬底，露出通孔和管芯上的安装件的端部，形成RDL层。据此，提取的检索要素为载体、芯片、通孔、模制、RDL，以及扩展关键词载板、衬底、管芯、晶粒、塑封、模塑料、重分布、再分布。

根据上述确定的检索要素，首先尝试在中国专利文摘库CNABS中进行全要素检索。

1	CNABS	36585	（载体 or 载板 or 衬底）s（管芯 or 芯片 or 晶粒）
2	CNABS	119970	（载体 or 载板 or 衬底）s 孔
3	CNABS	82192	塑封 or 模塑料 or 模制
4	CNABS	493	1 AND 2 AND 3
5	CNABS	29946	H01L23/48/low/ic and 封装
6	CNABS	267	4 AND 5

经过初步检索，发现检索结果文献量较大。故重新调整检索式，以充分体现本申请的发明构思，即将管芯和通孔施加到载体上方，并在载体上方和通孔周围形成模制衬底，露出通孔和管芯上的安装件的端部。

7	CNABS	4579	（载体 or 载板 or 衬底）s（管芯 or 芯片

第三章 新型封装

			or 晶粒）s 孔
8	CNABS	11222	（塑封 or 模塑料 or 模制）s 孔
9	CNABS	120	5 AND 7 AND 8

浏览检索结果发现，与本申请技术方案较接近的专利文献，其公开了将管芯和通孔施加到载体上方并在载体上方和通孔周围形成模制衬底，露出通孔和管芯上的安装件的端部的技术方案，但未公开露出通孔形成RDL层。

继续在中国专利全文库CNTXT中进行检索。

1	CNTXT	9543	（载体 or 载板 or 衬底）s（管芯 or 芯片 or 晶粒）s 孔
2	CNTXT	30522	（塑封 or 模塑料 or 模制）s 孔
3	CNTXT	661	（塑封 or 模塑料 or 模制）s（重分布 or RDL）
4	CNTXT	80	1 AND 2 AND3

浏览检索式4发现一篇专利文献，其公开了本申请的发明构思，即在载体上设置芯片和通孔、模制材料，露出通孔形成RDL层，因此该专利文献可影响本申请的创造性。

为了做到充分检索，在德温特世界专利索引数据库DWPI中对全球专利进行进一步检索。

1	DWPI	93513	（carrier or substrate）s（die or wafer）
2	DWPI	664	（mold or molding）s（die or wafer）s（capsulat+ or encapsulat+）
3	DWPI	239	1 and 2

调整检索式，充分体现发明点。

4	DWPI	4377	（carrier or substrate）s（die or wafer）s（via or hole）
5	DWPI	20	4 and 2

浏览检索结果发现一篇专利文献1，其同样公开了本申请的发明构思，即在载体上设置芯片和通孔、模制材料，露出通孔形成RDL层，但是并未公开本申请中的通孔先后露出的顺序和位置，针对此技术特征，可做进一步检索。

考虑到在封装领域中美国专利文献较多，全文库的表达更为丰富，可以体现更多的检索信息，因此接下来在美国专利全文库USTXT中进行检索。

1	USTXT	35965	mold+ s（first or second or secondary or top or bottom or front or backside）s（wa-

2	USTXT	19249	fer or die)（semiconductor and package）and h01l23/48/low/ic and h01l21/ic
3	USTXT	29787	（carrier s support）and（die or wafer）
4	USTXT	1501575	（hole or via or through or opening or tsv）s（mold + or package + or seal +）
5	USTXT	445	1 and 2 and 3 and 4
6	USTXT	100272	RDL or redistribution
7	USTXT	377	5 and 6
8	USTXT	2465	molding s（pattern + or remov + or grind + or etch +）s surface s expose +
9	USTXT	46	7 and 8

浏览检索结果发现一篇专利文献 2，其公开了通孔先后露出的顺序和位置的技术特征，可结合之前检索到的专利文献 1 评价本申请权利要求的创造性。

第三节　三维（3D）封装

一、专利技术综述

（一）概况

随着芯片功能逐渐增多、结构越来越复杂，芯片面积、良率和简化工艺与降低成本之间的矛盾难以调和。在摩尔定律越来越难以维持的当下，芯片的发展方向从一味追求功耗下降及性能提升，转向更加务实的满足市场的需求。在芯片封装领域中的 3D 封装技术则被认为是超越摩尔定律的一条技术路线。

归纳起来，3D 封装技术发展的驱动因素主要有以下四点。①超越摩尔：集成电路特征尺寸已达到极限、成本不断攀升，采用新一代封装技术在提高系统性能的同时不断提高集成度。②提高性能：缩短信号传输路径、提高处理速度、提高带宽、降低电阻电感（RC）延迟、降低功耗等。③异质集成：在一个封装体内，同时集成各种功能器件（射频器件、存储器件、逻辑器件、微机电等）、

集成多种材料（硅、砷化镓、氮化镓等）。④成本控制：有效降低成本。❶

3D封装也称叠层芯片封装（Stacked Die Package），是指在不改变封装体占用面积的前提下，在同一个封装体内，在垂直方向上叠放两个以上芯片的封装技术。3D封装相对传统的平面分布封装和2.5D封装，将会节省更多的空间，使其控制在更小的体积范围之内。消费性电子产品，如手机处理器、存储器、闪存单元等是加速开发3D封装的主要推动力。3D封装主要包括埋置型3D封装、有源基板型3D封装和叠层型3D封装。

埋置型3D封装的典型结构如图3-3-1所示，将元器件埋置在多层布线的基板内或埋置、制作在基板内部。这类3D封装形式目前应用最为广泛，其工艺技术中应用了许多成熟的组装互连技术，如引线键合技术（Wire Bonding，WB）、倒装芯片技术（Flip Chip，FC）等。❷

图3-3-1 埋置型3D封装的典型结构

以晶圆规模集成（Wafer Scale Integration，WSI）作为有源基板，然后在上面实现多层布线，最上层贴装表面贴装器件（Surface Mounted Device，SMD），构成立体封装，这种结构形式称为有源基板型3D封装，如图3-3-2所示。

叠层型3D封装指在2D封装的基础上，将每一层封装上下叠装互连起来，或直接将两个芯片面对面"对接"起来或背对背封装起来，从而实现立体封装。图3-3-3为一例四层的叠层型3D封装结构，芯片间通过金丝连线相连，塑料球栅格阵列封装（PBGA）形式同基板相连。整个结构共有四层芯片：第一、三层芯片（Die1、Die3）是FLASH，第二层芯片（Die2）是隔离片，第四层芯片（Die4）是SRAM；第一、四层芯片黏合剂是银膏，第二、三层芯片黏合剂是粘贴膜。❸

---

❶ 唐宝富，钟剑锋，顾叶青. 有源相控阵雷达天线结构设计［M］. 西安：西安电子科技大学出版社，2016.06.
❷ 田文超，刘焕玲，张大兴. 电子封装结构设计［M］. 西安：西安电子科技大学出版社，2017.
❸ 田文超，刘焕玲，张大兴主编. 电子封装结构设计［M］. 西安：西安电子科技大学出版社，2017.

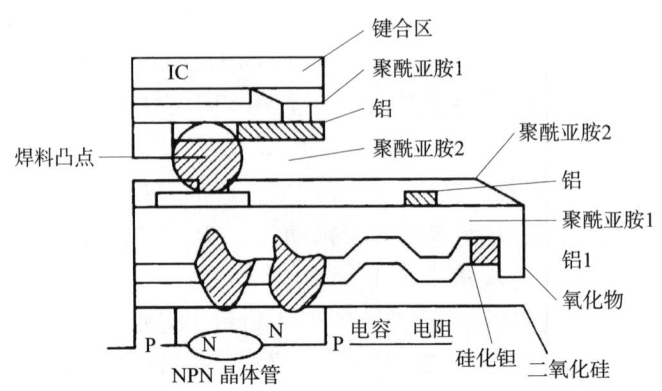

图 3-3-2 有源基板型 3D 封装

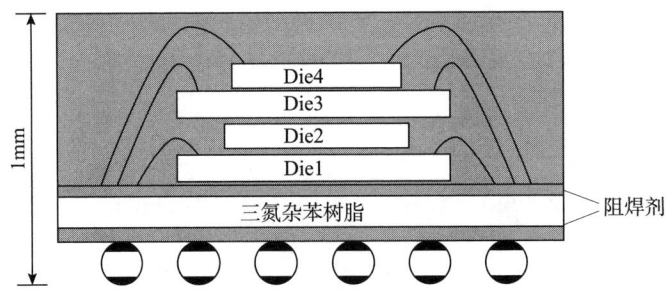

图 3-3-3 四叠层 3D 封装结构

在上述三种类型的 3D 封装中，叠层型 3D 封装技术发展最快，应用也最为广泛。其主要原因在于：手机等电子产品市场巨大需求的驱动，要求在增加功能的同时减薄封装厚度；制造工艺基本上与传统的工艺相容，经过改进很快能进行批量生产，产品可迅速投放市场。目前，最为常用的叠层型 3D 封装有两种叠置方式：一种是金字塔形式，其结构是从底层向上裸芯片尺寸越来越小；另一种是悬梁式，叠层的芯片尺寸一样大。叠层型 3D 封装主要是把闪存和静态随机存储芯片叠置在一起，目前已能把闪存、动态随机存储芯片、逻辑 IC 和模拟 IC 等叠装在一起。❶

3D 封装技术的优势主要体现在以下四个方面。①在尺寸和重量方面，缩小了器件尺寸，减轻了重量，大幅降低芯片占用空间。②在速度方面，缩短了线路传输距离，指令的相应速度得到大幅提高，寄生性电容和电感也得以降低。③拥有更多更密集的 I/O 接点数和更高的电路密度，从而可以大幅提高功率密

---

❶ 李元元. 新型材料与科学技术：金属材料卷 [M]. 广州：华南理工大学出版社，2012.

度。④更低的能耗：采用更细小、更密集的线路，信号传输不需要过多的电信号，相应的功耗也会降低。❶

3D 封装主要的工艺技术包括高深宽比 TSV（Through Silicon Via，穿硅过孔、硅通孔）刻蚀工艺技术，高深宽比 TSV 绝缘层、阻挡层、种子层沉积技术，高深宽比 TSV 填孔电镀技术，薄膜多层布线技术，铜柱（Cu Pillar）制备技术，晶圆减薄及超薄晶圆处理技术，芯片到晶圆微组装技术，圆片键合技术，以及圆片测试技术。

其中 TSV 技术的出现使高密度垂直互连成为可能，并在真正意义上实现 3D 封装。它与目前应用于多层互连的通孔有所不同，其硅通孔的尺寸很小，直径通常仅为 5～50μm，深度为 10～200μm，普通的打孔工艺难以满足。TSV 工艺包括通孔刻蚀、通孔薄膜淀积、通孔填充、化学机械研磨等关键工序。TSV 技术为集成电路和其他多功能器件的高密度混合集成提供可能，可实现芯片与芯片间垂直叠层互连，并且无须引线键合，能够有效缩短互连线长度，减少信号传输延迟和损失，提高信号速度和带宽，降低功耗和封装体积。

基于 TSV 技术的硅转接板的 3D 封装已经在微机电（MEMS）、影像传感器（CMOS）及存储器（FLASH、DRAM）等产品的大规模量产中广泛应用，并逐渐延伸至绘图芯片、多核处理器、电源供应器和功率放大器、可编程逻辑器件（FPGA）等芯片产品领域。由逻辑组件、传感器、模拟组件、射频、微处理器等堆叠构成的多功能系统芯片将成为基于 TSV 技术的 3D 封装的主要发展方向。❷

高性能、小型化是所有电子产品持续不断追求的目标，其发展趋势是互连密度越来越大，而封装尺寸越来越小。电子封装结构已经由最初的单一芯片板级封装发展到多芯片封装（MCM），随着技术的进步，叠层封装（PoP）、系统级封装（SiP）、片上系统（SoC）等高密度封装技术已经逐步得到应用。电子封装结构随着技术进步而不断更新换代，并将继续向着高性能、高集成度、低成本的 3D 封装技术发展。

（二）专利申请状况

以下对 3D 封装技术领域全球和中国专利申请进行具体分析。在德温特世界专利索引数据库 DWPI 中检索到涉及 3D 封装领域的全球专利申请共计 22 095 项（公开日自 2010 年 1 月 1 日至 2022 年 2 月 28 日），本节主要以上述数据作为研

---

❶ 姚玉，周文成. 芯片先进封装制造［M］. 广州：暨南大学出版社，2019.
❷ 唐宝富，钟剑锋，顾叶青. 有源相控阵雷达天线结构设计［M］. 西安：西安电子科技大学出版社，2016.

究对象进行分析。

1. 全球专利申请趋势

图3-3-4为2010—2020年3D封装领域全球专利申请趋势图。3D封装领域的全球专利申请量在2010—2013年快速增长，至2013年达到高峰1800多项，之后持续下降至2016年的1500项左右，但总量保持在较高水平。2017—2018年再次出现增长，自2019年有所下降，但仍然保持在1500项左右。这与2017—2018年业界在3D封装技术上取得的长足进展（如在高端手机芯片、大规模I/O芯片及高性能芯片中真正实现3D封装，同时有效降低封装等）是分不开的。可见，高性能、高集成度、低成本的3D封装技术，仍然是先进封装领域的主要技术，也是封装工艺技术向更高阶发展的必然趋势。

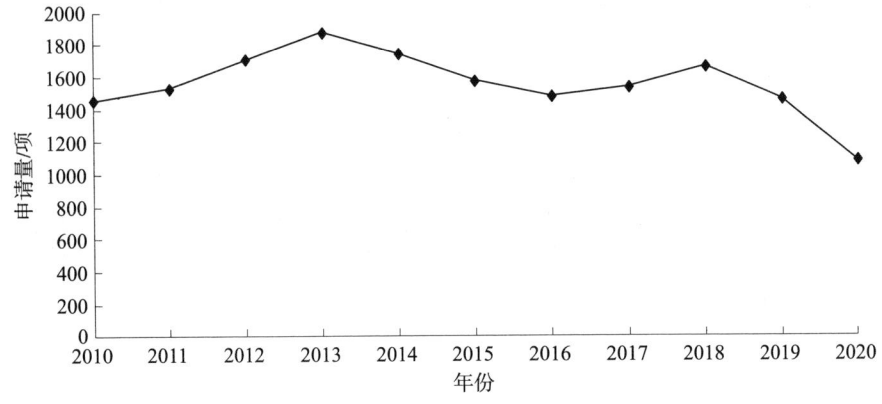

图3-3-4　2010—2020年3D封装领域全球专利申请趋势

2. 专利申请来源和目标国家/地区分析

图3-3-5为3D封装领域专利申请来源和目标国家和地区分布图。可以看出，美国、中国、韩国、日本、中国台湾同时作为主要的目标和来源国家/地区，体现了其在3D封装技术领域的研发实力和专利布局状况。

以来源地美国为例，美国申请人首先在美国进行大量专利申请，申请量过万，体现了对本土市场的绝对重视。同时也将中国和中国台湾作为仅次于美国的第二、第三大目标地，申请量分别为2978件和2408件，可见美国申请人除了本土专利布局，尤其注重在中国和中国台湾的专利布局，反映了对中国市场的重视程度，也从侧面反映了中国封装市场的良好前景。同时，美国申请人在韩国、欧洲、日本的专利申请数量也较大，体现了美国在全球范围内3D封装技术的领先优势，以及对韩国、欧洲、日本市场的重视。

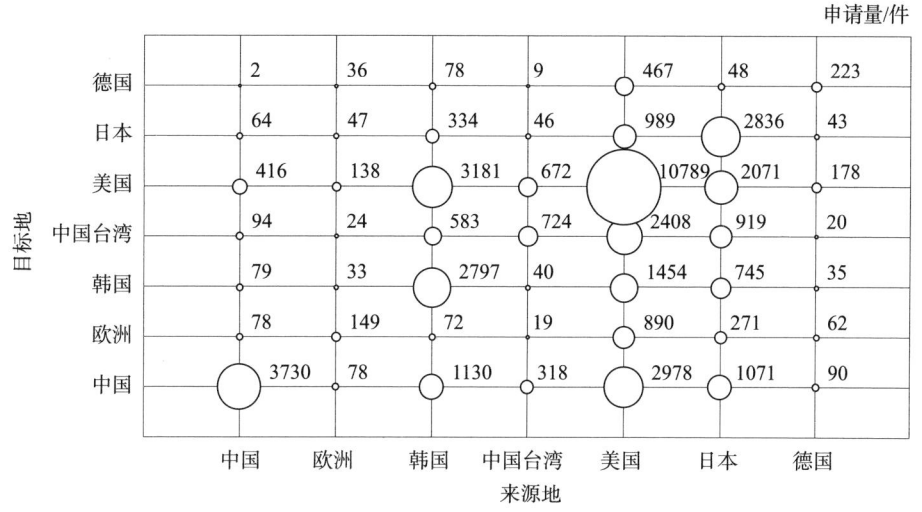

图 3-3-5　3D 封装领域专利申请来源和目标国家和地区分布

以来源地中国为例，虽然中国在该领域起步较晚，起点较低，但发展迅猛，拥有相对多的专利申请量，专利申请总量仅次于美国。在中国申请量高达 3700 多件，其次在美国申请量 400 多件，可见中国申请人对美国市场也较为看重。但是，中国申请人在其他国家和地区布局较少，均不超过百件。

以来源地韩国为例，韩国申请人在美国的申请量最高，其次是韩国本土，并且二者数量较为接近，可见韩国对美国市场和本土市场同样看重。韩国申请人在中国的申请量位列第三，达到 1100 多件，仅次于在美国和韩国的申请量，可见韩国申请人对主要市场进行了充分布局。

以来源地日本为例，日本在 3D 封装技术领域也具有较强的研发实力，在日本申请量超过 2800 件，除了在本土专利布局外，在世界范围内各个主要国家、地区都保持较高申请量，尤其在美国申请量 2000 多件，可见日本申请人对美国市场十分重视。其次日本申请人在中国以及中国台湾的申请量都是 1000 件左右，可见日本申请人对全球的主要市场都较为看重，均匀布局。

以来源地中国台湾为例，在中国台湾和美国的专利申请量明显高于其他国家和地区，可见中国台湾申请人对美国市场尤其重视。中国台湾申请人在中国大陆的申请量约为在美国的 50%，位列第三，也体现了中国台湾申请人对中国大陆市场较为看重。

3. 主要目标国家/地区的专利申请趋势

图 3-3-6 为 2010—2020 年 3D 封装技术在各主要目标国家和地区的专利

申请趋势。专利申请布局数量排在前三位的是美国、中国、韩国,并且在美国的专利申请量远超其他国家和地区,充分体现了美国在3D封装技术领域技术发展和专利申请的绝对主导地位。在美国的申请量于2011—2013年快速上升,达到近十年最高值后,2014年起逐年下降,2018年再次上升,但并未超过2013年的最高值,2019年再次下降,但仍然超过其他国家和地区。虽然中国在该领域起步较晚,起点较低,但发展迅猛,拥有相对多的专利申请量,仅次于美国。在中国的申请量于2010—2013年持续增长,也在2013年达到较高值,这与半导体产业的复苏是分不开的;随后申请量有所起伏,2017年起明显增长,2019年达到了982件。中国在2019年仍然保持上升趋势,主要是由于中国的封装企业发展良好、国际竞争力不断提升,封装市场规模增长持续高于全球水平,在国际环境影响下,集成电路产业率先走出低谷,芯片制造环节产能回升并加速向产业链下游渗透需求,封装测试也在加速升温。

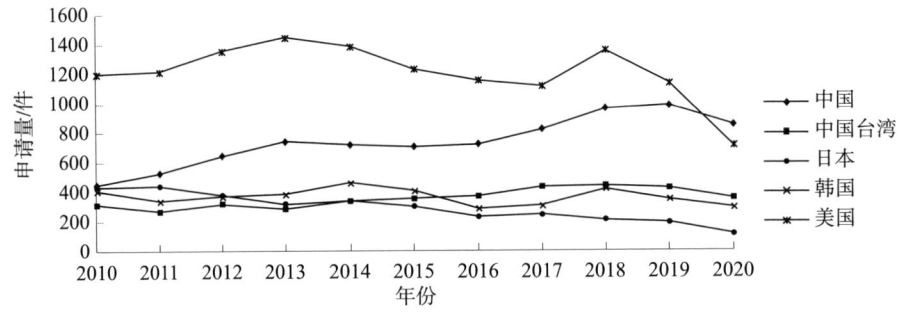

图3-3-6 2010—2020年主要国家/地区的专利申请趋势

韩国的申请量在2011年有所下降,之后逐年上升,至2014年达到最高水平,随后再次下滑,2017年起再次上升,至2018年达到较高值,2019年起呈下降趋势,总体上较为波动。在日本的申请量总体呈下滑趋势,2011年起逐渐下降,虽然在2014年、2017年略有上升,但总体上仍然保持下降趋势。在中国台湾的申请量在2010—2013年有所起伏,在2014年起呈明显上升趋势,至2018年达到最高值,随后有所下降,近十年申请数量总体上呈缓慢增长态势。

在韩国、中国台湾、日本的申请总量较为接近,年申请量交替领先,其中2010—2012年日本领先,但在2013年起,韩国呈绝对优势持续领先于日本,中国台湾于2015年起明显领先日本,2016年起领先韩国,表明了韩国和中国台湾3D封装产业的飞速发展。在美国、韩国和中国台湾的专利申请量于2018年达到近十年的最高值,这主要受到全球产业环境的影响。

（三）申请人分析

1. 全球/中国专利申请的申请人排名

图3-3-7、图3-3-8分别是3D封装领域全球和中国专利申请人排名。从图中可以看出，无论是全球申请量还是中国申请量，排名靠前的申请人都是台积电、三星、英特尔、海力士，可见这些主要申请人对全球专利整体布局的重视。其中，台积电和三星在3D封装领域占绝对领先地位，作为最大的代工厂，其在先进封装领域扮演重要角色。英特尔作为传统半导体公司，在封装领域也具有一定优势，但随着晶圆代工厂近些年的飞速发展，英特尔的全球芯片制造量下降，其3D封装领域的专利申请量也远低于台积电和三星，均不到两者申请量的50%。海力士作为全球领先的存储厂商，对3D封装技术也是尤其重视。比较两图可以看出，中国主要申请人与全球主要申请人排名有明显不同之处。例如，华进半导体、日月光、中芯国际、矽品精密等中国企业在中国申请人排名中靠前，其在中国申请量已经达到全球申请人排名第十位的星科金朋的全球申请量的50%，展现了中国企业在封装技术领域的飞速进步与良好的发展态势。全球申请人排名靠前的高通、东芝、美光、星科金朋等海外申请人在中国申请人排名中相对靠后，甚至美光、星科金朋则未能进入中国申请排名前十位。

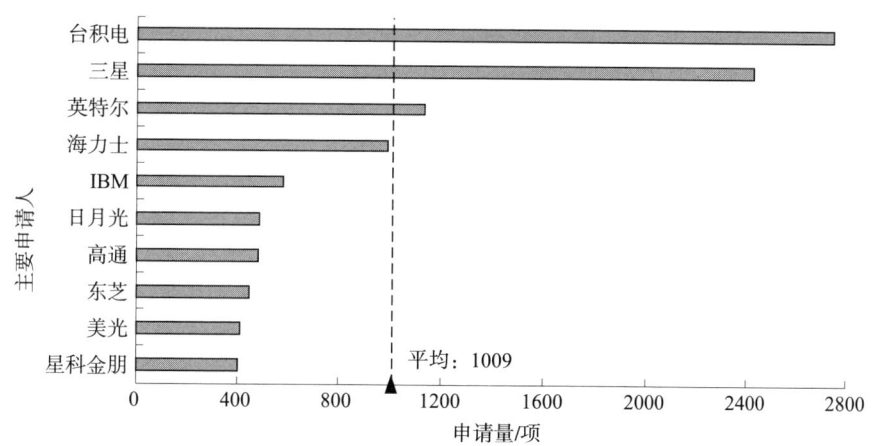

图3-3-7 3D封装领域全球专利申请主要申请人排名

从图3-3-7、图3-3-8两图对比看出，日月光在中国专利申请的数量占全球专利申请的数量超过42%，台积电在中国专利申请的数量占全球专利申请的数量近40%，三星在中国专利申请的数量占全球申请的近1/3，英特尔、海力士在中国专利申请的数量占全球申请的近30%，体现了以上申请人更看重全球专利均匀布局,以及尤其重视中国市场。而同为全球申请和中国申请排名前十位的东芝、高通虽然分别在中国专利申请的数量占全球专利申请的数量1/3以上或近30%,但在中国专利申请的数量不及华进半导体、日月光、中芯国际、矽品精密等中国企业。而在中国专利申请排名靠前的华进半导体、日月光、中芯国际、矽品精密等中国企业未能在全球申请人排名中靠前,也是由于专利布局基本在国内,体现了以上申请人主要立足本土市场。

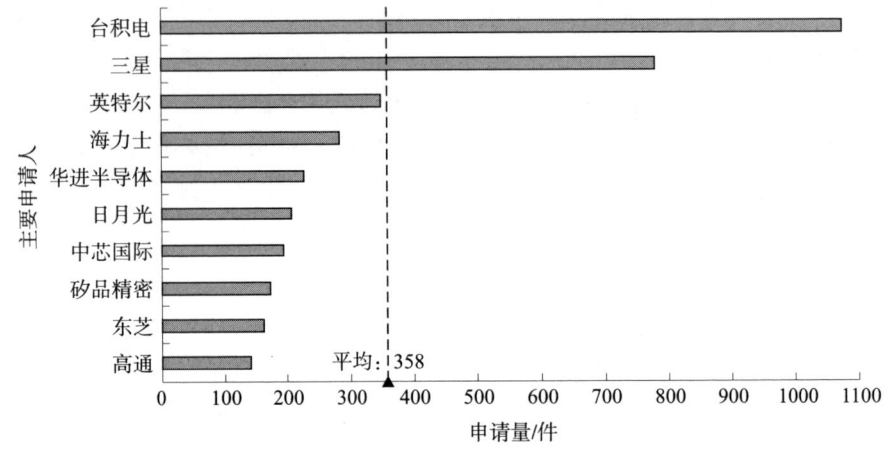

图3-3-8 3D封装领域中国专利申请主要申请人排名

2. 主要申请人技术分支分布

图3-3-9是主要申请人在3D封装领域的各技术分支上的分布。可以看出,主要技术方向都在TSV技术,这表明TSV技术是3D封装的关键技术和主要研发方向。尽管3D封装可以通过引线键合、倒装和凸点等各种芯片通路键合技术实现,但TSV技术是潜在集成度最高、芯片面积与封装面积比最小、封装结构和效果最符合系统级封装要求、应用前景最广的3D封装技术。3D封装的另一重要技术是键合技术,其中包括了直接键合、表面活化键合、混合键合、插入键合。台积电在TSV技术分支的专利申请是在键合技术分支的近4倍,并且遥遥领先于其他主要申请人,可见台积电对TSV技术予以足够的重视并且在该技术分支上处于绝对领先地位。三星在TSV技术分支的专利申请也领先于其他分支,相差10余倍,体现了三星对TSV技术的绝对重视。与其他主要申请人不同的是,台积电和英特尔在键合技术方向也有较多专利布局,明显领先于其他申请人,体现了对技术分支的整体布局。海力士、IBM在TSV技术分支都有较多专利申请,其中海力士的申请量接近于英特尔,但在键合技术分支上,两家公司的重视程度远远不及TSV技术。日月光、高通、东芝、美光、星科金朋

在 TSV 技术分支上也有较多专利申请,同时在键合技术领域的申请量则相对较少,可以看出它们的专利布局方向均偏重于 TSV 技术。

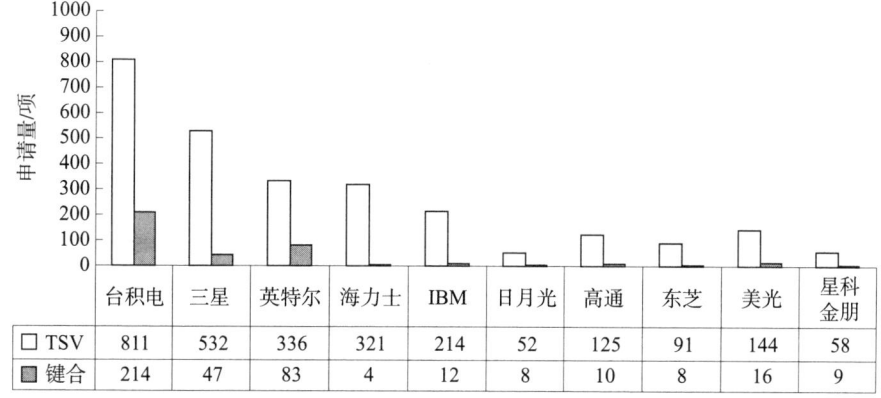

图 3-3-9　重要申请人在 3D 封装领域专利申请的技术分支分布

3. 主要申请人具体分析

近些年晶圆代工大厂的发展重心,已逐渐从过去追求更先进纳米制程,转向封装技术的创新。如台积电、三星、英特尔等半导体制造公司纷纷涉足封装领域,3D 封装技术无疑开始成为巨头角逐的重要战场。根据主要申请人排名,台积电、三星、英特尔在 3D 封装领域明显领先于其他申请人,现选取这三家企业进行具体分析。以下主要从申请趋势、技术分布、技术发展趋势三个方面分析主要申请人在 3D 封装领域的专利申请情况。

(1) 台积电。

台积电的封装布局早在 2008 年就已开始,成立了导线与封装技术整合部门,正式进军封装领域。台积电的 3D 封装工艺主要分为前端芯片堆叠 SoIC 技术和后端先进封装 CoWoS 和 InFO 技术。图 3-3-10 是 2010—2020 年台积电的全球专利申请趋势图。从图中可以看出,2010—2013 年台积电的全球专利申请量持续上升,2013 年达到最高值,之后有所下降,2015 年进入低谷,这与全球半导体行业发展有关,2016 年开始进入复苏,申请量也开始呈现大幅增长,尤其在 2018 年回到顶点水平,之后稍有下降,但仍然维持在较高的申请数量,保持领先水平。

图 3-3-11 是台积电的 3D 封装专利申请技术分布图,其中 TSV 技术占到了专利申请量的近 30%,这也与行业发展主要方向一致。台积电的 TSV 技术经历了由通孔制造到简单两层接合,再到利用内插器形成堆叠,以及与 MEMS 集成形成腔体,继而发展为多层 3D 堆叠,在光学器件中使用 TSV,以及在玻璃基

底中形成 TSV 这一过程。整个发展历程由简单叠加到复杂堆叠，相应的 TSV 技术也在不断地完善和发展，其应用呈现多样化。❶ 同时，台积电也较为重视键合技术，尤其是混合键合，针对该技术也有一定数量的专利布局。

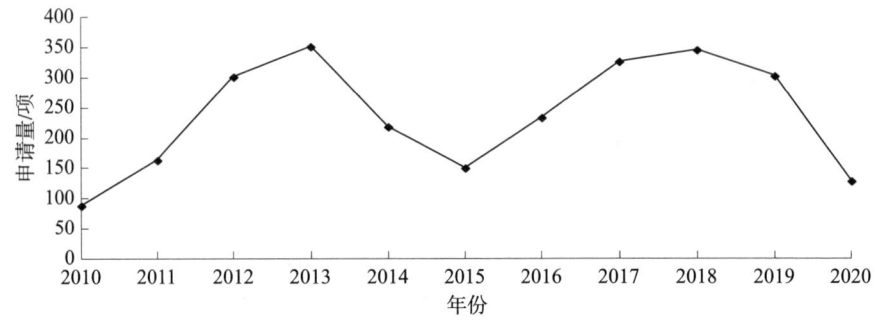

图 3-3-10　2010—2020 年台积电 3D 封装领域全球专利申请趋势

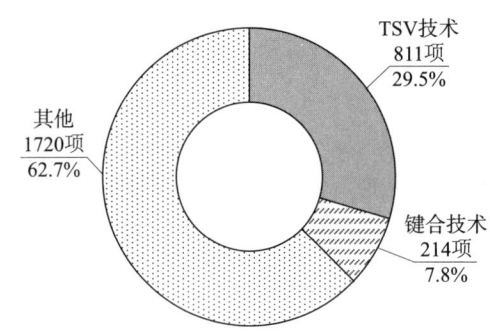

图 3-3-11　台积电 3D 封装领域专利申请技术分布

图 3-3-12 是台积电的主要技术分支的专利申请趋势图。从图中可以看出，两个技术分支的申请量都是在 2013 年达到了高点，TSV 技术在 2013 年达到了 2010 年的 2 倍水平，键合技术更是在 2012—2013 年逐年翻倍，达到最高值，但随后申请量均有所下降，尤其是 TSV 技术在 2015 年处于近十年的最低水平，基本与键合技术申请量相同，但之后再次快速增长并遥遥领先于键合技术，在 2019 年到达最高值水平，并超过键合技术 100 项，而键合技术在 2018 年接近 2013 年水平后再次下降。2015 年后 3D 封装时代真正到来，技术飞速发展。台积电于 2018 年提出的系统整合单芯片（SoIC）技术，是一种将带有 TSV 的芯片通过无凸点混合键合实现三维堆叠。

---

❶　杨铁军. 产业专利分析报告：第 46 册［M］. 北京：知识产权出版社，2016.

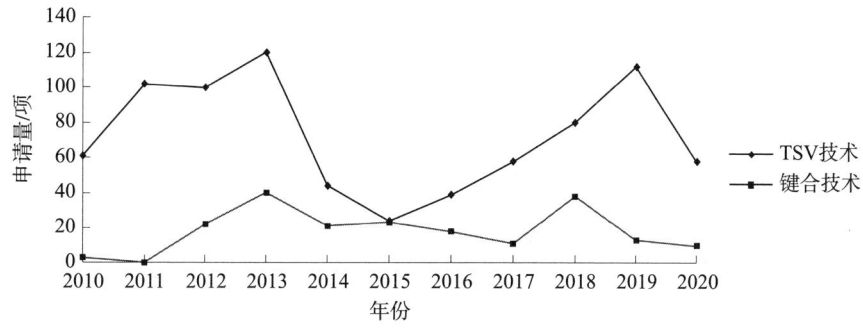

图 3-3-12　2010—2020 年台积电 3D 封装领域主要技术分支专利申请趋势

（2）英特尔。

近年来先进封装已成为各公司打造差异化优势的一个重要领域，同时也是提升性能、提高功率、缩小外形尺寸和提高带宽的机会。英特尔作为全球最为重要的芯片制作厂商，也非常重视 3D 封装。图 3-3-13 是 2010—2020 年英特尔在 3D 封装领域的全球专利申请趋势图。从图中可以看出，2010—2013 年申请量持续上升，2014 年有所下降，随后 2015 年起申请量开始呈现大幅增长，尤其在 2018 年达到顶点水平，之后有所下降，但总体上呈上升趋势。

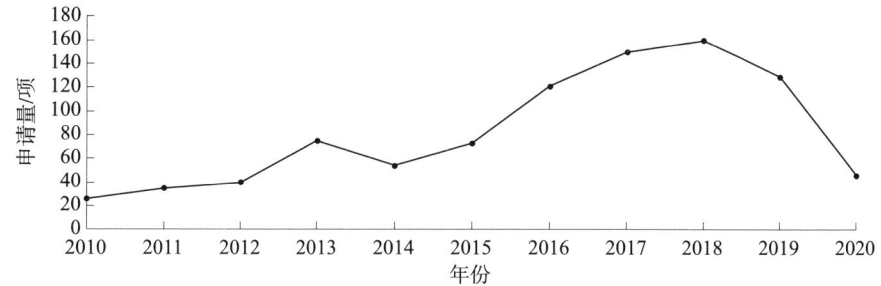

图 3-3-13　2010—2020 年英特尔 3D 封装领域全球专利申请趋势

图 3-3-14 是英特尔的 3D 封装专利申请技术分布图。英特尔较为重视 TSV 技术，其申请量占到了总量的近 30%，这与行业发展主要方向一致。同时，英特尔也较为重视键合技术［尤其是热压键合（TCB）］，其已成为英特尔专利布局的重要一环。

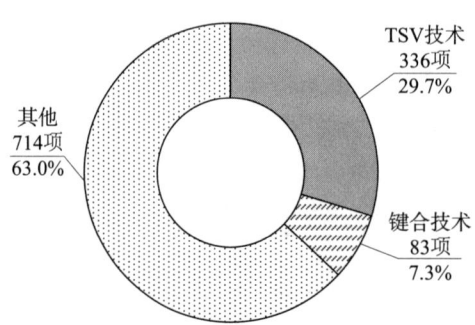

图 3-3-14 英特尔 3D 封装专利申请技术分布

图 3-3-15 是 2010—2020 年英特尔的主要技术分支的专利申请趋势图。从图中可以看出，各个技术分支的申请量均在 2013 年达到了高点，但随后有所下降，之后再次上升至 2017 年达到最大值。其中，TSV 技术的申请量在 2014 年降至谷底后，2015 年起逐年上升，2017 年达到最高水平后，再次下降。键合技术申请量整体上起伏不断，但波动不大。英特尔于 2018 年首次展示了逻辑计算芯片高密度 3D 芯片堆叠封装技术有源板载技术（Foveros），采用 3D 芯片堆叠的系统级封装，来实现逻辑对逻辑（logic-on-logic）的芯片异质整合。2019 年发布了 Co-EMIB 技术，能够将两个或多个 Foveros 元件互连，实现更高的计算性能和数据交换能力。英特尔宣称其互连技术主要体现在三个方向：用于堆叠裸片的高密度垂直互连、实现大面积拼接的全横向互连、带来高性能的全方位互连。

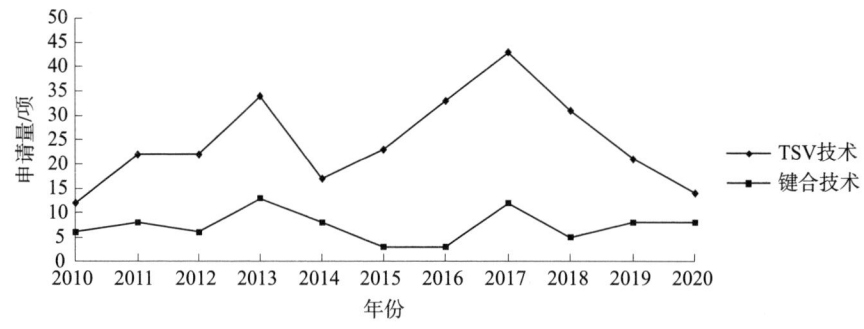

图 3-3-15 2010—2020 年英特尔 3D 封装主要技术分支专利申请趋势

（3）三星。

图 3-3-16 是 2010—2020 年三星的全球专利申请趋势图。从图中可以看出，2012—2014 年申请量持续上升，2015 年略有下降，但仍然保持较高值，之

后有所下降，2017年进入低谷，2018年呈大幅增长，尤其在2018年重回顶点水平，之后有所下降。三星的专利申请总体保持较高申请量，处于领先水平。

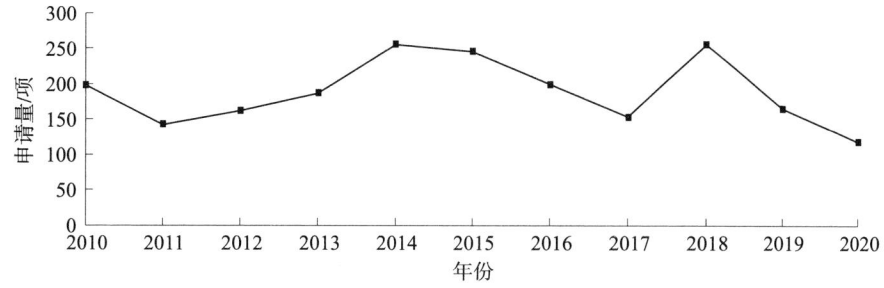

图3-3-16　2010—2020年三星3D封装领域全球专利申请趋势

图3-3-17是三星的3D封装专利申请技术分布图。其中TSV技术专利申请量占到总量超20%，这与行业发展主要方向一致。对于键合技术，其重视程度不及台积电和英特尔。

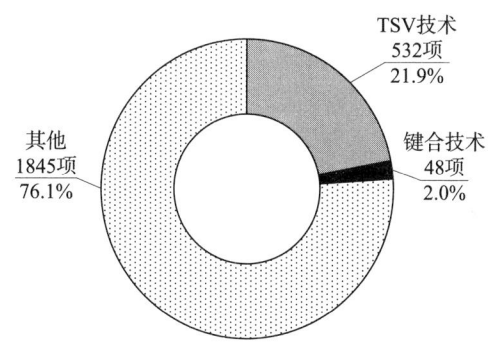

图3-3-17　三星3D封装领域专利申请技术分布

图3-3-18是2010—2020年三星的主要技术分支的专利申请趋势图。从图中可以看出，TSV技术申请量遥遥领先于键合技术。2010—2016年期间，TSV技术申请量略有起伏，但在2017年下降明显，之后2018年快速上升至最高点，随后略有下降。而键合技术申请量平稳，持续保持在较低水平，年申请量均不足10项。三星于2019年宣布开发出首个12层3D-TSV技术，首次将3D-TSV封装推进到12层的工艺，而此前最大仅为8层。2020年三星宣布3D封装技术X-Cube（eXtended-Cube，意为拓展的立方体）已通过测试，基于TSV技术，可以将不同芯片堆叠起来，已可以用于7nm及5nm工艺。X-Cube技术可以将静态随机存储器（SRAM）层堆叠在逻辑层之上，

通过 TSV 进行互联，更易于扩展 SRAM 的容量。3D 封装缩短了芯片之间的信号距离，提升了数据传输速度，同时提高了能效。

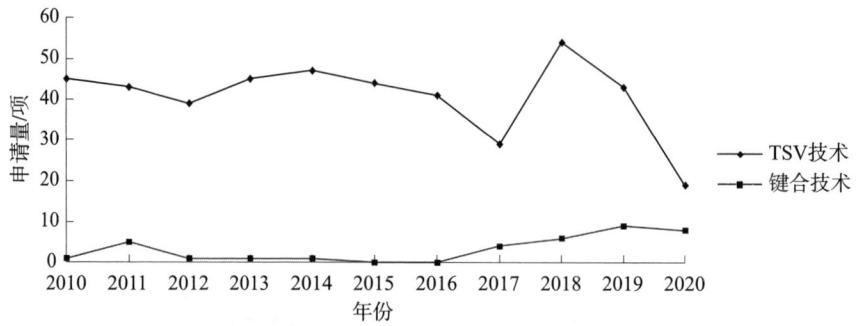

图 3-3-18　2010—2020 年三星 3D 封装主要技术分支专利申请趋势

（四）重点技术分析

以下选取 3D 封装领域的关键技术分支进行重点分析，包括 TSV 技术、键合技术。其中键合技术包括了直接键合、表面活化键合、混合键合、热压键合、插入键合。

1. TSV 技术

TSV 技术是一种应用于芯片高密度 3D 封装中的互连技术，主要特征是可以实现芯片和芯片之间、硅片和硅片之间的垂直导通。TSV 技术能够使芯片体积在三维方向得到延伸，结构密度最大化，外形尺寸最小化。TSV 技术的本质是在硅片上钻一个垂直的深孔，然后根据芯片的不同应用进行填充，通过铜、钨、多晶硅等导电物质的填充，实现 TSV 技术的垂直电气互连。TSV 技术为先进封装带来的最显著的变化在于可以使某些特殊的应用不再需要引线键合，并使信息在芯片上需传输的距离大幅减少到原来的 1/1000，还能使信息传输的通道或路径增加 100 倍以上。

基于 TSV 技术的 3D 封装技术是在现有的微纳米加工技术的基础上，通过 TSV 技术互连进行三维集成，提高元器件的集成度。图 3-3-19 是采用 TSV 技术的 3D 封装示意图。❶

---

❶ 阮勇，尤政编. 硅 MEMS 工艺与设备基础［M］. 北京：国防工业出版社，2018.

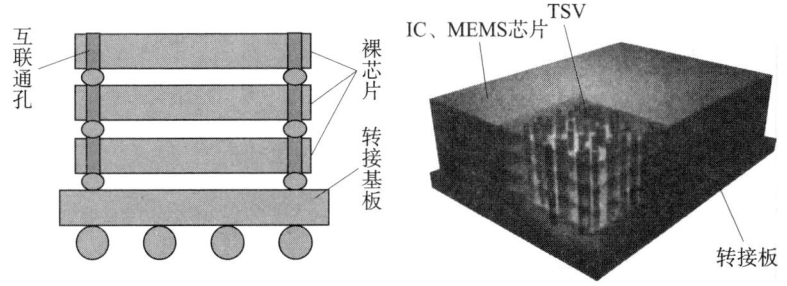

图 3-3-19 采用 TSV 技术的 3D 封装

TSV 的关键技术是垂直互连和电隔离技术，主要工艺技术为通孔制作、通孔绝缘层制作、通孔金属沉积和填充、圆片减薄工艺等。图 3-3-20 是 TSV 技术的工艺流程。[1] TSV 技术的工艺流程如下：先使用光刻胶对待刻蚀区域进行标记，然后在硅晶圆的一面刻蚀出盲孔；依次沉积绝缘层、阻挡层、种子层；在盲孔中填充电镀；使用化学机械抛光（CMP）将多余电镀金属去除；制作电路层；将有电路层的一面黏合在载体晶圆上，将盲孔中的另一端暴露出来；在暴露出的背面制作电路层和微凸点下的铜垫（UBM）；在背面制作微凸点；将制作了微凸点的晶圆从载体晶圆上取下然后清除正面的可溶胶。

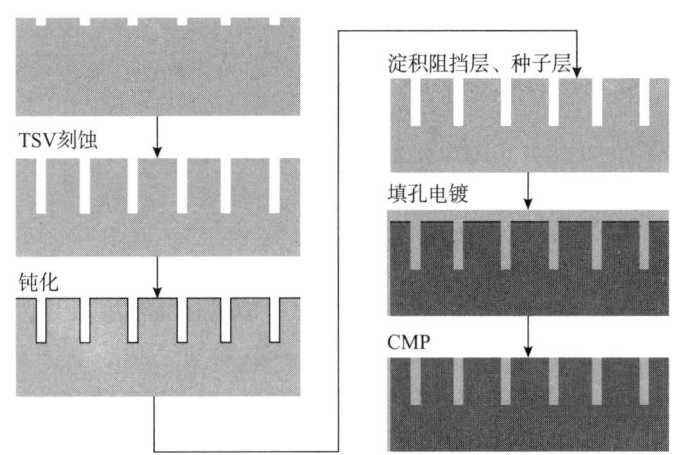

图 3-3-20 TSV 技术的工艺流程

---

[1] 唐宝富，钟剑锋，顾叶青. 有源相控阵雷达天线结构设计［M］. 西安：西安电子科技大学出版社，2016.

真正实现量产并开始商业盈利的 TSV 技术出现在 2007 年,日本东芝首次把 TSV 技术应用到小型影像传感器模组的晶圆级封装并于 2008 年大规模量产。2011 年,韩国海力士采用 TSV 技术,层叠了 8 层 40 纳米级 DRAM 芯片。2011 年,三星宣布开发出了采用 TSV 技术的层叠了 30 纳米级 SDRAM 芯片。

图 3-3-21 是 2010—2020 年 3D 封装领域 TSV 技术全球专利申请的趋势图。从图中可以看出,2010—2013 年申请量持续平稳增长,其中在 2013 年达到最高值,随后逐年下降至 2016 年的低谷,之后再次平稳增长,保持较高申请量。这主要是由于 2013 年前 3D-TSV 技术主要应用于逻辑模块间集成、FPGA 芯片等产品的封装,到 2014 年 3D-TSV 技术已有部分应用于内存的芯片封装,用于大容量内存芯片堆叠,同时应用于高性能芯片的高端消费产品中,2017—2018 年业界在 3D 封装技术上取得长足进展,在高端手机芯片、大规模 I/O 的芯片及高性能芯片中实现 3D 封装,并实现大规模量产。

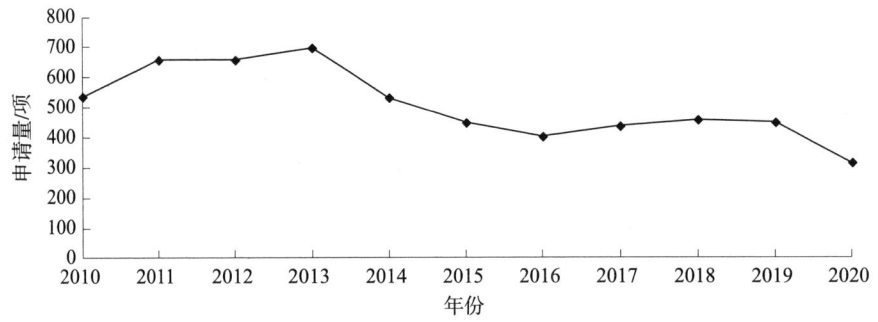

图 3-3-21　2010—2020 年 3D 封装领域 TSV 技术全球专利申请趋势

3D 封装的 TSV 技术全球主要申请人如图 3-3-22 所示。台积电在该领域的申请量最高,其次是三星、英特尔和海力士。图中可见前两名申请人的申请量遥遥领先于其他申请人。其中,台积电的申请量达到 800 多项,超过三星申请量的 50%,同时是英特尔、海力士的 2 倍多,体现了台积电在该领域处于领先地位。三星也远超其他申请人,位列第二梯队。英特尔和海力士的申请量较为接近,同属第三梯队。IBM 紧随其后,对 TSV 专利申请也较为重视。美光、中芯国际、高通申请量较为接近,矽品精密、华进半导体也是该领域的主要申请人。中芯国际等中国企业在该领域的申请量位居前十位,展现了中国企业在该领域的良好发展态势。

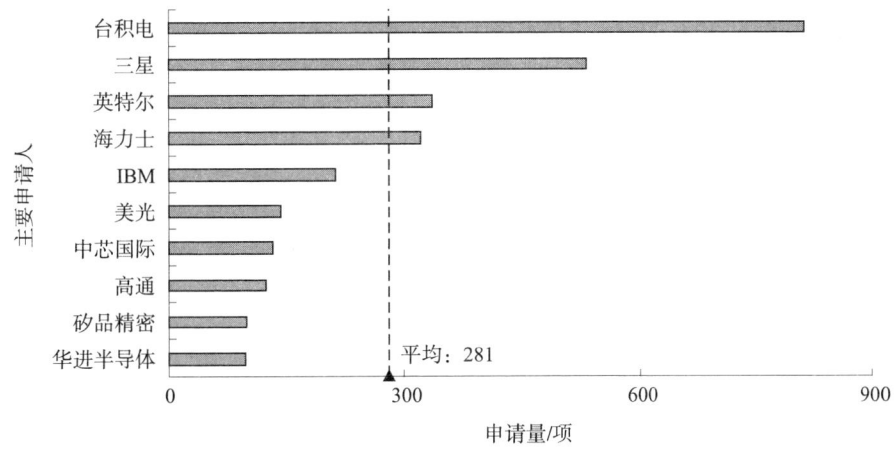

图 3-3-22　3D 封装领域 TSV 技术全球主要申请人

以下对 TSV 技术的典型专利进行介绍。

台积电申请了一种封装系统的专利（公告号 CN105280604B），最早优先权日为 2010 年 5 月 26 日，在美国、中国进行了专利布局，并在美国、中国均获得授权，被引用 1031 次。如图 3-3-23 所示，封装系统包括至少一集成电路（如集成电路 120 与 130），设置于中介层 110 之上。集成电路 120 和集成电路 130 可与中介层 110 电性耦合，中介层 110 可包括一内连线结构 111，基板 113 可设置于内连线结构 111 之上，基板 113 可包括至少一硅穿孔（TSV）结构，例如位于此处的硅穿孔（TSV）结构 115a 与 115b，模封化合物材料 117 可围绕基板 113 而设，中介层 110 可包括另一内连线结构 119 设置于基板 113 之上。硅穿孔结构 115a 与 115b 可通过内连线结构 119 与凸点 125a 与 125b，各自与集成电路 120 与 130 电性耦合，内连线结构 119 的尺寸"D2"小于内连线结构 111 的尺寸"D1"，因此内连线结构 111 可具有较多凸点 135 且容纳较多接脚数目于其上，基板 121 与 131 的热膨胀系数可大体上等于基板 113 的热膨胀系数，在进行组装工艺及/或可靠度测试（reliability teat）的期间，不会有基板之间的热膨胀系数不匹配的问题，也不会造成集成电路 120 和集成电路 130 的低介电常数介电层脱层的情形，或造成凸点 125a 与 125b 电性连接失败。封装系统 100 可不包括任何有机基板，此有机基板为介于现有封装系统中母板与裸片之间的媒介装置，因此可节省使用现有有机基板的费用，也可解决由有机基板与裸片基板之间热膨胀系数不匹配所造成的问题。

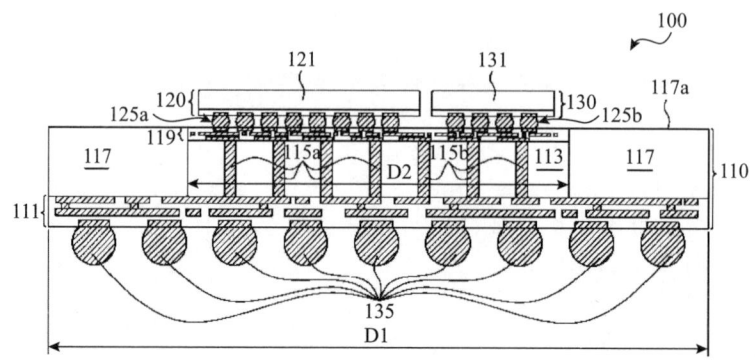

图 3-3-23 CN105280604B 封装结构

英特尔申请了一种 3D 互连结构及其制造方法的专利（公告号 US9716066B2），最早优先权日为 2013 年 6 月 29 日，在美国、中国、韩国、德国、英国、印度尼西亚进行专利布局，在美国、中国、韩国均获得了授权，被引用 47 次。如图 3-3-24 所示，金属重布线层与硅通孔一起被集成，并采用了"穿过抗蚀剂镀覆"型工艺流程。氮化硅或碳化硅钝化层可被供于减薄器件晶片背面和金属重布线层之间，从而在工艺流程期间提供密封阻隔和抛光停止层。图 3-3-24 中，在减薄器件晶片 100 之后，钝化层 120 可被形成于背面 104 之上，以提供密封阻隔，保护了减薄器件晶片 100 的背面 104 免受迹线金属和水汽污染。在随后从硅通孔之间的钝化层 120 上化学机械抛光去除阻隔层材料的过程中，碳化硅和氮化硅还可具有比随后沉积的硅通孔阻隔层材料（诸如钽或钛）明显更低的去除率。

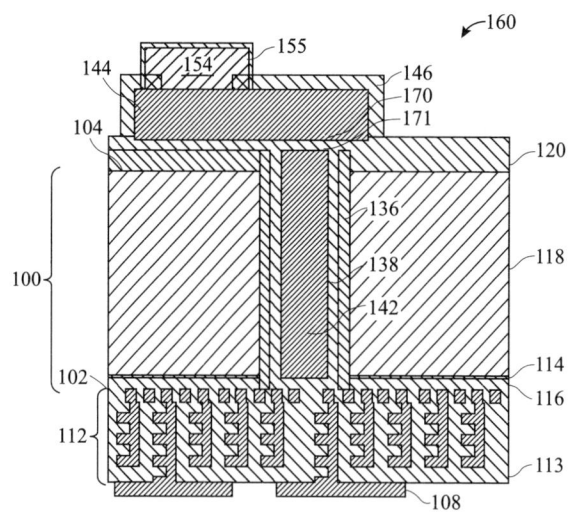

图 3-3-24 US9716066B2 互连结构

中芯国际申请了一种用于形成 TSV 的方法的专利（公告号 CN102832161B），在中国进行专利布局并获得了授权，被引用 3 次。如图 3-3-25 所示，该方法专利包括下列步骤：提供半导体衬底，对衬底进行刻蚀，以形成凹槽；在所述凹槽中填充牺牲材料层；回蚀刻所述牺牲材料层，并在所述凹槽上部沉积多晶硅层；对所述衬底的背面进行抛光，用以暴露出凹槽；剥离所述凹槽中的牺牲材料层；在凹槽中沉积金属材料层，并使其与所述多晶硅层反应形成金属硅化物；在凹槽中填充导电材料以形成所述 TSV。该方法能够有效克服在 TSV 凹槽中填充金属材料时发生的污染，又能够在之后的工艺中防止残留不必要的材料及克服可能在 TSV 中形成粗糙的硅化物表面的影响，并且能够提高 TSV 金属接口的性能，从而提高制造半导体器件的良品率。

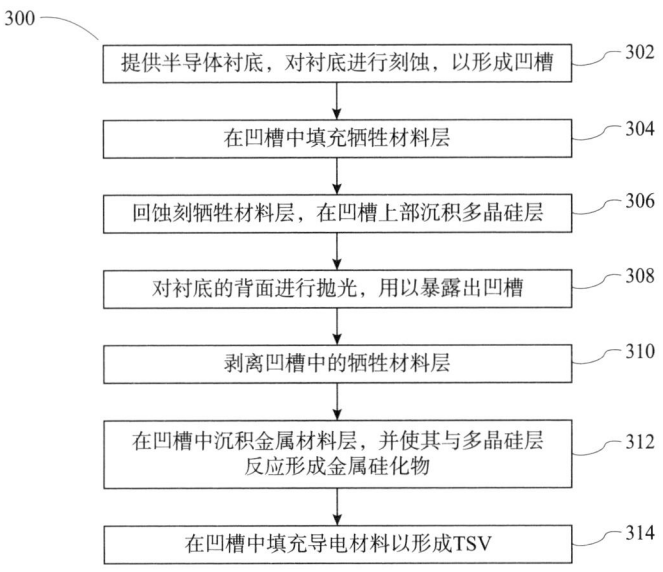

图 3-3-25 CN102832161B 形成 TSV 的方法

2. 键合技术

晶圆键合技术能够通过建立不同表面之间的分子、原子间作用力，实现高至纳米级精度的互连，或以临时键合的技术实现晶圆减薄，使工厂在仍使用现有设备的条件下，能够在薄晶圆上实现各种制程，进而支持 3D 封装技术的实现与推广，满足超摩尔定律的要求。近年来，键合技术在 3D 集成封装领域得到了前所未有的关注。本节的键合技术涉及直接键合、表面活化键合、混合键合、热压键合、插入键合这几种在 3D 封装领域较为典型的键合技术。

图 3-3-26 是 2010—2020 年 3D 封装键合技术的全球专利申请趋势图。从

图中可以看出，申请量总体呈增长趋势，2010—2013 年波动增长，其中在 2013 年达到较高值后略有下降，此后保持较为平稳态势，至 2018 年达到最高值。2019 年申请量再度下降，但仍然超过 2013 年的较高值，可见键合技术仍然是 3D 封装较为重要的技术分支。

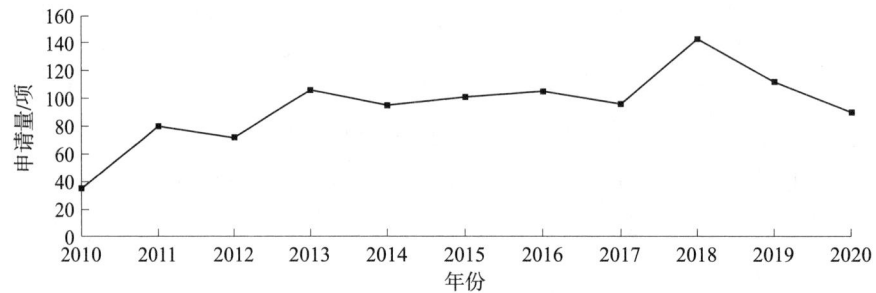

图 3-3-26 2010—2020 年 3D 封装领域键合技术全球专利申请趋势

3D 封装键合技术主要申请人如图 3-3-27 所示。台积电在该领域的申请量遥遥领先于其他申请人，台积电尤其重视混合键合，可能是由于其技术允许与原有的半导体晶圆级设备兼容。台积电的系统整合芯片晶圆堆叠（SoIC WoW）技术，将两个完整的芯片晶圆键合到了一起。使用混合键合技术，可以实现低于微米量级的键合间距。申请量位列第二位和第三位的分别是英特尔和英飞凌，英特尔在键合技术中较为重视热压键合技术和混合键合技术。三星也较为重视键合技术，申请量与英飞凌相差不大。武汉新芯、中芯国际、华为、长江存储、华进半导体在该领域的申请量也跻身前十名。

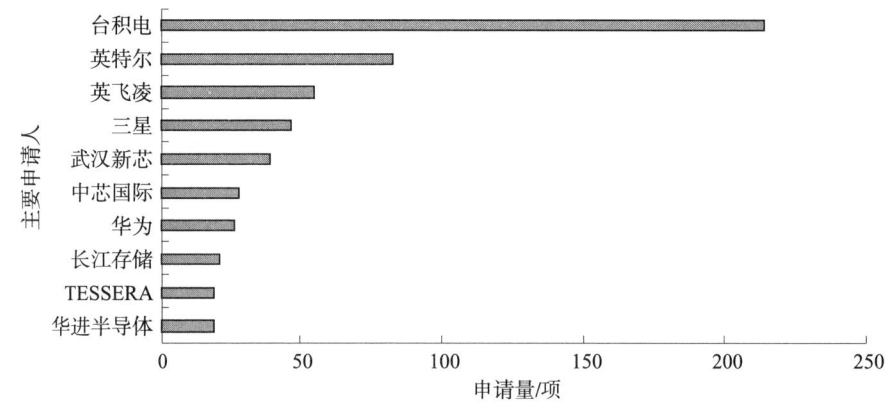

图 3-3-27 3D 封装领域键合技术主要申请人

以下对键合技术的典型专利进行介绍。

台积电申请了一种三维堆叠结构及其制造方法的专利（公告号US11417629B2），最早优先权日为2020年2月11日，在美国、中国均有布局，现已在美国获得授权。如图3-3-28所示，3D堆叠结构20至少包括第一管芯100'、第二管芯200'、第三管芯300、第四管芯400及包封体500'。第一管芯100'包括第一金属化结构104，第二管芯200'包括第二金属化结构204。第一管芯100'堆叠在第二管芯200'的第一侧上，且第一金属化结构104与相应的第二金属化结构204连接。第一管芯100'与第二管芯200'混合键合。第三管芯300及第四管芯400堆叠在第二管芯200'的与第一侧相对的第二侧上。第三管芯300及第四管芯400与第二管芯200'及第一管芯100'电连接。第三管芯300及第四管芯400与第二管芯200'混合键合。3D堆叠结构20进一步包括设置在第一管芯100'上的重布线层610及位于重布线层610上的柱630。键合过程中，由于第二金属化结构的临界尺寸不同于第一金属化结构的临界尺寸，因此对准容限变得更大，且实现了可靠的键合。

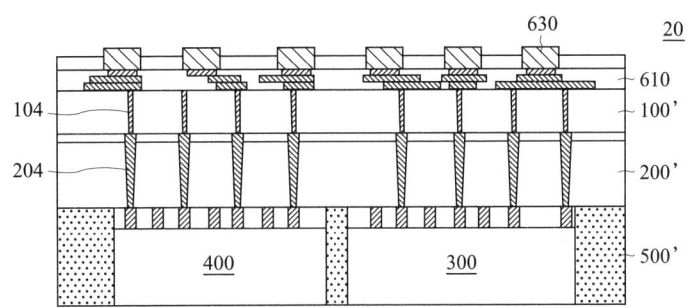

图3-3-28　US11417629B2三维堆叠结构

英特尔申请了一种用于多芯片封装和在其中提供管芯到管芯的互连的方法的专利（公告号CN102460690B），最早优先权日为2009年6月24日，在美国、中国、韩国、日本、欧洲进行了专利布局，在美国、中国、韩国、日本、欧洲均获得了授权，被引证次数489次。如图3-3-29所示，将桥540附着到第一管芯520和第二管芯530，由此在第一管芯520和第二管芯530之间生成电或光学连接，可以使用热压键合工艺完成该步骤。在热压键合中，可以控制温度与压力，需要热压键来实现细间距互连521和531，因为其工艺灵活且对工艺参数的控制更好。

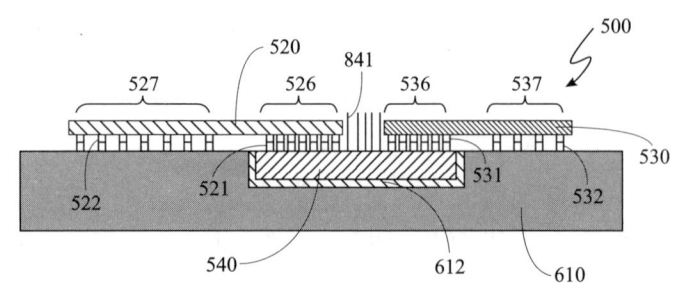

图3-3-29　CN102460690B 在多芯片封装中提供管芯到管芯互连的方法

二、检索策略及案例解析

(一) 检索策略

如前文所述,3D 封装是先进封装领域的主要技术,3D 封装相对传统的平面分布封装和 2.5D 封装,将会节省更多的空间,使其控制在更低的体积范围之内。它的关键技术包括高深宽比 TSV 刻蚀工艺技术,高深宽比 TSV 绝缘层、阻挡层、种子层沉积技术,高深宽比 TSV 填孔电镀技术,薄膜多层布线技术,铜柱制备技术,晶圆减薄及超薄晶圆处理技术,圆片键合技术等。进行检索的时候,要充分体现 3D 封装的技术方案的关键技术,从最能体现发明构思的检索要素入手,提高检索的针对性和有效性。

从前文的分析可知,有关 3D 封装的专利申请数量排在前三位的是美国、中国、韩国,并且美国的专利申请量远超其他国家和地区。虽然中国在该领域起步较晚,起点较低,但发展迅猛,也拥有相对多的专利申请。专利申请主要以企业申请人为主,如台积电、三星、英特尔、海力士、IBM 等。因此,在检索时,应当重点检索专利文献,并且要注重对美国和中国专利数据库的检索。

关于半导体封装,在 IPC 和 CPC 分类体系中,分类号 H01L23、H01L24、H01L25 都是非常相关的分类号。此外,分类号 H01L21/60、H01L21/768 等也是涉及 3D 封装工艺中方法技术特征的常用分类号,相关度非常高。在 CPC 分类号中,有非常契合发明构思的分类号,在检索中也可以直接使用。

检索的重点应放在本申请的发明构思,尤其是独立权利要求的发明构思上,一般从技术领域、技术问题、技术手段、技术效果四个方面进行提炼。在检索中,首先要准确体现发明构思,在对发明构思的提炼中,精准地找到最能体现发明构思的关键词以及扩展关键词是非常重要的。扩展关键词时可以考虑进行上下位、同义词、近义词、反义词扩展。在将准确的关键词进行组合时,既要注意避免重复，避免引入噪声；同时，也要注意同在算符的合理使用，关键词之间使用不同的同在算符，可能带来截然不同的检索结果。

对于技术方案中具体技术参数的限定，采用非专利数据库检索也是非常有效的，如 CNKI、IEEE、Web of Science、万方、读秀等数据库。

（二）检索要素

根据3D封装领域的常规表达，确定了对应技术领域及技术分支的相关检索要素，包括关键词及对应的分类号，如表3-3-1所示。

表3-3-1 检索要素表

检索要素	中文关键词	英文关键词	IPC （2022.01版）	CPC （2022.05版）
3D封装	3D封装、三维封装、叠层芯片封装	3D package, stacked die package	H01L21/48, H01L21/50, H01L21/60, H01L21/768, H01L23/00, H01L25/00, H01L23/48, H01L23/52, H05K1/00, H05K3/00	H01L21/48, H01L21/50, H01L21/60, H01L21/768, H01L23/00, H01L25/00, H01L23/48, H01L23/52, H05K1/00, H05K3/00, H01L24/00, H01L24/01, H01L24/80, H01L24/73, H01L24/91, H01L24/93, H01L24/94, H01L2224/00, H01L2924/00, H01L2021/60, H01L2224/01, H01L2224/80, H01L2224/73, H01L2224/91, H01L2224/93, H01L2924/15
	集成电路、器件、芯片、管芯、晶片、电路、线路、封装	ic, ics, circuit, device, chip, die, package		
	封装、连接、互连	seal, encapsule, package, connect, interconnect, bond, bonding		
TSV技术	硅通孔、硅穿孔	TSV, through silicon via	H01L23/538, H01L23/48, H01L23/52, H01L21/60, H01L21/768	H01L23/52, H01L23/5226, H01L23/538, H01L23/5384, H01L23/48, H01L23/49827, H01L2225/06541
键合	键合、接合、直接键合、混合键合、表面活化键合、热压键合、插入键合	Bond, bonding, direct bonding, surface active bonding, SAB, mix bonding, TCB, thermocompression bonding, insertion bonding	H01L23/48, H01L21/60, H01L23/52, H01L21/768, H01L23/488, H01L23/498	H01L23/5389, H01L24/01, H01L24/80, H01L24/73, H01L24/91, H01L24/93, H01L2021/60, H01L2224/01, H01L2224/80, H01L2224/73, H01L2224/91, H01L2224/93

（三）案例解析

1. 案例 3-3-1：一种基于硅通孔结构的金属填充方法及硅通孔结构

（1）案情概述。

本申请涉及三维集成电路技术领域，尤其涉及一种基于硅通孔结构的金属填充方法及硅通孔结构。

由于过刻蚀，在硅—玻璃键合结构（Silicon On Glass，SOG）器件的硅和玻璃界面会造成横向钻蚀，这种效应叫刻痕效应（footing/notching）。由于刻痕效应的影响，刻蚀过程中会造成硅结构的侧壁与底部的损伤，从而将会对后续金属的填充造成影响。一般情况下，金属材料都是采用化学气相淀积方式淀积在 TSV 通孔侧壁的表面，无论是何种金属填充，在侧壁与底部损伤部分，都容易在金属淀积过程中出现导体断层现象，进而在 TSV 导体与电路部分产生空隙，导致电路断路，降低了电路的可靠性。本申请通过提供一种基于硅通孔结构的金属填充方法及硅通孔结构，解决现有技术中三维集成电路由于刻痕效应所带来的电路断路的技术问题。本申请通过在阻挡层和金属导体层之间增加金属种子层，能够避免导体断层所带来的电路断路。同时，以原子层淀积方式实现金属种子层的淀积无论对任何形貌都具有良好的表面覆盖性，保证阻挡层的表面能够完全覆盖金属种子层，进一步避免导体断层所带来的电路断路，提高了金属填充的工艺可靠性，以及 TSV 导体传导的稳定性，实现三维集成电路中层间的垂直互联，有效地缩短连线长度，提高了系统集成度。

本申请权利要求的技术方案如下。

1. 一种基于硅通孔结构的金属填充方法，其特征在于，应用于三维集成电路层间互联及其他三维堆叠互联结构，所述方法包括：

在承载衬底的表面制作底层电路，所述底层电路的厚度范围为 1000～10000 埃；

在所述承载衬底上所述底层电路所在的一面淀积氧化层，并在所述氧化层上刻蚀氧化层通孔；

将所述承载衬底通过所述氧化层所在的一面与顶硅片键合；

当所述承载衬底和所述顶硅片键合后，在所述顶硅片上刻蚀硅通孔，所述氧化层通孔和所述硅通孔的位置一一对应，所述氧化层通孔和所述硅通孔同轴；

向所述氧化层通孔和所述硅通孔内顺次淀积绝缘层和阻挡层，阻挡层的材料为钛或氮化钛或钽或铬或氮化钽；

在所述氧化层通孔和所述硅通孔内的所述阻挡层的表面利用原子层淀积方式淀积金属种子层，所述金属种子层的厚度范围为 50～5000 埃；

在所述氧化层通孔和所述硅通孔内的所述金属种子层的表面淀积金属导体层。

2. 一种硅通孔结构，其特征在于，应用于三维集成电路层间互联及其他三维堆叠互联结构，包括：

承载衬底；

底层电路，所述底层电路位于所述承载衬底的表面，所述底层电路的厚度范围为 1000～10000 埃；

氧化层，所述氧化层覆盖于所述承载衬底上所述底层电路所在的一面，所述氧化层上刻蚀有氧化层通孔；

顶硅片，所述顶硅片键合于所述承载衬底上所述氧化层所在的一面，所述顶硅片上刻蚀有硅通孔，所述硅通孔位于所述氧化层通孔的正上方，所述氧化层通孔和所述硅通孔的位置一一对应，所述氧化层通孔和所述硅通孔同轴；

绝缘层，所述绝缘层淀积在所述硅通孔的内表面、所述硅通孔内的所述氧化层的表面，以及所述氧化层通孔的内表面；

阻挡层，所述阻挡层淀积在所述绝缘层的表面，阻挡层的材料为钛或氮化钛或钽或铬或氮化钽；

金属种子层，所述金属种子层淀积在所述阻挡层的表面，所述金属种子层的厚度范围为 50～5000 埃；

金属导体层，所述金属导体层淀积在所述金属种子层的表面。

（2）充分理解发明。

本申请涉及的技术领域是半导体封装技术领域，具体为三维集成电路技术领域，要解决的技术问题是现有技术中三维集成电路由于刻痕效应所带来的电路断路的技术问题，采用的关键技术手段是通过在阻挡层和金属导体层之间增加金属种子层，以原子层淀积方式实现金属种子层的淀积，具有良好的表面覆盖性，保证阻挡层的表面能够完全覆盖金属种子层，进一步避免导体断层所带来的电路断路，提高了金属填充的工艺可靠性，以及 TSV 导体传导的稳定性，实现了三维集成电路中层间的垂直互联，有效地缩短连线长度，提高系统集成度。由此可知，本申请的发明构思是采用在硅通孔中的阻挡层和金属导体层之间增加金属种子层，以原子层淀积方式实现金属种子层的淀积，具有良好的表面覆盖性，保证阻挡层的表面能够完全覆盖金属种子层。

（3）检索过程分析。

权利要求中记载了半导体封装，表明权利要求的技术方案属于半导体封装领域，在检索时将技术领域——半导体封装确定为检索要素。

本申请的关键技术手段是硅通孔中的阻挡层和金属导体层之间增加金属种子层，以原子层淀积方式实现金属种子层的淀积具有良好的表面覆盖性，保证阻挡层的表面能够完全覆盖金属种子层。据此，提取的检索要素包括硅通孔、互连、种子层、阻挡层、键合以及扩展词 TSV、互联、孔、通孔、过孔。分类号 H01L23/48、H01L21/768 较为准确地体现了技术方案，也可作为检索要素。

根据上述确定的检索要素，首先在中国专利文摘库 CNABS 中进行全要素检索。

1	CNABS	1578	（硅通孔 or TSV）and（互连 or 互联）
2	CNABS	198	阻挡层 and 绝缘层 and 种子层
3	CNABS	40	1 AND 2

浏览检索结果，发现一篇专利文献 1，其公开了本申请的主要发明构思，即在硅通孔中的阻挡层和金属导体层之间增加金属种子层，但未公开氧化层通孔和硅通孔对齐、以原子层淀积方式实现金属种子层的淀积及厚度的具体范围。针对此技术特征，可在中国专利全文库 CNTXT 做进一步检索。

1	CNTXT	117823	（晶片 or 晶圆 or 硅片 or 基底 or 衬底）s（键合 or 结合）
2	CNTXT	18333	（第一孔 or 第一通孔 or 第一过孔）5w（第二孔 or 第二通孔 or 第二过孔 or 硅通孔 or tsv）5w（对应 or 对齐 or 连接）
3	CNTXT	137	1 AND 2

浏览检索结果，发现一篇专利文献 2，公开了氧化层通孔和硅通孔对齐，在硅通孔内采用原子层沉积（ALD）沉积种子层，可结合之前检索到的专利文献 1 共同评价本申请的创造性。

为了做到充分检索，在德温特世界专利索引数据库 DWPI 库中对全球专利申请进行进一步检索。本申请的分类号较准确全面，可以直接检索。

1	DWPI	8204	H01L21/768/ic and H01L23/48/ic
2	DWPI	1047	via and（wafer s bond+）
3	DWPI	94	1 and 2

浏览检索结果，发现公开了大部分技术特征的专利文献 3，尤其公开了氧化层通孔和硅通孔对齐，也可结合之前检索到的专利文献 1 共同评价本申请的创造性。

2. 案例3-3-2：一种高气压热退火混合键合方法

（1）案情概述。

本申请涉及半导体制造领域，具体涉及一种高气压热退火混合键合方法。晶圆键合技术正是三维电路集成的关键技术之一，尤其是混合键合技术可以在两片晶圆键合的同时实现数千个芯片的内部互联，可以极大改善芯片性能并节约成本。混合键合技术是指晶圆键合界面上同时存在金属和绝缘物质的键合方式。混合键合在界面上同时存在金属和绝缘物质，在键合技术中，要通过高温退火才能让金属与金属、绝缘物质与绝缘物质之间形成稳定的键合。本申请的目的是提供一种混合键合技术以解决由于热膨胀系数的差异而在热退火过程中键合失败的问题。

本申请权利要求的技术方案如下。

一种高气压热退火混合键合方法，其特征在于，包括如下步骤：

步骤1，提供两个待混合键合的晶圆；

步骤2，在晶圆表面沉积介质层，并进行图形化处理，获得图形化结构；利用金属沉积方法沉积金属填充所述图形化结构；

步骤3，采用化学机械研磨方法对晶圆表面进行平坦化处理，使晶圆表面金属和介质层表面在一个平面上；

步骤4，使采用以上方法制作的两晶圆相对，使两晶圆表面金属和介质层对准，并在常温常压环境下完成预键合，得到预键合晶圆，所述常温常压环境的温度范围在 $0 \sim 40℃$，压强范围在 $(0.9 \sim 1.3) \times 10^5 Pa$；

步骤5，在高气压环境下对预键合晶圆进行热退火，利用高气压条件抵消热退火中晶圆键合界面的热膨胀力，实现两晶圆稳定的键合，所述高气压环境的压强范围为 $(1.5 \sim 2.0) \times 10^5 Pa$，热退火的工艺参数为：退火温度范围在 $300 \sim 450℃$，退火时间大于 0.15 小时。

（2）充分理解发明。

申请涉及的技术领域是半导体制造领域，具体为高气压热退火混合键合技术，要解决的技术问题是由于热膨胀系数的差异而在热退火过程中键合失败的技术问题，采用的关键技术手段是在常温常压下完成混合键合之后，进行特殊的高气压热退火，获得的技术效果是键合晶圆退火环境中的高气压会与键合界面上的热膨胀所产生的力相互抵消，从而保护键合界面不受不同区域热膨胀系数差异的影响。由此可知，本申请的发明构思是通过在常温常压下完成混合键合之后，进行特殊的高气压热退火。

(3) 检索过程分析。

权利要求中记载了键合方法，表明权利要求的技术方案是在半导体封装领域中所使用的键合方法，在检索时将技术领域——键合确定为检索要素。

本申请的关键技术手段是在常温常压下完成混合键合之后，进行特殊的高气压热退火。据此，提取的检索要素为键合、混合键合、高压、退火；分类号 H01L21/603 较准确，可优先考虑分类号检索。

根据上述确定的检索要素，首先在中国专利文摘库 CNABS 中进行全要素检索。

1	CNABS	76	键合 and（高压 or 高气压）and 退火
2	CNABS	1226	H01L21/603/ic
3	CNABS	1	1 AND 2

检索式 3 的检索结果过少，应该是关键词范围过窄，并且与本申请技术方案相关度不高，因此应该进一步调整关键词，选择能够准确体现本申请技术领域的关键词。

| 4 | CNABS | 294 | 混合键合 |
| 5 | CNABS | 27 | 4 AND 2 |

经过浏览检索结果，获得一篇专利文献 1，其公开了进行高温高压的混合键合技术，尤其是公开了权利要求中的工艺条件的数值范围，可以作为最接近的现有技术，但未公开预键合的技术特征。考虑到中国专利全文库 CNTXT 的表达更为丰富，可以体现更多的检索信息，因此可针对预键合的技术特征在中国专利全文库 CNTXT 中进一步检索。

1	CNTXT	1226	H01L21/603/ic
2	CNTXT	470	预键合
3	CNTXT	17	1 AND 2

浏览检索结果，发现公开了关于预键合技术特征的专利文献 2，但其未公开预键合的具体工艺参数。由于预键合技术的工艺条件较为常见，因此接下来在非专利数据库（如 CNKI、万方、读秀等数据库）中进行检索。在读秀中，如输入"空气 预键合 退火""大气压 预键合 退火"等信息，可得到多本相关书籍，其中公开了晶片预键合一般在超净空间内进行，排除界面的空气，预键合后的晶片进行高温热退火处理，还可以在室温和常压下进行预键合，然后进行热退火工艺，以实现两晶圆间的高质量键合。本领域技术人员也可以对预键合的具体工艺条件进行调整。

在德温特世界专利索引数据库 DWPI 中使用较为准确的分类号对全球专利

申请进行进一步检索。

1	DWPI	2727	H01L21/603/ic
2	DWPI	6249	bond + and anneal +
3	DWPI	15	1 and 2

浏览检索结果，调整关键词。

| 4 | DWPI | 38467 | bond + and temperature and pressure |
| 5 | DWPI | 110 | 1 and 4 |

经过浏览，同样获得了之前检索得到的专利文献，可评价本申请的创造性。

3. 案例3-3-3：晶圆键合的方法

（1）案情概述。

本申请涉及半导体制造领域，具体涉及一种晶圆键合的方法。晶圆级铜—铜键合（Wafer level Cu-Cu bonding）作为3D集成电路的一项关键技术，在高端产品上有重要的应用趋势。晶圆级铜—铜键合是一种晶圆间的互连技术，将多个晶圆相互对准键合，使得多个晶圆表面的铜互连露出，晶圆表面的贴合端相互贴合，从而实现多个晶圆互连结构之间的电连接。晶圆级铜—铜键合工艺对铜互连贴合端的表面平整度要求非常高，要保证良好的接触，最终没有键合空隙（bonding interface）存在，一般要求铜互连的表面粗糙度小于10埃。但是，在实际晶圆键合时，晶圆贴合端表面粗糙度会超过30埃，因此容易导致晶圆键合的质量变差。因此，如何使贴合端的表面粗糙度在键合之前维持在较低的水平，成为提高晶圆级铜—铜键合质量的重要问题。

本申请权利要求的技术方案如下。

一种晶圆键合的方法，其特征在于：提供多个晶圆；在多个晶圆上形成层间介质层及于位于层间介质层中的互连结构，多个晶圆上的互连结构相对应，互连结构具有露出层间介质层表面的贴合端；

对多个晶圆上的所述贴合端进行清洗；

在多个晶圆上的层间介质层表面及贴合端表面覆盖保护涂层；

去除所述保护涂层；

对多个晶圆进行键合工艺，使多个晶圆的互连结构的贴合端相互对准贴合；

覆盖所述保护涂层的步骤包括：在多个晶圆上的层间介质层表面及贴合端表面旋涂溶解有聚碳酸亚丙酯材料的苯甲醚溶液，然后蒸发苯甲醚，在层间介质层表面及贴合端表面形成聚碳酸亚丙酯薄膜，所述聚碳酸亚丙酯薄膜为保护涂层。

(2) 充分理解发明。

本申请涉及的技术领域是半导体制造领域，具体为晶圆键合技术；要解决的技术问题是如何使贴合端的表面粗糙度在键合之前维持在较低水平；采用的关键技术手段是在晶圆键合工艺之前，对晶圆中互连结构的贴合端进行清洗以去除氧化物等杂质，然后在晶圆中互连结构的贴合端表面覆盖保护涂层，使得贴合端在较长时间内不容易被氧化而形成粗糙的表面，在晶圆键合工艺前去除保护涂层，获得的技术效果是提高贴合端表面的平整度，进而提高晶圆键合工艺的质量，使多个晶圆之间能够实现良好的电连接。由此可知，本申请的发明构思是在键合工艺前在晶圆中互连结构的贴合端表面覆盖保护涂层，使得贴合端在较长时间内不容易被氧化而形成粗糙的表面。

(3) 检索过程分析。

权利要求中记载了键合方法，表明权利要求的技术方案是在半导体封装领域中所使用的键合方法，在检索时将技术领域——键合确定为检索要素。

本申请的关键技术手段是在键合工艺前在晶圆中互连结构的贴合端表面覆盖保护涂层。据此，提取的检索要素为键合、清洗、保护、氧化、表面、互连、对准以及扩展词清洁、防止、避免、贴合、匹配。IPC 分类号 H01L21/768 较为准确，可优先考虑分类号检索。CPC 分类号较准确，也可以尝试使用与发明构思相关的 CPC 分类号进行检索。

1	CNABS	5334	键合 and（清洗 or 清洁）
2	CNABS	13006	（防止 or 避免）2w 氧化
3	CNABS	18	1 AND 2

经过浏览，未发现相关专利文献。接下来进一步调整关键词，选择能够体现本申请技术领域和发明构思的检索思路，并恰当使用同在算符。

4	CNABS	2363	键合 and 互连 and 表面
5	CNABS	95837	（防止 or 避免）s 氧化
6	CNABS	34	4 AND 5

经过浏览检索结果，获得一篇专利文献，基本公开了本申请的发明构思，可用于评价本申请的创造性。继续使用相关 IPC 分类号结合关键词进行检索。

7	CNABS	17275	（防止 or 避免）s 氧化 s 表面
8	CNABS	30610	H01L21/768/ic
9	CNABS	1695765	清洁 or 清洗
10	CNABS	44	7 AND 8 AND 9

经过浏览检索结果，获得了一篇专利文献 1，公开了本申请的发明构思，

在互连结构的铜层的清洁表面上形成聚合物层,以防止该清洁表面暴露于氧化气体。但未公开关于键合过程的技术特征,可以再针对键合特征单独检索。

11	CNABS	6663	键合 and(对准 or 匹配 or 贴合)
12	CNABS	44	4 AND 8 AND 11

经过浏览检索结果,获得一篇专利文献2,其公开了关于键合的技术特征,可结合之前检索到的专利文献1评价本申请的创造性。随后可以进一步在中国专利全文库CNTXT中进行检索。

1	CNTXT	122030	(防止 or 避免)s 氧化 s 表面
2	CNTXT	368	(铜 2w 键合)and(清洗 or 清洁)
3	CNTXT	35	1 AND 2

浏览上述检索式3,获得一篇专利文献,其基本上公开了本申请的发明构思,可用于评价本申请的创造性。

在德温特世界专利索引数据库DWPI中对全球专利申请进行进一步检索,并采用CPC分类号来表达发明构思。

1	DWPI	2252	H01L23/3171/cpc
2	DWPI	178	H01L2224/1181/cpc
3	DWPI	15	1 and 2

浏览检索结果,同样获得了之前检索得到的专利文献1。

第四节 专利申请文件撰写

一、撰写特点

集成电路封装是电气结构的一部分,是用特定材料、工艺技术对芯片进行安放、固定、密封,并将芯片上的接点连接到封装外壳上,实现芯片内部与外部电路的电连接并保护芯片性能。对于很多集成电路产品而言,封装技术是非常关键的一环。

半导体封装领域的专利申请,要求保护的权利要求类型一般包括产品权利要求和方法权利要求两种,其中产品权利要求主要涉及构成封装结构各层的具体结构、所用材料、尺寸,各层之间的相对位置关系、连接关系;方法权利要求主要涉及制造各层的工艺步骤、工艺方法、工艺条件(如温度、时间、掺杂浓度)等。目前,系统级封装技术、晶圆级封装技术和3D封装技术是封装领域的主要技术发展趋势，其专利申请主要涉及对凸点、中介层、散热、扇入和扇出式封装、TSV、键合等技术进行改进以提升器件的性能和效果。本节对半导体封装领域的常见撰写问题及典型案例进行分析，以帮助读者理解封装领域专利申请的撰写特点。

二、常见问题分析

一项专利申请想要获得专利权，撰写质量是决定其能否获得授权或者获得高质量授权的重要因素之一。而说明书和权利要求书是专利申请文件的重要组成部分，因此要对这两部分的撰写予以重视。

对于说明书的撰写，《专利法》第 26 条第 3 款规定："说明书应当对发明或者实用新型作出清楚、完整的说明，以所属技术领域的技术人员能够实现为准。"如果专利申请的说明书不能为公众提供足够的能够实现其发明的技术信息，就不能被授予专利权，说明书也是后续对申请文件进行修改的基础和依据，因此说明书的撰写是申请文件撰写中的关键环节。对于权利要求书的撰写，《专利法》第 26 条第 4 款规定："权利要求书应当以说明书为依据，清楚、简要地限定要求专利保护的范围。"权利要求书最主要的作用是确定专利权的保护范围，其内容对申请获得专利权和行使专利权而言都是至关重要的。对于申请文件的修改，《专利法》第 33 条规定："申请人可以对其专利申请文件进行修改，但是，对发明和实用新型专利申请文件的修改不得超出原说明书和权利要求书记载的范围。"由此可见，说明书和权利要求书的撰写质量是影响专利申请能否获得授权的重要因素，也是后续能否有效行使专利权的关键因素之一。

对于半导体封装领域的专利申请文件的撰写，说明书和权利要求书撰写的常见问题主要涉及权利要求的保护范围不清楚、独立权利要求缺少解决技术问题的必要技术特征、申请文件的修改超出原申请文件记载的范围、权利要求的技术方案不满足新颖性和创造性的规定，这些问题既是申请文件能否获得授权的基本要求，也是申请文件撰写和修改时的重点和难点。以下对半导体封装领域的常见撰写问题进行梳理，并结合实际案例进行具体分析。

（一）权利要求保护范围不清楚

《专利审查指南》第二部分第二章第 3.2.2 节指出，权利要求书是否清楚，对于确定发明要求保护的范围是极为重要的。权利要求书应当清楚，一是指每一项权利要求应当清楚，二是指构成权利要求书的所有权利要求作为一个整体也应当清楚。

在半导体封装领域，权利要求的技术方案通常包含多个材料层、多个器件层或者多个材料层、多个器件层的制备步骤,所以权利要求保护范围不清楚问题主要涉及多个材料层、多个器件层中的同一技术特征用多个术语或多种不同方式表述,尤其是堆叠结构中用"第一""第二"等区分多个相同或类似器件层时容易出现特征的描述前后混乱;此外还涉及各技术特征之间的关系限定不清楚、权利要求中对技术特征的限定前后矛盾等。以下将结合实际案例进行具体分析。

1. 案例3-4-1:一种封装件

(1)案情介绍。

本申请请求保护的权利要求如下。

1. 一种封装件,包括:

中介层,包括:

第一衬底,所述第一衬底中没有通孔;

再分布层,位于所述第一衬底上方;和

多个第一连接件,位于所述再分布层上方并且与所述再分布层电连接;

第一管芯,位于所述多个第一连接件上方并且与所述多个第一连接件接合,所述第一管芯包括:

第二衬底;和

通孔,位于所述第二衬底中;

第二管芯,位于所述多个连接件上方并且与所述多个连接件接合,其中,所述第一管芯和所述第二管芯通过所述再分布层彼此电连接;以及

多个第二连接件,位于所述第一管芯和所述第二管芯上方,所述多个第二连接件通过所述第二衬底中的所述通孔电连接至所述多个第一连接件。

(2)案例分析。

在权利要求1中记载了三个与"连接件"相关的特征"第一连接件""第二连接件""多个连接件",特征"第二管芯,位于所述多个连接件上方并且与所述多个连接件接合"中的"多个连接件"在其前面的描述中未出现过,在其前面仅出现过"第一连接件",根据权利要求的记载,本领域技术人员不能确定"多个连接件"中的"连接件"与"第一连接件""第二连接件"是否指的是同一部件,从而使得权利要求1要求保护的范围不清楚。此外,由于"所述多个连接件"中的"多个连接件"在其前面的描述中未出现过,而使得"所述"缺乏引用的基础,也导致权利要求1的保护范围不清楚。

(3)案例启示。

在半导体封装领域中,通常包含多个相同或相似的器件层,如果一项权利

要求或者具有引用关系的多项权利要求中对同一器件层的术语前后表述不一致，或者未限定某些器件层之间的位置关系，或者其位置关系限定不清楚，容易导致权利要求界定的保护范围不清楚，因此撰写权利要求时要特别加以重视。此外，无论是产品权利要求，还是方法权利要求，采用"所述"方式描述的特征，要求该特征在其前面出现过，否则"所述"的引用将会造成缺乏引用基础，而使得权利要求界定的保护范围不清楚。

2. 案例3-4-2：一种封装结构

（1）案情介绍。

本申请请求保护的权利要求如下。

1. 一种封装结构，包括：

第一扇出层，所述第一扇出层包括：第一器件管芯；第一模塑料，沿着所述第一器件管芯的侧壁延伸；和扇出再分布层，位于所述第一扇出层上方；以及

第二扇出层，位于所述扇出再分布层上方，其中所述第二扇出层包括：第二器件管芯，接合至所述扇出再分布层，所述扇出再分布层将所述第一器件管芯电连接至所述第二器件管芯；和第二模塑料，沿着所述第二器件管芯的侧壁延伸；

其中，所述第一器件管芯具有第一总表面面积，所述第二器件管芯具有第二总表面面积，所述第一总表面面积小于所述第二总表面面积。

2. 根据权利要求1所述的封装结构，其中，所述第一器件管芯具有第一总表面面积，其中，所述第二器件管芯具有第二总表面面积，其中，所述第一总表面面积大于所述第二总表面面积。

（2）案例分析。

该案例中，权利要求1的技术方案限定了"第一器件管芯"的"总表面面积"小于"第二器件管芯"的"总表面面积"（对应说明书第一实施例），权利要求2引用权利要求1，其附加技术特征又进一步限定了"第一器件管芯"的"总表面面积"大于"第二器件管芯"的"总表面面积"（对应说明书第二实施例），也就是说权利要求2中既限定了"第一器件管芯"的"总表面面积"小于"第二器件管芯"的"总表面面积"的技术特征，又限定了"第一器件管芯"的"总表面面积"大于"第二器件管芯"的"总表面面积"的技术特征，使得权利要求2中的技术特征前后矛盾，从而导致权利要求的保护范围不清楚。

（3）案例启示。

在撰写权利要求书时，应当注意每一项权利要求都应当清楚，各项权利要

求所限定的技术特征不要出现前后矛盾，尤其是在说明书中存在多个实施例，或/和提分案申请的母案原权利要求书存在多个并列技术方案时，更应注意避免此类问题的发生。

（二）权利要求修改超范围

根据《专利法》第 33 条的规定，申请人可以对其专利申请文件进行修改，但是，对发明和实用新型专利申请文件的修改不得超出原说明书和权利要求书记载的范围。也就是说，对申请文件的修改应当以原申请文件记载的范围为依据，不得超出原申请文件记载的范围。具体而言，在克服权利要求限定的技术方案相对于现有技术不具备新颖性和/或创造性时，不能将不能从原申请文件（包括附图）中直接明确认定的技术特征写入权利要求和/或说明书中，不能将通过测量附图得出的尺寸参数技术特征写入权利要求和/或说明书中，也不能补入所属技术领域的技术人员不能直接从原始申请文件中导出的有益效果。

在半导体封装领域的专利申请中，修改超出原申请文件记载的范围的情况较为常见，这与该领域的技术处于相对成熟的发展阶段有一定关系。由于技术相对成熟，现有的专利申请可能涵盖了多数的主要技术改进点，后续专利申请文件的改进点主要在于对封装结构组成部分和/或封装工艺的改进，由于现有技术的存在容易导致后续的专利申请不符合新颖性和/或创造性的规定，进而需要对权利要求的保护范围进行修改，而如果修改时权利要求中增加了原申请文件中未记载过的技术特征或者不能由原申请文件直接地、毫无疑义地得出的技术特征，就容易导致修改超出原申请文件记载的范围而不能获得专利权。权利要求的修改是否超出原申请文件记载的范围，也是申请文件能否获得授权的关键，同时也是申请文件撰写和/或修改时的重点和难点，尤其是在撰写分案申请的权利要求时，需要注意要以母案申请文件记载的范围为依据，否则很容易导致撰写的权利要求超出原申请文件记载的范围，而不符合《专利法实施细则》第 43 条第 1 款的规定。以下结合实际案例进行具体分析。

案例 3-4-3：一种 3D 封装工艺方法

（1）案情介绍。

本案例为分案申请，说明书包括第一实施例和第二实施例，原独立权利要求 1 和原独立权利要求 2 的技术方案分别对应说明书第一实施例和第二实施例，其母案请求保护的独立权利要求 1 和独立权利要求 2 如下。

1. 一种 3D 封装工艺方法，其特征在于，该方法包括如下步骤：

A. 在载体基板的上表面设置第一粘贴层，并且将第一芯片粘贴在第一粘贴层的上表面；

B. 在第一芯片的上表面设置第二粘贴层，并且将用于实现芯片之间互连和隔离的隔层基板粘贴在第二粘贴层的上表面；

C. 通过金线使载体基板上的第一焊盘与第一芯片之间，以及第一芯片与隔层基板上的第二焊盘之间进行互连；

D. 在隔层基板的上表面设置第三粘贴层，在所述第三粘贴层的上表面设置第二芯片；

E. 通过金线使第二芯片与隔层基板上的第二焊盘之间进行互连，并且通过金线使载体基板上的第一焊盘与第一芯片之间，以及第一芯片与隔层基板上的第二焊盘之间进行再次互连；

G. 在载体基板的下表面设置引脚焊球；

其中，所述步骤A具体包括：

A1. 在载体基板的上表面设置一铜层，并且在所述铜层的上表面设置第一粘贴层；

A2. 将第一芯片粘贴在第一粘贴层的上表面后，进行115℃至135℃的烘烤，从而使第一芯片固定在载体基板上。

2. 一种3D封装工艺方法，其特征在于，该方法包括如下步骤：

A. 在载体基板的上表面设置第一粘贴层，并且将第一芯片粘贴在第一粘贴层的上表面；

B. 在第一芯片的上表面设置第二粘贴层，并且将用于实现芯片之间互连和隔离的隔层基板粘贴在第二粘贴层的上表面；

C. 通过金线使载体基板上的第一焊盘与第一芯片之间，以及第一芯片与隔层基板上的第二焊盘之间进行互连；

D. 在隔层基板的上表面设置第三粘贴层，在所述第三粘贴层的上表面设置第二芯片；

E. 通过金线使第二芯片与隔层基板上的第二焊盘之间进行互连，并且通过金线使载体基板上的第一焊盘与第一芯片之间，以及第一芯片与隔层基板上的第二焊盘之间进行再次互连；

G. 在载体基板的下表面设置引脚焊球；

其中，所述步骤A具体包括：

A1′. 在载体基板的上表面设置一油墨层，并且在所述油墨层的上表面设置第一粘贴层；

A2′. 将第一芯片粘贴在第一粘贴层的上表面后，进行115℃至135℃的烘烤，从而使第一芯片固定在载体基板上。

申请人在提分案申请时,提交的独立权利要求 1 如下。

1. 一种 3D 封装工艺方法,其特征在于,该方法包括如下步骤:

A. 在载体基板的上表面设置第一粘贴层,并且将第一芯片粘贴在第一粘贴层的上表面;

B. 在第一芯片的上表面设置第二粘贴层,并且将用于实现芯片之间互连和隔离的隔层基板粘贴在第二粘贴层的上表面;

……

其中,所述步骤 A 具体包括:

A1. 在载体基板的部分上表面上设置铜层,在载体基板的其余部分上表面上设置油墨层,并且在所述铜层和所述油墨层的上表面设置第一粘贴层;

A2. 将第一芯片粘贴在第一粘贴层的上表面后,进行 115℃ 至 135℃ 的烘烤,从而使第一芯片固定在载体基板上。

(2)案例分析。

该案为分案申请,其母案申请的说明书包括第一实施例和第二实施例,母案申请文件中的独立权利要求 1 和独立权利要求 2 的技术方案分别对应说明书中的第一实施例和第二实施例,限定的是两个并列技术方案。而申请人在提分案申请时,将原独立权利要求 1 和原独立权利要求 2 的技术方案进行合并,将原权利要求 1 中的特征"在载体基板的上表面设置一铜层"和原权利要求 2 中的特征"在载体基板的上表面设置一油墨层"修改为"A1. 在载体基板的部分上表面上设置铜层,在载体基板的其余部分上表面上设置油墨层,并且在所述铜层和所述油墨层的上表面设置第一粘贴层",即修改了在载体基板上形成铜层和油墨层的位置,使得分案申请的独立权利要求 1 的技术方案,既未记载在原说明书和权利要求书中,也不能由原说明书和权利要求书记载的内容直接地、毫无疑义地得出,从而导致分案申请的独立权利要求 1 超出了原说明书和权利要求书记载的范围而不能被授权。

(3)案例启示。

在基于母案专利申请提交分案申请时,应当注意提交的分案申请文件,应当以母案申请文件的记载为依据,要注意修改后的内容或者记载在原申请文件中,或者能够直接地、毫无疑义地从原申请文件记载的范围中得出。此外,也应注意,对于说明书中包括多个实施例的情形,尤其要避免对并列的技术方案重新进行组合后形成的权利要求,容易造成权利要求的修改超出原申请文件记载的范围。

三、典型案例

上文中阐述了半导体封装领域专利申请撰写的特点,梳理了说明书和权利要求书撰写中的常见问题情形,并结合实际案例对常见问题进行了具体分析。本部分将结合上文的分析内容,通过典型案例对申请文件的撰写要点进行具体阐述。

在专利申请文件撰写中,一般需要通过初步检索了解现有技术状况,再在此基础上撰写说明书和权利要求书,有助于使撰写的说明书能够较为清晰地描述出发明相对于现有技术的主要改进之处,也有利于使撰写的权利要求书的保护范围更为合理,其也是后续对申请文件进行修改的基础和依据。因此,说明书和权利要求书的撰写质量尤为重要。

对于说明书的撰写,无论是对封装器件的具体组成部分、各组成部分之间的位置关系、连接关系、制造工艺等方面进行改进的改进型发明,还是提出一种新型半导体封装结构的创新型发明,都应当在说明书中对发明作出清楚、完整的说明,并使得所属技术领域的技术人员根据说明书的记载能够实现。

对于权利要求书的撰写,权利要求书通常包括独立权利要求和从属权利要求两种,由于独立权利要求所限定的发明的保护范围最宽,是其从属权利要求的引用基础,因此考虑到二者之间的关系和相互影响,需要对权利要求书进行总体布局,使得独立权利要求和其从属权利要求的保护范围既有层次梯度,又能为后续可能的权利要求修改打好基础,也能尽可能地获得较为稳定的专利权。同时,权利要求的技术方案撰写得是否清楚、概括得范围是否恰当,独立权利要求能否体现出解决发明所要解决的技术问题所需的必要技术特征,能否与现有技术区别开而满足新颖性和创造性的要求等,都是撰写权利要求书时需要重点考虑的方面。

在下文的典型案例中,将重点从说明书的主要组成部分背景技术、发明内容、具体实施方式等方面对说明书的撰写进行具体说明,之后也将从独立权利要求、从属权利要求的角度对权利要求书的撰写进行具体分析阐述。

案例3-4-4:一种晶圆级芯片封装方法

本申请涉及一种晶圆级芯片封装方法。在现有技术中,通常先在整片晶圆上进行封装和测试,然后才划线分割,因此封装后的体积与IC裸芯片尺寸几乎相同,能大幅缩小封装后的IC尺寸。但是随着对芯片封装厚度要求越来越薄,当芯片尺寸小到一定范围时,表面贴装工艺过程就会比较困难,用吸嘴直接吸取也容易产生芯片崩边、缺角等问题。为了克服上述问题,本申请提供一种晶圆级芯片封装方法,包括在第一晶圆上表面和第二晶圆上表面上设置键合材料,先对键合材料进行平坦化工艺,之后再对第一晶圆和第二晶圆的边缘进行研磨工艺,使得晶圆的边缘应力减小,从而使翘曲度变小,进而使第一晶圆和第二晶圆的键合处没有裂缝,通过改变平坦化和研磨的顺序,降低晶圆的边缘翘曲度来提升晶圆质量。

在撰写申请文件之前,一般需要先检索现有技术,根据现有技术中存在的技术问题或缺陷,确定发明的技术方案能够与现有技术相区别开的关键技术特征或关键技术手段及由此取得的技术效果,为申请文件的撰写做好充分的准备。

(一)说明书

1. 背景技术

在本申请的背景技术部分,首先介绍晶圆级芯片封装技术是对整片晶圆进行封装测试后再刻蚀得到单个成品芯片的技术,封装后的芯片尺寸与裸片一致;接着指出本申请涉及的晶圆级封装方法具备的特点和优势;再介绍现有封装方法存在的技术问题,即现有技术中的晶圆级封装方法对芯片封装厚度要求尽量薄,但当芯片尺寸小到一定范围,表面贴装工艺过程就会比较困难。同时,由于硅在刻蚀后比较脆,用吸嘴直接吸取也容易产生芯片崩边、缺角等问题。在此部分中写明对发明的理解、检索、审查有用的背景技术,对于读者充分理解发明是非常重要的。

晶圆级芯片封装技术是对整片晶圆进行封装测试后再刻蚀得到单个成品芯片的技术,封装后的芯片尺寸与裸片一致,其与传统的封装方式不同在于,传统的晶片封装是先刻蚀再封测,封装后的尺寸比原晶片尺寸大;而晶圆级芯片封装技术则是先在整片晶圆上进行封装和测试,然后才划线分割,因此,封装后的体积与IC裸芯片尺寸几乎相同,能大幅降低封装后的IC尺寸。

目前,随着晶圆组装厚度的要求,对芯片封装厚度要求尽量薄,当芯片尺寸小到一定范围,表面贴装工艺过程就会比较困难。同时,因为硅在刻蚀后比较脆,用吸嘴直接吸取也比较容易产生芯片崩边、缺角等问题。

2. 发明内容

发明内容部分应当清楚、客观地写明发明要解决的技术问题、解决该技术问题所采用的技术方案,以及与现有技术相比所具有的有益效果。

(1)技术问题。

发明所要解决的技术问题,是指发明要解决的现有技术中存在的技术问题,申请文件中记载的技术方案应当能够解决这些技术问题。需要注意的是,要解决的技术问题可以是一个,也可以是多个。本申请中结合背景技术部分对现有技术中所存在问题的描述,在发明内容部分的开头用简洁的语言客观地提出所解决的技术问题是"本发明提供一种晶圆级封装方法,能够降低晶圆的边缘翘曲度来提升晶圆质量",与背景技术部分所描述的现有技术中存在的问题相呼应。

为了解决现有技术存在的问题，本发明提供一种晶圆级封装方法，能够降低晶圆的边缘翘曲度来提升晶圆质量。

（2）技术方案。

在技术方案部分，至少应反映出独立权利要求的技术方案，该技术方案应包含为解决其技术问题所不可缺少的技术特征；此外，还可以给出进一步改进的技术方案。这些技术方案应当与权利要求所限定的相应技术方案的表述一致。

在本申请中，技术方案部分首先记载了晶圆级封装方法的基本步骤"一种晶圆级芯片封装方法，包括：提供第一晶圆和第二晶圆，所述第一晶圆和所述第二晶圆均具有上表面及相对于该上表面的下表面；于所述第一晶圆的上表面和所述第二晶圆的上表面沉积键合材料；对覆盖所述第一晶圆的上表面和所述第二晶圆的上表面的键合材料进行平坦化工艺；对所述第一晶圆的边缘及所述第二晶圆的边缘进行研磨后，将所述第一晶圆键合至所述第二晶圆之上"，尤其是解决其技术问题所不可缺少的技术特征"对覆盖所述第一晶圆的上表面和所述第二晶圆的上表面的键合材料进行平坦化工艺；对所述第一晶圆的边缘及所述第二晶圆的边缘进行研磨后，将所述第一晶圆键合至所述第二晶圆之上"。之后进一步描述封装方法的其他技术特征"键合""研磨""平坦化"的具体工艺等。

第一方面，本发明提供一种晶圆级芯片封装方法，包括提供第一晶圆和第二晶圆，所述第一晶圆和所述第二晶圆均具有上表面及相对于该上表面的下表面；于所述第一晶圆的上表面和所述第二晶圆的上表面沉积键合材料；对覆盖所述第一晶圆的上表面和所述第二晶圆的上表面的键合材料进行平坦化工艺；对所述第一晶圆的边缘及所述第二晶圆的边缘进行研磨后，将所述第一晶圆键合至所述第二晶圆之上。

优选地，所述键合材料为碳化硅、环氧树脂、聚酰亚胺或硅酸四乙酯，以通过化学键合的方式使得所述第一晶圆上表面与所述第二晶圆的上表面键合。

优选地，所述键合材料通过印刷或焊接的方式沉积于所述第一晶圆的上表面和所述第二晶圆的上表面之上。

优选地，通过砂轮打磨的方法对所述晶圆和所述基底的边缘处进行研磨，以形成所述台阶状结构。

优选地，通过化学机械研磨法对所述第一晶圆的上表面和所述第二晶圆的上表面进行平坦化工艺。

优选地，所述第一晶圆包括有硅基底层和器件层，所述器件层设置于所述硅基底层之上，且所述键合材料沉积于所述器件层之上。

优选地，对所述第一晶圆的边缘及所述第二晶圆的边缘进行研磨后，所述第一晶圆边缘及所述第二晶圆边缘呈台阶状。

（3）有益效果。

说明书应当清楚、客观地写明发明与现有技术相比所具有的有益效果，并且该有益效果应当是由构成发明的技术特征直接带来的，或者是由发明的技术特征必然产生的技术效果。

在该部分，建议首先明确本申请技术方案的关键技术手段"通过改变平坦化和研磨的顺序"，然后说明相对于现有技术通过上述技术手段所带来的有益的技术效果"降低晶圆的边缘翘曲度来提升晶圆质量"，使得所属技术领域的技术人员通过对本申请技术方案的分析，能够得出本申请技术方案相比现有技术取得了有益的技术效果，能够与现有技术区分开。

本发明提供一种晶圆级芯片封装方法，该方法是在第一晶圆上表面和第二晶圆上表面上设置键合材料，先对键合材料进行平坦化工艺，之后再对第一晶圆和第二晶圆的边缘进行研磨工艺，使得晶圆的边缘应力减小，从而使得翘曲度变小，进而使得第一晶圆和第二晶圆的键合处没有裂缝，通过改变平坦化和研磨的顺序，降低晶圆的边缘翘曲度来提升晶圆质量。

3. 具体实施方式

说明书应当详细描述实现发明的优选的具体实施方式，该部分是说明书的重要组成部分，应当体现申请中为解决技术问题所采用的技术方案，它对于说明书充分公开、理解和实现发明的技术方案，以及支持和解释权利要求都是极为重要的。

对于要求保护产品的发明，具体实施方式应当描述产品结构的组成、各组成部分之间的位置关系、电连接关系等；对于要求保护方法的发明，具体实施方式应当写明其工艺步骤、工艺方法、工艺条件等。

在说明书中可以根据需要给出一个或多个实施例，当一个实施例足以支持权利要求所概括的技术方案时，说明书中可以只给出一个实施例；当独立权利要求覆盖的保护范围较宽，其概括不能从一个实施例中找到依据时，应当给出至少两个不同实施例以支持独立权利要求要求保护的范围；对于发明区别于现有技术的技术特征即发明的改进点，以及从属权利要求中的附加技术特征，这部分应当足够详细地描述，以使所属技术领域的技术人员能够实现该技术方案为准。

对于本申请的具体实施方式部分，结合多个附图详细描述了晶圆级封装方法的各工艺步骤。提供的附图包括步骤流程图、结构示意图等,这些附图能够帮助读者理解发明的各个技术特征和整体技术方案。以具体实施方式中对封装方法的描述为例,在本申请中,结合附图示出了封装方法的工艺流程及示意性结构,使得所属技术领域的技术人员能够清楚理解本申请中的封装方法的具体工艺步骤。值得说明的是,在描述清楚封装方法的主要工艺步骤之后,再次强调了本申请采用了哪些关键技术手段及由此取得的有益的技术效果。

参考图1和图2,图1是本发明流程示意图,图2是本发明结构示意图。本发明是针对晶圆级封装工艺的改进的一种方法,该方法包括有以下步骤:

首先提供第一晶圆和第二晶圆1,均具有上表面及相对于该上表面的下表面,第一晶圆上设置有电子元器件,晶圆级封装是在其上已经有某些电路微结构的晶片与另一块带有空腔的晶片用化学键结合在一起。在这些电路微结构体的上面就形成了一个带有密闭空腔的保护体,可以避免器件在以后的工艺步骤中遭到损坏,也保证了晶片的清洁和结构体免受污染。这种方法使得微结构体处于真空或惰性气体环境中,因而能够提高器件的品质。在本发明中,第一晶圆的上表面和第二晶圆1的上表面键合,第一晶圆中包括有硅衬底层4和器件层3,第二晶圆1为载体,在第一晶圆的器件层3上沉积键合材料2,最后将第一晶圆和第二晶圆1键合在一起。

将第一晶圆的上表面和第二晶圆1的上表面键合在一起,这就是上述的晶圆封装。如上述的相应的步骤为:在第一晶圆和第二晶圆1进行常规的键合材料2沉积之后,对第一晶圆上表面和第二晶圆1的上表面的键合材料2进行平坦化工艺,然后对第一晶圆和第二晶圆1的边缘处研磨,在第一晶圆和第二晶圆1的边缘处形成台阶状的结构,最后将第一晶圆上表面和第二晶圆1的上表面键合。

键合时通过键合材料2将第一晶圆键合到第二晶圆1上,从而形成一个密封体来保护整个芯片。使用的键合材料2有碳化硅、环氧树脂、聚酰亚胺和硅酸四乙酯等,以通过化学键合的方式使得第一晶圆的上表面和第二晶圆1的上表面键合在一起。本发明优选的是使用环氧树脂作为键合材料2,环氧树脂用作键合材料2具有使用更简单,在固化时不要求升温,对冲击、震动能提供很好的保护,具有价格优势等特点。键合工艺包括阳极键合、焊料焊接、硅熔融键合、玻璃粉键合及共晶键合等。封装时可以通过印刷或者焊接的方式将键合材料设置于第一晶圆的上表面和第二晶圆1的上表面,然后进行键合。

在对第一晶圆和第二晶圆1的边缘处进行研磨的时候采用砂轮研磨的方法,在第一晶圆1和第二晶圆1的边缘处形成台阶状结构,晶圆键合之后翘曲度是影响键合质量的主要因素之一，两个晶圆键合之后翘曲度不能过大，不然在两片晶圆键合后从边缘向内有一条裂缝，会严重影响晶圆的质量，所以将晶圆的边缘处向内研磨出一个台阶段的结构，打薄两片晶圆的边缘，帮助释放边缘处的应力，使得翘曲度减小，在后续键合过程中使得晶圆边缘受到翘曲的影响减小，两片晶圆的贴合度更高。

本发明中的平坦化工艺中是采用化学机械研磨法，通过采用该方法对键合材料进行平坦化工艺。这种平坦化的工艺能获得全局平坦化，对于各种各样的硅片表面都能平坦化，可对多层材料进行平坦化，减小严重的表面起伏，使层间介质和金属层平坦，可以实现更小的设计图形，更多层的金属互连，提高电路的可靠性、速度和良品率，解决了铜布线难以刻蚀良好图形的问题，通过减薄表层材料，可以去掉表面缺陷。且化学机械研磨法湿法研磨，不使用干法刻蚀中常用的危险气体，并可以实现设备自动化、大批量生产、高可靠性和关键参数控制。

…………

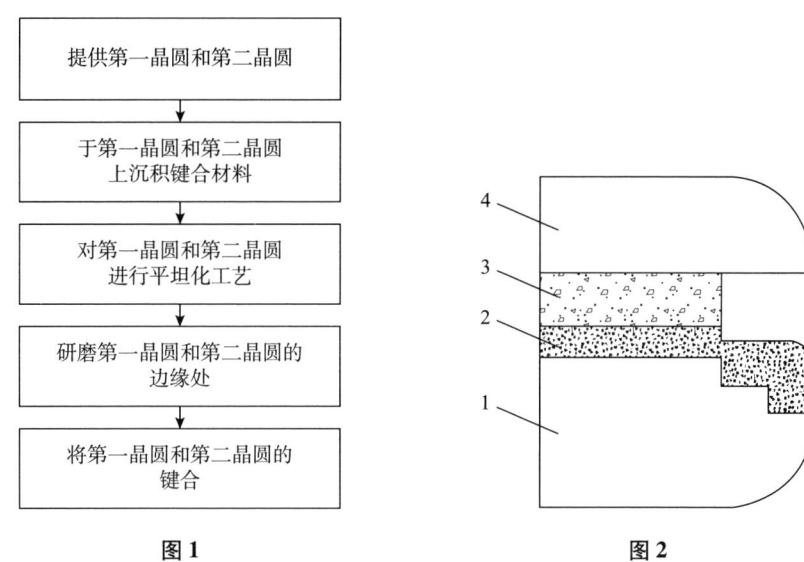

图1　　　　　　　　　　图2

（二）权利要求书

1. 独立权利要求

撰写权利要求书时，首先需撰写独立权利要求的技术方案，独立权利要求应当从整体上反映发明的技术方案，记载解决技术问题所必不可少的技术特征。

在本申请中，权利要求为方法权利要求。在独立权利要求中，清楚记载了主要的工艺步骤,以及限定了关键技术手段"对覆盖所述第一晶圆的上表面和所述第二晶圆的上表面的键合材料进行平坦化工艺;对所述第一晶圆的边缘及所述第二晶圆的边缘进行研磨后,将所述第一晶圆键合至所述第二晶圆之上",以与现有技术相区别,而对于本领域技术人员所知晓的技术特征如"键合材料""晶圆"等,则没有限定其具体结构组成及形成时所采用的具体工艺步骤,尽量不引入非必要的技术特征,这样能够使得撰写出的独立权利要求的保护范围较为合理。

1. 一种晶圆级芯片封装方法,其特征在于,包括:

提供第一晶圆和第二晶圆,所述第一晶圆和所述第二晶圆均具有上表面及相对于该上表面的下表面;

于所述第一晶圆的上表面和所述第二晶圆的上表面沉积键合材料;

对覆盖所述第一晶圆的上表面和所述第二晶圆的上表面的键合材料进行平坦化工艺;

对所述第一晶圆的边缘及所述第二晶圆的边缘进行研磨后,将所述第一晶圆键合至所述第二晶圆之上。

2. 从属权利要求

从属权利要求对其引用的权利要求作进一步的限定,进一步限定的特征可以使用下位概念或者采用具体特征作进一步的限定,也可以另外增加技术特征。

本申请的从属权利要求中,既包括对"键合材料""平坦化工艺""第一晶圆"作进一步限定的从属权利要求2、3、5、6,又包括增加了特征"研磨""晶圆边缘""台阶"的从属权利要求4、7,各从属权利要求的层次分明、结构清晰、布局合理,这将更好地保护发明创造,此外也有利于在实质审查程序或者复审无效程序中对申请文件进行修改。

2. 根据权利要求1所述的方法,其特征在于,所述键合材料为碳化硅、环氧树脂、聚酰亚胺或硅酸四乙酯,以通过化学键合的方式使得所述第一晶圆上表面与所述第二晶圆的上表面键合。

3. 根据权利要求2所述的方法,其特征在于,所述键合材料通过印刷或焊接的方式沉积于所述第一晶圆的上表面和所述第二晶圆的上表面之上。

4. 根据权利要求1所述的方法,其特征在于,通过砂轮打磨的方法对所述晶圆和所述基底的边缘处进行研磨,以形成所述台阶状结构。

5. 根据权利要求1所述的方法,其特征在于,通过化学机械研磨法对所述第一晶圆的上表面和所述第二晶圆的上表面进行平坦化工艺。

6. 根据权利要求1所述的方法,其特征在于,所述第一晶圆包括有硅基底层和器件层,所述器件层设置于所述硅基底层之上,且所述键合材料沉积于所述器件层之上。

7. 根据权利要求 1 所述的方法,其特征在于,对所述第一晶圆的边缘及所述第二晶圆的边缘进行研磨后,所述第一晶圆边缘及所述第二晶圆边缘呈台阶状。

第四章

新型显示

随着全球信息产业的高速发展，显示技术已经成为信息产业当中一个不可或缺的重要组成部分，新型显示技术已发展成为新一代信息技术的先导性支柱产业，是我国信息化、智能化时代战略性新兴产业的重点发展方向之一。[1]

显示技术从最初的阴极射线管（CRT）显示技术发展到平板显示（FPD）技术，并延伸出了等离子（PDP）显示和液晶（LCD）显示技术。随着液晶显示技术的不断完善，等离子显示已逐步退出市场。后来，随着材料技术的发展又研发出有机发光二极管（OLED）显示技术。2010年，三星大举推进有源矩阵有机发光二极管（AMOLED）技术，并在高端手机中广泛使用AMOLED面板，推进了OLED显示的商业化进程。2015年，各大面板厂商纷纷投资研究OLED显示技术、扩大OLED生产线，极大地加快了OLED显示技术的发展进程。相对于液晶显示，OLED显示不需要背光源，具有省电、轻薄、柔性等优点，在中小尺寸显示上正在逐渐代替传统的液晶显示，被认为是继阴极射线管显示、液晶显示后的第三代显示技术。作为新型显示技术，OLED显示目前正处于产业爆发期。

虽然OLED显示技术发展势头迅猛，但是OLED显示仍存在寿命短等缺陷，并且在5G超高清显示、万物智能交互、移动智能终端柔性化等需求推动下，显

---

[1] 杨斌，刘栋，刘红，等. 现代显示技术及产业国内外发展现状［J］. 中国材料进展，2022（10）：819-827.

示产业呈现技术多元化发展，出现了微型发光二极管（Micro LED）显示技术和量子点显示技术。

与 LCD、OLED 显示相比，Micro LED 显示技术拥有响应速度快、高效率、低功耗、高稳定性、高亮度、长寿命等优点，未来有望替代 LCD 和 OLED 显示，全面进入消费电子领域，被认为是未来最具成长潜力的新型显示技术方向，成为下一代主流显示技术的重要选择。

量子点作为一种新型发光材料，发光性质优异且制备工艺简单，成本低廉，表现出许多优于传统荧光材料的特性，成为备受关注的热门材料。基于量子点构筑的量子点发光二极管（QLED）显示作为一种新型发光显示器件，不仅能够提供优秀的色彩呈现以提升消费者的视觉享受，同时具有能耗低、寿命长、响应时间短等优点，而且量子点具有的良好可溶液处理性质使其能通过非真空打印技术进行处理，从而使大面积 QLED 显示设备的高效且低成本制造成为可能，成为诸多研究机构和专业厂商重点关注的显示器件。❶

第一节　有机发光二极管（OLED）显示

一、专利技术综述

在德温特世界专利索引数据库 DWPI 中检索到涉及 OLED 显示领域的全球专利申请共计 96966 项（公开日自 2002 年 1 月 1 日至 2022 年 2 月 28 日），本节将主要以上述数据作为研究对象进行分析。

（一）概况

OLED 显示技术是在电场驱动下通过电子和空穴的注入与复合而发光并实现显示的一种自发光型显示技术。

与 LCD 显示技术相比，OLED 显示技术最大的特点在于自发光，无须背光源。由于不需要背光源，OLED 显示屏可以做得更轻薄；由于自发光，显示视角更大；由于不需要对光路进行偏振，发光效率显著提高，响应速度快，对比度高，功耗低。OLED 显示除了拥有出色的显示性能外，还可以将 OLED 显示面板制作在柔性基板上，实现卷曲、透明、折叠、极致轻薄的外观设计，目前已

---

❶ 关小雅，王洪哲，申怀彬，等．面向显示应用的量子点发光器件研究进展［J］．液晶与显示，2021，36（1）：176－186．

经成为极具竞争力和发展前景的下一代显示技术。随着显示技术迅猛发展，显示技术越来越多样化，用户对显示产品的要求越来越高，出现了柔性显示、透明显示、全面屏。

柔性显示技术是在柔性或者可弯曲的基板上铺设柔性显示元器件的技术。柔性显示屏具有可弯折、轻薄等特点，当前的柔性显示屏包括了柔性曲面屏、柔性折叠屏、柔性可弯曲屏。柔性曲面屏厚度极薄，不易损坏，是柔性显示屏应用的最基础阶段；柔性折叠屏可弯曲、可随意变形、可塑造成曲面；柔性可弯曲屏是全柔性屏幕，可由终端用户随意改变产品形态，是柔性显示屏发展的最终阶段。由于柔性显示屏具有重量轻、可弯曲、对比度高、功耗低、体积小、携带便捷等特点，被广泛应用于消费电子、智能穿戴设备、汽车电子、虚拟现实设备等产品的屏幕上，是未来显示技术发展的主要趋势之一。

透明显示是在关闭时像普通的玻璃一样透明，而工作时不仅能看到面板上显示的图像，还能够看到显示屏背后的物体的一种显示技术。❶ LG 于 2019 年首度将透明度为 40% 的 55 英寸透明 OLED 产品实现商用。透明显示的应用前景广阔，可广泛应用于数字标牌商显、交通、建筑、家居等场景。例如，在北京地铁 6 号线、深圳地铁 10 号线，透明 OLED 显示屏已经投入使用；在博物馆利用 OLED 透明屏可以提供更加精细全面的知识解读，讲述历史故事，让古代藏品获得重生，增强展馆数字化体验；应用于室内装修的家居屏幕，可提升空间融合感，提高装修高端感；应用于高端品牌店时，可以看到陈列商品及图像信息，凸显高端形象，更好达到广告效果。

为了增大视野，提升视频观感，满足用户对显示大屏的需求，全面屏应运而生。2016 年，小米的 MIX 系列手机在外观上采用了无额头设计，保留了手机的下巴，息屏视觉上是一整块屏幕，亮屏下巴以上是一整块屏幕，第一次提出了"全面屏"概念。全面屏手机是指手机的正面全部是屏幕，手机的 4 个边框位置都采用无边框设计，追求接近 100% 的屏占比。业内有称屏占比 80% 以上即为全面屏，也有称 90% 以上才算全面屏，目前，屏占比为多少才算全面屏并无明确的标准。2017 年，苹果发布的 iPhone X 使用了刘海设计，刘海部分集中了手机的听筒、摄像头、感光和距离识别器件。刘海屏之后，手机全面屏进入"百花齐放"的局面。为了进一步提高屏占比，先后出现了水滴屏、挖孔摄像头、升降摄像头、屏下摄像头技术。全面屏由于有屏幕空间大、屏幕有效面积大、手感好、视觉颜值高等优点，可以为观众呈现更加宽广的真实视野，已成

---

❶ 李伟章. 透明 OLED 显示发展现状及技术分析 [J]. 科技创新与应用，2020（8）：135 – 139.

为终端厂商技术创新的主战场,是手机行业的主流屏幕。

(二)专利申请状况

1. 全球专利申请趋势

图 4-1-1 示出了 2002—2020 年 OLED 显示领域的全球专利申请趋势。从图中可以看出,2002—2011 年申请量较为稳定,2012 年快速增长,申请量超过 4000 项,2013 年超过 5000 项,2014—2015 年又进入平稳状态,从 2016 年开始又迅猛增长,到 2018 年已超过 10 000 项,2019 年继续增加,根据 2020 年的不完全统计数据,申请量仍然保持在较高水平。

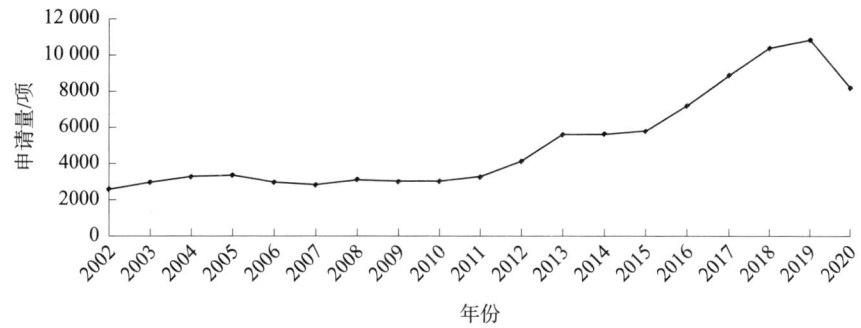

图 4-1-1 2002—2020 年 OLED 显示领域全球专利申请趋势

自 1979 年发明 OLED 器件以来,企业和相关研究人员就持续不断地研究 OLED 器件。一开始的研究主要集中于无源矩阵有机发光二极管(PMOLED)器件,并未激发人们的研究热情。自 1999 年开始,一些企业开始研究 AMOLED 器件,如日本先锋、三洋及美国柯达,但专利申请量相对比较平稳。2009 年各大厂商将重心转向 AMOLED,自三星大举进军 AMOLED 技术及在高端手机中使用 AMOLED 面板开始,专利申请量开始显著增长。从 2015 年至今,全球面板厂商纷纷投资和扩大 OLED 生产线,OLED 显示迎来了高速发展,专利申请量迅猛增长。从全球专利申请趋势来看,目前该领域仍处于技术爆发期,发展势头迅猛,是当前显示领域的发展热点。

2. 专利申请来源和目标国家/地区分析

图 4-1-2 示出了 OLED 显示领域的专利申请来源和目标国家和地区分布情况。来源国家和地区代表专利申请首次提交的国家和地区,主要反映了各个国家和地区的技术研发力量。OLED 显示领域的专利申请来源国家和地区主要是中国、日本、韩国、美国、中国台湾、欧洲等,其中来源于中国的最多,其次是日本,再次是韩国,之后是美国。

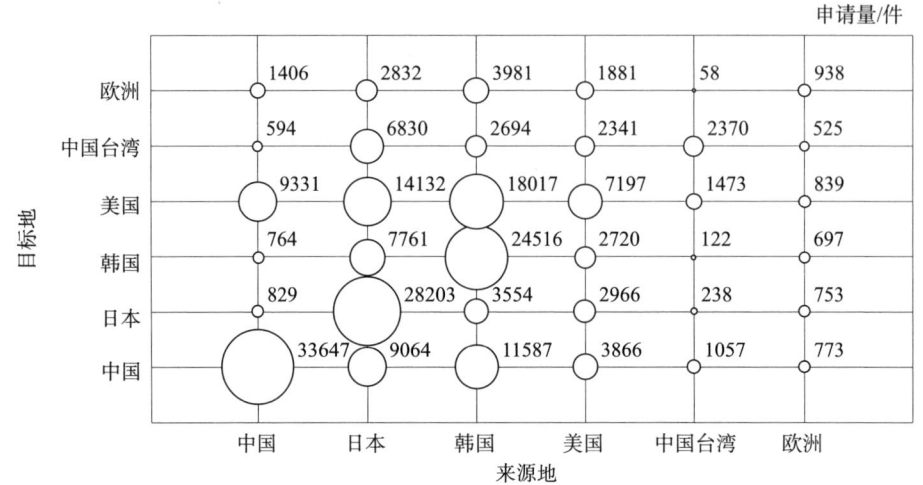

图 4-1-2 OLED 显示领域专利申请来源和目标国家/地区分布

目标国家和地区代表专利申请主要向哪些国家和地区提交申请，主要反映了申请人对这些国家和地区的市场重视程度。从图中可以看出，OLED 显示领域的专利申请目标国家和地区仍然主要是中国、美国、韩国、日本、中国台湾、欧洲，表明这些国家和地区仍是该领域申请人关注和重视的热点市场。

此外，从图中可以看出来源于各个国家和地区的专利申请首先是在本国家和地区进行专利布局，表明各个国家和地区的专利申请人均比较注重本土市场。除了本土市场外，美国是其他国家和地区的申请人最为注重的国际市场，其次为中国。中国申请人主要以占据美国市场为主，韩国、中国台湾申请人更注重美国、中国市场，日本、美国、欧洲申请人更注重于全球主要市场的均衡布局。

3. 主要目标国家/地区的专利申请趋势

图 4-1-3 示出了中国、美国、韩国、日本、中国台湾、欧洲等目标国家和地区在 2002—2020 年间 OLED 显示领域的专利申请趋势。

从图 4-1-3 中可以看出，在中国提交的专利申请在 2002—2010 年虽然有所起伏，但是相对比较稳定，基本维持在 1000 件左右；从 2011 年开始缓慢增长，从 2015 年开始快速增长，至 2019 年已接近 9000 件。从前面的分析可知，来源于中国的专利申请最多，由于各国家和地区申请人均比较注重中国市场，在中国也提交了不少专利申请，但是从整体上来看，在 2015 年后，中国企业加大了研发的投入力度，在中国提交的专利申请量已超过了其他国家和地区申请人在中国提交的专利申请量。中国作为全球专利申请量最多的来源和目标国家，技术研发起步不晚，并且研发热度不减，其主要申请人在该领域占据着重要地位。

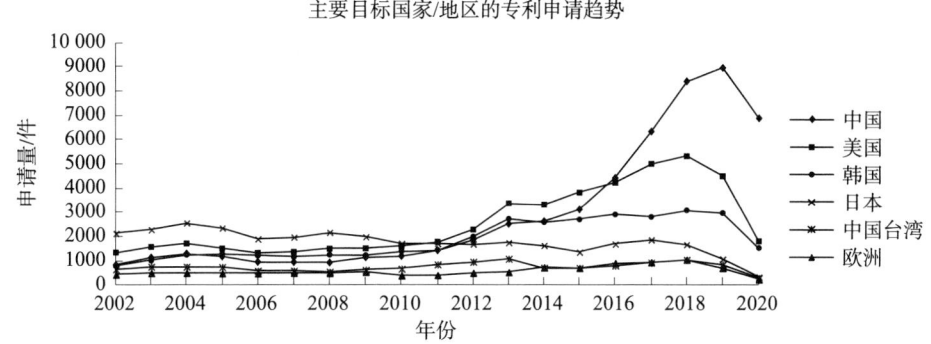

图 4-1-3 2002—2020 年主要国家/地区的专利申请趋势

虽然来源于美国的专利申请相对较少，但是作为该领域申请人重点关注的市场，在 2002—2010 年在美国提交的专利申请仅次于日本，2011—2015 年的专利申请保持在其他国家和地区之上，2016 年的专利申请虽然低于在中国提交的专利申请，但仍超过了其他国家和地区，整体上看，在美国提交的专利申请呈逐年增长的趋势，表明美国仍是各国家和地区申请人除本土市场外最为重视的市场。

在韩国提交的专利申请趋势基本与美国相似，但是年申请量均低于美国，尤其是在 2014 年之后，专利申请量增长较为缓慢，基本保持平稳。

在 2010 年之前，在日本提交的专利申请最多，但是从 2011 年开始，虽然某些年份的专利申请有所增长，但是从整体来看，专利申请呈下降趋势。

在中国台湾和欧洲提交的专利申请相对较少，基本维持在 1000 件以下。在 2008—2013 年的中国台湾专利申请虽有缓慢增长，但 2014 年开始下降，之后又缓慢增长。在欧洲提交的专利申请相对比较平稳，虽然从 2014 年开始增长，但增速缓慢。

（三）申请人分析

1. 全球/中国专利申请的申请人排名

图 4-1-4 示出了 OLED 显示领域全球专利申请量排名前十的主要申请人。其中，专利申请量最多的是三星，超过了 15 000 项，并远超过其他申请人；其次是京东方，接近 10 000 项；再次是 LG，超过 8000 多项；之后是华星光电、维信诺、半导体能源研究所、天马微电子、精工爱普生、索尼、夏普，其中华星光电接近 6000 项，维信诺和半导体能源研究所比较接近，有 3000 多项，天马微电子、精工爱普生、索尼比较接近，有 2000 多项，夏普低于 2000 项。

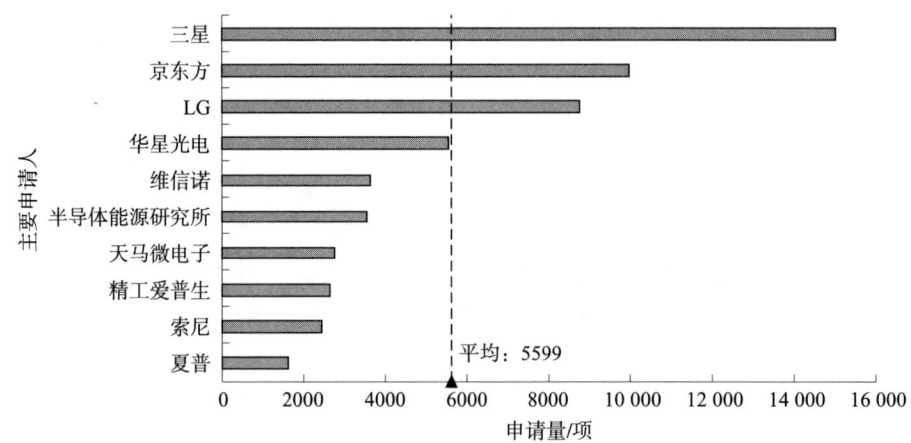

图 4-1-4　OLED 显示领域全球专利申请主要申请人排名

在前十位申请人中，有两位韩国申请人，分别是三星、LG；有四位中国申请人，分别是京东方、华星光电、维信诺、天马微电子；有四位日本申请人，分别是半导体能源研究所、精工爱普生、索尼、夏普。

图 4-1-5 示出了 OLED 显示领域中国专利申请量排名前十的主要申请人。其中，专利申请量最多的是京东方，接近 10 000 件；其次是三星，超过 7000 件；再次是华星光电，接近 6000 件；之后是维信诺、LG、天马微电子、友达光电、半导体能源研究所、索尼、和辉光电，其中维信诺和 LG 比较接近，有 3000 多件，友达光电、半导体能源研究所、索尼、和辉光电比较接近，在 1000 件左右。

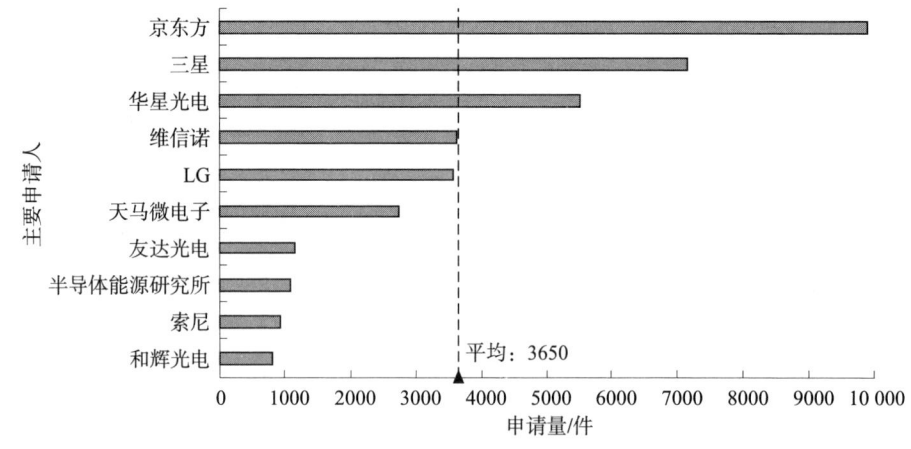

图 4-1-5　OLED 显示领域中国专利申请主要申请人排名

在前十位申请人中，有两位韩国申请人，分别是三星、LG；有五位中国申请人，分别是京东方、华星光电、维信诺、天马微电子、和辉光电；有一位中国台湾申请人，即友达光电；有两位日本申请人，分别是半导体能源研究所、索尼。

2. 主要申请人技术分支分布

图4-1-6示出了前十位申请人在柔性显示、透明显示、全面屏技术分支的专利申请情况。从图4-1-6中可以看出，所有申请人均比较重视对柔性显示技术的研发，尤其是三星、京东方、华星光电，这三位申请人涉及柔性显示的专利申请量均在2000项以上，特别是三星，在柔性显示方面的专利申请量远远多于在透明显示和全面屏显示方面的专利申请量，表明三星集中研发柔性显示。中国申请人京东方、华星光电、维信诺、天马微电子除了关注柔性显示技术外，还比较注重全面屏的发展，而国外申请人涉及全面屏的专利申请相对较少。在透明显示方面，三星、京东方、LG、维信诺的专利申请量相差不大，半导体能源研究所、精工爱普生、索尼、夏普涉及透明显示的专利申请较少。

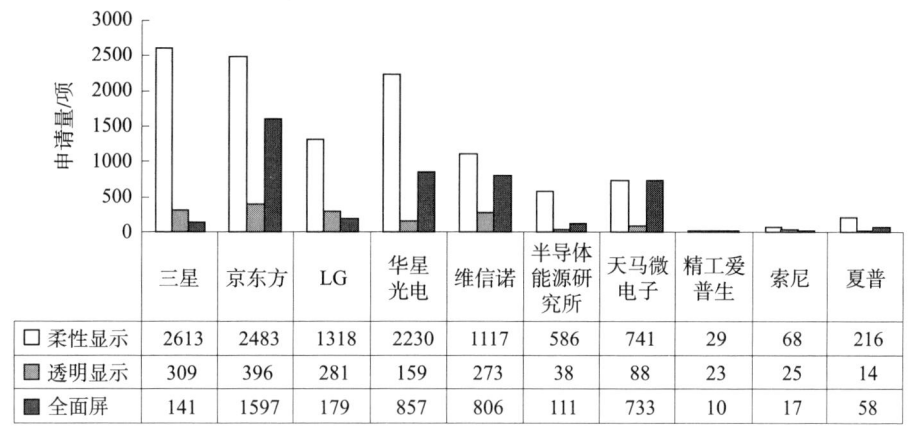

图4-1-6 全球专利申请主要申请人技术分支

3. 主要申请人具体分析

（1）三星。

图4-1-7示出了2002—2020年三星涉及OLED显示领域的全球专利申请量的变化趋势。从图中可以看出，在2002—2005年，专利申请量稳步增长；在2006—2011年呈上下波动态势，维持在400项上下；从2012年开始迅速增长，至2013年达到一个峰值，超过1400项。虽然接下来几年的专利申请又进入波动变化，但是基本维持在900项以上。整体来看，三星在该领域的研发热度一直很高。

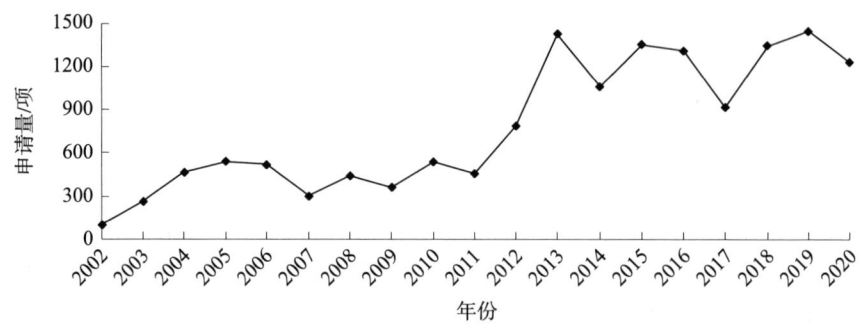

图4-1-7 2002—2020年三星OLED显示领域全球专利申请趋势

三星的专利申请主要以柔性显示为主,透明显示次之,全面屏最少。图4-1-8示出了三星在柔性显示、透明显示、全面屏技术分支的专利申请趋势。从图中可以看出,在2011年之前,柔性显示的专利申请与透明显示和全面屏相差不大,但是自2011年开始快速增长,之后远远超过了透明显示和全面屏显示,表明柔性显示是近十年三星一直关注的技术。透明显示的专利申请量也在增长,但是增速缓慢。在2014年之前几乎没有全面屏的专利申请,从2015年开始,其专利申请数量缓慢增长,虽然比透明显示发展得晚,但是有赶超透明显示的趋势。

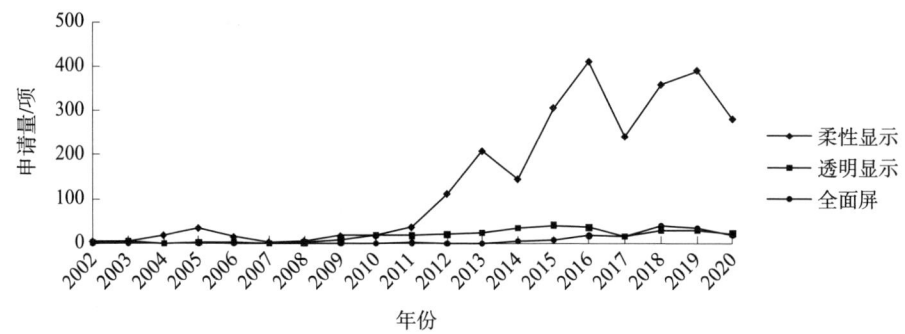

图4-1-8 2002—2020年三星主要技术分支专利申请趋势

(2)京东方。

图4-1-9示出了2002—2020年京东方涉及OLED显示领域的全球专利申请量的变化趋势。从图中可以看出,从2011年开始,专利申请量迅猛增长,至2019年已增至1800多项,表明在三星大举进军OLED显示领域之后,京东方也迅速追赶,并且发展势头迅猛,专利申请年申请量已超过三星。

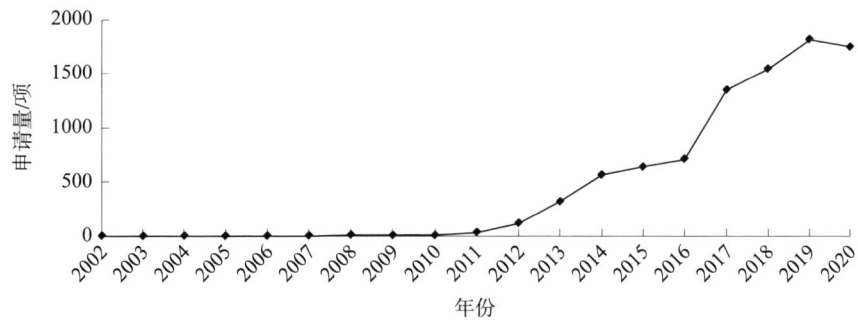

图 4-1-9　2002—2020 年京东方 OLED 显示领域全球专利申请趋势

京东方的专利申请也以柔性显示为主，其次是全面屏，透明显示最少。其中，相对于三星而言，京东方涉及全面屏的专利申请量要更多。图 4-1-10 示出了京东方在柔性显示、透明显示、全面屏技术分支的专利申请趋势。涉及柔性显示的专利申请与京东方在整个 OLED 领域的专利申请趋势类似，从 2012 年开始迅速增长，透明显示和全面屏显示起步相对较晚，但全面屏发展更为迅速。总体来说，京东方除了关注柔性显示外，全面屏也是其关注的一个重点技术。

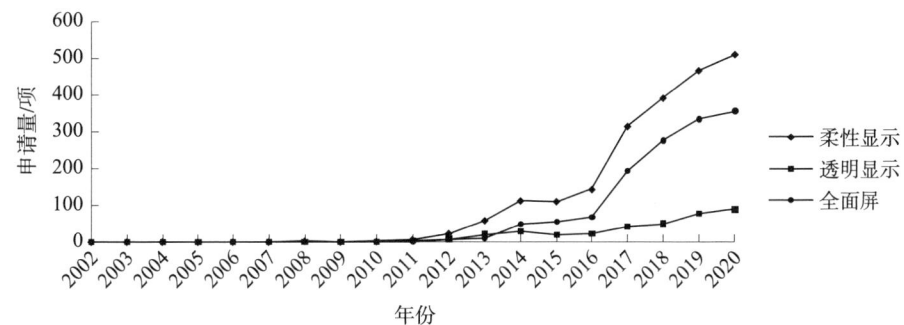

图 4-1-10　2002—2020 年京东方主要技术分支专利申请趋势

（3）LG。

图 4-1-11 示出了 2002—2020 年 LG 在涉及 OLED 显示领域的全球专利申请量的变化趋势。从图中可以看出，在 2002—2008 年，专利申请量稳步增长，虽然 2009 年有所下降，但是从 2010 年开始继续增长，2011 年开始迅速增长，2015 年又稍有减少，2017 年达到峰值，从 2018 年开始逐步下降。

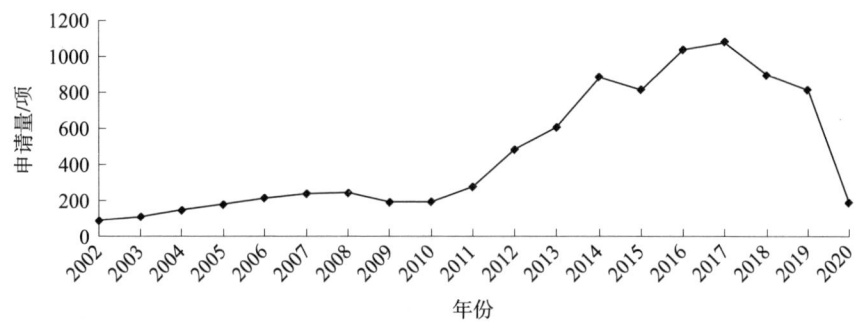

图 4-1-11　2002—2020 年 LG OLED 显示领域全球专利申请趋势

与三星类似，LG 涉及柔性显示的专利申请最多，透明显示次之，全面屏最少。图 4-1-12 示出了 LG 在柔性显示、透明显示、全面屏技术分支的专利申请趋势。从图中可以看出，从 2010 年开始，涉及柔性显示的专利申请量迅速增长，逐渐拉大了与透明显示和全面屏的差距，透明显示和全面屏在 2011 年之后也逐渐开始发展，但是专利申请相对较少，表明 LG 仍是以柔性显示为主。

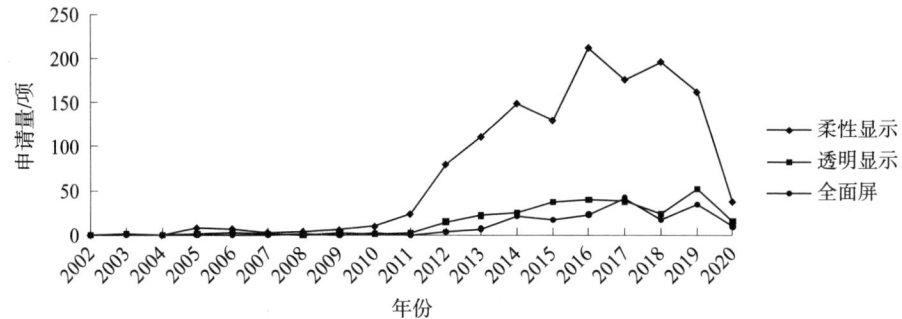

图 4-1-12　2002—2020 年 LG 主要技术分支专利申请趋势

（四）重点技术分析

1. 柔性显示

图 4-1-13 示出了 2002—2020 年柔性显示的全球专利申请趋势。从图中可以看出，在 2010 年之前已有相关专利申请，但专利申请量较少，表明在 2010 年之前柔性显示发展相对缓慢。从 2011 年开始持续增长，并且增长迅猛，至 2018 年达到近 2800 项，2019 年稍有下降，但仍维持在 2600 项以上。由此可知，柔性显示已是全球申请人关注的发展方向，目前处于发展热度期。

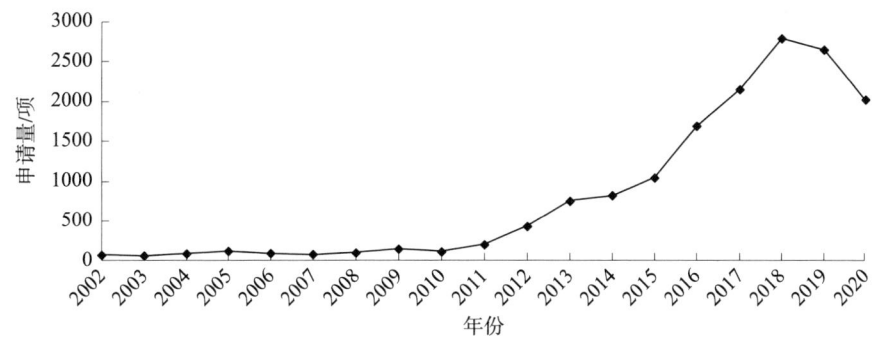

图 4-1-13　2002—2020 年柔性显示全球专利申请趋势

图 4-1-14 示出了柔性显示技术分支全球专利申请量排名前十的主要申请人。其中，专利申请量最多的是三星，专利申请量超过了 2600 项；紧随其后的是京东方，接近 2500 项；再次是华星光电，在 2250 项左右。LG 和维信诺的专利申请量介于 1000～1500 项，天马微电子和半导体能源研究所的专利申请量介于 500～1000 项，环球展览、日本显示器、住友化学的专利申请量在 200～300 项。

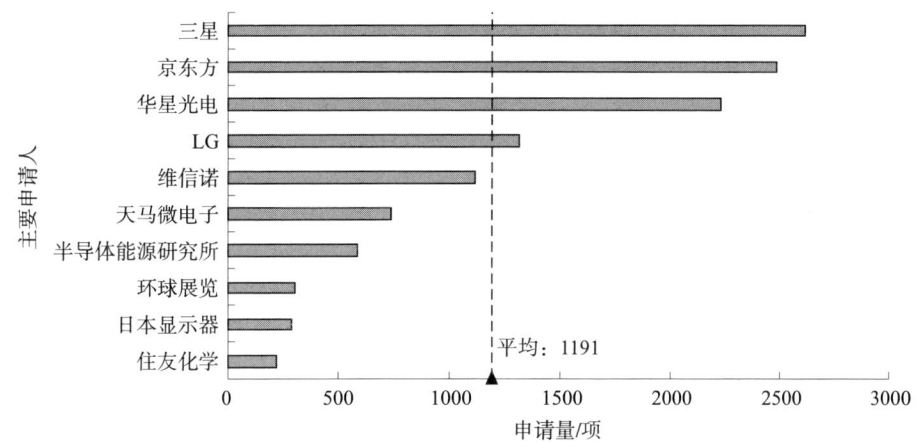

图 4-1-14　柔性显示全球专利申请主要申请人排名

在前十位申请人中，有两位韩国申请人，分别是三星、LG；有四位中国申请人，分别是京东方、华星光电、维信诺、天马微电子；有三位日本申请人，分别是半导体能源研究所、日本显示器、住友化学；有一位美国申请人，是环球展览。

柔性显示技术经历了曲面屏技术、折叠屏技术、卷曲屏技术、可拉伸屏技术等多个阶段的发展。下面是柔性显示技术的一些重要专利。

在曲面屏技术方面，如图 4-1-15 所示，三星申请了一种有机发光二极管显示器的专利（公告号 CN104282721B），最早优先权日为 2013 年 7 月 1 日，在美国、中国、韩国都进行了布局，并且均已获得了授权。该有机发光二极管显示器在弯曲显示部设置具有倾斜角的像素，改变在弯曲视角处的显示，提高弯曲显示部的亮度。

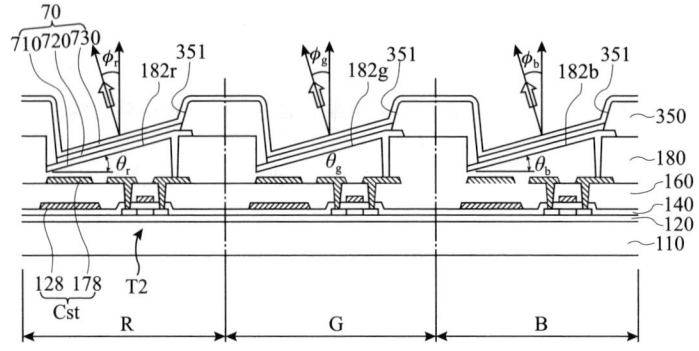

图 4-1-15　CN104282721B 的 OLED 显示器结构

在折叠屏技术方面，如图 4-1-16 所示，三星申请了一种可向内弯曲也可向外弯曲的显示装置的专利（公告号 US10347700B2），最早优先权日为 2016 年 3 月 25 日，在美国、中国、韩国、欧洲都进行了布局，并在美国已获得了授权。该显示装置 DD 包括相对于弯曲轴 BX、可弯曲的弯曲区域 BA 及不可弯曲的第一非弯曲区域 NBA1 和不可弯曲的第二非弯曲区域 NBA2，显示装置 DD 可以向内弯曲，从而第一非弯曲区域 NBA1 的显示表面 IS 和第二非弯曲区域 NBA2 的显示表面 IS 彼此面对，柔性显示装置 DD 可以向外弯曲以将显示表面 IS 暴露到外部。该显示装置 DD 还可以包括多个弯曲区域 BA 及一体形成的触摸感测层和反射防止层，可以省略黏合构件，减小显示装置的厚度及黏合构件的分层缺陷，改善显示装置柔性和美学吸引力。

在卷曲屏技术方面，如图 4-1-17 所示，三星申请了一种可卷曲显示装置的专利（公告号 CN105845704B），最早优先权日为 2015 年 2 月 2 日，在美国、中国、韩国都进行了布局，并且均已获得了授权。该可卷曲显示装置 1 包括框架 F 和可卷入框架 F 中的柔性显示单元 10，可容易地进行搬运和存储。

在可拉伸屏技术方面，如图 4-1-18 所示，三星申请了一种可拉伸显示装置的专利申请（公告号 US10310560B2），最早优先权日为 2016 年 8 月 11 日，在美国、中国、韩国都进行了布局，并在美国已获得了授权。该可拉伸显示装置的基底包括彼此分隔开的多个岛 101 和连接多个岛 101 的多个桥 103，多个岛 101 彼此分隔开预定的间隔并均可以具有平坦上表面，显示单元 200 分别设置在平坦上表面上方，金属布线 220 分别设置在多个桥 103 上方并且电连接到显示单元 200。

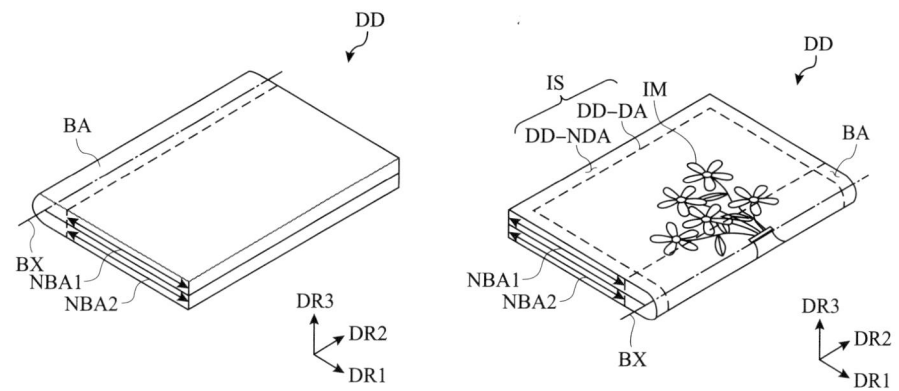

图 4-1-16　US10347700B2 的显示装置结构

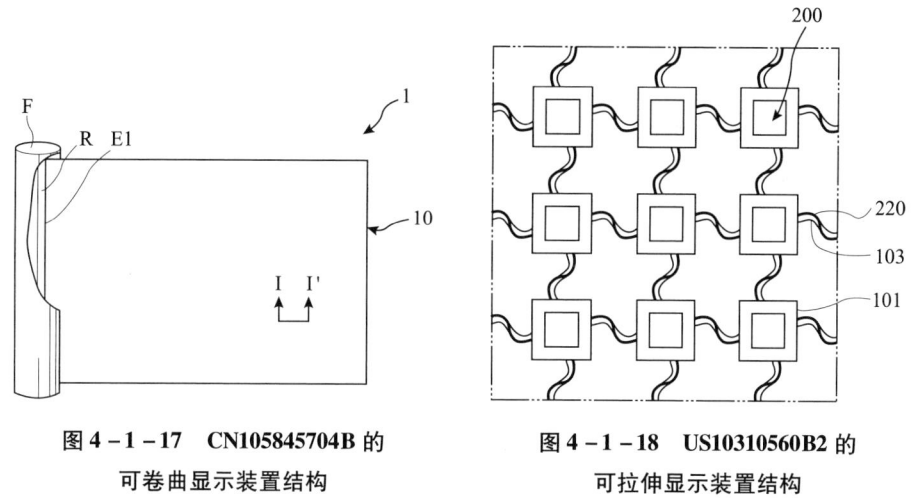

图 4-1-17　CN105845704B 的可卷曲显示装置结构

图 4-1-18　US10310560B2 的可拉伸显示装置结构

2. 透明显示

图 4-1-19 示出了 2002—2020 年透明显示的全球专利申请趋势。从图中可以看出，专利申请基本上在逐年增长，从 2011 年开始增长速度加快，至 2019 年达到顶峰，超过了 500 项。虽然涉及透明显示的专利申请量低于柔性显示，但是从发展趋势上来看，透明显示也是 OLED 显示的一个发展方向。

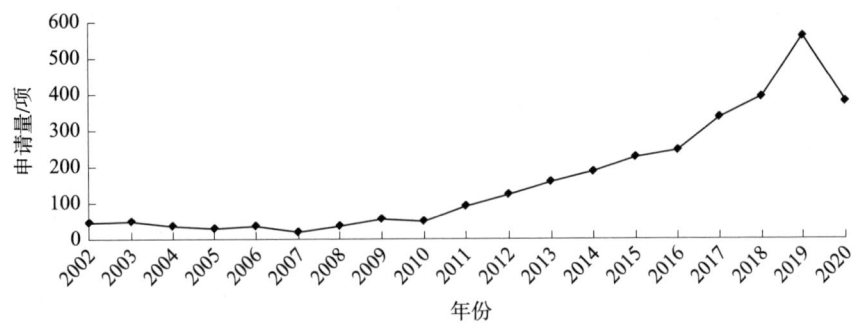

图4-1-19　2002—2020年透明显示全球专利申请趋势

图4-1-20示出了透明显示技术分支全球专利申请量排名前十的主要申请人。其中，专利申请量最多的是京东方，接近400项；之后是三星，超过300项；环球展览、LG、维信诺的专利申请量比较接近，在270~290项；华星光电排在第六位，接近160项；天马微电子、上海道亦化工、夏禾科技、华显光电的专利申请量均低于100项。

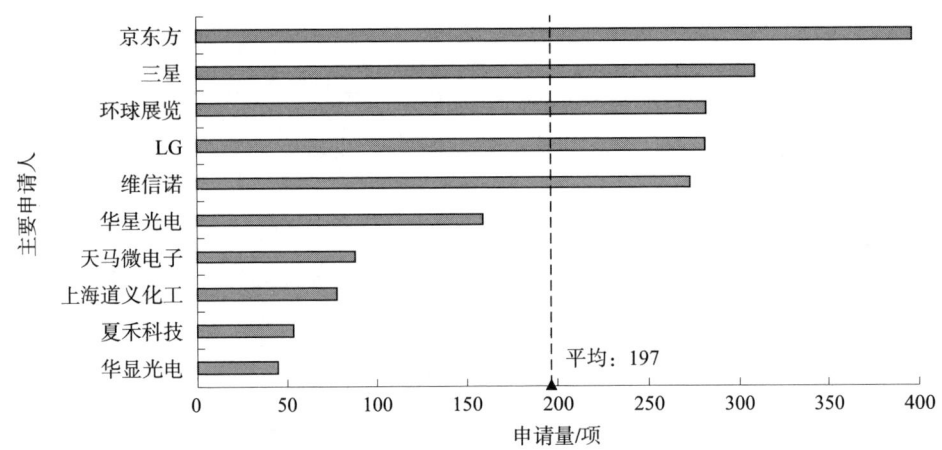

图4-1-20　透明显示全球专利申请主要申请人排名

在前十位申请人中，有七位中国申请人，分别是京东方、维信诺、华星光电、天马微电子、上海道亦化工、夏禾科技、华显光电；有两位韩国申请人，分别是三星、LG；有一位美国申请人，是环球展览。

透明显示主要是在不影响显示的情况下增大显示屏的透明度，可以从电路布置、像素布置、使用透明材料等方面增大透明区域面积进而增大透明度。下面是透明显示技术的一些重要专利。

在电路布置方面,如图4-1-21所示,LG申请了一种显示设备的专利(公告号CN106935619B),最早优先权日为2015年12月31日,在美国、中国、韩国、欧洲、日本都进行了布局,并在美国、中国、欧洲、日本均已获得了授权。该显示设备包括与发光像素中的一个或更多个交叠的多条数据线DL1、DL2、DL3,电力线EVL和基准电压线RL,减少了与透射部交叉的线的数量,由此增大了透射部的孔径比。

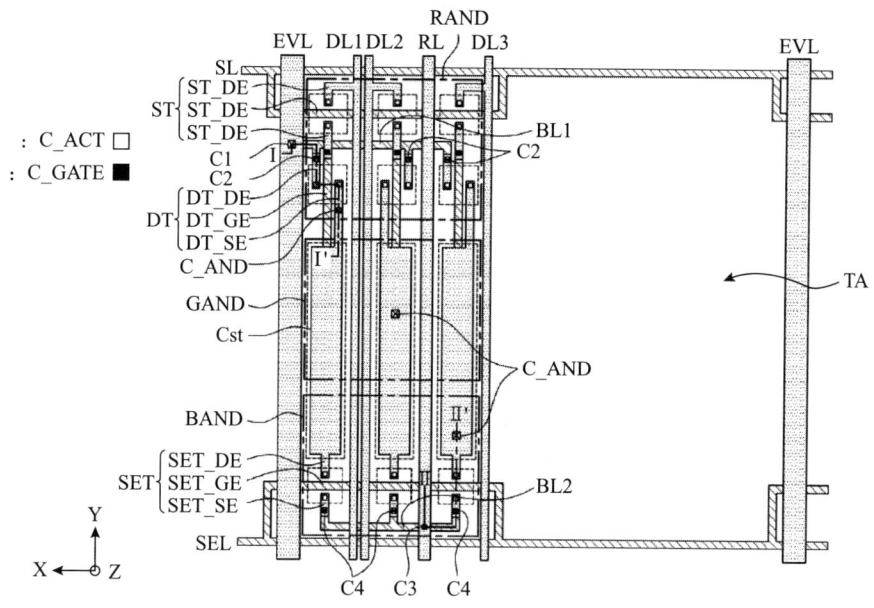

图4-1-21 CN106935619B的显示设备结构

在像素布置方面,如图4-1-22所示,三星申请了一种有机发光显示装置的专利(公告号CN104576690B),最早优先权日为2013年10月18日,在美国、中国、韩国、欧洲、日本都进行了布局,并且均已获得了授权。该显示装置的有机发光单元2包括第一子像素21、在第一方向D1上与第一子像素21相邻的第二子像素22、在第二方向D2上与第一子像素21相邻的第三子像素23及与第二子像素22和第三子像素23相邻的第四子像素24,彼此相邻的第一子像素21和第二子像素22构成第一像素P1,彼此相邻的第三子像素23和第四子像素24构成第二像素P2,通过第一像素P1和第二像素P2的布置可以提高屏幕的分辨率,第一子像素21至第四子像素24中的至少一个包括不能发射光但外部光经其透射的透射区域,透射区域可以包括设置在第一子像素21中的第一透射区域212、设置在第二子像素22中的第二透射区域222及设置在第三子像素 23 中的第三透射区域 232，第四子像素 24 可以不包括透射区域，防止分辨率和/或发射效率因透明显示器的实施而劣化。

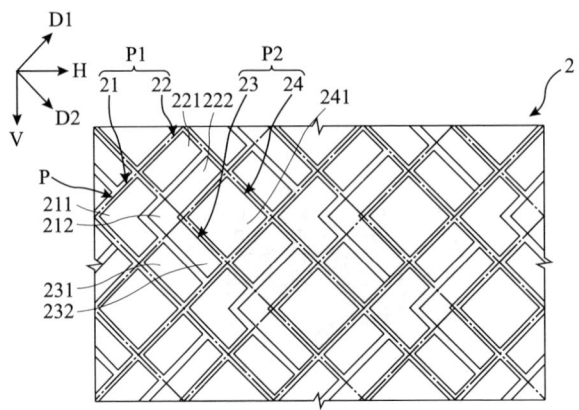

图 4-1-22　CN104576690B 的有机发光显示装置结构

在透明材料方面，如图 4-1-23 所示，LG 申请了一种透明显示装置的专利（公告号 CN104122729B），最早优先权日为 2013 年 4 月 25 日，在美国、中国、韩国都进行了布局，并且均已获得了授权。该显示装置在与显示图像侧的相反侧设置有可变阻挡膜，可变阻挡膜包含电致变色的芯—壳纳米颗粒，芯—壳纳米颗粒的颜色可由施加的电压通过电氧化还原反应而变为透明或黑色，显示装置在透射模式下具有很高的透射率，在图像显示模式下能够显示图像，由于高阻光性所致而不会损失亮度。

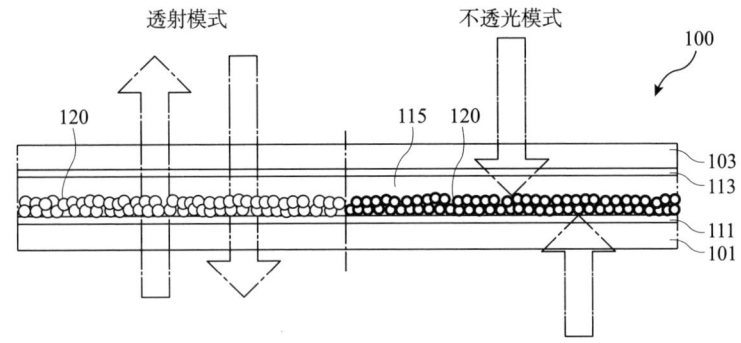

图 4-1-23　CN104122729B 的透明显示装置结构

3. 全面屏

图 4-1-24 示出了 2002—2020 年全面屏的全球专利申请趋势。从图中可

以看出，从 2012 年开始其申请量逐年增长，增长速度超过了透明显示，至 2019 年达到顶峰，超过 1400 项，这可能是由于自 2016 年小米提出"全面屏"概念后，吸引了更多的申请人争先研发全面屏技术，提交了比较多的专利申请。

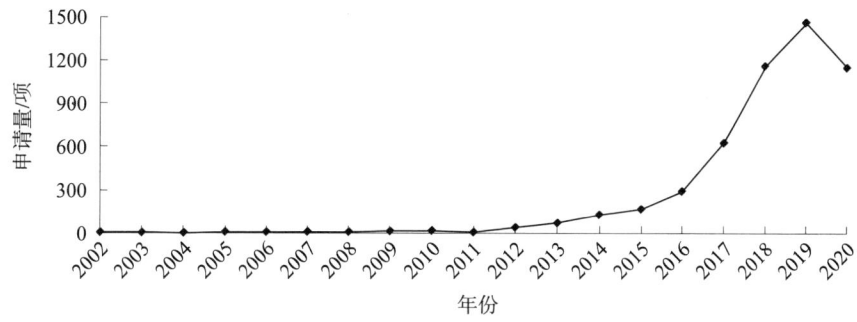

图 4-1-24　2002—2020 年全面屏全球专利申请趋势

图 4-1-25 示出了全面屏显示技术全球专利申请量排名前十的主要申请人。其中，专利申请量最多的是京东方，接近 1600 项，远超其他申请人；华星光电、维信诺、天马微电子的专利申请量比较接近，在 700~900 项；LG、OPPO、三星、友达光电、半导体能源研究所、小米的专利申请量均低于 200 项。

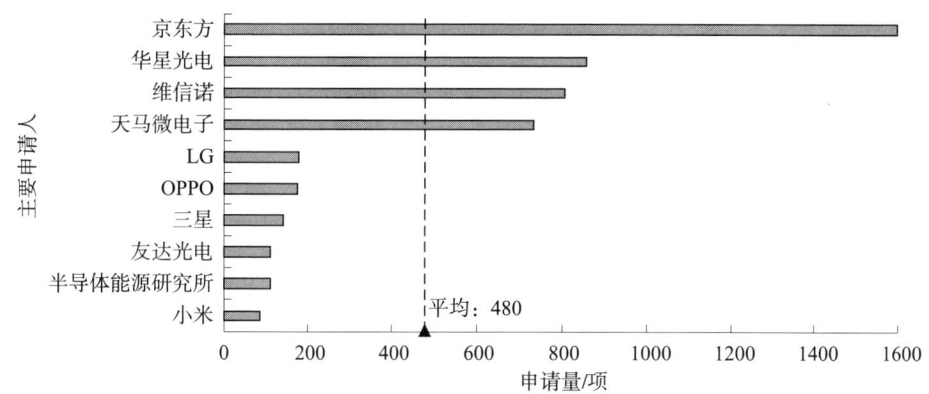

图 4-1-25　全面屏全球专利申请主要申请人排名

在前十位申请人中，有六位中国申请人，分别是京东方、华星光电、维信诺、天马微电子、OPPO、小米；有两位韩国申请人，分别是 LG、三星；有一位中国台湾申请人，是友达光电；有一位日本申请人，是半导体能源研究所。

全面屏技术改进实质上是减少边框、提高屏占比，尽量使正面全部是屏幕。对于传统 OLED 显示来说，摄像头及驱动 IC 等部件是设置在边框区域，为了减少边框，一方面要解决摄像头等部件放置的问题，另一方面还要解决驱动 IC 等部件放置的问题；此外，为了使显示效果更佳，将边框弯折进行曲面显示也是全面屏技术改进的一个重要方向。下面是全面屏技术的一些重要专利。

在摄像头等方面，如图 4-1-26 所示，京东方申请了一种显示基板的专利（公告号 CN110619813B），最早优先权日为 2018 年 6 月 20 日，在中国、美国、韩国、欧洲、日本、印度、越南都进行了布局，并在中国、美国、韩国均已获得了授权。该显示装置将放置摄像头、传感器、听筒等元件的第二显示子区域内的像素分布密度设置得小于正常显示区域的像素分布密度，采用降低局部像素分布密度来增加屏幕透光率的方式来提高屏占比。还可以在两个显示区域之间设置过渡显示区域，避免边界暗纹。

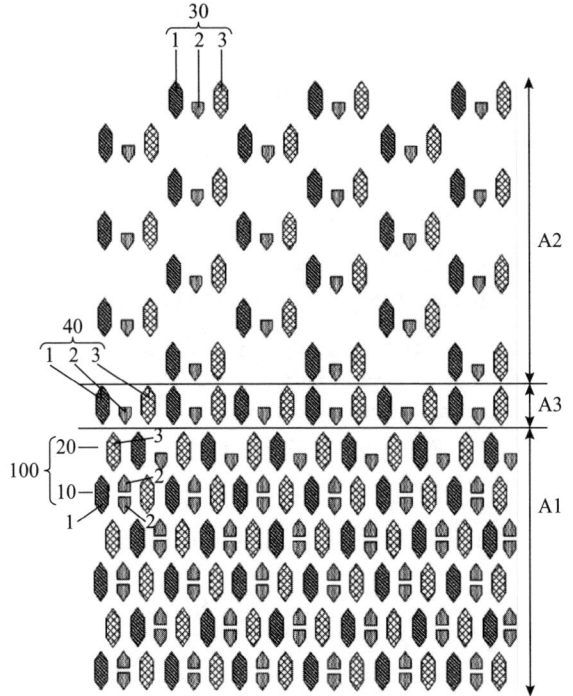

图 4-1-26 CN110619813B 的显示基板结构

在驱动 IC 等方面，如图 4-1-27 所示，苹果申请了一种窄边框 OLED 显示器的专利（公告号 CN103594485B），最早优先权日为 2012 年 8 月 17 日，在美国、中国、韩国都进行了布局，并且均已获得了授权。其中，通过在基板中设置导电通路将设置在基板背面的驱动器集成电路通过 PCB 板连接至显示面板，来实现窄边框。

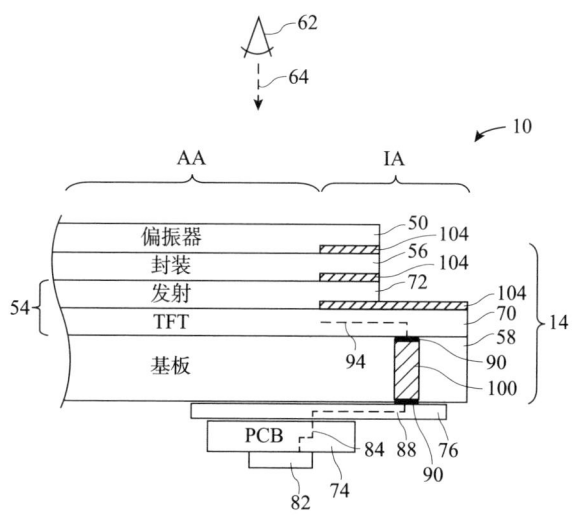

图 4-1-27　CN103594485B 的显示器结构

利用曲面显示方面，如图 4-1-28 所示，三星申请了一种柔性显示面板的专利（公告号 CN102855821B），最早优先权日为 2011 年 6 月 30 日，在中国、德国、美国、韩国、日本都进行了布局，并在中国、美国、韩国、日本均已获得了授权。该柔性显示面板 100 包括第一显示区域 D1、在第一显示区域 D1 的左侧和右侧的第二显示区域 D2、以及在第一显示区域 D1 或每个第二显示区域 D2 外部的非显示区域 N1、N2、

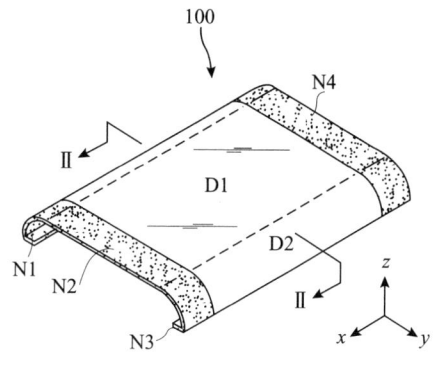

图 4-1-28　CN102855821B 的柔性显示面板结构

N3 和 N4，第一显示区域 D1 是柔性显示面板 100 的主显示屏幕，第二显示区域 D2 为柔性显示面板 100 的辅助显示屏幕，第二显示区域 D2 从第一显示区域 D1 延伸成具有曲率半径 R 的曲面，在第一显示区域 D1 和第二显示区域 D2 之间没有可辨识的边界，第二显示区域 D2 使整个显示屏幕的尺寸增大并可以增进美感、改善装置的持握，同时还可以集成触摸面板。

二、检索策略及案例解析

（一）检索策略

如前文所述，OLED 显示技术仅是众多显示技术中的一种新型显示技术，在对该显示技术进行检索时，要先进行技术领域的限定，否则会引入很多其他显示技术的文献，增加不必要的噪声，降低检索效率。当在 OLED 显示技术领域无法获取相关文献时，可以扩展到其他显示技术领域。

从前面的分析可知，有关 OLED 显示技术的专利申请主要以企业申请人为主，如三星、京东方、LG、华星光电、维信诺等，高校和科研院所提交的专利申请相对较少。因此，在检索时，重点检索专利文献，并且要注重对主要申请人进行检索，从相关申请人入手进行检索不仅可以帮助了解现有技术，而且可以更快地找到最接近的现有技术。

对于 OLED 显示技术，IPC 分类号 H01L27/32、H01L51/50、G09G3/3208 是对应该技术领域比较准确的分类号，在检索时可以使用上述分类号进行技术领域限定。此外，在 IPC 分类号 H01L27/32 和 H01L51/50 下还具有详细的 CPC 分类号，当检索的技术内容有对应的 CPC 分类号时，可以优先采用 CPC 分类号进行检索，在提高检索效率的同时能够避免由于关键词选用或扩展不当所带来的文献遗漏，尤其是当关键词不容易表达时，选用对应的 CPC 分类号进行检索可以达到事半功倍的效果。

对于通用技术术语，在检索时通常具有比较明确的关键词，可以直接采用通用技术用语进行检索。但是，在利用关键词进行检索时，也要注意对关键词进行上下位、同义词、近义词、反义词扩展。如果申请文件中使用了生僻的用语，可以通过在互联网、学术期刊中进行查询以获得更为通用的用语，以便在检索时对生僻用语进行更好的扩展。

发明所要解决的技术问题及达到的技术效果也是检索时需要考虑的因素。从技术问题和技术效果提取检索要素可以更加准确地体现发明构思，也更容易检索到与申请相关的现有技术。尤其是在技术手段对应的关键词不容易表达而技术问题和技术效果又比较明确、容易提取关键词时，使用技术问题和技术效果进行检索可以避免噪声，提高检索效率。此外，当使用技术手段检索噪声很大时，也可以利用技术问题和技术效果进行补充限定，削减噪声。

（二）检索要素

根据 OLED 显示领域的常规表达，确定了对应技术领域及技术分支的相关检索要素，包括关键词及对应的分类号，如表4-1-1所示。

表4-1-1 检索要素

检索要素	中文关键词	英文关键词	IPC（2022.01版）	CPC（2022.05版）
OLED显示	发光二极管、有机	OLED；EL；light emitting diode；electroluminescent；organic	H01L27/32；G09G3/3208；H01L51/50；	H01L27/32；G09G3/3208；H01L51/50；H01L2227/32；H01L2251/50；H01L25/048；G09F9/301
	显示	display		
柔性显示	柔性、曲面、折叠、卷曲、拉伸、弯曲	flexible；curved；folded；stretch		G09F9/301；H01L2251/5338
	显示	display		
透明显示	透明	transparent		
	显示	display		
全面屏	全面屏、全屏、满屏、窄边框、无边框、屏占比、小边框	full screen；narrow frame；frameless		

（三）案例解析

1. 案例4-1-1：显示面板及显示装置

（1）案情概述。

本申请涉及OLED显示装置。在柔性OLED显示面板制造中，需要运用盖板玻璃贴合工艺，传统的贴合工艺正在往曲面贴合工艺方向发展，然而现有显示面板在曲面贴合过程中，如图4-1-29所示，其拐角位置包括柔性衬底800、黏合层400和像素阵列500等在内的叠层较厚，弯折部位叠层之间贴合形变导致应力集中，易使得显示面板叠层断裂或叠层之间剥离，从而引起显示面板显示不良的问题。

本申请是解决显示面板弯折过程中叠层之间贴合形变导致应力集中，易使得显示面板叠层断裂或叠层之间剥离，从而引起显示面板显示不良的问题。本申请提供一种OLED显示面板，如图4-1-30所示，该显示面板包括像素阵列500、黏合层400和柔性衬底，柔性衬底包括设置于像素阵列500底部的第一区域、第二区域300及位于第一区域100与第二区域300之间的弯折区200，柔性衬底的弯折区 200 沿弧度方向全部或部分挖空，挖空部位形成凹槽 600，凹槽 600 内填充有保护层 700。通过在弯折区对应的柔性衬底部位形成挖空区域，使显示面板成品在弯折区的总厚度减薄，防止显示面板成品弯折过程中叠层之间贴合形变导致应力集中导致的断裂或剥离，从而解决因显示面板叠层断裂或叠层之间剥离，从而引起显示面板显示不良的问题。通过在挖空区域中填充一层保护层，起隔离作用，可保护产品不受外部损伤。

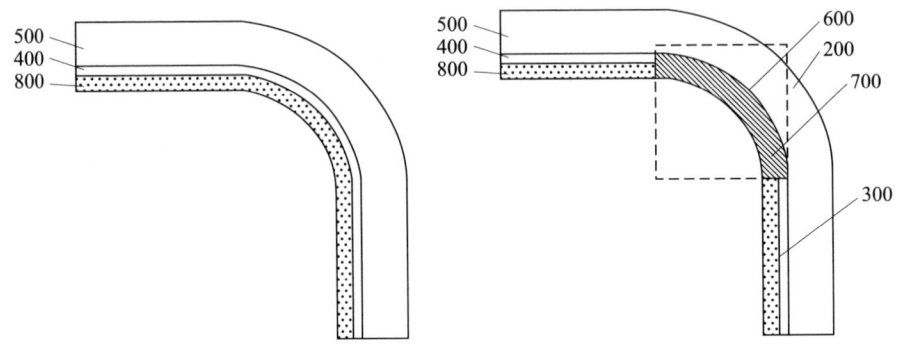

图 4-1-29　现有技术附图　　　图 4-1-30　本申请技术方案的附图

本申请权利要求的技术方案如下。

一种 OLED 显示面板，其特征在于，包括：

像素阵列；

柔性衬底，所述柔性衬底包括设置于所述像素阵列底部的第一区域、第二区域及位于所述第一区域与所述第二区域之间的弯折区；

所述柔性衬底的弯折区沿弯折方向全部或部分挖空，且挖空区域内填充有保护层。

（2）充分理解发明。

检索的重点应放在本申请的发明构思，尤其是独立权利要求的发明构思上，一般从技术领域、技术问题、技术手段、技术效果四个方面提炼发明构思。本申请涉及的技术领域是 OLED 显示技术领域，具体为柔性 OLED 显示面板技术；要解决的技术问题是柔性 OLED 显示面板弯折过程中的应力集中及外部损伤问题；采用的关键技术手段是将柔性衬底对应弯折区的部分全部或部分挖空并在挖空区域内填充保护层；获得的技术效果是防止弯折过程中的应力集中及保护产品不受外部损伤。

（3）检索过程分析。

本申请涉及 OLED 显示技术，权利要求中记载了 OLED 显示面板，表明权利要求的技术方案是在 OLED 显示技术领域。此外，权利要求中记载了柔性衬底及弯折区，本申请涉及的也是柔性显示技术。据此，提取检索要素：OLED 显示、柔性显示。柔性显示在本领域有对应的 CPC 分类号 G09F9/301、H01L2251/5338。

本申请的关键技术手段是将柔性衬底对应弯折区的部分全部或部分挖空并在挖空区域内填充保护层，权利要求中也记载了柔性衬底的弯折区沿弯折方向全部或部分挖空且挖空区域内填充有保护层，该内容对应于本申请的关键技术手段。据此，提取检索要素：柔性衬底、弯折、挖空、填充、保护。由于"柔性显示"已经涵盖了"柔性衬底"，将"柔性衬底"扩展为"衬底"。

此外，本申请的技术问题和技术效果是涉及弯折过程中的应力集中及保护产品不受外部损伤。据此，提取检索要素：应力、损伤。

衬底是本领域通用的技术术语，不进行扩展。

弯折在本领域还有通用的表达——弯曲，将弯折扩展为"弯折 or 弯曲"。

挖空不是通用的技术术语，挖空实质上是在衬底中形成槽，本申请说明书也记载了挖空部位形成凹槽，将挖空扩展为"挖空 or 中空 or 槽"。

填充、保护、应力、损伤是本领域常用的表达，不进行扩展。

首先使用 CPC 分类号在中国专利文摘库 CNABS 进行检索。

1	CNABS	102375	H01L27/32/ic or H01L51/50/low/ic or G09G3/3208/low/ic or ((有机 or OLED) and 显示)/ti
2	CNABS	8162	G09F9/301/cpc or H01L2251/5338/cpc
3	CNABS	2910	1 and 2

接着使用涉及技术手段的检索要素进行全要素检索。

4	CNABS	216957	衬底
5	CNABS	1108586	弯折 or 弯曲
6	CNABS	12156959	挖空 or 中空 or 槽
7	CNABS	1043835	填充
8	CNABS	4036455	保护
9	CNABS	3	3 and 4 and 5 and 6 and 7 and 8

通过浏览上述检索结果，获得一篇相关专利文献，其是在弯折区设置保护层，但不涉及将衬底挖空填充保护层，因此未完全公开独立权利要求的技术方案。

使用与技术效果对应的检索要素进一步进行检索。

10	CNABS	10967	应力 and 损伤
11	CNABS	4	3 and 4 and 5 and 10

通过浏览上述检索结果，获得一篇相关专利文献，其涉及 OLED 显示面板，该 OLED 显示面板包括柔性基板，柔性基板表面定义有显示区域、弯折区域、绑定区域，柔性基板的弯折区域沿弯折方向部分挖空，挖空区域填充有缓冲层。该专利文献公开了独立权利要求的部分挖空的技术方案，可用于评价独立权利要求的部分挖空的技术方案。

全文库的表达更为丰富，可以体现更多的检索信息，而同在算符能够更好地表达发明构思，利用上述检索要素及同在算符在中国专利全文库 CNTXT 进行检索。

1	CNTXT	102375	H01L27/32/ic or H01L51/50/low/ic or G09G3/3208/low/ic or ((有机 or OLED) and 显示)/ti
2	CNTXT	8162	G09F9/301/cpc or H01L2251/5338/cpc
3	CNTXT	2910	1 and 2
4	CNTXT	92	衬底 s（弯折 or 弯曲）s（挖空 or 中空 or 槽）s 填充
5	CNTXT	12	3 and 4
6	CNTXT	44184	（弯折 or 弯曲）and 应力 and 损伤
7	CNTXT	247	3 and 6
8	CNTXT	12859	衬底 s（弯折 or 弯曲）
9	CNTXT	65	7 and 8

通过浏览检索式 9，同样获得了上述专利文献。

采用同样的方式，在德温特世界专利索引数据库 DWPI 中对全球专利申请进行检索。

1	DWPI	177187	H01L27/32/ic or H01L51/50/low/ic or G09G3/3208/low/ic or ((organic or OLED) and display)/ti
2	DWPI	9771	G09F9/301/cpc or H01L2251/5338/cpc
3	DWPI	6173	1 and 2
4	DWPI	13879897	substrate or plate or board
5	DWPI	860844	bend+
6	DWPI	6697107	hollow or groove?

7	DWPI	2101414	fill +
8	DWPI	3709741	protect +
9	DWPI	3	3 and 4 and 5 and 6 and 7 and 8
10	DWPI	133	3 and 4 and 5 and 6
11	DWPI	43530	stress and damage
12	DWPI	16	3 and 4 and 6 and 11
13	DWPI	12	3 and 5 and 6 and 11

通过浏览检索式13，获得了另一篇专利文献，其涉及OLED显示面板，该显示面板包括第一膜，第一膜为塑料，第一膜包括设置于像素阵列底部的第一区域、第二区域及位于第一区域与第二区域之间的弯折区域，第一膜的弯折区域沿着弯折方向全部或部分挖空，在挖空区域填充弹性构件。该专利文献也公开了独立权利要求的技术方案，可用于评价独立权利要求的技术方案。

2. 案例4-1-2：透明显示基板及其驱动方法和透明显示装置

（1）案情概述。

本申请涉及显示技术领域，特别涉及一种透明显示基板及其驱动方法和透明显示装置。随着科技进步，透明显示装置积极发展，应用越来越广泛。透明显示装置不仅可以显示所需画面，而且用户可以透过透明显示装置看到其背后的物体。但是，传统透明显示装置中透明区域的透明度不可调，很难满足不同条件下的需求。

如图4-1-31所示，本申请提供一种透明显示基板及其驱动方法和透明显示装置，用于实现透明区域的透明度可调。其中，透明显示基板包括衬底基板1和位于衬底基板1之上且阵列排布的像素单元2，每个像素单元2包括显示区域26和透明区域27，透明区域27中设置有第一发光层3，第一发光层3在垂直于衬底基板1方向上两侧设置有第一电极4和第二电极5，第一电极4和第二电极5用于在第一发光层3上加载驱动电压，第一发光层3用于在加载的驱动电压变化时，改变发光亮度。显示区域26用于显示画面，透明区域27用于使用户看到透明显示装置背后的物体。

第一电极4上加载第一电压，第二电极5上加载第二电压，第一发光层3上加载的驱动电压为第一电压和第二电压的压差。第一发光层3在驱动电压的控制下发光。当驱动电压越大时，第一发光层3的发光亮度越大，则透明区域的透明度越低；当驱动电压越小时，第一发光层3的发光亮度越小，则透明区域的透明度越高。因此，改变第一发光层3上加载的驱动电压时，即可改变第一发光层3的发光亮度，进而改变透明区域的透明度。

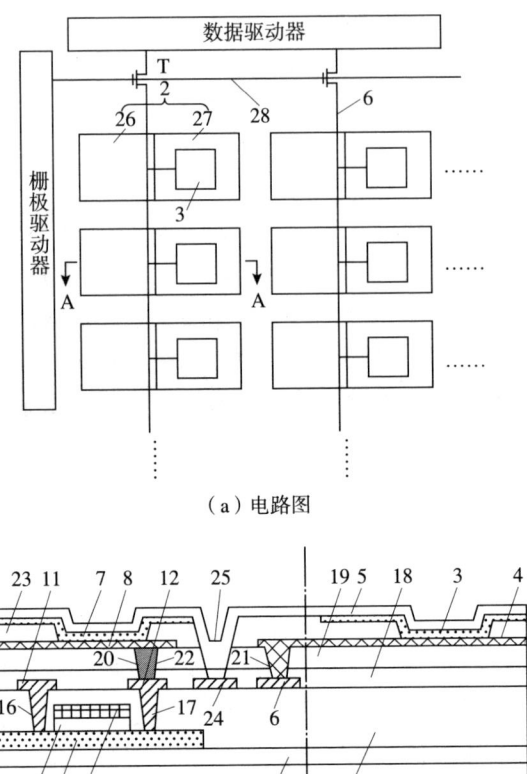

(a) 电路图

(b) 横截面图

图 4-1-31　本申请技术方案的附图

本申请权利要求的技术方案如下。

一种透明显示基板，其特征在于，包括衬底基板和位于所述衬底基板之上且阵列排布的像素单元，每个所述像素单元包括显示区域和透明区域；

所述透明区域中设置有第一发光层，所述第一发光层的在垂直于所述衬底基板方向上的两侧设置有第一电极和第二电极；

所述第一电极和所述第二电极用于在所述第一发光层上加载驱动电压；

所述第一发光层用于在加载的驱动电压变化时，改变发光亮度。

(2) 充分理解发明。

本申请涉及的技术领域是显示领域，具体为透明显示技术，要解决的技术问题是透明显示的透明区域的透明度可调，采用的关键技术手段是通过电极向发光层加载驱动电压并通过改变加载在发光层上的驱动电压来改变发光亮度，获得的技术效果是改变透明区域的发光亮度进而改变透明区域的透明度。由此可知，本申请的发明构思是通过电极向发光层加载驱动电压并通过改变加载在发光层上的驱动电压来改变发光亮度进而改变透明区域的透明度。

（3）检索过程分析。

尽管本申请具体实施方式中是以 OLED 显示描述技术方案，但是权利要求中并未限定 OLED 显示，而仅记载了透明显示基板，由此表明权利要求的技术方案属于透明显示领域，而不限于 OLED 显示领域的透明显示，在检索时首先将技术领域限定为透明显示。据此，提取检索要素：透明显示。

本申请的发明构思是通过电极向发光层加载驱动电压并通过改变加载在发光层上的驱动电压来改变发光亮度进而改变透明区域的透明度。权利要求中记载了向第一电极和第二电极加载驱动电压及加载在第一发光层上的驱动电压变化时，发光亮度发生改变。根据本申请的发明构思及权利要求中记载的技术方案，提取检索要素：电极、驱动电压、亮度。

电极、驱动电压、亮度均是本领域通用的技术术语，开始检索时先不进行扩展。

首先，根据确定的检索要素在中国专利文摘库 CNABS 中进行全要素检索。

1	CNABS	1331	透明显示/ti
2	CNABS	950813	电极
3	CNABS	28907	驱动电压
4	CNABS	239426	亮度
5	CNABS	1	1 and 2 and 3 and 4

仅获得了本申请，未获得其他相关专利文献。检索式 1 是在 ti 字段中检索"透明显示"，下面不限制字段，扩大范围进行检索。

| 6 | CNABS | 5446 | 透明显示 |
| 7 | CNABS | 6 | 6 and 2 and 3 and 4 |

未获得相关专利文献。进一步将"驱动电压"扩展为"电压"，扩大范围进行检索。

| 8 | CNABS | 1290902 | 电压 |
| 9 | CNABS | 28 | 6 and 2 and 8 and 4 |

仍未获得相关专利文献。考虑到本申请的技术效果是提高透明显示的透明区域的透明度，进一步提取与技术效果对应的检索要素：透明度。使用与技术效果对应的检索要素进一步检索。

10	CNABS	37919	透明度
11	CNABS	58	6 and 10 and 4
12	CNABS	79	6 and 10 and 2

通过浏览上述检索结果，获得一篇专利文献，其涉及透明显示技术，要解决的技术问题是增加透明显示器的穿透区的亮度，采用的技术手段是在穿透区设置发光层，在发光层的垂直于基板方向上的两侧设置第一电极层和第二电极层，在第一电极和第二电极层上施加驱动晶体管的电压，发光层根据施加的驱动电压增加穿透区的亮度。该专利文献公开了本申请独立权利要求的技术方案，可用于评价独立权利要求的技术方案。

在中国专利全文库 CNTXT 中进行全要素检索。

1	CNTXT	19449	透明显示
2	CNTXT	1662661	电极
3	CNTXT	3005576	电压
4	CNTXT	825542	亮度
5	CNTXT	169774	透明度
6	CNTXT	448	1 and 2 and 3 and 4 and 5

使用同在算符进一步表达"透明 s 区 s 亮度"。由于"透明度""亮度"与"透明 s 区 s 亮度"进行了重复限定，省去"透明度""亮度"检索要素进行检索。

| 7 | CNTXT | 3693 | 透明 s 区 s 亮度 |
| 8 | CNTXT | 153 | 1 and 2 and 3 and 7 |

未获得相关专利文献。本领域的电极也通常表述为阳极或阴极，将电极扩展为"阳极 or 阴极"进一步检索。

| 9 | CNTXT | 710746 | 阳极 or 阴极 |
| 10 | CNTXT | 104 | 1 and 9 and 3 and 7 |

通过浏览上述检索结果，获得另一篇专利文献，其涉及透明显示，解决的技术问题是提高透明显示面板的显示亮度，采用的技术手段是在透明被动显示元件处设置发光层，在发光层的垂直于衬底基板方向上的两侧设置阳极和阴极，各透明被动显示元件的阳极通过阳极辅助走线相互连接，在阳极辅助走线的控制下实现显示发光，提高了显示亮度。该专利文献也公开了本申请独立权利要求的技术方案，可用于评价独立权利要求的技术方案。

在德温特世界专利索引数据库 DWPI 中对全球专利申请进行检索。

1	DWPI	7074	transparent w display
2	DWPI	1882999	electrode or anode or cathode
3	DWPI	1862699	voltage
4	DWPI	286317	luminance or brightness
5	DWPI	22	1 and 2 and 3 and 4

经过浏览，未获得相关专利文献。

3. 案例4–1–3：OLED显示装置

（1）案情概述。

随着便携式电子显示设备的发展，追求高屏占比与极限超窄边框的全面屏的显示面板已成为中、小尺寸显示面板领域的研发热点，且已经在手机显示屏上得以应用。全面屏的优势在于能够最大化地利用显示面板屏幕的显示面积，给使用者带来更好的视觉体验。为了实现全屏显示，通常会将摄像头、指纹识别等传感器集成到屏幕下方。在全面屏制备过程中，屏下传感器对应的显示区域的像素电极采用三层ITO/Ag/ITO导电层时，虽然可实现正常显示，但像素电极中存在的银金属层会降低膜层穿透率，影响传感器信号传输，进一步影响屏下传感器的信号识别。

如图4–1–32所示，本申请提供一种OLED显示装置，能够进一步增强屏下传感器对应膜层的透过率，以解决现有的OLED显示装置，在全面屏制备过程中，由于屏下传感器对应的显示区域中的像素电极采用三层ITO/Ag/ITO导电层的结构，其中存在的银金属层会降低膜层穿透率，影响传感器信号传输，进一步影响屏下传感器的信号识别的技术问题。其中OLED显示面板具有与屏下传感器位置相对应的第一显示区11及包围第一显示区11的第二显示区12，靠近OLED显示面板的下边框部分还连接有驱动芯片13，第一显示区包括由下至上层叠设置的屏下感应层201、基底202、薄膜晶体管层203、平坦化层204、第一像素电极层2051、像素定义层206、OLED器件层207及薄膜封装层208，第一像素电极层2051至少包括双层ITO（氧化铟锡）导电层。第二显示区包括由下至上层叠设置的基底202、薄膜晶体管层203、平坦化层204、第二像素电极层2052、像素定义层206、OLED器件层207及薄膜封装层208，第二像素电极层2052为三层ITO/Ag/ITO导电层，其中Ag作为反射层，可将OLED器件层207发出的光反射至出光方向，提高出光效率。本申请将屏下传感器位置对应的显示区域的像素电极部分设置成双层ITO导电层，增强了屏下传感器对应的显示区域的膜层透过率，进一步实现了OLED显示装置的全面屏显示。

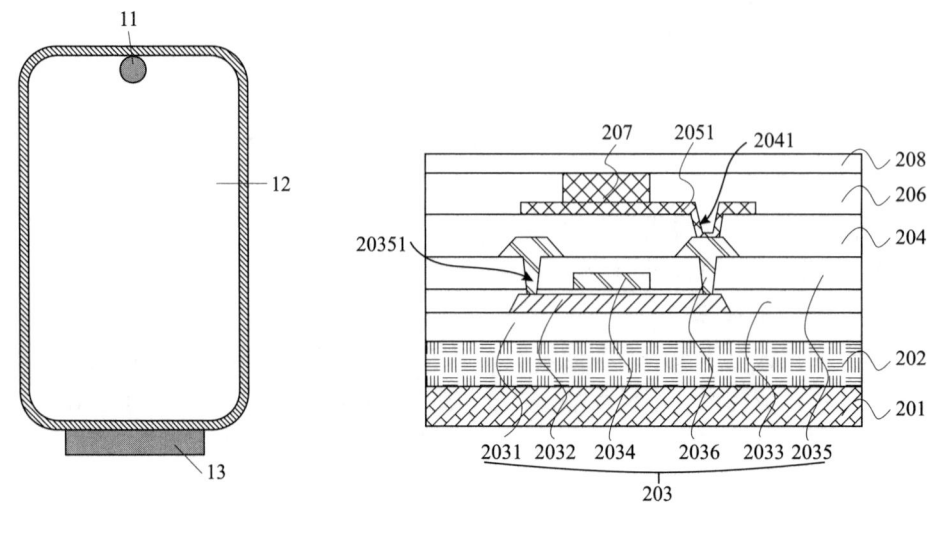

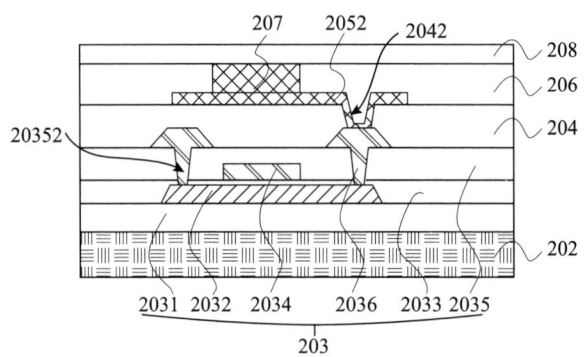

图 4-1-32　本申请技术方案的附图

本申请权利要求的技术方案如下。

一种 OLED 显示装置，包括 OLED 显示面板，所述 OLED 显示面板具有第一显示区以及围绕所述第一显示区设置的第二显示区，其特征在于，所述第一显示区内的第一像素电极层至少包括双层 ITO 导电层，所述第二显示区内的第二像素电极层为三层 ITO/Ag/ITO 导电层。

（2）充分理解发明。

本申请涉及的技术领域是 OLED 显示技术领域，具体为全面屏技术；要解决的技术问题是全面屏的屏下传感器对应的显示区域中的像素电极采用三层 ITO/Ag/ITO 导电层结构，存在银金属层降低膜层穿透率，影响屏下传感器的信号识别问题；采用的关键技术手段是将屏下传感器对应的显示区域中的像素电极部分设置成双层 ITO 导电层；获得的技术效果是增强了屏下传感器对应的显示区域的膜层透过率。

（3）检索过程分析。

本申请涉及 OLED 显示技术领域，权利要求的主题是 OLED 显示装置，表明权利要求的技术方案也是涉及 OLED 显示。虽然权利要求文字限定的内容未表明权利要求的技术方案是涉及全面屏技术，但是从本申请的说明书以及权利要求限定的技术方案包括两个显示区，可知，权利要求的技术方案实质是一种全面屏技术。据此，提取检索要素：OLED、显示、全面屏。

本申请的关键技术手段是将屏下传感器对应的显示区域中的像素电极部分设置成双层 ITO 导电层，权利要求中也记载了第一显示区内的第一像素电极层至少包括双层 ITO 导电层。此外，权利要求中还记载了第二显示区内的第二像素电极层为三层 ITO/Ag/ITO 导电层，这两个技术手段获得的技术效果是提高膜层透过率、提高出光效率。据此，提取检索要素：像素电极、双层 ITO、三层 ITO/Ag/ITO、透过率、出光效率。

可根据前面的检索要素表对检索要素 OLED 显示和全面屏进行扩展。

像素电极虽然是本领域通用的技术术语，但是在本领域，阳极通常也是作为像素电极，将像素电极扩展为"像素电极 or 阳极"。

双层 ITO 和三层 ITO/Ag/ITO 是比较具体的表达，考虑在全文库使用该检索要素的具体表达，在摘要库使用更上位的表达方式进行检索。双层 ITO 实质是要求像素电极更加透明，将双层 ITO 扩展为"透明 or ITO or 氧化铟锡"。三层 ITO/Ag/ITO 实质是要求像素电极可反射光，将三层 ITO/Ag/ITO 扩展为"反射 or Ag or 银"。另外，通过查阅 CPC 分类号，发现 CPC 分类号 H01L51/5215 是涉及 OLED 器件的阳极是采用透明多层组成的，对应于双层 ITO，考虑优先使用该 CPC 分类号进行检索。

透过率虽然是本领域通用的技术术语，但是通常也被描述为透明、透光、透过，将透过率扩展为"透明 or 透光 or 透过"。ITO 实质上也是透明材料，结合双层 ITO 的扩展，将检索要素扩展为"透明 or 透光 or 透过 or ITO or 氧化铟锡"。

当采用反射进行检索后，如果电极进行光的反射，那么自然会提高出光效率。因此，不对反射和出光效率同时进行检索。

在中国专利文摘库 CNABS 中利用 CPC 分类号进行检索。

| 1 | CNABS | 100569 | H01L27/32/ic or H01L51/50/low/ic or G09G3/3208/low/ic or （（有机 or OLED）and 显示）/ti |

| 2 | CNABS | 293 | H01L51/5215/cpc |
| 3 | CNABS | 278 | 1 and 2 |

使用双层 ITO 和三层 ITO/Ag/ITO 的上位表达方式进一步检索。

4	CNABS	1671969	透明 or 透光 or 透过 or ITO or 氧化铟锡
5	CNABS	1056482	反射 or Ag or 银
6	CNABS	143	3 and 4 and 5

通过浏览上述检索结果，未获得相关专利文献。本申请涉及全面屏技术，使用全面屏检索要素进一步进行检索。

| 7 | CNABS | 24383 | 全面屏 or 全屏 or 满屏 or 窄边框 or 无边框 or 屏占比 or 小边框 |
| 8 | CNABS | 142 | 1 and 7 and 4 and 5 |

通过浏览上述检索结果，获得一篇专利文献1，其是涉及有机发光显示面板，该有发光显示面板包括显示区域，该显示区域包括指纹识别区域和非指纹识别区域，指纹识别区域围绕非指纹识别区域，指纹识别区域的发光器件的阳极为透明电极，非指纹识别区域的发光器件的阳极为反射电极，透明电极由氧化铟锡或氧化铟锌材料制成。但是该专利文献未公开透明电极包括双层 ITO 导电层、反射电极为三层 ITO/Ag/ITO 导电层。

在中国专利全文库 CNTXT 进一步检索。由于是在全文库进行检索，并且本申请与上述专利文献的区别在于透明电极和反射电极的具体结构，采用双层 ITO、三层 ITO/Ag/ITO 的具体表达进行检索。

1	CNTXT	102375	H01L27/32/ic or H01L51/50/low/ic or G09G3/3208/low/ic or ((有机 or OLED) and 显示)/ti
2	CNTXT	89091	全面屏 or 全屏 or 满屏 or 窄边框 or 无边框 or 屏占比 or 小边框
3	CNTXT	1395	（像素电极 or 阳极）s ITO/Ag/ITO
4	CNTXT	8434	（像素电极 or 阳极）s（透明 or 透光 or 透过 or ITO）s（两 or 双）
5	CNTXT	126	1 and 2 and 3
6	CNTXT	189	1 and 2 and 4

通过浏览上述检索结果，未获得相关专利文献。使用 CPC 分类号进一步检索。

| 7 | CNTXT | 294 | H01L51/5215/cpc |

8	CNTXT	3438	ITO/Ag/ITO
9	CNTXT	710295	（透明 or 透光 or 透过 or ITO）s（两 or 双）
10	CNTXT	15	7 and 8
11	CNTXT	147	7 and 9

通过浏览上述检索结果，没有发现相关专利文献。

在德温特世界专利索引数据库 DWPI 中对全球专利申请进行检索。

1	DWPI	177187	H01L27/32/ic or H01L51/50/low/ic or G09G3/3208/low/ic or （（organic or OLED）and display）/ti
2	DWPI	800	H01L51/5215/cpc
3	DWPI	758	1 and 2
4	DWPI	9713	（（pixel w electrode）or anode）s（transparent or ITO）
5	DWPI	10172	（（pixel w electrode）or anode）s（reflect+ or "Ag" or silver）
6	DWPI	100	3 and 4
7	DWPI	60	3 and 5

通过浏览上述检索结果，获得一篇专利文献2，其是涉及 OLED 显示设备，该显示设备具有发光部和透光部，在发光部设置反射阳极，在透光部设置透明阳极，反射阳极包括透明电极层、反射电极、透明电极层的分层结构，透明电极层由 ITO 制成，反射电极由 Ag 制成，透明阳极包括双层透明电极的分层结构，透明电极由 ITO 制成。可见，该专利文献公开了透明电极包括双层 ITO 导电层、反射电极为三层 ITO/Ag/ITO 导电层，因此可结合专利文献1评价权利要求技术方案的创造性。

第二节　微型发光二极管（Micro LED）显示

一、专利技术综述

在德温特世界专利索引数据库 DWPI 中检索到涉及 Micro LED 显示领域的全球专利申请共计9453项（公开日自2002年1月1日至2022年2月28日），

本节将主要以上述数据作为研究对象进行分析。

(一) 概况

微型发光二极管显示,也称 Micro LED 显示,由微米级半导体发光单元阵列组成,通过将微米级 LED 芯片与驱动基板相连,对每个芯片的发光亮度进行精确控制,从而实现点间距小于 0.1mm 的图像显示。

与当前成熟的 LCD 和 OLED 显示等技术相比,Micro LED 显示具备明显优势,如使用寿命长、能量利用效率高、画面显示品质高、能耗低、响应时间短、极限分辨率高、单个 Micro LED 发光单元尺寸小等。Micro LED 可以应用到全尺寸、室内室外、硬性柔性基板、透明不透明基板等各类场景。但是由于 Micro LED 显示微缩化、集成化的特点,Micro LED 显示技术尚不成熟,如在驱动基板技术、巨量转移技术、LED 芯片技术等各个方面还需要进一步研究和完善。❶

在驱动基板技术方面,由于显示屏像素密度越来越高,驱动 IC 的数量也成倍增长,增加了模组设计难度。同时,高密度的像素排列带来更大的功耗,显示屏的无效功耗转化的热量会导致 LED 结晶和屏体温度上升,严重损害显示品质和产品可靠性。Micro LED 在使用时,电源驱动电流很低,传统 IC 的低灰阶状态表现欠佳,会造成 Micro LED 在相同电流下亮度差异较大甚至部分不亮的状况,因此,Micro LED 专用驱动 IC 需要更高的控制精度和更宽的工作电流范围。

巨量转移是 Micro LED 走向量产的关键技术。巨量转移是指通过某种高精度设备,将生长在外延基板上的巨量的 Micro LED 晶粒高速精准地转移到目标基板上,并且在晶粒和驱动电路之间实现良好的电气和机械连接。由于 Micro LED 尺寸只有几微米到几十微米、转移数量高达百万甚至上亿颗之多、良率在 99.9999% 以上等因素,巨量转移技术的瓶颈给 Micro LED 真正走向大规模商业化应用带来阻碍。另外,转移过程中对位精度要控制在 ±1.5μm 以内,这对巨量转移也是个不小的挑战。❷

在 LED 芯片技术方面,首先,存在芯片切割时导致芯片损坏的良率问题,要量产化,需要在 3nm 波长均匀性的条件下生产良率达到 90% 以上。其次,随着芯片尺寸的缩减,芯片发光效率会降低。再次,在器件构造过程中,等离子刻蚀会造成 Micro LED 芯片侧壁的损伤,产生严重的表面缺陷态,出现漏电问题,影响芯片发光特性和可靠性。

---

❶ 季洪雷,张萍萍,陈乃军,等. Micro-LED 显示的发展现状与技术挑战 [J]. 液晶与显示,2021,36 (8):12.

❷ 曹文贤. Micro LED 巨量转移技术的研究进展 [J]. 器件与设计,2021 (9):45.

(二) 专利申请状况

1. 全球专利申请趋势

图 4-2-1 示出了 2002—2020 年 Micro LED 显示领域的全球专利申请趋势。从图中可以看出，在 2011 年之前，涉及 Micro LED 显示的专利申请较少，从 2012 年开始增长，但增长比较缓慢，从 2016 年开始快速增长，至 2020 年的不完全统计数据，申请量已接近 2500 项。

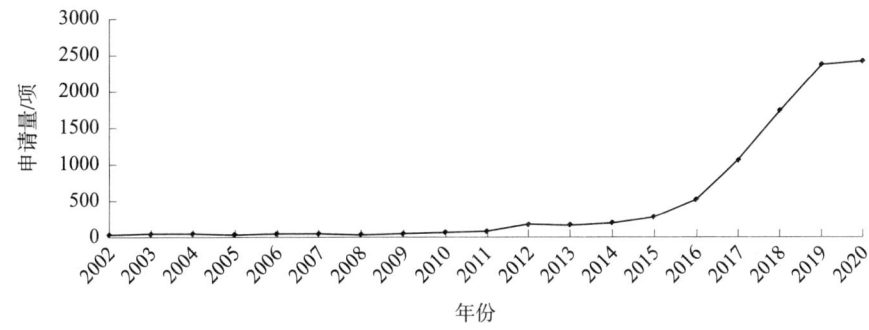

图 4-2-1 2002—2020 年 Micro LED 显示领域全球专利申请趋势

从上述 Micro LED 显示领域的全球专利申请趋势来看，在 2011 年之前，Micro LED 显示技术发展缓慢。自 2012 年索尼推出 Micro LED 电视样品开始，人们看到了 Micro LED 显示商业化的可能性，逐渐开始关注该技术；自 2014 年苹果进军 Micro LED 显示领域，并且在利亚德于 2016 年发布 LED 产品的刺激下，掀起了 Micro LED 显示的研究热潮，更多的企业进入了该领域，专利申请量迅速增长。从全球专利申请趋势来看，目前该领域正处于技术成长期，发展势头迅猛，也是当前显示领域的研究热点。

2. 专利申请来源和目标国家/地区分析

图 4-2-2 示出了 Micro LED 显示领域的专利申请来源和目标国家和地区分布情况。

来源国家和地区代表专利申请首次提交的国家和地区，主要反映了各个国家和地区的技术研发力量。Micro LED 显示领域的专利申请来源国家和地区主要是中国、美国、韩国、日本、中国台湾、欧洲等，其中来源于中国的专利申请远超过其他国家和地区，其次是美国，再次是韩国，之后是日本。

目标国家和地区代表专利申请主要向哪些国家和地区提交申请，主要反映了申请人对这些国家和地区的市场重视程度。从图中可以看出，Micro LED 显示领域的专利申请目标国家和地区与来源国家和地区一样，也是中国、美国、韩国、日本、中国台湾、欧洲,表明这些国家和地区是 Micro LED 显示领域的申请人关注和重视的热点市场。

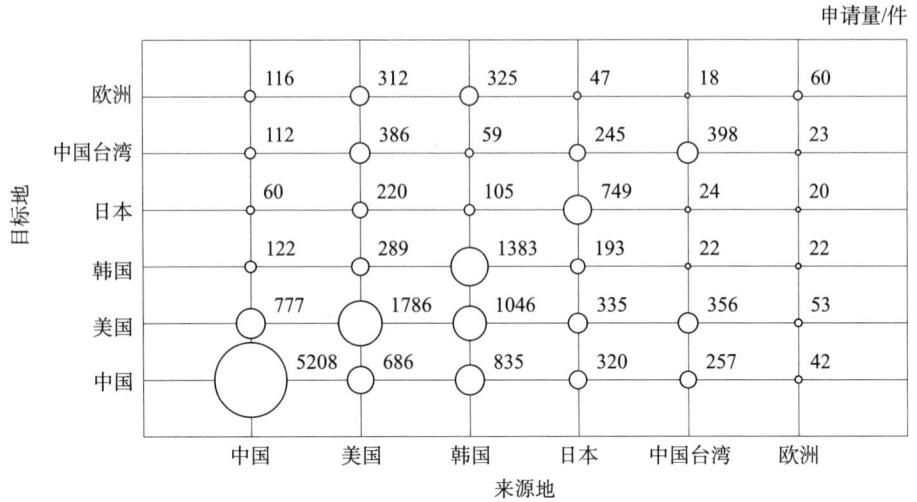

图 4-2-2　Micro LED 显示领域专利申请来源和目标国家和地区分布

此外,从图中可以看出,来源于各个国家和地区的专利申请首先是在本国家和地区进行专利布局,表明各个国家和地区的专利申请人均比较注重本土市场。除了本土市场外,美国是其他国家和地区的申请人最为注重的国际市场,其次是中国。中国申请人主要以占据美国市场为主,在韩国、欧洲、中国台湾也进行了一定量的专利布局,但专利申请数量不多,美国、欧洲申请人更注重在全球主要市场的均衡布局,韩国申请人以美国、中国、欧洲市场为主,日本申请人以美国、中国、中国台湾、韩国为主,中国台湾申请人主要关注美国和中国市场。

3. 主要目标国家/地区的专利申请趋势

图 4-2-3 示出了 2002—2020 年在中国、美国、韩国、日本、中国台湾、欧洲各个国家和地区 Micro LED 显示领域的专利申请趋势。

从图中可以看出,与全球专利申请趋势相同,在 2011 年之前,在上述国家和地区提交的专利申请较少。从 2012 年开始,在中国和美国提交的专利申请开始缓慢增加,从 2016 年开始迅速增加,在中国提交的专利申请在 2020 年达到 1800 件以上,从前面的分析可知,来源于中国的专利申请远超其他国家和地区,虽然美国、韩国、日本、中国台湾、欧洲申请人均在中国提交了一部分专利申请,但是从整体上来看,中国在 Micro LED 显示领域进步较快,并且保持着极高的研发热情。

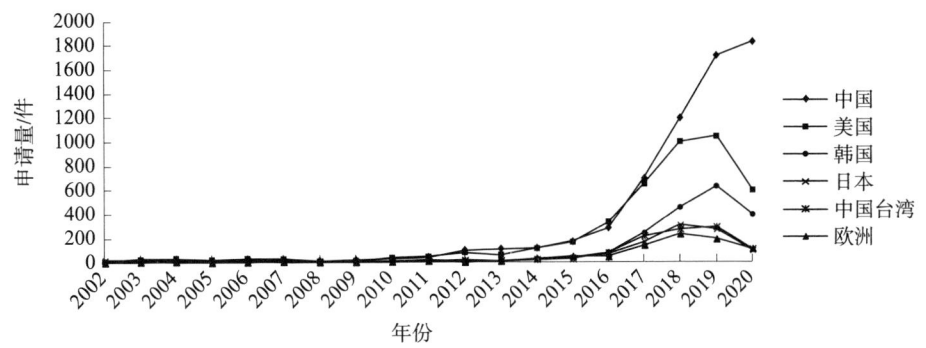

图 4-2-3 2002—2020 年主要国家和地区的专利申请趋势

在美国提交的专利申请在 2019 年达到顶峰，超过 1000 件。其中不仅来源于美国的专利申请比较多，而且中国、韩国、日本、中国台湾、欧洲申请人也都极为重视美国市场，这些国家和地区的申请人均在美国进行了相当多的专利布局。在美国提交的专利申请中除了美国申请人外，有相当一部分是其他国家和地区的申请人提交的，表明美国仍是各国家和地区申请人除本土市场外最为重视的市场。

在韩国、日本、中国台湾、欧洲提交的专利申请基本一直都少于中国和美国，从 2014 年才开始缓慢增长，从 2016 年开始快速增长，增长速度低于在中国和美国的专利申请量；在韩国提交的专利申请相对多些，在日本、中国台湾、欧洲提交的专利申请相差不大。

(三) 申请人分析

1. 全球/中国专利申请的申请人排名

图 4-2-4 示出了 Micro LED 显示领域全球专利申请量排名前十位的主要申请人。其中，专利申请量最多的是三星，超过了 800 项；其次是京东方，超过了 700 项；再次是华星光电，接近 600 项；之后是 LG、康佳、天马微电子、思坦、维信诺、群创光电、錼创，其中 LG 有 400 项左右，康佳、天马微电子、思坦比较接近，有 300 项左右，维信诺、群光光电、錼创在 200~300 项。

在前十位申请人中，有六位中国申请人，分别是京东方、华星光电、康佳、天马微电子、思坦、维信诺；有两位韩国申请人，分别是三星和 LG；有两位中国台湾申请人，是群创光电、錼创。

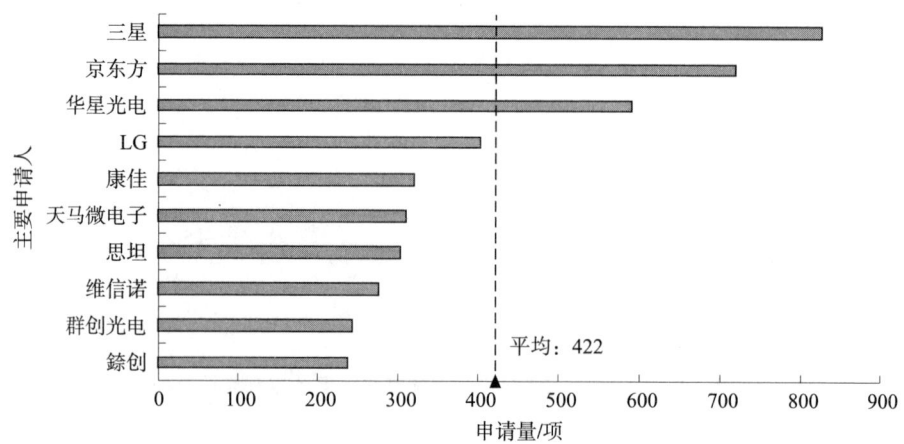

图 4-2-4 Micro LED 显示领域全球专利申请主要申请人排名

图 4-2-5 示出了 Micro LED 显示领域中国专利申请量排名前十的主要申请人。其中，专利申请量最多的是京东方，超过了 700 件；接下来是华星光电和三星，接近 600 件；之后是天马微电子、思坦、康佳，在 300 件左右；维信诺排在第七位，不到 300 件；友达光电、LG、群创光电比较接近，超过了 150 件。

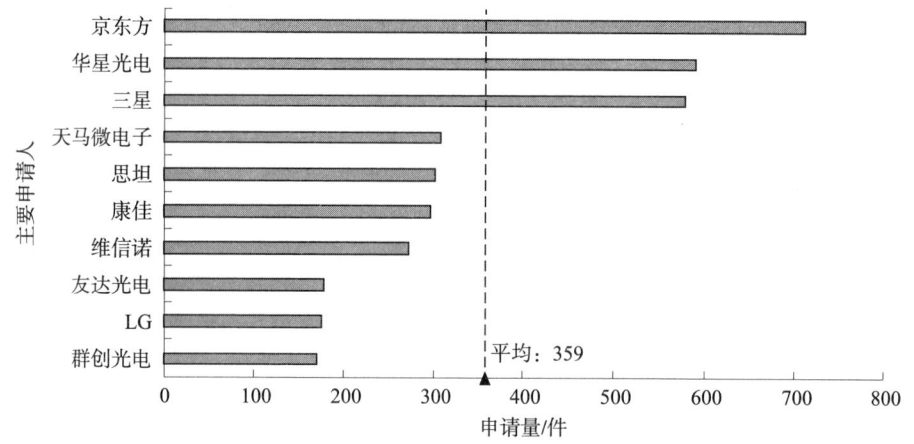

图 4-2-5 Micro LED 显示领域中国专利申请主要申请人排名

在前十位申请人中，有六位中国申请人，分别是京东方、华星光电、天马微电子、思坦、康佳、维信诺；有两位韩国申请人，分别是三星和 LG；有两位中国台湾申请人，分别是群创光电、友达光电。

2. 主要申请人技术分支分布

图4-2-6示出了前十位申请人在驱动基板、巨量转移、LED芯片技术分支的专利申请情况。从图中可以看出，除了群创光电外，其他申请人在三个技术分支的专利分布相对比较均衡，如三星虽然在涉及驱动基板的专利申请最多，但是在巨量转移、LED芯片也提交了比较多的专利申请，而京东方、华星光电、天马微电子、维信诺也是如此。LG、思坦和镓创在上述三个技术分支的分布情况类似，均是在LED芯片方面提交了最多的专利申请，其次是巨量转移，最后是驱动基板。康佳在巨量转移方面提交了最多的专利申请，其次是LED芯片，最后是驱动基板。由以上分析可知，前十位申请人的研发重点各有侧重，有些注重驱动基板，有些注重LED芯片，有些注重巨量转移，表明这三个技术分支在该领域均占有重要地位。

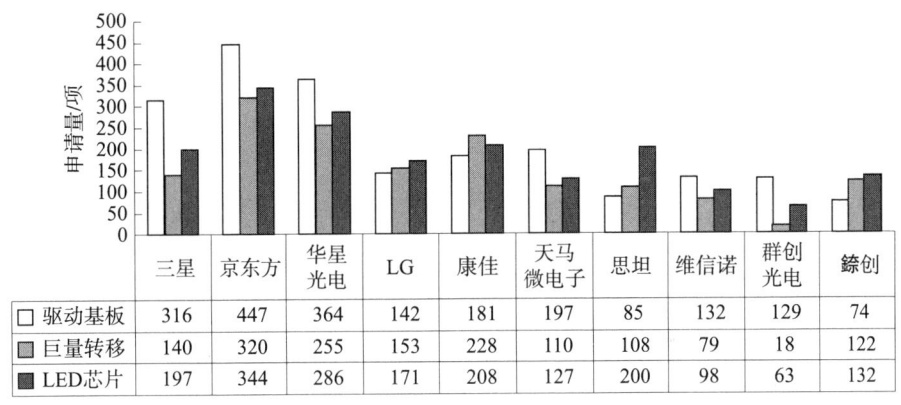

图4-2-6 全球专利申请主要申请人技术分支

3. 主要申请人具体分析

（1）三星。

图4-2-7示出了2002—2020年三星涉及Micro LED显示领域的全球专利申请趋势。从图中可以看出，在2014年以前，三星在Micro Led显示领域的全球专利申请量很少，从2015年开始增加，但增长缓慢，从2018年开始快速增加，至2020年已超过350项。

三星的专利申请主要以驱动基板为主，巨量转移和LED芯片的专利申请量相差不大。图4-2-8示出了三星在驱动基板、巨量转移、LED芯片技术分支的专利申请趋势。从图中可以看出，在2014年之前，三星在LED芯片方面有少量的专利申请，从2017年开始快速增加，驱动基板和巨量转移的专利申请在2015年之前几乎没有，驱动基板的专利申请从2016年开始增加，并逐渐超过

LED 芯片的专利申请，2017 年以后这三个技术分支的专利申请均快速增长，驱动基板增长最快，其次是 LED 芯片，最后是巨量转移。

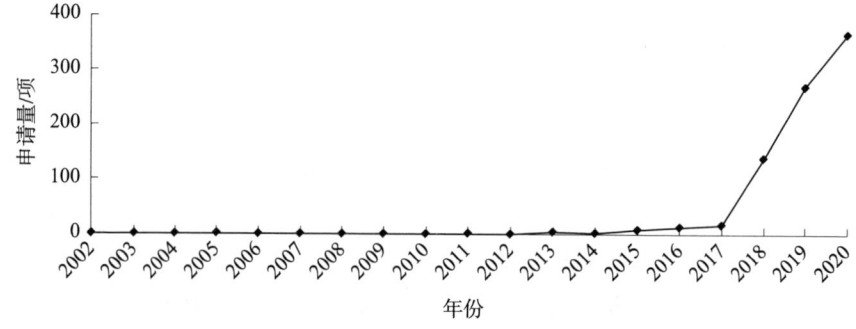

图 4-2-7　2002—2020 年三星在 Micro LED 显示领域的全球专利申请趋势

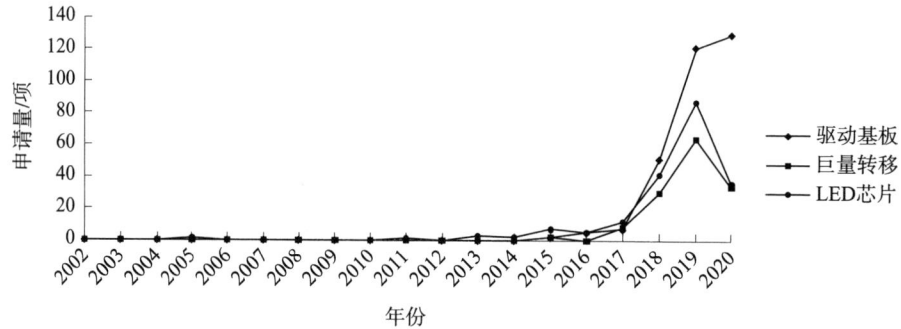

图 4-2-8　2002—2020 年三星在 Micro LED 显示领域的主要技术分支专利申请趋势

（2）京东方。

图 4-2-9 示出了 2002—2020 年京东方涉及 Micro LED 显示领域的全球专利申请趋势。从图中可以看出，在 2015 年以前，京东方几乎没有相关方面的专利申请，从 2016 年开始增加，增长速度逐渐加快，至 2019 年超过 220 项。

京东方在驱动基板、巨量转移、LED 芯片三个技术分支的专利申请量相差不大。图 4-2-10 示出了京东方在驱动基板、巨量转移、LED 芯片技术分支的专利申请趋势。从图中可以看出，在 2015 年以前，京东方在驱动基板、巨量转移、LED 芯片方面几乎没有专利申请，从 2016 年开始，这三个技术分支的专利申请开始增加，开始时增加速度不相上下，之后驱动基板的增长加快，至 2019 年超过 160 项，涉及巨量转移和 LED 芯片的专利申请在 2019 年介于 120～140 项。可见，这三个技术分支均是京东方关注的技术分支。

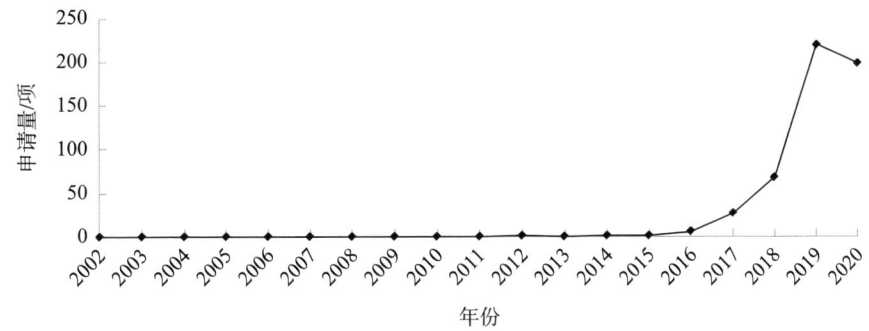

图4-2-9　2002—2020年京东方在Micro LED显示领域的全球专利申请趋势

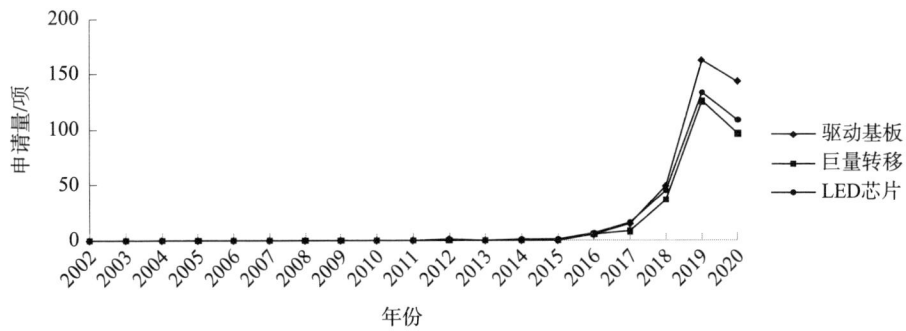

图4-2-10　2002—2020年京东方在Micro LED
显示领域的主要技术分支专利申请趋势

(3) 华星光电。

图4-2-11示出了2002—2020年华星光电涉及Micro LED显示领域的全球专利申请趋势。从图中可以看出，在2015年以前华星光电没有相关专利申请，从2016年开始提交相关技术的专利申请，2018年与2017年保持平衡，从2019年开始快速增长，至2020年已接近200项。

与京东方类似，华星光电在驱动基板、巨量转移、LED芯片三个技术分支的专利申请量相差不大。图4-2-12示出了华星光电在驱动基板、巨量转移、LED芯片技术分支的专利申请趋势。从图中可以看出，从2016年开始，华星光电开始提交这三个技术分支的专利申请，2017年继续增长，2018年有所下降，之后又快速增长，驱动基板增长最快，其次是LED芯片，最后是巨量转移。

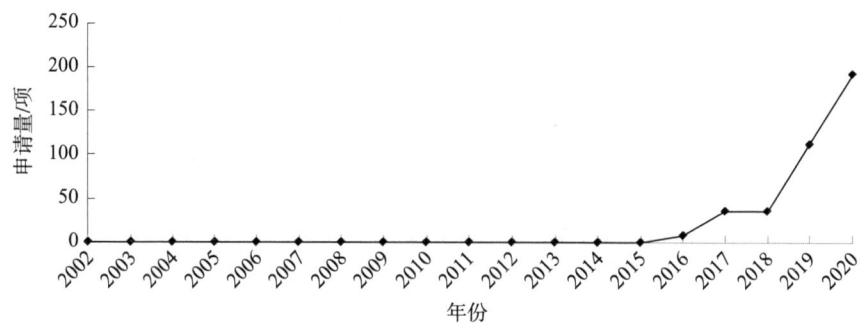

图 4-2-11 2002—2020 年华星光电在 Micro LED 显示领域的全球专利申请趋势

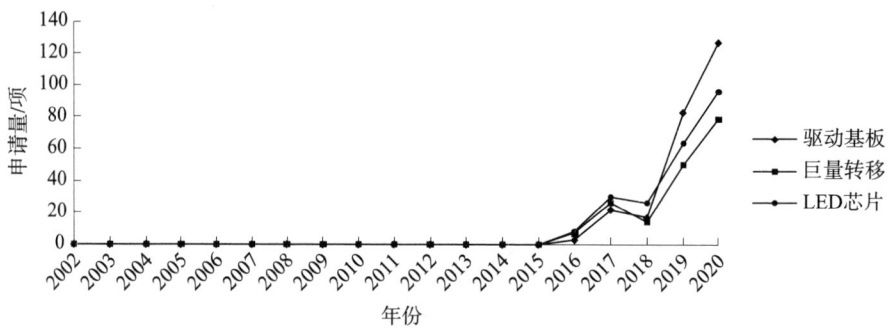

图 4-2-12 2002—2020 年华星光电在 Micro LED 显示领域的主要技术分支专利申请趋势

(四) 重点技术分析

1. 驱动基板

图 4-2-13 示出了 2002—2020 年驱动基板的全球专利申请趋势。从图中可以看出,在 2015 年之前,驱动基板的全球专利申请量整体上在不断增长,但是增速缓慢,从 2016 年开始快速增长,至 2019 年已接近 1200 项。从全球专利申请趋势上看,驱动基板正处于快速发展期。

图 4-2-14 示出了驱动基板技术分支全球专利申请量排名前十的主要申请人。其中,专利申请量最多的是京东方,接近 450 项;之后是华星光电,超过了 350 项;再次是三星,超过 300 项;天马微电子和康佳均超过了 150 项;LG、维信诺和群创光电比较接近,在 130 项左右;苹果和英特尔比较接近,在 100 项左右。

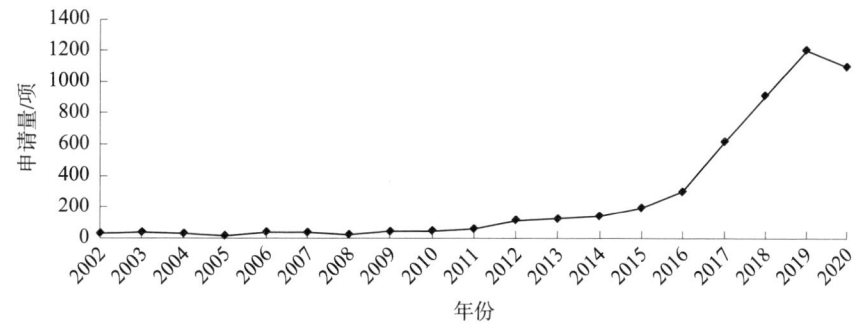

图 4-2-13　2002—2020 年驱动基板全球专利申请趋势

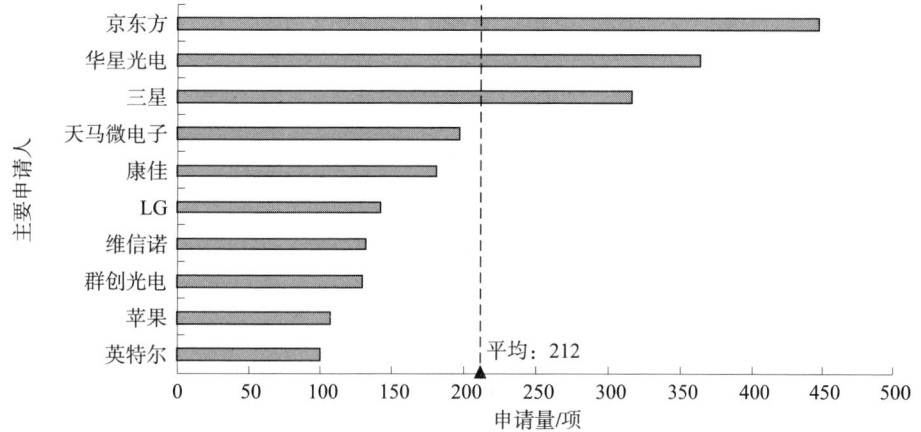

图 4-2-14　驱动基板全球专利申请主要申请人排名

在前十位申请人中，有五位中国申请人，分别是京东方、华星光电、天马微电子、康佳、维信诺；有两位韩国申请人，分别是三星、LG；有两位美国申请人，分别是苹果、英特尔；有一位中国台湾申请人，是群创光电。

Micro LED 显示的驱动基板涉及硅基 CMOS 驱动、薄膜晶体管驱动等，由于 Micro LED 显示驱动电流较低，需要对现有的驱动基板进行改进。下面是涉及驱动基板的一些重要专利。

欧库勒斯申请了一种硅基彩色 ILED 显示器的专利（公告号 CN107078132B），最早优先权日为 2014 年 7 月 31 日，在中国、美国、韩国、日本、欧洲都进行了布局，并在中国、美国、日本、欧洲均已获得了授权。技术方案为首先制造包括多个 ILED 发射器的多个分立的 ILED 阵列芯片，然后将多个分立的 ILED 阵列芯片定位在载体基板上，再将多个 ILED 阵列芯片的第一表面接合至驱动器底板,使得多个ILED阵列芯片的电触点与驱动器底板电连通,驱动器底板包括用于驱动ILED阵列芯片的电子器件,驱动器底板由硅片、TFT底板等电子器件形成。

苹果申请了一种用于微驱动器和微LED的底板结构的专利(公告号CN108701691B),最早优先权日为2016年2月18日,在中国、美国、韩国、日本、欧洲都进行了布局,并在中国、美国、韩国、日本均已获得了授权。如图4-2-16所示,其中微驱动器芯片120包括形成在微驱动器芯片的底表面中的多个沟槽114,每个沟槽围绕在微驱动器芯片主体的底表面下方延伸的导电立柱134,导电立柱134刺穿显示器衬底202上的焊料材料206,焊料材料回流并且由形成在微驱动器芯片120中的沟槽114容纳,沟槽114可以抑制由于焊料材料206的过度回流而在相邻的接触垫204或导电立柱134上发生电短路的可能性。

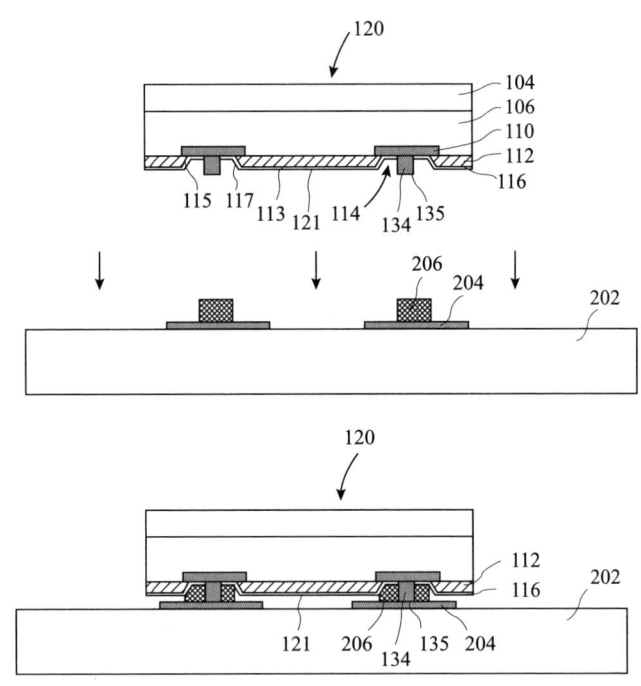

图4-2-15　CN108701691B的底板结构

2. 巨量转移

图4-2-16示出了2002—2020年巨量转移的全球专利申请趋势。从图中可以看出,巨量转移的全球专利申请量自2010年开始缓慢增长,从2016年开始快速增长,至2019年已超过了900项。从全球专利申请趋势上看,巨量转移

也正处于快速发展期。

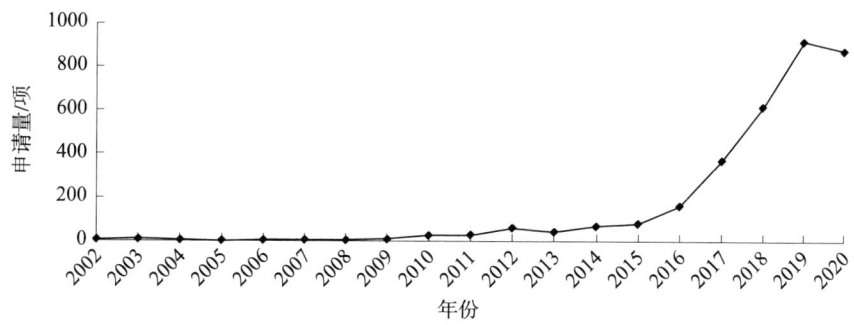

图 4-2-16 2002—2020 年巨量转移全球专利申请趋势

图 4-2-17 示出了巨量转移技术分支全球专利申请量排名前十的主要申请人。其中，专利申请量最多的仍是京东方，超过了 300 项；之后是华星光电，超过了 250 项；再次是康佳，超过了 225 项；LG 超过了 150 项；三星接近 150 项；苹果和维信诺比较接近，在 125 项左右；天马微电子和思坦超过了 100 项；辰显光电超过了 80 项。

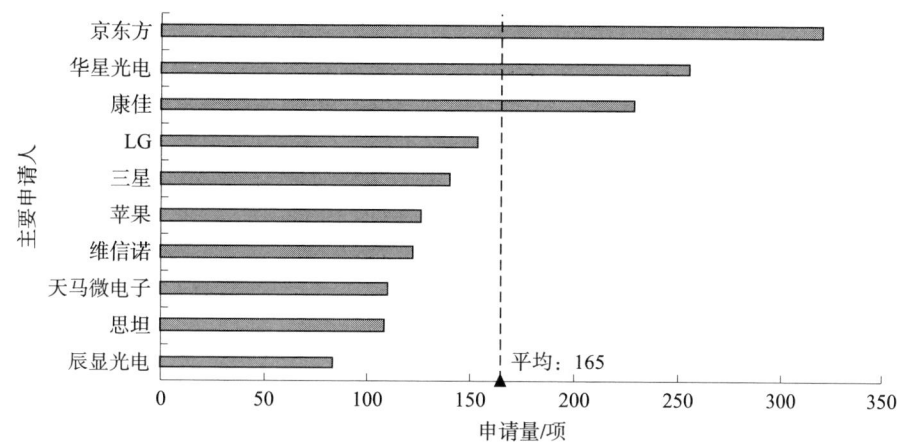

图 4-2-17 巨量转移全球专利申请主要申请人排名

在前十位申请人中，有七位中国申请人，分别是京东方、华星光电、康佳、维信诺、天马微电子、思坦、辰显光电；有两位韩国申请人，分别是 LG、三星；有一位美国申请人，是苹果。

巨量转移是实现 Micro LED 显示应用的关键技术。巨量转移技术包括静电吸附转移、电磁吸附转移、流体自组装转移、范德华力转移、激光转移、滚轮转印等技术。下面是涉及巨量转移的一些重要专利。

伊利诺伊大学申请了一种通过对弹性体印模的黏附的动态控制的图案转移印刷的专利（公告号 US7943491B2），最早优先权日为 2004 年 6 月 4 日，在中国、美国、韩国、日本、欧洲、印度、中国香港、新加坡、马来西亚都进行了布局，并在中国、美国、韩国、日本、欧洲、印度、新加坡均已获得了授权。如图 4-2-18 所示，首先制备支持固体物体 40 的完全形成的有组织阵列的供体衬底 20，使软弹性体转印装置 10 与这些固体物体接触，其由通常由范德华相互作用主导的广义黏附力驱动，以足够高的分离速度将转印装置 10 与供体衬底 20 分离，然后使转印装置 10 与接收基板 30 接触，以足够低的分离速度使固体物体 40 优先黏附到接收基板 30 的表面 35 并与转移表面 15 分离。

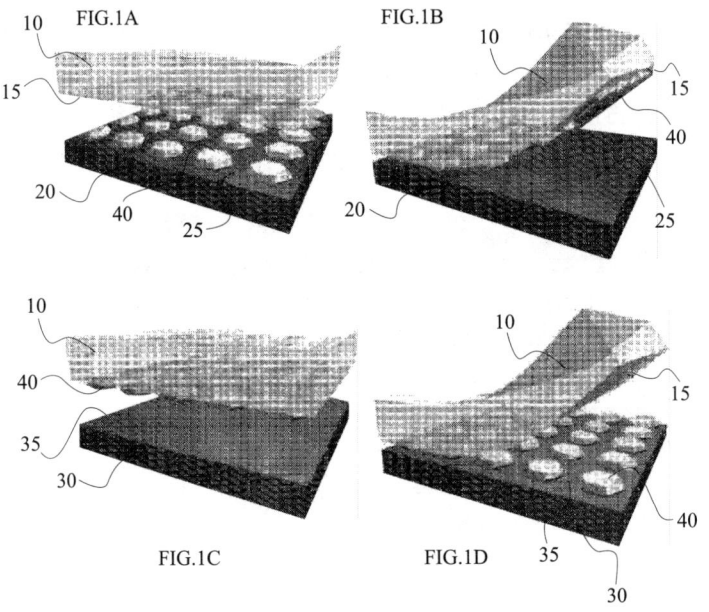

图 4-2-18　US7943491B2 转印印刷固体物体

勒克斯维申请了一种微器件转送头的专利（公告号 CN104054167B），最早优先权日为 2011 年 11 月 18 日，在中国、美国、韩国、日本、欧洲、印度、巴西、澳大路亚、墨西哥都进行了布局，并且均已获得了授权。如图 4-2-19 所示，该微器件转送头通过静电夹持微 LED，并将微 LED 释放到接收衬底的驱动器触点上。

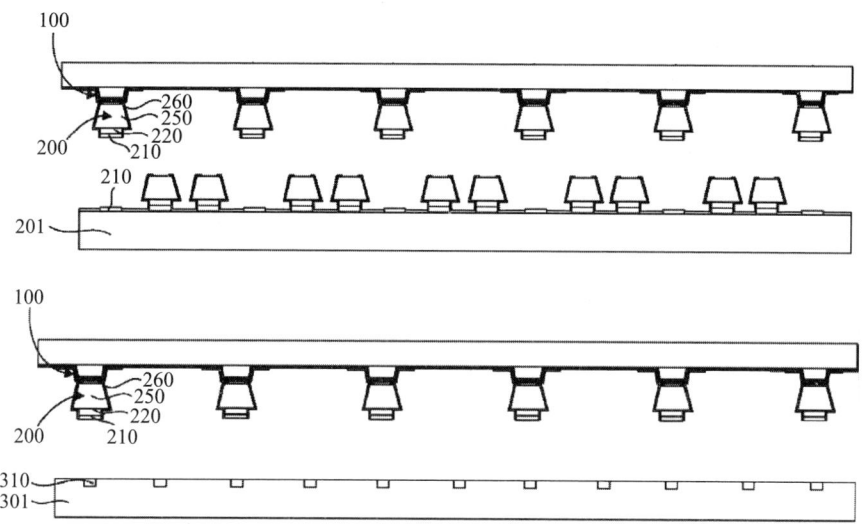

图 4-2-19　CN104054167B 的转移微 LED

3. LED 芯片

图 4-2-20 示出了 2002—2020 年 LED 芯片的全球专利申请趋势。从图中可以看出，2002—2011 年 LED 芯片的全球专利申请量相对比较平稳，从 2012 年开始缓慢增长，从 2016 年开始快速增长，至 2019 年已达到 1200 项，表明 LED 芯片发展也比较迅速。LED 芯片、驱动基板、巨量转移这三个技术分支呈齐头并进的发展趋势。

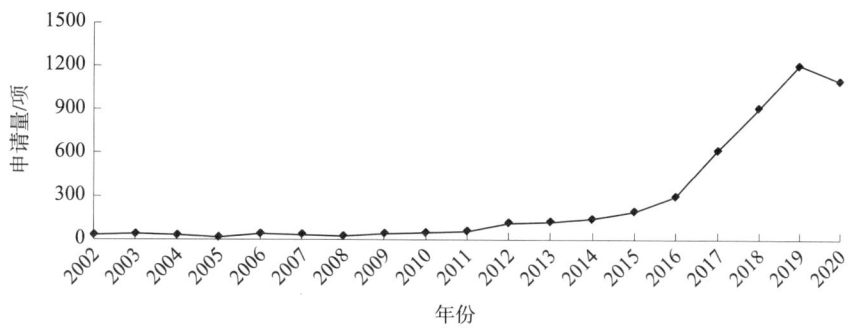

图 4-2-20　2002—2020 年 LED 芯片全球专利申请趋势

图 4-2-21 示出了 LED 芯片技术分支全球专利申请量排名前十的主要申请人。其中，专利申请量最多的仍是京东方，接近 350 项；之后是华星光电，超过了 280 项；康佳、思坦和三星比较接近，在 200 项左右；LG 和苹果超过了 150 项；鋐创、天马微电子、脸谱在 125 项左右。

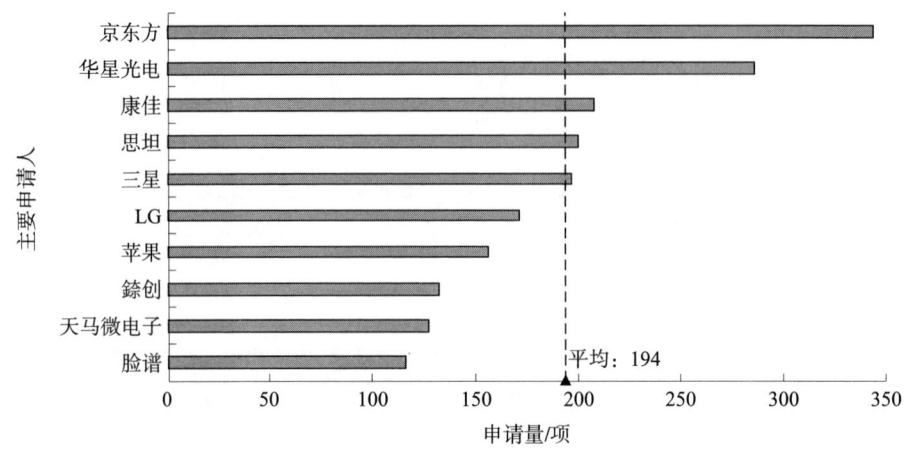

图4-2-21 LED芯片全球专利申请主要申请人排名

在前十位申请人中,有六位中国申请人,分别是京东方、华星光电、康佳、思坦、鋑创、天马微电子;有两位韩国申请人,分别是三星、LG;有两位美国申请人,分别是苹果、脸谱。

Micro LED 芯片的外延质量会直接影响显示效果,如 Micro LED 芯片的表面缺陷、位错密度、波长均匀性等都会对 Micro LED 显示效果产生影响。下面是涉及 LED 芯片的一些重要专利。

勒克斯维申请了一种具有内部限制的电流注入区域的 LED 的专利(公告号 CN105814698B),最早优先权日为 2013 年 12 月 27 日,在中国、美国、韩国、日本、欧洲、澳大利亚都进行了布局,并在中国、美国、韩国、日本均已获得了授权。如图 4-2-22 所示,该 LED 器件包括位于第一电流扩展层支柱 118 和第二电流扩展层 104 之间的有源层 108,第一电流扩展层支柱 118 掺杂有第一掺杂物类型,第二电流扩展层 104 掺杂有与第一掺杂物类型相反的第二掺杂物类型,第一覆层 110 位于第一电流扩展层支柱 118 和有源层 108 之间,第二覆层 106 位于第二电流扩展层 104 和有源层 108 之间,第一电流扩展层支柱远离第一覆层 110 突出,并且第一覆层 110 比第一电流扩展层支柱 118 宽,钝化层 120 沿底部覆层 110 的底表面和底部电流扩展层支柱 118 的侧壁延伸,在钝化层中的开口内形成底部导电接触件 124,顶部电流扩展层 104 的顶表面 162 比底部电流扩展层支柱 118 的底表面宽,有更大的表面区域便于用于静电拾取。在工作时,在减小底部电流扩展层支柱配置的面积时,减小了电流注入区域,将电流注入区域限制在有源层内,远离有源层外部或侧表面,使得 LED 器件的光视效能和亮度增大。

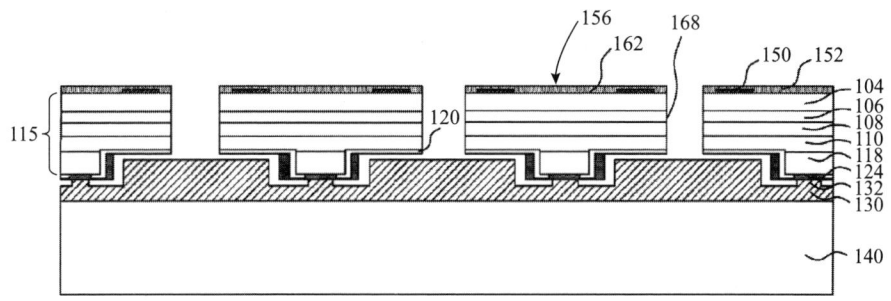

图 4-2-22　CN105814698B 的 LED 结构

LG 申请了一种发光器件的专利（公告号 CN109830584B），最早优先权日为 2017 年 12 月 7 日，在中国、美国、韩国都进行了布局，并且均已获得了授权。如图 4-2-23 所示，该发光器件包括发光层 EL、第一电极 E1 和第二电极 E2，发光层 EL 包括第一半导体层 151、有源层 152 和第二半导体层 153，第一电极 E1 包括第一电极 E1-1、E1-2，第二电极 E2 包括第二电极 E2-1、E2-2，第一电极 E1-2 通过设置在第二半导体层 153 中的接触孔 CNT 连接第一半导体层 151，第二电极 E2-1 和 E2-2 通过绝缘膜 PAS 与有源层 152 和第一半导体层 151 绝缘并且连接到公共电源线。即使发光器件在被设置在基板上时错误取向，发光器件也能够实现电连接。

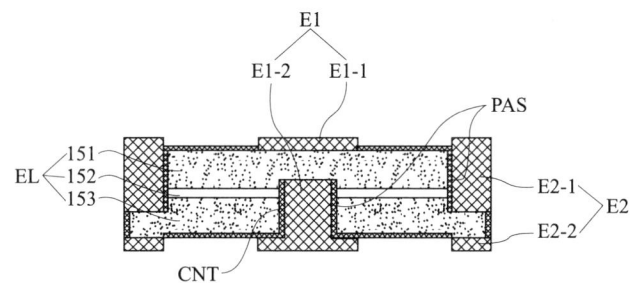

图 4-2-23　CN109830584B 的发光器件结构

二、检索策略及案例解析

（一）检索策略

涉及 Mirco LED 显示技术的专利申请量相对较少，主要申请人的专利申请量占比不多，表明 Mirco LED 显示技术的专利申请相对比较分散，在检索时不仅要关注对主要申请人进行检索，还要注重对关键词、分类号等检索要素的全面表达。但是在某些技术分支，如巨量转移技术，由于该技术涉及多种转移方式，而每种转移方式早期都有代表性的公司，在检索时要注重对这些公司进行检索。

在检索时，检索要素的准确表达是难点。例如，对于 Mirco LED 显示来说，其表达多样，如"微型 LED 显示""微型发光二极管显示""微缩化发光二极管显示""微距发光二极管显示""微纳发光二极管显示""Mirco LED""μLED""微小尺寸发光二极管显示""微显示 LED""微型显示发光二极管"等。Mirco LED 显示涉及的 IPC 分类号比较繁杂，其中 H01L27/15 是其对应的主要 IPC 分类号；此外，H01L33、H01L25、G09F9、G09G3 等 IPC 分类号也涉及 Mirco LED，涉及 Mirco LED 芯片改进的专利申请多分在 H01L33 下。在对该检索要素进行表达时，需要考虑使用不同字段和同在算符并结合分类号进行表达，以便准确限定技术领域。此外，巨量转移是微型 LED 显示的专有技术，将 Mirco LED 与巨量转移进行同时表达也可表示 Mirco LED 显示技术领域。

Mirco LED 显示的表达形式多样，对应于 Mirco LED 芯片的表达形式也很多，在检索时可以使用同在算符表达微型 LED。"转移"是本领域比较通用、准确的表达，部分文献也会使用"转运""转印"，但是转移的英文表达"transfer"是本领域通用的表达方式，在检索转移技术分支时，除了进行上述扩展外，通常不需要进行过多的扩展。

与 OLED 显示不同，H01L27/15 下涉及的 CPC 分类号较少，但是在 H01L33 下有对应的 CPC 分类号细分，在对涉及 Mirco LED 芯片的专利申请进行检索时，需要注重运用 H01L33 下的 CPC 分类号。

在使用技术手段对应的检索要素进行检索的效果不理想时，可以利用对应于技术问题与技术效果的检索要素进一步检索，并对检索要素的表达形式进行充分扩展。例如，对于解决芯片漏电流技术问题的专利申请，由于"漏电流"是本领域比较通用的表达，可以将"漏电流"作为检索要素进行检索，并且可以扩展为"漏电""电流"等。

（二）检索要素

根据 Mirco LED 显示技术领域的常规表达，确定了对应技术领域及技术分支的相关检索要素，包括关键词及对应的分类号，如表 4-2-1 所示。

表 4-2-1 检索要素

检索要素	中文关键词	英文关键词	IPC (2022.01 版)	CPC (2022.05 版)
Mirco LED 显示	微型；微；微米；微缩化；微距；微纳；微小	micro；μ	H01L27/15； H01L33/00； G09F9/33； G09G3/32	H01L27/15；H01L33/00； H01L2933/00；G09F9/33； H01L25/167；G09G3/32
	发光二极管；发光二极体	LED；light emitting diode		
	显示	display		
驱动基板	驱动；阵列；晶体管	drive；array；transistor；TFT		
	基板；背板；电路；线路；晶圆；面板；芯片；单元；组件；元件	plate；board；substrate；circuit；wafer；panel；chip；die；cell；unit；module；element；component		
巨量转移	转移；转运；转印	transfer		
LED 芯片	发光二极管；发光二极体	LED；light emitting diode		
	芯片；晶片	chip		

(三) 案例解析

1. 案例 4-2-1：一种阵列基板、显示面板及显示装置

(1) 案情概述。

本申请涉及微型 LED 显示技术。目前，显示技术包括投影显示技术、液晶显示技术及 OLED 显示技术。投影显示技术和液晶显示技术采用被动发光的方式，需要另外提供光源，因此被动发光方式下的显示屏存在屏厚、体积较大和安装复杂的问题。OLED 显示技术采用主动发光的方式，具有厚度薄、亮度高和色域广的优点，然而存在成本高和寿命短的问题。综上，现有的显示技术在实际应用时受到了很大的限制，阻碍了显示面板在透明显示和大屏幕显示等更广泛领域的推广和量产。

本申请提供一种显示面板，可以实现一种成本低、厚度薄、体积小、易安

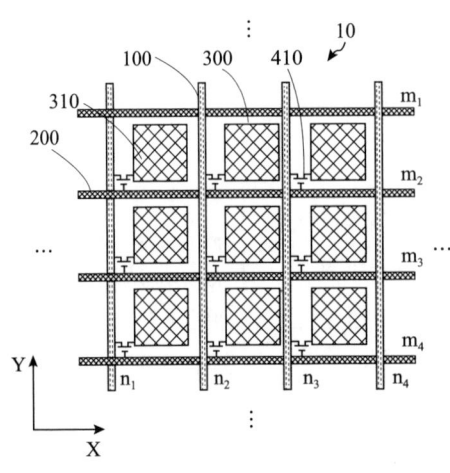

图 4-2-24 本申请技术方案的附图

装和寿命长的显示面板,推动显示面板的推广和量产。如图 4-2-24 所示,该显示面板包括多条数据线 100 和多条扫描线 200,数据线 100 和扫描线 200 交叉限定出至少一个子像素单元 300,像素单元 300 包括微发光二极管 310,数据线 100 和扫描线 200 用于为微发光二极管 310 提供驱动信号。通过在子像素单元中设置微发光二极管及设置限定出子像素单元的数据线和扫描线,并通过数据线和扫描线为该微发光二极管提供驱动信号,既解决了现有的液晶显示器屏厚、体积较大和安装复杂的问题,又解决了 OLED 显示器成本高和寿命短的问题,实现了一种成本低、厚度薄、体积小、易安装和寿命长的阵列基板及显示面板,推动显示面板的推广和量产。

本申请权利要求的技术方案如下。

一种显示面板,其特征在于,包括

多条数据线和多条扫描线,所述数据线和所述扫描线交叉限定出至少一个子像素单元;

其中,所述子像素单元包括微发光二极管,所述数据线和所述扫描线用于为所述微发光二极管提供驱动信号。

(2) 充分理解发明。

本申请涉及的技术领域是微型 LED 显示技术领域,具体为阵列基板技术,本申请记载的要解决的技术问题是实现一种成本低、厚度薄、体积小、易安装和寿命长的显示面板并推动显示面板的推广和量产。从本申请记载的技术方案可知,本申请实质是提供一种可驱动的微型 LED 显示面板,采用的关键技术手段是为微发光二极管设置数据线和扫描线以提供驱动信号,技术效果是获得了有源驱动的微型 LED 显示面板。可知,本申请的发明构思是为微发光二极管阵列设置数据线和扫描线以形成有源驱动的微型 LED 显示面板。

(3) 检索过程分析。

本申请涉及微型 LED 显示技术,权利要求中记载了显示面板及子像素单元为微发光二极管,表明权利要求的技术方案属于微型 LED 显示技术领域。此外,本申请是为微发光二极管设置数据线和扫描线,其实质是为微发光二极管提供驱动基板,权利要求中也限定了数据线和扫描线,表明权利要求的技术方案属于驱动基板技术,但是由于数据线和扫描线已表明涉及驱动基板技术,因此在采用数据线和扫描线作为检索要素的情况下,不再考虑使用驱动基板作为检索要素。据此,提取检索要素:微型 LED 显示。由于巨量转移技术是微型 LED 显示专有的技术,在进行技术领域限定时同时考虑使用检索要素:转移 or 转印 or 转运。

本申请的关键技术手段是为微发光二极管阵列设置数据线和扫描线以形成有源驱动的微型 LED 显示面板。据此,提取检索要素:数据线、扫描线、驱动、微型 LED。

从本申请解决的技术问题和获得技术效果提取检索要素:驱动、微型 LED。由于与前面提取的检索要素重复,因此不再从技术问题和技术效果提取检索要素。

首先,根据确定的检索要素在中国专利文摘库 CNABS 中进行检索。

1	CNABS	2266	((微 or micro or μ) and (LED or 发光二极管 or 发光二极体) and (显示 or 转移 or 转印 or 转运))/ti
2	CNABS	6396	((微 or micro or μ) s (LED or 发光二极管 or 发光二极体) s (显示 or 转移 or 转印 or 转运)) and (H01L or H05B33 or G09F9 or G09G)/ic
3	CNABS	6862	1 or 2
4	CNABS	12516	数据线 and 扫描线
5	CNABS	125	3 and 4
6	CNABS	1303	驱动 s ((微 or micro or μ) 3w (LED or 发光二极管 or 发光二极体))
7	CNABS	910	3 and 6

在本领域,含有数据线和扫描线的驱动基板一般都是利用晶体管进行驱动,进一步使用"晶体管"检索要素来缩小范围进行检索。

8	CNABS	134	驱动 s 晶体管 s ((微 or micro or μ) 3w (LED or 发光二极管 or 发光二极体))

通过浏览上述检索结果,获得一篇专利文献 1,其涉及微发光二极管半导体显示器件,该微发光二极管半导体显示器件包括硅基底及在硅基底上呈阵列排布的微发光二极管,硅基底中集成了像素电路,用于驱动微发光二极管,像

素电路与微发光二极管呈现一一对应关系，像素电路包括驱动晶体管，硅基底中集成了行驱动电路和列驱动电路，行驱动电路用于产生像素电路的选通信号，列驱动电路用于产生像素电路的数据信号。该专利文献公开了本申请独立权利要求的技术方案，可用于评价独立权利要求的技术方案。

在中国专利全文库 CNTXT 进一步检索。

1	CNTXT	2266	（（微 or micro or μ） and （LED or 发光二极管 or 发光二极体） and （显示 or 转移 or 转印 or 转运））/ti
2	CNTXT	20724	（（微 or micro or μ）s（LED or 发光二极管 or 发光二极体）s（显示 or 转移 or 转印 or 转运））and（H01L or H05B33 or G09F9 or G09G）/ic
3	CNTXT	21068	1 or 2
4	CNTXT	30588	数据线 and 扫描线
5	CNTXT	1755	3 and 4
6	CNTXT	622	驱动 s 晶体管 s（（微 or micro or μ）3w（LED or 发光二极管 or 发光二极体））
7	CNTXT	124	5 and 6

通过浏览上述检索结果，未获得相关专利文献。

利用上述检索要素，在德温特世界专利索引数据库 DWPI 中对全球专利申请进行检索。

1	DWPI	3060	（（micro or "μ"）and（LED or（light w emit+w diode?））and（display or transfer+））/ti
2	DWPI	4344	（（micro or "μ"）s（LED or（light w emit+w diode?））s（display or transfer+））and（H01L or H05B33 or G09F9 or G09G）/ic
3	DWPI	5086	1 or 2
4	DWPI	186374	data and scan+
5	DWPI	103	3 and 4
6	DWPI	59417	driv+ s transistor
7	DWPI	170	3 and 6

通过浏览上述检索结果，同样获得了该专利文献 1。

2. 案例4-2-2：发光二极管基板及其制备方法、显示装置

(1) 案情概述。

本申请涉及 Micro LED 的制备方法。与 LCD 和 OLED 显示相比，无机微型发光二极管显示亮度更高、响应速度更快、适用温度更广，寿命更长，而且功耗有望更低。无机微型发光二极管可包括基于Ⅲ~Ⅴ族的无机微型发光二极管。随着索尼展出 55 英寸的全高清发光二极管电视、苹果收购初创（LuxVue），微型发光二极管显示技术近年来受到较多关注。

本申请提供一种 Micro LED 的制备方法，以更好地将 LED 单元从承载基板上转移到接收基板上。如图 4-2-25 所示，首先，将承载有多个 LED 单元 100 的承载基板 01 与接收基板 02 对置，承载基板 01 朝向接收基板 02 的一面承载多个 LED 单元 100；其次，利用激光对承载基板 01 远离接收基板 02 的一面进行照射，将 LED 单元 100 从承载基板 01 上剥离，并转移至接收基板 02 上。激光由激光器来提供，激光器的激光头 03 设置在承载基板 01 远离接收基板 02 的一侧。激光头 03 可从承载基板 01 的一侧移动至另一侧，通过高能量激光使得 LED 单元 100 从承载基板 01 上剥离。本申请提供的制备方法适合于制作移动及穿戴产品用的中小尺寸显示器，有助于降低成本、提高转移与集成效率。

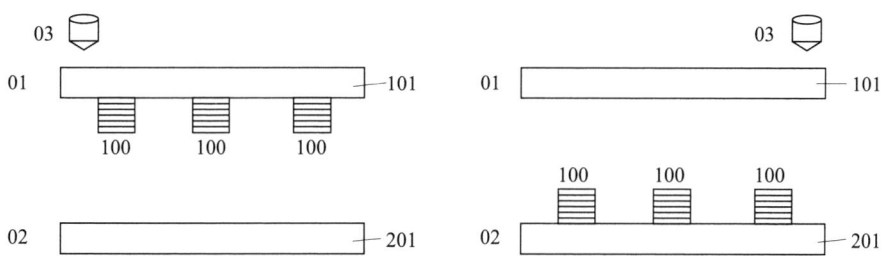

图 4-2-25　本申请技术方案的附图

本申请权利要求的技术方案如下。

一种发光二极管基板的制备方法，包括：

将承载有多个 LED 单元的承载基板与接收基板对置，所述承载基板朝向所述接收基板的一面承载所述多个 LED 单元；

利用激光对所述承载基板远离所述接收基板的一面进行照射，将所述 LED 单元从所述承载基板上剥离，并转移至所述接收基板上。

(2) 充分理解发明。

本申请涉及的技术领域是 Micro LED 显示技术领域，具体为转移技术，要解决的技术问题是提供一种 Micro LED 的转移方法，采用的关键技术手段是通

过激光剥离 LED 单元，获得的技术效果是降低成本、提高转移与集成效率。可知，本申请的发明构思是通过激光剥离 LED 单元来进行微型 LED 显示的转移技术。

（3）检索过程分析。

本申请涉及 Micro LED 显示技术领域，权利要求中仅记载了 LED 单元，并未限定该 LED 单元是 Micro LED，但是权利要求限定了激光剥离，并且根据说明书记载的内容，权利要求限定的技术方案实质是涉及 Micro LED 的转移技术。Micro LED 的转移技术是专门针对 Micro LED 显示面板而提出的一种新型转移技术，不同于其他的转移技术，为了避免噪声，提取检索要素：Micro LED、转移。

本申请的关键技术手段是利用激光剥离进行微发光二极管的转移，据此，提取检索要素：激光、剥离。

首先，根据确定的检索要素在中国专利文摘库 CNABS 中进行全要素检索：

1	CNABS	384	((微 or micro or μ) and (LED or 发光二极管 or 发光二极体) and (转移 or 转印 or 转运))/ti
2	CNABS	1122	((微 or micro or μ) s (LED or 发光二极管 or 发光二极体) s (转移 or 转印 or 转运)) and (H01L or H05B33 or G09F9 or G09G)/ic
3	CNABS	1163	1 or 2
4	CNABS	607863	激光
5	CNABS	298	3 and 4
6	CNABS	140532	剥离
7	CNABS	172	5 and 6

通过浏览上述检索结果，获得两篇专利文献（下称专利文献 1 和专利文献 2）。其中，专利文献 1 涉及 Micro LED 的转移方法，首先在激光透明的原始衬底上形成多个 Micro LED；其次，使多个 Micro LED 分别与接收衬底上预先设置的接垫接触；最后，从原始衬底侧用激光照射原始衬底，以从原始衬底剥离 Micro LED。在将 Micro LED 转移到接收衬底之后，可以在接收衬底上形成 Micro LED 阵列。专利文献 1 公开了独立权利要求的技术方案，可用于评价独立权利要求的技术方案。

专利文献 2 与专利文献 1 的技术方案类似，同样公开了独立权利要求的技术方案，可用于评价独立权利要求的技术方案。

在中国专利全文库 CNTXT 进行检索，同样也获得了专利文献 1 和专利文献 2。

1	CNTXT	393	((微 or micro or μ) and (LED or 发光二极管 or 发光二极体) and (转移 or 转印 or 转运))/ti
2	CNTXT	3474	((微 or micro or μ) s (LED or 发光二极管 or 发光二极体) s (转移 or 转印 or 转运)) and (H01L or H05B33 or G09F9 or G09G)/ic
3	CNTXT	3494	1 or 2
4	CNTXT	426	激光 s 剥离 s ((微 or micro or μ) 3w (LED or 发光二极管 or 发光二极体))
5	CNTXT	340	3 and 4

在德温特世界专利索引数据库 DWPI 中对全球专利申请进行检索。

1	DWPI	480	((micro or "μ") and (LED or (light w emit + w diode?)) and transfer +)/ti
2	DWPI	875	((micro or "μ") s (LED or (light w emit + w diode?)) s transfer +) and (H01L or H05B33 or G09F9 or G09G)/ic
3	DWPI	821572	laser
4	DWPI	137	(1 or 2) and 3

经过浏览，同样获得了专利文献 1 和专利文献 2。

3. 案例 4-2-3：Micro LED 器件及显示面板

（1）案情概述。

本申请涉及 Micro LED 器件。Micro LED 显示器为新一代的显示技术，Micro LED 继承了 LED 的特性，具有尺寸小、重量轻、亮度高、寿命长、功耗低、响应速度快及可控性强的优点，且 Micro LED 的色域能大于 120%，像素密度（PPI）能达到 1500。通常 Micro LED 器件的尺寸会小于 50μm，此时在侧边易产生漏电流，侧边悬空键会导致非辐射复合，电流拥堵效应和热效应变弱，会严重影响 Micro LED 器件的发光效率。

本申请提供一种 Micro LED 器件，通过对透明导电层的设计，避免电流经过接近侧壁的区域，以解决现有的 Micro LED 器件因尺寸小而在侧边发生漏电流、非辐射复合等问题，进而影响显示的技术问题。如图 4-2-26 所示，该

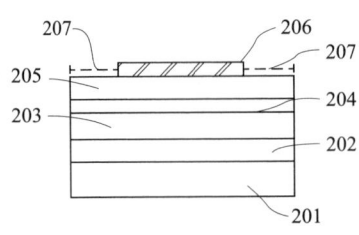

图4-2-26 本申请技术方案的附图

Micro LED 包括衬底 201，衬底 201 上方沉积有缓冲层 202，缓冲层 202 上方依次沉积有 N 型层 203、有源层 204、P 型层 205 和透明导电层 206，透明导电层 206 包含有多条边，透明导电层 206 的每条边与 P 型层 205 对应的边界之间设置有预设距离 207，预设距离 207 在 2~5μm 以上。通过对透明导电层进行图形化设计，在透明导电层的每条边与 P 型层对应的边界之间设置预设距离，透明导电层连接金属电极，电流集中在芯片的中心区域，不靠近边缘部分，增大了电流密度，提高芯片的发光效率，解决了现有的 Micro LED 器件及显示面板因尺寸变小而在边缘发生的漏电流、非辐射复合等现象，从而使芯片的发光效率显著下降的技术问题。

本申请权利要求的技术方案如下。

一种 Micro LED 器件，其特征在于，包括

N 型层，所述 N 型层设置在沉积有缓冲层的衬底表面，所述 N 型层表面覆盖有有源层；

P 型层，所述 P 型层表面设置有透明导电层，所述 P 型层覆盖所述有源层；

所述透明导电层的每条边与所述 P 型层对应的边界之间设置有预设距离，以增大所述 Micro LED 器件中的电流密度。

（2）充分理解发明。

本申请涉及的技术领域是 Micro LED 技术领域，具体为 LED 芯片技术，要解决的技术问题是 Micro LED 芯片侧边发生漏电流、非辐射复合等问题，采用的关键技术手段是将透明导电层的每条边与 P 型层对应的边界之间设置预设距离，获得的技术效果是使电流集中在芯片中心区域、不靠近边缘部分、增大芯片发光效率。由此可知，本申请的发明构思是将透明导电层的每条边与 P 型层对应的边界之间设置预设距离以减少侧边漏电流及非辐射复合。

（3）检索过程分析。

本申请涉及 Micro LED 技术领域，权利要求的主题名称为 Micro LED 器件，表明权利要求的技术方案属于 Micro LED 技术领域，并涉及 Micro LED 芯片。据此，提取检索要素：Micro LED、芯片。

本申请的关键技术手段是将透明导电层的每条边与 P 型层对应的边界之间设置预设距离，权利要求中记载了该关键技术手段。P 型层在本领域有多种表达方式，可能是 P 型半导体层、第一半导体层、第二半导体层等，而且透明导

电层一般是设置在 P 型层上，考虑不使用 P 型层这个检索要素。据此，提取检索要素：透明导电层、边界、距离。

本申请要解决的技术问题及获得的技术效果是减少 Micro LED 器件的侧边漏电流及非辐射复合。据此，提取检索要素：侧边、漏电流、非辐射复合。

芯片在本领域通常也表达为晶片，将"芯片"扩展为："芯片 or 晶片"。

透明导电层在本领域常用的材料是 ITO，将"透明导电层"扩展为"透明导电 or ITO"。

边界在本领域通常也表达为边缘，将"边界"扩展为"边界 or 边缘"。

距离在本领域通常也表达为间距，将"距离"扩展为："距离 or 间距"。

漏电流和非辐射复合是并列的两个技术效果，在检索时考虑用"or"表达它们之间的关系。

侧边在本领域也有多种表达方式，如"侧面""侧表面"等，为了检索全面，将"侧边"扩展为"侧"。

此外，"侧边漏电流""非辐射复合"通常表达在一句话里，使用"s"表达"侧边"与"漏电流""侧边"与"非辐射"复合的关系。为了检索全面，将"漏电流""非辐射复合"扩展为更宽范围的"漏电""电流""复合"。

采用上述检索要素在中国专利文摘库 CNABS 进行检索。

1	CNABS	452	((微 or micro or μ) 3w (LED or 发光二极管 or 发光二极体))/ti and (芯片 or 晶片)/ti
2	CNABS	1433	(((微 or micro or μ) 3w (LED or 发光二极管 or 发光二极体)) s (芯片 or 晶片)) and (H01L or H05B33 or G09F9 or G09G)/ic
3	CNABS	1480	1 or 2
4	CNABS	60609	透明导电 or ITO
5	CNABS	2204598	边界 or 边缘
6	CNABS	3934266	间距 or 距离
7	CNABS	6	3 and 4 and 5 and 6

通过浏览上述检索结果，未获得相关专利文献。使用与技术问题和技术效果对应的检索要素进一步检索。

8	CNABS	355851	侧 s (漏电 or 电流 or 复合)
9	CNABS	56	3 and 8

通过浏览上述检索结果，未获得相关专利文献。
在中国专利全文库 CNTXT 进一步进行检索。

1	CNTXT	452	((微 or micro or μ) 3w (LED or 发光二极管 or 发光二极体))/ti and (芯片 or 晶片)/ti
2	CNTXT	4527	(((微 or micro or μ) 3w (LED or 发光二极管 or 发光二极体)) s (芯片 or 晶片)) and (H01L or H05B33 or G09F9 or G09G)/ic
3	CNTXT	4567	1 or 2
4	CNTXT	222190	透明导电 or ITO
5	CNTXT	4100329	边界 or 边缘
6	CNTXT	8484533	间距 or 距离
7	CNTXT	336	3 and 4 and 5 and 6
8	CNTXT	695829	侧 s（漏电 or 电流 or 复合）
9	CNTXT	477	3 and 8
10	CNTXT	276	4 and 9

通过浏览上述检索结果，获得一篇专利文献，其涉及 LED 芯片，该 LED 芯片包括衬底、第二半导体层、发光层、第一半导体层，第二半导体层包括 N 型半导体层，第一半导体层包括 P 型半导体层，在衬底和第二半导体层之间形成有缓冲层，在第一半导体层表面设置电流扩展层，电流扩展层可以为 ITO，电流扩展层与第一半导体层的边界设置有预设距离，该 LED 芯片可应用于 Micro LED 中。该专利文献公开了独立权利要求的技术方案，可用于评价独立权利要求的技术方案。

在德温特世界专利索引数据库 DWPI 对全球专利申请进行检索。

1	DWPI	638	((micro or "μ") 3w (LED or (light w emit + w diode?)))/ti and chip/ti
2	DWPI	939	(((micro or "μ") 3w (LED or (light w emit + w diode?))) s chip) and (H01L or H05B33 or G09F9 or G09G)/ic
3	DWPI	1005	1 or 2
4	DWPI	81472	(transparent s conduct +) or ITO
5	DWPI	4251171	boundary or edge or around or circumference

6	DWPI	4630595	space or distance
7	DWPI	1	3 and 4 and 5 and 6
8	DWPI	71766	leakage s current
9	DWPI	11	3 and 8

通过浏览该检索结果，未获得相关专利文献。

第三节 量子点显示

一、专利技术综述

（一）概况

量子点（quantum dot，QD）显示技术是将量子点应用到显示中的一项新兴技术。❶ 所谓的量子点，就是把激子在三维空间方向上束缚住的半导体纳米结构。对这种纳米半导体材料施加一定的电场或光压，它们便会发出特定频率的光，且发出的光的频率会随着半导体尺寸的改变而变化，因而通过调节量子点的尺寸就可以控制其发出的光的颜色，随着尺寸增大，量子点的发光光谱从蓝色渐变为红色。❷ 基于量子点的性质，量子点具有优异的光学性质，包括全光谱发光峰位连续可调、色纯度好，是一种优异的电致发光及光致发光的材料。❸ 以光致发光原理为例，量子点的发光性质是由于电子、空穴及它们周围环境的相互作用引起的，当激发能级超过带隙时，量子点就会吸收光子使电子从价带跃迁到导带，导带上的电子还会再回到价带从而发射光子。

1994 年，加州大学伯克利分校的阿利维萨托斯（Alivisatos）首次将 CdSe 量子点与聚合物半导体结合制造了第一个量子点 QLED，但是受限于低的载流子迁移率，上述器件的发光效率极低。2002 年，麻省理工学院的布罗维奇（Bulovic）以单层有机电荷传输材料和单层量子点制备的发光二极管的发光效率超过 0.4%。2005 年，美国洛斯阿拉莫斯国家实验室的克里莫夫（Klimov）采用 GaN 作为电荷传输层，构造了全无机的 QLED。2011 年，美国纳诺西斯公

---

❶ 宋志成，刘代明，刘正东，等. QLED 研究及显示应用进展［J］. 材料导报，2017，31（19）：122-128.
❷ 陈政丞. 量子点发光二极管的研究进展［J］. 当代代工研究，2018（11）：67-68.
❸ 魏文君，曹元成，刘继延，等. 量子点显示材料的研究进展［J］. 江汉大学学报（自然科学版），2015，43（1）：5-11，97.

司（Nanosys）以蓝光 LED 激发量子点发光作为背光源，开发了高色域的量子点 LCD 电视。2011 年，三星电子通过转印法对量子点图形化，制作了 4 英寸全彩有源矩阵 QLED 显示的原型产品，量子点在显示领域中的应用从单纯的色转换层转变为自发光层。近些年来，三星等公司着力研发 QD–OLED 显示技术，即量子点层作为 OLED 出光的色转换层，OLED 为蓝光像素，量子点膜将其转换为 RGB 三基色，形成高动态范围成像（High Dynamic Range Imaging，HDR）的显示屏。

量子点显示技术领域包含了量子点材料、QLED 器件、显示组件等多个技术，其中量子点材料、QLED 器件属于上游技术，显示组件、显示面板等显示产品属于下游技术。量子点显示产品主要分为三个技术分支，即量子点液晶显示技术（也称为"QD–LCD 显示技术"）、量子点有机发光二极管显示技术（也称为"QD–OLED 显示技术"）、量子点自发光显示技术。前两者本质上属于 LCD 和 OLED 显示屏，其中量子点替代荧光层起到了色转换层的作用，利用量子点光致发光的特性将光源的光转变为色纯度高的红绿蓝三基色，上述技术也被业内称为"量子点色彩增强膜技术"（quantum dot enhancement film，QDEF）。❶

图 4–3–1 示出了 QD–LCD 的基本结构。2 是背光模组，提供波长较短的蓝光，14 是量子点彩色滤光片，包括三个部分，其中 141 是红光量子点，能够将蓝光转换为红光，142 是绿光量子点，能够将蓝光转换为绿光，而 14 的空白部为完全透光区，能够透射蓝光，这样就形成了 RGB 三种像素，再通过液晶层 13 显示图像，这里的量子点滤光片可以设置在液晶层和背光源之间，也可以设置在液晶层背离背光源的一侧。由于量子点发出的半波峰宽小，色彩鲜艳，相较于使用传统滤光片的液晶显示器，能耗更低，色彩更加鲜艳。

图 4–3–2 示出了 QD–OLED 的基本结构。22 为 OLED 组件，包括薄膜晶体管阵列 225 及 OLED 器件，其中发光层 222 为蓝色发光层，在 OLED 的出光方向上设置有色转换层 6，色转换层包括间隔设置的绿色量子点单元 62、红色量子点单元 64 及空白单元 66，从而形成 RGB 三色光。由于量子点发光的特点，同样能够提高显示效果，并且由于 OLED 只需要一种发光层材料，省去了 OLED 发光层图案化的步骤。

---

❶ 季洪雷，周青超，潘俊，等. 量子点液晶显示背光技术［J］. 中国光学，2017，10（5）：666–680.

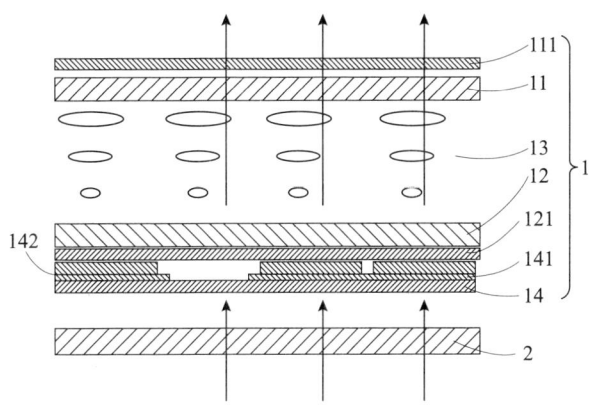

图 4-3-1 QD-LCD 基本结构

资料来源:来自专利申请 CN104516039A 的附图。

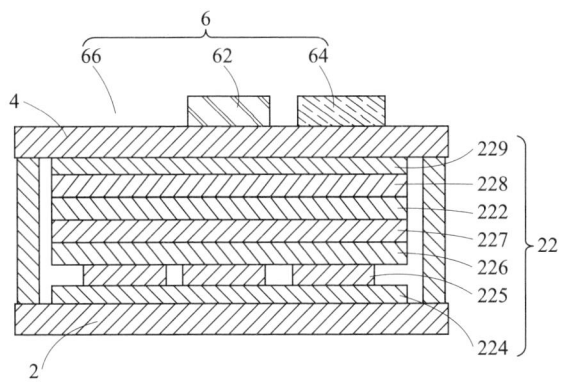

图 4-3-2 QD-OLED 基本结构

资料来源:来自专利申请 CN103474451A 的附图。

然而,量子点自发光显示技术才是量子点显示的终极目标,即利用 QLED 作为发光元件构造显示屏。由于量子点不能采用蒸镀工艺而只能采用溶液法等大面积图案化较为困难的工艺,所以目前大尺寸量子点显示面临的主要问题是量子点的图案化。❶ QLED 技术还处于刚刚起步的阶段,存在着可靠性和效率偏低、蓝色发光元件寿命不稳定、溶液制程研发困难等多个亟待解决的技术问题。图 4-3-3 示出了量子点自发光显示装置的基本结构。QLED 形成在每个子像素 200 位置处,包括上下两个电极 70、110,电子传输/注入层 100、空穴传输/

---

❶ 李继军,聂晓梦,李根生,等. 平板显示技术比较及研究进展 [J]. 中国光学, 2018, 11 (5): 695-710.

注入层80，以及中间的量子点发光层40，每个QLED下方设置有薄膜晶体管120，每个QLED在薄膜晶体管的驱动下发光形成显示图像，这里的量子点是通过喷墨打印工艺实现的图案化。

从产业角度来看，QD-LCD、QD-OLED面板已经相继产业化，而量子点自发光显示仍然处于研发的初级阶段，离量产还有一段距离。据GIR（global Info Research）调研，按收入计，2021年全球量子点显示收入大约455620百万美元，预计2028年达到2557000百万美元，主要产品类型为量子点色彩增强膜显示技术。❶

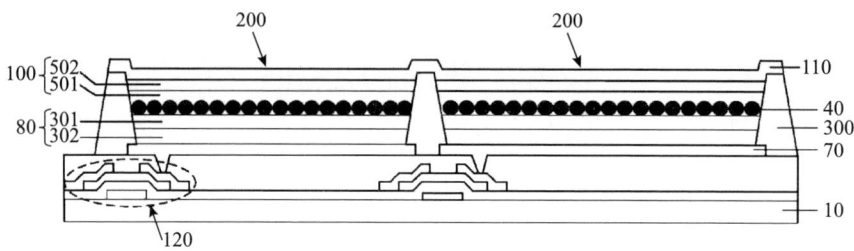

图4-3-3　量子点自发光显示装置基本结构

资料来源：来自专利申请CN105428546A的附图。

（二）专利申请状况

在德温特世界专利索引数据库DWPI中检索到涉及量子点显示领域的全球专利申请共计4404项（公开日截至2022年2月28日），本节将主要以上述数据作为研究对象进行分析。下面将从专利申请趋势、区域分布、主要国家和地区申请趋势等方面进行具体分析。

1. 全球专利申请趋势

图4-3-4示出了1994—2020年全球量子点显示专利申请趋势。最早的专利申请出现在1994年，从图中可以看出，在2002年前处于萌芽状态，申请量很少，每年的申请量都在个位数；2003年经历了第一次发展，申请量开始明显增加，到2013年达到百项以上；2015年以后进入了快速增长期，到2019年增加到800项以上。可以看出，量子点显示技术还处于技术的上升期，技术尚未成熟，仍然是研发的热点技术。总体来看，量子点显示相对于液晶显示、OLED显示是比较新的一项技术，而量子点及QLED技术本身却是一项早已存在的技术，这种反差的原因主要是显示面板的相关企业在早期把更多的关注点放在了

---

❶ 全球量子点显示市场规模预测［EB/OL］．（2022-03-22）［2023-04-05］．https：//view.innews.qq.com/k/20220322A036C000．

液晶显示和 OLED 显示上面。近些年来，量子点显示这项新的显示技术路线才开始慢慢得到显示企业的重视，尤其是近年崛起的中国显示企业，对此项新的技术路线展示出了更大的兴趣并积极投入研发。

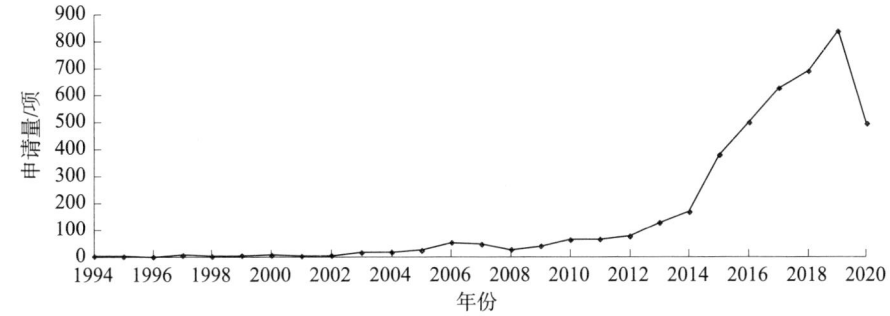

图 4-3-4　1994—2020 年量子点显示领域全球专利申请趋势

2. 专利申请来源和目标国家/地区分析

图 4-3-5 示出了量子点显示全球专利申请的目标和来源区域分布。从图中可以看出，该领域的来源区域主要为中国、韩国、美国、日本、中国台湾，上述国家和地区在显示技术创新方面最为活跃，是全球主要显示巨头的所在地。目标区域主要为中国、韩国、美国、日本、中国台湾、欧洲，上述几个国家和地区包括了前述的技术来源地，这是因为来源地的申请人通常都会优先布局本国、本地区。这些目标国家/地区经济较为活跃，集中了量子点显示的众多潜在消费者，因此是量子点显示相关申请人的主要专利布局区域。具体而言，中国既是最大的来源国，又是最大的目标国，突显出近些年来我国科技、经济的进步使得中国申请人对于量子点显示这类前沿领域更为关注。并且，几乎所有来源国家和地区都在中国作重点布局，这显示了中国市场的重要性和巨大的吸引力。韩国是第二大来源国，其中三星、LG 这些显示巨头在该领域进行了大量布局。美国仅位列第三，其实在量子点显示的基础研究方面，美国是技术的发源地，其高校、科研机构往往是某项技术的提出者，比如，第一个 QLED 就来自加州大学的研究者，显示了美国在基础研究方面的强大实力。目前美国的 QD 视光（QD VISION）和纳诺西斯（NANOSYS）也是量子点材料和基础技术的主要公司，但是对于显示面板这类偏下游应用的技术，美国申请人在专利数量上并不具备优势。

此外，美国是专利申请的重要目标国，拥有活跃的消费群体。日本、中国台湾市场规模相对较小，但也拥有很多知名企业，这些企业是量子点显示的重要研发力量，也是产业化进程的重要推动者。

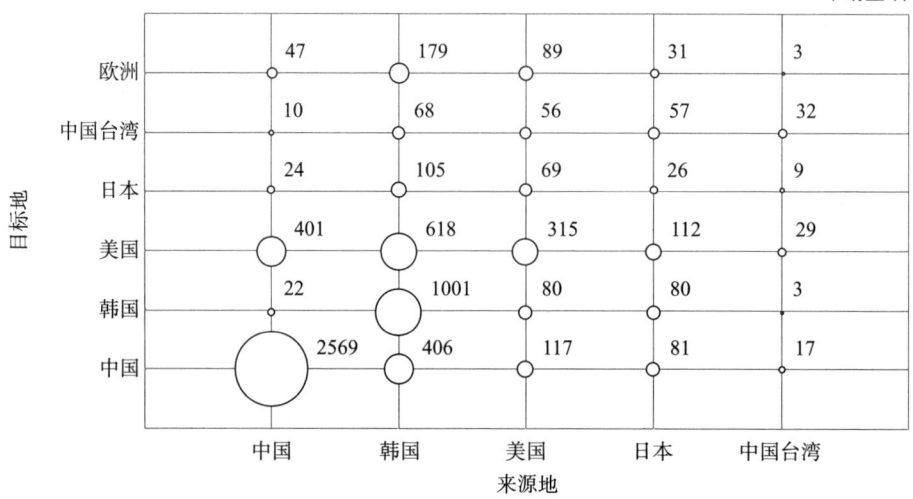

图 4-3-5　量子点显示领域专利申请来源和目标国家和地区分布

3. 主要目标国家/地区的专利申请趋势

图 4-3-6 示出了 2010—2020 年在中国的各技术分支相关专利申请发展情况。其中，QD-LCD 起步最早，始于 2010 年；而 QD-OLED 和自发光技术则起步较晚，出现在 2013 年和 2014 年。QD-LCD 的申请量相对较大，且从 2014 年开始进入了一个快速增长期，并于 2017 年达到峰值，2018—2019 年稍有下降，但也保持了 100 件左右的申请量。QD-OLED 和量子点自发光显示技术的申请量相对较小，不高于 50 件，但申请量基本一直在缓慢增长，这也和上述两项技术成熟度较低，仍处于前期发展阶段有关。

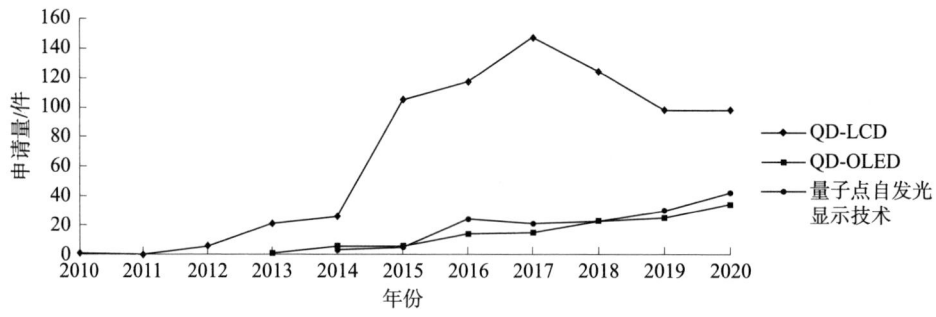

图 4-3-6　2010—2020 年中国各技术分支专利专利申请趋势

图 4-3-7 示出了 2005—2020 年在韩国的各技术分支相关专利申请发展情

况。和中国类似，QD-LCD 起步最早，始于 2005 年；而 QD-OLED 和量子点自发光显示技术则起步较晚，分别出现在 2011 年和 2010 年。QD-LCD 经历增长期之后进入了平缓期；QD-OLED 自 2015 年开始进入了波动增长期，且 2019 年达到峰值近 90 件，已超过 QD-LCD 的最高年申请量；量子点自发光显示技术申请量最小，2016 年开始才进入了一个缓慢的上升期，但整体申请量均在 22 件以下。

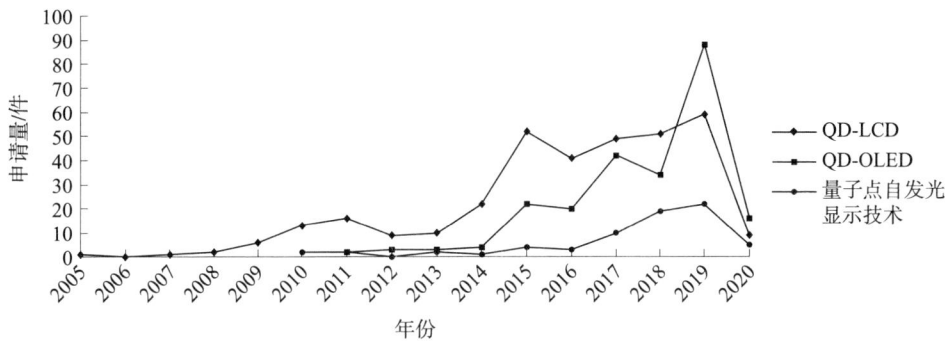

图 4-3-7　2005—2020 年韩国各技术分支专利专利申请趋势

图 4-3-8 示出了 2000—2020 年在美国的专利申请中各技术分支发展情况。和中国、韩国都不同的是，美国的 QD-OLED 技术起步最早，始于 2000 年，但是在发展初期 QD-OLED 技术只是一个技术雏形，尚未形成完善的显示组件。三项技术分支的年申请量均较低，其中 QD-LCD 的年申请量峰值也仅为 16 件，说明美国对量子点显示技术的下游部分特别是器件组件的制造方面的关注并不多。

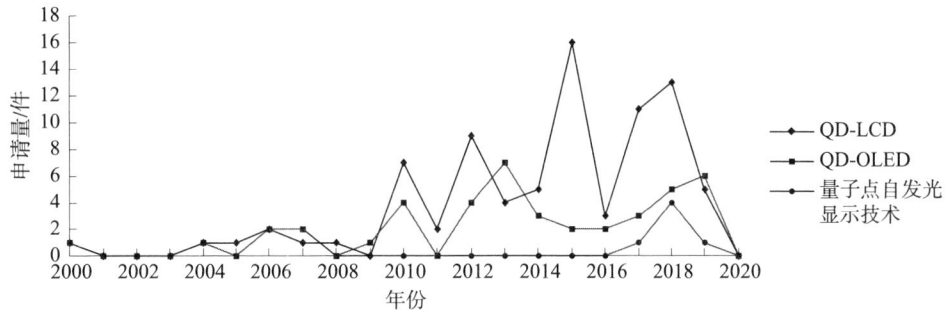

图 4-3-8　2000—2020 年美国各技术分支专利专利申请趋势

图 4-3-9 示出了 2010—2020 年在日本的专利申请中各技术分支发展情况。三项技术分支起步年份差别不大，QD-OLED 是最晚的，在 2013 年出现。

日本的量子点自发光显示技术年申请量很低,都在5件以下,说明日本公司对于该项技术不够关注或者研发较少。QD-LCD申请量相对较多,但是经历快速增长期之后,自2016年开始下降,到2018年,已经低于QD-OLED的申请量。实际上,近几年,索尼在主攻QD-OLED技术,是最早量产QD-OLED电视的公司。

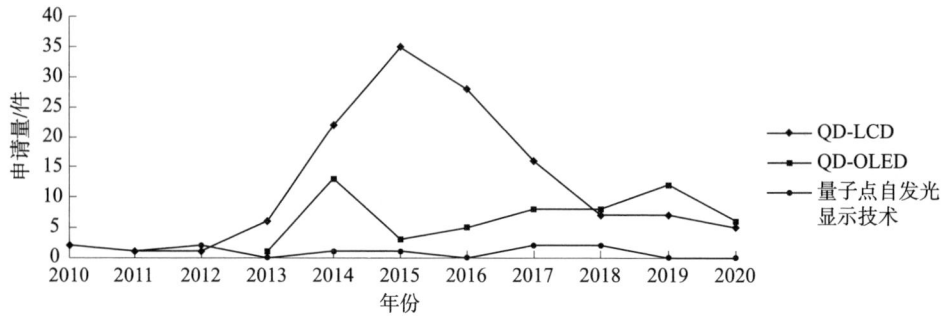

图4-3-9　2010—2020年日本各技术分支专利专利申请趋势

(三) 申请人分析

1. 全球/中国专利申请的申请人排名

图4-3-10示出了全球主要申请人的排名情况。从图中可以看出申请量排名前十的申请人中,有六位中国申请人,表明中国申请人较为重视量子点技术的研发。申请量最多的是中国的TCL(不包括子公司华星光电),有500项以上;排名第二、第三的是韩国的LG、三星,有400多项;排名第四、第五的是

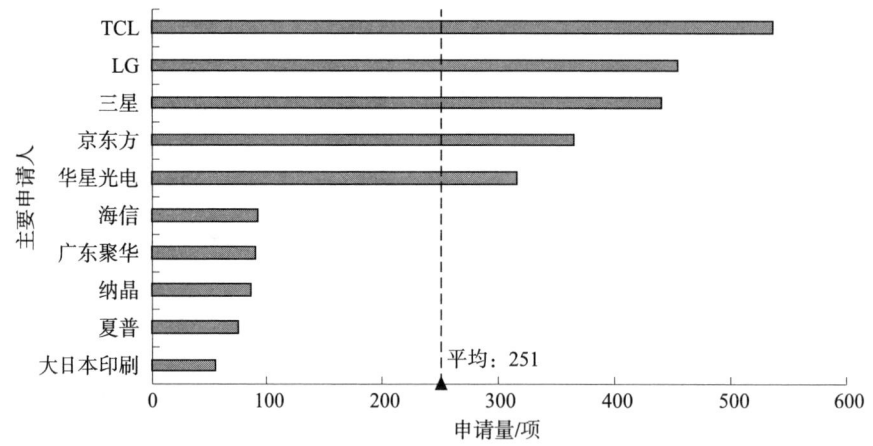

图4-3-10　量子点显示领域全球专利申请主要申请人排名

中国的京东方和华星光电,有 300 多项;而其后的申请人的申请量都在 100 项以下。整体来看,量子点技术的申请人分布比较集中,主要是中国、韩国的显示巨头,他们掌握了大部分专利。中国显示公司的崛起使得显示领域不再是韩国公司一家独大。

图 4-3-11 列出了中国主要申请人的分布状况。从图中可以看出前十名申请人均为中国申请人,其中 TCL 位列第一,申请量在 500 件以上;京东方、华星光电申请量都在 300~400 件,海信、广东聚华、纳晶三家相差不大,申请量在 80~100 件;惠科电子、昆山国显、浙江大学、苏州星烁的申请量均在 30 件左右。其中,TCL、京东方、华星光电三家申请人是显示技术的龙头企业,其申请量远超其他申请人。纳晶是一家由科学家带头创立的公司,在著名纳米科学家彭笑刚教授的带领下,在量子点材料方面有着独特的优势。从申请人类型来看,除了浙江大学属于高校申请人,其他都是企业申请人,说明了量子点显示的主要研发力量集中在企业,高校的相关研究主要集中在量子点材料本身及单个器件的优化。

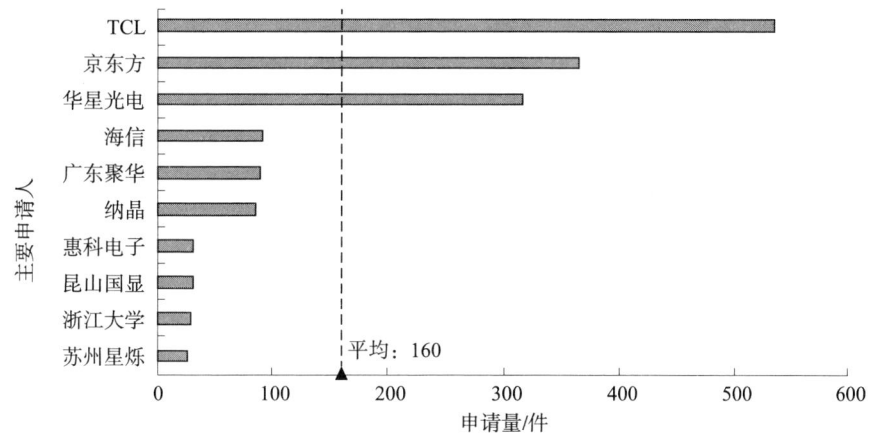

图 4-3-11　量子点显示领域中国专利申请主要申请人排名

2. 主要申请人技术分支分布

图 4-3-12 示出了主要申请人的技术分布情况,其中涉及的部分申请人,虽然其专利申请总量不多,未能列入前面量子点显示领域专利申请量前十位,但由于其主要做量子点材料等基础研发,在量子点显示技术领域占据着重要地位,因此在图 4-3-12 中也一并示出。从图中看出,TCL 最关注的是量子点材料,申请量达到 100 项,而对于 QD-LCD、QD-OLED、量子点自发光显示技术分支则申请量相对较小,TCL 在量子点显示领域主要关注的是上游技术层面

的研发,不仅是量子点材料的研发,还有很多申请是关于 QLED 单个器件的改进(图中未示出)。LG 侧重于 QD-OLED 和 QD-LCD,三星则侧重于 QD-LCD、量子点材料、QD-OLED,而对于量子点自发光显示技术的申请量则明显较少。京东方主要关注 QD-LCD,其他技术也有一些分布,研究范围也较为全面。华星光电主要关注 QD-LCD,申请量高达 175 项。需要说明的是,纳诺西斯和 QD 视光虽然申请量较少,但是它们掌握着量子点材料的重要技术,由于量子点材料对显示面板的性能起着至关重要的作用,这两家公司也是量子点显示领域非常受关注的企业。据报道,三星已经斥巨资完成了对 QD 视光的收购,而 LG 也入股了纳诺西斯。这一点也需要中国公司提高重视,要加大量子点材料等基础技术的研发,避免外国公司并购后引发的技术垄断。

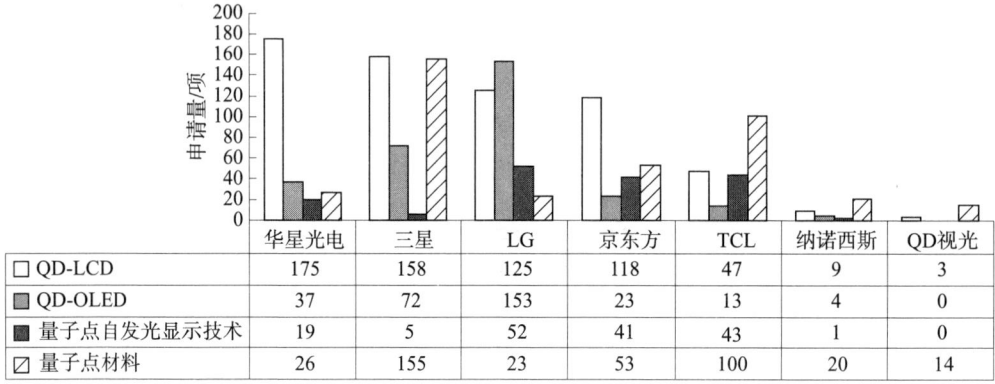

图 4-3-12 全球专利申请主要申请人技术分支

3. 主要申请人具体分析

(1) LG。

图 4-3-13 和图 4-3-14 示出了 2005—2020 年 LG 全球专利申请趋势和 2009—2020 年 LG 各主要技术分支的发展趋势。从 2005 年开始,LG 的量子点显示技术的年申请量整体处于一个波动的上升期,显示出 LG 对量子点技术的关注和预期。QD-OLED 是 LG 的主攻方向,申请量最多。从技术分支的发展趋势来看,QD-OLED 技术的申请量虽有所波动,但仍处于快速上升阶段;量子点自发光显示技术从 2016 年开始,逐年上升,展示出明显的发展趋势;QD-LCD 在 2017 年之后整体呈下降趋势,这与该项技术的成熟度较高有关,可突破的技术点相对较少。

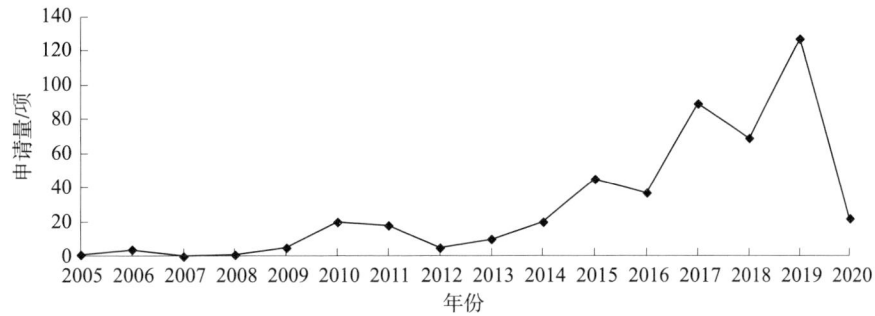

图 4-3-13　2005—2020 年 LG 全球专利申请趋势

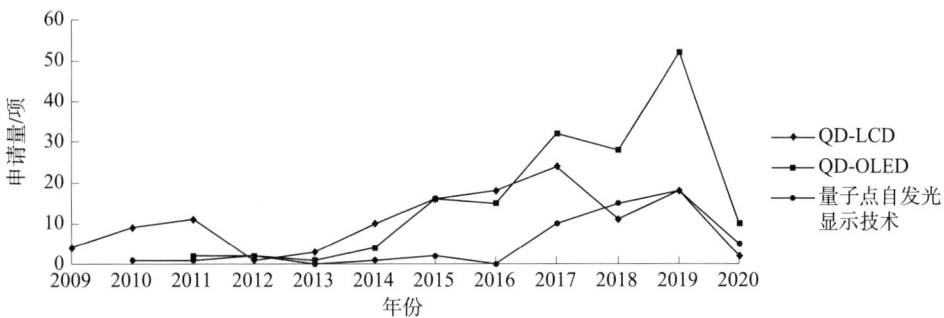

图 4-3-14　2009—2020 年 LG 主要技术分支专利申请趋势

（2）三星。

图 4-3-15 和图 4-3-16 示出了 2003—2020 年三星全球专利申请总趋势和 2009—2020 年三星各技术分布申请趋势。从 2003—2014 年，三星的量子点显示技术的申请量较小，不高于 20 项；从 2015 年开始，进入了明显的上升期；在 2019 年达到峰值 100 项，显示出三星对量子点显示越来越高的关注。QD-OLED 技术近年来受到三星的高度重视，在 2019 年申请量已经超过 QD-LCD 技术的申请量，实际上，三星也是 QD-OLED 量产的重要推动者。三星的量子点自发光显示技术的申请量一直很少，每年的申请量都在 5 项以下。

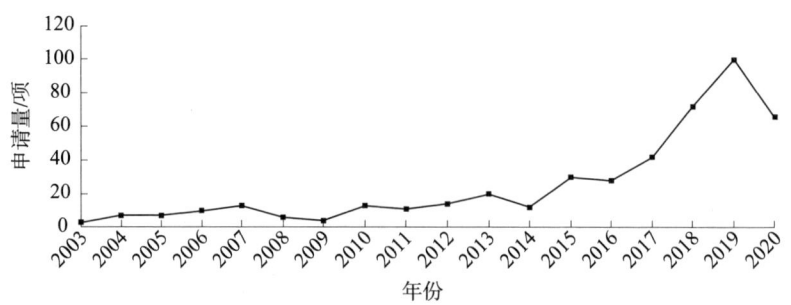

图 4-3-15 2003—2020 年三星全球专利申请趋势

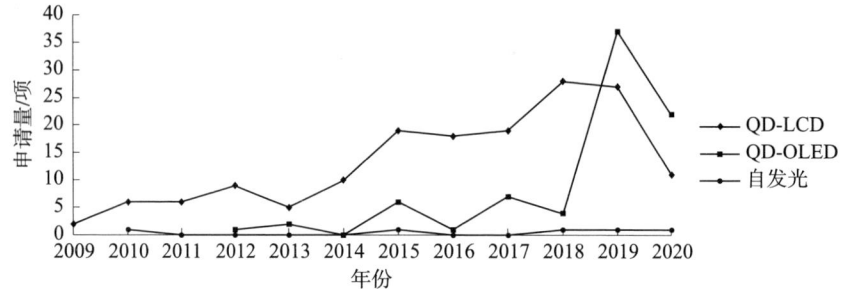

图 4-3-16 2009—2020 年三星主要技术分支专利申请趋势

（四）重点技术分析

1. QD-LCD

图 4-3-17 和图 4-3-18 示出了 QD-LCD 的申请趋势和主要申请人。从申请趋势图可以看出，QD-LCD 在 2000—2008 年申请量极少，处于萌芽阶段；从 2009 年开始申请量增长，于 2014 年后进入了快速上升期，并在 2017 年达到峰值 200 项以上；2018 年以后，则略有下降，原因是 QD-LCD 已经较为成熟，可突破的技术点越来越少。从申请人排名可以看出，华星光电、三星申请量较大，在 150 项以上；LG、京东方位列第二梯队，申请量在 100~150 项；海信的申请量为 78 项，其后的申请人申请量都在 50 项以下。

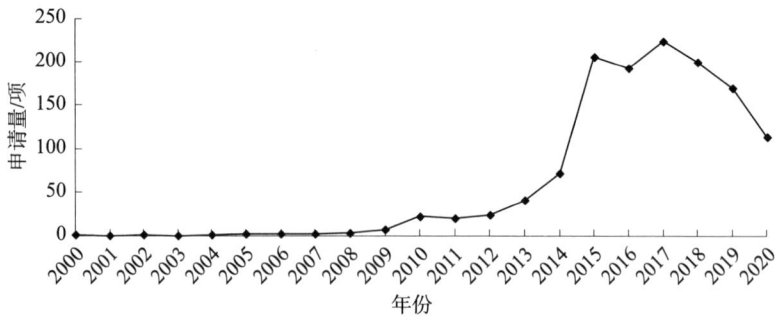

图 4-3-17 2000—2020 年 QD-LCD 全球专利申请趋势

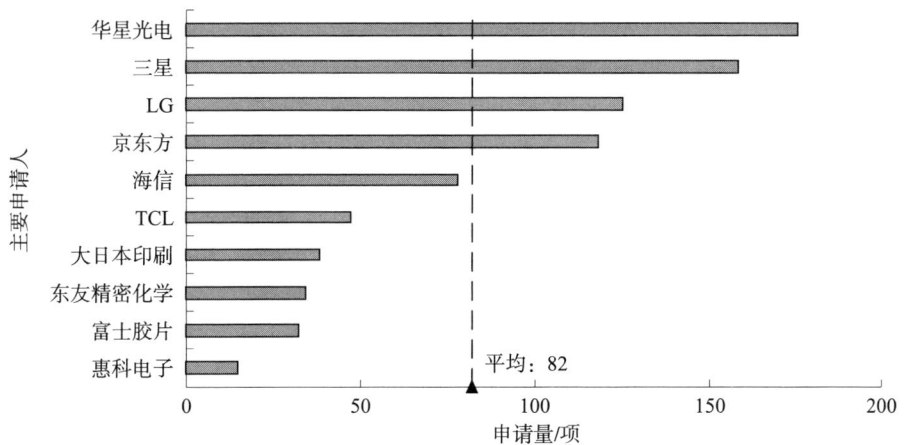

图 4-3-18 QD-LCD 全球专利申请主要申请人

2. QD-OLED

图 4-3-19 和图 4-3-20 示出了 QD-OLED 技术的申请趋势和主要申请人。从申请趋势图可以看出，在 2012 年之前 QD-OLED 申请量极少，处于萌芽阶段；从 2012 年开始呈现增长趋势，2015 年开始进入快速上升期，并在 2019 年达到峰值 120 项以上，目前该项技术仍处于持续发展阶段。从申请人排名可以看出 LG、三星占据绝对优势，LG 的申请量更是高达 179 项，是第二名三星申请量的 2 倍多；华星光电、京东方的申请量也达到近 40 项，而其后的申请人的申请量都比较少，在 10 项左右或者不足 10 项。

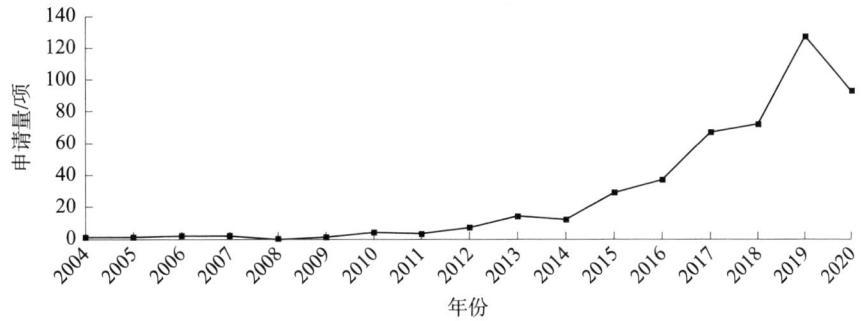

图 4-3-19 2004—2020 年 QD-OLED 全球专利申请趋势

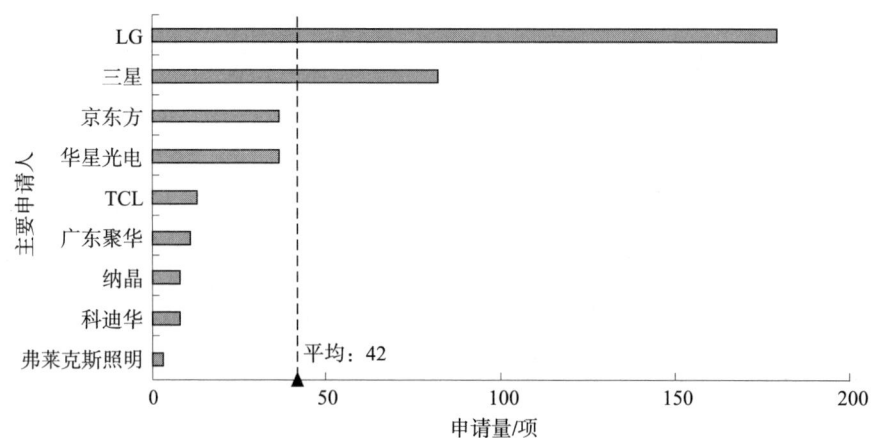

图 4-3-20　QD-OLED 全球专利申请主要申请人

3. 量子点自发光显示技术

图 4-3-21 和图 4-3-22 示出了量子点自发光显示技术的申请趋势和主要申请人。从申请趋势图可以看出，量子点自发光显示技术在 2007—2013 年申请量极少，处于萌芽阶段；从 2014 年开始，进入了快速上升期，并在 2019 年达到 50 项以上，目前该项技术成熟度较低，仍然处在明显的发展阶段。从主要申请人排名可以看出，LG 位列第一，申请量超过 50 项；TCL、京东方分别位列第二和第三，申请量超过 40 项，这三位申请人也是量子点自发光显示技术的主要贡献者。

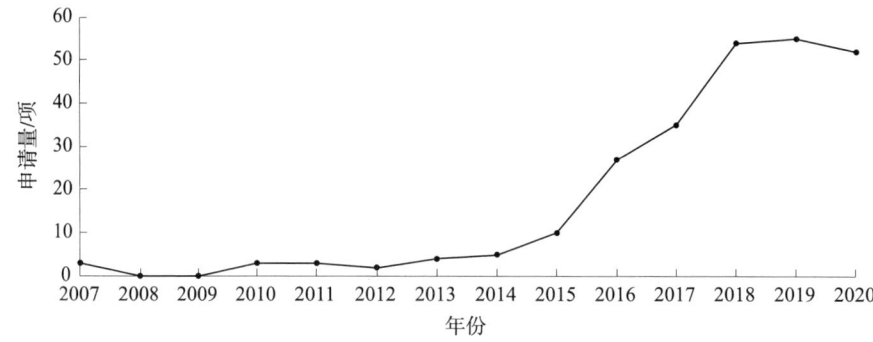

图 4-3-21　2007—2020 年自发光全球专利申请年申请量

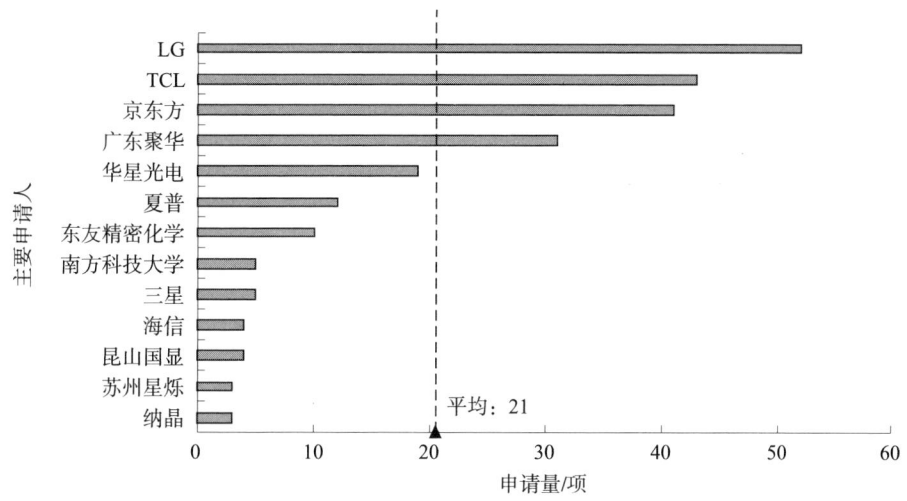

图4-3-22　自发光全球专利申请主要申请人

4. 重点技术分支发展路线

引证频次、同族数量、全球主要国家和地区专利布局情况可以相对客观地反映出专利的重要程度。在此基础上，对全球量子点显示专利数据进行分析，并结合重点申请人等相关因素，分析量子点显示技术的核心专利，旨在了解量子点显示技术的整体发展趋势和关键技术。采用上述方法，对量子点显示技术所有专利申请进行筛选，下文主要对QD-LCD、QD-OLED、量子点自发光显示技术三个重点技术分支进行详细分析。图4-3-23为量子点显示领域的重点技术分支的发展路线。

从重点专利技术演进来看，QD-LCD时间跨度较大，这是由于QD-LCD是最早应用于显示面板领域的量子点技术，发展时间较长，技术相对成熟，而QD-OLED和量子点自发光显示技术则出现较晚，技术成熟度不高。从技术角度，量子点无论是自己发光还是调节发光源的出光，都会从量子点本身的性能和相关的功能层、功能部件出发来改进显示性能，这一点也是三个技术分支演进的基本出发点。量子点显示领域的第一件专利申请是加州大学的阿利维萨托斯提交的QLED的专利申请（公告号US5537000A），申请日为1994年4月29日，被引用次数达到569次。该专利利用半导体纳米晶（量子点）和半导体聚合物制备了一个QLED器件，其中半导体纳米晶是电子传输材料，在被施加电压的情况下其传输的电子与空穴传输材料的空穴发生复合即可发光，发光波长可以通过改变电压或者改变半导体纳米晶的尺寸来调节。这件专利中没有提到该器件可以用在显示装置中，但是QLED是自发光量子点显示技术的基础，因此该专利是量子点显示的重要基础专利。

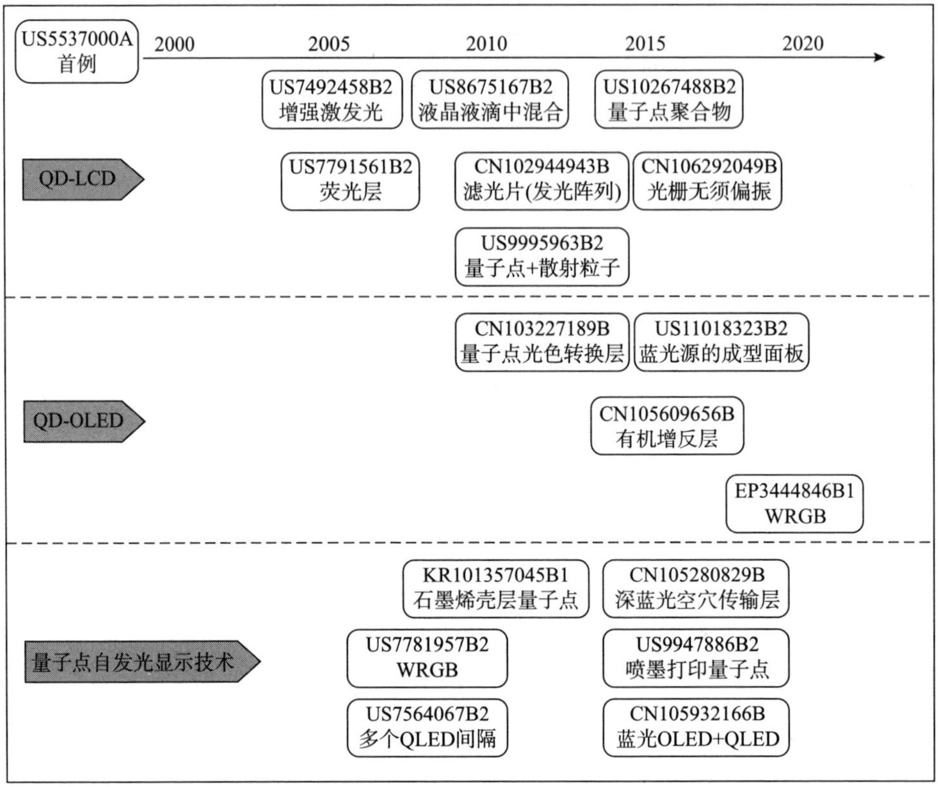

图4-3-23 量子点显示领域重点技术分支的发展路线

(1) QD-LCD。

QD-LCD主要是利用量子点对液晶显示的背光进行调节，可以把量子点的作用简单看作是颜色转换层，即通过量子点的光致发光效应使得液晶显示装置的背光源的出光颜色发生改变，以获得所需像素的颜色。在QD-LCD发展的早期阶段，研究者提出了一些QD-LCD显示的技术雏形。

美国环境系统（American Environmental Systems）申请了一件等离子体增强显示技术的专利（公告号US7492458B2），最早优先权日为2004年1月5日，被引用次数37次。该专利提到了可以利用量子点的表面等离子体效应增强光源的光亮度，其针对的光源可以是LCD等各种显示器的光源，但是该专利并未示出具体的成型的显示装置。

哈里·格雷格（Hajjar Roger）等人申请了一件具有带有光学荧光材料的屏幕的显示系统的专利（公告号US7791561B2），最早优先权日为2005年4月1

日，被引用次数346次。该专利申请进一步地提出了量子点层可以作为荧光层改变液晶背光源的出光颜色，在这件专利中明确提到了将量子点层作为颜色转换层来使用，这里依然没有制备出成型的显示装置，但相对仅增强光的亮度已经是一个技术的进步。

随着技术的发展，在2010年之后，量子点开始用在成型的液晶显示装置中。张载恩（Jang Jae-Eun）等人申请了一件包括量子点的聚合物分散显示面板的专利（公告号US8675167B2），最早优先权日为2009年2月17日，在美国、中国、日本都进行了布局，并且均已获得了授权，被引用次数128次。该专利申请将量子点和液晶液滴混合，省去了滤光层，从而完成出光颜色的改变和出光与否的开关控制双重功能。从技术角度来看，该专利由于量子点和液晶液滴容易产生相互干扰，显示的效果会受到一定影响。

京东方申请了一件量子点彩色滤光片、液晶面板及显示装置的专利（公告号CN102944943B），申请日为2012年11月9日，在美国、中国都进行了布局，并且均已获得了授权，被引用次数21次。该专利提出量子点滤光片，采用了量子点材料作为滤光片，形成了具有发光阵列的成型面板。

三星申请了一件液晶显示器及其制造方法的专利（公告号US9995963B2），最早优先权日为2012年3月15日，在美国、韩国进行了布局，并且均已获得了授权，被引用次数257次。该专利提出了量子点加散射粒子的技术方案，量子点将背光源的蓝光分别转换为红色、绿色，而在蓝色像素区域则使用散射粒子实现蓝色的出光。该专利中提到的面板结构，也是现在QD-LCD的主流结构。

LG申请了一件量子点聚合物复合物的制备方法、量子点聚合物复合物、具有其的光转换膜、背光单元和显示装置的专利（公告号US10267488B2），最早优先权日为2014年12月8日，在美国、中国、韩国、欧洲都进行了布局，并且均已获得了授权，被引用次数51次。该专利提出了采用量子点和聚合物形成的络合物来作为颜色转换层，进一步提高光的转换效率。

京东方申请了一件显示面板和显示装置的专利（公告号CN106292049B），最早优先权日为2016年9月30日，在美国、中国都进行了布局，并且均已获得了授权，被引用次数54次。该专利针对QD-LCD的其他功能层进行改进，通过光栅结构省去了偏振结构，避免了偏振结构对量子点出光的影响，提高了显示效果。

（2）QD-OLED。

QD-OLED从基本原理看和QD-LCD十分相似，只不过被调节的光来自

OLED 而不是液晶的背光源。下面介绍 QD–OLED 的技术发展路线。

京东方申请了一件量子点发光二极管显示器件及显示装置的专利（公告号 CN103227189B），申请日为 2013 年 4 月 9 日，在美国、中国都进行了布局，并且均已获得了授权，被引用次数 86 次。该专利提出使用量子点代替现有的无机掺杂体系作为光色转换材料，可以应用在 OLED 器件上。

京东方申请了一件有机电致发光器件及显示装置的专利（公告号 CN105609656B），申请日为 2016 年 1 月 6 日，在美国、中国、欧洲都进行了布局，并且均已获得了授权，被引用次数 43 次。该专利进一步提出增加一层有机增反层，以对量子点非出光方向的光进行反射，提高亮度。

三星申请了一件有机发光二极管显示器的专利（公告号 US11018323B2），最早优先权日为 2015 年 10 月 30 日，在美国、中国、韩国都进行了布局，并在美国获得了授权，被引用次数 86 次。该专利申请提出了针对蓝光源 OLED 采用量子点转换层的成型面板，其中"蓝光源 OLED + 量子点"技术也是现在实现量产的 QD–OLED 电视的主流技术。

三星申请了一件显示面板和使用该显示面板的显示装置的专利（公告号 EP3444846B1），最早优先权日为 2017 年 8 月 17 日，在美国、中国、韩国、欧洲都进行了布局，并在美国、韩国均已获得了授权，被引用次数 13 次。该专利提出了量子点应用到 WRGB 四色像素的技术，由于白光像素的加入，优化了显示效果。

（3）量子点自发光显示技术。

量子点自发光显示技术和前面两个技术分支截然不同，前面两个技术分支中，量子点都是充当光致发光的角色，而在量子点自发光显示技术中，量子点起到的是电致发光的作用，即量子点是像素的原光源，类似于 OLED 自发光技术，只是发光层利用了量子点而不是有机半导体材料。但是，由于量子点不耐高温，因此在制备技术上不能采用 OLED 常用的蒸镀工艺，只能采用溶液法等工艺成膜，这也给量子点自发光显示技术提出了一个技术难题，即如何实现量子点膜的图案化，这也是目前量子点自发光显示技术需要突破的一个主要的技术瓶颈。下面介绍自发光显示技术的发展路线。

早期，专利 US7781957B2 和 US7564067B2 提出了多个 QLED 形成显示面板的基本结构，包括 QLED 形成的多个 RGB 像素，但是没有示出具体如何制备该显示装置，尤其是没有涉及如何图案化的问题。

京东方申请了一件 QLED 及其制备方法、显示装置及其制备方法的专利（公告号 US9947886B2），申请日为 2016 年 1 月 20 日，在美国、中国都进行了布局,并在美国已获得了授权,被引用次数 21 次。该专利提出了采用喷墨打印(ink-jet printing)的工艺制备图案化的量子点薄膜,喷墨打印技术是一种利用压电效应来驱动包含功能分子的墨水溶液按照预先设定的路线打印到衬底上,喷墨打印无须使用掩膜,非常适合量子点的溶液法制备。不过,喷墨打印的工艺参数、薄膜的均匀性对器件性能起着关键性的作用,有待于优化和进一步研究。

华星光电申请了一件自发光型显示装置及其制作方法的专利(公告号 CN105932166B),最早优先权日为 2016 年 5 月 3 日,在美国、中国都进行了布局,并在中国已获得了授权,被引用次数 28 次。在该专利中,针对溶液法制备的蓝光 QLED 的性能相对红、绿 QLED 普遍偏低的问题,提出了蓝光 OLED 结合红、绿 QLED 的技术方案,即采用蒸镀的工艺制备非图案化的共有的蓝光 OLED 结构,然后在红绿像素区域制备红、绿 QLED。量子点自发光显示技术除了图案化至关重要之外,QLED 单个器件本身的性能也对整个显示面板的性能起着决定性的作用,所以针对 QLED 单个器件的优化一直是自发光显示技术研究的重要方面。从技术角度,QLED 的性能可以从量子点发光层材料本身的改进及 QLED 其他功能层的改进来改善。

韩国科学技术研究院(KIST)申请了一件使用石墨烯共轭金属氧化物半导体-石墨烯核壳量子点的可调谐发光二极管及其制造工艺的专利(公告号 KR101357045B1),最早优先权日为 2011 年 11 月 1 日,在美国、韩国都进行了布局,并在韩国已获得了授权,被引用次数 51 次。该专利提出了石墨烯为壳层、ZnO 为核的量子点材料,提高 QLED 的发光性能。

TCL 申请了一件 QLED 及其制备方法的专利申请(公告号 CN105280829B),申请日为 2015 年 9 月 17 日,被引用次数 19 次。针对其他功能层,该专利引入深蓝光材料作为空穴传输层,以提高 QLED 的空穴注入效率,从而解决 QLED 普遍存在的电子注入大于空穴注入的载流子不平衡问题。

总之,量子点自发光显示技术是量子点显示最诱人的一项技术,是量子点显示的终极目标,目前量子点自发光显示技术的成熟度还比较低,尚有很多问题亟待解决,这是我国研发人员可以重点发力的一个技术领域。

二、检索策略及案例解析

(一)检索策略

在显示技术中,液晶显示和 OLED 显示是最主要的两种显示技术,在分类表中对应着完整而细致的分类号，而量子点显示作为一种新兴的显示技术，并没有特定的分类号与之对应，其往往被分到液晶显示和 OLED 显示的分类号，或者根据技术方案的不同被分到其他一些非显示领域的分类号。因此，量子点显示的分类号比较分散，除了一些特定技术方案比较明确地指向了液晶显示和 OLED 显示外，对于量子点显示的检索，在分类号的基础上，最好加上关键词对技术领域进行限定，防止由于分类号不全面造成文献遗漏。

尽管没有专门的分类号，但量子点显示技术领域在整体的检索策略上还是比较明确的。技术领域通常表达为量子点显示或者量子点显示的某一技术分支，发明点的表达则根据具体的技术方案进行限定。由于量子点显示的专利文献量远小于液晶显示和 OLED 显示，因此当检索要素在直接表达有些困难时，也可以采用一些较为上位的表达方式，这样降低了直接构造检索式的难度并且避免了直接构造所导致的检索结果不准确，而且这种方式也不会使得检索结果数量过大。

量子点显示主要涉及器件结构的发明，而其对应的方法通常在检索到结构的相关专利文献中也会相应地公开，所以检索主要针对结构即可。但是需要注意的是，一些发明构思在于制备方法的申请则要针对方法进行针对性检索，而不能仅停留在结构上，比如，在量子点自发光显示技术中，图案化制备是技术难点，一些特殊的图案化工艺需要有针对性的构造检索式。对于涉及大小、厚薄、上下、先后的关键词，注意使用同在算符以减少噪声。

由于量子点显示的专利申请大概率会出现量子点这个关键词，所以可以将检索范围先限定在量子点的结果中。

对于检索资源，由于大部分的显示专利都会申请中国同族专利，显示技术领域以中文专利检索为主，外文检索作为必要的补充。量子点显示尤其是量子点自发光显示技术较为前沿，量子点技术本身也是高校研究者提出的，因此进行非专利文献的检索也是必要的，尤其需要重点关注科学网（Web of Science）相关文献。

（二）检索要素

根据量子点显示领域的常规表达，确定了对应技术领域及技术分支的相关检索要素，包括关键词及对应的分类号，如表 4-3-1 所示。

表 4-3-1 检索要素

检索要素	中文关键词	英文关键词	IPC (2022.01 版)	CPC (2022.05 版)
量子点显示	纳米晶、纳米颗粒、纳米粒子、量子点	nano crystal, nano particle, QDs, quantum dot?, quantum-dot?	G02F1/13、H01L51/50、H01L27/32、H01L33/00、H01L51/502、C09K11/00	G02F1/13、H01L51/50、H01L27/32、H01L33/00、H01L51/502、C09K11/00、H01L51/502
	量子点发光二极管、光致发光、电致发光	quantum dot light-emitting diode?, QLED, photoluminescent, electroluminescent		
	显示、面板、平板、电视、屏幕	display, panel, TV, screen		
QD-LCD	液晶、量子点液晶显示、像素	liquid crystal, LC, QD-LCD, QD LCD, pixel, RGB	G02F1/13	G02F1/13357、G02F1/136222
	背光、滤光、滤色、彩膜、荧光、磷光、色转换	backlight, color filter, color film, fluorescent, phosphorescent, color conversion		
QD-OLED	有机发光二极管、有源矩阵显示、薄膜晶体管	QD-LED, QD-OLED, ELQD, QDEL, OLED, AMOLED, TFT	H01L51/50、H01L27/32	
	滤光、滤色、色转换层	color filter, color conversion		
自发光显示	量子点发光二极管、自发光、发光层、活性层	QLED, self-lumin+, active layer	H01L33/00、H01L27/32、H01L51/50	
	图案化、溶液法、喷墨打印	patterning, solution-processed, ink-jet printing		

（三）案例解析

1. 案例 4-3-1：一种量子点彩色滤光片及其制造方法、显示装置
（1）案情概述。

本案例涉及一种液晶显示面板，更具体的是一种利用量子点作为彩色滤光片的液晶显示面板。现有的液晶显示装置包括薄膜晶体管阵列基板、彩色滤光片基板及填充在薄膜晶体管阵列基板和彩色滤光片基板之间的液晶分子。上述显示装置工作时，在薄膜晶体管阵列基板与彩色滤光片基板分别上施加驱动电压，控制两个基板之间的液晶分子的旋转方向，以将显示装置的背光模组提供的背光折射出来，从而显示画面。上述显示装置的色彩通常是依靠彩色滤光片来实现的，传统的彩色滤光片包括有按一定顺序排列的红色光阻、绿色光阻及蓝色光阻，背光模组提供的背光经过红色光阻、绿色光阻和蓝色光阻时，只有对应的红色波段、绿色波段和蓝色波段的光可以透过，实现显示装置的色彩显示。然而，传统的彩色滤光片存在透过率低下、透射峰较宽的缺陷，而量子点的发光峰具有较小的半高宽。因此，量子点彩色滤光片逐渐受到广泛的关注和研究，背光模组提供的背光入射至量子点彩色滤光片时，量子点彩色滤光片中的量子点在背光的激发下发出相应颜色的光，但量子点发出的相应颜色的光中，部分光并不由显示装置的出光面出射，导致使用量子点彩色滤光片的显示装置的出光效率较低。

针对上述技术问题，如图 4-3-24 所示，本申请在衬底基板上形成黑矩阵和量子点层，黑矩阵可以反射量子点被激发后发出的光，改变光的传播方向，使该部分光能够出射至显示装置外，从而提高显示装置的出光效率。

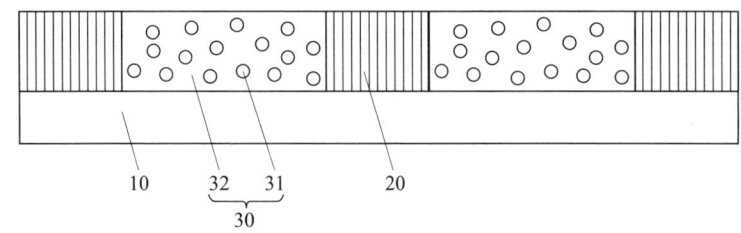

10—衬底基板；20—黑矩阵；31—量子点；32—基体

图 4-3-24 本申请技术方案的附图

本申请独立权利要求 1 的技术方案如下。

一种量子点彩色滤光片，其特征在于，包括衬底基板、黑矩阵和量子点层，所述黑矩阵和所述量子点层均位于所述衬底基板上，所述黑矩阵呈网格状，所

述量子点层位于所述黑矩阵所围成的网格内,其中,所述黑矩阵可反射所述量子点层中的量子点被激发后发出的光。

(2)充分理解发明。

本申请的技术主题为量子点彩色滤光片,滤光片可以用在各种显示面板中,所以并无较为明确的分类号,考虑采用关键词进行表达。其中滤光片的表达方式较多,需要将其充分扩展,技术领域的检索要素表达为"(量子点 or 纳米晶 or QD? or quantum dot? or quantum – dot?) S (滤光 or 滤色 or 色转换 or 彩膜 or 光致发光)"。而发明构思的检索要素就是关于黑矩阵的技术特征,根据对技术的理解,我们将其概括为"黑矩阵可以反射量子点发出的光",将其表达为"(黑矩阵 or 黑色矩阵) S (反射 or 反光)"。以上检索要素的表达由于涉及几个关键词的密切关系,所以使用同在算符"S";为了进一步减小噪声,也可以使用"nW""nD"算符。

根据说明书的内容可以知晓,本申请属于液晶显示用的量子点滤光片,而液晶显示有着较为明确的 IPC 分类号 G02F1/13,因此如果为了更接近说明书中的技术方案,可以采用上述分类号对技术领域进行限定。然而,由于权利要求中实际上并未限定显示类型,而且滤光片本身也是各种类型的显示面板中通常都会采用到的部件,因此如果一篇文献公开了在相近领域如 OLED 显示或者其他显示装置中具有黑矩阵反光的滤光片,则该文献同样能够用于评价权利要求的技术方案。故而,在直接检索液晶显示技术领域未得到期望的检索结果的情况下,可以将检索领域扩展至 OLED 显示或其他显示装置,或者不再具体限定显示装置的类型,而直接将"量子点彩色滤光片"作为技术领域的检索要素。

(3)检索过程分析。

首先,在中国专利全文库 CNTXT 进行检索。

1	CNTXT	5432	(量子点 or 纳米晶 or QD? or quantum dot? or quantum – dot?) S (滤光 or 滤色 or 色转换 or 彩膜 or 光致发光)
2	CNTXT	4091	(黑矩阵 or 黑色矩阵) S (反射 or 反光)
3	CNTXT	123	1 and 2

在上述检索结果中,并没有找到相关的专利文献。仔细查看检索式,考虑可能是"黑矩阵"的关键词扩展不够充分,将其进行功能性扩展,具体表达为"遮光 or 阻光 or 光屏蔽",得到如下结果。

| 4 | CNTXT | 35226 | (遮光 or 阻光 or 光屏蔽) S (反射 or 反光) |

| 5 | CNTXT | 169 | 1 and 4 |

在上述检索结果中,仍然没有找到相关的专利文献。继续在德温特世界专利索引数据库 DWPI 中进行检索,将关键词进行相应的扩展后,检索结果如下。

6	DWPI	1406	(QD? or quantum dot? or quantum – dot?) S (color filter or color convers + or photolumin +)
7	DWPI	825	(black matrix or BM) S (reflect +)
8	DWPI	5	6 and 7

在上述检索结果中,并没有找到相关的专利文献。可以看到,在德温特世界专利索引库 DWPI 中,上述检索式的检索结果只有 5 篇。考虑"黑矩阵反射"的相关描述较为细节,可能并没有出现在德温特世界专利索引库 DWPI 的摘要中,而是出现在说明书的内容中,因此调整转到美国专利全文库 USTXT 进行检索,结果如下。

9	USTXT	8078	(black matrix or BM) S (reflect +)
10	USTXT	4433	(QD? or quantum dot? or quantum – dot?) S (color filter or color convers + or photolumin +)
11	USTXT	157	9 and 10

在上述检索结果中,检索到了专利文献 1,可评价权利要求 1 的技术方案。专利文献 1 公开了一种量子点彩色滤光片,包括衬底基板 145、由反射壁 146 及光阻挡层 BM 构成的黑矩阵、量子点层,其中由反射壁 146 及光阻挡层 BM 构成的黑矩阵、量子点层均位于衬底基板 145 上,由反射壁 146 及光阻挡层 BM 构成的黑矩阵被设置于像素区域的周围并且重叠于栅极线和数据线,黑矩阵呈网格状,并且量子点层位于黑矩阵所围成的网格内,设置于光阻挡层 BM 表面的反射壁 146 可反射量子点层中的量子点被激发后发出的光。

如果技术主题有非常明确的分类号,可以优先考虑使用分类号表达。但是,本申请中的技术主题为量子点滤光片,滤光片可以使用在各种类型的显示面板中,没有明确对应的分类号,因此需要采用关键词表达技术领域。并且,表达技术领域时不要受到说明书内容的干扰而表达成液晶显示的分类号。"滤光"的表达形式较多,要注意对关键词进行充分扩展。考虑到和"黑矩阵"相关的描述往往出现在细节中,所以在德温特世界专利索引库 DWPI 没有检索到相关专利文献的时候,需要调整到外文全文库(如美国专利全文库 USTXT)中进行检索。

2. 案例 4-3-2：OLED 显示基板及其制作方法、显示装置

（1）案情概述。

本案例涉及一种 OLED 显示基板，更具体的是一种利用量子点作为 OLED 色转换层的 QD-OLED 显示基板。OLED 显示装置具有自发光、驱动电压低、发光效率高、响应时间短、清晰度与对比度高、可实现柔性显示与大面积全彩色显示等诸多优点，因此被认为是最具有发展潜力的显示装置。其中，要实现全彩色，至少需要构造红、绿、蓝三种颜色的像素。传统的 OLED 器件在实现全彩色显示时，需要制造分别发出红、绿、蓝光的 OLED 器件，因此需要利用精细金属掩膜板分别制备发出红光的发光层、发出绿光的发光层、发出蓝光的发光层，制程较为复杂，工艺精度要求高，提高了 OLED 显示的生产成本。

针对上述技术问题，如图 4-3-25 所示，本申请在 OLED 基本的全部显示区域形成第一蓝光 OLED 发光层和至少一个附加蓝光 OLED 发光层，利用第一蓝光发光层和附加蓝光发光层发出的蓝光激发量子点彩膜层发出不同颜色的光，避免了分别制备出多个不同颜色的发光层，简化了全彩色显示装置的制备工艺。另外，附加蓝光发光层中，发出的蓝光波长不同于第一蓝光发光层，这样能够发出多个不同波段的蓝光，能够提高 OLED 发光层的电致发光光谱与量子点彩膜层的吸收光谱的匹配度，提高全彩色显示装置的色彩转换效率和显示品质。

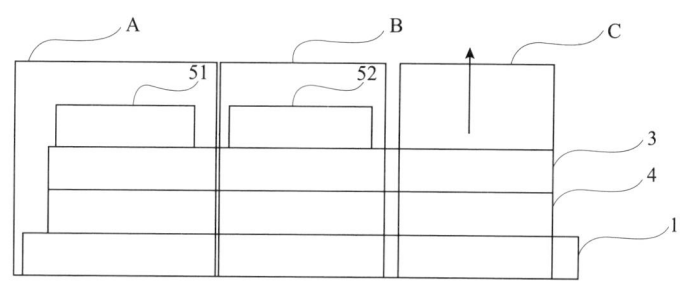

图 4-3-25　本申请技术方案的附图

注：3、4 为两层蓝光层，51 为红光量子点，52 为绿光量子点

本申请独立权利要求 1 的技术方案如下：

一种 OLED 显示基板，其特征在于，包括覆盖所述 OLED 显示基板的全部显示区域的第一蓝光 OLED 发光层、与所述第一蓝光 OLED 发光层在垂直于所述 OLED 显示基板的方向上层叠设置的至少一个附加蓝光 OLED 发光层，以及位于所述第一蓝光 OLED 发光层和所述附加蓝光 OLED 发光层的出光侧的量子点彩膜层，相邻蓝光 OLED 发光层之间通过电荷产生层连接，所述至少一个附

加蓝光OLED发光层中，存在蓝光OLED发光层发出的蓝光的波长与所述第一蓝光OLED发光层发出的蓝光的波长不同。

（2）充分理解发明。

按照本申请的内容，技术领域可以确定为OLED显示。由于一些专利文献在描述中可能并不会将显示装置称为"量子点OLED"或者"QD-OLED"等，而仅仅描述为具有量子点彩膜，所以"量子点"和"OLED"被认为是分开的两个检索要素。而发明构思可以确定为量子点彩膜层和两个蓝光层，之所以不将电荷产生层作为基本检索要素，是因为双蓝光层器件已具备发出不同波长蓝光的功能，电荷产生层并不是必要的结构。本申请也记载了电荷产生层的一些技术效果，能够保证第一蓝光发光层和附加蓝光发光层共用阳极和阴极，将多个OLED发光层串联起来。在本领域中，上述技术效果是比较容易预期的。因此，一方面，在不加电荷产生层的检索结果中，是包含电荷产生的专利文献的；另一方面，即使检索出的专利文献没有电荷产生层，也可以再针对电荷产生层单独检索，以与上述专利文献相结合来评价权利要求的技术方案。这里量子点和蓝光是互相关联的，是由量子点对OLED的出射光进行颜色转换，因此量子点和蓝光必须出现在同一篇专利文献中。两个蓝光发光层发出的光波长不同，并没有被作为基本检索要素，是因为专利文献可能会分别描述蓝光的材料以及具体的波长数值，而很少采用"不同"这种表达，而且量子点OLED的专利文献数量本身就不大，没有必要加入过多的检索要素，否则容易造成专利文献的遗漏，后续也可以视检索效果灵活加入"不同"这一要素。所以，最终确定基本检索要素为"OLED显示""量子点彩膜层""两个蓝光层"。

本案例本质上属于OLED显示器，所以分类号可以明确为OLED显示的IPC分类号H01L27/32及H01L51/50系列。量子点可以扩展为"纳米晶、纳米颗粒、纳米粒子、量子点"等及相应的英文关键词，彩膜层可以扩展为"色彩转换、颜色转换"等。两个蓝光层则有多种表达形式，可以根据经验进行扩展，比如采用本申请中的"附加"，由于这一要素的表达形式多样，因此该要素能否正确扩展可能是检索的关键。

（3）检索过程分析。

在中文专利全文库CNTXT中进行检索。

1	CNTXT	73831	H01L27/32/ic or H01L51/50/ic
2	CNTXT	2167	（量子点 or 纳米晶 or QD? or quantum dot? or quantum-dot?）S（彩膜 or 色彩转换 or 颜色转换）

| 3 | CNTXT | 87411 | （蓝 S（附加 or 两 or 双 or 另一）S（光 or 波长）） |
| 4 | CNTXT | 372 | 1 and 2 and 3 |

在上述检索结果中，并没有找到相关的专利文献。在筛选专利文献的过程中，发现一些文献采用了"第二蓝光层"的这种表达方式，"第一蓝光层""第二蓝光层"其实是一种比较常用的说法，由于受到本申请表达方式的影响，因此开始并没有采用。接下来，在检索式3中采用"第二"的表达方式，得到如下结果。

| 5 | CNTXT | 53404 | （蓝 S（第二）S（光 or 波长）） |
| 6 | CNTXT | 518 | 1 and 2 and 5 |

经过检索，仍然没有筛选到相关的专利文献。这时再查看前面的检索式，上述分类号表达OLED显示通常是全面而准确的，思考哪些关键词可能存在表达不准的问题。发现"色彩转换""颜色转换"是四字词语，很容易出现偏差，而"转换"也可以有"变化、改变、转化"等多种表达形式，将四字词语拆分为两部分，并使用同在算符，即"（彩膜 or 色彩 or 颜色）S（改变 or 变化 or 转化 or 转换）"，由于两个基本要素发生了变化，"两个蓝光层"的第一种和第二种表达方式都需要囊括进来，即"蓝 S（附加 or 两 or 双 or 另一 or 第二）S（光 or 波长）"，检索结果如下。

7	CNTXT	4860	((量子点 or 纳米晶 or QD? or quantum dot? or quantum–dot?) S（彩膜 or 色彩 or 颜色）S（改变 or 变化 or 转化 or 转换）)
8	CNTXT	125653	((蓝 S（附加 or 两 or 双 or 另一 or 第二）S（光 or 波长）))
9	CNTXT	76589	H01L27/32/ic or H01L51/50/ic
10	CNTXT	967	7 and 8 and 9

在上述检索结果中，检索到了专利文献1，可评价权利要求1的技术方案。专利文献1公开了一种OLED显示基板，包括覆盖OLED显示基板的显示区域的第一发射层（即第一蓝光OLED发光层）、与所述第一发射层（即第一蓝光OLED发光层）在垂直于所述OLED显示基板的方向上层叠设置的至少一个第二发射层（即附加蓝光OLED发光层），以及位于所述第一发射层（即第一蓝光OLED发光层）和所述第二发射层（即附加蓝光OLED发光层）的出光侧的量子点颜色改变层（即彩膜层），相邻蓝光OLED发光层之间通过电荷产生层连

接，所述至少一个附加蓝光 OLED 发光层中，存在蓝光 OLED 发光层发出的蓝光的波长与所述第一蓝光 OLED 发光层发出的蓝光的波长不同。

量子点 OLED 显示的技术领域尽量不要整体表达，比如，"QD-OLED"等，该显示装置本质上是 OLED 显示装置+量子点颜色转换层，在很多文献中并不会出现"QD-OLED"等词汇，而是在 OLED 显示的基础上加上量子点颜色转换层的相关描述，所以量子点和 OLED 显示分开表达即可。OLED 显示有专门的分类号，优先采用分类号表达。对于词汇变化比较多、扩展容易出现遗漏的关键词，要进一步扩展关键词，比如，"附加蓝光层"扩展为"第二蓝光层"，并减少多字词语的使用，比如，"颜色转换"这个四字词语。

3. 案例 4-3-3：一种辅助基板、图案制备方法、QLED 显示基板及其制备方法

（1）案情概述。

本案例涉及一种 QLED 显示基板及其制备方法，更具体的是利用了一种量子点发光图案的制备方法。QLED 显示器是一种自发光显示器，相对于液晶显示器，由于不需要背光源，因而减轻了显示器的重量，实现了轻薄化，且具有可柔性化等特点，增加了 QLED 显示器价格上的竞争力。相对于另一种自发光显示器——OLED 显示器，QLED 显示器是在 OLED 显示器的基础上发展起来的一种新型显示技术。由于 QLED 显示器具有低电压驱动、发光量子效率高、光色纯度高、视角广等优点，成为受到广泛应用的下一代新型显示器。QLED 显示器和 OLED 显示器的结构相似，通常可以包括阳极、空穴注入层、空穴传输层、发光层、电子注入层、电子传输层及阴极。其中，QLED 发光层是用量子点发光材料代替了 OLED 中的有机发光材料，克服了有机发光材料对水氧敏感、稳定性差等缺点。现有技术中，QLED 发光层一般利用微接触印刷法和喷墨打印法形成。其中，微接触印刷法通常采用橡胶等弹性材料制成柔性的印章，然后通过印章将图案转移并印刷在 QLED 的对应位置。然而，对于微接触印刷法，不同尺寸的图案就需制作不同的印章，这就导致 QLED 发光层的制作成本增加。喷墨打印法通常是将量子点材料溶解在非极性的有机溶剂中形成溶液，再进行打印形成量子点发光层。然而，利用喷墨打印法形成的量子点发光层表面在墨水干燥后常会出现形貌不均匀的现象。

针对上述技术问题，如图 4-3-26 所示，本申请提供一种包括光热转化层的辅助基板，当激光束照射到辅助基板上时，光热转化层便可以将光能转化为热量。由于量子点发光层中的量子点发光材料是松散的，因而当激光束照射时，量子点发光层中受热部分的粘合力会下降，从而会从辅助基板上脱落。若设置

与辅助基板相对的受体基板,当激光束照射到辅助基板时,受热部分的量子点发光层便会落在受体基板上,从而可以在受体基板上形成量子点发光图案。本申请通过控制激光束的宽度和/或光热转化层的形状和尺寸便可以控制形成的量子点发光图案的形状和尺寸,相对于微接触印刷法,由于无须制作多个印章,因而可降低生产成本;相对于利用喷墨打印法,由于量子点发光层转移过程没有溶液,可提高形成的量子点发光图案的表面均匀度。

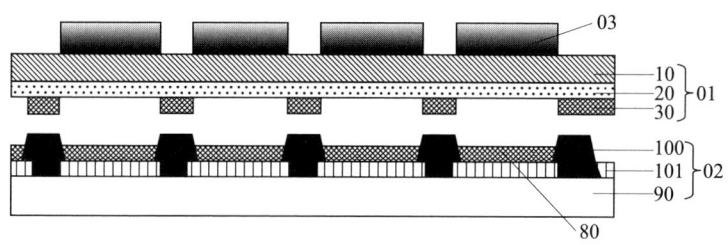

图4-3-26　本申请技术方案的附图

注:01 辅助基板, 02 受体基板, 101 阳极, 100 像素界定层,
20 光热转化层, 30 量子点发光层, 03 激光束

本申请独立权利要求1的技术方案如下。

一种 QLED 显示基板的制备方法,其特征在于,包括:

提供辅助基板,用于在受体基板上形成量子点发光图案,所述辅助基板包括第一衬底基板、设置在所述第一衬底基板上的光热转化层及设置在所述光热转化层上的量子点发光层;

提供受体基板,所述受体基板包括第二衬底基板、形成在所述第二衬底基板上像素界定层,以及位于像素界定层界定出的开口区的阳极;

将所述的辅助基板与所述受体基板相对设置,以使所述辅助基板的量子点发光层朝向所述受体基板的构图面;

将激光束照射到所述辅助基板上与所述受体基板的开口区对应的区域,以使得所述量子点发光层仅位于所述开口区的部分落在受体基板上,以在所述受体基板的开口区形成量子点发光图案。

(2) 充分理解发明。

本申请的技术主题为 QLED 显示基板的制备方法,所以关于技术领域的检索要素可以确定为"QLED 显示基板",属于量子点自发光显示技术。量子点自发光显示无对应的特定分类号,相关文献的分类比较繁杂、分散。由于 QLED 自发光显示和 OLED 自发光显示整体结构上较为类似,所以 QLED 显示的文献相对多地分在了 IPC 分类号 H01L27/32 及 H01L51/50 中,可以考虑采用上述分类号。如果用关键词表达,"自发光"是不太容易扩展的,因此考虑采用"QLED"这个关键词的中英文表达,这是因为通常采用了QLED器件的显示基板利用的都是量子点的自发光。发明构思涉及"辅助基板包括第一衬底基板、设置在所述第一衬底基板上的光热转化层及设置在所述光热转化层上的量子点发光层",可以概括为"光热转化层"和"量子点发光层"的密切关系,上述密切关系考虑用同在算符表示。将"光热转化层"扩展为"光热效应、光热转换、photo thermal、light-to-heat"等,英文的表达比较多样,使用时可能需要根据检索效果适当调整。

(3) 检索过程分析。

首先,在中文专利全文库 CNTXT 中尝试利用 IPC 分类号进行检索。

| 1 | CNTXT | 0 | ((H01L27/32/low/ic or H01L51/50/low/ic) and ((量子点 or 纳米晶 or QD? or quantum dot? or quantum-dot?) S (光热效应 or 光热转换 or 光热转化))) |

检索结果为0,考虑问题可能出在"光热转化"这个词语不常用,将其简化为光热。

| 2 | CNTXT | 0 | ((H01L27/32/low/ic or H01L51/50/low/ic) and ((量子点 or 纳米晶 or QD? or quantum dot? or quantum-dot?) S 光热)) |

检索结果仍为0,考虑继续扩大"光热"的表达,扩展为"光 S 热"。

| 3 | CNTXT | 94 | ((H01L27/32/low/ic or H01L51/50/low/ic) and ((量子点 or 纳米晶 or QD? or quantum dot? or quantum-dot?) S 光 S 热)) |

上述检索结果中,没有检索到相关的专利文献,继续扩展领域,尝试用液晶显示的分类号及 QLED 的表达。

| 4 | CNTXT | 180 | ((G02F1/13/low/ic) and ((量子点 or 纳米晶 or QD? or quantum dot? or quantum-dot?) S 光 S 热)) |
| 5 | CNTXT | 78 | ((量子点发光二极管 or QLED) and ((量子点 or 纳米晶 or QD? or quantum dot? or quantum-dot?) S 光 S 热)) |

在上述检索结果中,仍然没有找到相关的专利文献。暂时中止在中文专利全文库 CNTXT 中的检索,转到德温特世界专利索引数据库 DWPI 中继续检索,使用前述中文关键词的英文表达,检索结果如下。

1	DWPI	148	(H01L27/32/low/ic or H01L51/50/low/ic or G02F1/13/low/ic)and((QD? or quantum dot? or quantum – dot?)S(photo or light)S(heat or thermal))
2	DWPI	31	(QLED or(quantum 6W(light – emitting diode)))and((QD? or quantum dot? or quantum – dot?)S(photo or light)S(heat or thermal))

考虑上述检索式使用的分类号及关键词无法涵盖所有相关文献,所以删除技术领域的表达,仅用体现发明构思的关键词进行检索。

3	DWPI	475	(QD? or quantum dot? or quantum – dot?)S(photo or light)S(heat or thermal)

在上述检索结果中,检索到了专利文献 1,可以评价权利要求 1 的技术方案。专利文献 1 公开了一种制造发光二极管阵列的方法,第一电极 110 形成在接收衬底上(即受体基板),激光照射在预定区域 112 上,承载基板 201(即第一衬底基板)上的光热转化层 202 加热量子点材料转移层 203(即量子点发光层),使量子点材料转移层和光热转化层间的黏附力变小,对应预定区域 112 转移到接收层上,未被照射发生反应的剩余热感性量子点材料随承载基板移走而被去除(相当于在受体基板上形成量子点发光图案)。其中,承载基板 201、光热转化层 202 和量子点材料转移层 203 构成的结构 200 即辅助基板。

该专利文献为 2006 年申请,日期较早,量子点显示技术尚处于早期发展阶段,其专利分类也不够精细。该专利文献的 IPC 分类号全部是 H05B33/00 下面的分类号,含义为照明光源电致发光,而且在德温特世界专利索引库 DWPI 的摘要部分是按照 OLED 的结构来描述的,提到发光活性层里含有量子点,并没有出现 QLED 这个词,因此这也就解释了为什么之前扩展了量子点自发光显示常用的分类号及关键词,仍无法检索到该专利文献的原因。

在量子点显示技术中,量子点自发光显示的分类更加繁杂,尤其是日期文献,无论是分类号还是使用的技术术语,可能都与近些年来的分类号和常用表达方式并不不同。对于量子点自发光显示的检索,可以先用常见的分类号和关键词进行检索,如果仍然检索不到相关专利文献,可以将检索领域进一步拓展到非 H01L 的领域，甚至可以删去技术领域的表达。这类申请中的发明构思往往在于较为"特殊"的结构或工艺，如本申请中出现的"光热转化"，要抓住这些关键词的特性，进行适当的拓展，使不常见的词扩展为常见的表达，实现全面检索的目的。

第四节 专利申请文件撰写

一、撰写特点

显示技术是信息产业技术中的重要组成之一，新型显示已发展成为新一代信息技术的先导性支柱产业，是我国信息化、智能化时代的战略性新兴产业重点发展方向之一。随着互联网技术、移动通信技术的飞速发展，电视面板尺寸不断扩大，智能手机、智能手表等移动终端市场持续增长，新型显示产业继续呈现稳定发展态势。以 OLED、Micro LED 等为代表的新型显示技术得到快速发展。

新型显示器件领域的专利申请，主要涉及构成显示器件的各组成部分的具体结构、所用材料的选择、各组成部分之间的位置关系、连接关系，以及制造显示器件各组成部分的工艺步骤、工艺方法等。从专利申请所涉及的技术来分析，OLED 显示技术已产业化，核心技术比较成熟，基础专利布局也基本完成，目前的专利申请大部分为改进型发明，主要包括对 OLED 器件的像素、电路、摄像头等的结构及位置的设置，以及对基板、缓冲层、像素定义层和电极等的材料的选择，以提升器件的可挠性、亮度、透明度、屏占比等性能。对于 Micro LED 显示技术，其技术正处于快速发展期，主要涉及对 Micro LED 的驱动基板、巨量转移技术、LED 芯片等方面的改进。对于新兴的量子点显示，其尚处于研发的初级阶段，由于技术发展路径和模式还不明确，因此仍存在提出创新性发明的可能。上述这几种情形，对专利申请文件的撰写也相应提出了不同的要求。下文将对半导体显示领域的常见撰写问题及典型案例进行分析，以有助于读者理解半导体显示领域专利申请的撰写特点。

二、常见问题分析

说明书和权利要求书是专利申请文件的重要组成部分，其撰写质量决定了专利申请文件撰写质量的高低，也是决定一项专利申请能否获得授权的重要因素之一。因此，想要提高专利申请文件的撰写质量，我们就要特别重视这两个部分的撰写。

对于说明书，其应当对发明作出清楚、完整的说明，以达到所属技术领域的技术人员能够实现的程度，如果说明书不能为公众提供足够的能够实现其发明的技术信息，则不能被授予专利权。说明书也是后续对申请文件进行修改的基础和依据，因此说明书的撰写是申请文件撰写中的关键环节。对于权利要求书，其应当得到说明书的支持，应当清楚、简要地限定要求专利保护的范围，其撰写的质量高低将会影响专利权的获得及权利的行使。对于独立权利要求的撰写，其应当包含为解决其技术问题所必不可少的技术特征。需要强调的是，对于申请文件的修改要以原申请文件记载的范围为依据，不得超出原申请文件记载的范围。

对于新型显示器件领域的专利申请的撰写，说明书和权利要求书的撰写问题主要涉及权利要求的保护范围不清楚、独立权利要求缺少解决技术问题所需的必要技术特征、申请文件的修改超出原申请文件记载的范围、权利要求的技术方案不满足新颖性和创造性的规定，避免这些问题是申请文件获得授权的基本要求，也是申请文件撰写和修改时的重点和难点。下面将对新型显示器件领域的常见撰写问题进行梳理，并结合实际案例进行具体分析。

（一）权利要求保护范围不清楚

《专利审查指南》第二部分第二章第3.2.2节指出："权利要求书是否清楚，对于确定发明要求保护的范围是极为重要的。权利要求书应当清楚，一是指每一项权利要求应当清楚，二是指构成权利要求书的所有权利要求作为一个整体也应当清楚。"

在新型显示器件领域，通常要求保护包含多个材料层的显示器件结构、或者要求保护包含多个材料层的显示器件结构的制备方法，所以权利要求保护范围不清楚问题主要涉及多个材料层的同一技术特征采用多个术语或多种不同方式表述不清楚、各技术特征之间的关系限定不清楚、权利要求技术特征的描述前后矛盾等。以下将结合实际案例进行具体分析。

1. 案例4-4-1：一种显示器

（1）案情介绍。

本案例请求保护的权利要求1如下。

1. 一种显示器，包括：

薄膜晶体管；

形成在所述薄膜晶体管上的绝缘膜；

形成在第一绝缘膜上的第二绝缘膜；

形成在所述第二绝缘层上的像素电极，并且所述像素电极通过在所述第一绝缘膜和所述第二绝缘膜中形成的电极孔与所述薄膜晶体管连接；

第一绝缘层，形成在所述第二绝缘膜上；

第二绝缘层，形成在所述像素电极上以填充所述电极孔；

在所述像素电极、所述第一绝缘层和所述第二绝缘层上的发光层；以及

在所述发光层上的阴极。

(2) 案例分析。

权利要求 1 中记载了"形成在所述薄膜晶体管上的绝缘膜""形成在第一绝缘膜上的第二绝缘膜""形成在所述第二绝缘层上的像素电极""第二绝缘层，形成在所述像素电极上以填充所述电极孔"，其中该权利要求中出现了"绝缘膜""第一绝缘膜""第二绝缘膜""第二绝缘层"。根据权利要求的记载，本领域技术人员不能确定"形成在所述薄膜晶体管上的绝缘膜"中的"绝缘膜"和"形成在第一绝缘膜上的第二绝缘膜"中的"第一绝缘膜"是否指的是同一层，也不能确定"形成在所述第二绝缘层上的像素电极"中的"第二绝缘层"与"第二绝缘膜"是否指的是同一层，并且"形成在所述第二绝缘层上的像素电极"和"第二绝缘层，形成在所述像素电极上以填充所述电极孔"中对"第二绝缘层"与"像素电极"的位置关系的描述前后矛盾，导致权利要求 1 所要求保护的范围不清楚。

(3) 案例启示。

在新型显示器件领域中，通常要求保护包含多个材料层的器件结构或制造方法，如果一项权利要求或者具有引用关系的权利要求中，同一材料层的术语前后表述不一致，或者未限定某些材料层之间的位置关系，或者其位置关系限定不清楚，则容易导致权利要求的保护范围不能清楚界定。因此，在专利申请的撰写中，要尤其注意这种情况。

2. 案例 4-4-2：一种显示器

(1) 案情介绍。

本案例请求保护的权利要求 1 如下。

1. 一种显示器，包括：

以设置在基底上的显示装置形成图像的显示区域；

以沿显示区域外部边缘部分设置的密封剂来密封显示区域的密封部分；以及

为显示区域提供驱动电压的驱动电源线；

其中驱动电源线包括至少一个传导层，其至少一部分设置在密封部分和基底之间，以及至少一个通孔，其设置在与密封剂相接触的驱动电源线上表面上的保护层中，以及

其中至少一个通孔延伸使得一部分密封剂与保护层下面的无机层紧密接触，并且至少一个渗透孔设置在横截面和保护层之间的传导层中。

（2）案例分析。

在权利要求1中记载了"至少一个渗透孔设置在横截面和保护层之间的传导层中"，其中该权利要求未限定"横截面"是哪一层的横截面，使得本领域技术人员不能确定"渗透孔"的具体形成位置，从而导致权利要求1不能清楚地表述其请求保护的范围。

（3）案例启示。

在新型显示器件领域的专利申请中，如果权利要求中出现的特征没有描述清楚限定的是哪个对象，可能会导致相关特征的位置关系限定不清楚，从而使得权利要求的保护范围不清楚。

3. 案例4-4-3：一种显示面板

（1）案情介绍。

本案例请求保护的权利要求1~2如下。

1. 一种显示面板，其特征在于，包括：

基板；

氧化物有源层，设置于所述基板上，所述氧化物有源层包括第一有源部和第二有源部，所述第一有源部和所述第二有源部同层且间隔设置，所述第一有源部的导电率和所述第二有源部的导电率不同；

栅极，设置于所述氧化物有源层的一侧；

栅极绝缘层，设置于所述栅极与所述氧化物有源层之间；

源极，设置于所述氧化物有源层和所述栅极远离基板的一侧；以及

第一漏极和第二漏极，与所述源极同层设置，所述第一漏极与所述源极通过所述第一有源部连接，所述第二漏极与所述源极通过所述第二有源部连接；

所述第一有源部、所述栅极、所述栅极绝缘层、所述源极和所述第一漏极构成第一晶体管，所述第二有源部、所述栅极、所述栅极绝缘层、所述源极和所述第二漏极构成第二晶体管；

其中，所述显示面板还包括像素电极，所述像素电极设置于所述第一晶体管和所述第二晶体管上，所述第一漏极与所述第二漏极绝缘且间隔设置，并分别连接至所述像素电极。

2. 根据权利要求1所述的显示面板，其特征在于，所述显示面板还包括像素电极，所述像素电极设置于所述第一晶体管和所述第二晶体管上，所述第一漏极与所述第二漏极形成一体，并连接至所述像素电极。

（2）案例分析。

该案说明书包括两个实施例，第一实施例描述的是"所述第一漏极与所述第二漏极绝缘且间隔设置"的技术方案（对应独立权利要求1），第二实施例描述的是"所述第一漏极与所述第二漏极形成一体"（对应从属权利要求2），这两个实施例是两个并列技术方案。由于从属权利要求2引用独立权利要求1，使得从属权利要求2对"第一漏极""第二漏极"的具体限定，既包括"所述第一漏极与所述第二漏极绝缘且间隔设置"，又包括"所述第一漏极与所述第二漏极形成一体"，造成从属权利要求2对"第一漏极""第二漏极"的限定前后矛盾，从而导致权利要求的保护范围不清楚。

（3）案例启示。

在撰写权利要求书时，应当注意每一项权利要求都应当清楚，各项权利要求所限定的技术特征不要前后矛盾，尤其是在说明书中存在多个实施例，或者提出分案申请所依据的母案存在多个并列技术方案时，或者将两个并列的从属权利要求合并修改成为一项权利要求时，应特别注意避免此类问题的发生。

（二）独立权利要求缺少必要技术特征

《专利法实施细则》第20条第2款规定："独立权利要求应当从整体上反映发明或者实用新型的技术方案，记载解决技术问题的必要技术特征。"也就是说，从发明所要解决的技术问题出发，独立权利要求应当记载发明为解决其技术问题所不可缺少的技术特征，使之区别于背景技术中记载的技术方案。如果独立权利要求的技术方案不能与现有技术中的技术方案区别开来，也可能会由于不符合新颖性和/或创造性的规定而不能被授权。下面将结合实际案例进行具体分析。

案例4-4-4：一种有机发光二极管显示面板

（1）案情介绍。

AMOLED显示技术通常采用TFT-OLED的驱动方式，这种结构虽然能够实现较好的显示控制，但是有源层中的空穴注入层的膜厚边缘爬坡容易引起漏电流及短路击穿问题。

本申请的有机发光二极管显示面板，包括阳极层、像素定义层、空穴注入层及出光膜层，所述阳极层包括相对设置的第一面和第二面；所述像素定义层设置在第一面上且部分覆盖所述第一面；所述空穴注入层设置在所述第一面未被所述像素定义层覆盖的区域，所述空穴注入层的边缘与所述像素定义层接触；所述出光膜层设置在所述空穴注入层上，所述出光膜层的边缘与所述像素定义层接触。

本申请的改进点是通过设置出光膜层的边缘与像素定义层接触，来防止空穴注入层与其上部的电子传输层、阴极金属形成直接接触，避免造成较大的漏电流和击穿形成短路。

独立权利要求1撰写如下。

1. 一种有机发光二极管显示面板，其特征在于，包括：

基板，具有相对设置的第一面和第二面；

第一金属层，设置在所述基板的第一面；

有源层，设置在所述基板与所述第一金属层之间；

第二金属层，设置在基板与所述有源层之间。

（2）案例分析。

独立权利要求1中记载了"第一金属层，设置在所述基板的第一面；有源层，设置在所述基板与所述第一金属层之间；第二金属层，设置在基板与所述有源层之间"。根据说明书的记载，本申请要解决的技术问题是避免因有源层中的空穴注入层的膜厚边缘爬坡带来的漏电流和短路击穿问题，其采用的技术手段是：出光膜层设置在空穴注入层上，出光膜层的边缘与像素定义层接触。由于出光膜层的边缘与像素定义层接触，这样的结构可以阻隔空穴注入层与其上部的电子传输层、阴极金属形成直接接触，从而避免所述显示器件结构造成较大的漏电流和击穿形成短路。因此，关于"出光膜层的边缘与像素定义层接触"的技术特征是本申请要解决其技术问题所必不可少的技术特征，应当限定在独立权利要求中。

（3）案例启示。

撰写独立权利要求时，应当注意权利要求限定的保护范围要适当，应从整体上考虑是否反映了发明的技术方案，是否记载了为解决技术问题所不可缺少的技术特征，也就是说应当从发明要解决的技术问题的角度分析，哪些技术特征是解决其技术问题所必不可少的技术特征，由于这些技术特征是体现发明构思的必要技术特征，因此应当体现在独立权利要求中。具体地，独立权利要求除了可以包括体现其技术领域的特征、显示器件结构的基本组成部分、或者制备方法的基本步骤外，还应包括作为整体体现发明为解决其存在的技术问题所进行改进的特征，即解决其技术问题所必不可少的技术特征，以使其技术方案能够解决申请文件背景技术中所存在的技术问题和/或缺陷等。否则，独立权利要求的撰写可能会因为缺少解决其技术问题的必要技术特征而导致不能被授权。

(三) 权利要求修改超范围

《专利法》第33条规定："申请人可以对其专利申请文件进行修改，但是，对发明和实用新型专利申请文件的修改不得超出原说明书和权利要求书记载的范围。"也就是说，对申请文件的修改应当以原说明书和权利要求书记载的范围为依据。具体而言，在修改权利要求书和说明书时，不能将不能从原申请文件（包括附图）中直接明确认定的技术特征写入权利要求书和/或说明书中，也不能将通过测量附图得出的尺寸参数技术特征写入权利要求书和/或说明书中，也不能补入所属技术领域的技术人员不能直接从原始申请中导出的有益效果。

对于新型显示器件领域，尤其是OLED器件领域的专利申请文件的修改容易超出原申请文件记载的范围，这与OLED显示技术处于相对成熟的发展阶段有关。由于该领域存在大量现有技术及相关文献，因此新提交的专利申请的权利要求常常不符合新颖性和/或创造性的规定，进而需要对权利要求的保护范围进行修改，而如果修改时权利要求中增加了原申请文件中未记载过的技术特征、或者不能由原申请文件直接地、毫无疑义地得出的技术特征，就会导致修改超出原申请文件记载的范围而不能获得专利权。权利要求的修改是否超出原申请文件记载的范围，是申请文件能否获得授权的重要环节，同时也是申请文件撰写和/或修改时的重点和难点，尤其是在撰写分案申请的权利要求时，更要以母案申请文件记载的范围为依据，否则很容易导致撰写的权利要求超出原申请文件记载的范围。以下将结合实际案例进行具体分析。

1. 案例4-4-5：一种显示器件

（1）案情介绍。

本案例原权利要求1撰写如下。

1. 一种显示器件，包括：

薄膜晶体管；

依次形成于衬底上的第一导电膜、绝缘膜和第二导电膜，所述第二导电膜电连接到所述薄膜晶体管和所述第一导电膜，并且所述第二导电膜与所述第一导电膜以其间夹有所述绝缘膜的方式至少部分地重叠；

依次形成于所述绝缘膜上的第一电极、发光层和第二电极，

其中，所述第一电极与所述第一导电膜重叠，所述第二导电膜包围所述第一电极，并且所述第二导电膜经由形成在所述绝缘膜中的接触孔连接到所述第一导电膜。

申请人为了克服权利要求1中存在的缺陷，根据说明书的内容"第二导电

膜包括依次形成的钛膜、铝硅合金（Al-Si）膜以及钛膜"，在权利要求1中增加了特征"所述第二导电膜包括含钛的第一膜、在所述第一膜上的含铝的第二膜以及在所述第二膜上的含钛的第三膜"。

修改后的权利要求1如下。

1. 一种显示器件，包括：

薄膜晶体管；

依次形成于衬底上的第一导电膜、绝缘膜和第二导电膜，所述第二导电膜电连接到所述薄膜晶体管和所述第一导电膜，并且所述第二导电膜与所述第一导电膜以在其间夹有所述绝缘膜的方式至少部分地重叠；

依次形成于所述绝缘膜上的第一电极、发光层和第二电极，

其中，所述第一电极与所述第一导电膜重叠，所述第二导电膜包围所述第一电极，并且所述第二导电膜经由形成在所述绝缘膜中的接触孔连接到所述第一导电膜；

所述第二导电膜包括含钛的第一膜、在所述第一膜上的含铝的第二膜以及在所述第二膜上的含钛的第三膜。

（2）案例分析。

原申请说明书中记载的是"第二导电膜包括依次形成的钛膜、铝硅合金（Al-Si）膜以及钛膜"，修改后的权利要求1中限定的是"第二导电膜包括含钛的第一膜、在所述第一膜上的含铝的第二膜以及在所述第二膜上的含钛的第三膜"，即修改后权利要求1中的第一膜和第三膜是含钛的膜，第二膜是含铝的膜，可见第一膜和第三膜除了含钛之外，还可以包含其他材料，第二膜除了含铝之外，也可以包含其他材料，而说明书记载的第一膜和第三膜是钛膜，第二膜是铝硅合金，也就是说，修改后的权利要求1中的特征"所述第二导电膜包括含钛的第一膜、在所述第一膜上的含铝的第二膜以及在所述第二膜上的含钛的第三膜"，与原说明书记载的"第二导电膜包括依次形成的钛膜、铝硅合金（Al-Si）膜以及钛膜"不一致，并且也不能由原说明书和权利要求记载的内容直接地、毫无疑义地确定，因此导致权利要求1的修改超出原权利要求书和说明书记载的范围。

（3）案例启示。

修改申请文件时，不能将从申请文件中概括得到的内容修改到申请文件中，而应当以原说明书和权利要求书的记载为依据，要注意修改后的内容或者记载在原说明书和权利要求书中，或者能够从原说明书和权利要求书记载的内容中直接地、毫无疑义地确定得出。对权利要求书、说明书进行修改时，如果不以

原申请文件所记载的内容为依据，修改内容就会超出原说明书和权利要求书记载的范围，而导致审批程序延长，多次修改仍超范围的甚至不能获得授权。

2. 案例4-4-6：一种有机发光显示器

（1）案例介绍。

本案例的原权利要求1如下：

1. 一种有机发光显示器，包括：

第一基板；

与所述第一基板隔开且相对布置的第二基板；

布置在所述第一和第二基板之间的显示单元；

在所述第一基板和所述第二基板的外围区域之间的多层结构；以及

位于所述多层结构的形成区域中且被配置为密封所述第一基板和所述第二基板的黏合部件，

其中所述多层结构包括四层结构，该四层结构包括具有有机材料的第一层、具有无机材料或金属的第二层和第四层以及具有吸收剂材料的第三层，

其中所述第一层、第二层、第三层和第四层是层叠的。

申请人为了克服原权利要求1不具备创造性的缺陷而对该权利要求进行修改，修改时在权利要求1中增加特征"其中所述四层结构呈柱状"。修改后的权利要求1如下。

1. 一种有机发光显示器，包括：

第一基板；

…………

其中所述第一层、第二层、第三层和第四层是层叠的，

其中所述四层结构呈柱状。

（2）案例分析。

申请人修改申请文件时，在权利要求1中增加特征"其中所述四层结构呈柱状"，该特征在原说明书和权利要求书中未出现过文字记载，说明书附图给出的都是有机发光显示器的剖面图，从附图中只能看出四层结构的剖面为长方形；并且，由说明书文字的记载可知，该四层结构能够起到密封有机显示器、防止显示单元被湿气和氧气侵蚀的作用，即该结构实质为围绕显示单元四周而设置的封闭环形柱状结构，而并非单独的柱状结构。因此，权利要求1的修改超出原说明书和权利要求书记载的范围。

（3）案例启示。

修改申请文件时，应当以原说明书和权利要求书的记载为依据，要注意修

改后的内容或者记载在原说明书和权利要求书中，或者能够直接地、毫无疑义地从原说明书和权利要求书记载的范围中得出。说明书附图是示意性的，由平面图未必能得到立体图形结构，尤其是只提供某一方向的剖面图时，此时能够直接地、毫无疑义地确定的信息十分有限。在修改申请文件时应尤为注意，不能由某一剖面图中看出的结构形状等直接推出在立体结构中的结构形状进而增加到申请文件中，也不能将说明书附图中测量的尺寸等特征增加到申请文件中，以免造成修改超出原申请文件的范围。

三、典型案例

上文中阐述了新型显示器件领域专利申请撰写的特点，梳理了说明书和权利要求撰写中的常见问题，并结合实际案例对常见问题进行了具体分析。本部分将结合上文的分析内容，通过典型案例对申请文件的撰写要点进行具体阐述。

在新型显示器件领域的申请文件撰写中，一般需要通过初步检索了解现有技术状况，在此基础上撰写说明书和权利要求书，有助于撰写的说明书能够较为清晰地描述出发明相对于现有技术的主要改进之处，也能使撰写的权利要求书的范围更加合理。

对于说明书的撰写，无论是对显示器件的具体组成部分、各组成部分之间的位置关系、连接关系、工艺步骤、工艺条件等方面进行改进以提升器件性能和效果的改进型发明，还是提出一种新型显示器件结构的创新型发明，都应当在说明书中对发明作出清楚、完整的说明，并使得所属技术领域的技术人员根据说明书的记载能够实现。

对于权利要求书的撰写，权利要求的技术方案是否清楚、概括是否恰当；能否与现有技术区别开而满足新颖性和创造性的要求，独立权利要求能否体现出发明相对于背景技术存在的技术问题所需的必要技术特征等，这些都是发明能够获得授权的基本要求。此外，还需要对权利要求书进行总体布局，使得独立权利要求和其从属权利要求的保护范围既有层次梯度，又能为后续可能的修改打好基础，也能尽可能地获得较为稳定的专利权。因此，要关注发明要解决几个技术问题，为此提出几种技术方案，针对要解决的技术问题，分析哪些是其必要技术特征。例如，对于解决两个或多个技术问题而相应的提出两个或多个技术方案的发明，可撰写两个或多个独立权利要求。同时，也要注意，从属权利要求是否围绕发明的改进点做进一步的限定，以及从属权利要求引用哪个和/或哪些权利要求等，这些都是撰写权利要求书时需要重点考虑的方面。

在下文的典型案例中，将重点从说明书的主要组成部分背景技术、发明内容、具体实施方式等方面对说明书的撰写进行具体分析说明,之后也将从独立权利要求、从属权利要求的角度对权利要求书的撰写进行具体分析阐述。

案例4-4-7:一种显示面板及其制备方法

本申请涉及一种显示面板及其制备方法。现有技术中,柔性显示面板通常采用薄膜封装技术对位于柔性基板上的显示元件进行封装,但是构成薄膜封装层的无机层由于其弹性模量较小,易产生弯折裂纹或者切割裂纹,进而影响封装效果。为了克服上述问题,本申请提供一种显示面板,包括含有显示区和非显示区的基板、设置于基板显示区的有机发光器件、覆盖有机发光器件的薄膜封装层,在基板的非显示区设置金属层,该金属层设置有凹槽,并且该凹槽中填充有有机层,其中薄膜封装层包含至少一有机封装层和至少一无机封装层,该至少一无机封装层覆盖金属层,该有机层在凹槽中覆盖无机封装层,以此来提高边缘区域抗弯折应力和切割应力的能力,降低边缘产生裂纹的风险及有效阻碍裂纹扩展,从而提高边缘区域的封装效果。

在撰写申请文件之前,一般需要先检索现有技术,根据现有技术中存在的技术问题或缺陷,确定发明的技术方案能够与现有技术相区别开的关键技术特征或关键技术手段及由此取得的技术效果,为申请文件的撰写做好充分的准备。

(一)说明书

1. 背景技术

在本申请的背景技术部分,首先介绍显示面板的常见类型包括有机柔性显示面板、液晶显示面板、等离子体显示面板等,指出本申请涉及的柔性显示面板具备的特点和优势,借助附图介绍现有柔性显示面板的基本结构及存在的技术问题,即现有技术中的无机层由于其弹性模量较小,随着显示面板的弯折次数增多,容易产生裂纹,影响封装效果。在此部分中建议写明对发明的理解、检索、审查有用的背景技术,有助于读者理解发明。

随着显示技术的不断发展,显示面板制造技术也趋于成熟,现有的显示面板主要包括有机电致发光显示面板、液晶显示面板、等离子显示面板等。柔性显示面板是以聚酰亚胺或聚酯薄膜等材料为基材制成的一种可变形、可弯曲的显示面板,与传统显示面板相比,柔性显示面板具有体积小、功耗低、可弯曲、柔性等优点,是一种具有广阔应用前景的显示面板。

现有的柔性显示面板通常采用薄膜封装技术对位于柔性基板上的显示元件进行封装。有机发光二极管显示器的有机发光构件通常需要通过将有机发光构件包封的工艺来保护。有机发光构件可以通过玻璃基底和密封剂或薄膜包封层来包封,薄膜包封层的封装方式由至少一个有机层和至少一个无机层交替沉积。

无机层具有致密的膜层结构，主要起到阻水氧的作用，但是由于无机层的弹性模量较小，易产生弯折裂纹或者切割裂纹，所以在无机层之间设置有机层缓解无机层间的应力，图1为现有技术的显示面板的结构示意图，包含基板10'、有机发光器件20'和薄膜封装层30'，其中薄膜封装层30'包含第一无机封装层31'、有机封装层32'和第二无机封装层33'，在显示面板的边缘区域1的位置两层无机封装层31'和33'直接接触，随着柔性显示面板的弯折次数增多，该区域较容易产生裂纹，影响封装效果。

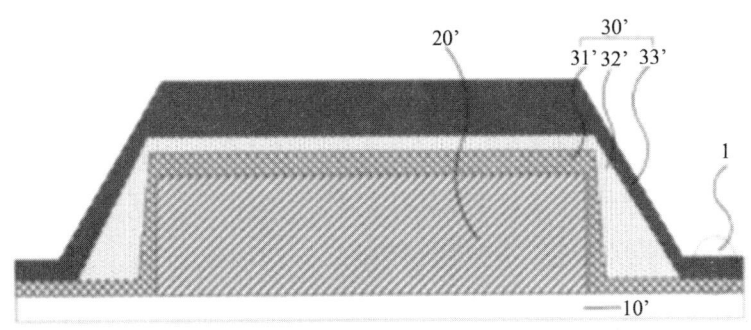

图1

2. 发明内容

发明内容部分应当清楚、客观地写明发明要解决的技术问题、解决该技术问题所采用的技术方案，以及与现有技术相比所具有的有益效果。

（1）技术问题。

发明所要解决的技术问题，是指发明要解决的现有技术中存在的技术问题，申请文件中记载的技术方案应当能够解决这些技术问题。本申请中结合背景技术部分对现有技术中所存在问题的描述，在发明内容部分的开头用简洁的语言客观地提出所解决的技术问题是"本发明提供一种显示面板，能够改善边缘产生裂纹的风险，提高边缘区域的封装效果"，与背景技术部分所描述的现有技术中存在的问题相呼应。

（2）技术方案。

技术方案是专利申请的核心，至少应反映出独立权利要求的技术方案，该技术方案应包含为解决其技术问题所不可缺少的技术特征；此外，最好给出进一步改进的技术方案。这些技术方案应当与权利要求所限定的相应技术方案的表述一致。

在本申请中，技术方案部分首先记载了显示面板的基本结构"一种显示面板，包括：基板，所述基板包含显示区和非显示区；有机发光器件，设置于所述基板的显示区；薄膜封装层，所述薄膜封装层覆盖所述有机发光器件，所述薄膜封装层包含至少一有机封装层和至少一无机封装层",尤其是解决其技术问题所不可缺少的技术特征"金属层，位于所述基板的非显示区，且所述金属层设置有凹槽，所述凹槽填充有有机层",之后进一步描述显示面板的其他技术特征如"凹槽""挡墙"的结构和/或位置关系等。由于本申请中同时涉及器件结构和制备方法，因此在技术方案部分也应包含对显示面板的制备方法的描述。

第一方面，本发明提供一种显示面板，包括：基板，所述基板包含显示区和非显示区；有机发光器件，设置于所述基板的显示区；薄膜封装层，所述薄膜封装层覆盖所述有机发光器件；金属层，位于所述基板的非显示区，且所述金属层设置有凹槽，所述凹槽填充有有机层；其中所述薄膜封装层包含至少一有机封装层和至少一无机封装层，所述至少一无机封装层覆盖所述金属层，所述有机层在所述凹槽中覆盖所述无机封装层。

进一步的，其中所述凹槽彼此不相连。

进一步的，其中所述凹槽的开口形状包含圆形、四边形、椭圆形、三角形中的一种或者其任意组合。

进一步的，其中所述基板的非显示区还包含至少一挡墙，且至少一所述挡墙位于所述金属层和所述有机发光器件之间。

进一步的，其中包含两道所述挡墙，所述金属层位于所述两道挡墙之间。

第二方面，本发明还提供一种显示面板的制备方法，包括：提供一基板，所述基板包含显示区和非显示区；在所述基板的显示区形成有机发光器件，且在形成所述有机发光器件的过程中在所述基板的非显示区形成金属层，并对所述金属层进行刻蚀形成凹槽；在所述有机发光器件背离所述基板的一侧形成薄膜封装层，所述薄膜封装层包括至少一有机封装层和至少一无机封装层；在所述凹槽中填充有机层；其中所述无机封装层覆盖所述金属层，所述有机层在所述凹槽中覆盖所述无机封装层。

进一步的，其中还包含在基板的非显示区域制备至少一挡墙的过程。

进一步的，其中制备所述有机发光器件的过程还包含平坦层和像素定义层的制备过程。

进一步的，其中制备所述有机发光器件的过程包含扫描线金属层和数据线金属层的制备过程，其中制备所述扫描线金属层或所述数据线金属层的同时制备所述金属层。

（3）有益效果。

说明书应当清楚、客观地写明发明与现有技术相比所具有的有益效果，并且该有益效果应当是由构成发明的技术特征直接带来的，或者是由发明的技术特征必然产生的技术效果。

在该部分，建议首先明确本申请技术方案的关键技术手段"通过在基板的非显示区设置金属层，该金属层设置有凹槽，且在该凹槽中填充有有机层"，然后说明相对于现有技术通过上述技术手段所带来的有益的技术效果"改善边缘产生裂纹的风险，提高边缘区域的封装效果"，使得本申请的技术方案能够与现有技术区分开。

本发明提供一种显示面板及其制造方法，显示面板包括：基板，基板包含显示区和非显示区；有机发光器件，设置于所述基板的显示区；薄膜封装层，所述薄膜封装层覆盖所述有机发光器件；金属层，位于所述基板的非显示区，且所述金属层设置有凹槽，所述凹槽填充有有机层；其中薄膜封装层包含至少一有机封装层和至少一无机封装层，该至少一无机封装层覆盖金属层，该有机层在凹槽中覆盖无机封装层。本发明通过在基板的非显示区设置金属层，该金属层设置有凹槽，在该凹槽中填充有有机层，来提高边缘区域抗弯折应力和切割应力的能力，改善边缘产生裂纹的风险且可以有效阻碍裂纹扩展，提高边缘区域的封装效果。

3. 具体实施方式

说明书应当详细描述申请人认为实现发明的优选的具体实施方式，该部分是说明书的重要组成部分，其应当体现申请中为解决技术问题所采用的技术方案，它对于说明书充分公开、理解和实现发明的技术方案，以及支持和解释权利要求都是极为重要的。

对于要求保护产品的发明，具体实施方式应当描述产品结构的组成、各组成部分之间的位置关系和/或电连接关系等；对于要求保护方法的发明，具体实施方式应当写明其工艺步骤、工艺方法、工艺条件等。

具体到本申请的具体实施方式部分，结合多个附图详细描述了显示面板的结构组成、各组成部分之间的位置关系及各工艺步骤。提供的附图不仅包括步骤流程图、截面结构示意图，还包括局部放大图、俯视结构图，这些多角度的附图能够帮助理解发明的各个技术特征和整体技术方案。以具体实施方式中对器件结构的描述为例，在本申请中，结合附图示出了显示面板的截面结构示意图和虚线框区域的局部放大图，详细描述了第一实施例中的器件结构组成、各主要组成部分的材料及位置关系，使得所属技术领域的技术人员能够清楚理解本申请中的显示面板的具体结构组成。值得说明的是，在描述清楚显示面板的主要组成结构之后，再次强调了本申请采用了哪些关键技术手段及由此取得的有益的技术效果。

（第一实施例）

参考图2a和图2b，图2a是本发明第一实施例提供的一种显示面板的截面结构示意图，图2b是图2a中虚线框S区域的局部放大图。在本实施例中，显示面板100包含基板10，其中，基板10包含显示区A和非显示区B；有机发光器件20设置在基板10的显示区A；薄膜封装层30覆盖有机发光器件20；在基板10的非显示区B设置有金属层70，金属层70设置有凹槽，凹槽填充有有机层80。

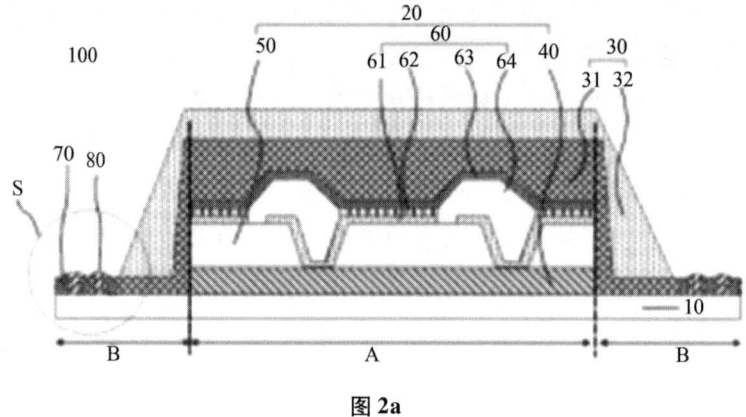

图2a

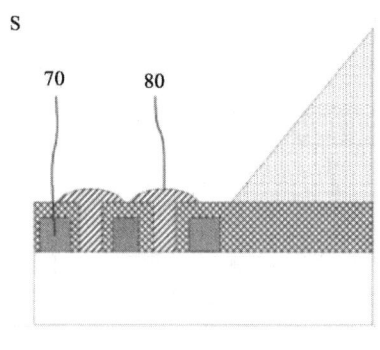

图2b

有机层80的材料可以为具有缓冲性能、可吸收应力的有机材料，可以包含橡胶、聚酰亚胺（PI）、聚酰胺（PA）、聚甲基丙烯酸甲酯（PMMA）中的一种或者其任意组合。

基板10可选地为柔性基板或刚性基板，本发明在此不做限定。柔性基板的材料可选地可以为有机聚合物，作为示例，有机聚合物可以是聚酰亚胺（PI）、聚酰胺（PA）、聚甲基丙烯酸甲酯（PMMA）中的一种。

有机发光器件20设置于基板10上，至少包括位于基板10上的器件层60，器件层60至少包含阳极层61、发光层62和阴极层63，并且可以进一步包括空穴注入层、空穴传输层、电子阻挡层、空穴阻挡层、电子传输层、电子注入层中的一层或多层。器件层60还可以包括像素定义层64，该像素定义层64将器件层60限定出多个子像素区域。发光层62可以是红色发光层、绿色发光层或蓝色发光层。发光层62可以是单个白色发光层。发光层62可具有红色发光层、绿色发光层和/或蓝色发光层的层叠结构。当发光层62具有层叠结构时，可包括滤色器（未示出）。空穴注入层和/或空穴传输层可被设置在阳极层61与发光层62之间。电子注入层和/或电子传输层可被设置在阴极层63与发光层62之间。空穴注入层、空穴传输层、电子传输层和电子注入层可形成于基板10的整个显示区域A上。器件层60的结构和材料可采用已知技术，在此不予赘述。

进一步地，有机发光器件20进一步包括设有为实现显示所需的薄膜晶体管层40、多条数据线金属层和多条扫描线金属层（未示出）。其中，薄膜晶体管层40至少包括有源层、源极、漏极、栅极、绝缘层，薄膜晶体管层40的漏极与器件层60的阳极层61电性连接；多条数据线金属层和多条扫描线金属层彼此交叉，其中，数据线金属层电性连接至薄膜晶体管层40的源极，扫描线金属层电性连接至薄膜晶体管层40的栅极。工作时，扫描线金属层通过薄膜晶体管层40的栅极控制各子像素的开关，数据线金属层通过薄膜晶体管层40的源极与器件层60的阳极层61电性连接，在各子像素对应的薄膜晶体管打开时，为各子像素提供数据信号，控制各子像素的显示。薄膜晶体管层40的具体结构可采用已知技术。

进一步地，有机发光器件20还包括位于薄膜晶体管层40上的平坦化层50，器件层60的阳极层61位于该平坦化层50上，并通过位于平坦化层50中的过孔与薄膜晶体管层40的漏极电性连接。

薄膜封装层30设置于有机发光器件20背离基板10的一侧，并覆盖有机发光器件20，用于将有机发光器件20与周围环境隔离，阻止水汽、氧气透过并侵蚀有机发光器件20中的有机物质。

发明人通过对现有的显示面板的结构进行研究发现，位于非显示区B的薄膜封装层30容易形成裂纹，为改善此问题，本实施例在基板10的非显示区B设置金属层70，金属层70设置有凹槽，其中凹槽填充有有机层80。由于金属层具有较好的延展性，与薄膜封装层30相比不容易产生裂纹，并且金属层设置有凹槽，可以有效阻碍裂纹扩展，另外，有机层具有较好的应力吸收和缓冲性能，凹槽中设置有机层80，在显示面板受到弯折或者切割时可以有效缓冲弯折应力或切割应力，减小裂纹产生和扩散的风险。

在一个实施例中，薄膜封装层30包含至少一有机封装层和至少一无机封装层，其中至少一无机封装层覆盖金属层70，有机层80在凹槽中覆盖该无机封装层。其中，有机封装层的材料可包括聚合物，如可以是由聚对苯二甲酸乙二酯、聚酰亚胺、环氧树脂、聚乙烯、有机硅氧烷形成的单层或堆叠层。无机封装层可以是包含金属氧化物或金属氮化物的单层或堆叠层，例如无机封装层可包含SiN_x、Al_2O_3、SiO_2和TiO_2中的任一种。请参考图2a和图2b，图2a是本实施例提供的一种显示面板的截面结构示意图，图2b是图2a中虚线框S区域的局部放大图。薄膜封装层30包含第一无机封装层31和有机封装层32，其中，第一无机封装层31覆盖金属层70。本实施例中，第一无机封装层31位于有机封装层32和有机发光器件20之间，在其他实施例中，也可以是有机封装层32位于第一无机封装层31和有机发光器件20之间。

在说明书中可以根据需要给出一个或多个实施例，当一个实施例足以支持权利要求所概括的技术方案时，说明书中可以只给出一个实施例；当独立权利要求覆盖的保护范围较宽，其概括不能从一个实施例中找到依据时，应当给出至少两个不同实施例以支持要求保护的范围；对于发明区别于现有技术的技术特征即发明的改进点，以及从属权利要求中的附加技术特征，这部分应当足够详细地描述，以使得所属技术领域的技术人员能够实现该技术方案为准。

在本申请中结合相应的附图给出了三个实施例，通常一件申请中的多个实施例之间会存在部分共有的技术特征，在说明书中可以省略对这部分内容的描述，而着重描述不同实施例之间的区别即可，这样描述实施例，不但能做到各实施例描述的器件结构清楚，而且使得说明书整体清楚简明、重点突出。此外，在分别描述完这些实施例后可以再次强调本申请通过采用哪些关键技术手段而由此取得了何种技术效果。

（第二实施例）

请参考图3a和图3b，图3a是本发明第二实施例提供的另一种显示板的截面结构示意图，图3b是图3a中虚线框S区域的局部放大图。本实施例与第一实施例的区别主要在于：本实施例是通过设置至少一无机封装层覆盖金属层，有机层在凹槽中覆盖该无机封装层，可以有效提高非显示区域的封装效果，同时可以有效防止裂纹扩展。

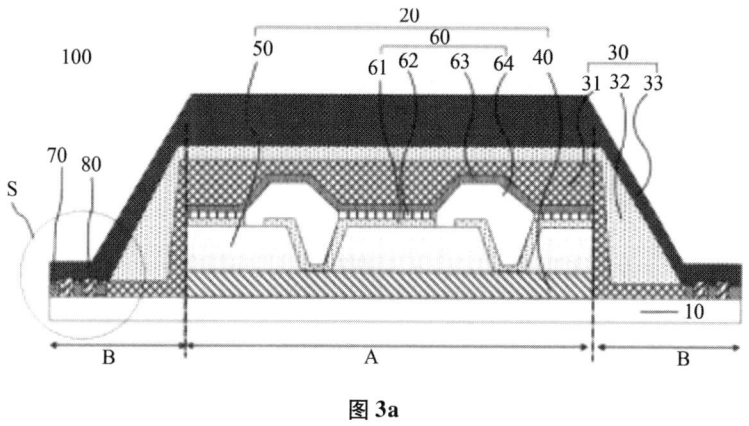

图 3a

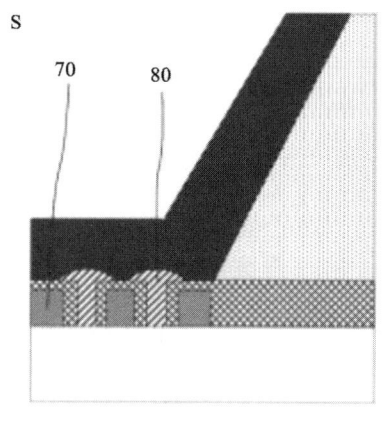

图 3b

具体地,薄膜封装层 30 依次包含第一无机封装层 31、有机封装层 32 和第二无机封装层 33,其中,第一无机封装层 31 设置在有机发光器件 20 和有机封装层 32 之间,可选地,第一无机封装层 31 和第二无机封装层 33 均覆盖金属层,且有机层在第一无机封装层 31 和第二无机封装层 33 之间。由于无机封装层具有致密的结构,具有较好的阻水氧效果,而有机层 80 具有较好的应力吸收能力,本实施例设置至少一无机封装层覆盖金属层 70,有机层 80 在凹槽中覆盖该无机封装层,可以有效提高非显示区域的封装效果,同时可以有效防止裂纹扩展。

(第三实施例)

请参照图 4a 和图 4b,图 4a 是本发明第三实施例提供的又一种显示面板截面结构示意图,图 4b 是图 4a 中虚线框 S 区域的局部放大图。本实施例与第一实施例的区别主要在于：本实施例中基板 10 的非显示区 B 包含至少一挡墙 90，并且至少一挡墙 90 位于金属层 70 和有机发光器件 20 之间。本实施例通过在金属层 70 和有机发光器件 20 之间设置第一挡墙 91 来限定有机封装层的边界，防止在制备有机封装层 32 时有机封装层 32 外溢，影响显示区的面积。可选地，基板 10 的非显示区 B 还包含第二挡墙 92，且金属层 70 位于第一挡墙 91 和第二挡墙 92 之间。第二挡墙 92 的作用是对应力起到一定的阻碍作用，第二挡墙 92 和金属层 70 以及有机层 80 的配合进一步降低裂纹扩展。

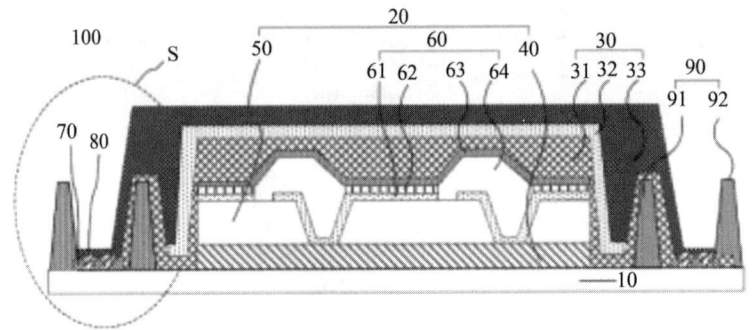

图 4a

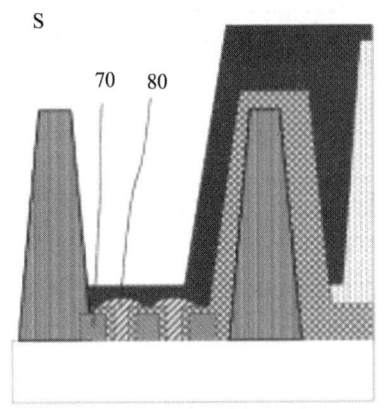

图 4b

对发明区别于现有技术的关键技术特征，除了说明书应当详细地描述这部分技术特征，以支持独立权利要求的保护范围外，还可以对这部分技术特征的多个优选方式作进一步的描述，以支持从属权利要求中的附加技术特征所限定的技术方案，从而使得所属技术领域的技术人员能够实现该技术方案为准。具体到本申请中，对解决其技术问题的必不可少的技术特征"金属层，位于所述基板的非显示区，且所述金属层设置有凹槽，所述凹槽填充有有机层"中的特征"凹槽"的形状及各凹槽之间的关系做进一步的描述。

此外，参照图 5a 至图 5c，图 5a 至图 5c 是本发明实施例提供的一种金属层的凹槽俯视结构示意图。本实施例中，凹槽 2 彼此不相连，而成孤立的凹槽，该凹槽 2 可以成阵列排布或者任意排布。其中，凹槽 2 的开口形状包含圆形、四边形、椭圆形、三角形中的一种或者其任意组合。本实施例通过设置凹槽 2 彼此不相连，来增加裂纹扩展的路径，有效改善边缘区域的封装效果。

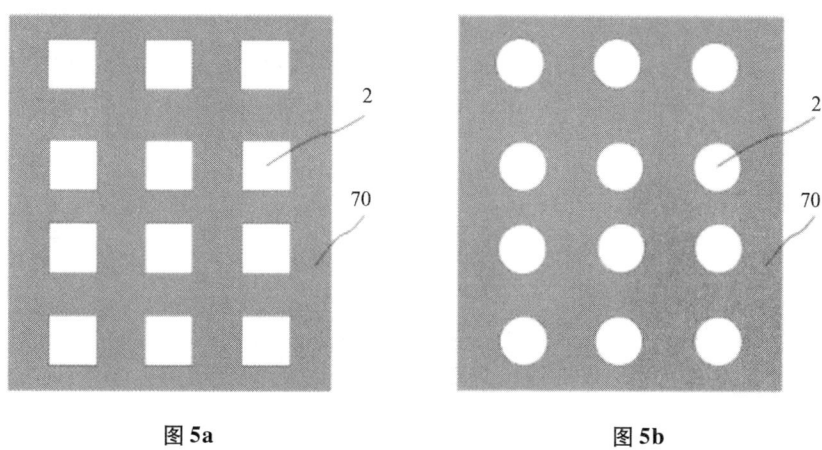

图 5a   图 5b

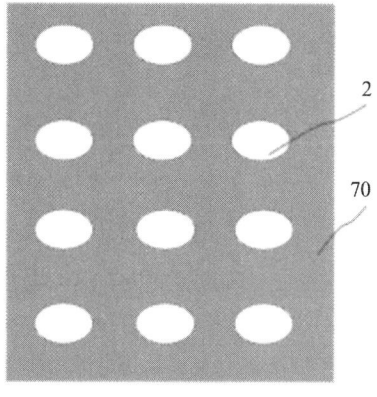

图 5c

（二）权利要求书

1. 独立权利要求

撰写权利要求时，首先需撰写独立权利要求的技术方案，独立权利要求应当从整体上反映发明的技术方案,记载解决技术问题所必不可少的技术特征。

本申请权利要求书包括一项产品权利要求和一项方法权利要求,共两项独立权利要求。其中在产品权利要求中,限定了显示面板的主要结构组成及各部分的位置,尤其是限定出其关键技术手段"金属层,位于所述基板的非显示区,且所述金属层设置有凹槽,所述凹槽填充有有机层",以与现有技术相区别,而对于本领域技术人员所知晓的技术特征如"基板""有机发光器件"等,则没有限定其具体结构,尽量不引入非必要的技术特征,这样能够使得撰写出的独立权利要求的保护范围较为合理。在方法权利要求中,也清楚记载了主要的工艺步骤,以及限定了关键技术手段"在形成所述有机发光器件的过程中在所述基板的非显示区形成金属层,并对所述金属层进行刻蚀形成凹槽""在所述凹槽中填充有机层"。

1. 一种显示面板,其特征在于,包括:

基板,所述基板包含显示区和非显示区;

有机发光器件,设置于所述基板的显示区;

薄膜封装层,所述薄膜封装层覆盖所述有机发光器件;

金属层,位于所述基板的非显示区,且所述金属层设置有凹槽,所述凹槽填充有有机层;薄膜封装层包含至少一有机封装层和至少一无机封装层,所述至少一无机封装层覆盖所述金属层,所述有机层在所述凹槽中覆盖所述无机封装层。

5. 一种显示面板的制备方法,其特征在于,包含:

提供一基板,所述基板包含显示区和非显示区;

在所述基板的显示区形成有机发光器件,且在形成所述有机发光器件的过程中在所述基板的非显示区形成金属层,并对所述金属层进行刻蚀形成凹槽;

在所述有机发光器件背离所述基板的一侧形成薄膜封装层,所述薄膜封装层包括至少一有机封装层和至少一无机封装层,所述至少一无机封装层覆盖所述金属层;

在所述凹槽中填充有机层。

2. 从属权利要求

从属权利要求对其引用的权利要求作进一步的限定,进一步限定的特征可以使用下位概念或者采用具体特征作进一步的限定,也可以另外增加技术特征。

本申请的从属权利要求中,既包括对"凹槽"、"有机发光器件的制备过程"作进一步限定的从属权利要求2、3、6、7、9、10,又包括增加了特征"挡墙"的从属权利要求4、8、9,各从属权利要求的层次分明、结构清晰、布局合理，这将有利于在实质审查程序或者复审无效程序中对申请文件进行修改。

2. 根据权利要求 1 所述的显示面板，其特征在于，所述凹槽彼此不相连。

3. 根据权利要求 1 所述的显示面板，其特征在于，所述凹槽的开口形状包含圆形、四边形、椭圆形、三角形中的一种或者其任意组合。

4. 根据权利要求 1 所述的显示面板，其特征在于，所述基板的非显示区还包含至少一挡墙，且至少一所述挡墙位于所述金属层和所述有机发光器件之间。

6. 根据权利要求 5 所述的显示面板的制备方法，其特征在于，所述凹槽彼此不相连。

7. 根据权利要求 5 所述的显示面板的制备方法，其特征在于，所述凹槽的开口形状包含圆形、四边形、椭圆形、三角形中的一种或者其任意组合。

8. 根据权利要求 5 所述的显示面板的制备方法，其特征在于，还包含在基板的非显示区域制备至少一挡墙的过程。

9. 根据权利要求 5 所述的显示面板的制备方法，其特征在于，制备所述有机发光器件的过程还包含平坦层和像素定义层的制备过程，在形成所述平坦层和所述像素定义层的过程中形成所述挡墙。

10. 根据权利要求 5 所述的显示面板的制备方法，其特征在于，制备所述有机发光器件的过程包含扫描线金属层和数据线金属层的制备过程，其中制备所述扫描线金属层或所述数据线金属层的同时制备所述金属层。

第五章 高效率太阳能电池

能源是人类生存和发展的基础，绝大多数的能源来自数亿年来积累的、不可再生的化石能源，如煤炭、石油、天然气等。随着人口数量的增长，全球经济的飞速发展，能源的消耗也随之迅速增长，目前人们正面临着化石能源供应日益紧张问题，以及传统能源的消耗所产生的环境污染问题。大规模开发和利用环保可再生的新型能源已经成为科学研究的重大课题之一。其中，资源丰富的太阳能作为绿色可再生的新型能源以其独特优势成为重要的研究方向，高效利用太阳能对缓解能源短缺、保护生态和推动经济发展都具有重要意义。其中，太阳能电池是目前有效利用太阳能的重要途径。❶

虽然太阳能的利用由来已久，但是在近些年才大规模在工业上应用。太阳能电池的历史可以追溯到 19 世纪法国物理学家 A. E. 贝克勒尔（Alexander Edmond Becquerel）的实验。贝克勒尔发现，光照在某些材料上能够产生微小的电流，这种现象被称为"光生伏特效应"，简称"光伏效应"。1839 年，贝克勒尔发明了世界上第一个光伏电池，其将氯化银置于酸性溶液中并与铂电极相连。1883 年，美国发明家查尔斯·弗里特（Charles Fritt）描述了第一块硒太阳能电池。1888 年，爱德华·韦斯顿（Edward Weston）获得了美国首个太阳能电池专

---

❶ 李明霞. 联吡啶基钌光敏染料的结构与性能的理论研究 [M]. 哈尔滨：黑龙江大学出版社，2019.

利，它描述了一种热电元件。❶ 这与我们目前的太阳能电池存在显著的不同。1954年5月，美国贝尔实验室的恰宾（Chapin）、富勒（Fuller）和杰皮尔森（Pearson）首次制成了实用的单晶硅太阳能电池，其转换效率为6%。同年，威克尔（Welker）首次发现了砷化镓具有光伏效应，并在玻璃基板上制备了硫化镉薄膜，以此为基础制成了太阳能电池。在随后的十余年里，晶体硅太阳能电池在空间领域的应用不断扩大，特别是近年来伴随着工艺技术的提高，晶体硅太阳能电池得到迅速的发展。

太阳能光伏电池是通过光伏效应直接把光能转化为电能的装置。当太阳光入射时，被吸收的光子产生电子－空穴对，在PN结的强电场作用下分离，电子向N区移动，空穴向P区移动，由于电子和空穴的积累，P区和N区之间就产生了光生电动势。❷ 常见的太阳能电池包括硅基电池、多元化合物薄膜电池、染料敏化电池、钙钛矿太阳能电池等。其中，硅基太阳能电池是目前光伏产业的主流产品。然而，为了提升效率和降低成本，新型电池发展迅速。近年来，发射极钝化和背面接触（PERC）技术的广泛应用，进一步提高了硅基电池的转化效率。❸ 尤其是N型电池以其可以获得更高的转化效率而备受关注，目前投入比较多的高效率太阳能电池技术包括隧穿氧化层钝化接触（TOPCon）太阳能电池和本征薄膜异质结（Heterojunction with Intrinsic Thinfilm，HIT）太阳能电池。此外，钙钛矿材料来源丰富，价格低廉，钙钛矿太阳能电池的研究也引起了广泛关注，其光电转换效率提高非常迅速，钙钛矿太阳能电池技术正成为光伏界新的研究热点。❹

本章将对钙钛矿（PSG）太阳能电池、HIT太阳能电池和TOPCon太阳能电池进行具体分析，以期展现中国和全球范围内专利申请的态势、研发主体的相关信息，以及上述太阳能电池的发明专利申请的检索和专利申请文件的撰写的相关内容。

---

❶ 本·埃肯森，杰·班尼特. 改变世界的120项神奇发明［M］. 北京：北京时代华文书局，2020.
❷ 中国知识产权研究会. 各行业专利技术现状及其发展趋势报告［M］. 北京：知识产权出版社，2017.
❸ 国家发展和改革委员会能源研究所可再生能源发展中心. 国际可再生能源发展报告2019［M］. 北京：中国环境出版集团，2020.
❹ 张军丽. 化学化工材料与新能源［M］. 北京：中国纺织出版社，2018.

第一节 钙钛矿（PSC）太阳能电池

一、专利技术综述

（一）概况

如图 5-1-1 所示，常见的钙钛矿太阳能电池结构主要有两种，即介孔结构和平面异质结结构，平面结构分为正置结构和倒置结构两种结构。介孔钙钛矿电池主要在致密层和吸收层之间引入二氧化钛或氧化铝纳米颗粒作为介孔层，起到抽取电子和辅助钙钛矿成膜的作用。随着钙钛矿薄膜沉积技术的发展，钙钛矿电池结构逐步向平面异质结结构发展，平面型钙钛矿太阳能电池也更多地应用在叠层电池中。❶

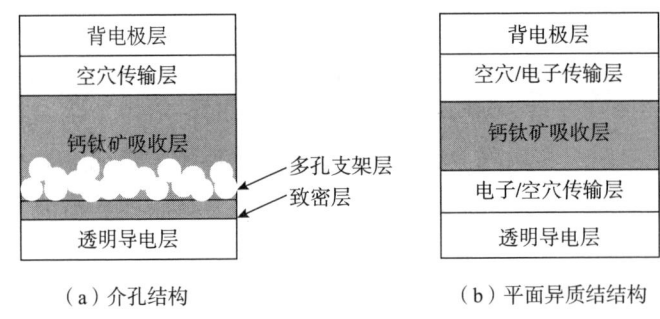

图 5-1-1 钙钛矿太阳能电池的基本结构

钙钛矿可以作为一种太阳能电池材料最初是在实验室测试时发现的。21 世纪初，虽然已经开始将钙钛矿用作太阳能电池的研究，但是当时并不成功，不过钙钛矿化合物相当强的光反应能力就此被挖掘。2009 年，日本桐荫横滨大学宫坂力（Tsutomu Miyasaka）等人第一次将钙钛矿材料作为光吸收材料制作染料敏化太阳能电池，获得了 3.8% 的光电转换效率，这被认为是钙钛矿太阳能电池研究的起点。2012 年，英国牛津大学的亨利·斯奈斯（Henry Snaith）和日本桐荫横滨大学的宫坂力在《科学》上发表了光电转换效率超过 10% 的介孔型杂化钙钛矿太阳能电池。在随后的十年时间里，钙钛矿太阳能电池实验室转换效

---

❶ 王硕. 钙钛矿太阳能电池的性能优化及稳定性研究［D］. 北京：北京科技大学，2021.

率迅速提升至25%左右。这使得钙钛矿太阳能电池受到研究人员和产业界人士的广泛关注，成为太阳能电池技术中备受瞩目和期待的研究热点。

研究人员陆续从传输机理的基础研究、界面工程、沉积工艺以及功能材料等方面对电池性能进行改进。截至2019年，钙钛矿太阳能电池的发展主要包括以下阶段：2009—2012年，钙钛矿太阳能电池的发明及早期发展阶段；2013—2017年，转换效率快速发展阶段；2018—2019年，转化效率突破发展阶段。

钙钛矿太阳能电池的层叠结构是进一步提高其转换效率的有效途径，钙钛矿/CIGS叠层电池最早由斯坦福大学在2015年制备，光电效率为18.6%。2018年9月，美国加利福尼亚大学洛杉矶分校的杨阳团队报道了钙钛矿/CIGS叠层结构，将转换效率提高到了22.43%（面积为0.42cm^2）。2018年，瑞士洛桑联邦理工学院（EPFL）制备了钙钛矿/晶硅叠层电池，基于双面制绒硅底电池的叠层电池，获得了25.2%的转换效率。英国牛津光伏公司基于同样的思路，将叠层电池的效率提高到28%。❶ 2020年，单结钙钛矿—硅叠层太阳能电池刷新至29.15%。

成本的控制是产业化进程中的重要关注点，研究者为了使钙钛矿太阳能电池产业化，通过各种方式降低成本。例如，使用无机的空穴传输层材料代替昂贵的有机材料。同时，钙钛矿太阳能电池生产效率高的特点在一定程度上改善了成本过高的问题，这进一步降低了钙钛矿太阳能电池产业化的阻碍。

（二）专利申请状况

在德温特世界专利索引数据库DWPI中检索到涉及钙钛矿太阳能电池领域的全球专利申请共计6148项（公开日截至2022年2月28日），本节将主要以上述数据作为研究对象进行分析。

1. 全球专利申请趋势

图5-1-1示出了2010—2020年钙钛矿太阳能电池领域的全球专利申请趋势。2010年前后，研究机构和相关公司就已经开始提出与钙钛矿太阳能电池相关专利的申请。2010—2012年是钙钛矿太阳能电池的早期发展阶段，该阶段相关专利申请量较少，增长速度也比较缓慢，到2012年申请总量只有数十项。2013—2018年，钙钛矿太阳能电池相关专利申请量呈爆发式上涨，从年申请量约100项增长到将近1100项。这表明钙钛矿太阳能电池相关技术在此期间获得了迅速的发展。整体上而言，从2009年研究者第一次将钙钛矿作为光吸收材料

---

❶ 北极星太阳光伏网. 钙钛矿研究突破点是什么？全球钙钛矿电池研究小组有哪些？[EB/OL]. (2019-11-22)[2023-05-06]. https://mguangfu.bjx.com.cn/mnews/20191122/1022815.shtml.

制作染料敏化太阳能电池开始，钙钛矿太阳能电池以其具有的明显优势，以及所展现的优越的发展前景，备受研究者和产业界关注。需要注意的是，2020年的专利申请量下降不能体现专利申请量的真实情况，这与专利申请从申请到公开有一定的时间延迟有关系。

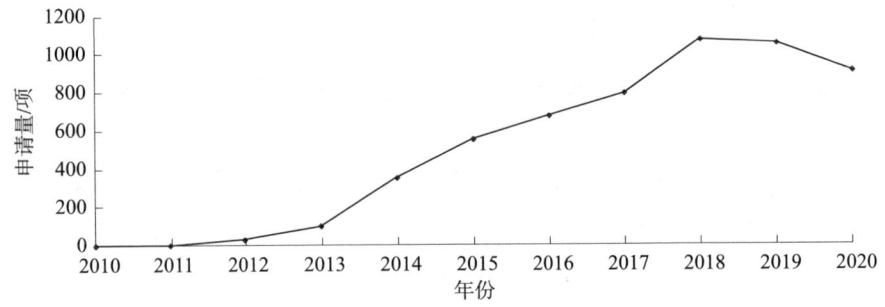

图 5-1-2　2010—2020 年钙钛矿太阳能电池领域全球专利申请趋势

2. 专利申请来源和目标国家/地区分析

图 5-1-3 示出了钙钛矿太阳能电池领域专利申请来源和目标国家和地区分布。从来源和目标国家和地区看，中国申请人在国内的申请量处于明显优势，一方面，展现出中国持续鼓励发展新型环保能源，同时也展现出钙钛矿太阳能电池技术在中国已经成为新型太阳能电池的研究热点，这能够更快地推进国内的产业化进程。另一方面，专利申请量多也在一定程度上展现出研究者和产业界对知识产权保护意识的快速提升。从图中可以看出，虽然中国在该领域提出的专利申请量最多，达 4000 余件，但是专利申请主要在国内提出。中国向其他国家和地区提出的专利申请较少，在美国申请的最多，但也只有数十件。这说明中国的钙钛矿太阳能电池技术还没有完全走出国门，尤其是高校、研究所及一定数量的企业在研发过程中对国外专利的布局和保护的重视程度和能力还需要进一步提升。其次，美国作为来源和目标国家都具有一定的申请量，这是由于美国在相关领域技术处于领先地位。美国、日本申请人在注重本土专利技术布局的同时，也积极地布局具有广阔市场的其他国家和地区，使其创新技术能够在得到专利保护的情况下进行产业化，以期占领技术高地，获得更好的经济收益和长远的发展。韩国申请人除了注重本土的技术保护外，还在美国提出了百余件的专利申请，使其在钙钛矿太阳能电池领域保持一定的优势。

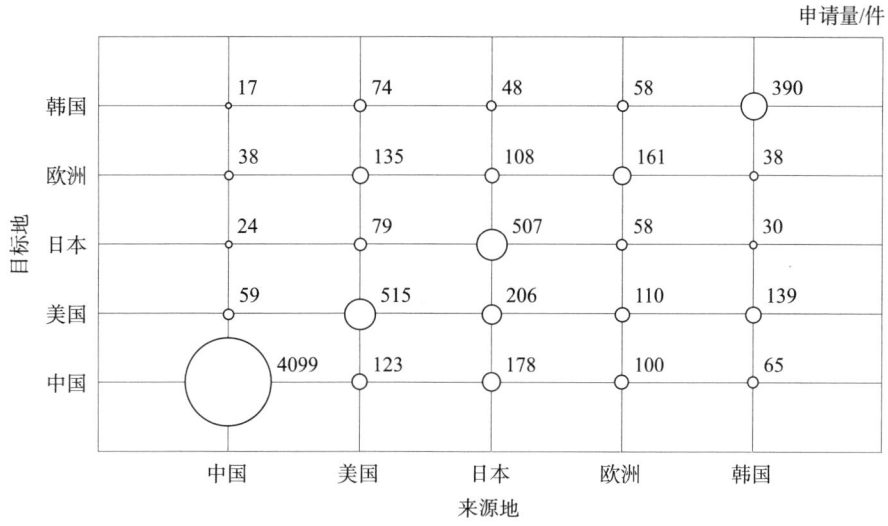

图 5-1-3 钙钛矿太阳能电池领域专利申请来源和目标国家/地区分布

3. 主要目标国家/地区的专利申请趋势

图 5-1-4 示出了钙钛矿太阳能电池领域主要国家和地区的专利申请趋势。从申请人所在的国家和地区看,2012 年之前,各主要国家和地区的申请量都比较少,增长速度也比较缓慢。自 2013 年起,各个国家和地区的申请量明显增加,增长速度迅速提升,尤其是在中国的专利申请不论是数量还是增长速度都遥遥领先。2018 年,中国的申请量达到将近 900 项,十分瞩目。这充分体现了中国在钙钛矿太阳能电池技术方面的高速发展及专利保护意识的快速提升;同时,也得益于中国对技术创新的鼓励,以及对优势技术的重视。图 5-1-5 中,其他国家和地区自 2013 年起,申请量也明显增加,并且增长速度迅速提升;2015 年达到峰值,这显示出在该时期,钙钛矿太阳能电池在太阳能电池领域越来越受到关注;2018 年之后,专利申请量开始有所降低。

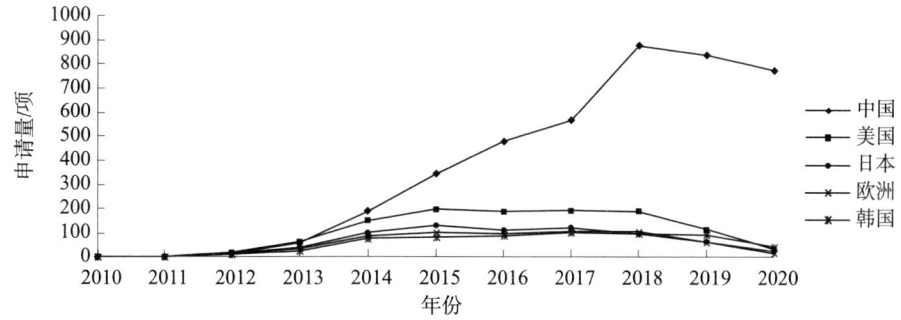

图 5-1-4 钙钛矿太阳能电池领域主要国家/地区的专利申请趋势

(三) 申请人分析

1. 全球/中国专利申请的申请人排名

图 5-1-5 所示是钙钛矿太阳能电池领域全球专利申请主要申请人排名。从排名来看，中国的申请人主要集中在高校，如华中科技大学、电子科技大学等；其次是科技公司，如纤纳光电、清能院等。日本的积水化学、东芝等也保有一定数量的专利申请。但是从数量上看，各申请人之间比较均衡，不存在大的梯度差别。这说明钙钛矿太阳能电池的技术发展在各研究者之间比较均衡，呈现相互竞争态势，这有助于该项新技术能够获得快速、良好、均衡的发展。

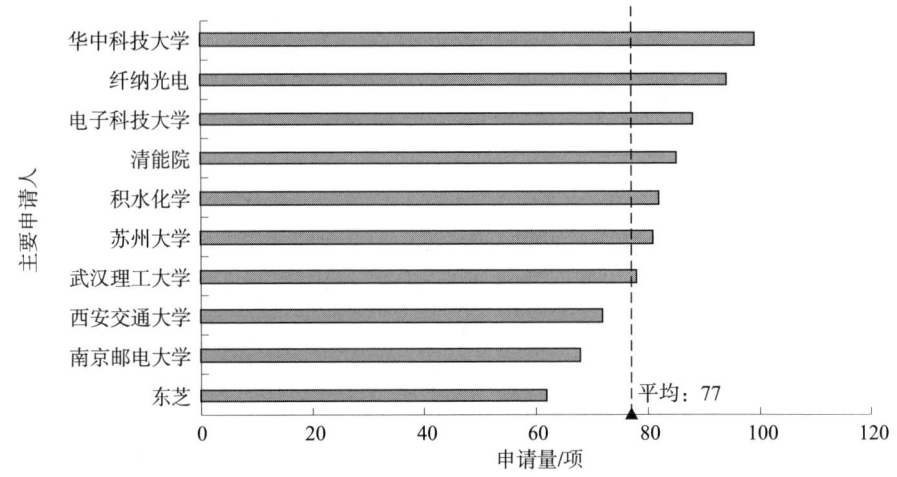

图 5-1-5 钙钛矿太阳能电池领域全球专利申请主要申请人排名

2. 主要申请人技术分支分布

选取钙钛矿太阳能电池技术的三个技术分支，即钙钛矿吸收层（包括材料及其制备工艺的改进）、钝化和修饰、电荷传输层，来分析各主要申请人在上述三个技术分支方面的专利申请情况。

图 5-1-6 所示为主要申请人在钙钛矿吸收层、钝化和修饰电荷传输层技术分支的专利申请情况。如图 5-1-6 所示，不同申请人的研究侧重点不同。华中科技大学在钙钛矿吸收层方面的专利申请量居多，其技术研发和专利保护的重点为钙钛矿吸收层，钝化和修饰、电荷传输层方面的专利申请量接近钙钛矿吸收层的一半，可见其在上述两个方面也进行了比较积极的研究。纤纳光电在上述三个技术分支的研究重点与华中科技大学类似；除了图 5-1-6 中所列出的技术分支之外，纤纳光电在封装和组件、生产设备方面也有较多的专利申请，这两方面对于钙钛矿太阳能电池的产业化有显著影响。电子科技大学在钙

钛矿太阳能领域的研究比较早,其在该领域的专利申请中,钙钛矿吸收层的专利申请最多,钝化和修饰、电荷传输层的申请量相差不大;除了图5-1-6中所列出的技术分支之外,其在封装方面的专利申请量超过上述两个方面,达到30余项。积水化学在电荷传输层的申请量最多,该申请人不仅注重器件核心结构的优化,还注重产品的产业化技术的研究,其致力于对相关材料和封装结构的改进,以期望提高器件的耐久性。苏州大学在上述三个技术分支的申请量分布比较均衡。

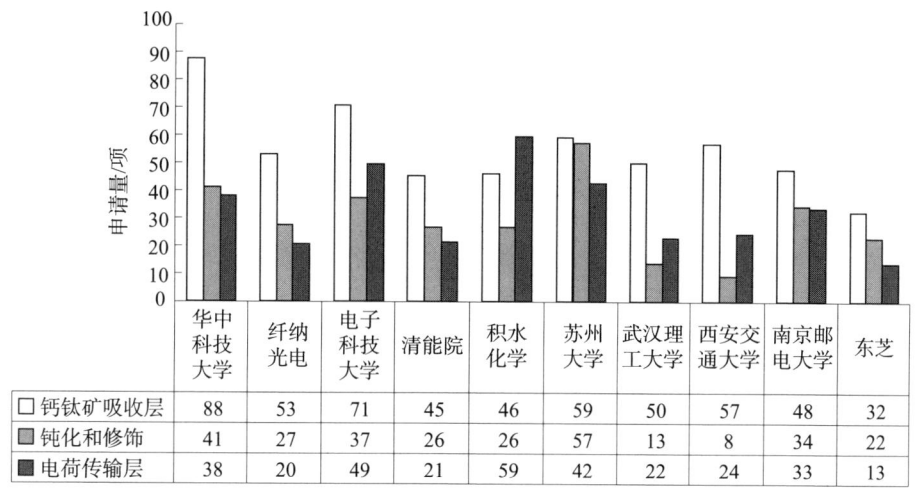

图5-1-6 主要申请人在各技术分支的专利申请情况

(四)重点技术分析

1. 钙钛矿吸收层

对于以钙钛矿材料为吸收层的钙钛矿太阳能电池,钙钛矿材料的改进必将改善太阳能电池的性能,进而提升在太阳能电池领域的优势。常见的钙钛矿吸收层材料包括有机、无机杂化钙钛矿材料、全无机钙钛矿材料等。不同的钙钛矿材料不仅带隙不同,其薄膜质量、内部缺陷及与电荷传输层材料之间的匹配程度也不相同。因此,研究者积极研发不同种类的钙钛矿吸收层材料,从而不断提升钙钛矿太阳能电池的性能。

钙钛矿吸收层材料实现高效率和稳定性的关键在于优化钙钛矿材料的薄膜质量。由于高质量的薄膜能够提升电池的各方面特性,所以研究者不断推进钙钛矿成膜工艺的优化,各种成膜方法相继被提出,主要包括一步旋涂法、两步沉积法、双源沉积法、溶剂处理法和印刷法等。❶ 上述各种方法在相应的发展阶段都明显地提升了钙钛矿太阳能电池的光电转换效率。

图 5-1-7 所示是 2010—2020 年钙钛矿吸收层技术全球专利申请趋势。从图中可以看出，2011 年之前，几乎没有钙钛矿吸收层方面的专利申请被提出。这是由于 2009 年钙钛矿太阳能电池技术才开始起步，相关研究较少。随着器件性能的改进和关注度的提升，专利申请量不断增长。自 2012 年开始有少量申请被提出之后，该技术分支的专利申请量开始进入快速增长期，至 2018 年达到高峰，年申请量接近 700 项，随后略有下降。

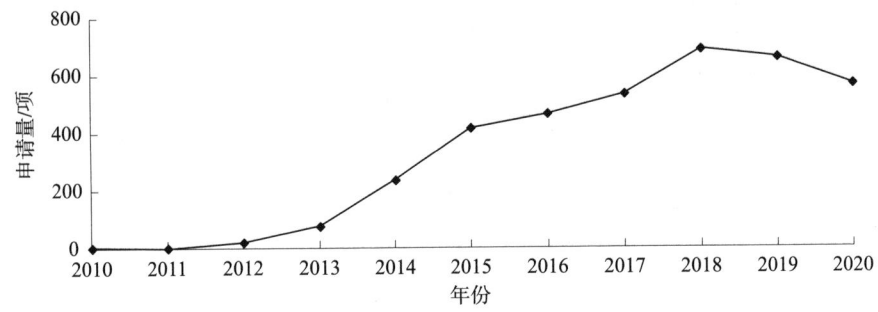

图 5-1-7 2010—2020 年钙钛矿吸收层技术全球专利申请趋势

图 5-1-8 所示为钙钛矿吸收层技术全球专利申请主要申请人排名。中国在该技术领域的专利申请人主要为高校，申请量排名靠前的中国企业较少，说明中国在该领域的研究主要集中在实验室阶段。其中，华中科技大学在该技术分支申请量最多，达到 80 余项；电子科技大学紧随其后，申请量超过 70 项。图 5-1-9 所示的其他申请人的申请量比较均衡，申请量在 50 项上下。图 5-1-9 所列出的日本申请人均为企业，这表明日本产业界在该技术分支的研究参与度比较高。

下面介绍钙钛矿吸收层技术分支的一些核心专利技术。

洛桑联邦理工学院和松下电器产业株式会社共同申请了一种混合的阳离子钙钛矿固态太阳能电池及其制造的专利（公告号 CN109563108B），最早优先权日为 2016 年 7 月 21 日，在美国、中国、日本、欧洲都进行了布局，并且均已获得授权。该专利申请的发明人发现通常太小（除了 Cs）以至于不能在室温保持稳定的光活性钙钛矿 α 相的单价碱金属，如 Li、Na、K、Rb、Cs，可以作为

---

❶ 孙岩森. 添加剂优化功能层提升钙钛矿太阳能电池光伏性能研究［D］. 长春：中国科学院长春光学精密机械与物理研究所，2021.

阳离子被引入有机—无机钙钛矿结构中以将所述结构稳定成光活性黑色相。提出一种钙钛矿材料,其为包含式 $AnMX_3$ 的有机—无机钙钛矿结构,其中 n 是阳离子 A 的数目并且是 >4 的整数,A 是选自无机阳离子 Ai 和/或选自有机阳离子 Ao 的单价阳离子,M 是二价金属阳离子或其组合,X 是卤化物阴离子和/或拟卤化物阴离子或其组合,其中至少一种阳离子 A 选自有机阳离子 Ao,无机阳离子 Ai 独立地选自 Li^+、Na^+、K^+、Rb^+、Cs^+ 或 Tl^+,并且有机阳离子 Ao 独立地选自铵离子(NH_4^+)、甲基铵离子(MA)($CH_3NH_3^+$)、乙基铵离子($CH_3CH_2H_3^+$)、甲脒䏲离子(FA)($CH(NH_2)_2^+$)、甲基甲脒䏲离子($CH_3C(NH_2)_2^+$)、胍䏲离子($C((NH)_2)_3^+$)、四甲基铵离子($(CH_3)4N^+$)、二甲基铵离子($(CH_3)_2NH_2^+$)或三甲基铵离子($(CH_3)_3NH^+$)。上述钙钛矿材料薄膜为光伏装置提供多达 21.6% 的稳定效率,所述光伏装置包括具有 1.24V 的开路电压(Voc)和高电致发光的这样的有机—无机卤化物钙钛矿,以及 1.63eV 的带隙。

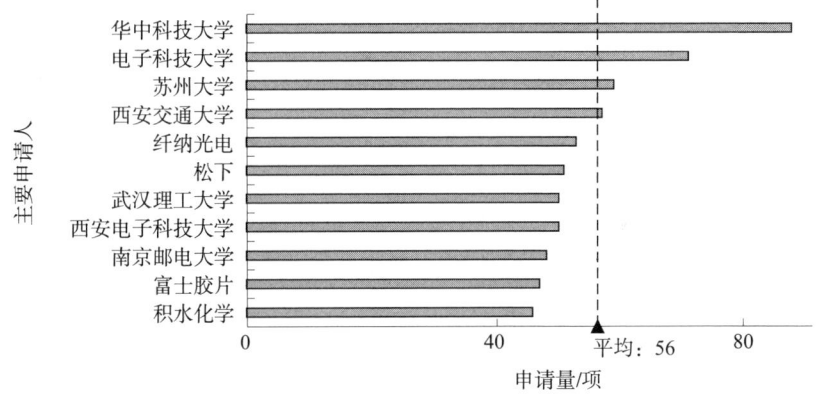

图 5-1-8　钙钛矿吸收层技术全球专利申请主要申请人排名

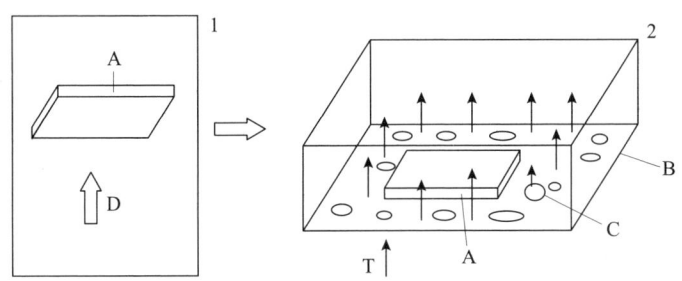

图 5-1-9　两步气相沉积法

牛津大学科技创新有限公司申请了一种两步沉积法的专利（公告号CN107075657B），最早优先权日为2014年7月9日，在美国、中国、欧洲、韩国都进行了布局，并且均已获得授权，被引用次数38次。该专利申请提供了一种制备高纯度、极光滑无针孔的钙钛矿薄膜的新方法，使用两阶段气相技术来确保薄膜的极高质量，并且不需要进行溶液处理。例如，首先可使金属卤化物在高真空下经由热气相沉积，以生产高质量、光滑且无针孔的膜。随后，将该膜放置在被升华的有机组分饱和的气氛中并且可选地进行加热，使其转化成钙钛矿。该技术相对于之前研发的方法具有两方面的优点：其一，无须溶液处理，便能够生产最均匀且高质量的膜；其二，通过在两个阶段中进行膜的制造，并且在相对高压和相对低温的条件下沉积有机物，比双源高真空方法更加受控且可重复的方法。通过利用无溶剂的气相沉积法避免了现有技术方法的问题，使用该申请中的两步气相沉积法的方法所产生的器件观察到9.24%的光电转换效率。如图5-1-9所示，在步骤1中，使基板（A）暴露在第一前体化合物（如通过真空沉积）的蒸汽中；在步骤2中，使包括第一前体化合物的层的基板（A）与固体第二前体化合物（C）一起放置在第二腔室（B）中，并且对第二腔室进行加热（T）以产生第二前体化合物的升华蒸汽。

2. 钝化和修饰

一般来说，钙钛矿太阳能电池包括五个部分（透明电极、电子传输层、空穴传输层、钙钛矿吸收层和背电极）。其中，钙钛矿薄膜的晶界和表面存在缺陷，其与电荷传输层之间的界面也存在缺陷。钙钛矿薄膜表面因为晶格连续性中断存在悬挂键，导致表面缺陷的产生；除此之外，在钙钛矿成膜过程中存在大量的晶界，在晶界处存在大量的缺陷，如位错、杂质缺陷、填隙原子及由于晶界处化学键断裂形成的空位缺陷等（见图5-1-10）；二氧化钛是钙钛矿太阳能电池中常用的电子传输层材料，而二氧化钛颗粒材料的颗粒与颗粒之间存在大量的晶界缺陷；界面缺陷主要是由二氧化钛在连续的紫外光照射下会使其材料表面存在大量的氧空位缺陷，会在材料内部形成缺陷能级，导致电荷传输层中电电子发生复合。❶

上述各种缺陷的存在制约着钙钛矿太阳能电池的性能和稳定性，因此寻找适合的方法来钝化上述缺陷是制备高效稳定的钙钛矿太阳能电池的关键。钝化技术包括对钙钛矿材料自身钝化、对钙钛矿薄膜表面以及晶界处的钝化和钝化传输层缺陷等。其中，钝化钙钛矿薄膜缺陷的方法主要通过加入金属离子、有

---

❶ 刘维. 钙钛矿太阳能电池缺陷钝化及其机理研究［D］. 南京：南京邮电大学，2020.

机小分子、路易斯酸碱或疏水基团材料等钝化钙钛矿薄膜晶界和钙钛矿结构的缺陷。界面钝化主要通过对氧化物表面进行界面修饰或者对氧化物进行掺杂，来降低氧化物表面的氧空位缺陷。❶

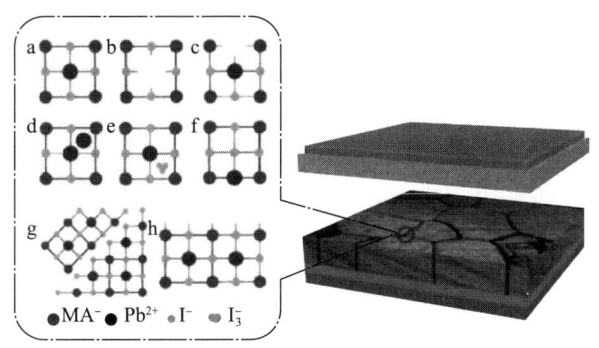

图 5-1-10　钙钛矿材料中典型缺陷

注：其中，a 为完美晶格，b 为 Pb^{2+} 空位，c 为 I^- 空位，d 为间位 Pb^{2+}，

e 为间位 I^{3-}，f 为 Pb-I 替位，g 为晶界，h 为表面悬挂键

图 5-1-11 所示是 2010—2020 年钝化和修饰技术全球专利申请趋势。从图中可以看出，由于 2009 年钙钛矿太阳能电池技术才开始起步，相关研究较少，因此 2012 年之前钝化和修饰相关专利申请量较少。自 2013 年起申请量进入快速增长期，并一直持续到 2020 年，年申请量超过 400 项。这表明钝化和修饰技术自 2012 年之后持续受到关注，直到 2020 年为止研究者一直在该技术分支进行研究投入和专利保护。

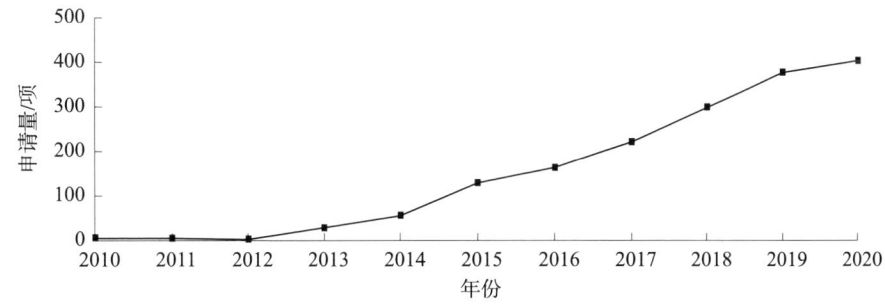

图 5-1-11　2010—2020 年钝化和修饰技术全球专利申请趋势

图 5-1-12 所示为钝化和修饰技术全球专利申请主要申请人排名。图中显

---

❶ 刘维. 钙钛矿太阳能电池缺陷钝化及其机理研究［D］. 南京：南京邮电大学，2020.

示出，在该技术分支中，主要申请人多为中国的高校，其中苏州大学的申请量占据明显优势，专利申请量超过55项。其次是华中科技大学，其专利申请量也超过了40项。图中列出的其他申请人的申请量比较均衡，都在30项左右。此外，在该技术分支的主要申请人中也存在一定数量的企业申请人，如隆基绿能和纤纳光电。

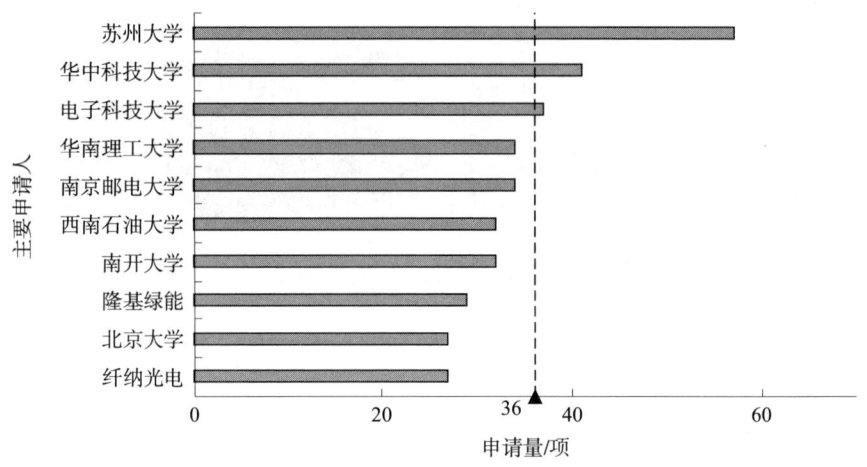

图5-1-12　钝化和修饰技术全球专利申请主要申请人排名

下面介绍钝化和修饰技术分支的一些核心专利技术。

纤纳光电申请了一种具有界面修饰层的钙钛矿太阳能电池及其制备方法的专利（公告号为CN108258128B），并以国际申请提出（WO2019141044A1），被引用次数18次。钙钛矿活性层表面、传输层表面及钙钛矿晶界是最容易发生降解或发生离子迁移等不良现象的地方。因此，在钙钛矿活性层和传输层之间添加界面修饰层是一种行之有效的方法。该案例所要解决的技术问题在于，针对现有气相辅助溶液法制得的钙钛矿太阳电池长期稳定性差的问题。申请人提出了一种具有界面修饰层的钙钛矿太阳能电池及其制备方法，在钙钛矿活性层与传输层之间增加一层界面修饰层，用于钝化传输层或钙钛矿活性层表面的缺陷，优化钙钛矿的结晶过程，并在一定程度上抑制钙钛矿活性层中的离子迁移现象，从而提高钙钛矿电池的长期稳定性。

多伦多大学管理委员会申请了一种用于钙钛矿光电子器件的接触钝化的专利（公告号US11309138B2），最早优先权日为2017年1月30日，在美国、中国、日本、欧洲、加拿大、韩国、新加坡都进行了布局，并已在美国获得了授权，被引用次数19次。在电子传输层上形成钙钛矿层，使用配体钝化所述钙钛矿层，所述配体经选择以减少所述电子传输层与所述钙钛矿层之间的界面处的电子-空穴复合。其中，电子传输层具有定位在所述电子传输层与所述光吸收钙钛矿层之间的界面或接合部处的表面，所述表面至少部分地被配体 Z 封端，其中所述配体 Z 经选择以钝化在所述半导体电子传输层与所述光吸收钙钛矿层之间的所述界面或接合部处的表面态。

二、检索策略及案例解析

（一）检索策略

如前文所述，钙钛矿太阳能电池作为一种高效率太阳能电池受到技术研究者和产业界的关注。在对涉及该技术领域的技术方案进行检索时，需要结合领域特点，根据具体技术方案与技术领域的相关性对检索的领域进行选择性限定，避免引入太多不相关的文献，以降低检索噪声，提高检索的准确性及检索效率。当具体技术方案与相关的技术领域有一定关联时，也需要对相关技术领域进行进一步扩展。

分类号是限定技术领域的重要检索手段。但是，钙钛矿太阳能电池没有特定的 IPC 分类号与之对应，这时可以选择使用更上位的分类号，即太阳能电池领域的分类号进行领域限定，在此基础上再结合关键词进行相应的具体领域限定。对于太阳能电池领域，IPC 分类号 H01L31/04 是对应该技术领域比较准确的分类号；同时，也有相当数量的文献归属到 H01L51/42。在检索时可以使用上述两个分类号及其下位点组将技术领域限定到太阳能电池领域。在太阳能电池领域中，钙钛矿太阳能电池用于进一步表示技术领域的关键词十分确切，即"钙钛矿"及其同义扩展的技术术语。因此，可以选用上述检索要素的组合进行检索的技术领域的限定。

对于具体的技术内容而言，则使用通用的技术术语作为关键词和/或与该内容对应的分类号进行组合表达。一方面，对于具有较为确切的分类号与之对应的技术内容而言，首选使用分类号进行技术要点的表达，这可以避免技术术语不准确或关键词扩展不全面导致漏检问题，以及使用一般性技术术语进行检索导致的检索噪声过大的问题。同时，也可以选择使用 CPC 分类号，当检索的技术内容有与之对应的 CPC 分类号时，可以采用 CPC 分类号进行检索，以期快速准确地锁定技术相关度高的有效专利文献，尤其对于关键词不容易表达的情形，选用对应的分类号进行检索有时可以达到事半功倍的效果。另一方面，对于具体的技术内容而言，关键词的准确选取和表达有助于检索高效准确地进行。需要注意的是，在利用关键词进行检索时，需要对关键词进行上下位、同义词、近义词、反义词的充分扩展。如果技术方案中使用了生僻的技术术语或生疏的表达方式，则可以通过针对性检索（如专利库、互联网、学术期刊等）查询更为通用的用语和深入了解现有技术的状况，以便在检索时对检索要素进行更好的扩展和表达。在检索过程中，往往需要分类号和关键词组合使用，并且根据具体技术内容创建检索式和合理使用算符等检索工具，以期在检索尽量全面的情况下将检索结果限制在合理的范围内。

技术方案的应用领域、解决的技术问题及所达到的技术效果也是重要的检索信息，其与技术方案的核心内容具有直接关联，从上述内容提取检索要素可以更加完整地表达发明构思，从而能够进一步缩小检索式所限定的文献范围。尤其是当其他检索手段不能有效地限制检索结果的文献数量时，上述检索信息的合理表达可以有效地去除检索噪声，提高检索效率及检索的准确性。

在检索过程中，通常需要结合技术内容合理地选取数据库并根据阶段性的检索结果调整检索策略和合理转换数据库。此外，在钙钛矿太阳能电池领域中，有相当数量的申请人为高校和研究所等学术研究机构，其往往会将所研究的技术成果发表在各种期刊或以硕博论文的形式呈现，因此有必要根据具体情况对专利数据库以外的非专利数据库（如学术期刊数据库）进行相关的检索。尤其是对于技术手段限定的词语较为具体而下位的专利申请进行检索时，首选使用申请人为检索要素在非专利数据库（如 CNKI）中进行，而后使用那些具体而下位的技术术语作为关键词在非专利数据库中进行。

（二）检索要素

根据钙钛矿太阳能电池领域的常规表达，确定了表达该技术领域及与该领域中的几个技术分支相关的检索要素，包括关键词及对应的分类号，如表 5-1-1 所示。

表 5-1-1 检索要素

检索要素	中文关键词	英文关键词	IPC（2022.01 版）	CPC（2022.05 版）
太阳能电池	太阳能、光伏、电池、光生伏特、光电池	solar, photovoltaic, cell, battery, photo-cell	H01L31/04 及其下点组，H01L51/42 及其下点组	H01L31/04 及其下点组，H01L51/42 及其下点组
钙钛矿	钙钛矿	perovskite, ABO_3, ABX_3 PVSK, PSC		
活性层	活性层、吸收层、吸光层	absorb, active		

续表

检索要素	中文关键词	英文关键词	IPC（2022.01 版）	CPC（2022.05 版）
钙钛矿薄膜制备方法	生长，沉积，溶剂，涂覆，退火，加热	growth, deposition solvent, coating, annealing, heating	H01L31/18 及其下点组	H01L31/18 及其下点组
钝化及修饰	缺陷，晶格，空位，位错	defect, lattice, vacancy, dislocation		
	钝化，修饰，表面，界面	passivate, modification, surface, interface		
	界面复合，稳定性	interfacial, recombine, stability		

（三）案例解析

1. 案例 5-1-1：一种钙钛矿太阳能电池光活性层的微波退火处理方法

（1）案情概述。

本案例涉及一种钙钛矿太阳能电池光活性层的微波退火处理方法。钙钛矿薄膜晶粒生长和薄膜形貌会影响钙钛矿太阳能电池的性能，退火处理是改善钙钛矿活性层薄膜形貌和结晶质量的重要手段。目前主要采用的是传统退火、程序退火、溶剂辅助退火等方法，但传统退火、程序退火方法在退火处理过程中一般是直接将溶剂和未反应物从钙钛矿晶体内部和表面赶走，因此导致不能有效地利用晶体内部和表面的残留物；而溶剂辅助退火法需要严格控制加入溶剂的量，工艺的稳定性和重复性差。此外，传统退火方法还有很多不利因素，如薄膜表面受热不均匀、溶剂挥发速率慢、加热耗时长，因此不太适合工业化大规模生产。

针对上述技术问题，本案例采用微波退火处理工艺，通过调控微波辐射的时间和辐射功率大小，来调控光活性层薄膜的平均粒径，在微波的照射下，钙钛矿薄膜中残留的溶剂快速蒸发，薄膜受热均匀，有助于快速形成表面均匀、致密、结晶度高的薄膜，从而提高钙钛矿太阳能电池的光电转换效率；同时微波退火工艺耗能低、耗时短，有助于工业化大规模的应用。

本案例独立权利要求的技术方案如下。

一种钙钛矿太阳能电池光活性层的微波退火处理方法，其特征在于，钙钛矿太阳能电池包括依次设置的：

透明导电玻璃、空穴传输层、$CH_3NH_3PbI_{3-x}Cl_x$ 钙钛矿光吸收层、电子传输层、界面修饰层和背电极；

其中，所述钙钛矿光活性层是进行微波退火处理的钙钛矿光活性层；

其中，所述微波退火处理采用的微波频率为 2450MHz，功率范围为 300～1000W，在氮气或氩气等惰性保护气体中微波退火处理 5min～1h，退火温度为 80～120℃。

（2）充分理解发明。

检索始于对技术方案的理解，充分理解技术方案是高效检索的基础。从整体上理解发明构思通常需要从发明所涉及的技术领域、技术问题、技术手段和技术效果这几个方面来总结发明构思。本案例所属的技术领域是太阳能电池领域，具体涉及钙钛矿太阳能电池。要解决的技术问题是目前普通退火不能有效地利用晶体内部和表面的残留物、工艺的稳定性和重复性差、薄膜表面受热不均匀以及耗时长的技术问题。所采用的核心技术手段是使用微波退火方法处理钙钛矿吸光层。所获得的技术效果是使得钙钛矿薄膜受热均匀，薄膜表面形貌均匀、致密、结晶度高，从而提高光电转换效率；并且该方法的耗能低、耗时短。可见本案例的发明构思是使用微波退火方法处理钙钛矿吸光层，使得钙钛矿薄膜受热均匀，薄膜表面形貌均匀、致密、结晶度高，从而提高光电转换效率；并且该方法的耗能低、耗时短。

（3）检索过程分析。

钙钛矿太阳能电池没有专属的 IPC 分类号，但是由于钙钛矿本身含义确切，可以使用关键词"钙钛矿"组合"太阳能电池"进行领域限定；使用关键词"太阳能电池"，并进行本领域常用同义词扩展，如光伏、太阳、电池等，来体现技术方案所属的技术领域；也可以使用体现太阳能电池的 IPC 分类号来进行"太阳能电池"领域限定，如 H01L31/04、H01L51/42 及 H01L31/18（主要涉及制造或处理将辐射转换成电能的器件或其部件的方法或设备）。使用上述组合在"太阳能电池"的范围内限定出"钙钛矿"的特定种类的太阳能电池。

本申请的核心技术手段是使用微波退火方法处理钙钛矿吸光层改善薄膜形貌和结晶质量，权利要求中还进一步限定了微波退火的环境和参数。据此，提取的检索要素：吸光层、微波、退火、薄膜形貌、结晶质量、均匀度、结晶度、致密。其中，"吸光层"不仅要扩展其同义词，还可以扩展为钙钛矿，因为有些技术方案中直接使用钙钛矿层来表达吸光层，而薄膜形貌和结晶质量等都是技术效果，将使用"or"组合后并借助算符作为一个整体的要素进行表达。

首先,在中国专利文摘库 CNABS 中,以上述检索要素(及其扩展)为基础进行检索,检索过程如下。

1	CNABS	5740	((H01L31/04/low/ic or H01L51/42/low/ic or H01L31/18/low/ic) and (PVSK or PSC or 钙钛矿)) or (钙钛矿 and (太阳 or 光伏) and 电池)/Ti
2	CNABS	50582	吸光层 or 活性层 or 吸收层 or 钙钛矿
3	CNABS	2737096	退火 or 加热 or 高温处理 or 热处理
4	CNABS	28044	(薄膜 s (均匀度 or 致密 or 结晶度)) or (结晶 s 质量)
5	CNABS	178844	微波
6	CNABS	4	1 and 2 and 3 and 4 and 5

对所获得的结果进行浏览,获得一篇影响上述权利要求创造性的专利文献,公开了一种钙钛矿太阳能电池光活性层的微波退火处理方法。太阳能电池包括依次设置的具有导电层 FTO 的玻璃衬底、TiO_2 电子传输层、钙钛矿吸收层、空穴传输层和背电极;空穴传输材料为 P_3HT 等,电子传输材料为 PCBM 等,钙钛矿活性层为 $CH_3NH_3PbI_{3-x}Cl_x$;采用微波对钙钛矿薄膜进行热处理,微波采用混模模式,频率为 2.45GHz,微波功率为 80~640W,处理时间为 2.5~15 分钟。

但是上述检索结果的数量较少,为了获得可能更优的现有技术文献,此时可以省去部分检索要素,扩大限定的范围。在上述要素中,上述技术效果的表达方式较多,很难将其关键词进行全面扩展,因此尝试省去该要素继续进行如下检索。

7	CNABS	28	1 and 2 and 3 and 5

通过浏览上述检索结果,获得三篇关于使用微波对钙钛矿活性层进行退火处理的专利文献。其中,一篇不属于本案例的现有技术;另外两篇属于本案例的现有技术,可影响上述权利要求的创造性。一篇为检索式6所获得的专利文献,另一篇专利文献公开了一种有机无机杂化钙钛矿薄膜及太阳能电池的制备方法,所述钙钛矿薄膜的化学式为 ABX_3,其中 A 为有机胺的阳离子,优选为 $CH_3NH_3^+$,NH_2—CH=NH_2^+ 和 $C_4H_9NH_3^+$ 中的至少一种,B 为 Pb^{2+}、Sn_2^{2+}、Ge^{2+}、Co^{2+}、Fe^{2+}、Mn^{2+}、Cu^{2+} 和 Ni^{2+} 中的至少一种。X 为 Cl^-、Br^-、I^- 中的至少一种。所述制备方法包括如下步骤:①在基底上制备 ABX_3 薄膜;②将步骤①获得的薄膜采用微波辐射处理方式进行退火处理,其中微波功率为

50~500W，样品温度为50~150℃，微波处理时间为0.5~5分钟。

在中国专利文摘库CNABS中检索的结果数量比较少，并且没有获得能够影响权利要求新颖性的文献。因此，选择中国专利全文库CNTXT，使用相同的检索要素可以获得更多的文献量，同时也可以根据检索结果进一步扩展检索要素的表达方式，在检索结果数量过大时，可以利用同在算符进一步限定，以期获得更加精准的检索结果，检索过程如下。

1	CNTXT	6797	（（H01L31/04/low/ic or H01L51/42/low/ic or H01L31/18/low/ic）and（PVSK or PSC or 钙钛矿））or（钙钛矿 and（太阳 or 光伏）and 电池）/Ti
2	CNTXT	102533	吸光层 or 活性层 or 吸收层 or 钙钛矿
3	CNTXT	4993374	退火 or 加热 or 高温处理 or 热处理
4	CNTXT	525605	微波
5	CNTXT	96681	（薄膜 s（均匀度 or 致密 or 结晶度））or（结晶 s 质量）
6	CNTXT	4	1 and 2 and 3 and 4 and 5

通过浏览该检索结果获得了在中国专利文摘库CNABS中检索所获得的两篇相关专利文献。在此基础上，我们可以调整表达方式，使用同在算符进行精准限定。

7	CNTXT	246	（微波 s（退火 or 加热 or 高温处理 or 热处理））p（吸光层 or 活性层 or 吸收层 or 活性层）
8	CNTXT	19	1 and 7

通过浏览，同样获得了上述在中国专利文摘库CNABS中检索所获得的两篇专利文献。由此可见，在进行精确检索的过程中也获得了相关的专利文献。

为了充分检索获得更多或更有价值的专利文献，最后在德温特世界专利索引数据库DWPI中进行检索，检索过程如下。

1	DWPI	5662	（（H01L31/04/low/ic or H01L51/42/low/ic）and（PVSK or PSC or perovskite））or（perovskite and（solar or photovoltaic）and（battery or cell））/Ti
2	DWPI	2902318	absorb+ or active or perovskite
3	DWPI	6894356	anneal+ or heat+ or high temperature treat-

			ment or thermal
4	DWPI	255514	microwave
5	DWPI	19	1 and 2 and 3 and 4

经过浏览,同样获得了上述两篇能够影响权利要求创造性的专利文献。

2. 案例5-1-2:一种以下转换材料界面修饰的钙钛矿太阳能电池

(1) 案情概述。

本案例涉及一种钙钛矿太阳能电池。太阳能电池光电转换效率的提升不仅取决于光的吸收能力,还取决于载流子在器件中的传输速率。电荷分离产生的自由电子和空穴必须迅速传输到对应的电极之后才能产生光电流,电荷收集效率会受到界面复合损耗及缺陷捕获的影响。如果要在界面复合以及缺陷捕获之前到达电极,就需要载流子具有较高的传输速率。因此,提高太阳能电池性能的关键因素之一在于如何大幅度减小缺陷密度、提高载流子的传输速率,此时不同功能层之间的界面修饰和调控显得尤为重要。扩大对阳光的吸收范围也是增加转换效率的重要途径,但是在利用紫外光时,往往导致太阳能电池器件的光稳定性受到不利影响。

本案例是在电子传输层和光吸收层之间设置镧系元素掺杂的下转换材料界面修饰层,该层的设置不仅有效地利用了太阳光中的紫外光波段,增加了电池的可见光电流吸收,并且其作为界面修饰层还减小了界面激子复合概率,提高了太阳能电池的光电转换效率,同时又克服了紫外光对于太阳能电池器件稳定性的不利影响,提高了电池器件的光稳定性。

本案例独立权利要求的技术方案如下。

一种以下转换材料界面修饰的钙钛矿太阳能电池,其特征在于,

所述太阳能电池包括下列结构:

基底;

设置在所述基底上的透明导电电极;

设置在所述透明电极上的电子传输层;

设置在所述电子传输层上的下转换材料层;

设置在所述下转换材料层上的钙钛矿光吸收层;

设置在所述钙钛矿光吸收层上的空穴传输层;以及

设置在所述空穴传输层上的金属电极;其中

所述下转换材料层中掺杂有镧系元素。

(2) 充分理解发明。

检索的重点应放在申请的发明构思上,通常从技术领域、技术问题、技

手段、技术效果这四个方面总结发明构思。本案例涉及的技术领域是太阳能电池，更具体地涉及钙钛矿太阳能电池领域；要解决的技术问题是如何有效利用紫外光波段的同时提高太阳能电池的稳定性及减少界面复合的问题；采用的关键技术手段是在电子传输层和钙钛矿光吸收层之间设置镧系元素掺杂的下转换材料层；获得的技术效果是有效利用紫外光波段的同时提高电池的稳定性，同时该材料层起到界面修饰的作用，达到减少界面复合从而提高转换效率的技术效果。因此，本案例的发明构思是通过在电子传输层和钙钛矿光吸收层之间设置下转换材料层，从而有效利用紫外光波段的同时提高电池的稳定性，同时该材料层起到界面修饰的作用，获得减少界面复合从而提高转换效率的技术效果。

（3）检索过程分析。

权利要求中记载了钙钛矿太阳能电池，因此将该领域确定为检索领域。本案例的关键技术手段是在电子传输层和钙钛矿光吸收层之间设置镧系元素掺杂的下转换材料层来进行紫外波段的波长转换及界面修饰，从而提高稳定性和转换效率。据此，提取的检索要素为紫外、转换、修饰、镧系、稳定性、转换效率。其中，镧系可以扩展为稀土；紫外光是转换材料转换的对象，因此将二者用算符进行组合限定"紫外 s 转换"；转换和修饰是同一层所起到的两个作用，因此将二者使用"或"的关系连接；稳定性和转换效率均为技术效果，二者也使用"或"的关系连接。

首先，根据上面确定的检索要素在中国专利文摘库 CNABS 中进行要素检索，检索过程如下。

1	CNABS	5406	（（H01L31/04/low/ic or H01L51/42/low/ic）and（PVSK or PSC or 钙钛矿））or（钙钛矿 and（太阳 or 光伏）and 电池）/Ti
2	CNABS	122577	（紫外 s 转换）or 修饰
3	CNABS	101854	镧系 or 稀土
4	CNABS	1433599	稳定性 or 转换效率
5	CNABS	12	1 and 2 and 3 and 4

通过浏览上述检索结果，获得一篇专利文献（下称专利文献1），其公开了在电子传输层和有机—无机钙钛矿吸收层之间设置稀土元素铕或钇掺杂的下转换材料，拓展了钙钛矿电池的光谱相应范围，提高了电池的光电转换效率，并且稳定性好。公开了权利要求的技术方案，能够影响权利要求的新颖性。

然后，为了做到充分检索，在中国专利全文库 CNTXT 中进一步检索，检索过程如下。

1	CNTXT	6406	((H01L31/04/low/ic or H01L51/42/low/ic) and (PVSK or PSC or 钙钛矿)) or (钙钛矿 and (太阳 or 光伏) and 电池)/Ti
2	CNTXT	2337818	(紫外 s 转换) or 修饰
3	CNTXT	217920	镧系 or 稀土
4	CNTXT	5949237	稳定性 or 转换效率
5	CNTXT	79	1 and 2 and 3 and 4

通过浏览上述检索结果，除了获得专利文献1之外，还获得了另外一篇相关度高的专利文献（下称专利文献2），其公开了一种钙钛矿太阳能电池，其包括掺杂稀土元素的下转换发光层。

最后，在德温特世界专利索引数据库DWPI中对全球专利进一步进行检索，检索过程如下。

1	DWPI	5662	((H01L31/04/low/ic or H01L51/42/low/ic) and (PVSK or PSC or Perovskite)) or (Perovskite and (solar or photovoltaic) and (battery or cell))/Ti
2	DWPI	215454	(UV s convert) or modificat+
3	DWPI	116622	lanthanide or "rare earth"
4	DWPI	1908344	stability or "conversion efficiency"
5	DWPI	1	1 and 2 and 3 and 4

该检索结果数量少，并且该专利文献公开较晚，不是现有技术。考虑到稀土在翻译过程中可能的表述进行扩展"rare 2w earth"，并将转换的对象有紫外光进行上位扩展，"(absorb s light) or (spectral s response)"，而后继续进行检索，检索过程如下。

6	DWPI	126649	lanthanide or (rare 2w earth)
7	DWPI	266239	(absorb s light) or (spectral s response) or modificat+
8	DWPI	7	1 and 4 and 6 and 7

通过浏览上述检索结果，同样获得了上述专利文献1。

此外，在本案例的具体技术方案中进一步限定了下转换材料层的具体材料是掺杂钐的铈酸锶，针对该技术特征在专利库中未获得相关的专利文献。这里考虑到本案例的申请人为高校申请人,因此在未检索到相关的专利文献时,有必要对非专利文献进行进一步检索。在万方学术期刊数据库中通过检索获得了一篇相关的非专利文献,其公开了一种以下转换材料界面修饰的太阳能电池,所述太阳能电池由基底玻璃、透明导电电极 FTO、电子传输层 c-TiO_2、下转换材料层 p-TiO_2+CeO_2:Eu^{3+}、钙钛矿光吸收层、空穴传输层 HTM 和金属电极依次紧密连接而成;下转换材料可利用稀土掺杂提高转换效率,如采用三价镧系离子,主体下转换材料包括 Sr_2CeO_4 等,其能够影响权利要求的新颖性。同时针对上述下转换材料层的具体材料是掺杂钐的铈酸锶的检索也进一步获得了多篇内容比较相关的非专利文献。可见,对于高校和科研院所提出的专利申请,通常需要对非专利数据库进行检索,并且一般首先使用申请人作为检索要素进行检索,而后使用具体技术术语进行检索,获得公开更为类似的文献的可能性比较大。尤其是在专利数据库中未检索到相关的专利文献时,有必要进行非专利数据库的检索。当然,也可以先进行非专利数据库的检索。

3. 案例 5-1-3:一种基于石墨烯的柔性钙钛矿太阳能电池

(1) 案情概述。

本案例涉及一种基于石墨烯的柔性钙钛矿太阳能电池,传统的钙钛矿太阳能电池使用氧化铟锡(ITO)作为透明电极。但是,一方面,铟资源是稀有资源且不可再生,价格高昂;另一方面,ITO 具有脆性特征,高温条件下差的导电性限制了 ITO 在包括柔性器件等诸多特殊领域的应用。碳纳米管、石墨烯、导电高分子聚合物等材料在透明电极方面展现出良好的应用前景,具有良好的柔性,但是上述材料在导电性和透光率两方面不能兼得。传统半透明钙钛矿太阳能电池多采用 Mg、Al、Ag,或者它们的合金作为透明电极,由于电极需要透明,所以金属电极的厚度很薄,但是由于 $CH_3NH_3PbI_3$ 钙钛矿层在水氧作用下碘的析出,极易造成薄的金属电极的腐蚀,从而会对器件性能造成毁灭性的破坏,降低电池的寿命。

针对上述技术问题,本案例采用石墨烯复合透明电极作为半透明钙钛矿太阳能电池的透明阳极和透明阴极。石墨烯具备极佳可见光透过性和导电性,有利于更多的光子进入有机太阳能电池的光活性层和电子的收集,提高效率和半透明电池的透明度。石墨烯具备极强的稳定性,抗腐蚀性强,与溶液工艺兼容,有利于后续太阳能电池的各种溶液工艺的进行,并且能够提高电池的寿命。基于石墨烯复合透明电极的半透明太阳能电池具有良好的透光率、导电性、柔性及稳定性,并且生产成本低、转换效率高,易于柔性集成、适合于大规模工业生产。

本案例独立权利要求的技术方案如下。

一种基于石墨烯的柔性钙钛矿太阳能电池，自下而上包括衬底（1）、石墨烯阳极（2）、阳极修饰层（3）、$CH_3NH_3PbI_3$钙钛矿光活性层（4）、阴极修饰层（5）、石墨烯阴极（6），其特征在于：

所述石墨烯阳极（2）为三层薄膜结构，包括石墨烯第一阳极层（201）、PETDOT：PSS第二阳极层（202）和石墨烯第三阳极层（203），所述的石墨烯第一阳极层（201）、PETDOT：PSS第二阳极层（202）和石墨烯第三阳极层（203）成的三明治结构，

所述石墨烯阴极（6）为三层薄膜结构，包括石墨烯第一阴极层（601）、Ag纳米线第二阴极层（602）和石墨烯第三阴极层（603），所述的石墨烯第一阴极层（601）、Ag纳米线第二阴极层（602）和石墨烯第三阴极层（603）成的三明治结构。

（2）充分理解发明。

把握技术方案的发明构思，抓住技术方案的核心内容进行检索，通常从技术领域、技术问题、技术手段、技术效果四个方面理解总结发明构思。本案例涉及的技术领域是太阳能电池领域，具体技术分支是钙钛矿太阳能电池；要解决的技术问题是ITO透明电极价格高昂，以及传统的透明金属电极易于被腐蚀导致器件寿命低下的问题；采用的关键技术手段是使用石墨烯复合透明电极作为钙钛矿太阳能电池的阳极和阴极；获得的技术效果是提高电池的效率、半透明电池的透明度、电池的寿命等。因此，本案例的发明构思是使用石墨烯复合透明电极作为钙钛矿太阳能电池的阳极和阴极来提高电池的效率、半透明电池的透明度、电池的寿命。

（3）检索过程分析。

由上述分析可知，本案例与案例5-1-2的技术领域相同，因此仍然使用案例5-1-2所使用的方法来限定钙钛矿太阳能电池技术领域。由于该技术方案的核心是对电极的改进，因此进一步在所限定的领域中使用有关电极的分类号（H01L31/0224）进行组合限定。本申请的关键技术手段是采用石墨烯复合电极作为半透明钙钛矿电池的阴极和阳电极。权利要求中具体限定了阴极和阳极均为三层薄膜构成的三明治结构。此外，权利要求中还限定了阳极修饰层和阴极修饰层，根据检索的情况，可以选择使用该要素进行进一步限定，必要时可以结合技术问题和技术效果进行检索。据此，提取的检索要素为石墨烯、复合电极，其中复合电极可以扩展为三明治电极、多层电极、三层电极。

首先，使用上面确定的检索要素在中国专利文摘库CNABS中进行检索，检

索过程如下。

1	CNABS	5608	((H01L31/04/low/ic or H01L51/42/low/ic or H01L31/18/low/ic) and (PVSK or PSC or 钙钛矿)) or (钙钛矿 and (太阳 or 光伏) and 电池)/Ti
2	CNABS	135145	石墨烯
3	CNABS	11160	复合电极 or (三明治 s 电极) or 多层电极 or (三层 s 电极)
4	CNABS	21	1 and 2 and 3

通过浏览上述检索结果，获得一篇专利文献（下称专利文献1），其公开了在钙钛矿太阳能电池中使用了石墨烯复合三明治结构作为阳极的技术方案。考虑到在专利文献中，对于多层复合电极还有可能使用具体材料进行技术特征的描述，而材料种类很多，组合的方式可能更多，因此尝试使用更上位的方式对该特征进行表达，使用算符结合技术效果要素进行合理限定，检索过程如下。

5	CNABS	517	石墨烯 s 透明 s 导电薄膜
6	CNABS	2095995	透光率 or 导电性 or 柔性 or 稳定性
7	CNABS	5	1 and 5 and 6

检索结果文献数量较少，此时考虑到本案例主要是对电极的改进，因此将检索领域上位到光电器件的电极，使用分类号 H01L31/0224 来限定。

8	CNABS	14757	H01L31/0224/low/ic
9	CNABS	17	10 and 7 and 8

通过浏览上述检索结果，获得一篇专利文献（下称专利文献2），该专利文献公开了柔性的石墨烯、铜纳米线、石墨烯夹层结构代替传统的 ITO 透明电极作为太阳能电池的电极可以提高透光率和电导率，提高太阳能电池的光电转换效率，其结合前述所获得的专利文献1能够影响权利要求的创造性。

为了充分检索，在中国专利全文库 CNTXT 中进一步检索，根据上述检索结果并考虑到本案例不涉及制造或处理的方法或设备，因此省去表示制造或处理的方法或设备的分类号 H01L31/18，并增加表示电极的分类号 H01L31/0224，检索过程如下。

1	CNTXT	6525	((H01L31/04/low/ic or H01L51/42/low/ic or H01L31/0224/low/ic) and (PVSK or PSC or 钙钛矿)) or (钙钛矿 and (太阳 or 光伏) and 电池)/Ti

2	CNTXT	135145	石墨烯
3	CNTXT	11160	复合电极 or（三明治 s 电极）or 多层电极 or（三层 s 电极）
4	CNTXT	71	1 and 2 and 3

在中国专利全文库 CNTXT 中，使用相同的限定能够获得更大的数据量，通过浏览获得上述专利文献 1，进一步进行检索。

5	CNTXT	517	石墨烯 s 透明 s 导电薄膜
6	CNTXT	2095995	透光率 or 导电性 or 柔性 or 稳定性
7	CNTXT	14757	H01L31/0224/low/ic
8	CNTXT	50	5 and 6 and 7

通过浏览上述检索结果，同样获得了上述专利文献 2。

最后，在德温特世界专利索引数据库 DWPI 中对全球专利进一步进行检索，检索过程如下。

1	DWPI	5719	（(H01L31/04/low/ic or H01L51/42/low/ic or H01L31/0224/ic) and (PVSK or PSC or perovskite)) or (perovskite and (solar or photovoltaic) and (battery or cell))/Ti
2	DWPI	321664	graphene or graphite
3	DWPI	46829	(composite s electrode) or (sandwich s electrode) or (multilayer s electrode) or (trilayer s electrode)
4	DWPI	44	1 and 2 and 3

对上述检索结果进行浏览，同样获得了上述专利文献 1，进一步检索。

5	DWPI	20606	H01L31/0224/ic
6	DWPI	2616609	light transmission or conductivity or flexibility or stability
7	DWPI	1203	(graphite or graphene) s transparent s conductive
8	DWPI	32	5 and 6 and 7

经过浏览，获得了上述专利文献 2。可见检索是不断调整的过程，通常会根据检索的结果调整检索的侧重点，并且可以根据实际情况将检索要素进行各种组合来界定不同的范围。

第二节　本征薄膜异质结（HIT）太阳能电池

一、专利技术综述

（一）概况

异质结是两种不同的半导体材料相接触所形成的界面。按照材料的导电类型不同，异质结可划分为同型异质结（P-P结、N-N结）和异型异质结（P-N结、N-P结）。形成异质结的两种半导体材料，通常需要有相似的晶体结构及相近的原子间距和热膨胀系数。异质结可以利用界面合金、化学沉积、外延生长等方式制造。硅基异质结太阳能电池为异质结与晶体硅太阳能电池的重要结合点，硅基异质结太阳能电池采用禁带宽度不同于晶体硅的薄膜材料，如非晶硅、非晶碳化硅、纳米晶硅和微晶氧化硅等，与晶体硅衬底构成异质结。在工艺上，硅基异质结太阳能电池采用减薄的掺杂晶体硅衬底，通过沉积等方法制备出薄膜材料，与晶体硅衬底构成有源区。[1] 硅基异质结太阳能电池结合了晶体硅电池和薄膜电池的优势，被认为是高转换效率硅太阳能电池的重要发展方向之一。

在异质结太阳能电池中，本征薄膜异质结（Heterojunction with Intrinsic Thin film，HIT）太阳能电池是目前太阳能电池领域的研究热点之一，其通常被简称为异质结太阳能电池；业界同时也使用 HJT、HDT 或 SHJ 指代本征薄膜异质结太阳能电池，本书以下简称为"HIT 太阳能电池"。HIT 太阳能电池的研究最早始于日本三洋（SANYO）。20 世纪 90 年代，滨川（Hamakawa）等人报道了采用 nip-a-Si：H/np-c-Si 叠层结构构成的 HIT 太阳能电池，获得了 12% 的光电转换效率。1992 年，田中（Tanaka）等人创下 p-a-Si：H/i-a-Si：H/n-c-Si 结构太阳能电池转换效率达到 18.1% 的最高纪录。[2] 三洋将这种结构称为 HIT，并申请了专利，获得了专利保护。随后三洋对 HIT 太阳能电池不断改进。2014 年，松下（PANASONIC）得到了 25.6% 的转换效率，并于当年将转换效率达到 19.4% 的光伏电池组件推向欧洲。随着三洋的关于 HIT 太阳能电

---

[1] 中国知识产权研究会各行业专利技术现状及其发展趋势报告（2016—2017）[M]. 北京：中国知识产权出版社，2017.

[2] 宋佩珂. 带本征薄层异质结太阳能电池关键技术研究 [D]. 武汉：华中科技大学，2008.

池的上述专利保护期限结束，技术壁垒消除，太阳能电池产业内的各研究机构和相关企业纷纷加大了对 HIT 太阳能电池的技术研发和产业化投入。例如，2017 年，日本钟化（KANEKA）取得了 26.3% 的转换效率。❶ 同年，该公司在 79cm^2 的面积上得到了 26.7% 的转换效率。国内外 HIT 太阳能电池量产效率大约为 23%，距离实验室效率仍存在明显的提升空间。❷

图 5-2-1 所示为 HIT 太阳能电池的基本结构，HIT 太阳能电池的基本结构由掺杂非晶硅层和单晶硅层组成的光电界面中间处嵌入一层本征钝化材料，该本征钝化材料对异质结界面钝化、减少载流子复合起到关键性作用。

HIT 太阳能电池相较于同质结太阳能电池具有明显优势。例如，晶体硅同质结太阳能电池的吸收波长范围为 0.3~1.1μm，其对于占一半以上的紫外区和红外区无法吸收。而 HIT 太阳能电池可拓展吸收光谱的范围，提高光电转换效率。异质结比同质结具有更大的内建电场，使注入结两侧的非平衡少子增加，增加了开路电压和短路电流，提高注入效率。由于薄膜化也减小硅原料消耗，提供了降低制造成本的空间。❸ 此外，HIT 太阳能电池还具有独特的双面对称结构（见图 5-2-2）及非晶硅层优秀的钝化效果、高双面率、几乎无光致衰减、温度特性良好、可使用薄硅片、可叠加钙钛矿等多种天然优势，使得 HIT 太阳能电池具备优异的转换效率。另外，与需要十余项制备流程的 PERC 太阳能电池和 TOPCon 太阳能电池相比，HIT 太阳能电池的制备工艺主要包括四个步骤（见图 5-2-3：硅片表面进行蚀刻、制绒清洁；硅片两侧沉积本征非晶硅薄膜以及相反掺杂类型的非晶硅薄膜；通过物理气相沉积（PVD）技术制备透明导电氧化膜 TCO；表面金属化处理，丝网印刷），工艺流程相当简洁。

---

❶ 陈群威. HIT 异质结太阳能电池的制备及性能研究 [D]. 北京：华北电力大学，2012.

❷ 年中国异质结（HIT）行业成本构成、发展空间预测及发展优势分析 [EB/OL]. （2019-12-11）[2020-04-08]. https：//wk. baidu. com/view/89e2fe8575a20029bd64783e0912a2161497fea? _wkts_ = 1682041898771& bdQuery = 2018% E5% B9% B4% E4% B8% AD% E5% 9B% BD% E5% BC% 82% E8% B4% A8% E7% BB%93% E7%94% B5% E6% B1% A0%28HIT%29% E8% A1%8C% E4% B8% 9A% E6%88% 90% E6% 9C% AC% E6% 9E%8C% E6%88% 90% E3% 80%81% E5%8F% 91% E5% B1% 95% E7% A9% BA% E9%97% B4% E9% A2%84% E6% B5%8B% E5%8F%8A% E5%8F% 91% E5% B1% 95% E4% BC% 98% E5%8A% BF% E5%88%86% E6% 9E%90.

❸ 中国知识产权研究会. 各行业专利技术现状及其发展趋势报告（2016—2017）[M]. 北京：知识产权出版社，2017.

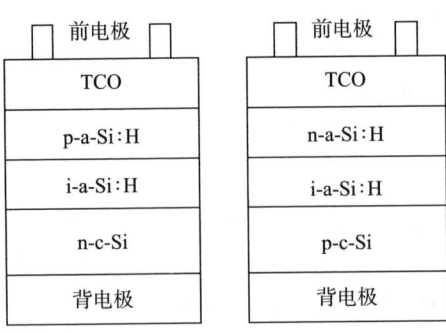

图 5-2-1 HIT 太阳能电池的基本结构

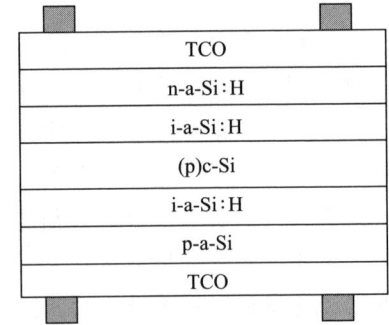

图 5-2-2 双面 HIT 太阳能电池的基本结构

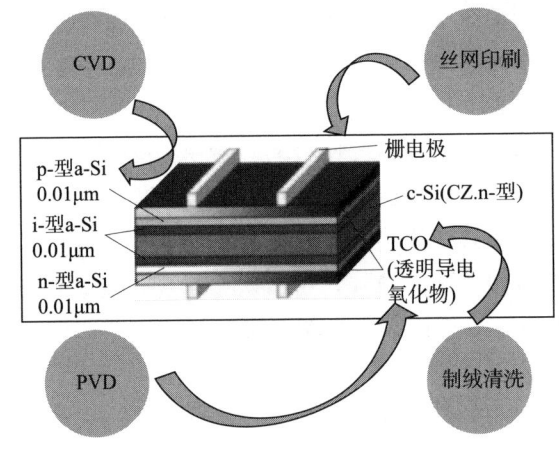

图 5-2-3 HIT 双面太阳能电池制备工艺

资料来源：王淳. HIT 太阳能电池的自动化产业探析 [J]. 机械管理开发，2020，35（7）：263-264.

目前，HIT 太阳能电池的成本相对传统电池而言仍然偏高，比如，其制备过程中需要使用低温银浆，但是低温银浆成本高，由此导致由低温银浆制备的电极的成本高于其他种类的太阳能电池，因此对电极的改进也是该领域的重点研究之一。由于其薄膜结构，未来可通过叠加叉指状背接触（IBC）或钙钛矿技术构成叠层电池，从而进一步提升太阳能电池的转化效率；也可以通过低温工艺结合 N 型电池使硅片薄片化等多方面来降低成本，推进 HIT 太阳能电池的产业步伐。

（二）专利申请状况

在德温特世界专利索引数据库 DWPI 中检索到 HIT 太阳能电池领域的全球专利申请共计 5347 项（公开日截至 2022 年 2 月 28 日），本节将主要以上述数据作为研究对象进行分析。

1. 全球专利申请趋势

图 5-2-4 示出了 1990—2020 年 HIT 太阳能电池领域全球专利申请趋势。1990 年，HIT 太阳能电池被日本三洋成功开发后，陆续出现相关专利申请，随后的十几年时间里，专利申请量增长缓慢，直到 2005 年，该领域的专利申请年申请量也不足百项。由于三洋已经将该项技术申请专利并获得专利权，因此在此期间导致存在技术壁垒，很多企业可能并未积极对 HIT 太阳能电池的研发进行大量的投入，直到三洋的上述 HIT 太阳能电池专利保护期限接近尾声，光伏产业内的各研究机构和相关企业纷纷加大了对 HIT 太阳能电池的技术研发和产业化投入，并开始该方面的专利布局。相应的，自 2006 年起，HIT 太阳能电池相关的专利申请数量开始迅猛提升。2011 年，专利申请年申请量已经超过 350 项，这代表着各研究机构和相关企业大力开展 HIT 太阳能电池的相关技术研究，并为了开拓市场积极地进行专利布局以避免受到专利壁垒的限制，同时使得自己的技术得到专利保护。随着研究的推进，HIT 太阳能电池进一步展现出良好的发展前景。2011—2014 年申请量有所下降，之后又继续增长，至 2018 年申请量达到高峰，接近 450 项。

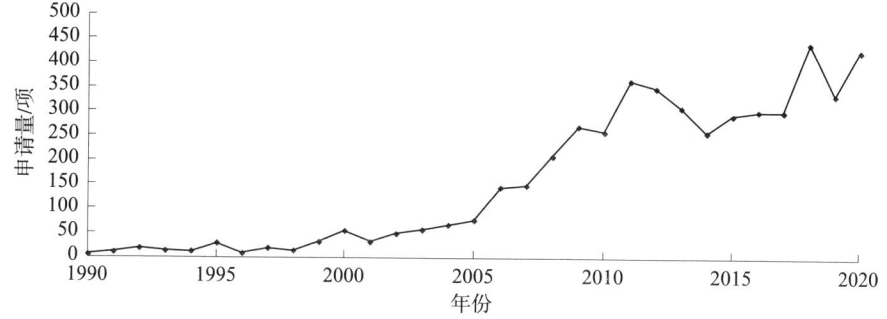

图 5-2-4　1990—2020 年 HIT 太阳能电池领域全球专利申请趋势

2. 专利申请来源和目标国家/地区分析

图 5-2-5 示出了 HIT 太阳能电池领域专利申请来源和目标国家和地区分布。在 HIT 太阳能电池领域，中国是主要的目标国，美国和日本申请人在中国均提出了一定数量的专利申请，这说明中国具有广阔的新型能源市场，太阳能电池的需求量高，具有很好的发展前景。美国是主要的来源国之一，尤其是其海外专利布局数量多且比较均衡。日本申请人在中国和美国的专利申请量也分别超过了 200 件和 300 件。相较于美国和日本，中国申请人的专利申请主要在国内布局，申请量超过 2000 件，而在其他国家和地区的专利申请只有数十件，

这意味着中国在该领域的技术基本没有走出国门,大部分创新主体在研发过程中对国外市场的布局和保护的重视程度和能力还需进一步提升。美国和日本均是 HIT 太阳能电池专利申请的主要目标国和来源国,二者不仅在专利申请量上占据优势,并且在注重本土市场专利布局的同时,在其他国家和地区外的专利申请量也多处于领先地位,这使得二者的新技术得到广泛的保护。

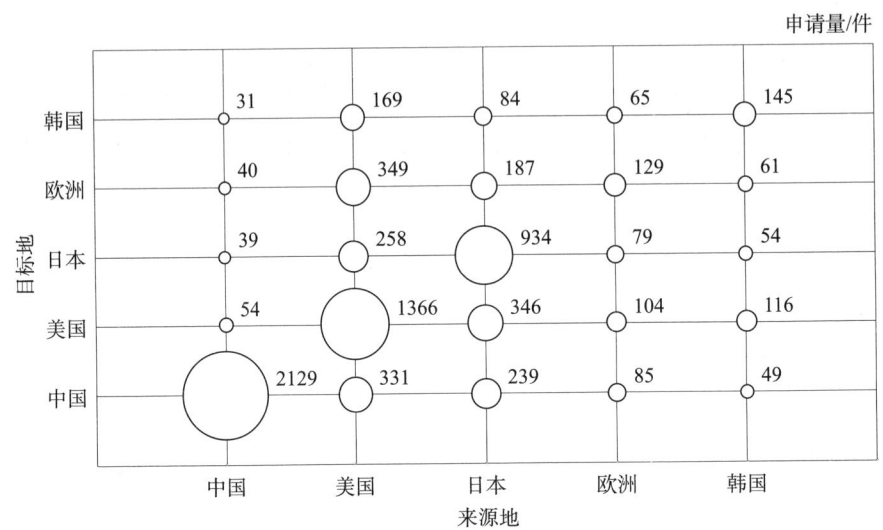

图 5-2-5　HIT 太阳能电池领域专利申请来源和目标国家/地区分布

3. 主要目标国家/地区的专利申请趋势

图 5-2-6 示出了 1990—2020 年 HIT 太阳能电池领域主要国家和地区的专利申请趋势。从专利申请布局的国家和地区看,在 1998 年之前,在各目标国家和地区的相关专利申请量都比较少,专利申请年申请量也没有明显变化,这个时期太阳能电池产业界并未广泛关注 HIT 太阳能电池技术的研发。一方面由于技术的早先开发并未完全展现出该技术的前景和优势,另一方面已有的主流技术的发展程度和市场需求及未来前景等也影响着技术开发的方向。自 1999 年开始,美国逐步加大了在该方面研发的投入和专利申请的布局,日本紧随其后。自 2003 年,美国在该领域的专利申请量开始波动上升,这意味着此时 HIT 太阳能电池技术已经开始受到比较广泛的关注。美国、日本受益于所拥有的研发优势和相关领域技术的领先地位,开始在展现良好发展前景的技术领域积极投入。2009 年开始,中国的 HIT 太阳能电池技术专利的申请量迅速增加;尤其是 2017—2018 年,申请量急剧增加,虽然 2019 年申请量降低,但是 2020 年又迅速回升,2020 年的年申请量超过 350 件。

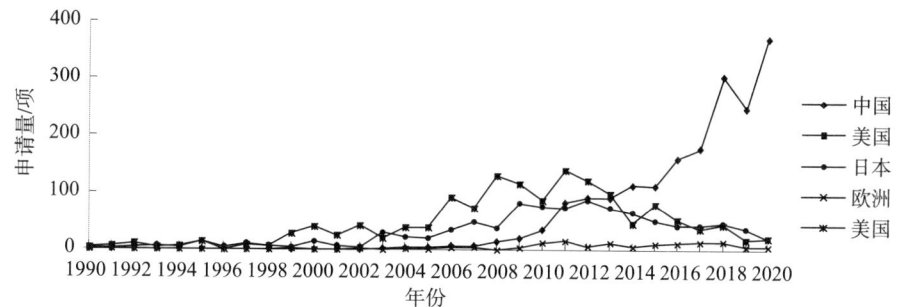

图 5-2-6　1990—2020 年 HIT 太阳能电池领域主要国家/地区的专利申请趋势

（三）申请人分析

1. 全球/中国专利申请的申请人排名

图 5-2-7 所示是 HIT 太阳能电池领域全球专利申请主要申请人排名。日本三洋（松下）[由于 2008 年末松下收购三洋，因此将二者的数据整合后进行分析，下文统称为"三洋（松下）"]自成功研发了 HIT 太阳能电池后，十分重视并持续关注该项技术，在该领域的研发投入也相对较高，相关专利申请量在全球居首位，超过了 280 项，遥遥领先于其他申请人，表明其在技术上占据重要地位。日本的钟化（KANEKA）和三菱在该领域专利申请量分别位于第二和第三，加之日本夏普等在该领域所拥有的专利数量，显示出日本在 HIT 太阳能电池技术领域占据优势地位。IBM 在 HIT 太阳能电池领域中提出了 100 余项专利申请。君泰创新、福建金石能源和天合光能所拥有的专利数量显示出中国在 HIT 太阳能电池创新技术上占据一席之地。韩国的 LG 在该领域提出数十项专利申请。

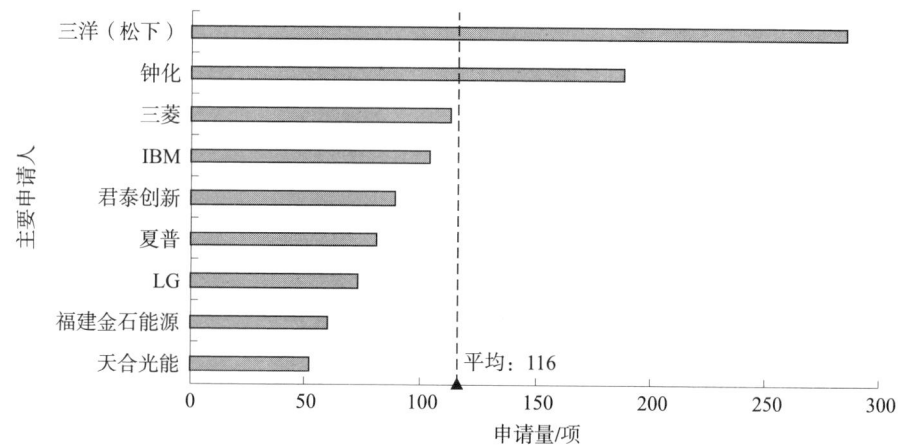

图 5-2-7　HIT 太阳能电池领域全球专利申请主要申请人排名

图 5-2-8 示出了 HIT 太阳能电池领域中国专利申请主要申请人排名。申请量排名第一的是君泰创新，申请量接近 90 项；排名第二和第三的是钟化和三洋（松下），申请量均超过 60 项；其余申请人的申请量低于平均值。前 10 位中 7 位为中国申请人，2 位日本申请人，可以看出中国申请人对 HIT 太阳能电池技术的重视。

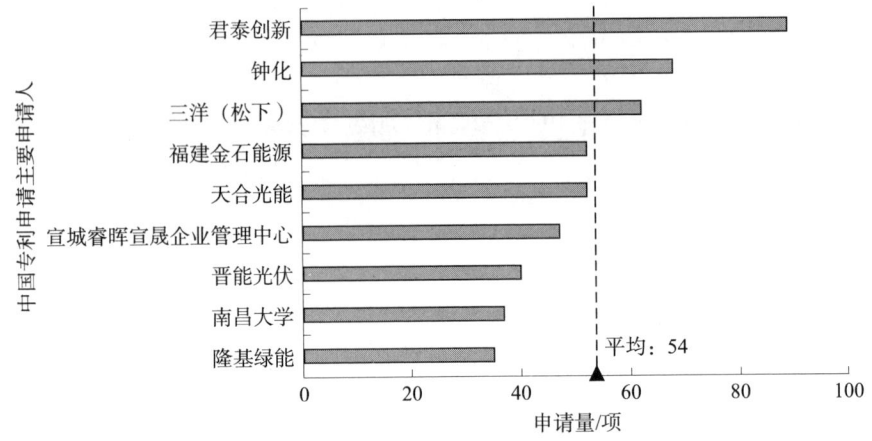

图 5-2-8　HIT 太阳能电池领域中国专利申请主要申请人排名

2. 主要申请人技术分支分布

与其他种类的太阳能电池相似，HIT 太阳能电池技术包括很多技术分支。例如，本征异质结结构的改进，制备工艺的完善，电极，特殊表面结构，以及组件、模块、封装等，不同的技术分支的技术改进都是促使电池的性能提升。本节在多个分支中选取了本征异质结结构，电极，组件、模块、封装三个技术分支来分析各主要申请人在各技术分支的专利申请情况。HIT 太阳能电池领域的主要申请人集中在企业，除了关注本征异质结结构的改进外，申请人还关注产品的实用性，组件、模块、封装相关的技术能提高太阳能电池产品的性能及耐候性，进而推进 HIT 太阳能电池的产业化进程。此外，电极相关技术也备受关注，太阳能电池电极的改进涉及诸多方面，如电极材料的选择、电极制备工艺的优化、电极结构的设置等。电极的改进也对电池产生各种影响，如接触电阻的降低、成本的优化和减少光损失等，研究者也相应地从多方面对电极进行相关的研究。HIT 太阳能电池需要使用低温银浆，低温银浆成本高是制约 HIT 太阳能电池成本降低的重要因素之一。

从图 5-2-9 中可知，不同申请人侧重的技术方向有所不同，但除天合光能外，其他申请人在三个技术分支的专利分布相对比较均衡。三洋（松下）在组件、模块、封装方面的专利申请量最多,达到了128项,在电极和本征异质结结构方面也提交了不少专利申请;钟化在本征异质结结构和电极方面的专利申请量较多,均超过了百项,另外在组件、模块、封装方面也提交了50多项的专利申请;三菱在组件、模块、封装方面提交的专利申请最多,在本征异质结结构和电极方面也有布局;IBM与三菱明显不同,在电极方面的专利申请最多,其次是本征异质结结构;君泰创新在三个技术分支方面的专利申请比较接近;夏普和福建金石能源在本征异质结结构和电极方面提交的专利申请量相当。

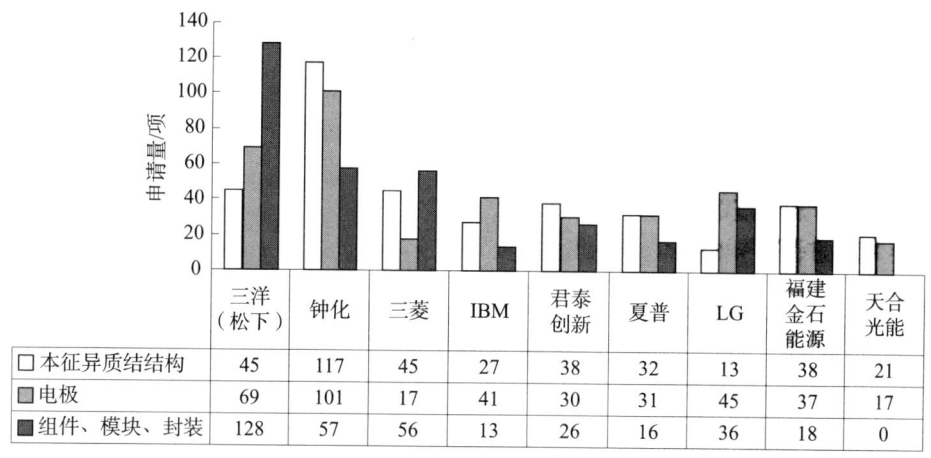

图 5-2-9 主要申请人在各技术分支的专利申请情况

3. 主要申请人具体分析

HIT 太阳能电池的研究最早始于日本三洋,三洋将这种结构称为 HIT,同时申请了专利并获得专利保护,在随后的时间里积极改进相关技术,因此选择三洋作为主要申请人进行具体分析。基于与上文同样的理由,本节将三洋和松下在 HIT 太阳能电池领域的专利申请整合后进行具体分析。

图 5-2-10 示出了日本三洋(松下)在 HIT 太阳能电池技术领域专利的全球专利申请趋势。从图中可以看出,自 20 世纪 90 年代开始,三洋(松下)就提出了相关专利申请,专利申请量在之后的十几年里波动上涨,于 2009 年达到顶峰,年申请量达到40项,之后呈现波动下降趋势。

图 5-2-11 示出了日本三洋(松下)在 HIT 太阳能电池领域专利申请的技术分布情况。日本三洋(松下)在该领域的专利申请主要集中在组件、模块、封装方面,申请量达到128项,占比为43.8%。在组件、模块、封装方面的改进能够相对简单和较为有效地提高产品的效率、耐候性等性能,这使得 HIT 电池组件能够很好地适应产业化需求和市场的需要。另外,三洋(松下)

涉及电极和本征异质结结构的专利申请量分别为 69 项和 45 项，占比分别为 23.6% 和 15.4%。

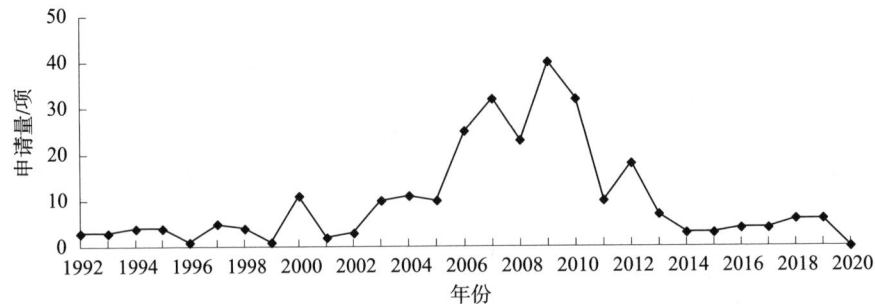

图 5-2-10　1992—2020 年日本三洋（松下）在 HIT 太阳能电池领域全球专利申请趋势

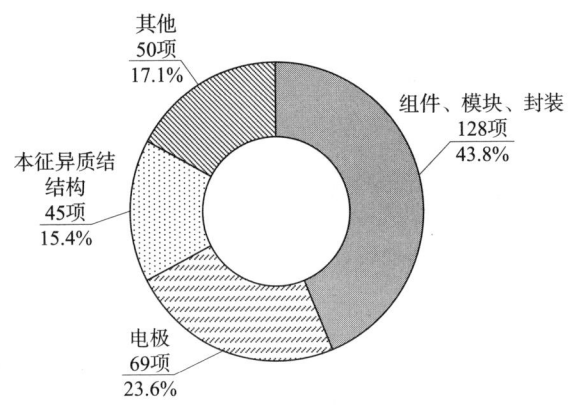

图 5-2-11　三洋（松下）在 HIT 太阳能电池领域专利申请的技术分布

（四）重点技术分析

1. 本征异质结结构

HIT 太阳能电池中的本征异质结是在由掺杂非晶硅层和单晶硅层组成的光电界面中间处嵌入一层本征钝化材料，该本征钝化材料对异质结界面钝化、减少载流子复合起到关键性作用。异质结结构的优化直接影响电池各方面的性能，包括异质结结构各功能层的设置、材料的选择和制备工艺的改善等。其中，不同的半导体材料具有不同的带隙，这不仅决定了电池吸收光谱的范围，也影响短路电流等重要参数。高质量膜层的制备及本征异质结结构的优化能够降低器件中的各种缺陷，减少复合中心，提高电池的转换效率。各个功能层的具体结构直接影响太阳能电池的转换效率，本征异质结结构的重要改进促进了 HIT 太阳能电池性能的显著提升。

图 5-2-12 示出了 1992—2020 年本征异质结结构技术全球专利申请趋势。从图中可以看出，虽然 2006 年申请量略有升高，但整体上而言，2008 年之前申请量不多，尤其是 2004 年之前更少。2008 年之后，专利申请量开始快速增长；2013 年后出现波动，但仍整体呈现增长态势；据 2020 年的不完全统计数据，申请量已经超过 180 项。在 HIT 太阳能电池诞生初期，研究热度较低，导致该领域在 2008 年之前的专利申请量整体不多。在此之后，专利申请量经历了迅速增长期和波动增长期，一定程度上显示出不同时期研究人员在该技术领域的研究活跃程度。

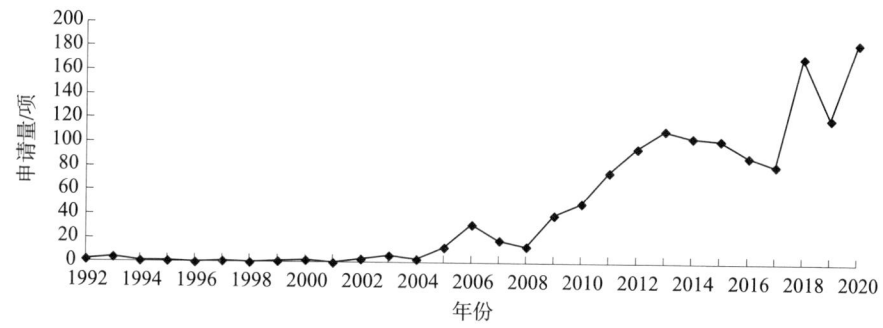

图 5-2-12　1992—2020 年本征异质结结构技术全球专利申请趋势

图 5-2-13 示出了本征异质结结构技术全球专利申请的主要申请人排名。在本征异质结结构方面的专利申请，钟化的申请量最多，超过 110 项，遥遥领先于其他申请人，表明该技术分支是其在 HIT 太阳能电池领域的研发重点技术，投入相对较多，并且对该技术分支所获得的技术成果积极地进行专利保护。其他申请人在该技术分支的专利申请量相差不大，均低于 50 项。

在主要申请人排名中，有 4 位日本申请人、4 位中国申请人和 1 位美国申请人。从图 5-2-13 中可以看出，日本公司在该技术分支占据明显优势，多位申请人都具备较多专利申请量。中国申请人福建金石能源、晋能光伏和天合光能在本征异质结结构方面具有一定优势。美国的 IBM 在该技术分支也具有超过 20 项的专利申请。

以下是本征异质结结构的一些重要专利。

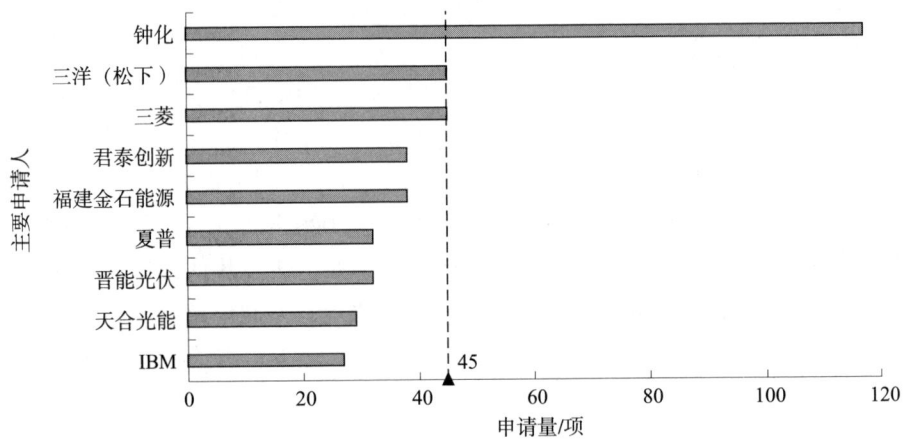

图 5-2-13 本征异质结结构技术全球专利申请的主要申请人排名

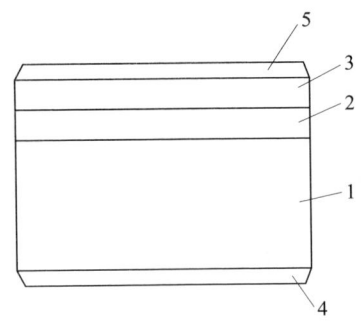

图 5-2-14 光电动势装置的元件构造剖面图

注：1 为 n 型单晶硅基板，2 为本征非晶硅，3 为 p 型非晶硅，4 为金属背面电极，5 为透明导电膜

三洋申请了一种光伏器件的专利（公告号 JP 特开平 7-95603B2），申请日为 1990 年 9 月 20 日，在日本申请并获得授权，被引用次数 28 次。由于在非晶半导体中，掺杂导致薄膜质量显著劣化，使得带隙内的局域能级增加，导致通过光照射而产生的载流子大部分由于在 pn 结界面处的复合而丧失，无法将光生载流子取出。该申请通过在两个半导体层之间设置具有 250 埃或更小膜厚度的本征非晶半导体层来降低界面处的复合。如图 5-2-14 所示，通过在 n 型单晶硅基板 1 和 p 型非晶硅 3 之间提供具有 250 埃或更小膜厚度的本征非晶硅 2，来降低非晶半导体的界面能级，从而高效地收集光生载流子，提高转换效率。通过将本征非晶硅的厚度设定为小于或等于 250 埃的膜厚度，可以降低界面态，抑制由于半导体层厚度的增加导致的特性劣化。

钟化申请了一种晶体硅系太阳能电池的专利（公告号 JP 特许第 5374250B2），申请日为 2009 年 6 月 19 日，在日本申请并已获得授权，被引用次数 21 次。该申请提出使用 n 型非晶硅层作为促进 n 型微晶硅系薄膜层结晶化的基底层。在 n 型单晶硅基板上制备 i 型非晶硅层/n 型非晶硅层，即使在通常不结晶的制膜条件和膜厚下，也能得到优质的 n 型微晶硅层及形成氧化锌透明电极层。具体到电池结构如图 5-2-15 所示，使用 n 型单晶硅基板 1，在 n 型单晶硅基板 1 的一面具有 p 型非晶硅层 3，在 n 型单晶硅基板 1 与 p 型非晶硅层 3 之间具备 i 型非晶硅层 2，在 n 型单晶硅基板 1 的另一面具有 n 型非晶硅层 5、n 型微晶硅层 6、n 型微晶氧化硅层 12，在 n 型单晶硅基板 1 与 n 型非晶硅层 5 之间具有 i 型非晶硅层 4，以及与 n 型微晶氧化硅层 12 接触且以氧化锌层为主成分的导电性氧化物层。

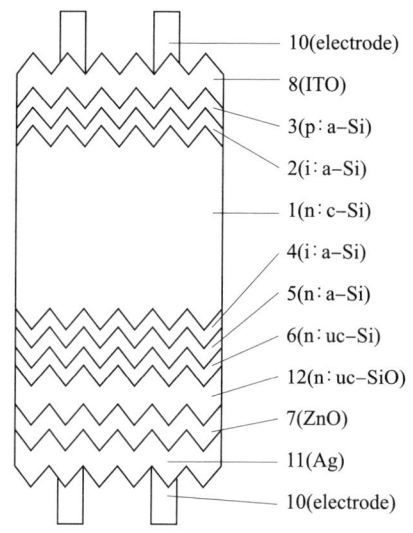

图 5-2-15　太阳能电池的示意性截面图

注：1 为 n 型单晶硅基板，2 为 i 型非晶硅层，3 为 p 型非晶硅层，4 为 i 型非晶硅层，5 为 n 型非晶硅层，6 为 n 型微晶硅层，7 为氧化锌层，8 为 ITO 层，10 为集电极，11 为 Ag 层，12 为 n 型微晶氧化硅层。

2. 电极

HIT 太阳能电池的透明电极层通常可以采用氧化铟或氧化锌，在其上设置金属电极通常为导电性膏，并且由于本征层厚度很薄，因此后续的电极工艺需要低温制成，所述导电性膏则为低温银浆。但是，低温银浆成本高，制约了 HIT 太阳能电池整体成本的降低。为此，研究者积极改进电极结构，减少低温银浆的用量或者开发成本低的电极材料来替代低温银浆。同时为了改善电池性能，在进行上述改进的过程中仍然需要保证电极的特性，如降低电极与其相接触的功能层（如氧化物透明导电膜层）之间的接触电阻、提高电极界面的稳定性及电极自身的导电性等。这些都推动了研究者积极改进电极结构，以及开发新的电极材料和电极的制备工艺等。

图 5-2-16 示出了 2005—2019 年电极技术全球专利申请趋势。从图中可以看出，在 2008 年之前，专利申请的数量较少，2009 年开始申请量迅速增长，

2011 年的年申请量超过 140 项，之后处于高位波动。这说明自 2009 年开始，电极结构及其制备工艺的改进开始受到研究者的广泛关注，这促进了电极技术的创新，从而提升了电极性能，进一步地推动了 HIT 太阳能电池技术的发展。

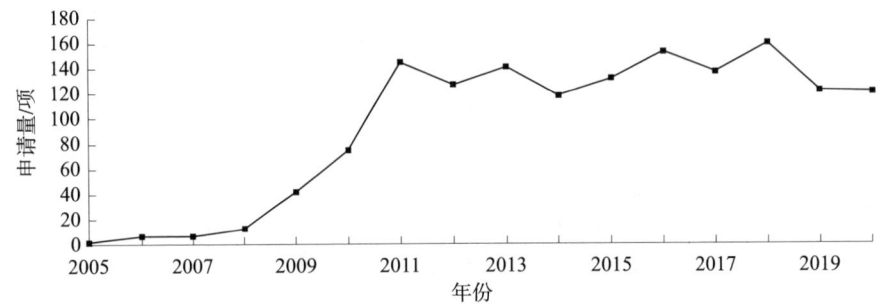

图 5-2-16　2005—2019 年电极技术全球专利申请趋势

图 5-2-17 示出了电极技术全球专利申请主要申请人排名。在主要申请人排名中，有 4 位日本申请人、2 位中国申请人、1 位韩国申请人和 2 位美国申请人。钟化和三洋（松下）分别位列第一和第二，遥遥领先于其他申请人，显示出日本在该技术分支占据技术优势。紧随其后的是 LG 和 IBM，在该技术分支的专利申请量均超过 40 项。中国申请人有福建金石能源和君泰创新，在该技术领域也均具有一定的申请量，说明中国的企业也较为关注 HIT 太阳能电池技术的创新及对于新技术的专利保护。

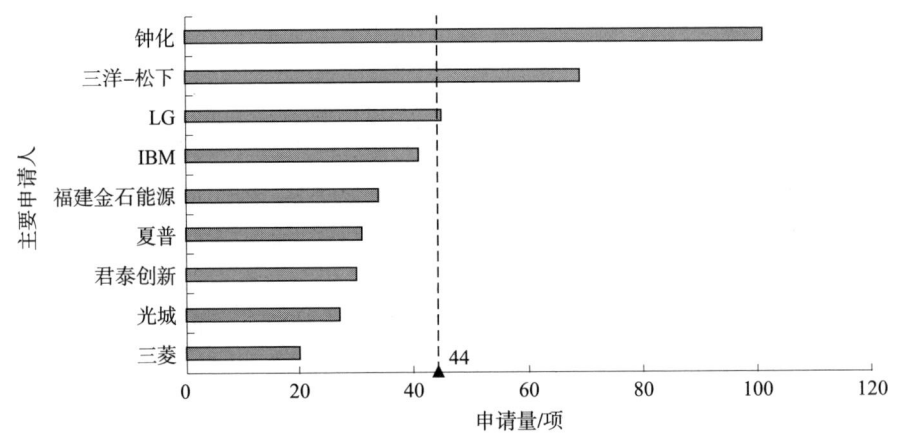

图 5-2-17　电极技术全球专利申请主要申请人排名

以下是涉及电极技术的一些重要专利。

三洋申请了一种光电转换器的专利（公告号 JP 特许第 4229858B2），申请日为2004年3月16日,在日本提出申请并已获得授权,被引用次数29次。HIT电池中,在氧化物透明导电膜上使用导电性糊剂形成集电极时,需要降低氧化物透明导电膜和集电极间的接触电阻及改善界面的耐湿性。如图5-2-18所示,该申请在氧化物透明导电膜与集电极之间设置薄膜金属层,该设置能够降低氧化物透明导电膜与集电极间的接触电阻、改善界面的耐湿性。

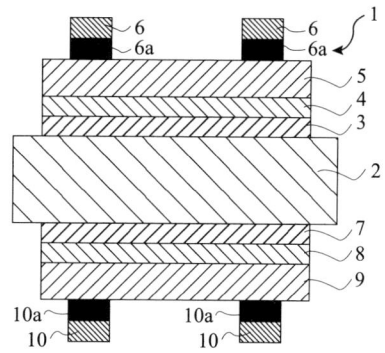

图5-2-18　光电转换装置的结构的剖视图

注:1为光电转换元件,2为n型单晶硅衬底,3为i型非晶硅层,4为p型非晶硅层,5为ITO膜,6为集电极,6a为薄膜Ag层,7为i型非晶硅层,8为n型非晶硅层,9为ITO膜,10为集电极,10a为薄膜Ag层

钟化申请了一种晶体硅太阳能电池及其制造方法的专利(公告号为JP特许第5863391B2),申请日为2011年10月28日,在日本提出申请并已获得授权,被引用次数35次。在氧化物透明导电膜与集电极之间设置薄膜金属层能够降低接触电阻,通常使用丝网印刷法进行制膜,但在丝网印刷时,刮板相对于印刷板滑动,长期使用会导致印刷板变形,使对位精度降低,产生金属薄膜图案相对于印刷电极图案发生位置偏移的问题。该申请在透明导电层形成后、集电极形成前设置金属层形成工序,在集电极形成后设置金属层除去工序,在金属层除去工序中,以透明导电层的至少一部分露出的方式除去金属层;除去金属层工序之前,在1%~60%的氢气氛中升温至150~200℃退火;在金属层形成工序中,金属层形成为岛状或在金属层形成工序中,金属层形成为层状,在退火工序中,金属层从层状变化为岛状;由此在退火工序后且除去金属层工序前,金属层为岛状。该方法可以减小由金属层与集电极间位置偏移导致的遮光问题,并得到高的转换效率。

二、检索策略及案例解析

(一) 检索策略

如前文所述,HIT太阳能电池是太阳能电池领域中的热点技术之一,在进行检索时,通常首先进行技术领域的限定,以避免在检索结果中增加过多其他种类太阳能电池的文献,导致检索噪声的增加,以及检索结果数据量过大而不易于浏览和挑选,从而降低检索效率。在此基础上,如果在 HIT 太阳能电池领域没有获得有效文献时,则可以结合技术方案的特点来适当扩展技术领域。

从前面的分析可知,有关 HIT 太阳能电池技术的专利申请人主要以企业为主,如三洋、钟化、三菱等,大专院校和科研院所在该技术领域所提交的专利申请相对较少,因此在检索时侧重在专利文献库中进行检索。技术发展具备一定的连续性,尤其是对于具备一定规模和技术研发历史的申请人,需要关注申请人自身的专利申请,从申请人入手进行检索,不仅可以帮助了解现有技术,还可以快捷地获得与案件技术内容相关度高的现有技术,有助于更为翔实地了解现有技术,以及所检索的技术方案对现有技术作出贡献的核心技术内容。

与钙钛矿太阳能电池不同的是,HIT 太阳能电池具有与其技术领域对应比较准确的 IPC 分类号(H01L31/0747),可以使用该分类号进行领域限定。但是,一方面该分类号是五点组,也是末点组,另一方面不同专利申请的技术方案侧重点不同,上述分类号可能无法全面覆盖 HIT 太阳能电池的全部技术内容,因此在检索时需要根据技术方案特点和检索结果进行领域扩展。同时,CPC 分类表中也有与之对应的分类号(H01L31/0747),在检索过程中可以结合该分类号,以期快速准确地锁定技术内容相关较高的专利文献。

对于具体的技术手段而言,关键词是明确有效的重要表达方式。在充分理解技术方案、把握技术构思后,可以直接采用通用的技术术语作为检索要素进行检索。通常在利用关键词进行检索时,要注意对其进行充分扩展,以尽可能地全面覆盖所涉及的专利文献。在检索过程中,通过对获得结果的浏览,也能帮助获得更多、更丰富的表达方式;同时对于不能够准确理解的技术内容,有必要在检索前针对该技术进行专利和非专利的检索,以准确理解技术方案,合理利用各种检索要素进行检索。

对于不同技术方案,存在检索表达方式的差别,同时结合中间检索结果,在检索过程中往往需要调整检索要素及检索要素的组合方式。另外,根据数据库的不同,结合各个数据库的特点也需要对检索要素及检索要素的组合方式进行必要的调整,以获得更为准确的检索结果。

(二)检索要素

根据 HIT 太阳能电池领域的常规表达,确定了对应技术领域及技术分支的相关检索要素,包括关键词及对应的分类号,如表 5-2-1 所示。

表 5-2-1 检索要素

检索要素	中文关键词	英文关键词	IPC（2022.01 版）	CPC（2022.05 版）
太阳能电池	太阳、光伏、电池、光生伏特、光电池	solar, photovoltaic, cell, battery, photocell	H01L31/04 及其下位点组	H01L31/04 及其下位点组
本征异质结	本征、异质结	intrinsic, heterojunction, HIT, HJT, HDT, SHJ	H01L31/0747	H01L31/0747
电池结构	本征薄膜、修饰、钝化、缺陷、厚度	intrinsic film, modification, passivate, defect, thickness		
电极	低温、银浆、金属	low temperature, silver paste, metal	H01L31/0224	H01L31/022425 及其下位点组
	成本、透过率、导电性、接触电阻、稳定性	cost, transparency, conductivity, contact resistance, stability		

（三）案例解析

1. 案例 5-2-1：一种本征异质结太阳能电池的制造方法

（1）案情概述。

本案例涉及 HIT 太阳能电池，本征非晶硅层的厚度是影响 HIT 太阳能电池性能的重要因素。一方面，由于本征非晶硅层本身导电率较低，所以本征非晶硅层太厚将会增大太阳能电池的串联电阻，使填充因子相应减小，进而使电池转换效率降低。为使晶硅具有良好的陷光效果，需要对晶硅进行制绒处理，由于晶硅制绒处理后其表面粗糙度增加，如果本征非晶硅层太薄，其难以均匀沉积在晶硅表面上，进而不能对异质结界面起到良好的钝化效果，也就无法减小因界面复合而引起的太阳能电池效率损失。另一方面，由于本征非晶硅层直接在晶硅表面上沉积形成，会引起晶硅外延生长和混合相生长，导致硅原子结构中产生高缺陷态密度，进而导致界面质量较低。因此，需要在减小本征非晶硅层厚度对太阳能电池性能的影响的同时，防止本征非晶硅层在晶硅上外延生长和混成相生长。

本案例通过在基片上先沉积第一本征缓冲层，以提供较高的禁带宽度，使得光照可以投射到基片内，提升光电转换效率；再在具有该第一本征缓冲层的基片的两侧形成第二本征缓冲层,从而防止第二本征缓冲层在基片上外延生长或混合生长。该方法能够避免电池受到本征层厚度及外延生长等因素的影响而导致的光电转换效率下降,从而提升电池性能。

本案例独立权利要求的技术方案如下。

一种异质结太阳能电池的制造方法,其特征在于,包括:

提供基片;

在所述基片一侧或两侧形成第一本征缓冲层;

在具有所述第一本征缓冲层的基片的两侧形成第二本征缓冲层;

在具有所述第二本征缓冲层的基片的两侧形成掺杂层,称为第一掺杂层和第二掺杂层;

在具有所述掺杂层的基片的两侧分别形成透明导电层;或在具有所述掺杂层的基片的一侧形成透明导电层,另一侧形成透明导电氧化物、金属复合层。

(2) 充分理解发明。

检索的重点应放在技术方案的发明构思上,因此检索前需要准确把握发明构思,通常从技术领域、技术问题、技术手段、技术效果这四个方面来提炼发明构思。本案例涉及太阳能电池领域,具体涉及 HIT 太阳能电池。要解决的技术问题是如何减小本征非晶硅层厚度对 HIT 电池性能的影响,以及沉积本征非晶硅层过程中本征非晶硅层在晶硅上外延生长和混成相生长的问题。采用的关键技术手段是在基片上先沉积第一本征缓冲层,以提供较高的禁带宽度,使得光照可以投射到基片内,提升光电转换效率;再在具有该第一本征缓冲层的基片的两侧形成第二本征缓冲层,从而防止第二本征缓冲层在基片上外延生长或混合生长。获得的技术效果是避免电池受到本征层厚度及外延生长等因素的影响导致的光电转换效率下降,从而提升电池性能。

(3) 检索过程分析。

本案例涉及的技术领域是 HIT 太阳能电池,该领域有对应的 IPC 分类号(H01L31/0747)。检索时可以使用该分类号进行领域限定,同时由于相关的现有技术的技术构思不同,可能被赋予其他分类号,因此在检索时也尝试使用关键词结合太阳能电池领域的分类号进行领域限定。据此,提取的检索要素为本征、异质结、太阳能、光伏、HIT、HJT、HDT、SHJ、H01L31/0747、H01L31/04/low/ic。

本案例的关键技术手段是基片上先沉积第一本征缓冲层,以提供较高的禁带宽度,使得光照可以投射到基片内,提升光电转换效率;再在具有该第一本征缓冲层的基片的两侧形成第二本征缓冲层,从而防止第二本征缓冲层在基片上外延生长或混合生长。据此，提取的检索要素为本征、缓冲、转换效率、外延、生长。其中，本征层为两层，提取的检索要素并进行扩展"两层、多层、复合、层叠、第一、第二、第1、第2"作为本征层的限定。其中"转换效率、外延、生长"为技术效果要素，在检索过程中首先使用表征技术手段的检索要素进行检索，视检索情况进行检索要素的调整。

首先，根据上面确定的检索要素，在中国专利文摘库CNABS中进行要素检索，检索过程如下。

1	CNABS	1787	H01L31/0747/ic or （（本征 and 异质结）and H01L31/04/low/ic）or （（本征 and 异质结）and （太阳能 or 光伏））or （（hit or hjt or hdt or shj）and H01L31/04/low/ic）
2	CNABS	852	（（两层 or 多层 or 复合 or 层叠 or 第一 or 第二 or 第1 or 第2）and 本征）and 缓冲
3	CNABS	40	1 and 2

浏览上述检索结果，未获得有效的专利文献。考虑到缓冲是本征层所起到的作用，在器件同样的位置设置本征层则能够起到缓冲的作用，因此尝试省去该检索要素的限定。同时通过浏览结果，发现检索要素"复合"引入噪声比较多，主要由于界面复合、辐射复合及复合损耗等本领域常见术语导致，因此舍去该检索要素，继续进行检索，检索过程如下。

4	CNABS	8137	（两层 or 多层 or 层叠 or 第一 or 第二 or 第1 or 第2）and 本征
5	CNABS	715	1 and 4

进行上述限定后，仍需要进一步限定。由于本案例中使用了两层层叠的本征层，因此将第一和第二使用算符"s"组合进行进一步限定。

6	CNABS	2525	（第一 s 第二 s 本征）or （第1 s 第2 s 本征）
7	CNABS	433	1 and 6

通过对该检索结果的浏览，获得了一篇有效的专利文献。该专利文献公开了一种异质结太阳能电池的制造方法，包括提供单晶硅基板，在其两侧形成第1本征硅系薄膜层；在具有第1本征硅系薄膜层的单晶硅基板的两侧形成第2本征硅系薄膜层；在具有第2本征硅系薄膜层的单晶硅基板的两侧形成导电型非晶硅层，在具有导电型非晶硅层的单晶硅基板的两侧分别形成透明电极层。

尝试进行进一步限定，如使用与 HIT 太阳能电池对应的 CPC 分类号 H01L31/0747 进行进一步限定。

8	CNABS	651	H01L31/0747/CPC
9	CNABS	134	7 and 8

对该结果进行浏览，未获得能够影响本案例权利要求新颖性、创造性的有效专利文献。经过对已经获得的上述专利文献进行分析，发现在中国专利文摘库 CNABS 中未对其进行 CPC 分类号的标引，因此上述结果中未得到该专利文献。

在中国专利全文库 CNTXT 中进一步检索，检索过程如下。

1	CNTXT	4102	H01L31/0747/IC or （（本征 and 异质结）and H01L31/04/low/ic）or （（本征 and 异质结）and（太阳能 or 光伏））or （（HIT or HJT or HDT or SHJ）and H01L31/04/low/ic）
2	CNTXT	745	（第一 本征 s 第二 本征）or（第 1 本征 s 第 2 本征）
3	CNTXT	432	1 and 2

通过浏览上述检索结果，获得了一篇有效的专利文献，该文献与在中国专利文摘库 CNABS 中所获得的文献相同。

最后，在德温特世界专利索引数据库 DWPI 中进一步进行检索，检索过程如下。

1	DWPI	2008	H01L31/0747/IC or （（intrinsic and heterojunction）and H01L31/04/low/ic）or （（intrinsic and heterojunction）and（solar or photovoltaic））or （（HIT or HJT or HDT or SHJ）and H01L31/04/low/ic）
2	DWPI	225	（1st intrinsic s 2nd intrinsic）or（first intrinsic s second intrinsic）
3	DWPI	88	1 and 2

经过浏览，未获得有效的文献。此时，选用与 HIT 太阳能电池对应的 CPC 分类号 H01L31/0747 进行检索。

4	DWPI	892	H01L31/0747/CPC
5	DWPI	9	2 and 4

经过浏览，未获得有效的专利文献。通过对在中国专利文摘库 CNABS 中获得的有效文献进行阅读，发现其原始文献为日文，其中的检索要素"本征"被翻译成"authentic"，而该用语不是本领域通用的用于表示"本征"的技术术语，由此导致未获得该有效的专利文献，这也表明对于多个数据库进行全面检索的必要性。

2. 案例 5-2-2：一种新型太阳能电池的制备方法

（1）案情概述。

本案例涉及的技术领域是 HIT 太阳能电池，HIT 太阳能电池正面的非晶硅结构吸光严重是限制本征异质结太阳能电池效率进一步提升的瓶颈。HIT 太阳能电池正面非晶硅的吸光效应导致太阳能电池短路及电流密度降低的问题，行业内通过不断降低非晶硅的厚度来应对 HIT 太阳能电池正面非晶硅的吸光效应来解决电池短路、电流密度降低的问题，一定程度上减弱了非晶硅的吸光系数，但是并未从根本上解决上述问题，且过于降低正面非晶硅的厚度同样会降低电池效率。

本案例通过在硅衬底的正面进行单面制绒；在完成制绒的硅衬底的正面设置相应扩散层，形成 PN 结；在所述硅衬底的背面设置本征氢化非晶硅层；在所述本征氢化非晶硅层表面设置同掺杂氢化非晶硅层；得到电池前置物；在所述电池前置物表面设置电极。其中，通过将常规太阳能电池的正面结构与 HIT 太阳能电池的背面结构相结合，使得到的太阳能电池可在避免传统 HIT 太阳能电池正面非晶硅吸光的前提下，通过背面的本征氢化非晶硅层及同掺杂氢化非晶硅层形成的异质结，达成更高的开路电压，提高电池的电流密度，最终实现更高的电池效率。

本案例独立权利要求的技术方案如下。

一种新型太阳能电池的制备方法，其特征在于，包括

在硅衬底的正面进行单面制绒；

在完成制绒的硅衬底的正面设置相应扩散层，形成 PN 结；

在所述硅衬底的背面设置本征氢化非晶硅层；

在所述本征氢化非晶硅层表面设置同掺杂氢化非晶硅层，得到电池前置物；

在所述电池前置物表面设置电极，得到所述新型太阳能电池。

（2）充分理解发明。

本案例涉及 HIT 太阳能电池领域，具体涉及 HIT 太阳能电池的制造方法。要解决的技术问题是 HIT 太阳能电池正面非晶硅吸光问题。采用的关键技术手段是在完成制绒的硅衬底的正面设置相应扩散层，形成 PN 结；在所述硅衬底

的背面设置本征氢化非晶硅层；在所述本征氢化非晶硅层表面设置同掺杂氢化非晶硅层；得到电池前置物；在所述电池前置物表面设置电极。获得的技术效果是得到更高的开路电压，提高电池的电流密度，最终实现更高的电池效率。

（3）检索过程分析。

本案例涉及的技术领域是 HIT 太阳能电池，与前述案例的技术领域相同，可以沿用前述案例中关于技术领域的限定方式对技术领域进行限定，即表达技术领域的检索要素为本征、异质结、太阳能、光伏、HIT、HJT、HDT、SHJ、H01L31/0747、H01L31/04/low/ic。

本案例的关键技术手段是在硅衬底的正面进行单面制绒；在完成制绒的硅衬底的正面设置相应扩散层，形成 PN 结；在所述硅衬底的背面设置本征氢化非晶硅层；在所述本征氢化非晶硅层表面设置同掺杂氢化非晶硅层；得到电池前置物；在所述电池前置物表面设置电极，得到更高的开路电压，提高电池的电流密度，最终实现更高的电池效率。据此，提取的检索要素为扩散、掺杂氢化非晶硅层、开路电压、电流密度、电池效率。其中，"掺杂氢化非晶硅层"可以扩展为"掺杂氢化硅"。

首先，根据上面确定的检索要素，在中国专利文摘库 CNABS 中进行要素检索，检索过程如下。

1	CNABS	1787	H01L31/0747/ic or（本征 and 异质结 and H01L31/04/low/ic）or（本征 and 异质结 and（太阳能 or 光伏））or（（HIT or HJT or HDT or SHJ）and H01L31/04/low/ic）
2	CNABS	272842	扩散
3	CNABS	22	掺杂氢化非晶硅层 or 掺杂氢化硅
4	CNABS	49486	开路电压 or 电流密度 or 电池效率
5	CNABS	0	1 and 2 and 3 and 4

通过上述检索过程，可以看出检索式 3 获得的文献数量较少，因为该要素限定的内容比较具体，在很多文献的摘要中往往不会记载该技术内容，尤其是关键技术手段有所不同的情况。此时，可以转到中国专利全文库 CNTXT 中对专利文献的全文进行检索，检索过程如下。

1	CNTXT	4019	H01L31/0747/ic or（本征 and 异质结 and H01L31/04/low/ic）or（本征 and 异质结 and（太阳能 or 光伏））or（（HIT

			or HJT or HDT or SHJ）and H01L31/04/low/ic）
2	CNTXT	117	9025 扩散
3	CNTXT	55	掺杂氢化非晶硅层 or 掺杂氢化硅
4	CNTXT	201392	开路电压 or 电流密度 or 电池效率
5	CNTXT	13	1 and 2 and 3 and 4

对该结果进行浏览，获得了一篇能够影响权利要求创造性的专利文献，公开了一种双面钝化高效异质结电池的制备方法，包括依次包括对晶硅进行双面制绒；晶硅正面进行扩散进行 PN 结；晶硅正、背两面采用热氧化、PECVD 或磁控溅射法制备正钝化层和背钝化层；在背钝化层上通过 250℃ 低温 PECVD 技术沉积本征氢化硅薄膜及重掺杂氢化硅薄膜；丝网印刷正电极并烧结；采用磁控溅射技术在背面沉积透明导电膜 TCO 和背电极。可见，对于不同的技术内容，要根据数据库的特征，合理进行选择，这样可以提高检索效率，快速获得有效的专利文献。

最后，在德温特世界专利索引数据库 DWPI 中进行进一步检索，检索过程如下。

1	DWPI	2008	H01L31/0747/ic or（intrinsic and heterojunction and H01L31/04/low/ic）or（intrinsic and heterojunction and（solar or photovoltaic））or（（HIT or HJT or HDT or SHJ）and H01L31/04/low/ic）
2	DWPI	305914	diffusion
3	DWPI	74	doped hydrogenated amorphous silicon layer or doped hydrogenated silicon
4	DWPI	2306	open circuit voltage or current density or cell efficiency
5	DWPI	1	1 and 2 and 3 and 4

所获得的一篇文献为该案例自身，未获得有效文献的原因在于德温特世界专利索引数据库 DWPI 数据库也是对专利文献的摘要进行检索，因此当技术要素限定得比较下位或具体时，则会导致检索结果所限定的范围较小。若之前所有的检索策略均未获得有效的文献，则需要尝试进行上位扩展或转到外文全文数据库，对专利文献的全文继续进行检索。

3. 案例5-2-3：一种双面发电异质结太阳能电池的制备

（1）案情概述。

本案例涉及双面 HIT 太阳能电池领域。现有双面 HIT 太阳能电池的基本结构如下：在 N 型单晶硅片正、背面沉积一层本征非晶硅层；在正背两面的本征非晶硅层表面分别沉积 P 型非晶硅层和 N 型非晶硅层；在电池的正背两面沉积导电薄膜；在电池正背两面制作银栅电极。相应的，HIT 太阳能电池模组通过焊带连接实现串联，之后与封装胶、前背板体层压形成模组。然而，HIT 太阳能电池背面印刷银浆用量很大，但是用于 HIT 太阳能电池的银浆成本极高，因此银浆使用量大，显著增加了 HIT 太阳能电池的生产成本。

本案例通过在硅片背面透明导电薄膜层上沉积电阻率低、成本低的金属叠层结构替代银浆印刷，减少用于制备电极的银浆的用量，从而大幅降低了 HIT 太阳能电池的生产成本。

本案例独立权利要求的技术方案如下。

一种双面发电异质结太阳能电池的制备方法，其特征在于：所述方法包括如下步骤：

提供制绒清洗后的 N 型单晶硅片；

在硅片背面依次沉积第一本征非晶硅薄膜层、第一掺杂非晶硅薄膜层；

在硅片正面依次沉积第二本征非晶硅薄膜层、第二掺杂非晶硅薄膜层；

在硅片正、背面分别沉积透明导电薄膜层；

在硅片背面透明导电薄膜层上沉积金属叠层；

在硅片正面透明导电薄膜层形成银浆电极栅线。

（2）充分理解发明。

本案例涉及的技术领域是 HIT 太阳能电池的制备方法；要解决的技术问题是如何降低由于银浆使用量大导致的成本过高的问题；采用的核心技术手段是在硅片背面透明导电薄膜层上沉积电阻率低、成本低的金属叠层替代银浆印刷；获得的技术效果是大幅降低了电池成本。可见，该案例的发明构思是使用金属叠层代替传统 HIT 太阳能电池中所使用的银浆来制备电池背面的电极，从而降低 HIT 太阳能电池的制造成本。

（3）检索过程分析。

本案例涉及双面 HIT 太阳能电池领域，虽然权利要求中提及其为双面电池，但是由于其核心内容是对电极的改进，所以可以将技术领域扩展到 HIT 太阳能电池领域。因此这里仍然使用前述案例中的方式对技术领域进行限定。

本案例的核心技术手段是在硅片背面透明导电薄膜层上沉积电阻率低、成本低的金属叠层替代银浆印刷，减少用于制备电极的银浆的用量，从而大幅降低了 HIT 太阳能电池的制造成本。据此，提取的检索要素为银浆、金属叠层、成本。并且，虽然权利要求中限定的是金属叠层，但是为什么不使用工艺简单的单层金属，而选用叠层金属作为电极，说明书中进行了详细的解释，即金属叠层包括金属导电层和金属保护层。根据检索情况，可选择使用上述要素进行进一步的限定。

其中，检索要素"金属叠层"可以扩展为"（多层 or 叠 or 两层 or 复合）and 金属"。

首先，根据上面确定的检索要素在中国专利文摘库 CNABS 中进行要素检索，检索过程如下。

1	CNABS	1790	H01L31/0747/ic or （（本征 and 异质结）and H01L31/04/low/ic） or （（本征 and 异质结）and （太阳能 or 光伏）） or （（HIT or HJT or HDT or SHJ）and H01L31/04/low/ic）
2	CNABS	15743	银浆
3	CNABS	1088081	成本
4	CNABS	1390087	（多层 or 叠 or 两层 or 复合）and 金属
5	CNABS	24	1 and 2 and 3 and 4

浏览上述检索结果，获得了多篇公开了本案例核心技术手段（在透明导电薄膜层上沉积电阻率低、成本低的金属叠层结构替代银浆印刷）的有效专利文献。这也表明低温银浆制约了 HIT 太阳能电池成本的降低，因此本领域技术人员积极地研发新材料、新结构来降低 HIT 太阳能电池电极的制造成本。

然后，在中国专利全文库 CNTXT 中进一步检索，检索过程如下。

1	CNTXT	4019	H01L31/0747/ic or （（本征 and 异质结）and H01L31/04/low/ic） or （（本征 and 异质结）and （太阳能 or 光伏）） or （（HIT or HJT or HDT or SHJ）and H01L31/04/low/ic）
2	CNTXT	35675	银浆
3	CNTXT	11588369	成本
4	CNTXT	2179900	（多层 or 叠 or 两层 or 复合）and 金属
5	CNTXT	398	1 and 2 and 3 and 4

此时考虑到在中国专利全文库中进行检索,可以使用较下位的检索要素进行限定,增加本案例说明书中进一步限定的内容"金属叠层包括金属导电层和金属保护层"作为检索要素,来缩小检索式所限定的范围。

| 6 | CNTXT | 5023 | (金属 s 导电层) and (金属 s 保护层) |
| 7 | CNTXT | 19 | 5 and 6 |

浏览检索结果,获得了相关专利文献,公开了本案例的核心技术手段,能够影响权利要求的创造性。

最后,在德温特世界专利索引数据库 DWPI 中进一步进行检索,检索过程如下。

1	DWPI	2008	H01L31/0747/ic or ((intrinsic and heterojunction) and H01L31/04/low/ic) or ((intrinsic and heterojunction) and (solar or photovoltaic)) or ((HIT or HJT or HDT or SHJ) and H01L31/04/low/ic)
2	DWPI	10319	silver paste
3	DWPI	4616230	cost
4	DWPI	421639	(multilayer or double or compound) and metal
5	DWPI	3	1 and 2 and 3 and 4 and 5

浏览检索结果,也获得一篇公开了本案例核心技术手段的专利文献,但是其公开较晚,不属于本案例的现有技术。

通过对该案例的检索,可以看出检索过程中需要根据数据库的特点及案件权利要求和说明书具体限定的情况,来调整检索式限定的范围,以精准地限定检索范围,从而提高检索的准确性和检索效率。

第三节 隧穿氧化层钝化接触(TOPCon)太阳能电池

一、专利技术综述

(一) 概况

20 世纪 70 年代初期,晶体硅太阳能电池的光电转换效率已经得到大幅提升。基于生产制造成本的降低和光电转换效率的提升,晶体硅太阳能电池逐渐在地面上推广应用,地面用太阳能电池逐渐商品化。随着良好的经济形势和各国政府的刺激政策推动,晶硅太阳能电池快速发展,科研工作者在改善晶硅太阳能电池转换效率的研究中提出了很多新技术,如背表面场技术(Back Surface Field,BSF)和表面钝化技术(Surface Passivation)等。

背表面场技术是指在晶硅衬底与电池背电极接触区域进行同型重掺杂。如图5-3-1(a)所示,目前通常采用对P型硅衬底掺铝形成P+重掺杂层以在靠近衬底背表面的区域形成高低结,并产生由表面指向电池内部的背表面场,该电场能够阻止空穴向衬底与电极接触界面处移动,降低该界面处空穴的浓度。但是,常规的铝背场材料对红外光的反射能力较差,对入射光的利用率不高;并且背电极与晶硅衬底全表面直接接触仍然存在严重的金属—半导体接触复合,影响电池效率提升。因此,晶硅太阳能电池效率提升主要依靠背表面钝化技术的改进。

钝化发射极背场点接触(Passivated Emitter and Rear Contact,PERC)电池是在背表面场技术的基础上,在硅衬底背面沉积一层介质材料作为钝化层,然后通过激光刻蚀开槽形成电极接触,如图5-3-1(b)所示。由于背面局部开孔和介质材料的插入,不仅减小了晶硅衬底与金属电极的接触面积,也大大降低了电池背面的接触复合速度,电池的光电转换效率得到了明显提升。但是,由于PERC电池仍然是借助背面金属电极收集空穴,在金属材料与半导体材料的接触界面,由于功函数失配,导致能带产生弯曲,并随之产生大量的少子复合中心,导致电池的整体复合速度仍然较大,目前PERC电池的效率提升已到达瓶颈。基于此,一部分研究者提出采用一层薄膜材料将金属电极与硅衬底隔离的设想。例如,新南威尔士的马丁·格林提出在金属电极下方制备二氧化硅层,但是由于工艺难度大,一直未能实现。❶

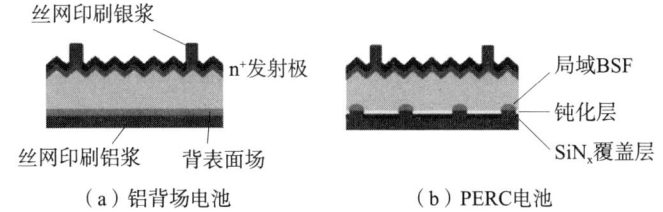

图5-3-1 (a)铝背场电池与PERC电池

资料来源:杨清. 新型硅薄膜及快速晶化法在高效钝化接触晶硅太阳电池的应用研究[D]. 北京:中国科学院大学(中国科学院宁波材料技术与工程研究所),2020.

---

❶ 中国可再生能源学会光伏专业委员会. 2020年中国光伏技术发展报告——晶体硅太阳电池研究进展(3)[J]. 太阳能,2020(12):5-8.

2013 年，在第 28 届欧洲 PVSEC 光伏大会上，德国弗劳恩霍夫应用研究促进协会首次提出一种新型隧穿氧化层钝化接触（Tunnel Oxide Passivated Contact，TOPCon）太阳能电池，通过在电池背面依次制备一层超薄隧穿氧化硅层及一层掺杂多晶硅层，使二者共同形成电池的钝化接触结构，提供了优异的钝化性能。❶ 在 TOPCon 太阳能电池结构中，超薄氧化层可以提供化学钝化效果，使晶硅衬底背面不与金属电极直接接触，极大程度地降低了载流子复合概率，大幅提升了电池的开路电压，并且能够实现全表面载流子收集，大幅提升了电池的填充因子。掺杂多晶硅层可以提供场钝化效果，在非晶硅经高温退火、晶化的过程中，掺杂原子被激活并且从多晶硅层内扩散至晶体硅衬底中，在多晶硅、晶体硅界面处形成浅结分布，引发界面间强烈的能带弯曲，形成"高低结"。这一势垒的存在允许多子通过而阻止少子向界面处运动，减少了界面处载流子复合概率，从而达到钝化界面的目的。

TOPCon 太阳能电池结构简单，如图 5-3-2 所示，TOPCon 太阳能电池具有优异的光电转换效率，在高效太阳能电池产业中极具竞争力。德国弗劳恩霍夫应用研究促进协会在 2017 年将 TOPCon 太阳能电池的实验室转换效率提高到 25.8%。❷ 中国国内的晶科能源于 2018 年采用 LPCVD 设备在大面积商用硅片背面沉积多晶硅薄膜，得到商用的 N 型 TOPCon 太阳能电池，将其转换效率提升至 24.19%。天合光能对电池工艺进行优化，并于 2019 年将商用 TOPCon 太阳能电池的转换效率提升至 24.58%。中国国内的一些研究机构（如宁波材料所、中科院微电子所、南开大学及中山大学等）也致力于研究高效 TOPCon 太阳能电池。另外，还有中来、隆基乐叶等中国国内的众多光伏龙头企业也在积极推动 TOPCon 太阳能电池的量产线效率。现阶段 TOPCon 太阳能电池具有良好的发展前景。截至 2021 年 9 月，晶科能源制造的 N 型 TOPCon 太阳能电池的光电转换效率已达到 (25.4±0.51)%❸，是中国国内 TOPCon 太阳能电池的最高转换效率。

---

❶ FELDMAN F, et al. Passivated rear contacts for high-efficiency n-type Si solar cells providing high interface passivation quality and excellent transport characteristics [J]. Solar Energy Materials & Solar Cells, 2014, 120 (1): 270-274.

❷ ARMIN RICHTER et al. n-Type Si solar cells with passivating electron contact: Identifying sources for efficiency limitations by wafer thickness and resistivity variation [J]. Solar Energy Materials & Solar Cells, 2017, 173: 96-105.

❸ 中国可再生能源学会光伏专业委员会. 2022 年中国光伏技术发展报告（简版）[R/OL]. [2023-03-31]. https://www.xdyanbao.com/doc/4tim6d395d? bd_vid=8424118918417635449.

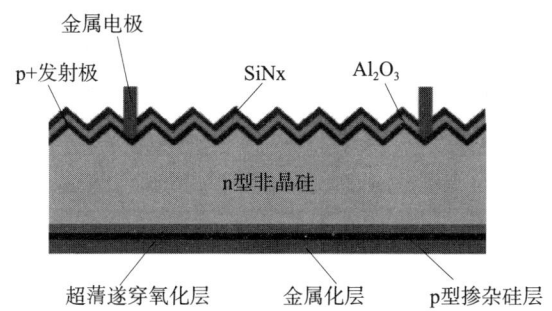

图 5-3-2 N型 TOPCon 太阳能电池

（二）专利申请状况

在德温特世界专利索引数据库 DWPI 中检索到涉及 TOPCon 太阳能电池领域的全球专利申请共计 855 项（公开日截至 2022 年 2 月 28 日），本节将主要以上述数据作为研究对象进行分析。

1. 全球专利申请趋势

图 5-3-3 示出了 2013—2020 年涉及 TOPCon 太阳能电池的全球专利申请趋势。

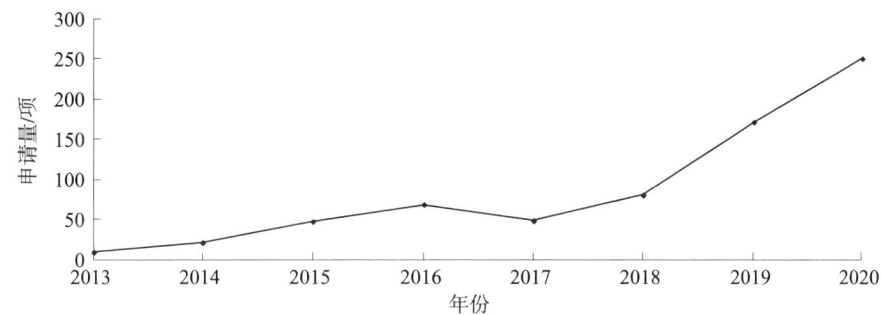

图 5-3-3 2013—2020 年 TOPCon 太阳能电池领域全球专利申请趋势

自 2013 年 TOPCon 太阳能电池被提出之后，2013 年下半年开始出现少量与 TOPCon 太阳能电池相关的专利申请，申请人主要为德国弗劳恩霍夫应用研究促进协会及美国的太阳能公司。德国弗劳恩霍夫应用研究促进协会提出在硅衬底背面上沉积 5~30 埃厚度的氧化物隧穿层，然后在隧穿层上沉积微晶态、非晶态或者多晶态的掺杂异质结层，最后通过加热处理，实现掺杂元素的激活及异质结层的结晶，从而获得优异的钝化效果并提升电池的转换效率（参见专利申请 DE102013219561A1，申请日为 2013 年 9 月 27 日，公开日为 2015 年 4 月 2

日）。美国的太阳能公司也采用了类似的钝化隧穿结构，在基板背面依次形成薄层介电层和多晶硅层以改善电池的转换效率（参见专利申请 US2015179838A1，最早优先权日为 2013 年 12 月 20 日，公开日为 2015 年 6 月 25 日）。此阶段处于 TOPCon 太阳能电池发展的初始阶段，相关专利申请一般都是对隧穿层、钝化层叠层的简单设计进行研究。

2014—2016 年期间，TOPCon 太阳能电池相关专利申请量增速较为缓慢，申请人基本上是国外申请人，如美国的太阳能公司和韩国的 LG 等。2015 年，天合光能提出中国首件 TOPCon 太阳能电池相关专利申请。该申请涉及一种高效钝化接触晶体硅太阳能电池结构，其采用可以是氧化物、氮化物和导电聚合物的隧穿层及位于隧穿层表面的多晶硅层作为隧穿氧化钝化结构，可以实现量产化太阳能电池效率的提升（参见专利申请 CN105185866B，申请日为 2015 年 8 月 15 日，公告日为 2017 年 7 月 28 日）。为了解决多晶硅层的掺杂浓度过高会加剧载流子俄歇复合速度、掺杂元素扩散进入隧穿层会引起漏电流及表面复合加剧、高温晶化过程会引入更多缺陷态这些因素降低电池效率的问题，2016 年，宁波材料所提出一种新的钝化隧穿结构，其将位于隧穿氧化层背面的掺杂薄膜硅层的掺杂浓度设置为不均匀的分布。这样的分布形成了掺杂薄膜硅层邻近隧穿层一侧的掺杂浓度小于远离隧穿层一侧的掺杂浓度的结构，因此在保证电池背面与电极间低接触电阻的前提下能够进一步减少复合，提高了太阳能电池的转换效率（参见专利申请 CN105762234B，申请日为 2016 年 7 月 13 日，公告日为 2017 年 12 月 29 日）。在此阶段，由于中国企业和研究机构对 TOPCon 太阳能电池的研究热度逐渐上升，使得隧穿氧化钝化结构设置逐渐复杂化。

TOPCon 太阳能电池相关专利申请的全球申请量在 2017 年略有下降，之后由于中国国内企业对 TOPCon 太阳能电池的关注度提高，使中国专利申请量得到提升，TOPCon 太阳能电池专利全球申请量也开始进入快速增长阶段。2019 年，通威太阳能、隆基乐叶及晶科能源申请量均超过了 10 项。2020 年，中来和时创能源的申请量均超过了 10 项，晶科能源的申请量超过了 30 项。

2. 专利申请来源和目标国家/地区分析

图 5-3-4 和图 5-3-5 示出了 TOPCon 太阳能电池领域专利申请目标和来源国家/地区分布情况。总体来说，TOPCon 太阳能电池全球专利申请的目标区域集中在中国、美国、日本、韩国、中国台湾和德国等国家和地区。

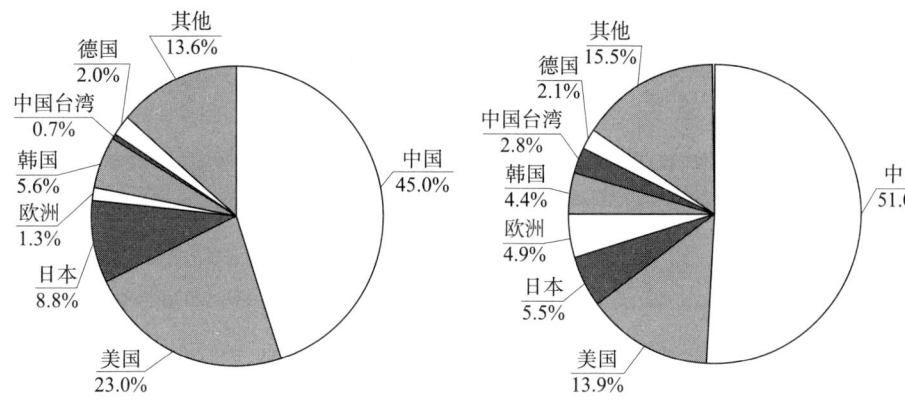

图 5-3-4 TOPCon 太阳能电池领域专利申请目标国家/地区分布

图 5-3-5 TOPCon 太阳能电池领域专利申请来源国家/地区分布

中国是相关专利申请的重要目标国家及重要来源国家，是全球最重要的技术市场，这归因于中国企业和研究机构的相关专利申请量较多。但是，中国企业和研究机构基本上仅在中国提交申请，技术输出力量比较薄弱，即使是申请量排名靠前的晶科能源也仅是有很少的专利申请进行了国外布局。

美国作为相关专利申请的第二大重要目标国家及第二大重要来源国家，其技术输出高于输入。美国专利申请量最大的太阳能公司除向本国递交大量专利申请之外，还向中国、韩国、德国、日本等国家递交了专利申请。

TOPCon 太阳能电池结构的提出者弗劳恩霍夫应用研究促进协会为德国的研究机构，该研究机构除向本国递交专利申请之外，还向中国、美国、日本、西班牙等国家递交了专利申请。但是，该研究机构的相关专利申请总量并不多，大约为 10 项，且其申请主要集中在 2013—2014 年。

（三）申请人分析

1. 全球/中国专利申请的申请人排名

图 5-3-6 示出了 TOPCon 太阳能电池全球专利申请量排名前十的申请人。其中，只有 1 位国外申请人，为美国的太阳能公司；有 9 位申请人为中国申请人，包含 8 个工矿企业及一个科研单位。

图 5-3-7 示出了 2013—2020 年 TOPCon 太阳能电池领域主要申请人的专利申请趋势。在中国申请人中，天合光能在 2015 年提交了首项相关专利申请，从 2017 年起，中国 TOPCon 太阳能电池研究逐渐发展起来，中国光伏龙头企业积极推动 TOPCon 太阳能电池研发及量产，专利申请量开始大幅增加。其中，晶科能源在 2017—2020 年的专利申请量呈现出快速增长的趋势，该期间的申请

总量超过了 50 项，其专利申请量的增长速度最快；中来和时创能源的相关专利申请量也在逐年增加；天合光能在 2018—2020 年，专利申请年申请量呈现出逐年增长的趋势。

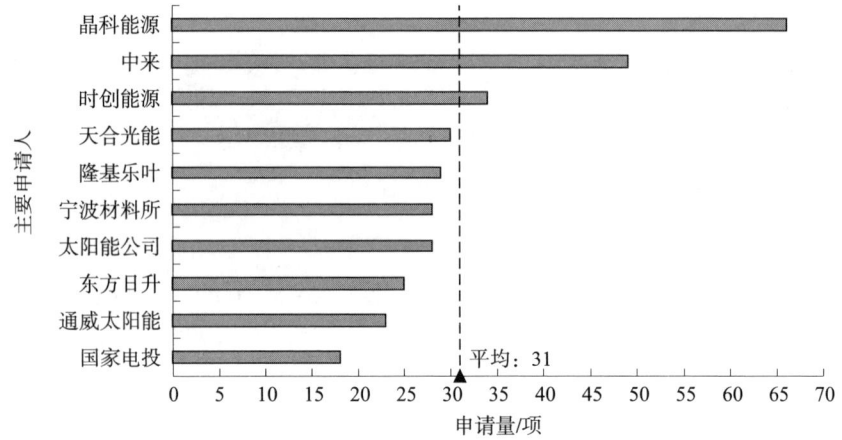

图 5-3-6　TOPCon 太阳能电池领域全球专利申请主要申请人排名

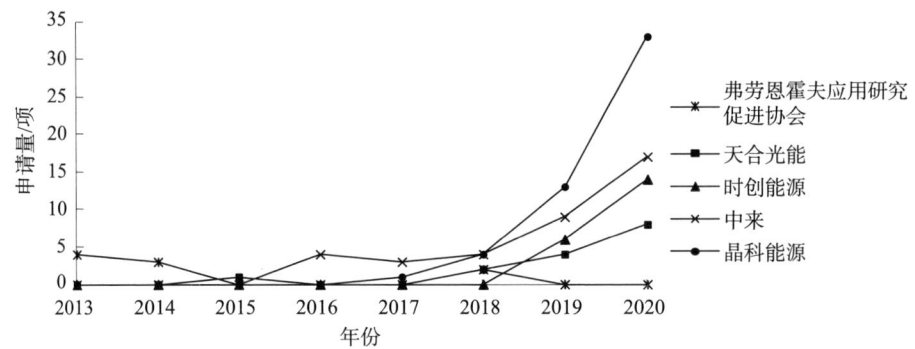

图 5-3-7　2013—2020 年 TOPCon 太阳能电池
领域专利申请主要申请人的专利申请趋势

目前来看，在产业上 TOPCon 太阳能电池降低生产线成本和提升转换效率的路径清晰，具有广阔的发展前景。

2. 主要申请人技术分支分布

对全球排名前五的申请人的专利申请数据进行进一步分析。基于其相关专利申请，TOPCon 太阳能电池降低生产成本并提升光电转换效率的技术手段主要依赖于改善绕镀问题、改善隧穿钝化层性能及改善金属电极接触性能。其中，隧穿钝化层的性能改善取决于隧穿氧化层及多晶硅钝化层的性能优化，金属电极的性能改善取决于栅线尺寸、形貌优化及金属接触性能优化，绕镀问题改善则需要对生产设备或工艺进行优化选择。

中来和晶科能源分别在 2016 年和 2017 年开始布局 TOPCon 太阳能电池专利，并且一直到 2020 年，专利申请年申请量基本上保持上升趋势。其中，晶科能源和中来分别有约 45% 和 56% 的相关专利申请涉及对隧穿钝化层性能的优化；除此之外，晶科能源有约 20% 的专利申请涉及改善绕镀问题，约 15% 的专利申请涉及对电极性能的优化；中来有约 8% 的专利申请涉及改善绕镀问题，约 19% 的专利申请涉及对电极性能的优化。

时创能源、天合光能和隆基乐叶的 TOPCon 太阳能电池相关专利总量分别均为 30 项左右，年申请量大体上均保持上升趋势。如图 5-3-8 所示，天合光能在改善绕镀问题上未申请相关专利，除此之外，时创能源和隆基乐叶在改善隧穿钝化层、改善绕镀、改善电极三项技术改进上的布局力度差异并不大。

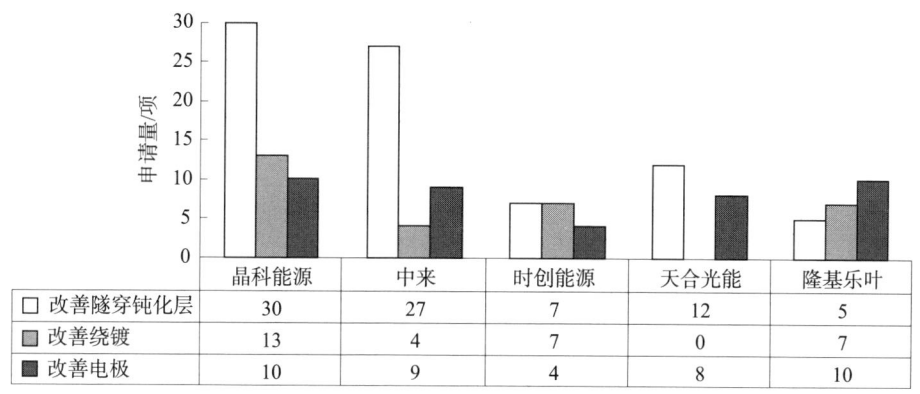

图 5-3-8　TOPCon 太阳能电池领域专利申请主要申请人技术分支

3. 主要申请人具体分析

如图 5-3-9 所示，晶科能源在 2017 年针对解决绕镀问题提出了相关专利申请，在 2018 年开始提出优化隧穿钝化性能及优化电极性能的专利申请。2019—2020 年，晶科能源的大部分专利申请是针对隧穿钝化层性能进行优化，逐渐提高了对优化隧穿钝化层钝化效果的重视。如图 5-3-10 所示，中来在 2016 年将隧穿钝化结构应用于电池背面以改善钝化效果，2017—2018 年主要对电极的接触性能进行优化。在 2019—2020 年，中来的专利申请大多数是围绕优化隧穿钝化层的钝化效果提出的。

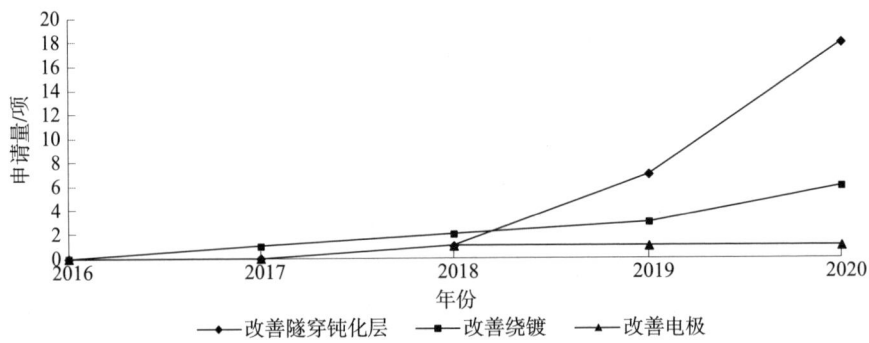

图 5-3-9　2016—2020 年晶科能源重点技术专利申请趋势

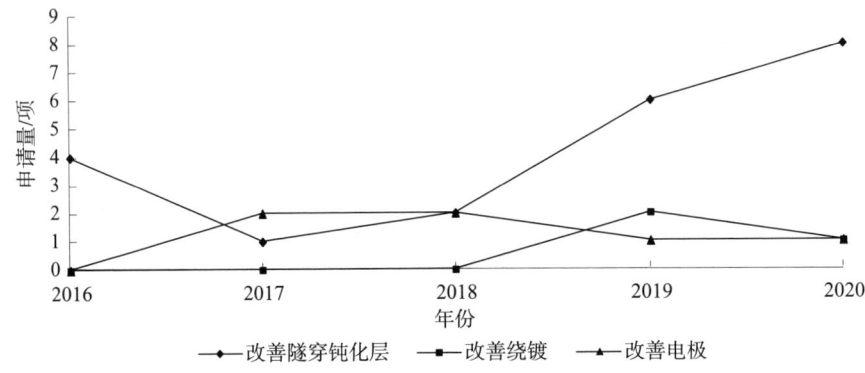

图 5-3-10　2016—2020 年中来重点技术专利申请趋势

从太阳能电池在产业上的发展角度来看，PERC 电池是先于 TOPCon 太阳能电池的一种高效晶硅钝化电池，由于 PERC 电池也会面临绕镀及电极性能改进的问题，并且 TOPCon 太阳能电池生产线与 PERC 生产线工艺兼容度较高，所以有相当一部分解决绕镀问题和改进电极性能的专利申请中并未明确记载是针对 TOPCon 太阳能电池的性能改进，但是应当理解。本章节中未统计的针对 PERC 电池绕镀及电极性能优化的技术改进，在一定程度上也适用于 TOPCon 太阳能电池。

（四）重点技术分析

TOPCon 太阳能电池是基于降低电池内部载流子复合的目的向电池中引入钝化接触结构，钝化接触结构的钝化效果是其很重要的一个性能指标。针对该结构中钝化效果的优化思路大致可以划分为对隧穿氧化层性能的优化和对钝化层性能的优化。

目前 TOPCon 太阳能电池在产业化生产过程中面临的一个主要问题是背表面 poly-Si 层生长过程中所导致的正表面（发射极）绕镀。常规 TOPCon 太阳能电池生产线通常采用 LPCVD 设备进行多晶硅薄膜的沉积，如何解决沉积多晶硅薄膜工艺所带来的绕镀问题是电池量产的核心问题。

1. 对隧穿氧化层性能的优化

由于隧穿氧化层的厚度为 1~5nm，提高超薄氧化层的厚度均匀性可以优化电池的钝化均匀性，以提高电池的转换效率。晶科在 2019—2021 年每年都有关于改善氧化层厚度均匀性的专利申请。例如，中国专利申请 CN111952153A，申请日为 2020 年 8 月 21 日，公开日为 2020 年 11 月 17 日，公开了一种提高隧穿氧化层厚度或致密度均匀性的方法，其先采用热氧化法在衬底表面生长厚度或者致密度不同的第一和第二氧化层区域，之后利用湿氧化或者臭氧氧化的方法继续在上述两个氧化层区域以不同的生长速度继续生长氧化层，最终通过工艺条件的控制，得到厚度或者致密度相等的第一和第二氧化层区域，以形成厚度或者致密度均匀的隧穿氧化层。

另外，有部分专利申请是涉及降低氧化层缺陷的制备工艺。众所周知，采用传统的硝酸氧化法、臭氧水氧化法、热氧化法等形成的隧穿氧化层界面质量较差，存在大量界面态缺陷，因此需要通过较长时间的高温退火处理来修复缺陷，极大提高了工艺复杂程度及工艺成本。在中国专利申请 CN111200038A（申请日为 2020 年 1 月 13 日，公开日为 2020 年 5 月 26 日）中，在热氧化形成隧穿氧化层之后，对其进行氢处理，减少了硅衬底与隧穿氧化层之间的界面缺陷，提高了衬底表面的钝化质量，使得无须对电池进行高温退火处理，不会引起掺杂原子对氧化层的破坏，提升了太阳能电池的转换效率。

2. 对钝化层性能的优化

在钝化层性能优化的方面，钝化层通常为掺杂多晶硅材料，有部分专利申请采用碳化硅、非晶硅等材料替代多晶硅作为形成异质结的钝化层。例如，弗劳恩霍夫应用研究促进协会 2013 年的专利申请 DE102013219561A1（申请日为 2013 年 9 月 27 日，公开日为 2015 年 4 月 2 日，在美国、欧洲、德国和西班牙进行了专利布局，并在美国和欧洲获得授权）和 DE102013219564A1（申请日为 2013 年 9 月 27 日，公开日为 2015 年 4 月 2 日）公开了一种包括异质结的光伏太阳能电池，在衬底背面布置隧道层，在隧道层背面布置 SiC 异质结层。发明人采用碳化硅层作为钝化层，能够更好地阻挡铜扩散到太阳能电池 PN 结的空间电荷区，并且增大了钝化层带隙，形成更高效的光学反射镜，从而优化电池的性能。

还有一部分专利申请涉及将钝化层中杂质离子的掺杂浓度设置为在厚度方向上或者水平方向上不均衡，将钝化层的厚度设置为在水平方向上不均衡。例如，在弗劳恩霍夫应用研究促进协会提出的专利申请 DE102013219565A1（申请日为 2013 年 9 月 27 日，公开日为 2015 年 4 月 2 日，在中国和德国进行了专利布局）中，隧穿钝化结构的硅层为交替设置的 P 掺杂区和 N 掺杂区，并且在上述两个掺杂区之间还设置一个未掺杂区，改善了太阳能电池的转换效率。另外，中国专利申请 CN109713065A（申请人为中来，申请日为 2018 年 12 月 28 日，在公开日为 2019 年 5 月 3 日）和 CN112349798A（申请人为晶科，申请日为 2020 年 10 月 27 日，公开日为 2021 年 2 月 9 日）中，研究者提出一种隧穿钝化结构，在隧穿氧化层背面设置具有高低交替性结构的掺杂的多晶硅层，即在金属接触区域和非金属接触区域形成具有不同掺杂浓度、不同厚度的多晶硅薄膜。该结构设置大大扩展了金属化工艺的窗口，不仅能够延长金属接触区域掺杂多晶硅层的带尾，增加掺杂原子在晶体硅中扩散的深度，降低金属接触区域的复合；而且，金属接触区域的掺杂多晶硅层为重掺杂，可以显著降低金属与半导体的接触电阻，降低电阻损失；保持非金属接触区域的掺杂多晶硅层带尾较浅，能够降低非金属接触区域的复合速度。并且，在不与电极接触的区域，钝化层厚度较小，掺杂浓度较低，对入射光的吸收损耗较低，能够大大提高太阳能电池入射光的利用率。这种隧穿氧化钝化结构可以显著降低金属接触复合和电阻损失，提高电池的开路电压和转换效率。

除此之外，晶科能源、时创能源、中来、隆基乐叶等企业还尝试将钝化层设置为局部覆盖电池背表面。

为优化隧穿钝化层的钝化效果，晶科能源、中来、隆基乐叶等企业还尝试将隧穿钝化结构设置为多层材料层的叠层结构。例如，中国专利申请 CN111048625B（专利权人为晶科能源，申请日为 2019 年 12 月 26 日，公告日为 2021 年 10 月 22 日）公开了一种第一氧化层、第一多晶硅层、第二氧化层、第二多晶硅层的叠层 TOPCon 太阳能电池结构。在该结构中，通过设置两层 N＋型多晶硅结构，再通过选择性刻蚀的方式，在非金属覆盖区仅保留第一 N＋型多晶硅和第一氧化层叠层结构，金属覆盖区保留上述四层材料的叠层，极大地降低太阳能电池的表面复合，从而使得电池的开路电压得到明显提升。并且该工艺与现有的设备兼容，增加的电池成本较少。

中国专利申请 CN110071182A（申请人为中来，申请日为 2019 年 5 月 23 日，公开日为 2019 年 7 月 30 日）公开了一种改善钝化效果的多层隧道结钝化结构，具体是在 N 型晶体硅基体背表面上生长一层氧化层，然后在该氧化层表面上沉积本征多晶硅形成第一个隧道结层；接着多次重复上述过程，交替沉积具有不同厚度的本征多晶硅和具有不同厚度的氧化层，叠加起来形成具有多层隧道结层结构的隧道结总层。其中，各氧化层的材料可以为氧化硅、氧化钛、氧化铝中任意一种，掺杂原子的浓度在各个单层隧道结中的浓度由外而内逐级递减。此钝化结构具有极低的接触电阻，并且低掺杂浓度的多晶硅层与硅基体接触，使得带尾很浅，金属接触区域的复合也得到明显降低，使太阳能电池的钝化效果得到明显提升，进而提高了电池的转换效率。

中国专利申请CN110828585A（申请人为晶科能源，申请日为2019年11月19日，公开日为2020年2月21日）提出一种隧穿钝化结构，其在隧穿氧化层背面先形成一层本征多晶硅层，然后在本征多晶硅层背面形成掺杂型多晶硅层。在该结构中存在两个接触界面，即氧化层与本征多晶硅层界面和本征多晶硅层与掺杂多晶硅层界面。这两个接触界面的存在使得太阳能电池的背电场强度得到明显提升，钝化性能增强，可以大幅度提升钝化接触太阳能电池的开路电压，提高钝化接触太阳能电池的效率。

3. 解决绕镀问题

中国企业在布局TOPCon太阳能电池专利的早期，绕镀问题一般都通过增加额外的刻蚀工艺来解决。例如，中国专利申请CN107331733A（申请人为晶科能源，申请日为2017年8月2日，公开日为2017年11月7日）中提出一种制备工艺：先在硅衬底前表面形成第一掩膜层，接下来在硅衬底背表面形成隧穿氧化层及多晶硅层。在该步骤中，多晶硅材料还会绕镀形成在第一掩膜层表面，后续在硅衬底背面的多晶硅层上形成第二掩膜层进行保护，之后再将衬底前表面上的绕镀多晶硅层通过湿法刻蚀去除。在该步骤中，采用0.3%~3%浓度的NaOH溶液对多晶硅材料进行腐蚀，该溶液不会对掩膜层产生腐蚀损伤，能够保证硅衬底及背面多晶硅性能的完好。该工艺成功地解决了现有技术中存在的多晶硅绕镀问题。中国专利申请CN108615789A（申请人为晶科能源，申请日为2018年3月30日，公开日为2018年10月2日）、CN110197855B（专利权人为西安理工大学，申请日为2019年5月29日，公告日为2021年6月15日）和CN109962126A（申请人为晶科能源，申请日为2019年4月29日，公开日为2019年7月2日）等也涉及解决多晶硅绕镀的技术改进。

为了去绕镀，通常可以利用酸性溶液或碱性溶液进行湿法腐蚀，但是位于硅衬底背面的掺杂多晶硅层会直接接触酸性溶液和碱性溶液，因此难以保证钝化接触的结构完整，进而导致TOPCon太阳能电池的效率受到影响。中国专利申请CN114400260A（申请人为东方日升，申请日为2021年12月23日，公开日为 2022 年 4 月 26 日）提出一种适合工业化生产的，契合现有生产线且成本低的去绕镀方法：将镀膜硅片依次进行激活处理和链式氧化反应，在镀膜硅片的正面覆盖第一氧化层，背面覆盖第二氧化层；在镀膜硅片的背面形成水膜；利用第一酸性溶液去除所述第一氧化层；依次利用第一碱性溶液、含有添加剂的第二碱性溶液、含有氧化剂的第三碱性溶液及第二酸性溶液清洗镀膜硅片。由于第二氧化层具有亲水性，能够提高水膜在第二氧化层表面的附着力，利用水膜保护第二氧化层不被第一酸性溶液腐蚀，则在利用第二碱性溶液清洗镀膜硅片时，镀膜硅片正面的绕镀层和背面的第二氧化层直接接触第二碱性溶液，从而能够在去除绕镀层和第二氧化层的同时有效保护隧穿氧化层及掺杂多晶硅层的结构完整性，进而使去绕镀后的镀膜硅片的表面整洁光亮，外观和性能优异，使电池的光电转化效率得到改善。

二、检索策略及案例解析

（一）检索策略

在太阳能电池领域，没有明确针对隧穿钝化技术的专门分类号。如前文所述，TOPCon 太阳能电池技术的提出主要是为了解决晶体硅太阳能电池硅材料背表面与金属电极之间载流子复合高的问题，主要的技术手段是在硅材料背表面制备隧穿层和钝化层。因此，TOPCon 太阳能电池相关专利申请的 IPC 分类号涉及 H01L31/0224（电极）、H01L31/0216（涂层）、H01L31/0236（特殊表面结构）；由于太阳能电池的专利申请大多会涉及制备工艺，所以 H01L31/18（专门适用于制造或处理这些器件或其部件的方法或设备）也是常用的 IPC 分类号。对应于上述 IPC 分类号，CPC 分类号扩展的更为详细一些。在检索时，选取合适的分类号代替难以表达的关键词进行检索，可以更快地界定相关文献范围。

TOPCon 太阳能电池涉及的关键词比较明确，在检索时，可以直接采用适当扩展的技术术语进行检索。由于 TOPCon 太阳能电池技术的提出距今不足 10 年时间，相关专利的申请量有限，且其中绝大多数是中国申请。因此，经过简单的关键词扩展并检索之后，就能限定出最接近现有技术可能存在的文献范围。TOPCon 太阳能电池研究重点在于电池背表面的结构改进，在相关专利申请中基本都会有电池结构示意图。在使用关键词进行检索之后，结合说明书附图进行辅助判断，可以提高筛选最接近现有技术的效率。

前文提到，TOPCon 太阳能电池的主要申请人集中在中国，如晶科能源、中来、时创能源、天合光能等光伏龙头企业，或者宁波材料所、中科院微电子所等研究机构。因此，在检索时可以先针对几个重要申请人进行检索，熟悉其技术路线及技术布局,然后对特定申请人的特定技术进行针对性检索,也能够提升检索效率。

除此之外,在非专利文献库也存在相当数量的 TOPCon 太阳能电池文献。在检索时,可以选定中国知网、IEEE、Elsevier Science 等常用的中、英文数据库,以适当扩展的技术术语和作者单位进行检索。

(二) 检索要素

根据 TOPCon 太阳能电池领域的常规表述,确定了对应技术领域及技术分支的相关检索要素,包括关键词及对应的分类号,如表 5-3-1 所示。

表 5-3-1 检索要素

检索要素	中文关键词	英文关键词	IPC (2022.01 版)	CPC (2022.05 版)
太阳能电池	光伏、太阳、电池、光生伏特、光电池	Solar, cell, battery, photovoltaic, photocell	H01L31/04, H01L31/068	H01L31/04, H01L31/068, H01L31/18, H01L31/1864, Y02E10/50
TOPCon	隧道、隧穿、介质、绝缘、氧化、厚度、缺陷、均匀、多层、叠层、复合、沉积、氧化、生长	tunnel, oxide, dielectric, insulator, insulation; thickness, defect, equality, uniformity; several, multiple; oxide, deposition, growth	H01L31/0216, H01L31/0236, H01L31/18	H01L31/02167, H01L31/18
TOPCon	钝化、绕镀、去除、避免、非晶硅、结晶硅、多晶硅、腐蚀、刻蚀、蚀刻、掩膜、掩模、掩蔽	passivation, passivated, passivating; wind, plating, remove, avoid; poly silicon, poly-si, a-si, amorphous silicon; etch, mask	H01L31/18, H01L31/036	H01L31/18
TOPCon	接触、栅线、金属、浆料、电阻、背面	grid, wire, metal, paste, resistance, contact, back	H01L31/0224	H01L31/022425, H01L31/022441

(三) 案例解析

1. 案例 5-3-1：一种钝化接触的 N 型背结太阳能电池

(1) 案情概述。

本申请涉及一种钝化接触的 N 型背结太阳能电池。N 型硅相对于 P 型硅，由于少子寿命高、无光致衰减效应逐渐成为研究机构和光伏企业关注的对象。目前，常见的 N 型结构正面为 P+ 发射结，基体为 N 型硅，背面为 N+ 背表面场。当前的钝化接触技术大多着重在（N+）背面钝化接触，如果正面（P+）采用钝化接触技术，就会由于多晶硅的光吸收系数较大造成太阳能电池的短路电流偏低问题，所以正面应用钝化接触技术难度较大。因此，需要提供一种钝化接触的 N 型背结太阳能电池结构，以解决现有存在的问题。

针对上述技术问题，本申请将 P+ 掺杂多晶硅应用在 N 型电池的背面用于钝化发射结和金属接触区域，载流子通过一层隧穿氧化层进入掺杂的 P 型多晶硅层，实现选择性传输和收集，利用多晶硅的优异钝化性能极大降低发射结的表面复合，特别是金属接触区域复合，提升电池开压和效率。

本申请独立权利要求的技术方案如下。

一种钝化接触的 N 型背结太阳能电池，其特征在于，包括

N 型晶体硅片，所述 N 型晶体硅片的正表面由内至外依次设置有 N+ 前表面场掺杂区域、正表面钝化减反射层和金属接触电极，所述 N 型晶体硅片的背表面由内至外依次设置有隧穿氧化层、P+ 掺杂多晶硅区域、背表面钝化减反射层和金属接触电极；所述隧穿氧化层、P+ 掺杂多晶硅区域和背表面钝化减反射层构成所述 N 型背结太阳能电池的发射结并位于所述 N 型晶体硅片的背表面。

(2) 充分理解发明。

检索的重点应放在申请的发明构思上，通常从技术领域、技术问题、技术手段、技术效果这四个方面总结发明构思。本申请涉及的技术领域是太阳能电池领域，更具体的涉及 TOPCon 太阳能电池领域；要解决正面应用钝化接触技术难度较大的技术问题；采用的关键技术手段是在 N 型晶体硅片的背表面由内至外依次设置隧穿氧化层、P+ 掺杂多晶硅层；获得的技术效果是极大降低发射结的表面复合，特别是金属接触区域复合，提升电池开压和效率。因此，本申请的发明构思是在 N 型背结太阳能电池中设置 P 型掺杂多晶硅钝化层，从而有效提高太阳能电池的转换效率。

(3) 检索过程分析。

本申请限定的技术主题是钝化接触 N 型背结太阳能电池，在背景技术里面提到了隧穿氧化层钝化接触技术，并且在独立权利要求中限定"N 型晶体硅片

的背表面由内至外依次设置有隧穿氧化层、P+掺杂多晶硅区域",因此可以确定与本申请技术领域相关的关键词为钝化接触、TOPCon或隧穿氧化钝化。在一些文献中,对太阳能电池结构种类进行描述时,可能不会精确记载为上述三种名称,但基本上会涉及该结构中功能层所起到的钝化和隧穿作用,因此可以将与技术领域相关的关键词进一步扩展为光伏、太阳能电池、隧穿、隧道、氧化、绝缘、介质、钝化。

根据前面确定的检索要素关键词,首先在中国专利文摘库 CNABS 中进行简单检索。

1	CNABS	957	topcon or 隧穿氧化钝化 or 隧穿氧化物钝化 or ((隧穿 or 隧道) and (氧化 or 绝缘 or 介质) and (钝化))
2	CNABS	411609	光伏 or (太阳 3d 电池)
3	CNABS	812	1 and 2

上述检索式能够界定出技术领域为 TOPCon 太阳能电池的专利文献范围。通过对本申请的申请文件进行阅读和分析,可以确定本申请的发明实质是包含 P 型掺杂多晶硅钝化层的 N 型背结太阳能电池。针对本申请的发明构思,可以进一步提取并扩展关键词 P、掺杂、晶硅、背结、双面,采用上述体现发明构思的关键词进行进一步限定。

4	CNABS	13079	"P" and 掺杂 and 晶硅
5	CNABS	336	3 and 4
6	CNABS	174258	背结 or 双面
7	CNABS	73	5 and 6

由于 P、掺杂、晶硅等关键词是本领域非常常见的关键词,仅仅采用"and"将其进行限定,不能有效消除噪声。而 P、掺杂、晶硅是由一个部件"P 型掺杂多晶硅"拆分得到,这三个关键词通常在一句话中出现,继而采用同在算符"s"进行尝试性限定。

8	CNABS	4017	"P" s 掺杂 s 晶硅
9	CNABS	175	3 and 8
10	CNABS	38	6 and 9

采用"s"算符将 P、掺杂、晶硅较精准地限定在一句话中之后,得到 175 篇专利文献,其中包含一篇能够影响本申请新颖性的专利文献,公开了"N 型硅基底 1 的正表面由内至外依次设置有 N+前表面场 2、正面钝化减反射膜 3 和正面金属电极 6,N 型硅基底 1 的背表面由内至外依次设置有二氧化硅隧穿氧化

层 10、P+掺杂多晶硅层 11、背面钝化减反射层 5 和背面金属电极 7；隧穿氧化层 10、P+掺杂多晶硅层 11 和背面钝化减反射层 5 构成 N 型背结太阳能电池的发射结并位于 N 型晶体硅片的背表面"。为提高检索命中准确率，还可以继续用背结、双面进行更进一步的限定，使浏览结果缩小到 38 篇，大大提高了文件的筛出效率。

上述检索过程中，通过检索式 1~3 对技术领域相关的关键词进行了扩展并界定技术领域为 TOPCon 结构太阳能电池的专利文献范围，检索步骤较为烦琐。另外，还考虑到一部分关键词可能会存在扩展不充分的可能，随即采用与技术领域相关的 CPC 分类号及其下位点组代替关键词进行检索。

| 11 | CNABS | 10861 | H01L31/0224/low/cpc or H01L31/0216/low/cpc or H01L31/0236/low/cpc |

采用 CPC 分类号代替技术领域关键词进行检索后，初步得到 10861 篇检索结果，远远超过了检索式 8 的文献数量，由此划定了一个与技术领域相关的较大的检索范围，在一定程度上减小了由于关键词扩展不充分而导致漏检的可能性。

| 12 | CNABS | 464 | 7 and 11 |
| 13 | CNABS | 102 | 9 and 12 |

继而采用相同的限定思路进行检索，得到 102 篇专利文献，此时可以直接结合说明书附图进行浏览筛选。

通过上述两种检索思路的对比，发现单纯用关键词进行检索得到的检索结果是 38 篇，采用分类号代替部分关键词进行检索得到的检索结果是 102 篇，这两个检索结果中存在同一篇可影响新颖性的专利文献。出现这种情况的原因在于，在不同的专利文献中对具有同一功能的功能层进行命名时，可能会有多种表述方式，仅仅采用有限扩展的关键词进行检索，有可能会使检索出的参考文献较少，导致漏检；或者是采用扩展不当的关键词进行限定，也有可能导致漏检；而采用含义比较宽泛的分类号代替部分关键词进行检索时，有可能会使检索出的参考文献较多，引入不必要的噪声。因此，在检索的过程中，需要根据每一个检索式的检索结果实际情况，随时调整关键词及分类号的使用。

考虑到中国专利全文库 CNTXT 中对关键词的表达更为全面，尝试采用关键词，直接对发明构思进行检索。

| 1 | CNTXT | 8978 | topcon or 隧穿氧化钝化 or 隧穿氧化物钝化 or ((隧穿 or 隧道) and (氧化 or 绝缘 or 介质) and (钝化)) |

2	CNTXT	610727	光伏 or（太阳 3d 电池）
3	CNTXT	13813	"P" s 掺杂 s 晶硅
4	CNTXT	402560	背结 or 双面
5	CNTXT	362	and 1，2，3，4

通过上述检索过程可以发现，采用与中国专利文摘库 CNABS 相同的检索式进行检索之后，得到的检索结果是 362 篇，远多于中国专利文摘库 CNABS 的 38 篇，可以结合说明书附图进行文件筛选。

本申请的发明构思是包含 P 型掺杂多晶硅钝化层的 N 型背结太阳能电池，对应的 CPC 分类号有 H01L31/0682［背结（即背面发射极）太阳能电池，如叉指状的基极—发射极区背结电池］，在检索时可以适当扩展至其下位点组 H01L31/0684（双发射极电池，如双面太阳能电池）。采用 CPC 分类号，结合关键词对发明构思进行检索，得到如下结果。

| 6 | CNTXT | 942 | H01L31/0682/cpc or H01L31/0684/cpc |
| 7 | CNTXT | 212 | 3 and 6 |

由上述检索式得到的专利文献数量为 212 篇，结合说明书附图也可以快速筛选出同一篇相关专利文献。

为了做到充分检索，在德温特世界专利索引数据库 DWPI 中进行进一步检索。

1	DWPI	773	（Tunnel Oxide Passivated Passivat + Contact）or（Tunnel – Oxide – Passivated Passivat + Contact）or topcon or tunnel or passivat +
2	DWPI	1758385	（solar cell）or photocell or battery or photovoltaic
3	DWPI	11942	1 and 2
4	DWPI	1245	H01L31/0682/cpc or H01L31/0684/cpc
5	DWPI	368	3 and 4

经过对检索式 5 的浏览，也可发现与本申请发明构思接近的该篇专利文献。

2. 案例 5-3-2：一种 N 型太阳能电池

（1）案情概述。

传统的 N 型太阳能电池背面采用 TOPCon 技术，利用背面 N 型多晶硅形成背面载流子选择性电极，避免了背面金属半导体接触处的少子复合，降低了太阳能电池的暗饱和电流，可以实现 23% 以上的转换效率；但是正面仍然采用硼扩散形成发射极，印刷烧结形成正面电极，正面金属半导体接触处的少子复合对太阳能电池效率造成的降低仍然存在。要进一步提升 N 型太阳能电池的转换效率，降低正面金属半导体接触处的少子复合是必须要解决的问题。如果正面采用 TOPCon 技术，用 P 型多晶硅形成载流子选择性电极可以避免正面金属半导体接触处的少子复合。由于多晶硅吸光严重，正面多晶硅层在提高太阳能电池开压的同时，也会降低太阳能电池的短路电流，对转换效率的提高帮助不大。如果在 N 型电池正面采用具有载流子选择性功能同时光吸收系数较低的材料可以避免正面金属半导体接触处的少子复合，不影响太阳能电池的光吸收，进一步提高 N 型太阳能电池的效率。

为解决上述技术问题，本申请提出在 TOPCon 太阳能电池的正面采用高带隙高功函数的材料，形成空穴选择性接触，减小或避免 TOPCon 太阳能电池的正面金属电极和半导体接触处的少子复合，同时降低正面光吸收对电池短路电流的负面影响，进一步提高太阳能电池的开路电压和转换效率。

本申请独立权利要求的技术方案如下。

一种 N 型太阳能电池，其特征在于，包括

N 型硅衬底；

在 N 型硅衬底背面形成的第一氧化物层；

在该第一氧化物层上形成的 N 型多晶硅层；

在该 N 型硅衬底正面形成的第二氧化物层，该第二氧化物层的能带带隙大于 3eV，功函数大于 5eV；

在该第二氧化物层上形成的第三氧化物层，所述第三氧化物层电阻率小于 $5e10^{-4}$ 欧姆·厘米；

在该 N 型硅衬底正面形成的栅状的正面电极及在背面形成的背面电极。

（2）充分理解发明。

本申请涉及的技术领域是太阳能电池，更具体的涉及 TOPCon 太阳能电池领域；要解决电池正面金属半导体接触处的少子复合高的技术问题；采用的关键技术手段是在 TOPCon 太阳能电池的正面采用高带隙高功函数的材料，形成空穴选择性接触，减小或避免 TOPCon 电池的正面金属电极和半导体接触处的少子复合，进而提升电池效率。因此本申请的发明构思是在电池正面采用高带隙高功函数的材料，形成空穴选择性接触，减小或避免正面金属电极和半导体接触处的少子复合，同时降低正面光吸收对电池短路电流的负面影响，从而有效提高太阳能电池的转换效率。

（3）检索过程分析。

本申请限定的技术主题是 N 型太阳能电池，在背景技术里面提到了隧穿氧化层钝化接触结构，通过在 TOPCon 太阳能电池的正面采用高带隙高功函数的材料，形成空穴选择性接触，减小或避免 TOPCon 太阳能电池的正面金属电极和半导体接触处的少子复合。因此可以确定与本申请技术领域相关的关键词为 N 型、钝化接触、TOPCon 或隧穿氧化钝化，进一步可扩展为 N 型、光伏、太阳能电池、隧穿、隧道、氧化、绝缘、介质、钝化。

根据前面确定的检索要素关键词首先在中国专利文摘库 CNABS 中进行检索。

1	CNABS	1262	topcon or 隧穿氧化钝化 or 隧穿氧化物钝化 or （（隧穿 or 隧道）and（氧化 or 绝缘 or 介质）and（钝化））
2	CNABS	8252	"n" 型 and（光伏 or（太阳 3d 电池））
3	CNABS	433	1 and 2

考虑到本申请的电池结构是 N 型 TOPCon 电池，于是在对属于该技术领域的专利文献进行筛选时，我们用"N"型进一步对电池类型进行了限定，得到检索式 3 的检索结果。上述检索式大致界定出技术领域为 N 型 TOPCon 结构太阳能电池的专利文献范围。通过对本申请申请文件的阅读和分析，可以确定本申请的发明实质是 TOPCon 电池的正面设置多层高带隙、高功函数氧化物层。采用上述体现发明构思的关键词带隙、功函进行进一步限定。

| 4 | CNABS | 20939 | 带隙 or 功函 |
| 5 | CNABS | 19 | 3 and 4 |

通过对体现发明构思的关键词进行检索之后，未筛选出与本申请技术相关的专利文献。针对本申请的发明构思，结合本申请说明书中记载的实施例，可以提取并扩展较下位的关键词为氧化物、氧化钨、氧化钼、氧化钒、氧化铬、氧化铟、氧化锌。

| 6 | CNABS | 410118 | 氧化物 or 氧化钨 or 氧化钼 or 氧化钒 or 氧化铬 |
| 7 | CNABS | 71 | 3 and 6 |

随后，通过对上述检索结果进行浏览，也未能筛选出与本申请技术相关的专利文献。并且，通过上述检索结果可以发现，在增加"TOPcon"的相关限定（即检索式 3）之后，文献数量只有 433 篇，此时考虑到本申请的发明构思在于对晶体硅电池正面结构的改进，该结构的设置在晶体硅太阳能电池结构中通用

（TOPcon 太阳电池属于晶体硅电池的一种），很有可能是因为"TOPcon"的相关限定造成了漏检。于是，可以尝试将技术领域扩展到更上位的晶体硅太阳能电池技术领域，由于在专利文献中"晶体硅"的表达方式可以是"晶硅"或者"晶体硅"，因此采用同在算符"d"表达"晶体硅"，在分类号和关键词共同限定的技术领域（检索式 8~9）下进行检索。

8	CNABS	23504	H01L31/18/cpc or H01L31/068/cpc or H01L31/0224/cpc
9	CNABS	116977	晶 2d 硅
10	CNABS	286	(4 or 6) and 8 and 9

本申请着力于在电池结构正面设置多层氧化物材料层，该正面的多层结构可以在说明书附图中直观地表达出来。因此，当检索结果的浏览量稍大时，可以结合说明书附图进行相关文献的筛选，最终筛选出与本申请发明构思相似的专利文献，其公开了"在 N 型晶体硅片 110 的正面形成第一选择层 131，第一选择层 131 为空穴选择性接触层，第一选择层 131 的功函数较高（大于等于 5.3eV），当其与比其功函数低很多的晶体硅片 110 接触时，可以在晶体硅片 110 靠近第一选择层 131 的表面引入 P 型反型层，排斥电子，成为空穴选择性接触；空穴选择性接触层选自非化学计量的钼氧化合物（MoO_x）或非化学计量的钨氧化合物（WO_x）（基于其固有属性，必然满足能带带隙大于 3eV，功函数大于 5eV）；在第一选择层 131 上形成第一透明导电层 151，第一透明导电层 151 为透明导电氧化物，透明导电氧化物选自氧化铟锡 ITO 或掺钨氧化铟 IWO（基于其固有属性，必然满足电阻率小于 5×10^{-4} 欧姆·厘米）；在第一透明导电层 151 上形成第一电极 161；由于第一选择层与晶体硅片的功函数相差较大，使得晶体硅片的表面发生很大的能带弯曲，进而在晶体硅片的表面形成反型层或积累层，获得电子或空穴选择性接触；选择性接触可以有效抑制电子空穴的复合，使得电池可以获得较高的开路电压"。

本申请权利要求中限定位于电池正面的氧化物层为"第二氧化物层"和"第三氧化物层"，由于在晶体硅太阳能电池中，常规设置的钝化层或减反射层通常也会用到氧化物材料，所以如果只用"氧化物"关键词进行检索，必然会引入非常大的噪声；但是如果仅是采用本申请实施例中提到的氧化钨、氧化钼、氧化钒、氧化铬等确定的氧化物材料进行检索，又很有可能导致漏检。因此，考虑到中国专利全文库 CNTXT 中在背景技术、技术问题或技术效果的部分可能记载体现发明效果的关键词，可以尝试在中国专利全文库 CNTXT 中用体现发明效果的关键词（检索式 1）进行检索。

1	CNTXT	72849	（载流子 or 空穴 or 少子）s（选择 or 复合）
2	CNTXT	23504	H01L31/18/low/cpc or H01L31/068/cpc or H01L31/0224/low/cpc
3	CNTXT	354738	晶 2d 硅
4	CNTXT	108145	功函 or 带隙
5	CNTXT	270	and 1，2，3，4

在限定了技术领域和发明效果之后，结合体现发明构思的关键词"功函"和"带隙"进行检索，得到 270 篇专利文献，可以直接进行浏览，还可以进一步增加限定以更精确界定文献范围。由于本申请中提到高带隙、高功函数材料层是氧化物层，接下来使用"氧化"进行限定。

| 6 | CNTXT | 4247763 | 氧化 |
| 7 | CNTXT | 236 | 5 and 6 |

经检索发现，仅用"氧化"进行进一步限定之后，并未能有效地剔除噪声。由于在实施例中涉及了具体的氧化物材料，继而进一步尝试采用更具体的更下位材料进行尝试。

| 8 | CNTXT | 1533263 | 氧化物 or 氧化钨 or 氧化钼 or 氧化钒 or 氧化铬 or WO or MoO or VO or V2O5 or V2O3 or VO2 or Cr2O3 |
| 9 | CNTXT | 167 | 7 and 8 |

这里需要注意的是，具体的氧化物材料应当扩展尽可能的详尽，包括了中文名称和化学式，以避免有效文件被漏检。本申请中涉及第二氧化物层和第三氧化物层，这两个氧化物层是同时存在的，前面对第二氧化物层进行了限定，得到的浏览范围较大，进而可以追加限定，将第三氧化物层的材料也限定进去。考虑到掺锡氧化铟、掺氟氧化锌、掺铝氧化锌的表达方式复杂多样，为避免漏检或引入不必要的噪声，采用同在算符"s"进行表达，检索结果如下。

| 10 | CNTXT | 1384640 | （锡 or Sn or 氟 or "F" or Al or 铝）s（氧化 or O） |
| 11 | CNTXT | 124 | 9 and 10 |

采用下位关键词对第二氧化物层和第三氧化物层进行表达并限定之后，筛选出 124 篇专利文献，后续可以结合说明书附图进行快速筛选，得到技术相关的同一篇专利文献。

通过对本申请的检索过程可知，采用体现技术效果的功能性的关键词结合分类号进行检索,可以界定出一个较大的浏览范围,进一步借助通用关键词(如"氧化")进行限定,并不能有效地缩减检出文献量时,可以尝试采用说明书实施例中下位的具体氧化物材料进行进一步限定。这里需要注意的是,具体的氧化物材料可以用化学式来表达,需要对特定的氧化物材料可能存在的不同的表达方式进行充分扩展。

为了做到充分检索,在德温特世界专利索引数据库 DWPI 中进行进一步检索。

1	DWPI	23386	H01L31/18/low/cpc or H01L31/068/cpc or H01L31/0224/low/cpc
2	DWPI	27026	(band gap) or (work function)
3	DWPI	56085	(Amorphous silicon) or (crystal silicon) or (Microcrystalline silicon)
4	DWPI	108	and 1,2,3

通过对上述检索式进行浏览,并未筛选得到最接近的现有技术。通过分析发现,在德温特世界专利索引数据库 DWPI 中,"功函"一词还被译为"power function",并且,在 DWPI 库中,前述最接近的现有技术并未进行 cpc 分类。

5	DWPI	2509	power function
6	DWPI	71082	H01L31/18/low/ic or H01L31/068/ic or H01L31/0224/low/ic
7	DWPI	4	and 5,6,3

对关键词和分类号进行修改之后,检索到技术相关的同一篇专利文献。基于此,在德温特世界专利索引数据库 DWPI 进行检索时,需要对关键词进行详尽的扩展,可以对 IPC 分类号和 CPC 分类号均进行检索尝试。

3. 案例 5-3-3:一种均匀隧穿氧化层的制作方法

(1)案情概述。

光伏电池包括多种组件类型,TOPCon 太阳能电池作为其中之一,技术飞速发展,且已实现大规模产业化。此电池的核心结构为隧穿氧化层及多晶硅薄膜层。目前隧穿氧化层的制备方法很多,包括高温热氧化、硝酸化学湿法氧化等。高温热氧化是目前应用最多的制备隧穿氧化层的方法,该方法可以使用 LPCVD 设备进行制备,也可以与多晶硅层集成制备,避免污染。但由于隧穿氧化层的厚度通常要求在 1nm 左右,热氧化方法很难控制,且片内厚度不均匀,会影响整片电池的钝化均匀性,进而影响电池效率;硝酸湿氧方法目前应用较少,此方法制备的氧化层结构疏松且稳定性较差,很难得到均匀、合适厚度的隧穿氧化层。因此，如何高效解决目前隧穿氧化层制备不均匀及厚度不可控的问题，是本领域技术人员需要解决的一个核心问题。

为解决上述技术问题，本申请提出采用 ALD 设备进行隧穿氧化层的制备，将物质以单层原子膜的形式一层一层沉积在基底上，通过控制沉积的单层原子膜层数，使制备出隧穿氧化层均匀且厚度适中，提高了光伏组件的品质，尤其是采用 ALD 沉积的隧穿氧化层，硅片的实际使用厚度也能够得到精确控制，更容易实现获得高品质组件的目标。

本申请独立权利要求的技术方案如下。

一种均匀隧穿氧化层的制作方法，其特征在于，包括

步骤 1，将硅片置于 ALD 设备中，并将所述硅片所处的空间进行抽真空到预定值；

步骤 2，对所述硅片轮流输入第一反应气体和第二反应气体，在所述硅片表面形成二氧化硅氧化层；

步骤 3，判断所述硅片的所述氧化层沉积时间达到预定周期数；

若是，步骤 4，停止所述第一反应气体和/或第二反应气体；

其中，所述预定周期数为在所述硅片表面预期沉积的二氧化硅氧化层的厚度与每个脉冲周期中形成的二氧化硅氧化层的厚度的比值。

（2）充分理解发明。

本申请涉及的技术领域是太阳能电池，更具体的涉及 TOPCon 太阳能电池领域；要解决常规的热氧化方法及硝酸湿氧化方法制备的氧化层结构疏松且稳定性较差的技术问题；采用的关键技术手段是采用 ALD 设备进行隧穿氧化层的制备，通过控制沉积的单层原子膜层数，使制备出隧穿氧化层均匀且厚度适中，提高了光伏组件的品质。综上本申请的发明构思为在电池正面采用 ALD 工艺制备隧穿氧化层，从而改善氧化层厚度均匀性和稳定性，进而有效提高太阳能电池的转换效率。

（3）检索过程分析。

本申请涉及的是隧穿氧化层厚度均匀性的改善，其涉及的电池类型依然是 TOPCon 太阳能电池，根据与前文案例相类似的检索思路，首先采用基本的关键词先限定出与 TOPCon 电池相关的文献范围。

| 1 | CNABS | 957 | topcon or 隧穿氧化钝化 or 隧穿氧化物钝化 or（（隧穿 or 隧道）and（氧化 or 绝缘 or 介质）and（钝化）） |
| 2 | CNABS | 411609 | 光伏 or（太阳 3d 电池） |

| 3 | CNABS | 812 | 1 and 2 |

通过阅读分析本申请的说明书可知，本申请的发明构思在于采用ALD工艺制备均匀厚度的隧穿氧化层。其中，体现发明构思的关键技术特征是ALD、原子层沉积、周期和循环。采用上述关键词进行限定，得到以下检索结果。

| 4 | CNABS | 2200126 | ALD or 原子层沉积 or 周期 or 循环 |
| 5 | CNABS | 86 | and 3，4 |

经浏览，并未筛选出与本申请相关的现有技术。考虑到本申请中隧穿氧化层是用于 TOPCon 太阳能电池的，相关的 CPC 分类号涉及 H01L31/18、H01L31/02167。尝试以分类号 H01L31/18 及其下位点组和 H01L31/02167 代替前述有限扩展的关键词进行技术领域的限定，避免因为关键词扩展不够或者关键词组合不当导致的漏检。

6	CNABS	20318	H01L31/18/low/cpc or H01L31/02167/cpc
7	CNABS	1821	4 and 6
8	CNABS	23404	（隧穿 or 隧道）and（氧化 or 介质 or 绝缘）
9	CNABS	113	7 and 8

通过上述检索式，得到113篇专利文献，经过浏览得到与本申请发明构思最接近的专利文献，其公开了"将硅片置于ALD沉积室中，在沉积室中先通入三甲基硅烷，通入时间 10~20s，再向该室中通入 N_2 气，吹扫时间 10~30s。向该室中通入臭氧 O_3，通入时间 10~20s，再向该室中通入 N_2 气，吹扫时间 10~30s，沉积温度为 300~400℃，这是一个循环，一个循环的薄膜厚度在 0.1nm 左右，这个循环重复 100~300 次，得到厚度 2~10nm"。利用ALD方法制备的氧化硅薄膜，其好处在于薄膜致密，厚度很小的情况下，即可实现很好的表面钝化效果。为了更快速并精确地获取与本申请发明构思最接近的现有技术，还可以尝试对体现发明构思的检索式进行改进。本申请发明构思在于采用ALD工艺制备隧穿氧化层，ALD工艺通常会与隧穿氧化层出现在同一句中，因此采用同在算符"s"对发明构思进行表达。

| 10 | CNABS | 2447 | （ALD or 原子层沉积）s（隧穿 or 隧道 or 氧化） |
| 11 | CNABS | 314 | 6 and 10 |

使用同在算符之后，检索结果得到有效精简，在这314篇专利文献中包含了公开本申请关键技术手段的同一篇专利文献。但是，考虑到本申请要求保护的技术主题属于工艺方法类，不太适用于结合说明书附图进行快速筛选。

| 12 | CNABS | 2188306 | 周期 or 循环 |
| 13 | CNABS | 43 | 11 and 12 |

出于进一步提高文件筛选效率的目的，尝试采用周期、循环等代表工艺细节的关键词进行限定，却发现出现漏检的现象。出现上述结果的原因在于，中国专利文摘库 CNABS 中收录的关键词有限，本申请涉及一种制备工艺，中国专利文摘库 CNABS 中对工艺细节的关键词收录不全面，因此推荐在中国专利全文库 CNTXT 进行检索。

1	CNTXT	20318	H01L31/18/low/cpc or H01L31/02167/cpc
2	CNTXT	20401	（ALD or 原子层沉积）s（隧穿 or 隧道 or 氧化）
3	CNTXT	6055642	周期 or 循环
4	CNTXT	205	and 1，2，3

延续在中国专利文摘库 CNABS 的检索思路进行检索，进一步采用表达工艺细节的关键词周期、循环进行限定之后，得到包含上述技术相关的同一篇专利文献的 205 篇专利文献。进一步的，增加体现技术效果的关键词"厚度"来做进一步限定，为使限定更为准确，同样是采用同在算符"s"进行表达。

| 5 | CNTXT | 234388 | 氧化 s 厚度 |
| 6 | CNTXT | 141 | 4 and 5 |

最终得到 141 篇专利文献，经浏览，也可获得包含体现发明构思的该篇专利文献。

为了做到充分检索，在德温特世界专利索引数据库 DWPI 中进行进一步检索。

1	DWPI	18642	H01L31/18/low/cpc or H01L31/02167/cpc
2	DWPI	1864575	period + or cycle
3	DWPI	12332	ALD or（Atomic Layer Deposit +）
4	DWPI	20	and 1，2，3

采用相似检索思路在德温特世界专利索引数据库 DWPI 中进行检索之后，未获得最接近的现有技术。考虑到德温特世界专利索引数据库 DWPI 中收录的关键词有限，本申请涉及一种制备工艺，德温特世界专利索引数据库 DWPI 中对工艺细节的关键词收录可能会不全面。由于本申请要解决的技术问题是超薄氧化层的厚度不均匀和稳定性差，因此采用 ALD 工艺制备氧化层进行检索。

| 5 | DWPI | 2392 | （ALD s oxide）or（(Atomic Layer Deposit +) s oxide） |

| 6 | DWPI | 50 | 1 and 5 |

通过对上述检索结果进行浏览，筛选得到同一篇与本申请发明构思比较相关的专利文献。

第四节 专利申请文件撰写

一、撰写特点

面对全球气候变暖、生态环境问题、能源问题等多重压力，各国都在聚焦可再生能源的有效开发与利用。太阳能（光伏）发电作为可再生资源越来越受到广泛关注。近年来，晶硅太阳能电池产业化技术进展较大，异质结、钙钛矿电池等的实验室效率纪录也在不断被刷新，产业化的步伐在逐步跟进，正朝着更高效率和更低成本的方向发展。

涉及半导体领域的太阳能电池发明专利申请主要集中在以下几个方面：晶圆制造及切割，光伏系统中太阳能电池结构、材料组分、制造方法，太阳能电池组件、模块封装制造方法，光伏系统的集成、应用及其关键部件等光伏产业链的上中下游及光伏系统的生产制造方法及制造设备等，以追求更高的光电转换效率及更低的生产成本。因此，在专利申请文件的撰写中，不仅要遵循一般的撰写规律，同时也要兼顾领域自身的特点。除了需要考量典型半导体领域通用特点之外，还要考虑太阳能电池自身的特点，例如，太阳能电池领域可能会存在与化学组成和制备、新材料开发、设备机械结构、光电性能测量等领域交叉的情况，所以在申请文件的撰写中同样需要考虑这些相关、相近领域的特点。

下文将对太阳能电池领域的常见撰写问题及典型案例进行分析，以期有助于提高太阳能电池领域专利申请文件的撰写质量，满足专利审查的实质要件及形式要件，在拥有核心技术的基础上，进一步提升获得专利权保护的可能性。

二、常见问题分析

由于太阳能电池领域的专利申请可能会涉及光伏产业链的上中下游，因此该领域除了具备半导体领域的核心特点（如其具有微观不可视性）之外，对于化学、机械、材料、光电等领域的特点也不能忽视。因此专利申请文件撰写得是否内容全面、逻辑清楚，权利要求保护范围概括的是否恰当，化学组分的记载和实施例的支撑是否完备，各部件位置关系、方法步骤顺序是否清楚，机械结构之间的连接关系是否明晰，不仅关系技术方案本身是否满足撰写的形式要求，同时也关系与现有技术之间是否存在实质性的区别和是否具备显而易见性等实质要求。尤其在目前绝大多数发明专利申请都属于改进型发明的情况下，专利申请文件撰写的失误可能会带来诸如公开不充分、权利要求得不到说明书的支持、缺少必要技术特征、缺乏新颖性和创造性等一系列问题。而申请文件撰写的缺陷，很可能会导致后续在修正失误、完善发明的过程中面临重重障碍。

（一）说明书公开不充分

《专利法》第26条第3款规定："说明书应当对发明或者实用新型作出清楚、完整的说明，以所属技术领域的技术人员能够实现为准。"

太阳能电池领域可能导致公开不充分的常见情况包括以下情况：对于应用于太阳能电池领域的化合物、组合物的发明，未能记载相应的制备方法、用途和/或使用效果等；对太阳能电池器件、组件及其发电系统的结构、制造方法描述不清楚，电学、光电参数的含义和测量方法及结果无法确定等导致技术方案无法具体实现。

1. 案例5-4-1：一种硅基异质结太阳能电池制作方法

（1）案情介绍。

硅基异质结太阳能电池制作过程对工艺设备、工艺条件和环境要求极高。其通过将非晶硅薄膜技术应用在单晶硅片上，采用非晶硅层钝化单晶硅的表面，已获得较高的光电转换率。但是，在市场需求的追逐下，如何进一步提高硅基异质结太阳能电池的绝对效率，依旧是行业内的研究方向。

本申请的目的是提供一种太阳能电池的处理方法，以解决现有技术中的问题，进一步提高太阳能电池的光电转换效率。通过将太阳能电池置于真空条件下，并经过适当光照处理，使得太阳能电池的光电转换效率得到提高，且处理后的太阳能电池性能稳定性也得以提高。太阳能电池的处理方法包括如下步骤：步骤1，将太阳能电池置于真空条件下；步骤2，对所述太阳能电池的表面进行预定时间的光照，使得所述太阳能电池的表面温度达到预设温度，预设温度范围为 $0 \sim 170℃$，优选为 $100 \sim 150℃$。其中，通过太阳能电池测试分选机测试硅基异质结太阳能电池的IV性能（输出电性能），结果证明硅基异质结太阳能电池的绝对效率提升 $0.13\% \sim 0.3\%$。本申请处理方法的适用对象有多种，作为优选，太阳能电池包括电池芯片，所述电池芯片为未经光照的电池芯片，即本申请实施例中的适用对象为由未经光照的电池芯片形成的太阳能电池组件（即本实施例中的太阳能电池）。其中，太阳能电池组件从上到下依次包括前板、EVA层、芯片层、EVA层及背板构成，而芯片层即由电池芯片构成，本实施例中的电池芯片可以是未经光照直接做成的太阳能组件,也可以是制备完成的太阳能电池芯片(经过光照使用的),具体根据实际需要灵活选取。所述将太阳能电池置于真空条件下,具体包括将所述太阳能电池置于包装袋内,并进行真空包装;一般可通过对包装袋进行抽真空实现;作为优选,所述包装袋为透明包装袋;作为优选,所述包装袋为聚对苯二甲酸乙二醇酯或聚乙烯材料;作为优选,所述真空条件的真空度为 5~10Torr。其中,透明包装袋能够使得光线通过,即在保证真空的同时,不影响光照。

说明书中还给出光源、光强、照射时间、电池片温度及电池片Ⅳ性能数据、绝对效率增益等,进而证明本申请通过对太阳能电池置于真空条件下,并经过适当光照处理,从而使得太阳能电池的光电转换效率得到提高,且处理后的太阳能电池的性能稳定性也得以提高。

(2)案例分析。

本申请说明书记载了如下技术方案:将未经光照直接做成的太阳能组件、制备完成的太阳能电池芯片(经过光照使用的)(具体根据实际需要灵活选取),置于包装袋内,进行抽真空包装,对太阳能电池表面进行预定时间的光照,使得表面温度达到预设温度,如 0~170℃,进一步地 100~150℃,进而提高太阳能电池的光电转换效率,且处理后的太阳能电池的性能稳定性也得以提高。

然而根据生活常识,包装袋具有柔性,当对包装袋进行抽真空来包装太阳能电池时,由于大气压的作用,包装袋必将紧密包裹在太阳能电池周围,即太阳能电池直接与包装袋接触,因此在包装袋和电池之间不会产生真空的空间,同时电池也可能直接受到外界环境(如温度)的影响,所属领域技术人员并不清楚采用真空包装的目的。此外,本申请希望电池表面温度达到 0~170℃,那么在常温附近或者常温以下,实际上就是日常生活中的常规状态的条件下,所属技术领域的技术人员难以理解在这种日常条件下如何能够提高电池的效率。而在超过常温的较高温度的情况下,由于表面温度升高,开路电压变小、短路电流增大,输出功率和转换效率均会降低,对于已制作完成的太阳能电池片,在使用过程中,通常都是希望处于接近常温的环境,甚至在一些情况下需要通过冷却降温等手段避免其处在高温下工作,以避免 EVA 高温老化、密封件挥发起泡、电池性能劣化等情况发生,减少对耐候性、耐湿性的影响,而本申请却是通过使制造完成的电池片表面温度达到一定温度来提高光电转换效率和电池稳定性,所属技术领域的技术人员不清楚如何通过本申请的技术方案达到上述技术效果、解决本申请所要解决的技术问题,而且本申请也没有记载任何关于该方法能够提高电池转换效率和电池稳定性的工作原理或工作机制。因此,本申请的说明书未对技术方案作出清楚、完整的说明,致使所属技术领域的技术人员不能实现该技术方案。

(3)案例启示。

本申请虽然在形式上基本满足公开充分的要求,如技术手段本身可以实施、有实验数据作为支撑和佐证等,但是在实质内容上,所属技术领域的技术人员根据其知晓的所属领域普通技术知识及生活常识,在实现技术手段或技术手段的组合时难以解决发明所要解决的技术问题并产生预期的技术效果。技术方案在实质上存在不合理之处,致使所属技术领域的技术人员不能实现。

2. 案例 5-4-2:一种钙钛矿太阳能电池

(1)案情介绍。

钙钛矿太阳能电池是利用钙钛矿结构材料作为吸光材料的太阳能电池,因其具有较高的光电转换效率和较低的生产成本而越来越受到关注。

本申请所采用的钙钛矿材料可以具有通式 CMX_3,其中,C 包括一种或多种阳离子(如胺阳离子、铵阳离子、1 族金属阳离子、2 族金属阳离子和/或其他阳离子或类阳离子化合物),M 包括一种或多种金属(示例包括 Co、Ni、Sn、Pb、Bi),X 可以包括一种或多种卤化物离子。本申请强调了现有技术中普遍认识的是 Bi^{2+} 只在高度不同寻常的络合物中存在,而本申请打破了这种认识。

本申请请求保护的独立权利要求如下。

1. 光伏器件,包括:第一电极;第二电极;和活性层,所述活性层至少部分地布置在所述第一电极和所述第二电极之间,所述活性层包含具有式 $CBiX_3$ 的钙钛矿材料;其中 C 包括一种或多种阳离子,所述阳离子各自选自由 1 族金属阳离子、2 族金属阳离子、有机阳离子及其组合组成的组;和其中 X 包括一种或多种阴离子,所述阴离子各自选自由卤化物离子组成的组。

(2)案例分析。

根据《专利审查指南 2010(2019 年修订)》第二部分第十章第 3.1 节的规定,对于化合物发明,说明书中除了应当说明该化合物的化学名称及结构式或分子式外,还应当记载该化合物与发明要解决的技术问题相关的化学、物理性能参数(包括各种定性或定量数据和谱图等),使要求保护的化合物能被清楚地确认。另外,还必须记载一种制备方法并公开化合物的用途和/或使用效果。如果所属技术领域的技术人员无法根据现有技术预测发明能够实现所述用途和/或使用效果,则说明书中还应当记载对于所属领域技术人员来说,足以证明发明的技术方案可以实现所述用途和/或达到预期效果的定性或定量实验数据。

具体到本申请，主要发明构思在于钙钛矿光伏器件活性层的新化合物材料，该化合物材料为权利要求1所限定的$CBiX_3$。但是，说明书仅罗列了一系列该化合物的化学名称或分子式，并未给出该$CBiX_3$化合物的制备方法，从而使得所属领域技术人员无法根据说明书所记载的内容并结合现有技术来获得上述化合物。所属技术领域的技术人员知晓，铋（Bi）的化合价通常为+3或+5价，而本申请权利要求中所限定的铋的化合价可以为+1或+2价，并非常见的稳定价态，在说明书缺少相关制备方法的情况下，所属技术领域的技术人员无法获得稳定的上述化合物。综上，本申请属于化合物发明，说明书缺少化合物的制备实施例，使得所属技术领域的技术人员根据说明书的记载并结合相关的现有技术无法获得上述化合物。本申请说明书未对发明的技术方案作出清楚、完整的说明，使得所属技术领域的技术人员无法实现发明所要求保护的技术方案。

（3）案例启示。

本申请要求保护的发明涉及新化合物，说明书中应当记载化合物产品的确认、化合物的制备、化合物的用途和/或使用效果。本申请说明书只是泛泛地记载采用某种具体物质作为钙钛矿活性层，而未具体记载化合物的制备方法等，如果所属技术领域的技术人员根据说明书已有的记载结合相关现有技术仍不能够确认可制备得到该化合物，那么说明书将会因缺少该化合物制备方法而使得要求保护的化合物无法获得，从而导致说明书公开不充分。当然，如果所属技术领域的技术人员根据说明书已有的记载结合相关现有技术能够确认可制备得到该化合物，尽管可能不会涉及公开不充分的缺陷，但有可能使其技术方案不能与现有技术区分开，这就需要针对新颖性和创造性作进一步的判断。

（二）权利要求的保护范围不清楚

《专利法》第26条第4款规定："权利要求书应当以说明书为依据，清楚、简要地限定要求专利保护的范围。"权利要求中的每一项权利要求以及所有权利要求作为一个整体都应当清楚。

太阳能电池领域的发明专利申请常常会涉及用于特定功能层的化合物、组合物的成分、含量，光伏生产设备的各结构之间的连接关系，光伏器件、组件的材料或光电性能参数等，因此在权利要求的撰写方面，尤其在是否达到清楚的要求方面，要兼顾化学、机械、材料特性表征、光电测试等领域的撰写特点，考虑到化合物、组合物的限定、连接关系的限定、参数的限定（定义及取值）等要求。

例如，根据《专利审查指南2010（2019年修订）》第二部分第十章第4.2.2节的规定，涉及组合物的限定，各组分含量百分数之和应当等于100%，几个组分的含量范围应当符合以下条件：某一组分的上限值＋其他组分的下限值≤100；某一组分的下限值＋其他组分的上限值≥100。

再例如，根据《专利审查指南2010（2019年修订）》第二部分第二章第3.2.2节的规定，涉及参数的限定，对于产品权利要求中的一个或多个技术特征无法用结构和/或组成特征清楚表征时，允许借助物理或化学参数来表征。使用参数表征时，所使用的参数必须是所属技术领域的技术人员根据说明书的教导或通过所属技术领域的惯用手段可以清楚而可靠地加以确定的。因此需要注意但不限于：对于所属技术领域没有特定含义的自定义参数或者与所属技术领域的通常含义不同的参数，一般应当在权利要求中限定出其具体技术含义，参数的量纲也应当是明确的；由于不同测量方法的测量结果可能不同，因此权利要求一般应当限定参数的测量方法或测量标准。

案例5-4-3：一种太阳能电池的银导电浆料

（1）案情介绍。

太阳能电池的银导电浆料通常含有金属颗粒、玻璃料和有机载体。这些组成成分必须仔细地挑选以充分实现其在理论上能达到太阳能电池的潜在性能。理想状态是最大限度地加强金属浆料和硅表面的接触，以及金属颗粒之间的接触。玻璃料（玻璃颗粒）是导电性浆料中的无机粘合剂，同时也是在烧结过程中将金属成分沉积到基片表面的传输介质。玻璃成分对于控制硅表面金属结晶（从而形成直接接触）和玻璃中的金属微晶（玻璃中隧穿导电性的根源）的尺寸至关重要。玻璃对于控制金属结晶渗入基片的深度也很重要。一方面，组成部分中的玻璃颗粒蚀刻通过抗反射层以帮助金属P＋型硅间的接触。另一方面，玻璃的反应活性又不能过强以至于在烧结之后击穿P－N结。因此，在尽量减小接触电阻的同时要保持P－N结不会受到破坏，以达到提高光电池效率的目的。由于在金属层和硅晶片界面的玻璃中的绝缘效应，目前的组分有很高的接触电阻，还有其他不利的方面，如在接触面有很高的重组现象。

本申请涉及一种含有金属纳米颗粒的导电性浆料，尤其适用于太阳能电池，含有银颗粒、玻璃料、有机载体和纳米颗粒添加剂。添加剂含有导电性金属、金属合金和/或金属硅化物纳米颗粒，如铬、钴、镍、合金、硅化物及其混合物。本申请的玻璃料含量能够为浆料提供所需要的黏合性和烧结性能，并且具有较低的表面重组率（硅表面再次析晶或结晶情况所占的比例），并采用特定的公式进行表征。当用于太阳能电池的电接触层时，该浆料和基片之间具有较低的接触电阻，从而提高太阳能电池的效率。

本申请请求保护的独立权利要求如下。

1. 一种太阳能电池的导电性浆料，包括：38%～96%的银颗粒，0.5%～6.1%玻璃料，0.05%～20.5%的金属纳米颗粒，5%～29.6%有机载体，所有的百分比均为重量比，玻璃料的选择使得表面重组率为5%以下。

（2）案例分析。

本申请权利要求中限定了各成分重量百分比的取值范围，但无论如何取值，所有成分的重量百分比之和应当为100%。但是，当银颗粒取最大值96%时，其余成分的最小值之和为5.55%，所有成分之和必然超过100%。因此导致权利要求的整体保护范围不清楚。

本申请权利要求中限定了"表面重组率为5%以下"，然而太阳能电池领域并没有关于玻璃料中表面重组率的技术定义，所属技术领域人员也不清楚其具体含义，及其计算表征方法和测量方法等。因此，一般应当将说明书中记载的上述内容限定到权利要求中，使得根据权利要求的表述可以明确其含义，以界定出足够清楚的保护范围。

（3）案例启示。

在撰写与化学、材料类相关发明的权利要求时，需要满足相关领域对于权利要求的撰写要求。如果必须用参数限定技术特征，那么还需要进一步考虑该参数在所属技术领域中是否具有通用的含义、计算方法和测量方法等。

（三）权利要求的撰写导致不具备新颖性、创造性

虽然在产品权利要求中的一个或多个技术特征无法用结构和/或组成特征清楚表征的情况下，允许借助物理或化学参数来进行表征，但是这只是对于是否能够清楚表达的要求，参数限定仍可能还会带来其他问题。例如，由于参数的限定并不能将该产品与现有技术产品区别开来，则可推定要求保护的产品与现有技术产品相同而被认定为不具备新颖性。

此外，如果权利要求的撰写未能准确聚焦于发明自身的技术方案，如权利要求的范围概括过宽、独立权利要求缺少和发明点相关的必要技术特征、或者多个并列技术方案将现有技术也包括在内等，则会导致权利要求得不到说明书支持、缺少必要技术特征、不具备新颖性和创造性。

案例5-4-4：一种光伏模块

（1）案情介绍。

光伏模块通常采用EVA或其他具有高熔体流动速率（MFR）的热塑性材料作为封装层，在施加压力期间通常需要用过氧化物同时交联。需要采用较高的层压温度以使过氧化物分解进而引发交联反应，并且要延长层压时间以完成交联。层压后，需要较长时间冷却以除去交联反应的副产物。此外，尽管通常将

低 MFR 的材料用于膜挤出方法是理想的,但是膜挤出方法限制了使用含有具有低 MFR 的 EVA 和过氧化物材料。

本申请的聚合物在层压过程期间的流出减少或最小化,而不需要使用常规交联剂使聚合物交联。在 PV 模块的层压过程期间,采用与现有技术相比降低的 MFR 的聚合物(1)具有如下优势:在组装期间,光伏元件不易移动,防止了在层压期间正面保护元件在熔融的正面封装层元件上的漂浮和移动,有助于保持对准。

本申请请求保护的独立权利要求如下。

1. 一种光伏模块,包括正面保护元件、正面封装层元件、光伏元件、背面封装层元件和背面保护元件,正面和背面封装层元件至少一个包含聚合物组合物,所述聚合物组合物包含:乙烯聚合物(1),含有一种或多种极性共聚单体的乙烯聚合物,所述一种或多种极性共聚单体选自丙烯酸-烷基酯共聚单体,所述聚合物(1)是不同于乙酸乙烯酯共聚单体的;和含硅烷基团的单元(2);其中所述聚合物(1),在175℃和2.16kg 的负荷下具有小于 16g/10min 的熔体流动速率 MFR。

2. 一种光伏模块,包括正面保护元件、正面封装层元件、光伏元件、背面封装层元件和背面保护元件,正面和背面封装层元件至少一个包含聚合物组合物,所述聚合物组合物包含:乙烯聚合物(1),含有一种或多种极性共聚单体的乙烯聚合物,所述一种或多种极性共聚单体选自丙烯酸-烷基酯共聚单体,所述聚合物(1)是不同于乙酸乙烯酯共聚单体的;和含硅烷基团的单元(2);选自硅烷缩合催化剂的交联剂没有被引入至所述聚合物组合物的所述聚合物(1)中,所述硅烷缩合催化剂选自锡、锌、铁、铅或钴的羧酸盐类,无机酸类或有机酸类。

所属技术领域的公知常识:①乙烯聚合物等高分子材料,交联或者不交联都可以使用。②乙烯聚合物的硅烷缩合催化剂主要起到加快交联速度的作用,如果不引入交联催化剂也能够实现交联。③乙烯聚合物可以使用多种缩合催化剂,如除了权利要求提及之外的多种重金属盐等。

对比文件 1:一种光伏模块,包括前盖、第一绝缘层、太阳能电池元件、第二绝缘层和后盖,透明保护性前盖、保护性后盖可以是玻璃。绝缘层包括含有硅烷基团的单体单元的烯烃共聚物,优选乙烯共聚物。可以包括极性共聚单体丙烯酸 C_1-到 C_4-烷基酯。其中所用的硅烷缩合催化剂可以是有机锡化合物、硫酸、盐酸、柠檬酸等多种催化剂。

(2) 案例分析。

独立权利要求 1 要求保护一种光伏模块，其整体结构及封装层元件的具体材料（含有硅烷基团的乙烯聚合物）均被对比文件 1 公开，区别仅在于对比文件 1 未公开该聚合物的参数指标——熔体流动速率。根据《专利审查指南 2010（2019 年修订）》第二部分第三章第 3.2.5 节的规定，对于包含性能、参数特征的产品权利要求，应当考虑权利要求中的性能、参数特征是否隐含了该产品具有某种特定结构和/或组成。如果所属技术领域的技术人员根据该性能、参数无法将要求保护的产品与对比文件产品区别开，则可推定要求保护的产品与对比文件产品相同，因此权利要求不具备新颖性，除非申请人能够根据申请文件或现有技术证明权利要求中包含性能、参数特征的产品与对比文件的产品在结构和/或组成上不同。

本申请中，权利要求请求保护一种产品，如果其中对材料的性能，即熔体流动速率的限定无法将其与现有技术区别开来，则可以推定独立权利要求 1 相对于对比文件 1 不具备新颖性，申请人可以通过进一步修改等方式使得具有上述熔体流动速率参数的本申请的光伏模块与对比文件 1 在结构/组成上不同。

独立权利要求 2 中关于"硅烷缩合催化剂的交联剂"的限定采用了"没有被引入"这种排除式撰写方式，在表达上是否清楚存在一定疑问。而且，权利要求也概括了较大的保护范围，其包括了不含任何硅烷缩合催化剂的情况、以及选择性或全部性地排除权利要求所限定的具体硅烷缩合催化剂的情况。而上述这些情况或者属于所属技术领域的公知常识，或者被对比文件 1 公开，即没有将该权利要求明确地与现有技术区分开，因此权利要求不具备新颖性或创造性。

(3) 案例启示。

对于产品权利要求，其中包含性能、参数限定的技术特征，需要考量该性能、参数是否能够限定出所要求保护的产品具有特定结构和/或组成，使其能够区别于现有技术。此外，权利要求的撰写应尽量采用肯定的限定方式并聚焦于发明的核心内容（如本申请中具体采用的缩合催化剂等），一般不建议采用否定式（排除式）来撰写权利要求，除非确实无法以其他方式清楚简要地限定权利要求的保护范围。

三、典型案例

在太阳能电池领域的专利申请中，主要涉及光伏电池及其组件的结构、化学材料、制造方法、制造设备的发明，有时还会涉及用途类型的发明。在撰写方面，除了需满足半导体领域的一般要求之外，还要兼顾化学、材料、机械、光电等领域的撰写要求。关于化学、材料方面的发明需要特别关注《专利审查指南 2010（2019 年修订）》第二部分第十章的相关内容。

说明书的撰写需要满足充分公开的要求，尤其是对于那些对现有技术作出贡献而作为发明改进点的技术内容，如光伏器件或组件的具体结构，化合物、组合物的组成及含量，制备方法，电学、光电性能测量方法，制造设备机械结构及其连接关系等。其中，①对于涉及用于光伏电池领域的新的化合物、组合物的化学产品发明，应当说明化合物的化学名称及结构式、分子式，并记载与发明要解决的技术问题相关的化学、物理性能参数；对于组合物，应当记载组合物的组分、各组分的化学和/或物理状态、各组分可选择的范围、各组分的（质量、体积、摩尔）含量范围及其对组合物性能的影响。并且应当记载至少一种制备方法，包括所用的原料物质、工艺步骤和条件、专用设备等，以及其用于光伏电池领域所能达到的预期效果，如果所属技术领域的技术人员无法根据现有技术预测时，还应当记载足以证明该预期效果的定性或定量实验数据，如果存在多种测量方法，还应当记载所采用的相应测量方法。总之，对于在太阳能电池领域中的新的化合物、组合物的发明，在有些情况下，其功能、性质和使用效果等较难预测，因此应当全面记载各方面的技术信息。②对于将已知化合物、组合物等用于光伏电池领域的发明，在说明书中应当记载该物质及其使用方法和所取得的效果，使得所属技术领域的技术人员能够实施该用途发明，与前述类似，如果所属技术领域的技术人员无法根据现有技术预测时，还应当记载足以证明能够解决的技术问题或者达到该预期效果的实验数据，如可以采用实验例和对比例的方式撰写。③对于包含参数特征的产品发明，其参数的技术含义应当是清楚的，如果现有技术中不具有通用的含义，则应当在说明书中作具体说明；参数的测量方法对于说明书充分公开也是必要的，如果现有技术有多种测量方法会导致不同结果，则必须记载测量方法，如果不是现有技术中的通用或标准的测量方法，还应当在说明书中记载具体的测量方法以使所属技术领域的技术人员能够理解并准确测量。

根据需要，太阳能电池领域的发明可以采用说明书附图来辅助描述，整体图（主视图、侧视图）细节图（包括剖视图、透视图、俯视图、投影图等）、电路图、组件示意图、能带跃迁图、V－I 曲线图、扫描电子显微镜图、XRD 射线图、其他光谱图等进行较为直观的表达。

对于权利要求，太阳能电池领域主要包括产品、方法、用途权利要求。除了半导体领域的一般撰写要求之外，（1）对于涉及化合物、组合物的化学产品发明，应当清楚限定化合物名称、结构式、组分、含量，并且各组分含量百分数之和应当等于100%（可参见本章第四节第二部分）。(2) 涉及物理、化学参数表征的权利要求，虽然能够用于那些仅用结构和/或组成不能清楚表征的产品权利要求，但是其参数的限定必须是清楚的（包括但不限于技术含义和量纲），而且以参数表征所期望达到一定效果的产品权利要求，可能会涉及如"功能性限定"等问题，因此需要说明书给予足够的支持。此外，与以方法限定的产品权利要求类似，以参数表征的权利要求在确定权利要求的保护范围、新颖性、创造性判断时也有其特殊性，如需要考量参数特征对于所要求保护的产品（权利要求的主题名称）是否有限定作用，是否隐含了产品具有某种特定结构和/或组成，即判断是否对保护范围有实质性限定。如果所属技术领域的技术人员根据该参数，无法将权利要求的产品与对比文件的产品区别开，则可推定本申请权利要求的技术方案不具备新颖性，除非申请人能够根据申请文件或现有技术证明包含该参数特征的该产品与对比文件产品在结构和/或组成上不同（可参见本章案例5-4-4）。(3) 涉及用途的发明，在撰写时应当区分是用途权利要求还是以用途限定的产品权利要求。二者在保护范围的确定以及新颖性/创造性的判断方面均有差别。前者属于用途发明，其基于发现产品的新的性能，并利用此性能作出的发明，其本质不在于产品本身，而在于产品的应用。如果发明的改进点在于已知产品的应用，则仅凭该已知产品本身不能破坏用途（应用）发明的新颖性。而后者仍属于产品发明，类似于上述第（2）项，其中用途特征的限定能否起到实质性限定作用，取决于该用途是否隐含了要求保护的产品具有某种特定结构和/或组成，即用于该用途的产品在结构和/或组成上能否与其他产品（如与用于其他用途的该产品）区别开，并据此作出新颖性/创造性的判断。例如，"将一种银浆用于太阳能电池领域的应用"属于用途发明，如果现有技术公开了这种银浆，但是并未公开其可用于太阳能电池领域，则不能破坏上述用途发明的新颖性。而"一种用于太阳能电池的银浆，包括A、B、C"则属于以用途特征限定的产品权利要求，如果现有技术公开了可用于光电探测器、存储器等的银浆包括A、B、C，那么此时还要具体分析用于太阳能电池领域的这种银浆与用于如光电探测器、存储器等领域的银浆是否还有不同，如果没有不同，则不具备新颖性。

案例5-4-5：一种空穴传输层及钙钛矿太阳能电池

钙钛矿材料具有光电性能优异、制备工艺简单和生产成本低等特点，其能够作为较为理想的光电器件。钙钛矿太阳能电池因其稳定性好、原料廉价和易扩大化制备，非常适合产业化，但是空穴传输层的导电性和能级匹配问题使得电荷传输过程中能量的损失，导致电池的光电转换效率并不利于产业化发展。

本申请从钙钛矿太阳能空穴传输材料的能级结构调配和导电性优化出发，通过能带排列的电荷传输材料，减少载流子传输过程中的能量损失并改善光电转换性能。例如，一种钙钛矿太阳能电池，从下至上依次包括 ITO 导电玻璃、能级渐变的空穴传输层、钙钛矿薄膜、电子传输层、界面修饰层和金属电极。空穴传输层可以由 2~10 层不同 Mg 掺杂比例的 $Ni_{(1-x)}Mg_xO$ 薄膜组成的能级渐变的复合薄膜，即 Mg 掺杂比例可以依次增加或依次减少，从而可以通过渐变的能级传输结构，减少载流子传输过程中的能量损失。

假设经过查新检索，发现现有技术只有 NiO 作为空穴传输层的钙钛矿太阳能电池，而并没有能级渐变的空穴传输层。

（一）说明书

本申请的改进点是将特定的化合物、组合物作为空穴传输层，进而能够应用于钙钛矿太阳能电池中，因此在说明书中除了半导体领域的一般撰写要求之外，还应该具体记载该物质的化学式，如 $Ni_{(1-x)}Mg_xO$，以及相应的 x 的取值范围等。此外，还应当记载应用该物质作为太阳能电池的空穴传输层所取得的技术效果。如果采用电学、光电等参数特征来进行表征，那么这些参数的技术含义应当是清楚的，必要时需要对该参数的测量方法进行具体说明。

具体实施方式

本申请公开了一种包括能级渐变结构的钙钛矿太阳能电池，从下至上依次包括 ITO 导电玻璃 1、能级渐变的空穴传输层 2、钙钛矿薄膜 3、电子传输层 4、界面修饰层 5 和金属电极 6。其中，所述空穴传输层可以由 2~10 层的、不同 Mg 掺杂比例的 $Ni_{(1-x)}Mg_xO$ 薄膜组成的能级渐变的复合薄膜，即 Mg 掺杂比例 x 可以依次增加或依次减少，从而可以通过渐变的能级传输结构，改善空穴传输层的导电性、透过率和降低电势损失，减少载流子传输过程中的能量损失。

优选地，单层 $Ni_{(1-x)}Mg_xO$ 薄膜厚度为 5~10nm，$0.04 \leq x \leq 0.16$，复合薄膜 $Ni_{(1-x)}Mg_xO$ 复合薄膜整体厚度为 10~100nm，其中 Mg 掺杂比例自下而上依次增加，例如，包括三层复合薄膜，自下而上依次为 $Ni_{0.96}Mg_{0.04}O$、$Ni_{0.93}Mg_{0.07}O$、$Ni_{0.91}Mg_{0.09}O$，或者为 $Ni_{0.92}Mg_{0.08}O$、$Ni_{0.88}Mg_{0.12}O$、$Ni_{0.85}Mg_{0.15}O$……Mg 的掺杂比例也可以依次递减，例如，自下而上依次为 $Ni_{0.84}Mg_{0.16}O$、$Ni_{0.87}Mg_{0.13}O$、$Ni_{0.9}Mg_{0.1}O$、$Ni_{0.92}Mg_{0.08}O$，或者为……上述多项优选方案的相关性能参数如下表所示……

此外，所述 ITO 导电玻璃方阻为 5~25Ω，透光率在 85%~95%。所述钙钛矿薄膜为 $APbY_3$，A 为 $CH_3NH_3^+$ 或 $CH(NH_2)_2^+$ 或 Cs^+ 或三者混合物；Y 为 Cl^- 或 Br^- 或 I^- 或三者混合物，厚度为 145~1100nm。所述电子传输层为富勒

烯薄膜如 C_{60}。所述的界面修饰层为 LiF 或 BCP，具体的，LiF 厚度为 0.6～6nm，BCP 厚度为 3～22nm，可以提高了太阳能电池的稳定性。所述的金属电极为 Cu 和 Ag，厚度为 65～320nm。

…………

本申请还公开了一种能级渐变的钙钛矿太阳能电池的制备方法，包括以下步骤：……

只有一层的 $Ni_{(1-x)}Mg_xO$ 薄膜的电流密度最小，而包含三层的 $Ni_{(1-x)}Mg_xO$ 复合薄膜的电流密度最大，说明载流子在传输过程中的能量损失最少。在标准太阳光强的持续照射下 1000 小时，钙钛矿太阳能电池样品随时间的变化，可以发现，本申请的钙钛矿太阳能电池性能可长时间保持稳定，说明空穴传输层的导电性、透过率和电势损失得到了改善。……

（二）说明书附图

如图 5-4-1 所示，根据需要，本申请可以采用结构图、能级图、各种性能曲线图等来辅助说明书描述其技术方案。

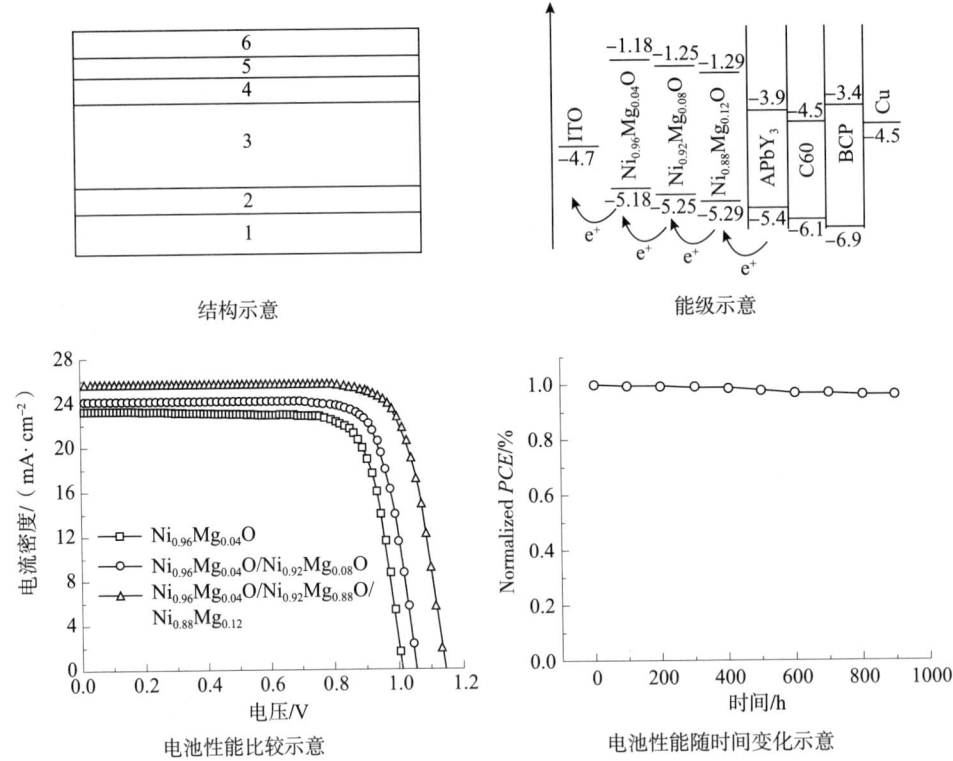

图 5-4-1 说明书附图示例

（三）权利要求书

本申请旨在发明一种空穴传输层，包括能级渐变结构。虽然说明书中提及了"能级渐变的空穴传输层"，但是由于说明书中仅记载了以 Mg 掺杂的能级渐变的空穴传输层 $Ni_{(1-x)}Mg_xO$ 这一种技术方案，而并未记载其他形式的能级渐变结构，所属技术领域的技术人员也不能概括得出所有的能级渐变结构都能够解决相同的技术问题。因此，即使现有技术中没有披露能级渐变的空穴传输层，本申请的权利要求依然不能仅限定为"能级渐变的空穴传输层"，而只能限定为具体的 $Ni_{(1-x)}Mg_xO$ 材料，以满足权利要求应当得到说明书的支持的相关规定。当然，如果说明书中还记载了其他能级渐变的空穴传输层结构，在能够得到说明书支持的情况下，可以在权利要求中将上述特征概括为"能级渐变的空穴传输层"。

1. 独立权利要求

1. 一种空穴传输层，其特征在于，所述空穴传输层为由不同 Mg 掺杂比例的 $Ni_{(1-x)}Mg_xO$ 多层薄膜组成的、能级渐变的复合薄膜，其中每一单层 $Ni_{(1-x)}Mg_xO$ 薄膜 $0.04 \leqslant x \leqslant 0.16$，所述多层薄膜的 Mg 掺杂比例从下至上依次增加或依次减少。

6. 一种包括权利要求 1 所述的空穴传输层的钙钛矿太阳能电池，电池从下至上依次包括 ITO 导电玻璃、所述的空穴传输层、钙钛矿薄膜、电子传输层、金属电极。

本申请的权利要求中不可避免地需要限定化学式，由于其中记载了 x 和 1-x，基于权利要求关于清楚的要求，应当具体记载 x 的取值范围。

当说明书充分公开了与独立权利要求 1 相应的制造方法时，还可以撰写相应的权利要求，此处不再赘述。

本申请的发明实质上还涉及一种将特定材料和结构用于太阳能电池的空穴传输层的使用发明，此时还可以撰写用途类的权利要求。

7. 一种如权利要求 1 所述的空穴传输层在钙钛矿太阳能电池中的应用。

2. 从属权利要求

在得到说明书支持的前提下，可以在独立权利要求的基础上清楚、简要地撰写从属权利要求。可以将说明书中优选的技术方案撰写为从属权利要求。

2. 根据权利要求 1 的空穴传输层，所述复合薄膜包括 2~10 层。

3. 根据权利要求 2 的空穴传输层，所述复合薄膜包括 3 层。

4. 根据权利要求 1 的空穴传输层，每一单层 $Ni_{(1-x)}Mg_xO$ 薄膜厚度为 5~10nm。

5. 根据权利要求 1 的空穴传输层，复合薄膜的总厚度为 10~100nm。